U0382871

国家科学技术学术著作出版基金资助出版

长江中下游河道整治理论与技术

卢金友 等 著

科 学 出 版 社

北 京

内 容 简 介

长江中下游河道演变与整治直接关系防洪安全、航道畅通、涉水工程运行安全、岸线水土资源利用与保护等诸多方面，影响沿江两岸经济社会发展与人民生命财产安全，历来是长江治理与保护中迫切需要解决的重大问题。本书系统介绍长江中下游河道整治的基本理论与关键技术及工程实践，具有较强的科学性、系统性和实用性。

本书资料翔实，内容丰富，可供从事河流研究，河道治理规划、设计、施工、运行管理，防洪等工作的相关人员使用，也可供高等院校相关专业师生参考阅读。

图书在版编目（CIP）数据

长江中下游河道整治理论与技术/卢金友等著.—北京:科学出版社，2020.12
ISBN 978-7-03-066708-3

Ⅰ.①长… Ⅱ.①卢… Ⅲ.①长江中下游-河道整治-研究 Ⅳ.①TV882.2

中国版本图书馆 CIP 数据核字（2020）第 216502 号

责任编辑：李建峰 何 念/责任校对：高 嵘
责任印制：彭 超/封面设计：苏 波

科学出版社出版
北京东黄城根北街 16 号
邮政编码：100717
http://www.sciencep.com
武汉精一佳印刷有限公司印刷
科学出版社发行 各地新华书店经销
*
开本：787×1092 1/16
2020 年 12 月第 一 版 印张：23 3/4
2020 年 12 月第一次印刷 字数：560 000
定价：268.00 元
（如有印装质量问题，我社负责调换）

序一

长江中下游干流河道长约 1 893 km，两岸分布有众多重要城市、国民经济基础设施与工矿企业、重要港口及大量涉水工程等，在支撑长江中下游经济社会发展与生态环境保护中发挥了重要作用。自然条件下，长江中下游河道演变较为剧烈，主流摆动幅度大，崩岸频繁，主支汊易位时有发生，河势很不稳定，尤其是下荆江蜿蜒型河道演变更为剧烈。因此，河道自然演变严重影响长江中下游地区防洪安全、河势稳定、航道畅通和岸线资源利用与保护等，严重制约沿江社会经济发展，危及人民生命财产安全。

1949 年 10 月以来，国家十分重视长江中下游河道整治工作，先后实施了重点险工险段的防护工程、下荆江系统裁弯工程、重点河段的河势控制工程及大量的护岸工程。1998 年大洪水后，国家加大了长江中下游河道的整治力度，先后实施了大量的河势控制工程、河道整治工程、航道整治工程及护岸工程等。河道整治工程的实施有效控制了长江中下游河道的总体河势，保障了长江中下游地区的防洪安全，改善了航道条件，为长江经济带建设与“黄金水道”建设提供了支撑与保障，发挥了举足轻重的作用。2003 年 6 月三峡工程蓄水运用后，改变了长江中下游河道的水沙条件，下泄水流挟沙能力处于不饱和状态，致使大坝下游河道产生长时间、长距离的冲淤变化。局部河段因河床冲深，堤防及护岸工程基础淘刷，出现新的险工段，需进行加固处理，以确保堤防安全。清水下泄引起了中下游部分浅滩段的冲淤变化，对航运造成不利影响，需研究整治措施，保障航运通畅。长江科学院做了大量科学试验研究工作，为中下游河道整治工程提供了技术支撑。

长江科学院自 20 世纪 50 年代以来，长期致力于长江中下游河道水沙运动与河床演变规律，河道整治思路、原则与技术等方面的研究，取得了丰富的理论研究成果与工程实践经验，在长江中下游河道整治规划、设计、施工与运行维护管理等实践中发挥了突出的科技支撑作用。

该书凝结了长江科学院 60 多年来在长江中下游河道整治方面的研究成果，对长江中下游河道整治理论与技术的基础研究和工程实践进行较为全面、系统的总结，涵盖河道水沙运动规律、河道演变规律、近岸河床变化规律及护岸工程破坏机理、河道整治基本问题，不同河型河道的河势控制技术、河道多目标协调综合整治、护岸工程关键技术，河势控制、重点河段河道综合整治、护岸工程实施与效果，以及长江中下游河道整治的基本经验和展望等内容，既有河道整治的理论成果，又有河道整治技术与工程实践，具有很强的科学性、系统性和实用性，为长江中下游河道治理规划、工程设计、建设与运行管理等提供参考和指导，也是河流研究人员和一线工作人员很好的参考书与工具书。该书的出版对我国河道整治学科发展、技术进步与推广应用均将起到重要的作用。

郑守仁

中国工程院院士

2018 年 9 月 15 日于武汉

本人1978年进入武汉水利电力学院河流力学及治河工程系（现称武汉大学水利水电学院）学习，卢金友1980年入学同一专业，比本人晚两届。我们是浙江同乡，在大学里就熟悉。那时他学习认真刻苦，图书馆、校园的廊道、晚上的自习室处处可见他的身影，除此之外，我们在学校运动场与系学生会也经常相见，他在担任系学生会主席期间，非常活跃，组织举办了各种活动，受到了我们这些学长的广泛欢迎，也给我们留下了非常深刻的印象。

本人本科毕业后到清华大学攻读硕士、博士，后来到中国水利水电科学研究院工作，他则到长江科学院攻读硕士，毕业后留在长江科学院工作至今。在这期间，我们又在中国水利学会泥沙专业委员会、三峡工程泥沙工作组与专家组一起工作，学术交流频繁，故本人对其研究经历比较了解。十分欣喜地读到《长江中下游河道整治理论与技术》一书，该书中的长江河道泥沙起动公式，是他刚参加工作时在非常艰苦的环境下，通过大量的野外调查和室内试验得出的，至今这一公式在长江中下游河道整治工程设计中仍广泛应用，并被《堤防工程设计规范》（GB 50286—2013）采纳。该书中对长江中下游河道演变与整治技术的研究，也是他多年研究的重要方向，30多年来他在长江河道水沙运动与演变规律、治理规划、重点河段整治方案、护岸工程技术等方面均取得了创新性研究成果。在三峡工程泥沙问题的论证和后评价过程中，我们也交流颇多，在这方面，他带领研究团队持续开展了多年研究，从最初论证三峡工程对下游河道的影响，回答下游河道的演变趋势，到近年来研究三峡工程蓄水运用后下游河道演变的新特性，岸坡稳定性影响处理，重点河段的多目标综合整治及生态护岸技术等。这些都为长江中下游河道整治实践提供了技术支撑，在控制河势、稳定堤岸、安全防洪、改善航运条件、综合利用岸线等方面发挥了十分重要的作用，取得了显著的经济、社会与环境效益。

该书从基本理论到工程关键技术研究，再到工程实践，是理论紧密联系实际在工程科学研究中应用的最好诠释。该书内容丰富，体现了作者一贯务实的学风和兢兢业业的工作作风，同时也展现了作者在河道整治理论与技术方面的丰硕成果。

胡春宏
中国工程院院士
2018年9月20日于北京

本书是长江科学院自20世纪50年代以来有关长江中下游河道整治理论、技术研究和实践成果的归纳与总结，涉及河道整治的基本理论、关键技术和工程实践三方面内容。三者之间相辅相成，基本理论是河道整治关键技术和工程实践的理论基础，有效的关键技术则是河道整治方案制订并取得成功的关键，而关键技术及工程方案又在工程实践中得以应用。当在实践过程中遇到问题时，又提出需回答的新的基本理论问题和需解决的新的关键技术问题，进而加以研究解决，丰富基本理论，完善技术体系，提高河道整治研究和实施水平。这正是近70年来长江中下游河道整治从认识到实践，再到认识，再到实践不断提升的过程。经过不懈的努力，才有了今天长江中下游基本稳定的河势、安全的堤岸和较为畅通的航道，才保证了一方人民的安宁，促进了经济、社会的快速发展。

从20世纪60年代开始，河道整治的基本理论和关键技术的研究手段，除传统的理论分析、数理统计外，还引入了河流数值模拟、河流实体模型模拟和水槽试验等，通过理论创新和关键技术研究的创新，解决了长江中下游河道整治工程中的重点和难点问题，河道整治工程实践则是对河道整治基本理论和关键技术的检验。本书将这三部分内容分为三篇进行阐述。

本书的第1章绪论，介绍半个世纪以来，长江中下游河道整治理论与技术研究历史和工程实践的历程。第一篇河道整治基本理论，为本书的理论成果部分，分为四章。第2章河道水沙运动规律，总结几十年来长江中下游河道水沙运动特性、阻力特性、泥沙起动与输移规律，以及不连续与连续宽级配床沙输移特性等方面的研究成果；第3章河道演变规律，重点介绍下荆江蜿蜒型河道与中下游分汊型河道的形成原因，以及顺直型、蜿蜒型与分汊型河道演变的基本规律，河道平面形态指标、河型判据，并分析三峡工程蓄水运用前后河床稳定性的变化；第4章近岸河床变化规律及护岸工程破坏机理，系统论述不同河型河道自然条件下的近岸河床变化规律和守护条件下的近岸河床变化规律，以及不同结构护岸工程实施后的破坏机理；第5章河道整治基本问题，通过大量的研究和实践，逐步形成长江中下游不同类型河道的整治原则与思路，这些河道的整治原则与思路最终通过规划和设计指导长江中下游的河道整治实践。第二篇河道整治关键技术，为本书的技术研究成果部分，分为三章。第6章不同河型河道的河势控制关键技术，在第一篇河道整治基本理论研究成果的基础上，通过分析典型河道的形成条件和演变规律，结合工程实践中的经验，并通过大量的数值和实体模型试验，逐步形成长江中下游顺直型河道、蜿蜒型河道与分汊型河道的河势控制关键技术；第7章河道多目标协调综合整治，分别介绍以防洪和航运、城市河段综合利用和洲滩控制为主要目标的河道综合整治工程的关键技术；第 8 章护岸工程关键技术，总结不同河势条件、崩岸强度和地质条件下护岸工程的平面和断面布置形式，不同结构形式护岸工程的设计准则和方法。第三篇河道整治工程实践，分为四章，是对第二篇河道整治关键技术在实践中应用的验证。第 9 章河势控制工程实施与效果，分顺直型河道、弯曲型河道和分汊型河道选取不同的典型工程对工程目的、设计方案、实施过程和整治效果等进行分述；第 10 章重点河段河道综合整治工程实施与效果，对以防洪和航运、城市河段综合利用、洲滩控制为主要目标的三类综合整治工程的效果进行详细分析；第 11 章护岸工程实施与效果，护坡工程以砌石、混凝土预制块和淤泥质岸坡为例，护脚工程以散粒体、排体和刚性体为例对护岸工程实施与效果进行分析；第 12 章长江中下游河道整治基本经验及展望，总结长江中下游河道整治长期实践以来的经验得失，并展望未来的河道整治方向。

作者邀请了中国工程院郑守仁院士、胡春宏院士为本书作序，荣幸之至！本书撰写过程中得到了长江勘测规划设计研究院、武汉大学水利水电学院等单位的大力支持，徐海涛、陈前海、郑承泰等同志提供了部分材料和图表，在此一并致以诚挚的谢意！

本书第 1 章由卢金友撰写，第 2 章由卢金友、黄莉、徐海涛撰写，第 3 章由黄莉、卢金友撰写，第 4 章由姚仕明、黄莉撰写，第 5 章由卢金友、姚仕明撰写，第 6 章由渠庚、丁兵、黄莉撰写，第 7 章由丁兵、渠庚、黎礼刚撰写，第 8 章由丁兵、卢金友撰写，第 9 章由渠庚、陈前海、杨光荣撰写，第 10 章由姚仕明、何勇、杨光荣撰写，第 11 章由杨光荣、陈前海撰写，第 12 章由卢金友撰写。本书得到国家重点研发计划项目“长江泥沙调控及干流河道演变与治理技术研究”（2016YFC0402300）与国家自然科学基金重点项目“三峡水库下游河床冲刷与再造过程研究”（51339001）的资助，特此致谢！

限于作者水平，书中难免存在疏漏和不足之处，敬请读者批评指正。

作　者

2019 年 5 月 4 日于武汉

目录

第一篇 河道整治基本理论

第二篇 河道整治关键技术

第三篇　河道整治工程实践

第1章　绪　　论

长江中下游干流河道承担着泄流、航运、水沙资源和岸线开发利用及生态载体等多重功能，两岸是长江流域经济最为发达的区域，在我国国民经济与社会发展中具有十分重要的作用。本章简要介绍长江中下游干流河道河型、边界及支流等基本情况，长江中下游河道整治的重要地位，1949 年 10 月以来河道治理研究与实践的长期历程。

1.1　长江中下游河道基本情况

长江是我国第一大河，流域面积为 180 万 km^2，干流河道全长 6 300 余千米，以宜昌为界，以上为长江上游，长约 4 500 km，流域面积为 100 万 km^2，以下为长江中下游。长江中下游干流河道自宜昌至河口全长约 1 893 km，区间流域面积为 80 万 km^2，流经湖北、湖南、江西、安徽、江苏及上海 6 省（直辖市），以江西鄱阳湖湖口为界分为中游、下游。湖口以上的长江中游干流河长约 955 km，其中枝城至洞庭湖出口的城陵矶称为荆江河段，长约 340 km，是长江中下游防洪形势最为严峻的河段，素有“万里长江，险在荆江”之称。荆江又以藕池口为界分为上荆江、下荆江。湖口以下的长江下游干流河道长约 938 km。长江中下游干流河道流经宽阔的冲积平原，沿程河型多样，有顺直型、弯曲型、蜿蜒型和分汊型河道四大类，以分汊型河道为主，其长度约占长江中下游干流河道总长度的 65%以上，分汊型河道越往下游越发育。沿程河床边界条件各不相同，各类河型河道演变特点各异。

宜昌至枝城河段长约 61 km，是山区河流进入平原河流的过渡段，两岸主要是侵蚀低山丘陵、河流阶地和河漫滩；河床由卵石夹沙或沙夹卵石组成，1～10 mm 砾卵石基本缺失，为不连续宽级配床沙，据三峡工程蓄水运用前的 1981～1995 年 7 次取样资料可知，平均床沙中值粒径约为 0.234 mm；河道平面形态和洲滩格局长期以来基本不变，河势相对稳定。枝城至藕池口的上荆江，为弯曲分汊型河道，其中枝城至江口河段的河床、河岸及演变特点与枝城以上河段类似。江口至藕池口河段两岸大部分为冲积平原，由卵石、沙、黏性土壤组成，下部卵石层顶板约以 2‰的坡降向下游倾斜，中部沙层顶板高程较低，一般在枯水位以下，以细沙为主，上层黏性土层较厚，一般为 8～16 m，以粉质壤土为主，夹黏土和沙壤土；河床组成为中细沙，卵石仅在个别地方及护岸工程的局部冲刷坑出露，三峡工程蓄水运用前平均床沙中值粒径约为 0.2 mm；河段左岸为荆江大堤，深泓逼岸，防洪形势险要，河道演变的特点是弯道凹岸崩坍，江心洲的弯道内主支汊冲淤变化，兴衰交替。藕池口至城陵矶的下荆江，自然条件下属典型的蜿蜒型河道，河岸大部分为现代河流沉积物组成的二元结构，下部沙层顶板高程较高，一般位于枯水位以上，以中细沙为主，厚度一般在 30 m 以上，上部为河漫滩相的黏土层，厚度较上荆江的薄，一般厚 3～14 m，以粉质黏土和粉质壤土为主，河岸抗冲性较上荆江弱；河床由中细沙组成，三峡工程蓄水运用前平均床沙中值粒径约为 0.165 mm，卵石层深埋床面以下；河道平面形态蜿蜒曲折，泄洪不畅，演变的特点是凹岸崩坍，凸岸边滩淤长，并可能发生撇弯切滩或自然裁弯。三峡工程蓄水运用前荆江枝城至陈家湾河段、陈家湾至沙市河段和沙市至调弦口河段多年平均水面比降为 0.607‱、0.353‱和 0.399‱，其中陈家湾以上河段汛期比降大于枯水期，陈家湾以下河段汛期比降小于枯水期。城陵矶以下河段经过长期的造床过程，形成藕节状宽窄相间的分汊型河道，河岸大部分为冲积平原，有少量的河流阶地、丘陵和低山，以及河床洲滩，河岸组成有土质、土沙质、沙质和基岩质四类，以沙质岸坡居多；节点是城陵矶以下河段的一种典型的河谷地貌，右岸 68 个，左岸 20 个；河床组成一般为细沙和极细沙，局部河床深泓有砾卵石裸露，床沙组成沿程变化较小；该河段河道高水比降均大于低水比降，三峡工程蓄水运用前多年平均水面比降城陵矶至湖口河段为 0.216‱，湖口至安庆河段为 0.213‱，安庆至大通河段为 0.191‱；河道演变的主要特点是，崩岸频繁发生，汊道冲淤、兴衰呈周期性变化规律。

长江中下游干流河道两岸支流、湖泊众多，江湖关系复杂。枝城以上右岸有清江入汇，荆江河段右岸有松滋口、太平口、藕池口、调弦口（其中调弦口已于 1959 年建闸控制）四口分流入洞庭湖，与洞庭湖水系的湘江、资江、沅江、澧水四水汇合，再经洞庭湖调节后，于城陵矶汇入长江，构成了复杂的江湖关系；城陵矶以下主要有汉江等支流及鄱阳湖水系、巢湖水系、太湖水系入汇。

根据 2016 年水利部批复的《长江中下游干流河道治理规划（2016 年修订）》（长江水利委员会，2016），长江中下游干流河道划分为 30 个河段，其中将河段内分布有重要堤防、城市、港口或重点工程，在国民经济建设中有重要作用和影响，已确定为重点开发区，或者综合利用价值较大，或者在防洪、航运、水资源利用等方面存在的问题与矛盾较突出，需要抓紧治理的河段确定为重点河段，即有宜枝、上荆江、下荆江、岳阳、武汉、鄂黄、九江、安庆、铜陵、芜裕、马鞍山、南京、镇扬、扬中、澄通和长江口共 16 个河段，其他 14 个河段确定为一般河段。按照“因地制宜、因势利导，统筹兼顾、突出重点，生态优先、绿色发展，远近结合、分期实施”的规划原则，分别对重点河段和一般河段的治理进行了系统规划，通过采取工程与非工程措施相结合的手段进行系统治理，达到控制和改善河势、保障防洪安全、维系优良生态、促进航运发展的目的。

1.2 长江中下游河道整治的重要性

长江中下游干流河道沿江有武汉、南京、上海等重要城市，是长江流域经济最为发达的区域，拥有沟通我国腹地东、中、西部的“黄金水道”之称，承担着泄流、航运、水沙资源和岸线开发利用及生态载体等多重功能，在长江中下游地区国民经济与社会发展中具有十分重要的作用。河道两岸支流、湖泊众多，江湖关系复杂，沿程河型多样，自然条件下河道演变剧烈，主要存在以下问题：江岸崩坍严重，威胁防洪大堤安全和两岸工农业及港口设施的正常运行，据不完全统计，长江中下游近 1 900 km 的干流河道两岸崩岸线长达 1 500 余千米，约占岸线总长的 42%，影响河势稳定、防洪安全、航道稳定、岸滩利用和涉水工程运行安全；部分河段河道泄洪不畅；局部河段河势很不稳定；有些河段主流摆动，浅滩变化频繁，碍航严重；有些河段淤积严重，影响港口、码头和泵站的正常运行；等等。因此，针对河道演变带来的问题系统地开展长江中下游河道整治研究具有重要意义。

长江水利委员会（1956～1988 年称长江流域规划办公室）成立之初（1950 年 2 月成立）确定将防洪作为治江事业的头等大事，并在 1959 年正式编制的《长江流域综合利用规划要点报告》（长江流域规划办公室，1959）中将长江中下游平原区防洪划分为三个阶段：第一阶段主要依靠堤防的适当加高加固及充分利用分蓄洪工程，以基本消灭普通洪灾，提高重点地区的防洪标准，少数支流兴建大型水库防止毁灭性洪灾；第二阶段继续兴建干支流水库，并充分利用平原区已有的防洪措施，进一步提高防洪标准，重点地区逐步达到防御 1954 年洪水的标准；第三阶段兴建更多的山谷水库，逐步取代分蓄洪工程。在河道整治方面，提出了以航运为主的干流航道整治与南北运河规划方案。1960 年又编制完成了《长江中下游河道整治规划要点报告》（长江流域规划办公室，1960），进一步明确细化了河道和航道整治方案。围绕以防洪为中心的治江三阶段目标，1980 年后长江水利委员会会同相关部门和沿江省市按照“蓄泄兼筹，以泄为主”的方针和“江湖两利，左右岸兼顾，上中下游协调”的原则，进行了大规模的堤防工程建设和三峡等干支流控制性水库的建设，逐步形成了以堤防为基础，以三峡工程为骨干，干支流水库、蓄滞洪区、河道整治等配套的工程和非工程措施组成的综合防洪体系，这期间长江科学院作为长江水利委员会的科技支撑单位全面承担或参与了长江中下游的堤防和河道整治工程的前期研究及后期建设工作。

针对长江中下游河道复杂的边界条件、水沙运动与河道演变特征，如何进行河道整治使之达到预期效果涉及一系列关键科学技术难题。在早期的河道整治工程实践过程中，受到边界条件变化不确定、对水沙运动规律与河道演变规律认识不深入和某些河道整治关键技术尚未全面攻克的限制，存在实施的河道整治工程难以达到预期治理效果的情况。三峡工程蓄水运用后，长江中下游河道的来水来沙条件发生了较大变化，河道演变随之更加复杂多变，河道整治面临的技术难题更加复杂多样。因此，系统开展长江中下游河道整治基本理论、关键技术及工程效果等方面的研究，不仅在理论上和技术上指导了河道整治实践，为河势稳定、防洪安全、航道畅通与涉水工程的正常运行等提供了可靠保障，而且有力地促进了河流动力学、河床演变与整治等学科的发展。

1.3 研究与实践历程

1949 年 12 月，长江水利委员会组建之初就提出以“防洪为重点，抓紧堤防建设，兴建沿江排灌涵闸，开辟分蓄洪区，同时积极研讨长江的治理计划”为中心任务。为此，1956 年，长江科学院成立了水工研究室河工组，它的主要任务是落实长江水利委员会的“堤防建设”“积极研讨长江的治理计划”中心工作，河工组首先开展了荆江河道演变及整治的试验研究工作，后来研究工作范围逐步扩展到长江中下游和水库枢纽等。1956～1975 年，长江科学院河道整治研究工作的任务以下荆江的系统裁弯方案试验研究及裁弯后的新河守护试验和实践为重点，同时开展了下游大通至南京河段河势控制的前期研究等工作，研究成果对于指导下荆江系统的裁弯和新河守护具有重要的意义。

1975～1989 年，长江中下游的护岸工程从经济和实用的角度出发，是用“守点顾线”的河势控制理念确保堤防的防洪安全而进行的，因而护岸及抛石守护是研究工作的重点。在此期间，长江科学院在护岸的基本理论、护岸关键技术研究和具体河段的规划上取得了一系列研究成果，对指导该时期长江中下游护岸工程的规划、设计和施工发挥了关键性的作用。为及时总结与交流长江中下游护岸工程的研究成果和实践经验，长江水利委员会分别于 1975 年、1981 年、1985 年和 1989 年召开了长江中下游护岸工程经验交流会，长江科学院是经验交流会的具体承办单位、技术依托单位和研究成果的推广单位。

1989 年后，沿江经济发展迅速，河道综合整治需求上升，国家和地方经济实力增强，长江中下游河道治理从以河势控制为主转变为河势控制、河道综合整治及一般崩岸整治三种类型并举。1990 年长江科学院参与编制完成的《长江流域综合利用规划简要报告（1990 年修订）》提出了长江中下游干流“以防洪、航运与岸线利用为主要目标的河道治理规划”的规划思路，规划正式确立了防洪、航运和岸线利用三大目标为今后河道整治的主要目标，其中防洪为首要整治目标，航运次之，岸线利用再次之。在河道具体整治方案的技术方案中控制洲滩十分重要，因此将洲滩控制的技术方案作为单列整治目标进行研究，后期把抑制三峡工程修建后“清水”下泄引起的荆江河床下切作为新增加的河道整治目标。这样就形成了本书第二篇河道整治关键技术中第 7 章河道多目标协调综合整治的四个方面的主要内容：以防洪和航运为主要目标的河道综合整治；以城市河段综合利用为主要目标的河道综合整治；以洲滩控制为主要目标的河道综合整治；“清水”冲刷条件下河道的河势控制。

1993 年，第五次长江中下游护岸工程经验交流会改名为“长江中下游第五次河道整治和管理经验交流会”，这次更名和后期的规划也体现了这一思路的转变。长江科学院在这一阶段提出了护岸工程的关键技术总结性成果——《长江中下游护岸工程技术要求（试行稿）》（长江水利委员会，1992），以此指导沿江开展的大规模护岸工程建设，同时研究提出了《长江中下游河势控制应急工程规划报告》（长江水利委员会，1993），以及中下游多个河段的综合整治方案研究成果。这些成果在指导后期的荆江河势控制工程，武汉河段、界牌河段、镇扬河段等综合整治工程方案的科学论证、科学设计和科学施工等方面发挥了决定性作用。

1993～2001年，长江科学院、长江勘测规划设计研究院作为科研单位和技术牵头单位全面负责长江中下游干流河道治理研究及规划编制工作，其间以前期研究为基础，通过河道演变分析、河工模型试验和数学模型计算等多种手段重点论证了重点河段与一般河段的河道治理方案。成果纳入《长江中下游干流河道治理规划报告》（长江水利委员会，1997），方案在后期得到具体实施。为适应1998年大洪水后长江中下游开展的大规模堤防及隐蔽工程建设，长江科学院全面总结了护岸工程研究成果和实践经验，提出了另一关键技术总结性成果——《长江中下游平顺护岸工程设计技术要求（试行稿）》（长江科学院，2000），长江水利委员会将此要求作为规范性文件在沿江各地执行，成为此后长江中下游护岸工程设计、施工、运行管理的主要依据；2001年第六次长江中下游护岸工程经验交流会命名为“长江护岸工程（第六届）及堤防防渗工程技术经验交流会”，会议的技术承办单位仍为长江科学院，会议全面总结了20世纪90年代特别是1998年大洪水后的护岸工程及堤防防渗工程的研究和实践成果。

2001年至今，尤其是2003年以来，三峡工程蓄水运用后的坝下游河道冲刷问题日渐突出，护岸工程新技术、新材料开始推广应用，长江科学院为解决新的问题，运用多种手段深入研究了三峡工程蓄水运用以来坝下游河道的冲淤演变规律，并对护岸工程的破坏机理和护岸工程的技术参数等开展了进一步深入的研究，对护岸的新材料、新工艺及河道整治的一些关键技术问题等进行了新一轮的深入研究，这些研究成果为后期的河道整治和三峡工程建成后荆江河势控制应急工程的设计与实施提供了科学的依据，研究成果纳入了《长江中下游干流河道治理规划（2016年修订）》（长江水利委员会，2016）中，同时也成为《长江流域综合规划（2012～2030年）》（长江水利委员会，2012）、《长江中下游干流河道采砂规划》（长江水利委员会，2009）、《长江流域防洪规划》（长江水利委员会，2008a）、《长江口综合整治开发规划》（长江水利委员会，2008b）等规划的重要技术支撑。

在各阶段研究成果和规划的指导下，长江中下游干流河道进行了长期的治理，主要治理工程如下：20世纪50～60年代河道治理主要是围绕重点堤防和重要城市的防洪要求而开展的护岸工程建设；60年代后期～70年代，在下荆江实施了系统裁弯工程，对部分趋于萎缩的支汊如安庆河段的官洲西江、扁担洲右夹江、玉板洲夹江，铜陵河段的太阳洲、太白洲水域，南京河段的兴隆洲左汊进行了封堵；80年代以后主要进行了界牌河段、马鞍山河段、南京河段、镇扬河段等部分重点河段的治理；1998年大洪水后，党中央、国务院针对1998年洪水中暴露的问题，及时作出了灾后重建、整治江湖、兴修水利的重大决策，投巨资进行防洪工程建设，在全面加高、加固长江中下游干流堤防的同时，对直接危及重要堤防安全的崩岸段和部分河势变化剧烈的河段进行了治理；2003年后，为应对“清水”下泄对中下游防洪、河势等方面可能带来的影响，先后实施了荆江河段河势控制应急整治工程、列入《三峡后续工作总体规划》中的长江中下游重点河段河势及岸坡影响处理项目、列入国务院确定的172项节水供水重大水利工程中的崩岸重点治理项目；2008年，国务院批复了《长江口综合整治开发规划》（长江水利委员会，2008b），在规划的指导下，实施了徐六泾节点及白茆沙河段整治工程、南北港分流口整治工程、长江口深水航道治理工程、部分岸线调整及滩涂圈围工程。

参 考 文 献

长江科学院, 2000. 长江中下游平顺护岸工程设计技术要求（试行稿）[R]. 武汉: 长江科学院.

长江流域规划办公室, 1959. 长江流域综合利用规划要点报告[R]. 武汉: 长江流域规划办公室.

长江流域规划办公室, 1960. 长江中下游河道整治规划要点报告[R]. 武汉: 长江流域规划办公室.

长江水利委员会, 1992. 长江中下游护岸工程技术要求（试行稿）[R]. 武汉: 长江水利委员会.

长江水利委员会, 1993. 长江中下游河势控制应急工程规划报告[R]. 武汉: 长江水利委员会.

长江水利委员会, 1997. 长江中下游干流河道治理规划报告[R]. 武汉: 长江水利委员会.

长江水利委员会, 2008a. 长江流域防洪规划[R]. 武汉: 长江水利委员会.

长江水利委员会, 2008b. 长江口综合整治开发规划[R]. 武汉: 长江水利委员会.

长江水利委员会, 2009. 长江中下游干流河道采砂规划[R]. 武汉: 长江水利委员会.

长江水利委员会, 2012. 长江流域综合规划(2012～2030 年)[R]. 武汉: 长江水利委员会.

长江水利委员会, 2016. 长江中下游干流河道治理规划（2016 年修订）[R]. 武汉: 长江水利委员会.

第一篇 河道整治基本理论

近 70 年来，通过大量的原型观测资料分析、现场调查研究、室内试验与理论阐释等方法与技术手段，对长江中下游河道水沙运动、河道演变与整治的基本理论问题进行了系统研究，取得了大量创新性成果，揭示了长江中下游河道水流泥沙运动规律与不同河型河道演变的基本规律，提出了适合于长江河道的泥沙起动流速、长江中下游河道水流挟沙能力和不连续宽级配床沙推移质输沙率等的计算公式；阐释了长江中下游不同河型河道的形成条件；提出了表征河道平面形态的指标、河型判据及不同河型的河床稳定性；分析、揭示了自然条件下及守护条件下近岸河床的变化规律，并通过水槽试验研究揭示了不同材料及结构形式（散粒体、排体及刚性体）的护岸工程的破坏机理；基于理论与实践成果总结、提出了长江中下游河道整治的原则与思路。这些研究成果丰富了河流动力学与河床演变学的内容，有力地促进了河流泥沙动力学、河床演变学等学科的发展，为长江中下游河道整治研究与实践提供了理论基础。

第 2 章　河道水沙运动规律

长江科学院自 20 世纪 50 年代以来，系统研究了河道水流泥沙的运动规律。本章重点介绍天然河道水流紊动特性、水流阻力特性、泥沙起动规律、水流挟沙能力、悬移质泥沙输移特性、不连续宽级配床沙输移特性，以及弯曲型河道和分汊型河道水沙运动规律等方面的研究成果。

2.1　水流紊动特性

天然河流中的水流绝大多数为紊流，许多工程中的流体力学问题都应当用紊流理论进行求解。早在 2002 年，长江科学院联合长江三峡水文水资源勘测局利用声学多普勒流速剖面仪（acoustic doppler current profilers，ADCP）在长江干流选取天然河道微弯段（长江干流黄陵庙水文观测断面）、突变段（长江三峡工程导流明渠出口断面）、河口感潮段（长江口徐六泾水文测流断面）进行了三维脉动流速观测，分别研究了准定常、准平衡小偏离水流状态（卢金友 等，2005a），非平衡大偏离水流状态（徐海涛 等，2005），以及强潮非恒定、非平衡水流状态的紊动特性（卢金友 等，2005b），并以准定常、准平衡小偏离水流状态为例，对在不同河道边界条件下实测垂线时均流速是否服从指数与对数分布进行了分析。

2.1.1　天然河流水流紊动观测概况

1. 长江干流黄陵庙水文观测断面

长江干流黄陵庙水文站位于长江上游尾段西陵峡河段，下距葛洲坝枢纽约 31 km，上距三峡工程约 6 km，为三峡水利枢纽的出库水文观测站。长江干流黄陵庙水文观测断面水面宽 500～550 m，中泓水深 50～70 m，见图 2.1。本河段为一般天然微弯河道，基本满足准定常、准平衡小偏离水流状态，具有广泛的代表性。

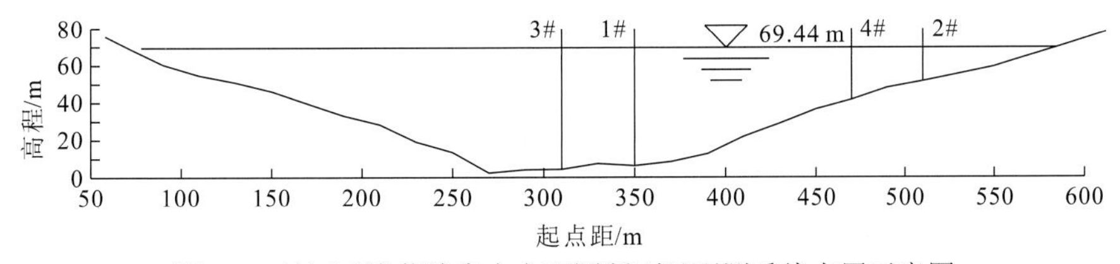

图 2.1　长江干流黄陵庙水文观测断面及观测垂线布置示意图

利用ADCP在长江干流黄陵庙水文观测断面分别对高水期(流量分别为30 000 m^3/s、42 200 m^3/s)、中水期（流量为11 200 m^3/s）的中泓和近岸区不同垂线的脉动流速进行了观测。观测中按照空间正交坐标系采集数据，沿河道水流方向为x轴，水流流向下游为正；垂直于x轴的水平方向为y轴，面向下游，流向左侧为正；垂直于x、y轴的铅垂方向为z轴，水流流向上为正（各个河段及水槽试验的观测均按这一约定进行)。每组观测数据包括测点水深h_0、纵向流速u_x、横向流速u_y、垂向流速u_z等，各次观测时的河段水力因子见表2.1。由于采样时间间隔Δt最短为0.5 s，根据ADCP的性能，超声波的发射频率为300 Hz，采集到的数据不是瞬时值，而是所设定的Δt范围内多次采样的平均值。

表2.1　长江干流黄陵庙水文观测断面水流紊动观测时的河段水力因子

项目	观测垂线编号					
	H1#-1	H2#-1	H1#-2	H2#-2	H3#	H4#
观测时间/（年-月-日）	2002-08-27	2002-08-27	2002-08-15	2002-08-15	2002-10-03	2002-10-03
水温/℃	23.2	23.2	23.8	23.8	22.4	22.4
起点距/m	350	510	350	510	310	470
观测时间间隔/s	2.47	2.27	2.00	2.00	0.57	0.57
观测历时/h	1.07	0.68	1.00	0.60	1.00	1.00
流量/（m^3/s）	30 000	30 000	42 200	42 200	11 200	11 200
水位（吴淞高程）/m	67.87	67.87	69.08	69.08	66.21	66.21
水深/m	60.63	17.10	63.20	17.80	60.87	25.90
过水断面面积/m^2	17 922	17 922	18 530	18 530	17 092	17 092
水面宽/m	504	504	511	511	495	495
断面平均水深/m	35.53	35.53	36.26	36.26	34.50	34.50
湿周/m	525.6	525.6	531.4	531.4	515.9	515.9
水力半径/m	34.10	34.10	34.87	34.87	33.13	33.13
水面比降/‰	0.102	0.102	0.181	0.181	0.019	0.019
断面平均流速/（m/s）	1.674	1.674	2.277	2.277	0.655	0.655
摩阻流速/（m/s）	0.185	0.185	0.249	0.249	0.078	0.078
雷诺数/10^7	6.3	6.3	9.0	9.0	2.4	2.4
床沙粒径d_{90}/mm	0.355	0.401	0.313	0.876	0.331	0.251

2. 长江三峡工程导流明渠出口断面

长江三峡工程导流明渠出口断面位于三峡水利枢纽下游西陵长江大桥桥址断面附近。该断面水面宽1 000～1 500 m，中泓水深30～40 m，见图2.2。断面所在河段从上游至下游突然放宽，代表突变性河段的非平衡大偏离水流状态。

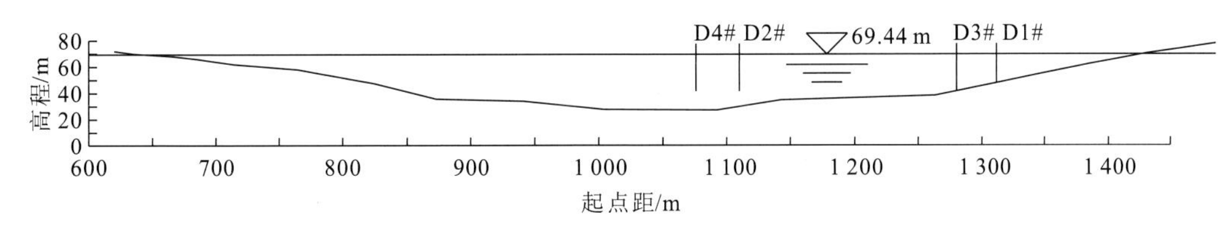

图 2.2　长江三峡工程导流明渠出口断面及观测垂线布置示意图

利用 ADCP 在长江三峡工程导流明渠出口断面分别对高水期（流量为 29 000 m^3/s）、中水期（流量为 18 000 m^3/s）的中泓和近岸区垂线的脉动流速进行了观测。各次观测时的河段水力因子见表 2.2。观测中Δt 最短为 1.0 s，采集到的数据是设定的Δt 范围内多次采样的平均值。

表 2.2　长江三峡工程导流明渠出口断面水流紊动观测时的河段水力因子

项目	观测垂线编号			
	D1#	D2#	D3#	D4#
观测时间/（年-月-日）	2004-07-10	2004-07-10	2004-09-14	2004-09-14
流量/（m^3/s）	18 000	18 000	29 000	29 000
水深/m	21.90	37.65	25.90	38.40
水温/℃	24.8	24.8	23.0	23.0
观测位置	近岸区	中泓	近岸区	中泓
观测时间间隔/s	1.1	1.1	1.9	1.9
观测历时/h	0.57	0.57	0.50	1.13

3. 长江口徐六泾水文测流断面

长江口徐六泾水文测流断面位于长江口河段的进口，受潮汐和径流双重影响，代表天然河流河口感潮段强潮非恒定、非平衡水流状态。断面水面宽 2 000～4 000 m，中泓水深 30～40 m，见图 2.3。

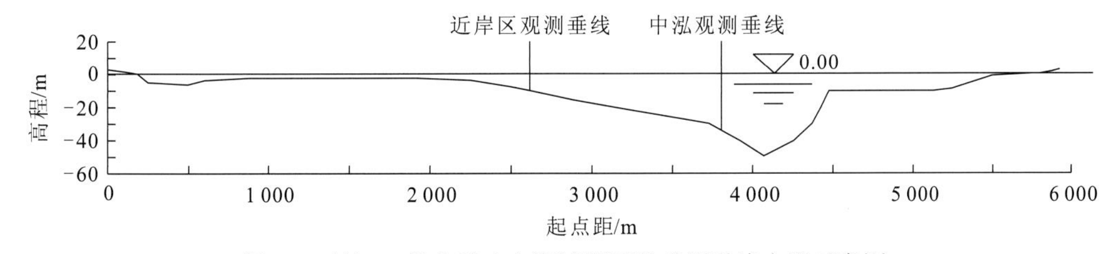

图 2.3　长江口徐六泾水文测流断面及观测垂线布置示意图

利用 ADCP 在长江口徐六泾水文测流断面分别对涨潮、落潮时中泓与近岸区垂线的流速进行观测。各次观测时的河段水力因子见表 2.3。采样时间间隔 Δt 最短为 1.34 s。采集到的数据是设定的 Δt 范围内多次采样的平均值。

表 2.3　长江口徐六泾水文测流断面水流紊动观测时的河段水力因子

项目		观测垂线编号							
		X1#	X2#	X3#	X4#	X5#	X6#	X7#	X8#
观测时间	年-月-日	2002-12-05	2002-11-29	2002-12-06	2002-11-28	2002-12-05	2002-12-12	2002-12-06	2002-12-06
	时：分	21：12	6：14	14：54	21：23	20：31	15：23	13：35	15：36
大通站流量/（m^3/s）		17 600	20 300	17 400	21 200	17 600	18 400	17 400	17 400
垂线平均水深/m		9.59	9.59	5.39	9.59	16.94	23.23	24.29	24.29
水温/℃		13.42	13.92	13.29	14.60	13.41	10.98	13.25	13.31
观测位置		近岸区	近岸区	近岸区	近岸区	中泓	中泓	中泓	中泓
观测时间间隔/s		3.23	1.34	3.23	1.34	3.23	3.01	3.23	3.23
观测历时/h		0.67	0.55	0.58	0.56	0.44	1.86	1.04	1.39
潮位		落急	落憩	涨急	涨憩	落急	落憩	涨急	涨憩

注：徐六泾流量用上游大通站流量代替。

2.1.2　准定常、准平衡小偏离水流状态的紊动特性

1. 水流紊动的准周期性

不同垂线各点流速的脉动过程线基本类似（图 2.4、图 2.5），大尺度紊动具有大小不同的准周期。对于确定的测点，长历时观测的平均流速值出现的时间间隔最短，在平均流速值上增加或减少同样数值的流速出现的时间间隔都增大，且增大幅度接近。所有的脉动过程线都反映出大尺度紊动过程可分解为不同周期的周期函数，即正弦函数和余弦函数。大尺度紊动可以看成具有不同涡旋、不同紊动周期的谐波的叠加。

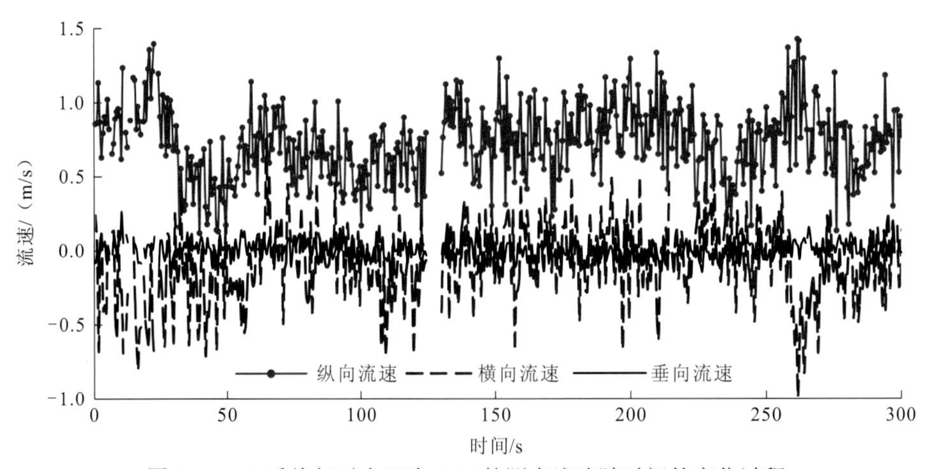

图 2.4　H3#垂线相对水深为 0.04 的测点流速随时间的变化过程

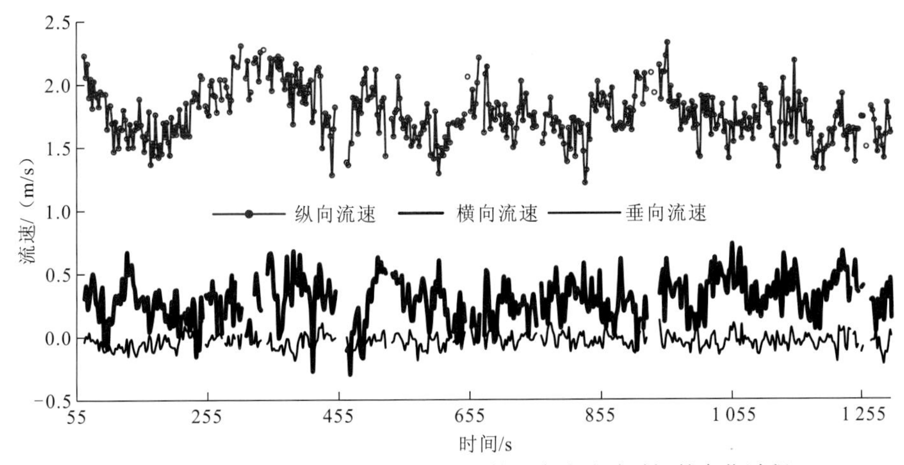

图 2.5　H1#-1 垂线相对水深为 0.92 的测点流速随时间的变化过程

2. 脉动流速的概率分布

天然河流中自由紊流区瞬时流速的概率密度函数可近似用正态分布来描述，即

$$f(u)=\frac{1}{\sqrt{2\pi}\sigma_u}\mathrm{e}^{-\frac{(u-\bar{u})^2}{2\sigma_u^2}} \tag{2.1}$$

式中：$f(u)$为瞬时流速 u 的概率密度函数；$\bar{u}$ 为瞬时流速 u 的时均值，m/s；σ_u 为瞬时流速 u 的均方差。天然河流中近壁强剪切紊流区的瞬时流速的概率密度函数为偏态分布，从图 2.6 中相对水深为 0.03 的测点的经验频率曲线与理论频率曲线的对比可以看出，两者相差较大。随水深的增加，横向和垂向各测点的时均流速逐渐向零值逼近，各测点瞬时流速的均方差逐渐变大，但相对水深为 0.03 的测点的均方差又朝反向变小（图 2.7）。

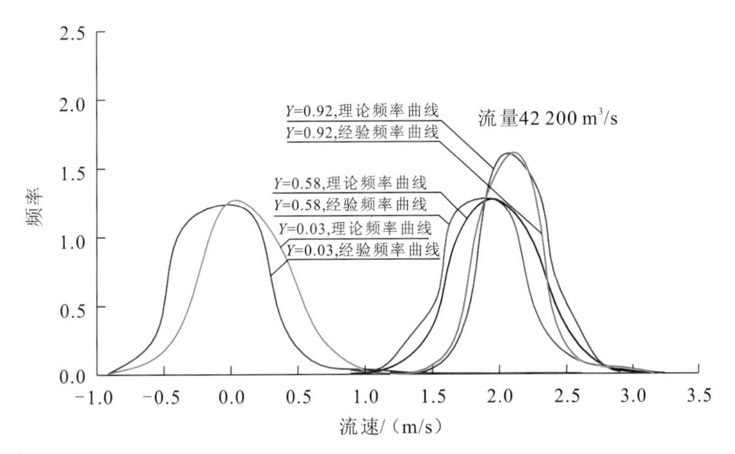

图 2.6　H1#-2 垂线各测点纵向瞬时流速经验频率曲线与理论频率曲线的比较

$Y=y/h$ 为相对水深；y 为垂线测点水深，从河底算起；h 为垂线水深

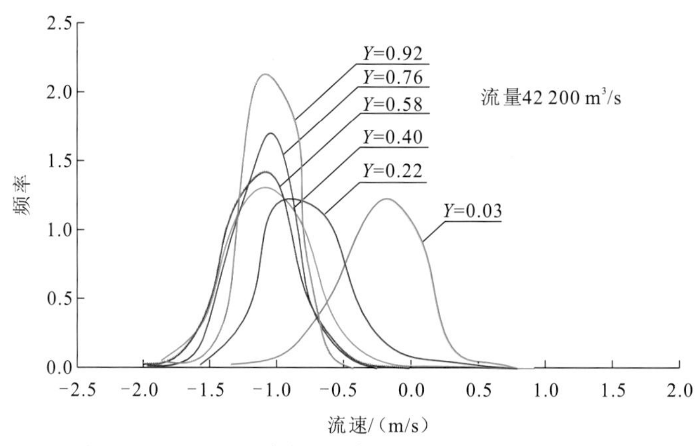

图 2.7　H1#-2 垂线各测点横向瞬时流速的频率曲线

3. 时均流速沿垂线的分布

天然微弯河道各区域垂向时均流速值很小，沿垂线的分布很均匀，可以用指数流速分布公式描述；主流区横向时均流速值较大，沿垂线的分布不均匀，近岸区垂线的横向时均流速值较小，沿垂线的分布比较均匀。垂线上最大横向时均流速值不在水面，而是出现在水面以下，沿垂线的分布与指数流速分布公式有一定的差别；纵向时均流速值最大，沿垂线的分布不均匀，与指数流速分布公式计算值相对接近，与对数流速分布公式计算值相差较大。

拟合的指数流速分布公式为

$$\bar{u}_y = u_{\mathrm{cp}} \cdot (1+m)\left(\frac{y}{h}\right)^m \tag{2.2}$$

式中：$\bar{u}_y$ 为垂线上相应于水深为 y 的点的时均流速，m/s；u_{cp} 为垂线平均流速，m/s；h 为垂线水深，m；m 为指数，一般取 $m=1/7$。

拟合的对数流速分布公式为

$$\frac{\bar{u}_y}{u_*} = 5.75 \cdot \lg\left(\frac{30.2y\chi}{K_{\mathrm{s}}}\right) \tag{2.3}$$

式中：u_*为摩阻流速，m/s；K_{s} 为糙率尺度值，一般取为床沙级配曲线中的 d_{90}；χ 为校正值，是 K_{s}/δ 的函数，δ 为层流层的厚度，m。

4. 水流紊动强度

通常，脉动流速（u_i'）的均方根为水流紊动强度，即 $\sigma_{u_i} = \sqrt{\overline{u_i'^2}}$ 。紊动强度与相应时均流速（$\bar{u}_i$）的比值为紊流的相对紊动强度，即 $\Delta = \sqrt{\overline{u_i'^2}}\big/\bar{u}_i$。观测结果表明，纵向紊动强度最大，沿垂线最大值出现在近底区，向上、向下紊动强度均减小，近底区紊动强度随水深变化的梯度最大，相对水深为 0.4～1.0，紊动强度近似为线性变化（图 2.8）；横向紊动强度沿垂线分布的形态与纵向紊动强度类似，只是数值略小；垂向紊动强度最小，为前两者的 1/4～1/3，沿垂线分布比较均匀。

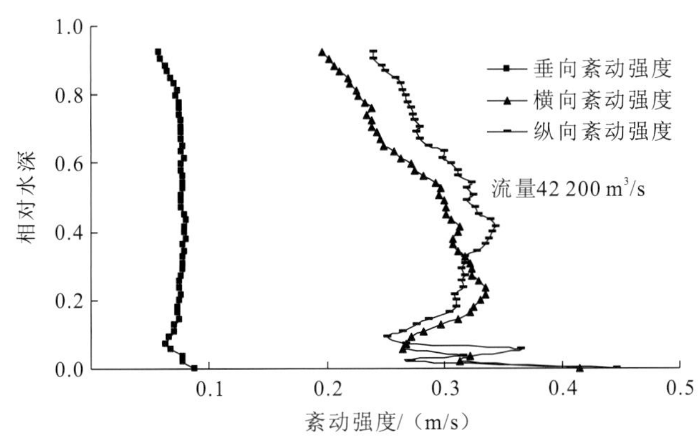

图 2.8　H1#-2 垂线紊动强度沿垂线的分布

相对紊动强度沿垂线的分布因观测垂线位置的不同而表现出不同的形态。近中泓的 H1#-2 垂线的相对紊动强度在相对水深 0.1 以上近似为线性分布，纵向、垂向相对紊动强度沿垂线分布非常均匀，并且三个方向的相对紊动强度均小于 1；近底区相对紊动强度先大幅度增加，达到最大值后复减小，到河底为 0。而近岸区的 H4#垂线在 0.1 以上相对水深范围内，横向、垂向相对紊动强度自水面向下逐渐变小，在相对水深为 0.2～0.4 的位置达到最小值，然后急剧增大，在近底处达到最大值；在 0.1 以上相对水深范围内，横向、垂向相对紊动强度均大于 1，但纵向相对紊动强度在主流区相对水深为 0.2～1.0 时分布很均匀，其值较横向、垂向相对紊动强度小得多（图 2.9）。近壁区横向、垂向相对紊动强度较主流区的大。

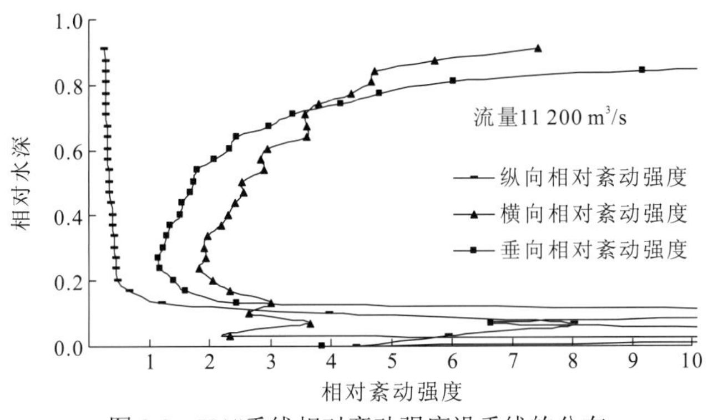

图 2.9　H4#垂线相对紊动强度沿垂线的分布

5. 雷诺切应力沿垂线的分布

雷诺切应力是因紊动水团的交换在流层之间产生的剪切应力。雷诺切应力 τ_{ij} 的表达式为

$$\tau_{ij} = -\rho \overline{u_i'} \overline{u_j'} \tag{2.4}$$

式中：当 $i=j$ 时，τ_{ij} 为雷诺法向正应力，kg/（m·s^2）；当 $i \neq j$ 时，τ_{ij} 为雷诺切应力，τ_{xy} 表示垂向雷诺切应力，τ_{xz} 表示横向雷诺切应力，τ_{yz} 表示纵向雷诺切应力；ρ 为水的密度，

kg/m^3；u_i' 、u_j' 为不同方向的脉动流速，m/s。

研究结果表明：河道中泓 H1#-2 垂线的 τ_{xy}/ρ 值沿水深变化不均匀（图 2.10），在相对水深 0.6 以上基本为恒定值，在 0.3～0.6 和 0.1～0.3 两个相对水深互为反向，沿水深的分布近似为正弦曲线，变化幅度有一定的差别；而 τ_{xz}/ρ 和 τ_{yz}/ρ 在相对水深 0.1 以上沿水深近似为线性变化。三个方向的雷诺切应力在相对水深 0.1 以下范围的近底区均变化剧烈，呈正反方向振荡趋势。

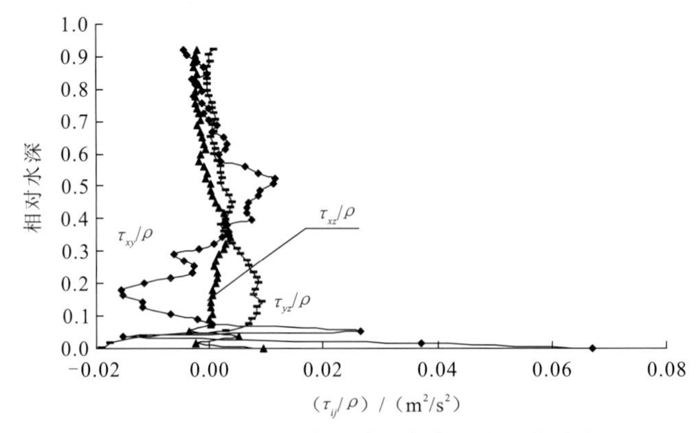

图 2.10　H1#-2 垂线雷诺切应力沿水深的分布

近岸区 H4#垂线三个方向的雷诺切应力沿水深的变化与 H1#-2 垂线相比更有规律性（图 2.11）。在相对水深 0.2 以上三个方向的雷诺切应力沿水深基本不变，近似为恒定值，从绝对值上衡量，τ_{yz}/ρ 与 τ_{xy}/ρ 相近，但互为反向，τ_{xz}/ρ 的绝对值最小，接近于零值。在 0.2 相对水深以下，三个方向的雷诺切应力均变化剧烈。

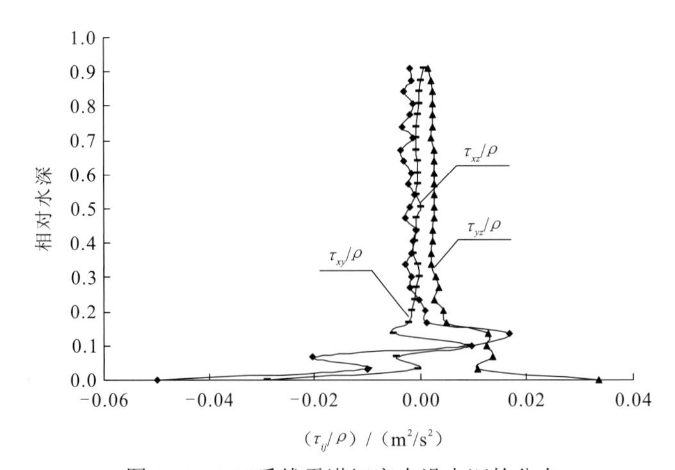

图 2.11　H4#垂线雷诺切应力沿水深的分布

6. 紊动结构的尺度分析

天然河流一般雷诺数都很大，摩阻流速也比较大。根据湍流理论，能量耗损率为 $\varepsilon = u_0^3 / l$，长度尺度为 $\eta = (v^3 / \varepsilon)^{1/4}$，时间尺度为 $\tau_0 = (v / \varepsilon)^{1/2}$，速度尺度为 $\upsilon = (v\varepsilon)^{1/4}$，

其中，v 为流体的运动黏性系数（m^2/s），l 为特征长度（m），取为水力半径，u_0 为特征速度（m/s），取断面平均流速。各观测垂线的特征尺度关系计算结果见表 2.4。

表 2.4　长江干流黄陵庙水文观测断面各垂线特征尺度关系

观测垂线编号	特征尺度					
	$\eta=(v^3/\varepsilon)^{1/4}$	$\tau_0=(v/\varepsilon)^{1/2}$	$\upsilon=(v\varepsilon)^{1/4}$	η/l	$u_0\tau_0/l$	v/u_0
H1#-1	0.000 049 5	0.002 61	0.018 95	0.000 001 45	0.000 13	0.011 32
H2#-1	0.000 049 5	0.002 61	0.018 95	0.000 001 45	0.000 13	0.011 32
H1#-2	0.000 039 4	0.001 70	0.023 19	0.000 001 13	0.000 11	0.010 41
H2#-2	0.000 039 4	0.001 70	0.023 19	0.000 001 13	0.000 11	0.010 41
H3#	0.000 101 0	0.010 63	0.009 49	0.000 003 05	0.000 21	0.014 50
H4#	0.000 101 0	0.010 63	0.009 49	0.000 003 05	0.000 21	0.014 50

由计算结果可以看出，最小涡体的长度尺度 η 比最大涡体的特征长度 l 小得多；小尺度涡体的速度尺度 υ 比大尺度涡体运动的特征速度 u_0 要小得多，因而小尺度涡体的能量比大尺度涡体的能量要小。小尺度涡体对能量损耗起主要作用，雷诺切应力、涡黏系数及阻力系数等的分析计算应依据小尺度涡体；大尺度涡体对物质输运起主要作用，紊动扩散系数与离散系数等的分析计算应依据大尺度涡体。

2.1.3　非平衡大偏离水流状态的紊动特性

1. 水流紊动的准周期性

长江三峡工程导流明渠出口断面不同垂线各点流速的脉动过程线基本类似（图 2.12、图 2.13），其变化规律与长江干流黄陵庙水文观测断面的基本相同。

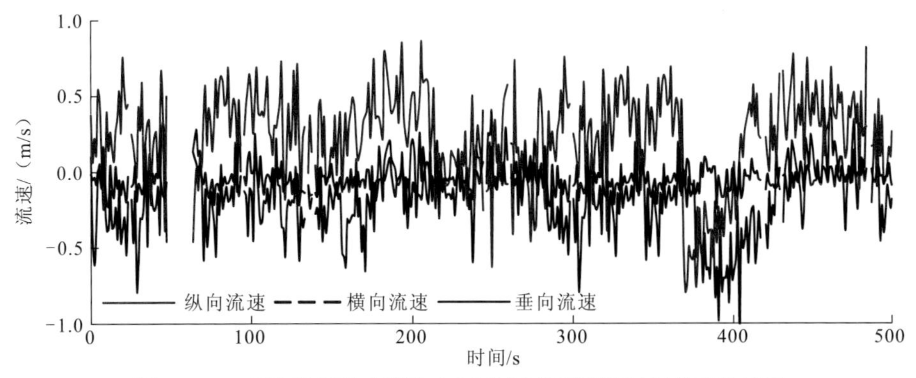

图 2.12　D1#垂线相对水深为 0.25 的测点流速随时间的变化过程

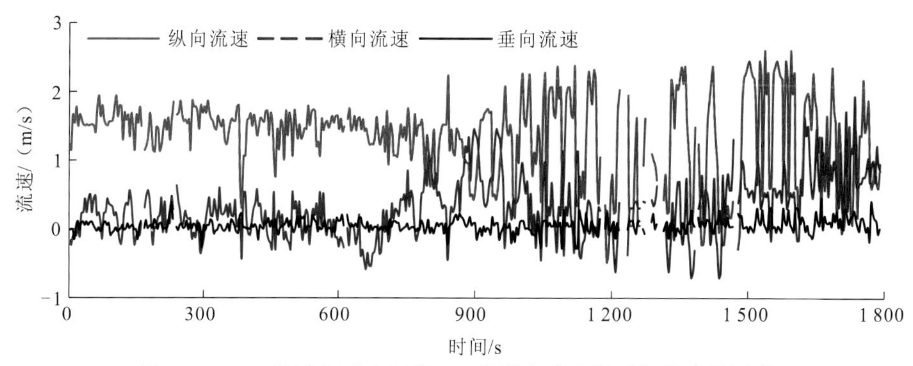

图 2.13　D4#垂线相对水深为 0.9 的测点流速随时间的变化过程

2. 脉动流速的概率分布

与长江干流黄陵庙水文观测断面结果基本类似，天然河流中自由紊流区瞬时流速的概率密度函数总的变化趋势可近似用正态分布式（2.1）来描述，而近壁强剪切紊流区的瞬时流速的概率密度函数总的变化趋势与正态分布偏差较大，近似为偏态分布。

3. 时均流速沿垂线的分布

原型观测结果分析表明，长江三峡工程导流明渠出口断面不同垂线的垂向时均流速值很小，沿垂线分布很均匀，可以用指数流速分布公式描述；主流区横向时均流速值较大，近岸区垂线的横向时均流速值较小，沿垂线分布都很不均匀，垂线上最大横向时均流速值近岸区出现在水面，主流区不在水面，而是在水面以下近底区，两垂线横向时均流速沿垂线的分布与指数流速分布公式的计算值有一定的差别；纵向时均流速值最大，沿垂线分布不均匀，近岸区与指数流速分布公式计算值相对接近（图 2.14），主流区与指数、对数流速分布公式计算值都相差较大。

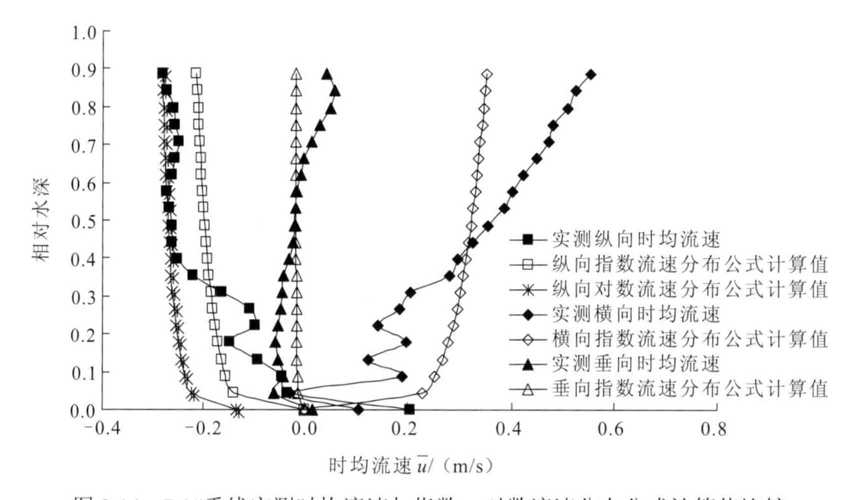

图 2.14　D1#垂线实测时均流速与指数、对数流速分布公式计算值比较

4. 水流紊动强度

主流区纵向紊动强度最大（图 2.15），沿垂线最大值出现在近底区，向上、向下紊动强度均减小，近底区紊动强度随水深变化的梯度最大，相对水深 0.3 以上部分，紊动强度近似为线性变化。近岸区纵向紊动强度要小于横向紊动强度，沿垂线最大值出现在近底区，向水面紊动强度变化呈波状反复，向河底紊动强度随水深变化的梯度最大，迅速变小；横向紊动强度沿垂线分布的形态与纵向紊动强度类似，主流区横向紊动强度比纵向紊动强度在数值上略小，近岸区横向紊动强度比纵向紊动强度在数值上略大；垂向紊动强度最小，为前两者的 1/4～1/3，沿垂线分布比较均匀。

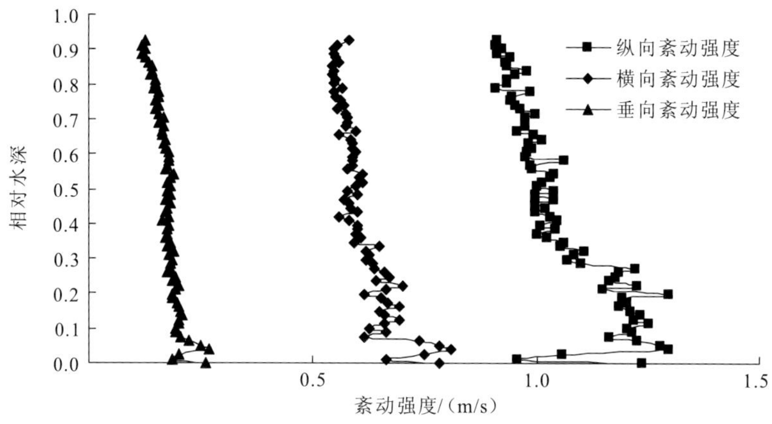

图 2.15　D4#垂线紊动强度沿垂线的分布

相对紊动强度沿垂线的分布因观测垂线位置的不同而表现出不同的形态。主流区、近岸区的纵向与横向相对紊动强度在数值上前者稍大，在相对水深 0.1 以上的范围内沿垂线近似为线性分布，分布非常均匀，在相对水深 0.1 以下的近底区范围内数值大小变化剧烈。主流区、近岸区的垂向相对紊动强度在数值上相差较大，总的趋势是主流区的数值大一些，沿水深的分布均表现为围绕零值波状起伏，主流区的变化幅度更大（图 2.16）。

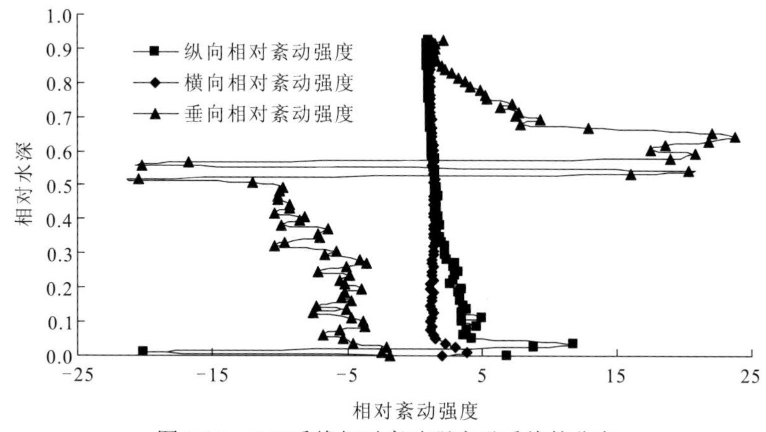

图 2.16　D4#垂线相对紊动强度沿垂线的分布

5. 雷诺切应力沿垂线的分布

原型观测结果分析表明，在相对水深 0.2 以上的区域，主流区三个方向的雷诺切应力沿水深的变化较均匀，τ_{xy}/ρ 沿水深变化的均匀程度相对要差一些。三个方向的雷诺切应力在数值上总的趋势是 τ_{xy}/ρ 最大，τ_{yz}/ρ 次之，τ_{xz}/ρ 最小。近底区三个方向的雷诺切应力均变化剧烈，呈正反方向振荡趋势，并有最大值出现。

2.1.4 强潮非恒定、非平衡水流状态的紊动特性

1. 水流紊动的准周期性

长江口徐六泾水文测流断面各测点流速的脉动过程观测资料表明，各测点流速的脉动过程因涨潮、落潮而表现出非恒定性，其中纵向、横向平均流速的非恒定变化明显，垂向平均流速的非恒定变化不明显。对观测数据进行分时段统计表明，因 X3#、X7#垂线均是涨急时刻，纵向平均流速小于零，即流向为向上游方向，其绝对值沿时程递减；横向平均流速大于零，其绝对值沿时程递减；垂向平均流速小于零，即流向指向河底，其绝对值沿时程变化不同，X3#垂线为增大，X7#垂线为减小，中泓垂线 X7#的流速变化比近岸区垂线 X3#的变化要强烈（表 2.5）。

表 2.5　分时段各向平均流速统计表

测点	统计时段/s	纵向平均流速/（m/s）	横向平均流速/（m/s）	垂向平均流速/（m/s）
X3#垂线相对水深为 0.68 的测点	0～162	-0.806	0.471	-0.027
	959～1 121	-0.606	0.329	-0.047
	1 934～2 096	-0.547	0.321	-0.054
X7#垂线相对水深为 0.09 的测点	0～162	-1.082	0.655	-0.076
	2 035～2 195	-0.801	0.473	-0.099
	3 576～3 737	-0.555	0.189	-0.013

2. 脉动流速的概率分布

随 Y 值的减小，各测点纵、横向时均流速逐渐向零值逼近，纵、横向瞬时流速的均方差在近岸区 X3#垂线各测点逐渐变小（图 2.17、图 2.18），中泓主流区 X7#垂线无明显变化规律；经验频率曲线与理论频率曲线变化趋势的对比表明，沿水深各测点均存在较大差别，说明感潮河段水流在涨落潮时受潮流影响，脉动流速不符合正态分布。

3. 时均流速沿垂线的分布

各垂线各测点流速分时段统计的时均流速沿垂线的分布结果表明，潮流时均流速沿

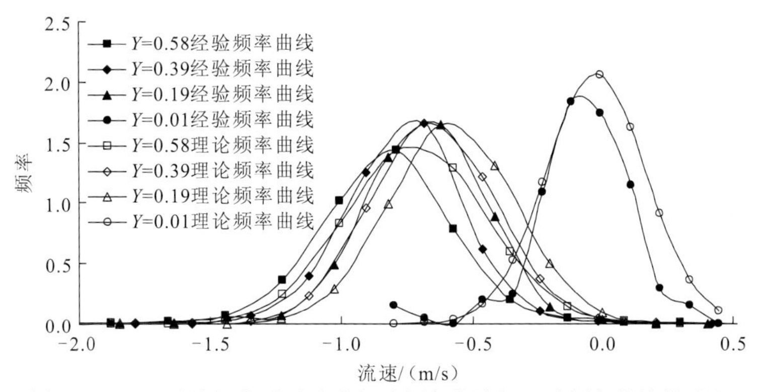

图 2.17　X3#垂线纵向瞬时流速经验频率曲线与理论频率曲线的对比

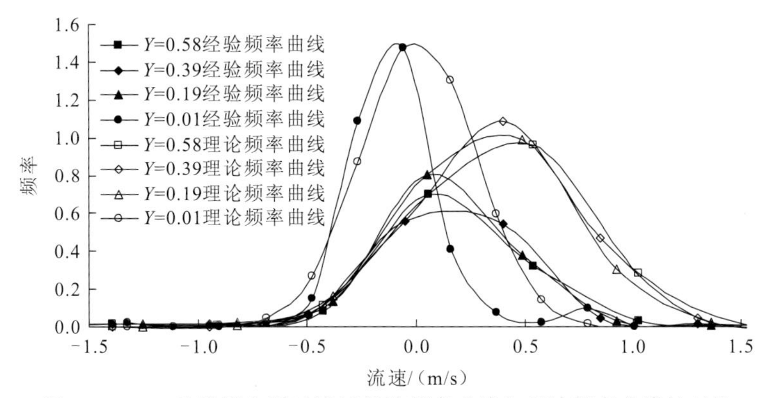

图 2.18　X3#垂线横向瞬时流速经验频率曲线与理论频率曲线的对比

垂线的分布表现出非恒定性，近岸区纵、横、垂向时均流速沿垂线分布的非恒定性受潮流的影响相对要小，而中泓主流区的非恒定性受潮流的影响相对要大；纵向时均流速受潮流的影响最大，横向时均流速受潮流的影响居中，垂向时均流速受潮流的影响最小。垂向时均流速值很小，沿垂线的分布很均匀；横向时均流速值较大，沿垂线的分布不均匀，从总的趋势上看，近岸区横向时均流速值比主流区的要小，主流区横向时均流速最大值不在水面，而是出现在水面以下；纵向时均流速值最大，沿垂线的分布很不均匀，近岸区纵向时均流速值比主流区的要小。

4. 水流紊动强度

受潮流影响，近岸区与主流区的紊动强度、相对紊动强度均表现出非恒定性，分时段统计的紊动强度、相对紊动强度沿垂线的分布有一定的差异。X3#垂线的垂向紊动强度、相对紊动强度和 X7#垂线的垂向相对紊动强度的非恒定性较弱，其余方向的紊动强度与相对紊动强度的非恒定性较为明显。

从图 2.19 可以看出，近岸区横向紊动强度最大，垂向紊动强度最小，纵向紊动强度居中；当相对水深为 0.0～0.2 时，三个方向的紊动强度随 Y 的减小而减小，在近底区均逼近于零，在相对水深 0.2 以上范围内横向紊动强度沿垂线的分布呈波状起伏，纵向与垂向紊动强度的变化趋势相近。主流区纵、横向紊动强度接近，垂向紊动强度最小，为前两者的 1/4～1/3；纵、横向紊动强度沿垂线分布的形态基本类似，呈波状起伏，最大值均出现在近底区，近底区紊动强度随水深变化的梯度最大，垂向紊动强度沿水深的变化比较均匀，近似为线性变化。

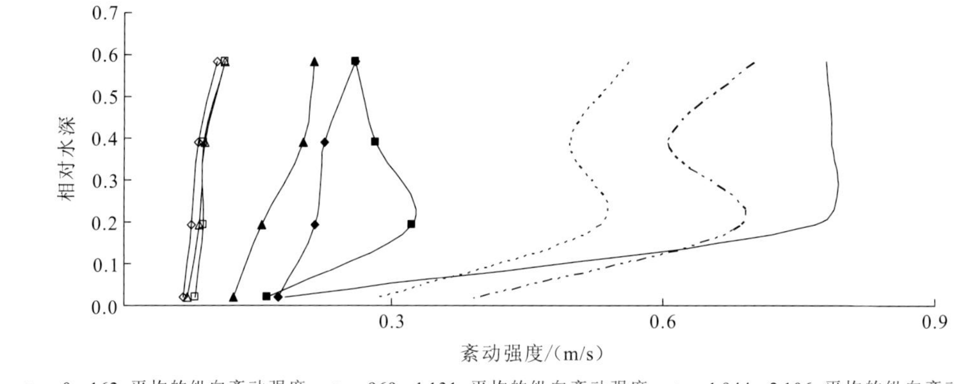

图 2.19　X3#垂线三个方向的紊动强度沿垂线的分布

相对紊动强度沿垂线的分布因观测垂线位置的不同而表现出不同的形态。中泓主流区 X7#垂线三个方向的相对紊动强度沿水深的分布近似为线性，纵向相对紊动强度沿垂线的分布较均匀，并且三个方向的相对紊动强度在近底区附近出现极值。近岸区 X3#垂线在相对水深 0.2 以上范围内三个方向的相对紊动强度沿垂线的分布较均匀，接近于线性。两垂线相对紊动强度的数值垂向最大，横向次之，纵向最小；当相对水深为 0.0～0.2 时，三个方向的相对紊动强度的数值变化剧烈，并在某个水深位置出现极值。

5. 雷诺切应力沿垂线的分布

结果表明，受潮流影响，近岸区与中泓主流区的雷诺切应力表现出明显的非恒定性，分时段计算的雷诺切应力沿垂线的分布有明显的差异。近岸区 X3#垂线纵向雷诺切应力沿水深的分布近似为波状曲线；横向与垂向雷诺切应力沿水深的分布较均匀；当相对水深为 0.0～0.2 时，三个方向的雷诺切应力均随 Y 值的减小趋向于零。中泓主流区 X7#垂线三个方向的雷诺切应力沿水深的变化与 X3#垂线相比振荡更剧烈，并表现出很强的非恒定性。从绝对值上衡量，纵向雷诺切应力最大，横向、垂向雷诺切应力在数值上接近，在零值附近振荡。以上分析说明，在近底区的一定范围内，雷诺切应力随与边壁距离的增加而加大，即黏滞应力相对减小，在上部流区，以紊动应力为主。

2.1.5　紊流时均流速沿垂线的分布规律

长期以来，人们对紊流的时均流速分布做了大量的研究工作，得到了不同形式的流速分布公式，归纳起来主要有对数形式、指数形式、抛物线形式、椭圆形式、反双曲线正切形式及基于紊流随机理论推导出来的流速分布公式等几大类。其中，在国内外应用较多的有对数流速分布公式与指数流速分布公式。

对数流速分布公式：

$$\frac{u_{\mathrm{m}}-u}{u_*}=\frac{1}{\kappa}\ln\left(\frac{h}{y}\right) \tag{2.5}$$

式中：u_{m} 为表面流速，m/s；u_*为摩阻流速，m/s；κ 为卡门常数，在清水中，一般取 $\kappa\approx0.4$；h 为垂线水深，m；y 为垂线测点水深，即从河底边界至计算点的距离，m。

指数流速分布公式：

$$u=u_{\mathrm{m}}\left(\frac{y}{h}\right)^m \tag{2.6}$$

式中：m 为与河底相对糙率有关的指数，$m=\frac{1}{12}\sim\frac{1}{2}$，一般取 $m=\frac{1}{7}\sim\frac{1}{6}$。式（2.6）为经验性公式。

式（2.5）、式（2.6）都有不同程度的缺陷。例如，指数流速分布公式为纯经验性公式，缺乏理论基础；而对数流速分布公式虽具有一定的理论基础，但在河底处，$u|_{y=0}=-\infty$，这与实际不符。虽然如此，这两个公式还是得到了广泛应用，因为这两个公式能与实测资料吻合较好，对数流速分布公式由于理论依据较充分而深受许多学者欢迎，指数流速分布公式虽是经验性公式，但由于其形式及计算都相当简便，倍受工程界青睐。

本节以准定常、准平衡小偏离水流状态为例，对在不同河道边界条件下实测垂线时均流速是否服从指数与对数流速分布进行分析（姚仕明 等，2005）。对 ADCP 观测的脉动流速值进行时均，不同流量、不同垂线的纵、横向合成时均流速沿垂线的分布见图 2.20～图 2.22。

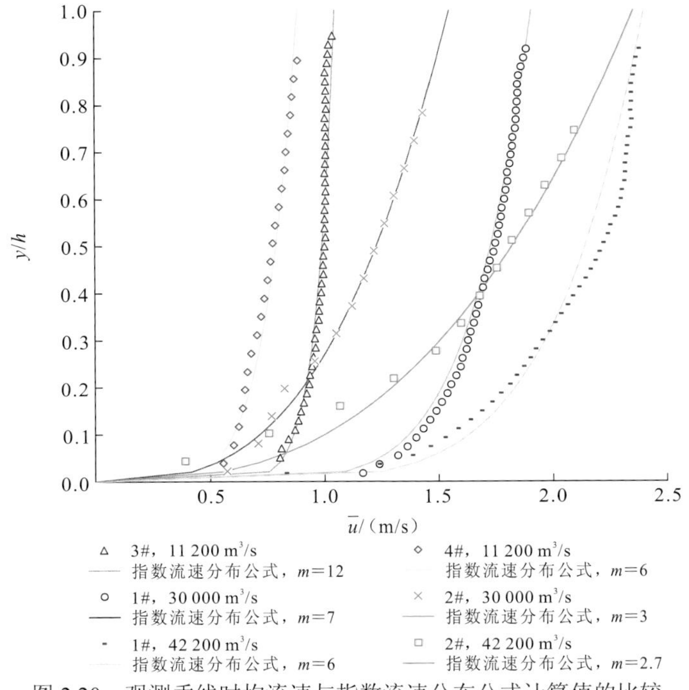

图 2.20　观测垂线时均流速与指数流速分布公式计算值的比较

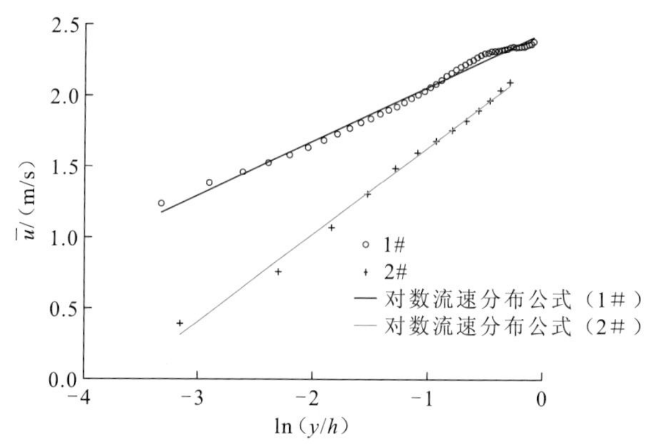

图 2.21　对数流速分布公式与观测时均流速的比较（流量为 42 200 m^3/s）

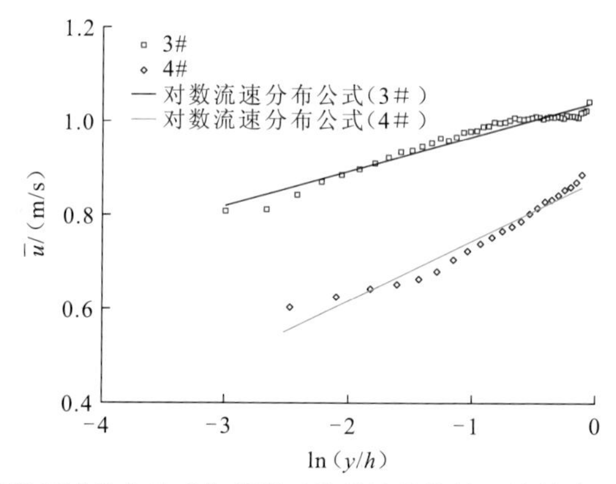

图 2.22　对数流速分布公式与观测时均流速的比较（流量为 11 200 m^3/s）

从图 2.20～图 2.22 中可以看出，对于准定常、准平衡小偏离水流状态而言，在不同流量与水位的情况下，垂线时均流速服从指数与对数流速分布。就指数流速分布而言，在不同垂线位置与流量情况下，其 m 值是不同的，在 $\frac{1}{12}$～$\frac{1}{2.7}$ 变化，对于水深较大与主流区的位置，其指数值相对要小，时均流速在垂线上的分布较均匀（不包括近底区，下同），对于近岸区的垂线，其指数值相对要大些，时均流速在垂线上的分布梯度变化大于主流区。对数流速分布与床面粗糙度及摩阻流速（u_*）等有关，而这些量又与河床组成、床面形态及水面比降等因素有关，而它们在天然河流中又不容易测量或很难准确测量。过去，在采用对数流速分布公式计算垂线时均流速分布时，对 K_s 的取值有较大差异，变化幅度较大。实际上，垂线时均流速分布是否服从对数流速分布规律，就是要看 $\overline{u}$ 与 ln（y/h）是否呈线性关系，对于不同的床面粗糙度与摩阻流速，只是系数的值不同而已。为了分析方便，将 $\overline{u}$ 与 ln（y/h）分别对应 x 和 y 轴来分析垂线时均流速是否服从对数流速分布，分析结果表明，实测垂线时均流速值基本分布在拟合的直线上或附近，相关系数均在 0.9 以上，故可以认为实测垂线时均流速服从对数流速分布。

2.2　水流阻力特性

在长江中下游干流河道水流阻力的研究过程中，尽管受支流众多、江湖关系复杂、河床冲淤变化等因素影响，该问题的研究存在一些困难，但由于长江干流的水文站网布置比较合理，在不同河型的长河段及支流出口都设有水文站，在干流河道水文站之间又设有若干水位站，并且有定期的长程河道地形观测，为河道水流阻力的研究提供了一定的有利条件。在长江中下游河道研究及工程实践中，目前水流阻力的表达式仍习惯用曼宁公式：

$$V = \frac{1}{n} R^{\frac{2}{3}} J^{\frac{1}{2}} \tag{2.7}$$

式中：V 为平均流速，m/s；n 为糙率系数；R 为水力半径，m；J 为水力坡度或比降。其中，R 在长江这样的大江河中常以平均水深 H 替代；n 表示一种综合阻力，包括河床形态阻力和沿程阻力，常以实际资料推求。

长江科学院曾用 1993 年实测地形和该年的流量与水位资料，在三峡水库下游宜昌至大通河段冲淤一维水沙数学模型计算中（长江科学院，2000a），求得长江中下游干流河道上荆江河段（枝城至石首河段）、下荆江河段（石首至城陵矶河段）、城汉段（城陵矶至武汉河段）、汉九段（武汉至九江河段）和下游段（九江至大通河段）五个长河段的糙率系数平均值（图 2.23）。计算结果表明：①长江中下游各长河段的糙率系数平均值均随流量的增大而减小，以上荆江河段为例，在流量为 5000～6000 m^3/s 时，其糙率系数平均值为 0.0209，当流量为 46000～55000 m^3/s 时，其糙率系数平均值减小为 0.0166。②在各级流量下，五个长河段中以下游段糙率系数平均值最大，为 0.0206～0.0265，汉九段次之，为 0.0188～0.0232；当流量大于平滩流量时，糙率系数平均值由大到小的排列为下游段、汉九段、城汉段、上荆江河段、下荆江河段。③对城陵矶以下的三个河段进行比较，越往下游，糙率系数平均值越大。④流量约在 20000 m^3/s 以下，下荆江河段糙率系数平均值大于上荆江河段，在此流量以上，下荆江河段糙率系数平均值小于上荆江河段，可见中枯水期下荆江河段糙率系数平均值比上荆江河段大，而洪水期下荆江河段糙率系数平均值比上荆江河段小。

有关长江河道的糙率计算目前基本都采用上述方法，在实际应用中一般都能满足要求。对于局部河段，有时在洪、中、枯水期均能测量地形并同步测验其水力因素，求得不同时段或不同流量级下的糙率系数；可是对于大多数河段来说，出于种种原因，不大可能布置较多的测次，在这种情况下，必须抓住研究的主要目标进行河道观测。例如，为评价涉水工程对防洪和河势的影响，就要求布置中水或平滩流量和洪水流量下的观测，以求得较大流量下的糙率系数；对于属于航道整治范畴的河段，则应重点布置较小流量下的观测，以求得枯水流量下的糙率系数。对于分析、研究水库兴建后下游长河段的长期冲淤变形而言，要布置不同流量级下长江河道地形和水力因素的同步观测实际上是很困难的。长江科学院在“九五”三峡工程泥沙问题研究中（长江科学院，2002），借助沿

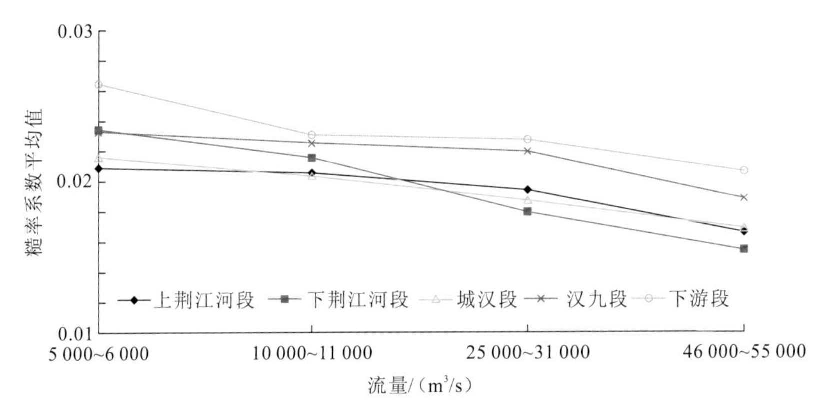

图 2.23 长江中下游干流河道糙率系数平均值随流量的变化

程布设的水文（位）站，根据 1993 年长江中下游全程水下地形图，选取 8 个流量级和相应的水位求得糙率系数，然后又以全年的水位流量过程对宜昌至大通河段进行糙率系数的复核、修正，基本满足了三峡水库下游长达 1100 余千米河段，长达 100 余年时段河道冲淤变化一维数学模型计算的需要。

在分析、研究长江中下游干流河道特性中，长江科学院曾用式（2.8）探讨了中下游干流河道不同河段的阻力问题（余文畴和张敬，1995）：

$$V = C\sqrt{gHJ} \tag{2.8}$$

式中：C 为长河段的综合阻力系数，其值越小，表明阻力越大；g 为重力加速度，m/s^2；V 为平均流速，m/s；H 为平均水深，m；J 为水力坡度或比降。

计算阻力的具体做法如下：先求得各水文站断面河宽、平均水深、平均流速与流量的指数关系，并认为该关系可以近似表达各长河段的平均情况；同时，用其上下游长河段的水位站多年月平均水位计算比降，用式（2.8）对长河段的综合阻力系数进行计算，定性地研究不同长河段，即不同河型的阻力问题。这种计算综合阻力系数的方法，主要围绕长江中下游河道特性，不同河段、不同河型的综合阻力，从宏观定性上进行分析研究，其优点是充分利用了水文站多年系列的实测资料。由于水文站一般处在各河段既不是很窄又不是很宽的地方，其河宽具有一定的代表性。也就是说，其断面上平均水深、平均流速与流量的关系也具有一定的代表性，可为宏观定性上研究长江中下游河道特性提供一些带有规律性的认识。

采用 1956～1968 年新厂站、监利站、螺山站、汉口站、大通站及上下游水位站（裁弯前的天然状态）的实测资料，建立了河宽 B、平均水深 H、平均流速 V、比降 J 与流量 Q 的指数关系，求得各长河段综合阻力系数值与流量的关系，见图 2.24。由图 2.24 可知，图中反映的不同河段、不同河型河道的综合阻力系数随流量的变化规律与图 2.23 基本一致：①不管哪个河段，哪种河型，其 C 值基本上随流量的增加而增大，也就是说河道的综合阻力随流量的增加而减小；②各长河段之间进行比较，以江心洲更为发育的下游分汊型河道综合阻力最大，而以蜿蜒型的下荆江河段的综合阻力最小。城陵矶以下的分汊型河道，C 值从大到小的排序为城汉段、汉九段和下游段。

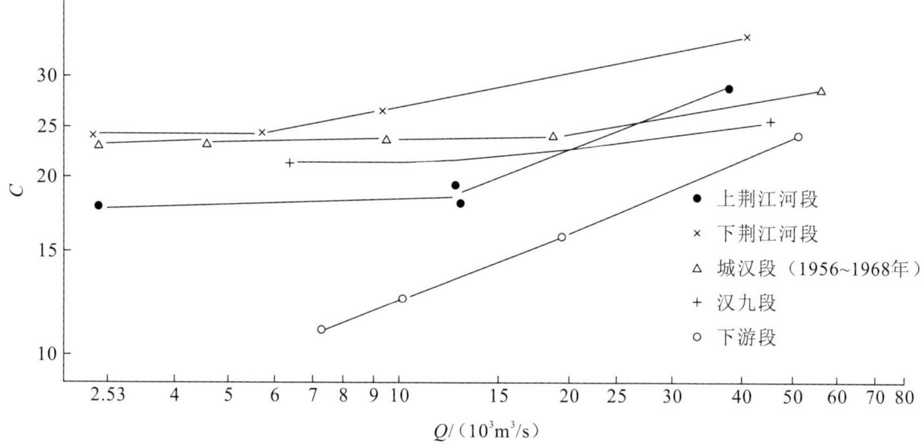

图2.24　长江中下游各河段综合阻力系数 C 与流量 Q 的关系（余文畴和卢金友，2005）

2.3　泥沙起动规律

长江从上游山区性河道至下游冲积平原河道，沿程各河段的河床组成各不相同，有卵石河床、卵石夹沙河床、沙夹卵石河床及沙质河床等，有大到200 mm以上的卵石，小至0.01 mm以下的黏性土，水流挟带的泥沙级配也不同，加之长江水深大，边界条件复杂，泥沙起动情况十分复杂。近50年来，长江科学院及有关单位对长江各种类型泥沙的起动规律和起动流速进行了大量的实测资料分析、野外观测与室内水槽试验及理论分析研究（卢金友，1990），取得了丰富的成果，为三峡工程、葛洲坝工程、河道整治等泥沙问题研究提供了基础，推求的适合于长江河道的泥沙起动公式，已应用于河工模型设计、数学模型计算，并被《堤防设计工程规范》（GB 50286—2013）（中华人民共和国水利部，2013）采纳。

2.3.1　均匀沙起动流速公式

长江泥沙有卵石、砾石、散粒体泥沙（包括粗、中、细沙）和黏性细颗粒泥沙。不同颗粒泥沙，其起动方式有所不同。砾石和卵石是单颗粒起动的，当水流强度超过一定限度后，砾石和卵石颗粒受到脉动流速的作用，开始发生晃动，继而可能发生方向调整（一般由原来的长轴平行于水流方向调整为垂直于水流方向），然后以滚动、滑动或跳跃的方式运动；散粒体泥沙同样是一颗一颗分别起动的，但其运动形式与砾石和卵石有所不同，当水流加强到某一临界条件时，床面上有个别泥沙开始运动，随着水流强度的增大，开始运动的泥沙颗粒也增加；对于黏性细颗粒泥沙，当水流强度超过一定限度后，往往是多颗泥沙黏合在一起呈片状或团状起动（余文畴和卢金友，2005）。泥沙颗粒的大小与形态、在床面上的位置、粗细颗粒间的相互作用、黏性细颗粒泥沙的黏性作用及水流条件等是决定泥沙起动规律和起动流速大小的主要因素。天然河流泥沙补给条件，尤其是粗沙和卵石的补给条件，对泥沙起动也有一定的影响（张植堂和姚于丽，1989）。

黏性细颗粒泥沙的起动主要受黏结力、水流推移力和上举力及泥沙本身的重力作用，起动形式是表面呈片状或团状破坏，因此，将河床开始出现黏性土块运动作为起动标准。长江科学院利用下荆江上车湾裁弯引河实测黏土冲刷流速资料（长江水利水电科学研究院，1982）、水利水电科学研究院的黏性细颗粒泥沙的起动加压试验成果（水利水电科学研究院，1989）、黄河河床质泥沙试验资料（李保如和陈俊施，1958）及窦国仁整理的各家试验资料（南京水利科学研究所，1974），得到黏性细颗粒泥沙的起动流速公式为（卢金友，1991）

$$U_c = 0.857\left[\frac{\gamma_s-\gamma}{\gamma}gd + 6\times10^{-6}\left(\frac{d_1}{d}\right)^{0.66} g(h+h_a)\right]^{\frac{1}{2}}\left(\frac{h}{d}\right)^{\frac{1}{7}} \tag{2.9}$$

式中：U_c 为泥沙起动流速，m/s；γ_s、γ 分别为泥沙和水的容重，N/m^3；d 为粒径，m；d_1 为参考粒径，m；g 为重力加速度，m/s^2；h 为垂线水深，m；h_a 为一个大气压相应的水深，m。

散粒体泥沙的起动受水流推移力、上举力和自身重力的作用，黏结力作用很小，可以忽略。其起动流速表达式为

$$U_c = K\sqrt{\frac{\gamma_s-\gamma}{\gamma}gd}\left(\frac{h}{d}\right)^m \tag{2.10}$$

式中：K 为一综合系数，与泥沙在床面的位置、排列方式及紧密程度、粗细颗粒间的相互作用、近底水流结构等许多因素有关，一般都假定 K 为常数，利用实测资料确定；指数 m 一般为 $\frac{1}{6}$ 或 $\frac{1}{7}$。

采用的资料或起动标准不同，式（2.10）中的系数 K 值和指数 m 值也有所差别。长江科学院学者曾根据宜昌站等实测沙质推移质资料得式（2.10）中指数 $m=\frac{1}{7}$，系数 $K=1.83$（长江水利水电科学研究院，1981）；根据宜昌站、奉节站和葛洲坝坝上断面实测卵石资料得式（2.10）中的指数 $m=\frac{1}{7}$，系数 $K=1.08$；清华大学学者根据奉节站卵石推移质实测资料得式（2.10）中的指数 $m=\frac{1}{6}$，系数 $K=0.895$（惠遇甲 等，1984）；武汉水利电力学院学者根据朱沱站、寸滩站、万县站、宜昌站卵石推移质实测资料得式（2.10）中的指数 $m=0.276$，系数 $K=0.57$（武汉水利电力学院，1985）。

长江科学院后期对实测资料进行进一步补充完善，不断修正沙质推移质起动流速公式及卵石推移质起动流速公式，利用所收集到的长江中下游及其支流各水文站实测沙质推移质中单宽输沙率小于 1（沙质推移质的泥沙起动标准）的所有 64 测次资料求得式（2.10）中的系数 $K=1.47$，得沙质推移质起动流速公式为（卢金友，1991）

$$U_c = 1.47\sqrt{\frac{\gamma_s - \gamma}{\gamma} gd}\left(\frac{h}{d}\right)^{\frac{1}{6}} \tag{2.11}$$

所用资料范围为 h=2.47～19.9 m，d=0.058～0.30 mm。

利用所收集到的长江上游朱沱站、寸滩站、万县站、奉节站、宜昌站等实测的 150 测次卵石推移质最大粒径及其相应的水流条件资料，求得式（2.10）中的系数 K=0.95，得卵石推移质起动流速公式为

$$U_c = 0.95\sqrt{\frac{\gamma_s - \gamma}{\gamma} gd}\left(\frac{h}{d}\right)^{\frac{1}{6}} \tag{2.12}$$

所用资料范围为 h = 2.92～37.0 m，d=12～255 mm。

此外，根据散粒体颗粒在斜坡上的受力分析，考虑散粒体颗粒在岸坡上的滚动模式，推导出散粒体颗粒在岸坡上的起动流速公式（姚仕明 等，2003a）：

$$U_c = \frac{m_m}{(1+m_m)\alpha_s^{1/m_m}}\sqrt{\frac{2g\alpha_0(\gamma_s-\gamma)\left(\cos\theta\sqrt{\frac{1}{4}-\beta_1^2}-\beta_1\sin\theta\cos\theta\right)D}{\gamma(1+\tan^2\phi)\left(C_D\alpha_1\beta_1\sin\varphi+C_L\alpha_2\sqrt{\frac{1}{4}-\beta_1^2}\right)}}\left(\frac{h}{D}\right)^{1/m_m} \tag{2.13}$$

式中：C_D、C_L 为推移力及上举力的系数；α_0、α_1、α_2 分别为重力、上举力、下滑力对应的面积系数；γ_s、γ 分别为泥沙与水的容重，N/m^3；h、D 分别为垂线水深与散粒体颗粒的粒径，m；$\frac{1}{m_m}$ 为指数起动流速公式中的指数；α_s 为底流速作用于床面泥沙颗粒高度的系数；λ 为水流作用力与水平线的夹角，(°)；ϕ为河流纵向底坡坡角，(°)；g 为重力加速度，m/s^2；θ 为河岸坡角，(°)，若为临界坡，则 $\tan\theta = f_0$（内摩擦角）；β_1 为力矩系数；φ 为泥沙颗粒运动方向与下滑力方向的夹角，(°)，若令 $A = \frac{F_D\cos\lambda}{W\sin\theta + F_D\sin\lambda}$（$W$ 为泥沙颗粒的有效重力，N；F_D 为水流对泥沙的推移力，N），则 $\sin\varphi = \frac{A}{\sqrt{1+A^2}}$，$\cos\varphi = \frac{1}{\sqrt{1+A^2}}$。该公式考虑了河岸坡角、河床纵向底坡及水流作用力的方向等因素。

就式（2.13）而言，对于粗颗粒泥沙，公式中的系数可取为 C_D= 0.7，C_L = 0.8，β_1 = 0.36，m_m = 6，α_s = 1.0。由式（2.13）可以看出，散粒体颗粒在不同水流和边界条件下，岸坡上颗粒的起动流速与其大小、岸坡角度、河床纵向底坡等因素有关。例如，起动流速随颗粒粒径的增大而增大，随岸坡的变陡而减小，随河床纵向底坡的增大而减小等。

2.3.2　不连续宽级配床沙起动规律

天然河流中的床沙实际上都是非均匀沙，不同河流或同一河流的不同河段床沙组成的不均匀程度有所不同。平原河流一般为沙质河床，床沙颗粒级配范围一般较窄，拣选系数 $\sqrt{d_{75}/d_{25}}$ 在 1.5 以下；山区河流多为卵石夹沙或沙夹卵石河床，床沙颗粒级配范围

较宽，$\sqrt{d_{75}/d_{25}}$ 的变化范围可达 10 以上。河床上的泥沙在水流作用下发生粗化。床沙组成和粗化作用对泥沙起动均有较大影响。即使最大、最小及中值粒径相同，由于其组成不同，各自的起动条件也不同。在水流作用下的非均匀沙，一部分细颗粒被冲刷以后，其粗颗粒由于四周失去帮衬，受到暴露作用；对于细颗粒，则由于四周有粗颗粒的环绕，受到隐蔽作用。因此，其呈现出以下规律：非均匀沙中较细颗粒的起动流速大于同粒径的均匀沙起动流速；而较粗颗粒的起动流速小于同粒径的均匀沙起动流速（陈媛儿和谢鉴衡，1988；侯穆堂 等，1957）。

长江科学院通过开展连续宽级配床沙和不连续宽级配床沙起动水槽试验，认为不连续宽级配泥沙的起动不仅与水流条件有关，而且受到床沙级配、床面颗粒排列的影响（徐海涛 等，2011a）。同一粒径级的颗粒，在床面上的暴露程度越大，与周围颗粒的粒径越相近，越易于起动；反之，在床面上的暴露程度越小，与周围颗粒的粒径越不均匀，越难以起动。不连续宽级配床沙中粗颗粒对细颗粒的隐蔽作用要强于连续宽级配床沙。

此外，结合以往的研究成果，长江科学院提出了以无量纲数来表征床面颗粒位置分布的表达式（Xu et al.，2008），通过将非均匀沙颗粒概化为非均匀圆球体，提出了推移力力臂、上举力力臂的表达式，针对床面颗粒因滚动平衡条件遭到破坏而起动输移的情形，推求出非均匀沙分级起动流速公式：

$$U_{\mathrm{cn}}=\left[\frac{C_2}{C_3\left(\dfrac{d_i-d_{\mathrm{u}}}{d_{\mathrm{u}}}+1\right)^{e+2}+C_4\left(\dfrac{d_i-d_{\mathrm{u}}}{d_{\mathrm{u}}}+1\right)^{e}}\right]^{1/2}\sqrt{\frac{\gamma_{\mathrm{s}}-\gamma}{\gamma}gd_i}\left(\frac{h}{d_i}\right)^{m} \tag{2.14}$$

式中：e 为非均匀沙颗粒位置分布对其推移力、上举力系数所做贡献的参数；d_i 为非均匀沙中第 i 组沙的代表粒径，m；d_{u} 为非均匀沙代表粒径，m。

利用作者的水槽试验数据，对冷魁（1993）的水槽试验资料整理分析，最后确定式（2.14）中 C_2=0.431，C_3=0.02，C_4=0.22，即不连续宽级配非均匀沙分级起动流速表达式为

$$U_{\mathrm{cn}}=\left[\frac{0.431}{0.02\left(\dfrac{d_i}{d_{\mathrm{u}}}\right)^{15/7}+0.22\left(\dfrac{d_i}{d_{\mathrm{u}}}\right)^{1/7}}\right]^{1/2}\sqrt{\frac{\gamma_{\mathrm{s}}-\gamma}{\gamma}gd_i}\left(\frac{h}{d_i}\right)^{1/6} \tag{2.15}$$

该公式是在建立描述非均匀沙床面颗粒相互影响的暴露度表达式的同时，全面考虑床面颗粒的暴露程度对颗粒受力力矩造成的影响，建立的床面颗粒滚动失稳的临界条件。

2.4 水流挟沙能力

水流挟沙能力，以往多将其定义为一定的水力因素的单位水体所能挟带的悬移质中床沙质的数量，即床沙质处于饱和状态的数量。这一概念常常需要对悬移质中的床沙质与冲泻质进行划分，也就是要确定其分界粒径。

早在 1958 年，长江流域规划办公室水文处河流研究室在荆江河道特性研究工作中，对 1956～1957 年宜昌站、陈家湾站、沙市站、新厂站、监利站等水文站实测水流挟沙能力资料进行了整理分析，得到长江中游荆江河段分界粒径为 0.1 mm，床沙质水流挟沙能力经验公式为（长江流域规划办公室水文处河流研究室，1959）

$$S_{床}=0.07\frac{V^3}{gH\omega} \tag{2.16}$$

全沙水流挟沙能力经验公式为

$$S_{全}=0.089\frac{V^3}{gH\omega} \tag{2.17}$$

式中：$S_{床}$和 $S_{全}$分别为悬移质中床沙质和全沙水流挟沙能力，kg/m^3；V 为平均流速，m/s；H 为平均水深，m；ω 为平均沉速，m/s；g 为重力加速度，m/s^2。

为提出适用于长江中下游河道的水流挟沙能力公式，在广泛收集天然河道和渠道实测资料及水槽试验资料基础上，从能量平衡和悬移质泥沙运动的制紊观点出发，应用量纲分析法，推导出著名的张瑞瑾水流挟沙能力公式（武汉水利电力学院水流挟沙能力研究组，1959）：

$$S_{床}=k\left(\frac{V^3}{gH\omega}\right)^{m_k} \tag{2.18}$$

式中：k 和 m_k 的值可在其与 $V^3/gR\omega$ 的关系图中查出，R 为水力半径（m）。根据长江中下游干流 10 个测站共 103 个断面的实测资料，确定了床沙质与冲泻质的分界粒径为 0.1 mm，得到长江中下游床沙质水流挟沙能力经验公式为

$$S_{床}=0.053\left(\frac{V^3}{gH\omega}\right)^{1.54} \tag{2.19}$$

20 世纪 80 年代初，韩其为和王玉龙（1980）认为悬移质中的床沙质和冲泻质没有必要进行划分，提出了长江新厂和黄河高村悬移质泥沙的水流挟沙能力关系式为

$$S_{全}=0.02\frac{V^{2.76}}{H^{0.92}\omega^{0.92}}$$

即

$$S_{全}=0.163\frac{V^3}{gH\omega} \tag{2.20}$$

20 世纪 80 年代中期，长江科学院对长江下游干流河道的水流挟沙能力进行了研究，认为长江下游划分床沙质与冲泻质的分界粒径为 0.05 mm 较为合理。经计算分析获得了长江下游干流河道悬移质中床沙质的水流挟沙能力经验公式（余文畴，1986）：

$$S_{床}=0.10\left(\frac{V^3}{gH\omega}\right)^{1.80} \tag{2.21}$$

同时，也得到了悬移质全沙的水流挟沙能力经验公式：

$$S_{全}=0.086\left(\frac{V^3}{gH\omega}\right)^{1.60}$$

2.5 悬移质泥沙输移特性

长江科学院通过分析长江中下游干流河道水文站的悬移质输沙率特性，来反映各长河段的悬移质泥沙的运动数量及其变化情况。结果表明，悬移质输沙率（R_s）与流量（Q）之间存在较好的指数关系（余文畴和夏细禾，1990）：

$$R_s = k'Q^{m'}$$

式中：系数 k'和指数 m'的值见表 2.6。从表 2.6 可以看出，除螺山站的指数 m'为 1.53 以外，其他各水文站指数为 2.02～2.30，反映出洞庭湖调节对长江水沙的影响，并且以城陵矶为界，其上段 m'值沿程减小，k'值沿程增大；其下段 m'值沿程增加，k'值显著减小。

表 2.6　长江中下游河道悬移质输沙率与流量关系中 k'与 m'的值

河段	水文站名称	k'	m'
宜枝段	宜昌站	0.2×10^{-8}	2.29
上荆江河段	新厂站	1.4×10^{-8}	2.13
下荆江河段	监利站	2.8×10^{-8}	2.10
城汉段	螺山站	3.1×10^{-6}	1.53
汉九段	汉口站	1.7×10^{-8}	2.02
下游段	大通站	7.27×10^{-10}	2.30

长江中下游各长河段多年平均的洪水期、中水期、枯水期的 $\alpha'\omega S_V$、VJ 值，以及悬浮功率对于水流单位能耗功率的相对量值 $\alpha'\omega S_V/VJ$ 均列于表 2.7 中。由表 2.7 可以看出，长江中下游各长河段的 $\alpha'\omega S_V$ 数值在洪水期、中水期、枯水期基本都是沿程减小的，除下荆江河段仅在枯水期大于上荆江河段并为中下游最大值外。整个中下游河道 VJ 值也都是沿程减小的，但下荆江河段 VJ 值年内变化幅度不大，其 12 个月的 VJ 变差系数 C_V 为 0.10，说明下荆江河段单位水体所消耗的功率在年内分布较其他长河段均匀。$\alpha'\omega S_V/VJ$ 沿程大多递减（仅上荆江河段中水期、枯水期的值略偏小），至下游段为最小值，仅下荆江河段的该比值在洪水期、中水期、枯水期均为最大。

表 2.7　长江中下游各长河段 $\alpha'\omega S_V$ 和 VJ 值

河段	水文站	$\alpha'\omega S_V$/（10^{-4} m/s）			VJ/（10^{-4} m/s）			$\alpha'\omega S_V/VJ$		
	名称	洪水期	中水期	枯水期	洪水期	中水期	枯水期	洪水期	中水期	枯水期
上荆江河段	新厂站	0.051 2	0.023 30	0.014 00	0.80	0.54	0.42	0.064	0.043	0.033
下荆江河段	监利站	0.032 1	0.020 90	0.015 70	0.44	0.39	0.38	0.073	0.054	0.041
城汉段	螺山站	0.017 1	0.013 20	0.008 15	0.35	0.28	0.21	0.049	0.047	0.039
汉九段	汉口站	0.016 3	0.009 31	0.002 89	0.35	0.25	0.16	0.047	0.037	0.018
下游段	大通站	0.014 0	0.007 70	0.001 01	0.30	0.21	0.10	0.047	0.037	0.010

注：α'为泥沙在水中的重率系数；ω 为平均沉速，表征颗粒组成即泥沙的粗度，m/s；S_V 为以体积分数表达的含沙量（按容重为 2.65 t/m^3 换算）；$\alpha'\omega S_V$ 为悬浮功率，表示在单位体积内使泥沙克服重力而保持悬浮所需的功率，m/s；V 为平均流速，m/s；J 为比降；从水流能量耗散来看，VJ 为单位水体的能耗功率，是一条河流在形成一定形态后水流需消耗的单位功率，m/s。

2.6　不连续宽级配床沙输移规律

推移质输沙率是指在一定的水流及河床组成条件下，单位时间内通过过水断面的推移质数量。以往对推移质输沙率的研究大多仅限于级配连续或级配分布不太宽的床沙，对不连续宽级配床沙运动特性的研究不多（徐海涛 等，2011a）。长江科学院对不连续宽级配床沙（级配中粒径 1～10 mm 的泥沙缺失或含量很少）的运动规律进行了多次水槽试验研究，取得了一些规律性认识，并通过水槽试验资料建立了不连续宽级配床沙推移质输沙率的计算公式。

2.6.1　水槽试验概况

不连续宽级配床沙输移规律试验从两方面进行，一方面是探讨不同的水流强度对非均匀沙输移的影响；另一方面是探讨一定水流强度和一定床沙组成对床沙粗化的影响。

试验在长 30 m、宽 50 cm、深 46 cm、最大供水流量为 139 L/s 的玻璃水槽中进行。水槽底坡可调控。水尺布置及观测输沙率装置见图 2.25。试验段长约 15 m，测验段长 8～12 m。水面比降用水槽配备的水位测针进行观测。断面流速用旋桨流速仪观测，采用 3 线 3 点法。进口流量由供水管道上安装的电磁流量计量测。采用集沙槽进行收沙，以测定输沙率及推移质级配。集沙槽长 49.9 cm，宽 6 cm，深 5.5 cm，集沙槽内设有活动的筛网集沙盒，可根据需要随时进行集沙观测。水槽玻璃外壁沿程贴有刻度标记，在产生沙波时估测沙波的波长、波高及运动速度，试验铺沙厚度>6 cm。水温采用温度计量测。用秒表和钟表进行计时。

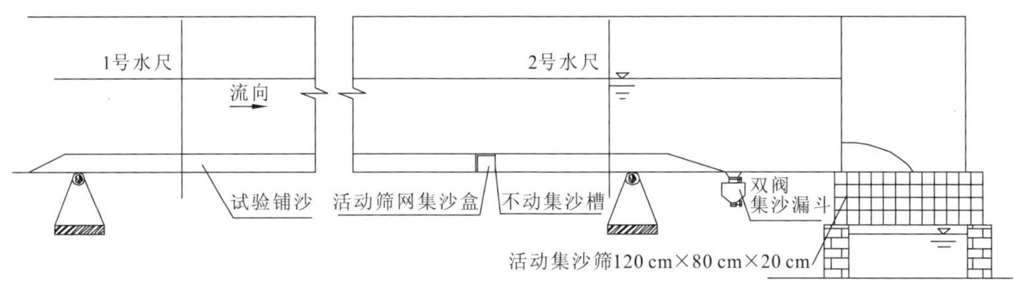

图 2.25　水尺布置及观测输沙率装置

水槽试验沙选用天然黄沙和卵石。试验的泥沙分组及方案见表 2.8～表 2.11。表 2.8 中有 P1～P7 共 7 组，分组后的均匀沙级配见图 2.26、图 2.27，表 2.9 中有 P8～P15 共 8 组非均匀沙，其级配见图 2.28、图 2.29。

表 2.8　试验沙分组-1

组次（方案）		P1	P2	P3	P4	P5	P6	P7
天然沙	粒径 d/mm	<0.5	0.5～1	1～8	8～10	10～12	12～15	15～25
	中数粒径 d_{50}/mm	0.28	0.62	2.30	6.20	10.10	13.20	19.50

表 2.9　试验沙级配-1

方案	粒径 d/mm							试验内容	备注
	<0.5	0.5～1	1～8	8～10	10～12	12～15	15～25		
	各组沙所占的百分数/%								
P1	100	0	0	0	0	0	0	起动流速	均匀沙
P2	0	100	0	0	0	0	0		
P3	0	0	100	0	0	0	0		
P4	0	0	0	100	0	0	0		
P5	0	0	0	0	100	0	0		
P8	20	10	2	13	40	8	7	起动流速、输沙率、床沙粗化	连续级配
P9	35	5	1	4	5	20	30		
P10	69	1	0	0	1	14	15		不连续级配
P11	19	1	0	0	1	9	70		
P12	19	1	0	1	9	60	10		
P13	48	2	0	0	3	42	5		
P14	33	2	0	0	3	32	30		
P15	48	2	0	0	0	5	45		

表 2.10　试验沙分组-2

组次（方案）		P16	P17	P18	P19	P20	P21
天然沙	粒径 d/mm	<0.5	0.5～1	1～2	2～5	5～10	10～20
	中数粒径 d_{50}/mm	0.34	0.85	1.25	4.00	9.00	13.00

表 2.11　试验沙级配-2

方案	粒径 d/mm						试验内容	备注
	<0.5	0.5～1	1～2	2～5	5～10	10～20		
	各组沙所占的百分数/%							
P16	100	0	0	0	0	0	起动流速、输沙率	均匀沙
P17	0	100	0	0	0	0		
P18	0	0	100	0	0	0		
P19	0	0	0	100	0	0		
P20	0	0	0	0	100	0		
P21	0	0	0	0	0	100		
P22	50	0	0	0	50	0	起动流速、输沙率、床沙粗化	宽级配床沙
P23	75	0	0	0	25	0		
P24	25	0	0	0	75	0		
P25	20	10	15	40	15			

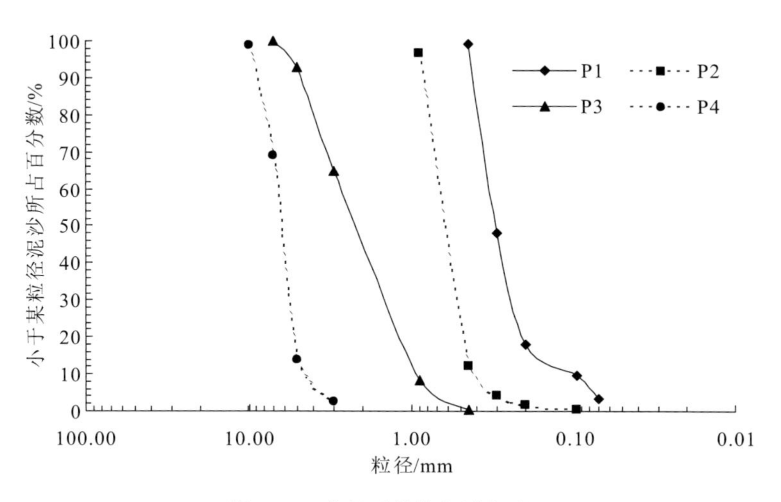

图 2.26　分组后的均匀沙级配-1

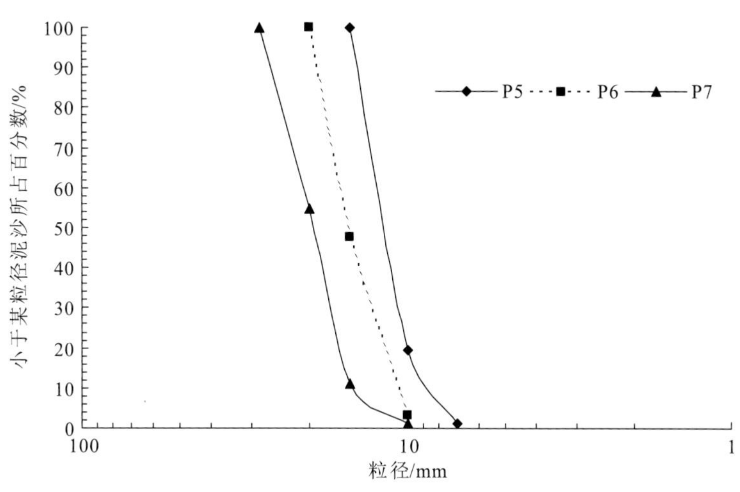

图 2.27　分组后的均匀沙级配-2

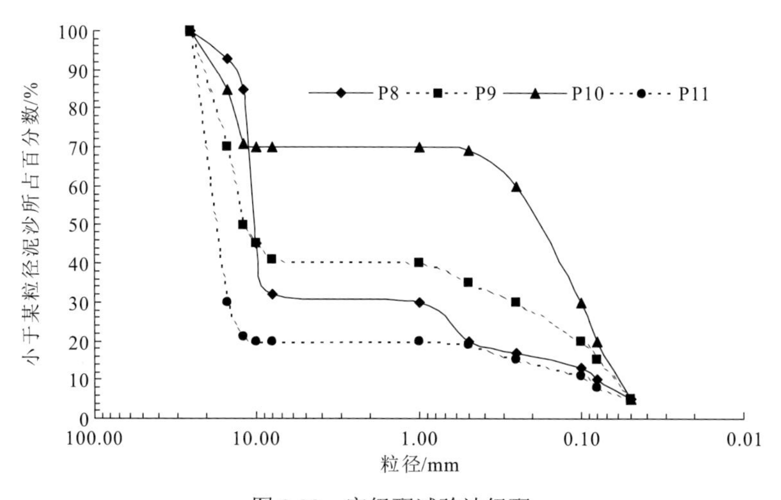

图 2.28　宽级配试验沙级配

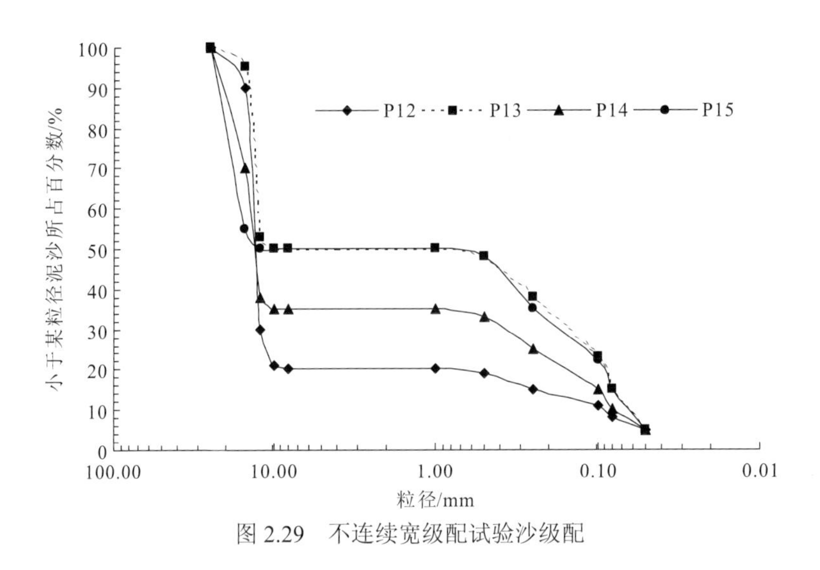

图 2.29　不连续宽级配试验沙级配

2.6.2　水流强度对不连续宽级配床沙输沙率的影响

单宽推移质输沙率 g_b、水流流速 U 随时间 t 的变化关系绘于图 2.30～图 2.39（图中方案组次见表 2.8～表 2.11）。从图中可以看出，不连续宽级配与连续宽级配床沙的输移过程有很明显的差异。连续宽级配床沙的输移过程表现为：单宽推移质输沙率从总的趋势上随水流流速的增大而增大，见图 2.30～图 2.32。

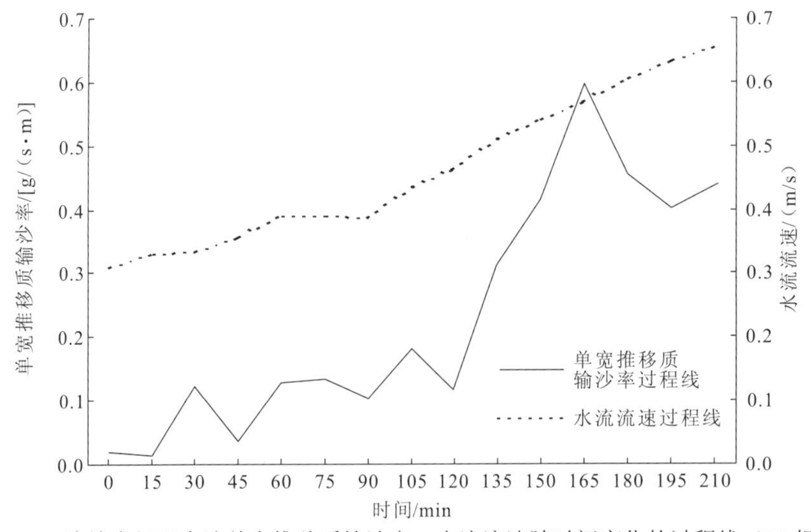

图 2.30　连续宽级配床沙单宽推移质输沙率、水流流速随时间变化的过程线（P8 组）

从图 2.32 还可以看出，P25 组试验床沙在经较大流速冲刷后，改用较小水流流速冲刷时，其推移质输沙率变得很小；再逐渐使水流流速增大，当增大到超过上次冲刷的最大水流流速时，其推移质输沙率急剧增大。这种现象说明，由于床面泥沙颗粒有粗细之分，在水流作用下发生了水选和粗化。在第一次较大水流流速冲刷时，床面已形成与其

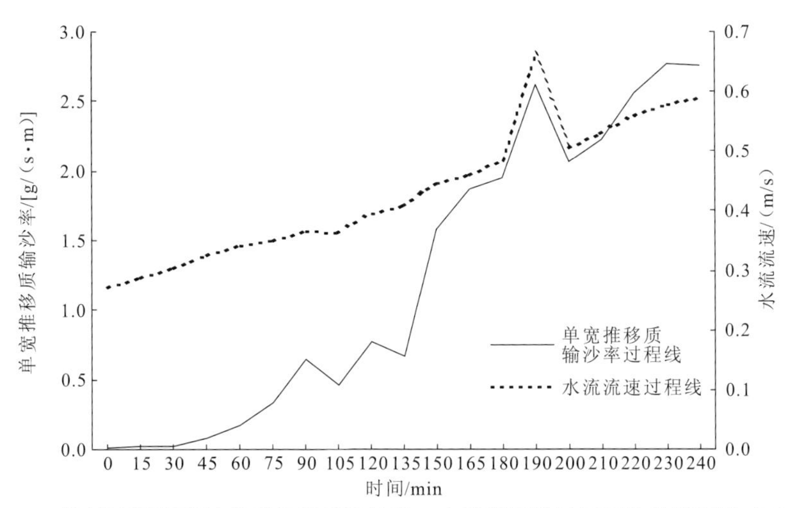

图 2.31　连续宽级配床沙单宽推移质输沙率、水流流速随时间变化的过程线（P9 组）

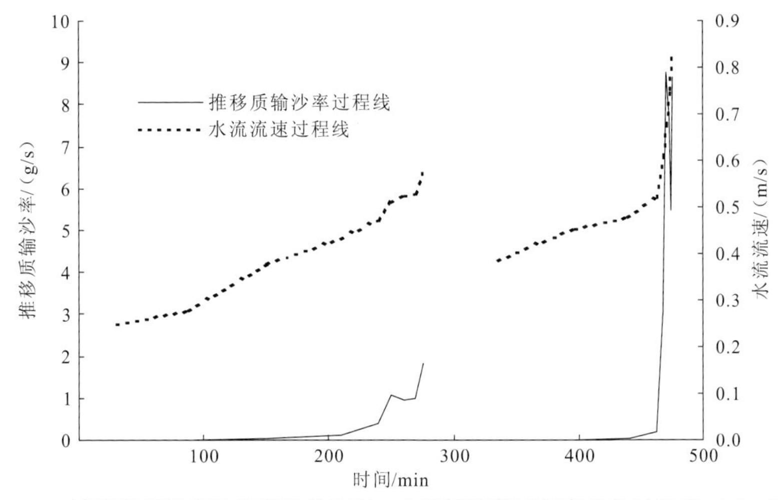

图 2.32　连续宽级配床沙推移质输沙率、水流流速随时间变化的过程线（P25 组）

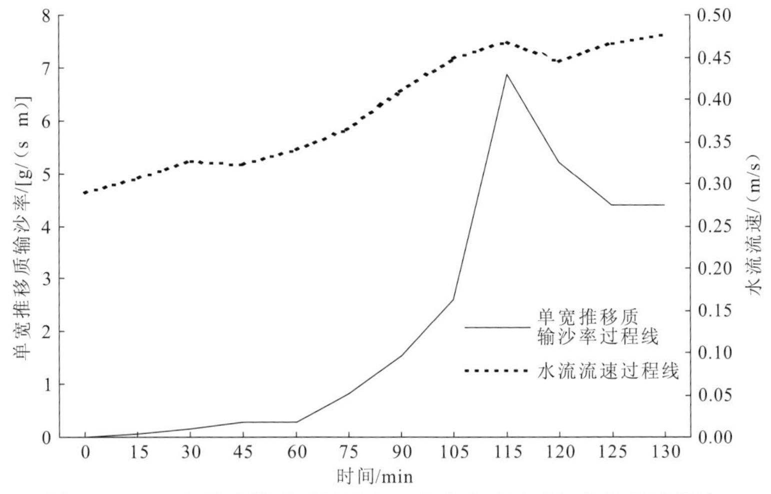

图 2.33　P10 组单宽推移质输沙率、水流流速随时间变化的过程线

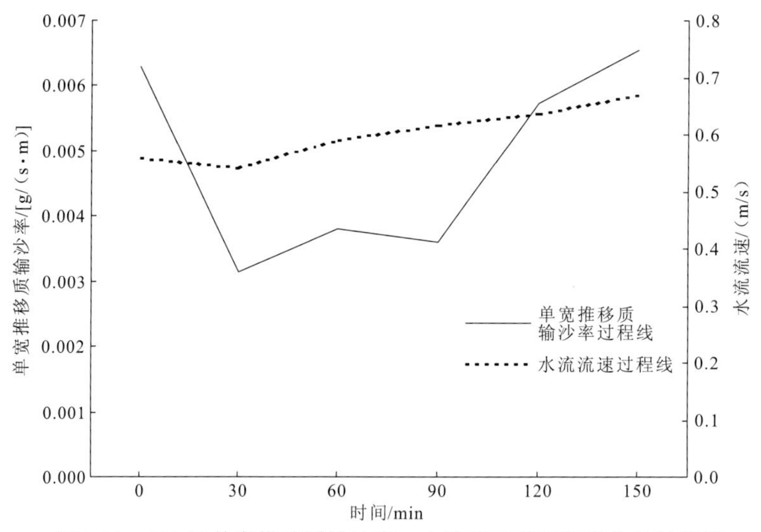

图 2.34　P11 组单宽推移质输沙率、水流流速随时间变化的过程线

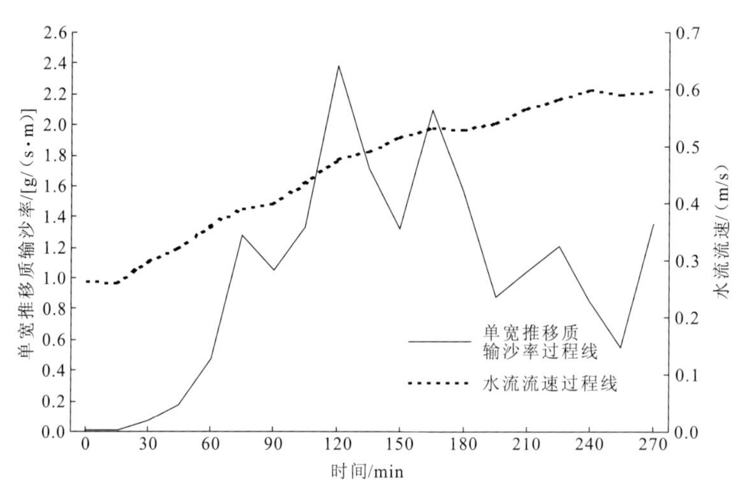

图 2.35　P13 组单宽推移质输沙率、水流流速随时间变化的过程线

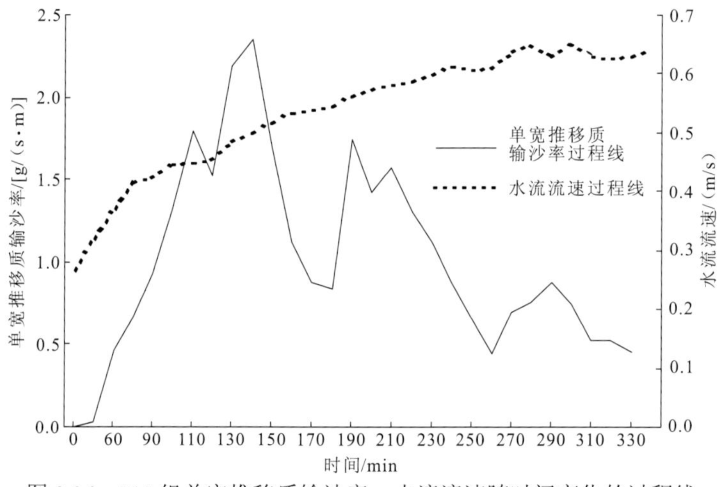

图 2.36　P15 组单宽推移质输沙率、水流流速随时间变化的过程线

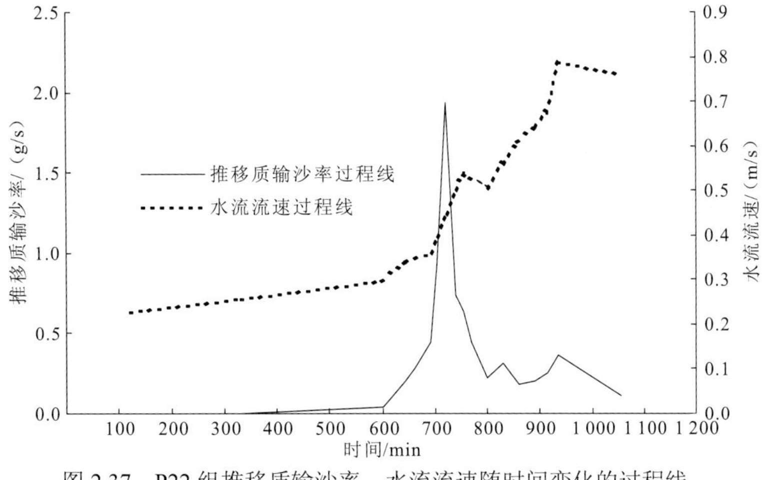

图 2.37　P22 组推移质输沙率、水流流速随时间变化的过程线

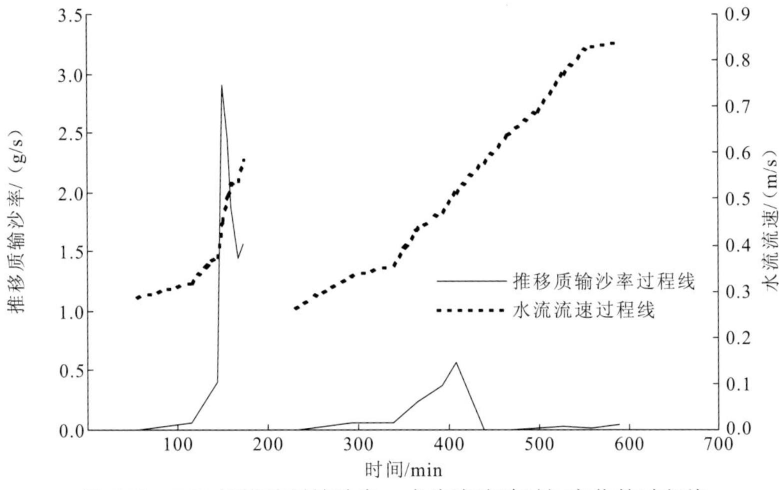

图 2.38　P23 组推移质输沙率、水流流速随时间变化的过程线

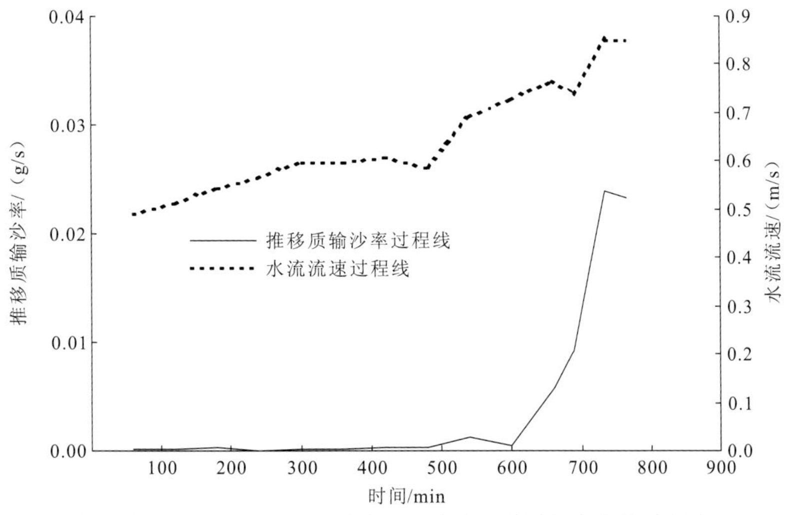

图 2.39　P24 组推移质输沙率、水流流速随时间变化的过程线

水流强度对应的粗化层，这种粗化层具有保护床面避免冲刷的作用。当作用于床沙的水流强度低于粗化层对应的水流强度时，床沙很难起动输移，产生推移质输沙率很小的现象。当作用于床沙的水流强度高于粗化层对应的水流强度时，床沙的粗化层遭到破坏，原组成粗化层的部分颗粒投入运动，受到原粗化层保护的小颗粒也都将起动输移，于是床面出现推移质输沙率骤然增大的现象。在推移质输沙率急剧增大的同时，将逐渐形成由更粗粒级颗粒组成、更具有保护作用的下一级粗化层。

不连续宽级配床沙的输移过程表现为低输沙率—高输沙率—低输沙率。通过分析图 2.33～图 2.39 的推移质输沙率和水流流速过程线可知，其输移过程有如下特点。

（1）不连续宽级配床沙中细沙占的比例越大，其推移质输沙率到达最大值时所需的水流流速越小。反之，床沙中粗沙占的比例越大，其推移质输沙率到达最大值时所需的水流流速越大。例如，P10 组床沙中细沙所占的比例达 70%，当其单宽推移质输沙率达到最大值 6.87 g/（s · m）时，水流流速为 0.469 m/s；而 P24 组床沙中细沙所占的比例仅有 25%，当其推移质输沙率达到最大值 0.023 86 g/s 时，水流流速为 0.852 m/s。

（2）在不连续宽级配床沙输移过程中，当推移质输沙率达到最大值后，在一定的水流流速增幅范围内，其推移质输沙率随水流流速的增大而减小。

（3）不连续宽级配床沙中，若细颗粒泥沙所占比例较小，当水流流速较小时，推移质输沙率很小；当水流流速逐渐增大时，推移质输沙率变化不大；当水流流速能够使粗颗粒泥沙起动时，推移质输沙率才随水流流速的增加而增大。

（4）不连续宽级配床沙的输移过程与连续宽级配泥沙的输移过程明显不同，表现为不连续宽级配床沙的输移过程具有间断性和跳跃性，而连续宽级配床沙的输移过程的总趋势是随着水流流速的增大而增大。

连续宽级配与不连续宽级配床沙在相近水流强度的作用下，其推移质的特征粒径有一定的差别。表 2.12 为不同组床沙在不同水流强度作用下的推移质 d_{50} 的对比，从表中可以看出，不连续宽级配床沙与连续宽级配床沙相比，在相近水流强度的作用下，前者推移质的特征粒径 d_{50} 比后者要小。这说明，不连续宽级配床沙的粗、细粒径组之间的隐蔽与暴露作用，与连续宽级配床沙相比，要强烈一些，从而导致较细的相同粒径级泥沙颗粒，在不连续宽级配床沙中难于起动，而在连续宽级配床沙中易于起动。

表 2.12　不同组床沙在不同水流强度作用下的推移质 d_{50}

项目	组号										
	P8	P8	P9	P9	P13	P13	P15	P15	P15	P10	P10
流速/（m/s）	0.33	0.54	0.33	0.41	0.32	0.52	0.27	0.53	0.61	0.31	0.41
推移质 d_{50}/mm	0.28	0.54	0.28	0.58	0.28	0.45	0.28	0.52	0.54	0.28	0.50

2.6.3　不连续宽级配床沙推移质输沙率

通过分析试验数据，对推移质输沙率衰减过程能否由数学语言表述进行了探讨。通过试验观察可知，在一定的水流条件下，不连续宽级配床沙中粗颗粒部分保持不动，床面上推移质的输移主要是床沙中细颗粒部分的输移。将无量纲水流切应力作为水流强度

的特征变量，为

$$\theta_{\rm b}=\frac{\tau_{\rm b}}{(\gamma_{\rm s}-\gamma)d(i)} \tag{2.22}$$

式中：$\tau_{\rm b}$ 为不计边壁影响的水流切应力，$\rm N/m^2$；$d(i)$ 为床沙的某一特征粒径，m。由于不连续宽级配床沙中粗细颗粒所占的比例不同，表现在床沙级配曲线上就是“靠椅”坐板段有高低之分，坐板段是指图 2.40 中的 AB 段。若将整条级配曲线上的某一粒径，如 d_{50}、d_{30} 等，作为特征粒径是比较粗糙的。为了能够较为合理地反映水流强度这一特征变量，以不连续宽级配床沙级配曲线上“靠椅”坐板段最下端拐点 B 为参考点，见图 2.40，B 点对应的粒径记为 $d_{\rm min0}$，B 点对应的累计百分数记为 $P_{\rm min0}$，$P_{\rm min0}$ 可以描述床沙中细颗粒泥沙所占比例的多少。用 $P_{\rm min0}$ 的二分之一数值确定级配曲线上的 C 点，C 点对应的累计百分数记为 $P_{\rm min1}$，$P_{\rm min1}=P_{\rm min0}/2$，$C$ 点对应的粒径记为 $d_{\rm min1}$，$d_{\rm min1}$ 对推移质的整体情况是可以表征的。把这一粒径作为计算相对水流强度的特征粒径。同理，以不连续宽级配床沙级配曲线上“靠椅”坐板段最上端拐点 A 为参考点，A 点对应的粒径记为 $d_{\rm max0}$，A 点对应的累计百分数记为 $P_{\rm max0}$，$P_{\rm max0}$ 可以描述床沙中粗颗粒泥沙所占比例的多少，用 $1+P_{\rm max0}$ 的二分之一数值确定级配曲线上的 D 点，D 点对应的累计百分数记为 $P_{\rm max1}$，$P_{\rm max1}=(1+P_{\rm max0})/2$，$D$ 点对应的粒径记为 $d_{\rm max1}$，将 $d_{\rm max1}$ 作为床沙中粗颗粒部分的代表粒径。进行以上定义后，式（2.22）变为

$$\theta_{\rm b}=\frac{\tau_{\rm b}}{(\gamma_{\rm s}-\gamma)d_{\rm min1}(i)} \tag{2.23}$$

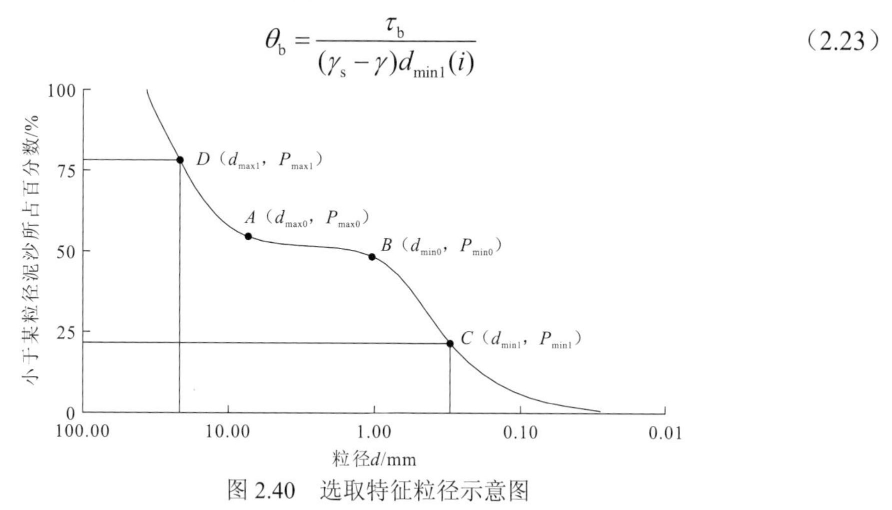

图 2.40　选取特征粒径示意图

利用式（2.23）对各组粗化过程的水流强度特征变量进行计算，计算结果见表 2.13。

表 2.13　粗化试验中不同试验组次的水流强度特征变量

项目	组次						
	P8	P9	P10	P12	P13	P14	P15
垂线水深 h/cm	10.5	11.5	11.5	13.0	11.5	11.0	12.5
比降 J	0.002 09	0.001 71	0.001 11	0.003 85	0.001 80	0.001 07	0.001 21
特征粒径 $d_{\rm min1}$/cm	0.017 0	0.010 0	0.010 1	0.008 0	0.010 0	0.014 0	0.012 0
水流强度特征变量 $\theta_{\rm b}$	0.780 2	1.190 2	0.762 7	3.765 9	1.244 9	0.504 5	0.758 3

若忽略时变的单宽推移质输沙率峰值出现前的增加阶段，输沙率的衰减过程可近似地用指数衰减曲线表示：

$$g_b(t)=\hat{g}_b e^{-\frac{t}{T}} \tag{2.24}$$

式中：$\hat{g}_b$ 为粗化过程中输沙率的最大值；T 为粗化过程的衰减参数。

不同试验组次的衰减参数 T 可以由实测资料 $g_b(t)$ 和 $\hat{g}_b$ 反求。T 和 $\hat{g}_b$ 与冲刷的水流强度有关。以相对时间 t/T 为横坐标，相对输沙量 S_t/S 为纵坐标，点绘出图 2.41。S 为该试验的总输沙量，S_t 为相对时间 t/T 的累计输沙量。

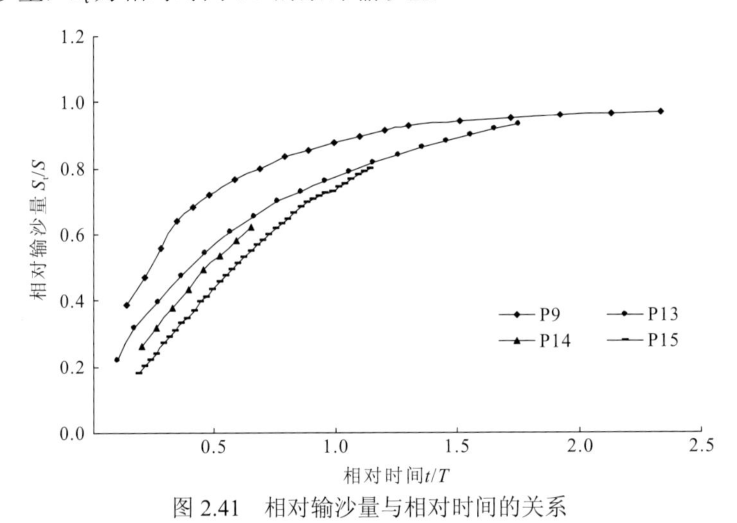

图 2.41　相对输沙量与相对时间的关系

从图 2.41 和表 2.13 可以看出，从总的趋势上来看，对于确定的 t/T，θ_b 大的，S_t/S 也较大，这反映了水流强度特征变量对冲刷粗化进程发展速度的控制作用。图 2.41 还反映出，床沙级配对粗化进程的影响是不可忽视的，P13 组与 P9 组的 θ_b 较大，因此这两条曲线位于上方。由表 2.13 可知，P13 组与 P9 组的 θ_b 分别为 1.244 9、1.190 2，两者差别不大，但两曲线的纵向间距较大，原因在于两组床沙中粗细颗粒的组成不同，两者的粗颗粒虽都约占 50%，但 P13 组的粗颗粒部分由 P6 组占绝对主体，这样的粗颗粒主体的孔隙空间较大，对细颗粒的隐蔽作用较强，相对来讲不利于细颗粒泥沙的输移。P9 组的粗颗粒部分由 P6 组、P7 组两组构成，在量上相差不大，粗颗粒间有一定的填充作用，这样的粗颗粒构成情形对细颗粒的隐蔽作用较差，相对来讲有利于细颗粒泥沙的输移。P14 组和 P15 组的两条相对输沙曲线的位置关系同样说明了这一现象。

试验中观测的平均输沙强度随水流强度的增大而增强。利用式（2.23）来描述水流强度，将 θ_b 作为水流强度特征变量，以单宽推移质输沙率为输沙强度特征变量，点绘单宽推移质输沙率与 θ_b 的相互关系，见图 2.42。图中对每一组试验数据进行初步近似处理，以线性关系进行拟合。

从图 2.42 可以看出，在同一水流强度下，每一组的输沙强度各不相同。这与各组的床沙组成有关。用线性拟合的结果来描述：拟合线性的斜率越大的组次，床沙中细沙的含量越大。最明显的是 P11 组，床沙中细颗粒泥沙的含量仅有 20%，而床沙中粗颗粒的

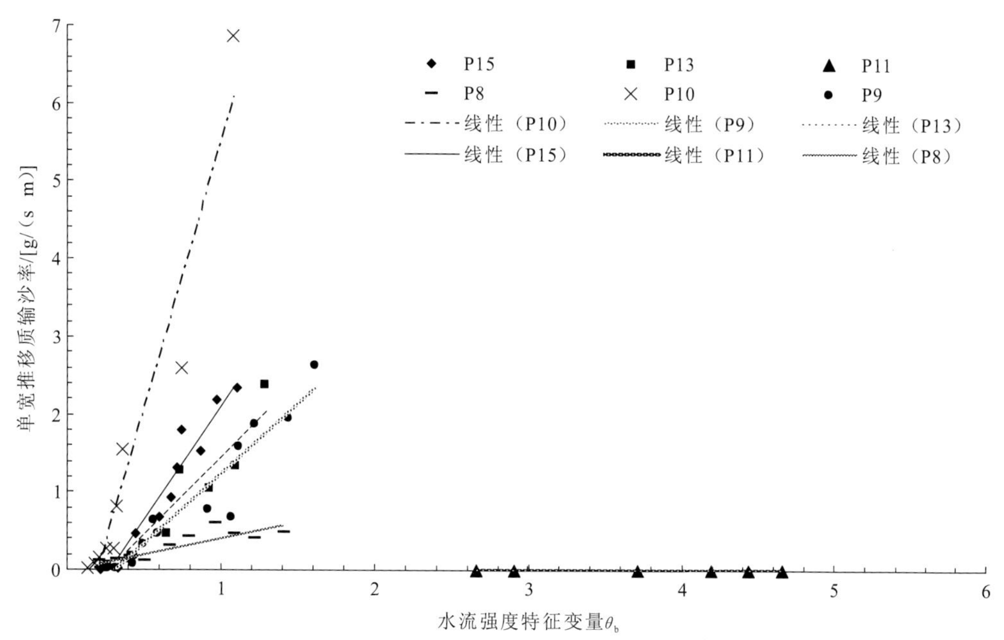

图 2.42　不同床沙组成的水流强度特征变量与单宽推移质输沙率的关系

含量为 70%，并且是最粗粒径组 P7，其斜率接近于零。从图 2.42 中还可以看出，单纯利用水流强度特征变量 θ_b 中的特征粒径 d_{min1} 来反映不均匀沙的不均匀性对单宽推移质输沙率的影响是不够的。为此，借鉴以往研究者的思路，构造单宽推移质输沙率运动强度函数：

$$\Phi = \frac{g_b}{\gamma_s d_{min1}\sqrt{\frac{\gamma_s - \gamma}{\gamma} g d_{min1}}} \tag{2.25}$$

从本节前述分析可知，床面上细颗粒泥沙所占的比例 P_{min0} 越大，细颗粒部分的代表粒径 d_{min1} 越小，床沙的不均匀程度 d_{max1}/d_{min1} 越小，在同等水流强度下，床面上输移的泥沙越多，水流对细颗粒泥沙的有效切应力越大。因此，可以构造出式（2.26）来描述水流对细颗粒部分的有效切应力：

$$\theta_{b^*} = \frac{\theta_b (\sigma_d)^{x_2} \left(\frac{d_{max1}}{d_m}\right)^{x_3} \left(\frac{d_m}{d_{min1}}\right)^{x_4}}{P_{min0}^{x_5}} \tag{2.26}$$

式中：σ_d 为床沙均方差，表征床沙中各粒径泥沙的离散程度，m；d_m 为床沙加权平均粒径，m。在给定的试验范围内，爱因斯坦公式在双对数坐标上接近直线：

$$\theta_0 = M\Phi^x \tag{2.27}$$

式中：θ_0 为一个变量；x 为一个变量；M 为图 2.42 中直线的斜率。

此处假定，在不连续宽级配床沙的条件下，水流对细颗粒泥沙的有效切应力与单宽推移质输沙率运动强度函数具有类似的关系，则有

$$x_1 \theta_{b^*} = \Phi^{x_6} \tag{2.28}$$

即

$$x_1 \frac{\theta_b(\sigma_d)^{x_2}\left(\frac{d_{\max 1}}{d_m}\right)^{x_3}\left(\frac{d_m}{d_{\min 1}}\right)^{x_4}}{P_{\min 0}^{x_5}} = \Phi^{x_6} \tag{2.29}$$

式中：x_1、x_2、x_3、x_4、x_5、x_6 为待定系数，由实测资料率定求得。通过对试验资料的回归分析求得

$$\begin{cases} x_1 = 568.669\,8 \\ x_2 = 2.114\,1 \\ x_3 = -1.975\,7 \\ x_4 = -1.954\,8 \\ x_5 = -2.060\,5 \\ x_6 = 0.254\,3 \end{cases} \tag{2.30}$$

将式（2.30）代入式（2.29）并令

$$G = 568.669\,8 \frac{\theta_b(\sigma_d)^{2.1141}\left(\frac{d_{\max 1}}{d_m}\right)^{-1.975\,7}\left(\frac{d_m}{d_{\min 1}}\right)^{-1.954\,8}}{P_{\min 0}^{-2.060\,5}} \tag{2.31}$$

$$\Psi = \Phi^{0.254\,3} \tag{2.32}$$

将图 2.42 中的试验点数据代入式（2.31）、式（2.32）点绘 Ψ-G 关系曲线见图 2.43，G 为与床沙组成有关的参数，Ψ 为与单宽推移质输沙率有关的参数。从图 2.43 可以看出，G、Ψ 的相关性较好。式（2.31）表明不连续宽级配床沙推移质输沙率不仅受水流条件的影响，还受床沙组成的影响。

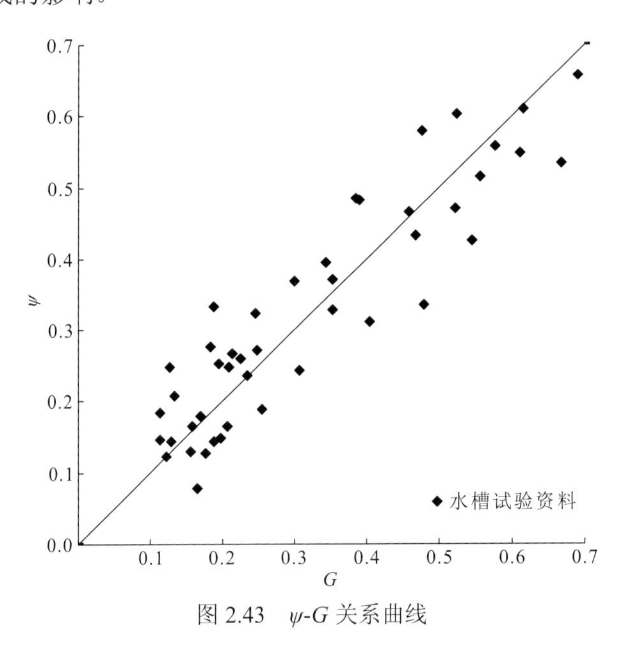

图 2.43 ψ-G 关系曲线

2.7　分汊型与弯曲型河道水沙运动特性

2.7.1　分汊型河道水沙运动特性

自 20 世纪 80 年代以来，长江科学院根据室内试验资料及原型观测资料开展了有关分汊型河道水沙运动特性的研究工作，在分汊型河道的水流阻力特性、分汊型河道进口段的水沙输移特性、汊道分流分沙比的计算及其对河道演变的影响等方面取得了许多规律性的认识。研究表明，分汊型河道平面和断面形态与水流泥沙运动均不同于单一河道。分汊型河道水流泥沙运动存在以下特点：①汊道段的水面比降变化复杂；②汊道进出口流态复杂，不仅纵向水流存在多个明显流核，而且有横向流、横向环流或回流存在；③汊道具有影响分流分沙的复杂因素；④河床冲淤及主支汊兴衰的变化较为复杂。

1. 水面比降及阻力特性

原型观测与室内试验资料表明，一般情况下汊道段的水面纵比降大于上游单一段（姚仕明 等，2003b）。长江下游南京河段八卦洲汊道分汊段的比降为进口单一段的 1.3～4.3 倍，而且其倍数随流量的减小而增大。长江中游武汉河段天兴洲汊道洪水期汊道段的比降为进口单一段的 2.5～2.8 倍（表 2.14）。丁君松等（1982）根据松花江宋家通汊道测得的水面线，得到上游单一段、进口段支汊和主汊的比降分别为 0.0379‰、0.0749‰和 0.1134‰。美国格林河分汊段比降为单一段的 5.7 倍，亨利福克河也达 1.4～2.3 倍不等。美国加州理工学院水槽试验测到分汊段比降为单一段的 1.3～1.9 倍（尹学良和王延贵，1988）。

表 2.14　长江武汉河段天兴洲汊道段、南京河段八卦洲汊道段沿程比降变化表

河段	流量/（m^3/s）	比降		
		武汉关至任家路河段	任家路至阳逻河段	
武汉河段（天兴洲）	76 100	9.50×10^{-6}	23.80×10^{-6}	
	63 400	10.70×10^{-6}	29.60×10^{-6}	
南京河段（八卦洲）	流量/（m^3/s）	自记台至上元门河段（单一河段）	上元门至天河口河段（右汊）	黄家湾至西坝河段（左汊）
	78 400	3.90×10^{-6}	7.17×10^{-6}	3.93×10^{-6}
	42 400	2.00×10^{-6}	4.57×10^{-6}	2.74×10^{-6}
	38 000	1.60×10^{-6}	4.24×10^{-6}	2.10×10^{-6}
	22 700	0.39×10^{-6}	2.77×10^{-6}	1.10×10^{-6}

根据分汊河段进口段的实测资料，进一步从理论上分析分汊河段比降的特性。由曼宁公式写出流量表述的阻力方程：

$$Q_0 = \frac{1}{n_0} H_0^{\frac{2}{3}} J_0^{\frac{1}{2}} A_0 \tag{2.33}$$

$$Q_1 = \frac{1}{n_1} H_1^{\frac{2}{3}} J_1^{\frac{1}{2}} A_1 \tag{2.34}$$

式中：Q 为流量，m^3/s；A 为过水断面面积，m^2；H 为平均水深，m；J 为比降；n 为糙率系数；下标 0 和 1 分别代表分汊河段上游进口单一段与分汊段。因为 $Q_0=Q_1$，对式（2.33）与式（2.34）整理可得

$$\frac{J_0}{J_1} = \left(\frac{n_0}{n_1}\right)^2 \left(\frac{A_1}{A_0}\right)^2 \left(\frac{H_1}{H_0}\right)^{\frac{4}{3}} \tag{2.35}$$

式中，糙率系数主要与河床组成及河床形态等因素有关。一般情况下，在各级流量下分汊河道的糙率系数大于单一河道，而且江心洲越发育、汊道数越多，糙率系数越大，可以认为，一般情况下分汊河段的糙率系数应大于上游单一河段的值，因此，$n_0/n_1<1$。将其代入式（2.35），可得

$$\frac{J_0}{J_1} < \left(\frac{A_1}{A_0}\right)^2 \left(\frac{H_1}{H_0}\right)^{\frac{4}{3}} \tag{2.36}$$

因为汊道段的过水断面面积大于单一段，但其平均水深小于单一段，现将几个不同类型的分汊河段进口段和汊道口门段断面实测的 A、H 值代入式（2.36），可得出 $J_0/J_1<1$，即分汊段的比降大于进口单一段的比降，并且，多汊鹅头型河段的 J_0/J_1 值大于双汊型河段，即多汊并列河段将消耗更多的能量。

一般情况下，分汊河段的进口存在横比降，汊道进口的横比降十分重要，影响着汊道分流分沙的变化。汊道进口段横比降的方向和大小主要与河道外形、水流弯曲程度、水流强度、主流部位及汊道阻力对比等因素有关。汊道进口横比降有两种类型：一种是进口段平面形态弯曲，由水流离心力惯性作用形成横比降，以其环流特性影响汊道的横向输沙；另一种是各支汊阻力的对比造成进口处的壅水差异，形成横比降，往往在洲头以上部分形成横向斜流，切割洲头或滩面，洲头出现串沟，或者洲头浅滩切滩。一般来说，汊道进口横比降由上述两种性质叠加而成。但是，由于长江中下游分汊河段进口段大多数较为平顺，与弯道环流有关的横比降很小，甚至可以忽略。然而，各汊阻力对比形成的横比降造成洲头附近的横向斜流在不少分汊河段都有发生，而且这一横比降往往大于纵比降，而产生较强的横向流和相应的冲刷，如界牌河段新淤洲汊道、武汉河段天兴洲汊道、团风河段东槽洲汊道、戴家洲河段江心洲汊道、龙坪河段新洲汊道、芜裕河段曹姑洲汊道、马鞍山河段小黄洲汊道和南京河段八卦洲汊道等洲头附近都存在横向斜流和相应的切滩冲刷。

2. 口门段流速流态

20 世纪 80 年代，根据长江若干分汊河段天然实测资料，针对分汊河段进口段，较为深入地开展了不同流量级情况下进口展宽率与断面平均流速沿程变化的分析（余文畴，

1987）。进口展宽率即进口河宽沿程变化率，定义为 $\frac{B_1-B_0}{L}$，B_0 和 B_1 分别为起始断面与其下游河床未分汊前某一断面在一定水位下的宽度，L 为上述两断面间河轴线长度。表 2.15 为上述分汊河段的进口展宽率。上述分汊河段比较系统的观测资料表明，汊道进口段断面平均水深 H 与平均流速 V 沿程随河宽 B 的变化具有较好的规律性（图 2.44），并可得出不同流量级下不同进口展宽率的汊道进口的 H 和 V 与 B 呈以下指数关系：

$$H = aB^{m_1'} \tag{2.37}$$

$$V = bB^{n_1'} \tag{2.38}$$

式中：系数 a、b 和指数 m_1'、n_1' 见表 2.16。

表 2.15　长江若干分汊河段进口展宽率

河段	马鞍山河段	芜裕河段	贵池河段	太子矶河段	安庆河段	上下三号洲河段	张家洲河段
进口展宽率	0.814	0.443	0.352～0.406	0.405	0.412～0.432	0.167～0.214	0.138～0.214

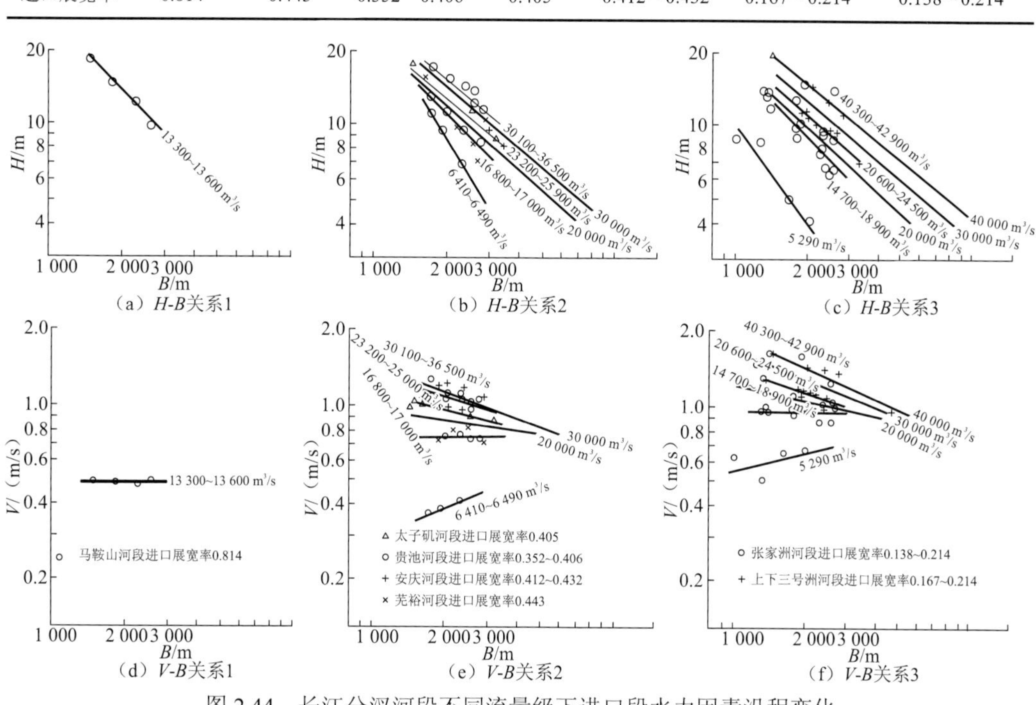

图 2.44　长江分汊河段不同流量级下进口段水力因素沿程变化

由表 2.16 中系数和指数的数值可知，平均水深 H 无论是在哪级流量下随河宽的增加都是递减的，其递减变化率随流量的增加而减小。然而平均流速的变化与平均水深不同，在流量较大时，平均流速随河宽的增加沿程减小，流量越大，减小率越大；而在流量较小时，平均流速随河宽的增大沿程增大，按其趋势，流量越小，增加率越大；在流量为 15 000 m^3/s 左右时，断面平均流速沿程基本不变。这就是分汊河道进口段水流年内呈周期性变化的具体表现。

表 2.16　长江分汊河段进口段水力因素和沿程变化关系系数及指数值

流量/（m^3/s）	进口展宽率	$H = aB^{m_1'}$		$V = bB^{n_1'}$		$S_{床} = c_0 B^p \omega_{d \geq 0.05}^{-1.83}$		$S_{全} = d_0 B^q \omega_{全}^{-1.6}$	
		a	m_1'	b	n_1'	c_0	p	d_0	q
6 410～6 940	0.352～0.406	134.40×10^{4}	−1.57	1.55×10^{-2}	0.42	4.00×10^{-22}	5.32	7.09×10^{-22}	4.53
5 290	0.138～0.214	7.16×10^{4}	−1.29	9.52×10^{-2}	0.25	1.76×10^{-18}	3.84	4.77×10^{-16}	3.26
13 300～13 600	0.814	3.16×10^{4}	−1.03	0.49	0.00	1.76×10^{-18}	1.94	3.98×10^{-12}	1.65
16 800～17 000	0.352～0.443	1.94×10^{4}	−0.98	0.74	0.00	7.18×10^{-14}	1.81	7.26×10^{-11}	1.57
14 700～18 900	0.138～0.214	1.65×10^{4}	−0.99	0.92	0.00	2.18×10^{-12}	1.86	2.67×10^{-10}	1.58
2 000	0.352～0.443	0.92×10^{4}	−0.87	2.47	−0.14	1.01×10^{-11}	0.86	7.80×10^{-8}	0.73
	0.138～0.214	0.89×10^{4}	−0.90	4.76	−0.20	7.90×10^{-9}	0.54	1.90×10^{-6}	0.46
3 000	0.352～0.443	0.77×10^{4}	−0.83	12.38	−0.32	9.80×10^{-5}	−0.25	2.37×10^{-4}	−0.21
	0.138～0.214	0.56×10^{4}	−0.80	22.58	−0.38	5.38×10^{-3}	−0.64	7.15×10^{-3}	−0.54
4 000	0.138～0.214	0.50×10^{4}	−0.77	37.85	−0.43	1.22×10^{-1}	−0.99	1.02×10^{-1}	−0.83

在不同流量情况下，进口展宽率的影响不同。在较大流量下，不同进口展宽率时平均水深沿程的减小率相差不大，而平均流速沿程减小的变化率却随进口展宽率的增加而减小；但在小流量下，平均水深沿程减小的变化率和平均流速沿程增加的变化率均随进口展宽率的增加而增大。

另外，汊道进口段断面垂线流速分布的不均匀程度在流量不同的情况下其沿程变化也是不同的。如果以垂线平均流速的变差系数 C_V 值代表各断面上流速横向分布的不均匀性，那么在流量大时 C_V 值沿程减小；相反，在枯水期，随着流量的减小，C_V 值是沿程增加的（图 2.45）。这就说明，随着水位的增加，断面流速分布沿程逐渐均匀，为汛期主支汊分流比缩小差距提供了有利条件；而随着水位的退落，将发生水流集中现象，联系到上述进口段断面水力因素沿程变化特性可知，在枯水期进口展宽率较大的汊道有利于进口段水流归槽，而产生集中冲刷的作用。在汊道进口段断面流速等值线图上，若将等

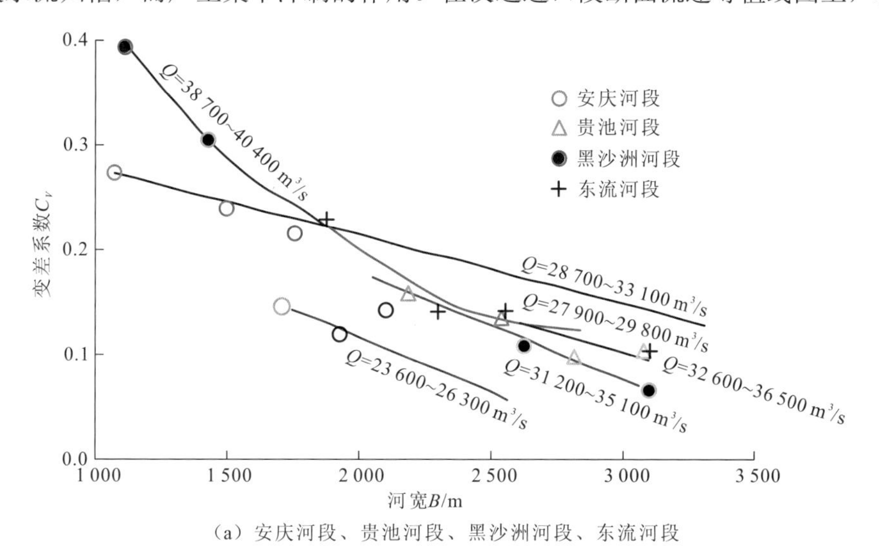

（a）安庆河段、贵池河段、黑沙洲河段、东流河段

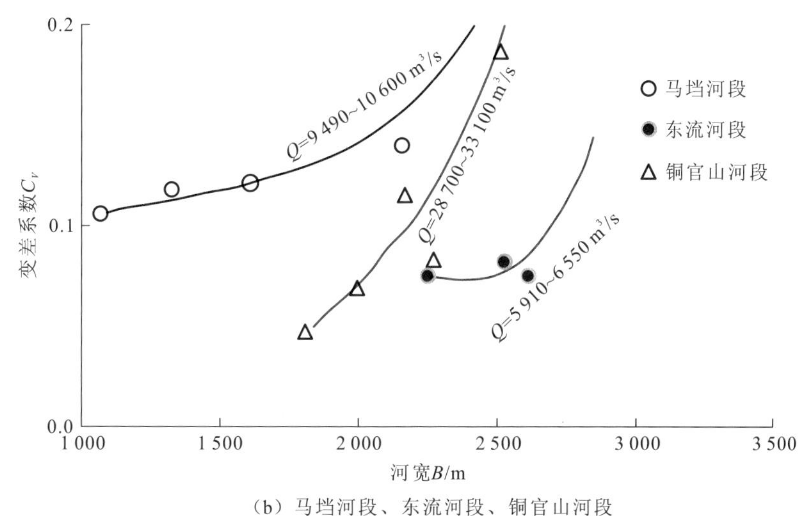

（b）马垱河段、东流河段、铜官山河段

图 2.45　分汊河段进口段不同流量下断面垂线平均流速变差系数的沿程变化

值线集中的较大流速部位称为流核，那么从沿程变化可知（图 2.46），无论是在高水期还是在低水期，断面上流核的个数随河道的不断展宽而逐渐增加[图 2.46（a）～（d）按流程布置]，这种流核的逐步分解应是汊道水流能量耗散的一种形式。对长江下游河道观测资料进行统计发现，河宽在 1300 m 以上，断面上就失去一个流核的稳定性，将形成两个以上的流核。大流核分解成小流核及其个数随河宽增加是造成冲积性汊道的水力因素。

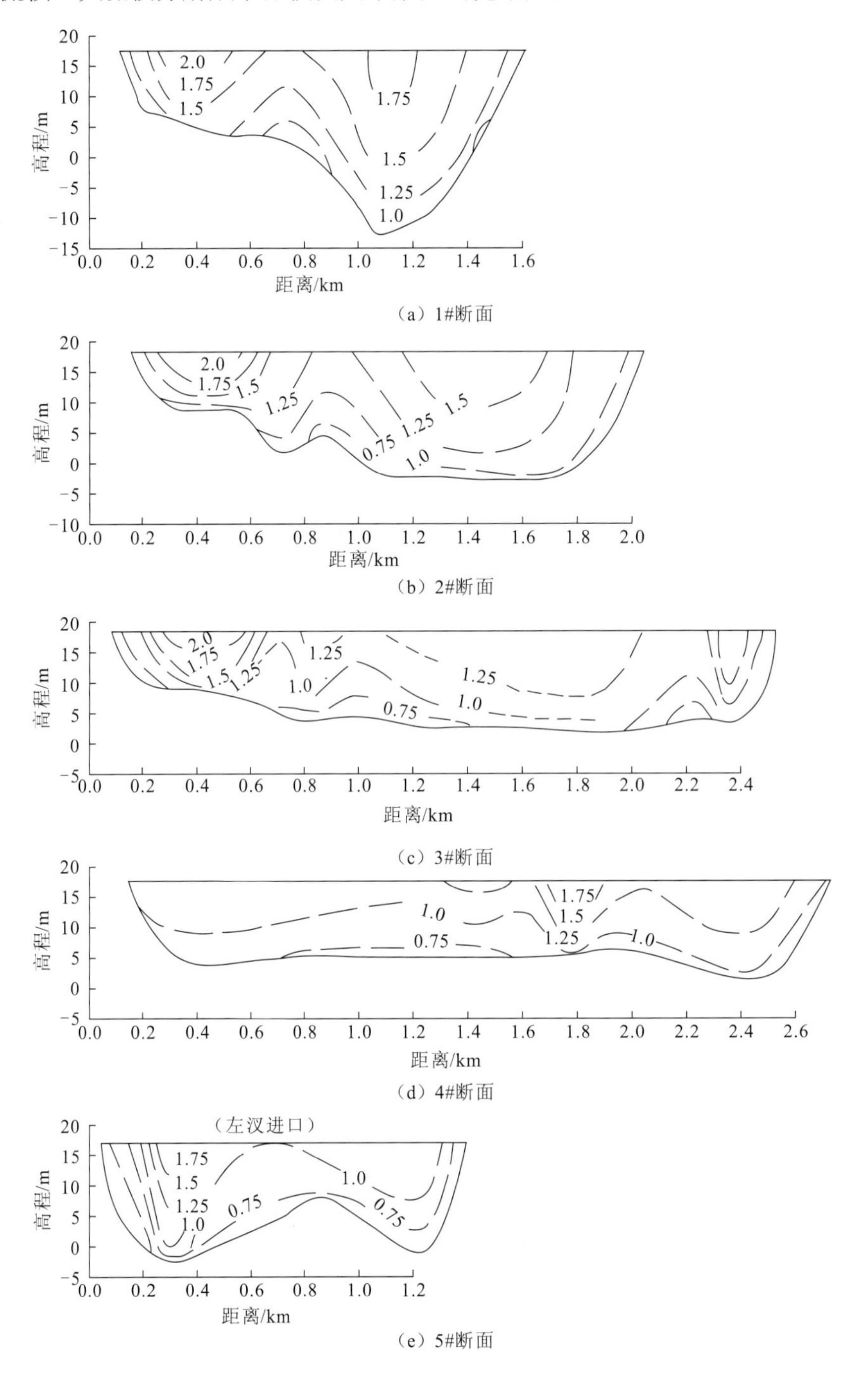

（a）1#断面

（b）2#断面

（c）3#断面

（d）4#断面

（e）5#断面

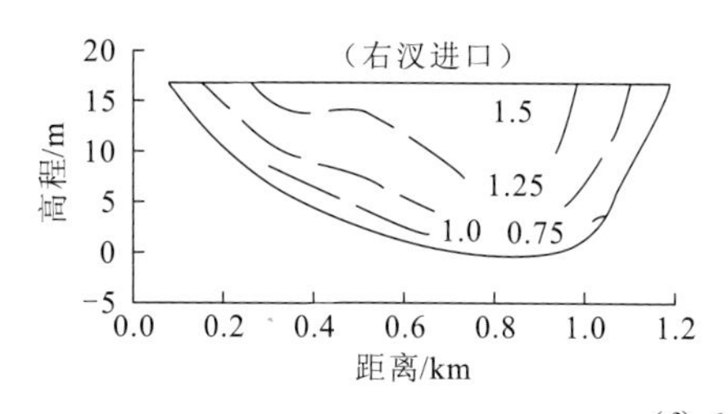

（f）6#断面

图 2.46　张家洲汊道进口段沿程各断面流速等值线（流速单位为 m/s）

3. 进口段输沙特性

引用长江科学院研究获得的长江下游河道床沙质挟沙能力和悬移质全沙挟沙能力的经验公式，可得分汊型河道进口段床沙质挟沙能力和悬移质全沙挟沙能力沿程变化的关系式：

$$S_{床} = c_0 B^p \omega_{d \geqslant 0.05}^{-1.83} \tag{2.39}$$

$$S_{全} = d_0 B^q \omega_{全}^{-1.6} \tag{2.40}$$

式中：$\omega_{d \geqslant 0.05}$和 $\omega_{全}$分别为悬移质泥沙中粒径大于 0.05 mm 的部分和全沙的平均沉速，m/s，假定在同流量级下近似为常数。在式（2.39）中，粒径 0.05 mm 是划分长江中下游床沙质的分界粒径。

式（2.39）、式（2.40）中系数 c_0、d_0 值和指数 p、q 值的变化表明，流量在 20 000 m³/s 以上时，汊道进口段挟沙能力沿程递减，流量越大，沿程递减的变化率越大；而当流量小于该流量时，挟沙能力沿程递增，流量越小，沿程递增的变化率越大。前者通常使得在汛期可能淤积的进口段数量沿程递增，后者使得在枯水期可能冲刷的进口段数量也沿程递增，这就是汊道进口段在年内呈周期性冲淤变化的原因。同时，大于该流量时，在同一级流量下的挟沙能力沿程递减的变化率随进口展宽率的增加而减小，而小于该流量时，在同一级流量下的挟沙能力沿程递增的变化率随进口展宽率的增加而增大。由此可见，进口展宽率较小的顺直汊道进口段，洪水期沿程的淤积可能逐渐严重，而随着汛后水位的降低直至枯水期，沿程的冲刷能力比进口展宽率较大的进口段弱，这应是长而顺直的汊道进口段常常产生浅滩淤积从而碍航的根本原因。

4. 分流分沙特性

1）分流特性

汊道分流比的变化可反映汊道主支汊的兴衰。如果某一汊道的分流比在年际呈减小趋势，说明该汊处于萎缩状态，反之则处于发展状态。为简便起见，这里按双分汊河段来定义汊道主汊的分流比：

$$\eta_{\mathrm{m}} = \frac{Q_{\mathrm{m}}}{Q_{\mathrm{m}} + Q_{\mathrm{n}}} \tag{2.41}$$

将 $Q=\dfrac{AH^{\frac{2}{3}}J^{\frac{1}{2}}}{n}$ 代入主汊分流比表达式并整理得

$$\eta_{\mathrm{m}}=\frac{1}{1+\dfrac{A_{\mathrm{n}}}{A_{\mathrm{m}}}\left(\dfrac{H_{\mathrm{n}}}{H_{\mathrm{m}}}\right)^{\frac{2}{3}}\left(\dfrac{J_{\mathrm{n}}}{J_{\mathrm{m}}}\right)^{\frac{1}{2}}\dfrac{n_{\mathrm{m}}}{n_{\mathrm{n}}}} \tag{2.42}$$

即

$$\eta_{\mathrm{m}}=\frac{1}{1+\dfrac{B_{\mathrm{n}}}{B_{\mathrm{m}}}\left(\dfrac{H_{\mathrm{n}}}{H_{\mathrm{m}}}\right)^{\frac{5}{3}}\left(\dfrac{\Delta Z_{\mathrm{n}}}{\Delta Z_{\mathrm{m}}}\right)^{\frac{1}{2}}\left(\dfrac{L_{\mathrm{m}}}{L_{\mathrm{n}}}\right)\dfrac{n_{\mathrm{m}}}{n_{\mathrm{n}}}} \tag{2.43}$$

式中：Q 为流量，$\mathrm{m^3/s}$；A 为过水断面面积，$\mathrm{m^2}$；B 为河宽，m；H 为平均水深，m；ΔZ 为水位落差，m；L 为河长，m；J 为比降；n 为糙率系数；下标 m、n 分别代表主、支汊；η_{m} 为主汊分流比。

由式（2.43）可以看出，主汊分流比主要与汊道各汊断面形态、长度、糙率等因素有关。在相同条件下，当某汊的过水断面面积较小、水深较浅、长度较长时，其过流的能力较小，反之则较大。

由于分汊河道的各汊长度不等，其阻力大小存在差异，在天然分汊河道中，除洪枯水期进口段断面流速分布的不均匀性与进口段水流动力轴线对分流有影响之外，各汊阻力的对比对汊道分流比起主要作用。当某汊的阻力在增大时，其分流比会减小，往往表现为该汊处于淤积衰退状态；当某汊的阻力在减小时，其汊道分流比会增大，往往表现为该汊处于冲刷发展状态。两汊阻力对比的变化对分流比产生影响最典型的例子是镇扬河段和畅洲左汊在 20 世纪 70 年代的切滩取直。该汊道在 20 世纪 50～60 年代初左、右汊流量平分秋色，到 70 年代中期由于鹅头型的左汊不断增长淤积，分流比逐渐减小并稳定在 26%左右。但 1975 年以后在该洲西北角鹅头处发生切滩取直现象，由于未加防护，终于在 1977 年完全切开，分流比迅速增加，到 1980 年达 40%以上。切滩取直使左汊河长缩短了 2.2 km，比降变为原来的 1.25 倍。由此可见，分汊型河道在原来平衡的条件下，若某汊内阻力突然变化，平衡状态被打破，就会使汊道的分流比发生急剧变化。

冲积平原河流的分汊型河道处于不断的冲淤变化之中，分流比也随之不断变化。目前，实测分流比与水位关系的变化常常是分析汊道演变趋势的方法之一。

2）分沙特性

为了便于分析，汊道的分沙比计算按双汊考虑。若用 η_{n} 和 ξ_{n} 分别表示支汊的分流比和分沙比，Q_{m}、Q_{n} 分别表示主、支汊的流量，ρ_{m}、ρ_{n} 分别表示进入主、支汊水流的含沙量，则根据定义得汊道支汊的分沙比：

$$\xi_{\mathrm{n}}=\frac{Q_{\mathrm{n}}\rho_{\mathrm{n}}}{Q_{\mathrm{m}}\rho_{\mathrm{m}}+Q_{\mathrm{n}}\rho_{\mathrm{n}}} \tag{2.44}$$

即

$$\xi_{\mathrm{n}}=\frac{1}{1+\frac{\rho_{\mathrm{m}}}{\rho_{\mathrm{n}}}\left(\frac{1}{\rho_{\mathrm{n}}}-1\right)} \tag{2.45}$$

可见影响汊道分沙比的因素，一个是分流比，另一个是主、支汊水流含沙量的比值。因此，当各级流量下进入主、支汊水流的含沙量变化相当，即 $\rho_{\mathrm{m}}/\rho_{\mathrm{n}}$ 近似为常数时，支汊分沙比随分流的增加而增加；当主、支汊断面形态接近，各级流量下分流比很接近，即 η_{n} 近似为常数时，支汊分沙比随主、支汊水流含沙量之比的增大而减小。例如，八卦洲汊道，$\rho_{\mathrm{m}}/\rho_{\mathrm{n}}$ 视为随机变量，一般在 1.01～1.40 变化，取其平均值为 1.24，代入式（2.45），得八卦洲左汊分沙比为

$$\xi_{\mathrm{n}}=\frac{1}{1+1.24\left(\frac{1}{\rho_{\mathrm{n}}}-1\right)} \tag{2.46}$$

根据世业洲汊道分流分沙资料，1973 年以前，支汊（左汊）分流比年内变化随流量的增加而增大，同时主、支汊水流含沙量之比的年内变化随流量的增加而减小，它们均使支汊分沙比随流量的增加而增大；但 1974 年以后，主、支汊水流含沙量之比的年内变化随流量的增加而增大，与分流比影响的综合结果是使支汊分沙比随流量的增加而减小，说明主、支汊水流含沙量之比的变化占主导地位。因此，对于分沙比的变化规律也必须具体分析不同的条件，不可简单地得出支汊分沙比会在高、中水期减小的普遍结论。

3）分流分沙变化对分汊型河道演变的影响

一般，水流挟沙能力可用 $S_{*}=k\left(\frac{V^{3}}{gH\omega}\right)^{m_{k}}$ 表示。此处 V、H、S_{*}、ω 分别为断面平均流速（m/s）、平均水深（m）、饱和含沙量（kg/m^3）和泥沙平均沉速（m/s）。引用一般河相关系式 $V\propto Q^{n_1}$、$H\propto Q^{n_2}$（n_1、n_2 均为指数）等，就可得出主汊饱和输沙率 Q_{msk} 与流量 Q 的关系式：

$$Q_{\mathrm{msk}}=k(Q\times\eta_{\mathrm{m}})^{m_{k1}} \tag{2.47}$$

以往很多学者用此式表达河道的输沙能力，以进行河床冲淤计算或借此分析河型河性。对于不同河型，m_{k1} 值不一样，根据长江中下游螺山站、汉口站、大通站的资料分析，得出 m_{k1} 值为 1.3 左右。

令主汊实际的来沙输沙率为

$$Q_{\mathrm{ms}}=c_{\mathrm{s}}k(Q\times\eta_{\mathrm{m}})^{m_{k1}}=Q_{\mathrm{s}}\xi_{\mathrm{m}} \tag{2.48}$$

式中：c_{s} 为来沙系数；Q_{s} 为上游单一段总输沙率；ξ_{m} 为主汊分沙比。假设上游单一段来水来沙不变，并令主汊分流比变化为 η'，主汊分沙比变化为 ξ'，正值为主汊分流比、主汊分沙比增加，反之则为减小。当主汊分沙比变化时，其进入主汊的实际输沙率为

$$Q_{\mathrm{ms1}}=Q_{\mathrm{s}}(\xi_{\mathrm{m}}+\xi') \tag{2.49}$$

其输沙能力相应变为

$$Q_{\text{msk1}} = k\left[Q\times(\eta_{\text{m}}+\eta')\right]^{m_{k1}} = Q_{\text{ms1}}\frac{1}{c_{\text{s}}}\left(\frac{\xi'}{\xi'+\xi_{\text{m}}}\right)\left(1+\frac{\eta'}{\eta_{\text{m}}}\right)^{m_{k1}} \tag{2.50}$$

假设开始时主汊的输沙处于平衡状态，即有 c_{s}=1，$\eta'=0$，$\xi'=0$。在分流分沙变化后，其主汊的冲淤情况可用进入主汊的输沙率与其输沙能力的差值来表示，当差值为负时，表明该汊是冲刷的，当差值为正时，表明该汊是淤积的，当差值为 0 时，表明该汊处于不冲不淤状态。

$$\Delta Q_{\text{ms1}} = Q_{\text{ms1}}\left[1-\frac{1}{c_{\text{s}}}\left(\frac{\xi'}{\xi'+\xi_{\text{m}}}\right)\left(1+\frac{\eta'}{\eta_{\text{m}}}\right)^{m_{k1}}\right] \tag{2.51}$$

令 $\varphi_0=\dfrac{\Delta Q_{\text{ms1}}}{Q_{\text{ms1}}}$，可得（姚仕明 等，2003b）

$$\varphi_0 = 1-\frac{1}{c_{\text{s}}}\left(\frac{\xi'}{\xi'+\xi_{\text{m}}}\right)\left(1+\frac{\eta'}{\eta_{\text{m}}}\right)^{m_{k1}} \tag{2.52}$$

式中：$\varphi_0>0$ 表示淤积比，$\varphi_0<0$ 表示冲刷比，$\varphi_0=0$ 表示不冲不淤；η_{m}、ξ_{m}、η'、ξ' 分别为主汊分流比、主汊分沙比及主汊分流比变化量、主汊分沙比变化量。

式（2.52）是按主汊推导出来的，它对分汊河段各汊均适用。由式（2.50）可知，分汊河段的演变非常复杂，主要包括上游来水来沙、分流分沙变化等因素。当分汊河段进口来沙系数 $c_{\text{s}}=1$ 时，分流分沙的变化量为 0，汊道处于稳定状态；当分汊河段进口来沙系数 $c_{\text{s}}>1$ 时，分汊型河道普遍发生淤积；当分汊河段进口来沙系数 $c_{\text{s}}<1$ 时，分汊型河道普遍发生冲刷。在其他条件不变的情况下，当主汊分流比增加时，会发生冲刷，反之，会淤积，并且有主汊分流比 η_{m} 越小，主汊分流比变化对汊道冲淤影响越大，因此，分流比相差不大的汊道更易发生主支汊易位，这与长江中下游分汊型河道的演变规律是一致的。在其他条件不变的情况下，主汊分沙比或来沙量增大时，会出现淤积，反之，会冲刷。当分流分沙比及上游来沙均发生变化时，其汊道冲淤变化复杂，可能发生冲刷，也可能发生淤积或不冲不淤，需进行比较分析。

在长江中下游分汊型河道中主支汊易位的周期是比较长的，但也有不少情况是主支汊在较短时间发生易位，如镇扬河段的和畅洲就是由于左汊出现切滩取直现象，左汊比降加大，左汊分流比增加，分汊河段已有的平衡被打破，左汊会出现冲刷，这样就会出现左汊不断发展，右汊因分流减小而衰退的现象。在界牌河段，受 1998 年、1999 年的大洪水作用后，其汊道进口地形冲淤变化较大，右边滩下移至右汊口门附近，使其进流不畅，相反，左汊进流条件却不断改善，致使左、右汊分流比发生较大变化。2000 年 10 月其左汊分流比为 39.2%，到 2002 年 2 月，其左汊分流比增加到 51.2%。另外，三峡工程蓄水运用后，下泄较低的含沙水流，相当于来沙系数减小，因此上荆江长度小于主汊的关洲、突起洲左汊的冲刷强度可能会大于主汊。

2.7.2　弯曲型河道水沙运动特性

水流经过弯曲型河道时，受河湾形态的制约作用而做曲线运动，为满足曲线运动所需的向心力的要求，水位沿横向呈曲线变化，凹岸水面升高，凸岸水面降低，这一现象决定了弯曲型河道的水流结构有其独特的特点。

1.水面状态

为分析研究天然弯曲型河道水面纵、横向比降的变化，长江科学院在下荆江来家铺等弯曲型河道进行了观测，图2.47为来家铺弯曲型河道观测断面和水尺位置。研究结果表明，弯曲型河道内的水面纵、横比降具有以下变化特点（张植堂 等，1964）。

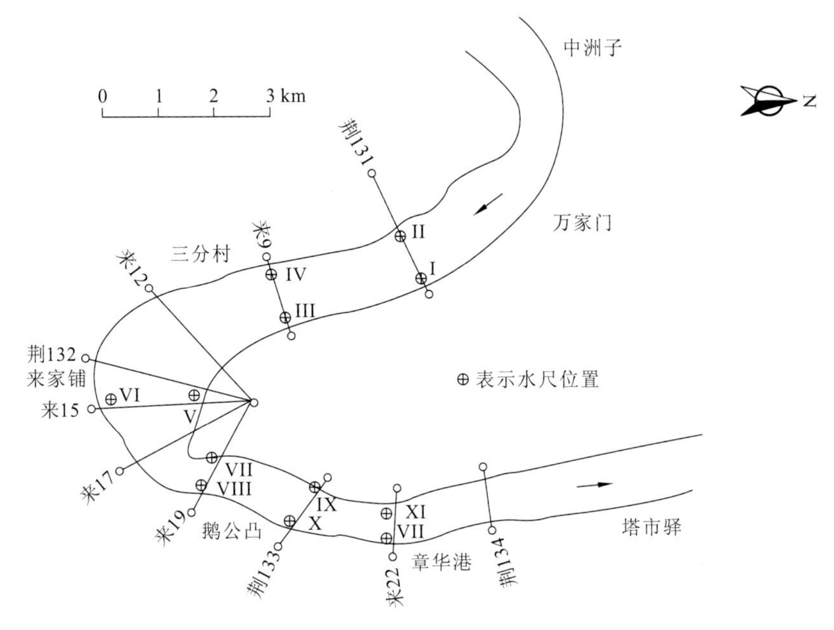

（a）观测断面布置图

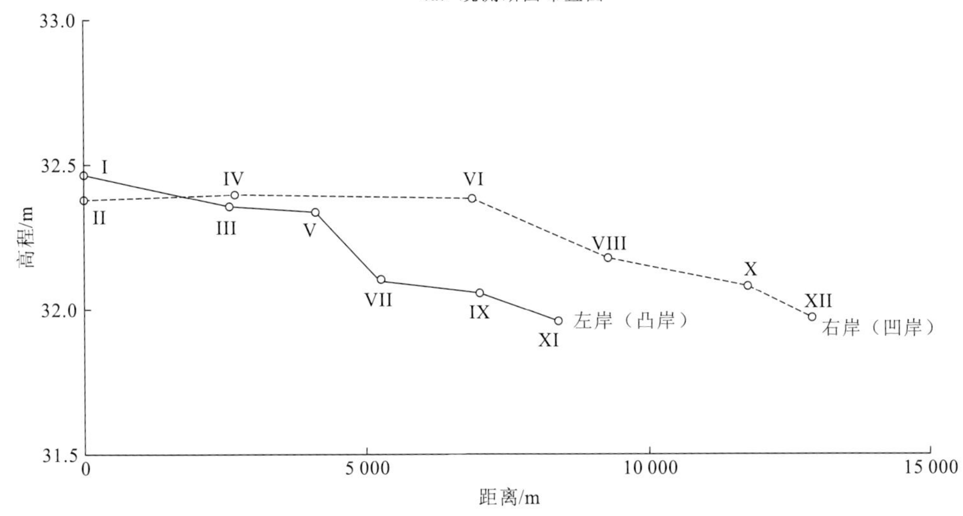

（b）观测水尺位置图

图2.47 来家铺弯曲型河道观测断面和水尺位置

（1）弯曲型河道内的水面横比降很明显，其中以弯顶附近最大，甚至出现大于该河段纵比降的情况，如弯顶以上的来 9 断面和弯顶附近的来 15 断面的水面横比降为本河段（来 9 至来 15 断面）凹凸岸水面平均纵比降 0.269‰的 2.4 倍与 2.7 倍。

（2）弯曲型河道内的纵比降，弯顶上段相对平缓，弯顶下段较陡；在弯顶上段，凸岸的纵比降大于凹岸的纵比降，弯顶下段的情况则相反。

（3）弯曲型河道内的水面状态，主要决定于弯曲型河道的外形，但由于上游河势及河湾内的局部形态也直接影响弯曲型河道水面状态的变化，如荆 133 断面，其上游凹岸岸线凸出，主流线移向凸岸，故产生了反向的横比降，但其绝对值较小。

2. 弯曲型河道横向环流

1959 年以来，利用同步感应流向仪系统观测了下荆江碾子湾弯曲河段和来家铺弯曲河段河湾的流速、流向和水面纵、横比降。每个河湾布设观测断面约 10 个，每个断面布设的测线一般为 4～8 条。这些资料表明（余文畴和卢金友，2005），在河湾段，断面横向环流的主体是由上部面流偏向凹岸，下部底流偏向凸岸的单一离心环流所构成的，离心环流的强度和旋度，在弯顶和弯曲型河道的后半部最强；水流不仅在流经弯曲型河道时产生横向环流，而且只要水流动力轴线发生弯曲，便会产生与之对应的横向环流，这种离心环流常在弯曲型河道进口的上段及河岸突出逼使水流转向的地段出现；天然河道内横向环流沿垂线的分布是多样的，其中单一离心环流在河湾段及水流动力轴线显著弯曲处均普遍存在。两层重叠分布的环流（图 2.48）一般在河湾段岸壁附近及河床地形突变的滩坎附近存在。两层以上重叠分布的环流（图 2.48），则多在河湾的过渡段或水流动力轴线弯曲过渡的地段出现。

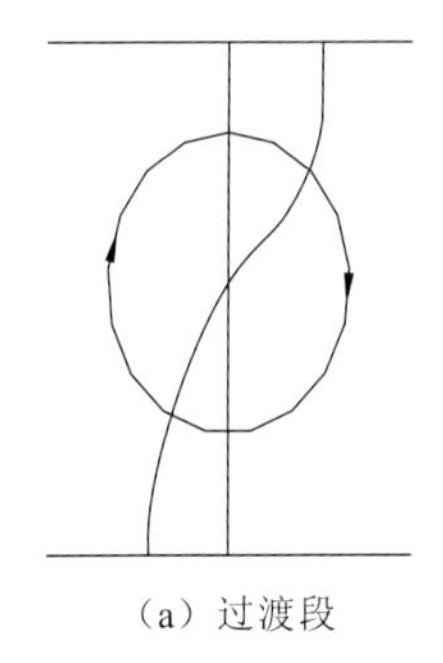
（a）过渡段

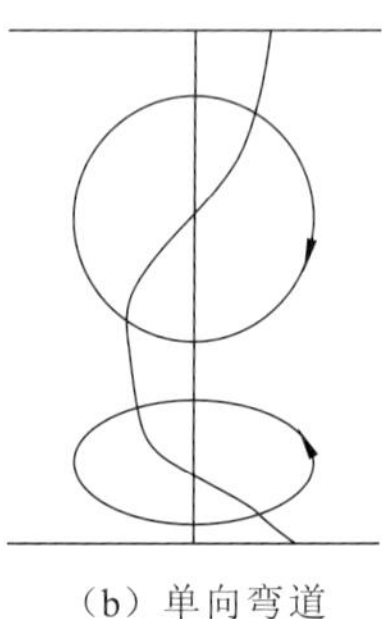
（b）单向弯道

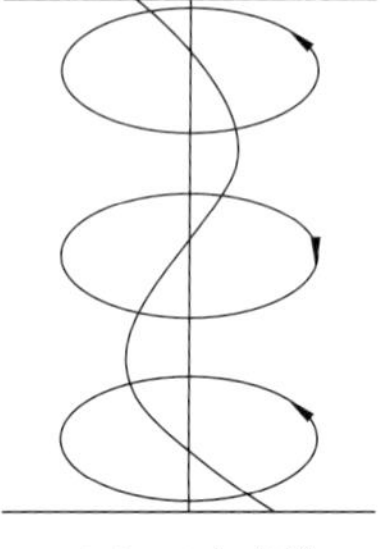
（c）双向弯道

图 2.48　环流结构图

3. 水流动力轴线

水流动力轴线是指纵向水流沿流程各断面最大垂线平均流速处的连线，也称为主流线。对荆江河段沙市、冲和观、碾子湾、调弦、来家铺五个河湾共计 37 个测次的观测资料分析可知，天然河湾水流动力轴线的变化有很强的规律性（张植堂 等，1984）。

（1）沿流程变化：一般在弯曲型河道进口段或者在弯曲型河道上游的过渡段水流动力轴线偏靠凸岸一侧；进入弯曲型河道后，主流逐渐向凹岸转移，至弯顶稍上部位，主流才偏靠凹岸，主流逼近凹岸的位置即顶冲点以下相当长的距离内，主流紧贴凹岸。

（2）年内变化：水流动力轴线在年内具有低水傍岸、高水趋中的变化规律。这是由于枯水期水流动量小，主流线易于弯曲而靠近凹岸；洪水期水流动量大，惯性作用强，主流线不易弯曲而偏离凹岸。与此相应，水流顶冲凹岸的部位呈低水上提、高水下挫的规律。一般，低水时顶冲部位在弯顶附近或弯顶稍上，高水时顶冲部位在弯顶以下，但当弯顶形成局部急弯，弯顶下游河岸相对突出时，低水时顶冲部位也可下移至弯顶以下。

弯曲型河道水流动力轴线的变化，除受流量大小等水流动力因素的影响外，还受河湾形态的影响，如河湾的曲率半径 R_*、河湾的宽深比 $\sqrt{B}/H$ 等。在一定的河湾形态制约下，流量增大，水流动力轴线将相对趋直；在其他条件相同的情况下，河湾的曲率半径 R_* 越大，河湾对水流的制约作用越小，水流动力轴线的弯曲半径 R_0 越大，反之，R_* 越小，R_0 也越小。

根据实测资料采用相关分析法可得到水流动力轴线弯曲半径 R_0 的经验表达式：

$$R_0 = 0.053R_*\left(\frac{Q^2}{gA}\right)^{0.348} \tag{2.53}$$

或

$$R_0 = 0.26R_*^{0.73}\left(\frac{\sqrt{B}}{H}\right)^{0.72}\left(QH^{\frac{2}{3}}J^{\frac{1}{2}}\right)^{0.23} \tag{2.54}$$

式中：Q 为流量；A 为过水断面面积；B 为河宽；H 为平均水深；J 为比降，‱。上述式子反映的是整个弯曲型河道内水流动力轴线的弯曲半径 R_0 变化的平均情况，不能反映 R_0 沿弯道流程的变化。

将极坐标系下的河湾二维水流运动方程式

$$J_\varphi = \frac{u_{cp}^2}{C_0^2 h} + \frac{\partial (u_{cp})^2}{2gR_v\partial\varphi_1} - \frac{\partial(\tau_\omega h)}{\rho h\partial R_v} + \frac{1}{g}\frac{\partial u}{\partial t} \tag{2.55}$$

适当简化，可导出河湾水流垂线平均流速公式：

$$u_{cp} = \sqrt{C_0^2 J_\varphi h + \left[\left(\frac{R_*}{R_v}\cdot\frac{Q}{A}\right)^2 - C_0^2 J_\varphi h\right]e^{-\frac{2R_v\varphi_1}{C_0^2 h}}} \tag{2.56}$$

式中：J_φ 为垂线水面纵比降；φ_1 为河湾的弯曲度，rad；h 为垂线水深，m；u_{cp} 为垂线平均流速，m/s；C_0 为谢才系数；R_v 为垂线所在位置的弯曲半径，m；ρ 为水的密度，kg/m^3；τ_ω 为垂线水柱体两侧的切应力，N/m^3；g 为重力加速度，m/s^2。式（2.56）计算得到的沿程各断面垂线平均流速沿河宽的分布与实测流速分布基本吻合。

式（2.56）对 R_v 求导，并令 $\frac{\partial u_{cp}}{\partial R_v}=0$，同时考虑到断面中主流位置处的水面纵比降最大，即 $\left.\frac{\partial J_\varphi}{\partial R_v}\right|_{R_v=R_0}=0$，可以推导得到水流动力轴线弯曲半径的计算表达式：

$$R_0 = \sqrt[3]{\frac{1}{\varphi_1 J_{\varphi_0} g}\left(R_*\frac{Q}{A}\right)^2} \tag{2.57}$$

式中：J_{φ_0} 为水流动力轴线处的水面比降。

根据天然河湾水流资料和室内试验成果，弯曲型河道主流顶冲点附近水流动力轴线的曲率最大，弯曲半径最小；水面纵比降、横比降和横向流速均最大。据此可导得以河湾弯曲度表示的顶冲部位为

$$\varphi_{\mathrm{T}} = \frac{V^2}{R_* g} \frac{1}{J_\varphi} \left(\frac{h_{\max}}{H} \right)^{5/6} \tag{2.58}$$

式中：φ_{T} 为主流顶冲部位的河湾弯曲度，rad；V 为平均流速，m/s；H 为平均水深，m；$h_{\max}$ 为弯曲型河道内最大水深，m。由式（2.58）可见，河湾主流顶冲部位变化与流量成正比，反映了顶冲部位随流量变化而“上提下挫”的规律。

4.弯曲型河道泥沙运动特性

弯曲型河道由于横向环流的存在，泥沙运动具有一些独特的特点。根据来家铺弯曲型河道实测资料，弯曲型河道横断面的含沙量等值线大致与凸岸斜坡平行，凹岸一侧含沙量较小，凸岸一侧较大，与流速横向分布不同，最大垂线平均流速出现在深槽附近，而含沙量最大值出现在边滩滩唇附近；对于含沙量沿垂线的分布，在凹岸深槽分布很均匀，数值也较小。越过深槽后底部含沙量立即增大，含沙量沿垂线分布很不均匀；对于弯顶附近的断面和悬移质中的床沙质部分（d>0.1 mm），上述现象更为明显（图 2.49）。弯曲型河道含沙量分布的上述特点，与弯曲型河道环流直接相关。由于横向环流的存在，上层含沙量较小的水流流向凹岸后插向河底，攫取底部泥沙，由下部指向凸岸的环流带往凸岸，凸岸一侧的含沙量较大，且沿垂线分布更不均匀。

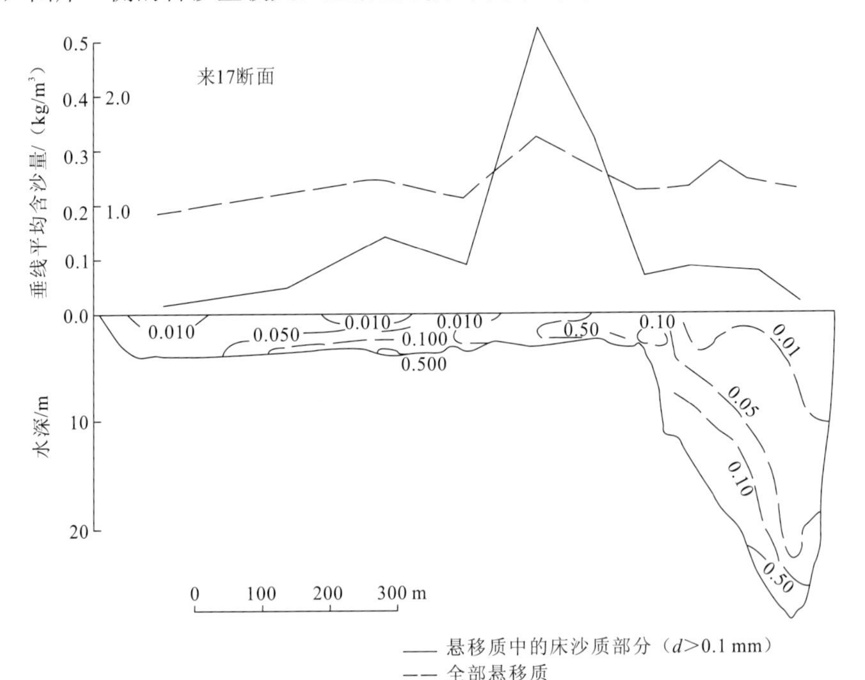

图 2.49　来家铺弯曲型河道断面含沙量等值线图（1964 年 8 月测）

弯曲型河道过渡段的悬移质含沙量的分布与弯道段不同，由于不存在横向环流或横向环流很弱，含沙量等值线基本上是对称于河道中心线的，沿垂线分布都比较均匀，垂线平均含沙量的横向分布也比较均匀，且与垂线平均流速的横向分布基本对应(图 2.50)。

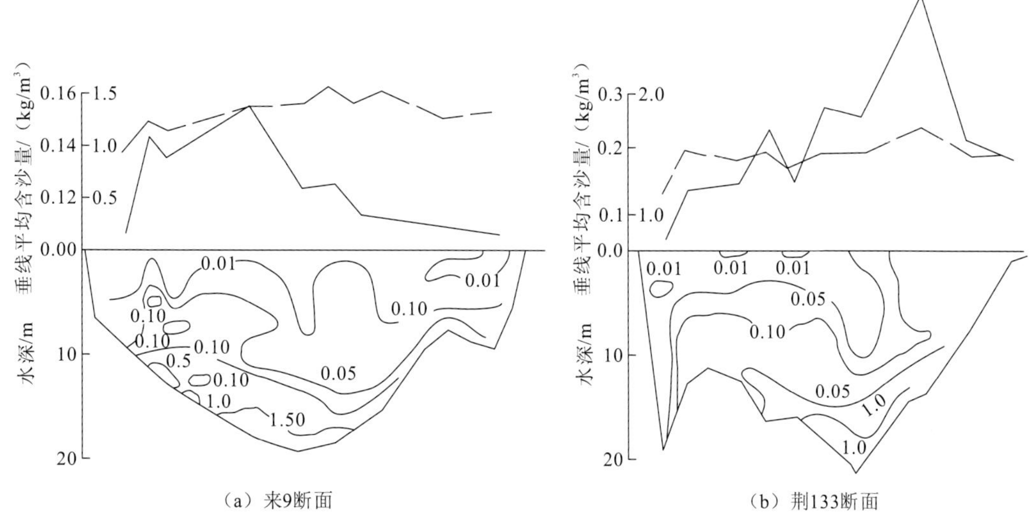

图 2.50　来家铺弯曲型河道过渡段断面含沙量等值线图（1964 年 8 月测）

第3章　河道演变规律

本章阐述下荆江蜿蜒型河道及中下游分汊型河道的形成条件；基于原型观测资料分析长江中下游河道的冲淤变化规律，并分别采用数值模拟计算和实体模型试验预测三峡工程运行后河道的冲淤变化趋势；阐述顺直型、蜿蜒型及分汊型河道演变的基本规律；提出河道的平面形态指标、河型判据；分析三峡工程运行前后长江中下游河道河床稳定性的变化规律。

3.1　蜿蜒型与分汊型河道的形成条件

3.1.1　蜿蜒型河道形成条件

长江中下游干流蜿蜒型河道主要位于下荆江。关于下荆江蜿蜒型河道的形成条件与成因，长江科学院自20世纪60年代以来开展了研究，认为河道的纵向输沙平衡、抗冲性适度的二元结构的河床边界条件是形成下荆江蜿蜒型河道的条件（唐日长和潘庆燊，1964），蜿蜒型河道是在支汊并流和向湖分流的一定历史演变阶段塑造的河型，是下荆江整个历史演变中河流与湖泊关系的产物（余文畴，2006）。

1.水流泥沙运动条件

下荆江河床演变是通过弯道凹岸冲刷、凸岸淤积实现的。凹岸冲刷往往随流量的变化而发生顶冲部位的上提下移，常年贴流的岸段较长，同时随比降的年内变化表现出中枯水小含沙量时发生归槽冲刷，洪水大含沙量时发生河床淤积的规律。

下荆江河道凸岸边滩的淤长与凹岸的冲刷后退基本对应。由于下荆江河道推移质输沙量相对很小，悬移质中的床沙质淤积成为边滩成型淤积体的基础，而且悬移质中细颗粒也及时发生淤积，让边滩发育较完整，边滩根部淤积的高程始终保持较高，这样在一般情况下不致发生边滩的整体切割，也不会形成岸边串沟和沙嘴。

在弯道断面上表现出凹岸冲刷的泥沙量与凸岸淤积的泥沙量基本相等的现象。这样才能保持河宽不增大，水流与河床均不产生分汊；河宽也不缩窄，河型不向河漫滩蜿蜒型方向转化。也就是说，河宽变化不大，弯道断面形态基本保持一定的偏V形，做平移运动。也就是说，河道在继续弯曲和蠕动中总体上仍保持纵向输沙相对平衡。同时，人们过去往往忽视了长而顺直的过渡段。其实，它随上下弯道的平面蠕动变形发生长度调整的同时，其河床的冲淤表现为汛淤枯冲，而年内、年际保持相对平衡的特征。

2. 河床边界条件

下荆江河岸具有二元结构，上层为黏性土层，下层为中细沙，在水流作用下表现为河岸具有较弱的抗冲性，以致河曲能自由发展；同时，其抗冲性又不太弱，以致与对岸边滩的淤长具有相对均衡的速度。当河岸抗冲性太弱时，岸线后退过快，对岸边滩来不及淤长，河宽变大，水流结构在断面上将出现两个以上的流速集中区，江中将产生江心滩，河道进而成为江心洲（滩）汊道河段；若抗冲性较强，崩岸较弱，对岸边滩发育较快，河宽变窄，河型可能成为弯曲型或稳定的河漫滩蜿蜒型，体现不出明显的动态蜿蜒特征。上述河岸适度的可冲性正好维持下荆江平面变形的动态特征，又保持悬移质纵向输沙的相对平衡。

然而，下荆江的上述边界条件，毕竟是在塑造蜿蜒河型的过程中，与水流动力条件、泥沙运动条件相互作用的产物，是长期造床作用的结果。下荆江河床边界条件总体上表现出与上荆江弯曲型河道相比其抗冲性为弱，而与长江中下游分汊型河道，特别是下游江心洲十分发育的分汊型河道相比其抗冲性为强的宏观特征。

3. 蜿蜒型河道形成的决定性因素的探讨

下荆江典型的蜿蜒型河道的形成原因主要有以下两个方面。

一方面，下荆江是在历史上云梦泽堆积三角洲上诸多汊流中逐渐发展的，历史上多支的网河总是通过河流的冲积作用朝并支的方向发展，加上人工的堵支并流，逐渐形成一条主干河道，成为下荆江的雏形。在下荆江主干河道流量不断增加，河床不断调整的过程中，每一次流量的增加在断面尚未冲刷扩大前，都可能使主干河道内的流速和比降均增加，即河道中单位时间内单位水体中的能量 VJ 增加。在这种情况下，主干河道调整耗能除扩大断面之外，可能朝两种方向发展。一是增加河长，减少比降，增大沿程阻力；二是不断拓宽，变为宽而多汊，增大湿周和形态阻力。前者断面形态相对窄深，与较大的输水能力（即公式 $V = C\sqrt{gHJ}$ 中的 C 值较大）和较大的含沙量相适应；后者断面形态相对宽浅，与较小的输水能力（即 C 值较小）和较小的含沙量相适应。显然，下荆江主干河道的发展是选择了前者，即选择了通过加大河长耗散富余能量并与较大的含沙量相适应的蜿蜒河型。

另一方面，在造床过程中，下荆江主干河道在接受并支流量的同时，与其相通且进入洞庭湖的分流也在不断调整。在向洞庭湖分流很小的情况下，干流河道流量大，对河道要求的曲率半径大，难以形成曲率半径很小、曲折率很大的蜿蜒河型；在向洞庭湖分流很大的情况下，干流河道需耗散的能量很小，又不足以形成具有足够长度的蜿蜒河型。也就是说，需要一个合适的主干河道径流量及其过程，与向洞庭湖合适的分流相组合，才能使下荆江河道向蜿蜒型发展。

3.1.2　分汊型河道形成条件

长江中下游分汊型河道的成因较为复杂，有关的研究较少。20 世纪 70～80 年代初，长江科学院与中国科学院地理科学与资源研究所协作，通过对我国南方分汊型河道的查勘、实际资料的分析和自然模型造床试验，对长江中下游分汊型河道的成因进行了综合研究（罗海超 等，1980）。20 世纪 90 年代以后，长江科学院进一步探讨了分汊型河道的形成条件（余文畴，1994a）。2010 年以来又结合水利部公益性行业科研专项子课题“三峡和丹江口水库修建前后长江和汉江下游河型变化与成因研究”，对三峡水库坝下游河型的变化与成因进行了研究（姚仕明 等，2011）。以往研究认为，长江中下游分汊型河道形成且十分发育的原因主要体现在以下方面。

1.来水来沙条件

长江中下游的来水来沙特点为分汊型河道的形成和发育提供了水流动力与泥沙来源，也为分汊型河道的相对稳定提供了有利条件。

长江中下游流量变幅比较适中，沿程主要水文站的洪峰变差系数 C_{vQ} 均在 0.2 以内，这对分汊型河道江心洲的形成与发育十分有利。用新厂站、监利站、螺山站、汉口站和大通站等水文站实测资料的统计值分别代表上荆江河段、下荆江河段、城陵矶至武汉河段、武汉至九江河段和九江以下的下游段的流量特征（表 3.1），可以看出，自下荆江河段到城陵矶至武汉河段流量增加达 90%，其他各相邻长河段流量的增加或减少也达 15%～23%；但长江中下游各长河段洪峰变差系数 C_{vQ} 都较小，其中上荆江河段、下荆江河段因四口分流 C_{vQ} 值仅为 0.11 和 0.12；而且表达年际变化的 β 值和年内变化的 β' 值均较小。

表 3.1　长江中下游河道水文泥沙特征

站名	平均流量 Q_{cp}/（m^3/s）	最大流量 Q_{max}/（m^3/s）	最小流量 Q_{min}/（m^3/s）	洪峰变差系数 C_{vQ}	β	β'	输沙量/（10^6 t）	含沙量/（kg/m^3）	来沙系数/10^{-4}
新厂站	12 200	54 600	2 900	0.11	5.56	4.5	465	1.200	0.983
监利站	10 500	46 200	2 650	0.12	5.55	4.0	349	1.060	1.009
螺山站	20 300	78 800	4 060	0.17	4.60	3.0	432	0.674	0.332
汉口站	23 400	78 100	2 930	0.15	3.67	2.5	431	0.613	0.262
大通站	28 800	92 600	4 620	0.17	3.64	2.4	471	0.533	0.185

注：$\beta=\dfrac{Q_{max}-Q_{min}}{Q_{cp}-Q_{min}}$，$\beta'=\dfrac{\overline{Q}_{max}-\overline{Q}_{min}}{Q_{cp}-\overline{Q}_{min}}$，其中 $\overline{Q}_{min}$ 表示最小流量平均值，$\overline{Q}_{max}$ 表示最大流量平均值。

长江中下游河道之所以形成分汊河型，与其输沙特性有关。自城陵矶以下的中下游河道，其来水量沿程不断增加，但由于洞庭湖、鄱阳湖及汉江下游河道（包括东荆河）淤积，进入长江干流的沙量都不大，城陵矶以下各河段的含沙量沿程显著递减。在这种情况下，河道是以分汊型河道的河型减小水流的挟沙能力并与沿程减小的含沙量相适应，以达到纵向输沙的基本平衡，这也是越往下游，江心洲越多、越发育的原因。

2. 比降

长江中下游干流河道因受分流与较大支流入汇的影响，沿程比降变化较为复杂。由图 3.1（余文畤，1994b）可知，除下荆江河段受洞庭湖出流顶托影响比降随流量增加呈减小趋势外，其他各段在 10 000 m^3/s 以上时比降均随流量的增加呈增加趋势，分汊型河道的比降变化是水沙运动与河床边界长期作用形成的结果，但反过来这种比降变化又有利于维持分汊河型的存在与稳定。

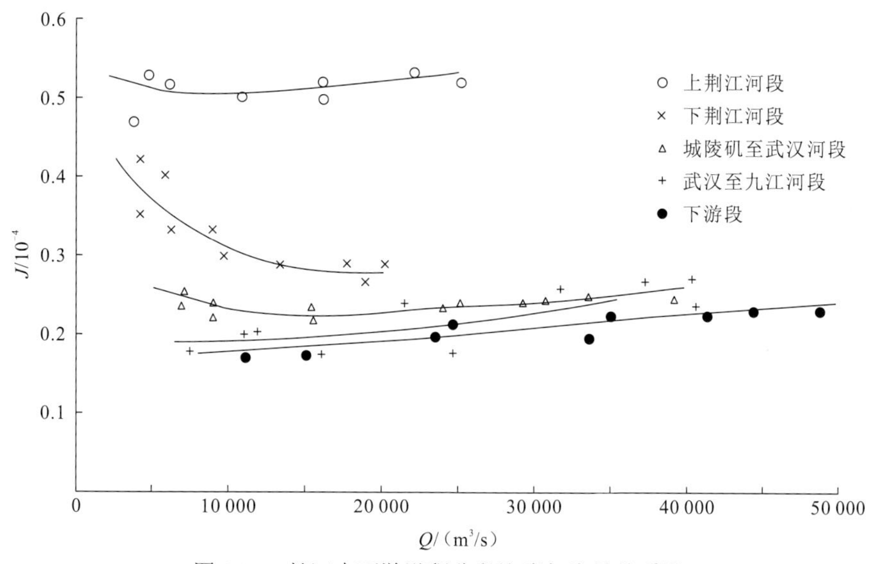

图 3.1　长江中下游沿程分段比降与流量关系图

3. 河床边界条件

长江中下游城陵矶以下分汊型河道的边界除南岸受到山体和阶地控制较多外，均为冲积性的二元结构，上层黏性土层较薄，抗冲性很弱，故在水流作用下，产生的崩岸速度较大。当一岸发生崩岸时，对岸边滩不能及时而充分地淤长，导致河宽增大，断面形态变得宽浅，从而形成江心滩，继而形成分汊河型。因此，与下荆江河段河岸边界条件相比，其抗冲性较弱，从而构成分汊型河道形成所需的边界条件。长江干流河道越往下游，河岸二元结构上层黏性土层越薄，抗冲性越弱，江心洲越发育，越易形成多汊河段。当然，这种边界条件是与分汊型河道崩岸速度大、分汊型河道平面变化频繁、往复演变周期短、江心洲及河岸河漫滩相形成年代不长息息相关的，体现出边界条件、河床形态、水力和输沙特性、河床演变特性之间的相辅相成。

河道形成不同的分汊形态与节点的控制状况、河岸可动性有较大的关系，顺直型汊道受节点的控制最强，微弯型汊道次之，鹅头型汊道最弱。

3.2 河道冲淤变化规律

3.2.1 三峡工程蓄水运用前河道冲淤变化

三峡工程蓄水运用前，长江中下游河道主要受历年干支流来水来沙变化的影响而发生相应的冲淤变化，全河段总体上冲淤是相对平衡的。但有的河段受江湖关系变化和下荆江裁弯工程、葛洲坝水利枢纽建成运用等人类活动的影响，冲淤变化比较剧烈。

1. 水沙变化特点

长江中下游水沙主要来自长江上游、洞庭湖水系、支流汉江、鄱阳湖水系，2002 年以前宜昌站、洞庭湖出口城陵矶（七里山）站、汉江仙桃站和鄱阳湖出口湖口站多年平均径流量分别占大通站的 48.3%、32.7%、4.3%和 16.8%，悬移质输沙量分别占大通站的 115.2%、9.3%、5.0%和 2.2%。以下荆江裁弯、葛洲坝水利枢纽运用和三峡工程运用等时间为界统计各站水沙量变化，如表 3.2 所示。三峡工程蓄水运用以前长江中下游水沙具有以下特点。

表 3.2 三峡工程蓄水运用前后长江中下游主要水文站径流量、输沙量和含沙量变化

项目		宜昌站	枝城站	沙市站	监利站	螺山站	汉口站	大通站	荆江三口分流
径流量/（10^8 m^3）	1955～1966 年	4 405	4 538	3 894	2 909	6 300	6 913	8 575	1 352
	1967～1980 年	4 242	4 381	3 817	3 499	6 330	6 941	8 725	915
	1981～1990 年	4 433	4 573	4 090	3 893	6 408	7 108	8 897	760
	1991～2002 年	4 287	4 339	4 000	3 819	6 611	7 260	9 528	624
	2002 年前	4 369	4 450	3 942	3 576	6 460	7 111	9 052	919
	2003～2018 年	4 092	4 188	3 831	3 709	6 067	6 800	8 597	481.5
输沙量/（10^8t）	1955～1966 年	5.46	5.56	4.50	3.10	4.06	4.54	5.01	1.96
	1967～1980 年	4.96	5.09	4.66	3.77	4.49	4.19	4.46	1.27
	1981～1990 年	5.41	5.52	4.68	4.45	4.73	4.17	4.27	1.092
	1991～2002 年	3.92	3.91	3.55	3.15	3.20	3.14	3.27	0.678
	2002 年前	4.92	5.00	4.34	3.58	4.09	3.98	4.27	1.284
	2003～2018 年	3 580	0.433	0.538	0.696	0.857	0.996	1.340	0.087
含沙量/（kg/m^3）	2002 年前	1.13	1.12	1.10	1.00	0.63	0.56	0.46	
	2003～2018 年	0.087	0.103	0.140	0.188	0.141	0.146	0.156	

（1）水沙过程基本相应，即水多则沙多，水少则沙少，沙量随水量增减而增减，但也存在大水少沙和小水大沙的情况；历年水沙量变化呈波动的随机变化过程，自然情况

下，水量和沙量无明显的增加或减少趋势，但20世纪90年代以后，由于长江上游来沙减少，进入中下游的沙量明显减少。

（2）水沙量年内分布很不均匀，年际也有一定的变化幅度。宜昌站、螺山站、汉口站和大通站汛期5～10月径流量占全年的71%～79%，沙量更集中于汛期，各站汛期6～10月输沙量占全年的79.8%～92.1%。宜昌站实测年径流量最大为1954年的5 571亿m^3，最小为1994年的3 475亿m^3；螺山站最大为1954年的8 956亿m^3，最小为1972年的5 215亿m^3；汉口站最大为1954年的10 130亿m^3，最小为1972年的5 670亿m^3；大通站最大为1954年的13 590亿m^3，最小为1978年的6 760亿m^3。实测悬移质输沙量宜昌站最大为1954年的7.54亿t，最小为1994年的2.1亿t；螺山站最大为1981年的6.15亿t，最小为2002年的2.26亿t；汉口站最大为1964年的5.79亿t，最小为1994年的2.32亿t；大通站最大为1964年的6.78亿t，最小为1994年的2.38亿t。

（3）洪水峰高、量大、历时长，宜昌站历史调查最大洪峰流量为1870年的105 000 m^3/s，实测最大洪峰流量为1981年的71 000 m^3/s；螺山站实测最大洪峰流量为1954年的78 800 m^3/s；汉口站实测最大洪峰流量为1954年的76 100 m^3/s；大通站实测最大洪峰流量为1954年的92 600 m^3/s。

（4）荆江河段水沙量变化除与上游来水来沙密切相关外，还与三口分流分沙变化密切相关。由于三口分流分沙入洞庭湖，荆江河段的水沙量沿程递减。受各种自然和人为因素的影响，三口分流分沙沿时程呈持续递减趋势，下荆江裁弯工程实施后和葛洲坝水利枢纽运用后一定时段内加速了其递减进程，分流量从1955～1966年的1 352亿m^3减至1991～2002年的624亿m^3，分流比从29.8%减至14.4%；年均分沙量从1.96亿t减至0.678亿t，分沙比从35.3%减至17.3%。在上游相同来量下，荆江河段水沙量沿时程增加，1981～1990年沙市站年均径流量和输沙量占枝城站来量的百分数较1955～1966年分别增加3.6和3.9个百分点，监利站则分别增加21.0和24.8个百分点。

（5）受下荆江裁弯工程、江湖关系调整变化和葛洲坝水利枢纽运用等影响，20世纪60年代末～80年代中期螺山站含沙量有所增大，此后则减小回复到以前水平。

（6）葛洲坝水利枢纽建成运用对坝下游水流条件改变不大，悬移质输沙量变化也不大，泥沙条件的改变主要表现为下泄泥沙粒径明显变细，多年平均中值粒径从1960～1966年的0.037 mm减至1981～1985年的0.022 mm；沙质推移质沙量由蓄水前的878万t减至蓄水后的143万t，卵石推移质沙量则从75.8万t减至23.3万t。

（7）汉江丹江口水库建成前（1955～1967年）汇入长江干流的年径流量和输沙量分别占汉口站的6.4%和17.04%。丹江口水库建成后（1972～1998年）汇入长江干流的水量略有减少，沙量则减少明显，入汇的水沙量分别占汉口站的5.6%和6.1%。

2. 河道冲淤变化

根据河道实测地形资料和实测大断面资料计算不同时期宜昌至湖口河段和湖口至江阴河段冲淤变化，如表3.3和表3.4所示（包括河道采砂影响，下同）。三峡工程蓄水运用前长江中下游河道冲淤变化具有以下特点。

表 3.3　宜昌至湖口河段不同时段平滩河槽冲淤情况

项目	时段	河段、长度/km				
		宜昌至枝城河段、60.8	荆江河段、347.2	城陵矶至汉口河段、251	汉口至湖口河段、295.4	宜昌至湖口河段、954.4
总冲淤量/（10^4 m^3）	1975～1996 年	−13 498	−20 360	27 380	24 408	17 930
	1996～1998 年	3 448	745	−9 960	25 632	19 865
	1998～2002 年	−4 350	−10 189	−6 694	−33 433	−54 666
	1975～2002 年	−14 400	−29 804	10 726	16 607	−16 871
	2002-10～2006-10	−8 138	−32 830	−5 990	−14 679	−61 637
	2006-10～2008-10	−2 230	−3 569	197	4 693	−909
	2008-10～2018-10	−6 324	−77 415	−41 334	−53 132	−178 205
	2002-10～2018-10	−16 692	−113 814	−47 127	−63 118	−240 751
年冲淤强度/[10^4 m^3/（km·a）]	1975～1996 年	−10.57	−2.79	5.19	3.93	0.89
	1996～1998 年	28.36	1.07	−19.84	43.39	10.41
	1998～2002 年	−17.89	−7.34	−8.89	−37.73	−14.32
	1975～2002 年	−8.77	−3.18	1.64	2.16	−0.65
	2002-10～2006-10	−33.46	−23.64	−4.77	−9.94	−16.15
	2006-10～2008-10	−18.34	−5.14	0.39	7.94	−0.48
	2008-10～2018-10	−10.40	−22.30	−16.47	−17.99	−18.67
	2002-10～2018-10	−17.16	−20.49	−11.00	−12.21	−15.77

注：城陵矶至湖口河段缺 2002 年 10 月地形（断面）资料，采用 2001 年 10 月资料；“+”为淤积，“−”为冲刷。

表 3.4　湖口至江阴河段不同时段冲淤情况

项目	时段	河段、长度/km		
		湖口至大通河段、228.0	大通至江阴河段、431.4	湖口至江阴河段、659.4
总冲淤量/（10^4 m^3）	1975～1981 年	−2 270	21 400	19 130
	1981～1998 年	16 600	−15 000	1 600
	1998～2001 年	13 700	−19 200	−5 500
	1975～2001 年	28 030	−12 800	15 230
	2001-10～2006-10	−7 986	−15 087	−23 073
	2006-10～2011-10	−7 611	−38 150	−45 761
	2011-10～2018-10	−27 387	−34 869	−62 256
	2001-10～2018-10	−42 984	−88 106	−131 090

续表

项目	时段	河段、长度/km		
		湖口至大通河段、228.0	大通至江阴河段、431.4	湖口至江阴河段、659.4
年冲淤强度/[10^4 m^3/（km·a）]	1975～1981 年	−1.66	8.27	4.84
	1981～1998 年	4.28	−2.05	0.14
	1998～2001 年	20.03	−14.84	−2.78
	1975～2001 年	4.73	−1.14	0.89
	2001-10～2006-10	−7.01	−6.99	−7.00
	2006-10～2011-10	−6.68	−17.69	−13.88
	2011-10～2018-10	−17.16	−11.55	−13.49
	2001-10～2018-10	−11.09	−12.01	−11.69

注：“+”为淤积，“−”为冲刷。

（1）宜昌至湖口河段。1975～2002 年宜昌至湖口河段平滩河槽累计冲刷 1.687 1 亿 m^3，如平均河宽按 1 500 m 计，则累计冲刷 0.12 m，冲淤变化不大。

对于冲淤量沿程分布，1975～2002 年以城陵矶为界，其以上河段表现为冲刷，累计冲刷量为 4.4204 亿 m^3，城陵矶至湖口河段则累计淤积 2.7333 亿 m^3；1975～1996 年也表现为相同的规律，城陵矶以上河段冲刷 3.3858 亿 m^3，城陵矶以下河段淤积 5.1788 亿 m^3；1996～1998 年城陵矶至汉口河段冲刷仅 0.9960 亿 m^3，其他河段均为淤积，其中荆江河段淤积量很小；1998～2002 年各河段均为冲刷，冲刷强度以汉口至湖口河段最大，宜昌至枝城河段次之，其他两个河段较小。

对于冲淤量沿时程分布，宜昌至湖口河段 1998 年以前表现为淤积，1998～2002 年表现为冲刷，冲淤幅度均不是很大。

尽管宜昌至湖口河段冲淤变化不大，总体相对平衡，但有的河段有的时段冲淤变化比较大。例如，宜昌至枝城河段和荆江河段受下荆江裁弯与葛洲坝水利枢纽运用影响，有些时段冲刷强度较大，如表 3.5 所示。下荆江中洲子和上车湾河湾分别于 1967 年和 1969 年实施人工裁弯，沙滩子河湾于 1972 年发生自然裁弯，河长缩短 78 km，河道比降加大。裁弯后除裁弯工程段冲刷外，其下游一定距离的河道也发生冲刷，裁弯工程上游河道则发生溯源冲刷，各级流量下河道水位均降低，三口分流减少，上游相同来量下通过荆江下泄的流量加大，也引起河道冲刷。从表 3.5 可以看出，裁弯影响至 1980 年左右基本结束，如河宽平均按 1 300 m 计，1965～1980 年枝城至新厂河段和新厂至城陵矶河段河床平均分别冲深 1.21 m 和 2.47 m。葛洲坝水利枢纽修建和运用后的 1975～1986 年，宜昌至枝城河段发生冲刷（其中，1975～1980 年可能还受到下荆江裁弯的影响），若河宽平均按 1 100 计，则河床平均冲深 1.33 m。

表 3.5　宜昌至城陵矶河段不同时段冲淤量变化

河段		河长/km	冲淤量/（10^4 m^3）				
			1965～1970 年	1970～1975 年	1975～1980 年	1980～1986 年	1965～1986 年
宜昌至枝城河段		60.4		−101	−4 856	−3 959	−8 916
荆江河段	枝城至新厂河段	162.7	−1 376	−10 435	−12 230	−1 644	−25 685
	新厂至城陵矶河段	183.0	−39 285	−9 358	−6 007	−4 050	−58 700

（2）湖口至江阴河段。从表 3.4 可见，三峡工程蓄水运用前，该河段冲淤变化比较小，1975～2001 年累计淤积 1.5230 亿 m^3，年均淤积 0.0586 亿 m^3。同一时段大通以上河段及其以下河段冲淤性质相反。

（3）江阴至徐六泾河段。该河段即澄通河段，属近河口段，长约 96.8 km。1984～2001 年零高程以下河槽冲刷 0.42 亿 m^3，冲淤变化很小。

（4）长江口河段。徐六泾以下的河口段长约 181.8 km，平面形态呈三级分汊四口入海的扇形。三峡工程蓄水运用前该河段呈南支冲刷、北支淤积的态势，1984～2001 年零高程以下河槽南支冲刷 2.7 亿 m^3，北支淤积 4.13 亿 m^3。

3.2.2　三峡工程蓄水运用以来河道冲淤变化

三峡水库 2003 年 6 月 1 日开始蓄水，6 月 10 日坝前水位蓄至 135 m，进入围堰蓄水发电期；同年 11 月，水库蓄水至 139 m。围堰发电期运行水位为 135（汛限水位）～139 m（汛后蓄水位）。2006 年 10 月水库蓄水至 156 m，较初步设计提前一年进入初期运行期，汛期按 144 m 运行，枯季按 156 m 运行。2008 年汛后水库开始实施 175 m 试验性蓄水运用，2008 年和 2009 年最高蓄水位分别达到 172.80 m 与 171.43 m，2010～2019 年连续 10 年均蓄至水库正常蓄水位 175 m。

1. 水沙变化

三峡工程蓄水运用后，进入长江中下游的水沙条件发生了较大改变，主要表现为洪峰消减，枯水流量增加，中水流量持续时间延长，下泄沙量大幅减少，粒径变细。2012 年、2013 年金沙江下游向家坝水电站、溪洛渡水电站分别开始蓄水发电，因水库拦沙，向家坝水电站下泄的泥沙量大幅减少，三峡水库的入、出库沙量也随之减少。从三峡工程蓄水运用前后长江中下游干流主要水文站的径流量和输沙量的比较（表 3.2、图 3.2～图 3.4）可以看出，三峡工程蓄水运用后 2003～2018 年宜昌站、枝城站、螺山站、汉口站、大通站年均径流量有所减少，减少幅度为 4.4%～6.3%；悬移质输沙量则大幅减少，减少幅度为 68.6%～92.7%。

由于三峡工程的拦蓄作用，水库下泄的沙量大幅度减少，水流含沙量低，河床沿程冲刷补给，荆江河段年均输沙量由三峡工程蓄水运用前的沿程减少转为沿程增加；受洞庭湖、汉江、鄱阳湖等水系汇流及床面冲刷补给等影响，城陵矶以下河段在三峡工程蓄

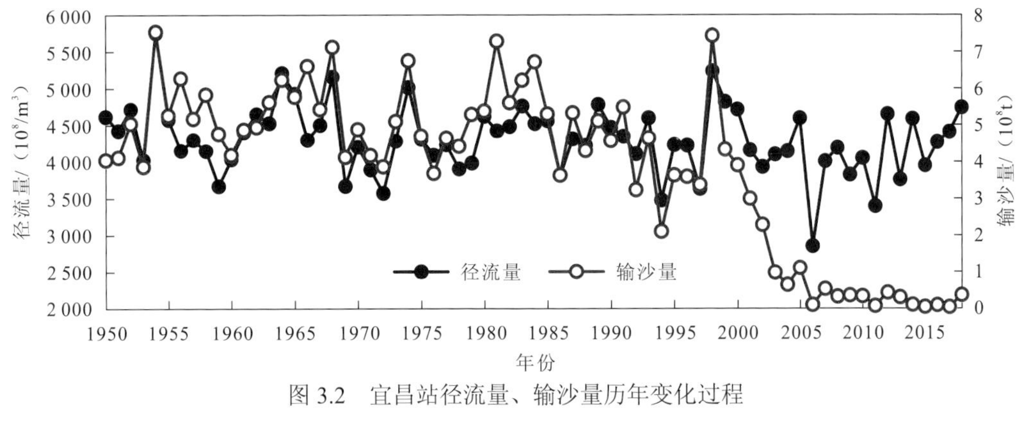

图 3.2　宜昌站径流量、输沙量历年变化过程

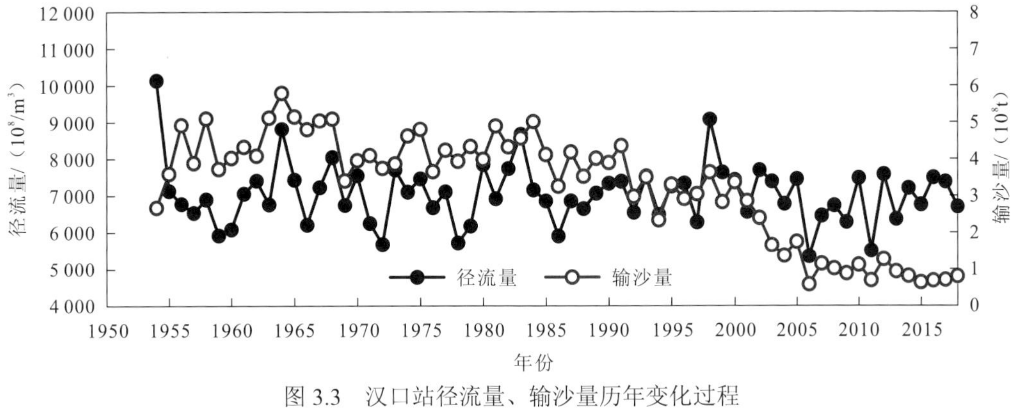

图 3.3　汉口站径流量、输沙量历年变化过程

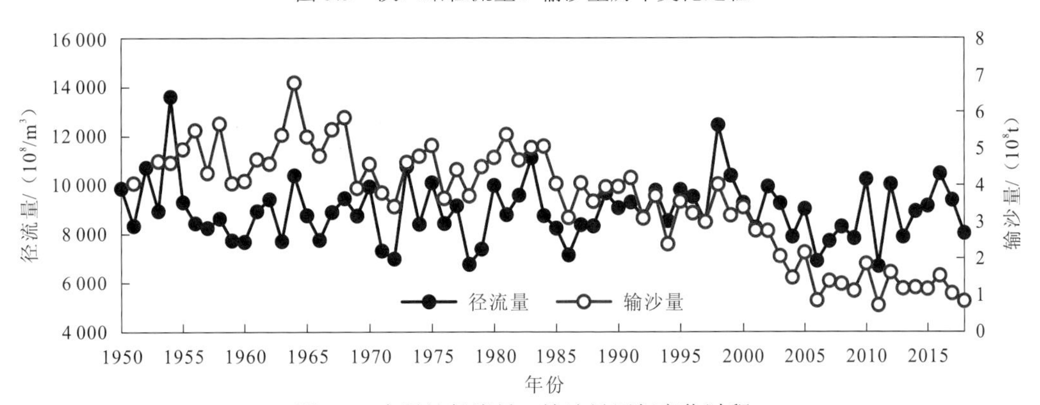

图 3.4　大通站径流量、输沙量历年变化过程

水运用后螺山站、汉口站、大通站的年均输沙量也沿程增加，年平均含沙量沿程略有增大，但幅度不大，分别为 0.141 kg/m³、0.146 kg/m³ 和 0.156 kg/m³。荆江三口分流分沙也继续减少，年均分流量由建库前 1991～2002 年的 624 亿 m³ 减至蓄水后 2003～2018 年的 481.5 亿 m³，分流比由 14.4%减至 11.5%；分沙量减幅更大，由 0.678 亿 t 减至 0.087 亿 t，但分沙比由 17.3%增至 20.1%。

受水库蓄水和河床冲刷影响，长江中下游各站悬移质泥沙级配也发生了变化。三峡工程蓄水运用前，宜昌站、沙市站、监利站、螺山站、汉口站和大通站悬移质泥沙的多年平均中值粒径分别为 0.009 mm、0.012 mm、0.009 mm、0.012 mm、0.010 mm、0.009 mm，粒径大于 0.125 mm 的泥沙含量分别为 9.0%、9.8%、9.6%、13.5%、7.8%、7.8%；三峡工程蓄水后，大量泥沙被拦在库内，下泄的沙量少、粒径细，但受河床冲刷补给、悬沙与床沙交换及两岸支流入汇等影响，三峡工程蓄水运用后的 2003～2018 年平均中值粒径分别为 0.006 mm、0.016 mm、0.045 mm、0.014 mm、0.015 mm、0.010 mm，粒径大于 0.125 mm 的泥沙含量分别为 5.2%、26.7%、37.1%、21.4%、20.2%、8.4%。可见，除宜昌站细化、大通站略有变粗外，其他各站均明显变粗，尤其以监利站变粗最为明显，说明河床中粒径大于 0.125 mm 的泥沙比例高，冲刷补给量大，因此这部分泥沙恢复较快，但各站的绝对量仍均小于三峡工程蓄水运用前，而且除大通站外，这部分沙量较三峡工程蓄水运用前的减少幅度明显小于全沙的减少幅度。

2. 河床冲淤变化

由于长江上游来沙减少及三峡等干支流水库的陆续建成运行，中下游干流河道来沙量显著减少，出现长距离冲刷调整，同时，两湖水系与汉江来沙的减少也使得中下游干流河道沿程泥沙补给程度减弱，加剧了其下游河道的冲刷。实测资料表明，三峡工程蓄水运用以来，长江中下游河道呈全线冲刷趋势，强冲刷带总体表现为自上游向下游逐渐发展的态势，表 3.3、表 3.4、表 3.6 和图 3.5 给出了各河段冲淤变化情况。

表 3.6　不同时段江阴以下河段冲淤变化（零高程以下河槽）

项目	时段	澄通河段	长江口北支河段	长江口南支河段
总冲淤量/（10^4 m^3）	1984～2001 年	−4 191	41 300	−26 980
	2001-10～2006-10	−8 651	10 227	−14 633
	2006-10～2011-10	−24 066	844	−14 777
	2011-10～2018-10	−25 693	15 004	−11 294
	2001-10～2018-10	−58 410	26 075	−40 704
年均冲淤强度/[10^4 m^3/（km·a）]	1984～2001 年	−2.5	27.0	−21.4
	2001-10～2006-10	−17.9	22.7	−39.4
	2006-10～2011-10	−49.7	1.9	−39.8
	2011-10～2018-10	−37.9	23.8	−21.7
	2001-10～2018-10	−35.5	17.0	−32.2

1）宜昌至湖口河段

2002 年 10 月～2018 年 10 月，宜昌至湖口河段（城陵矶至湖口河段为 2001 年 10 月～2018 年 10 月）平滩河槽冲刷量为 24.075 1 亿 m^3，年均冲刷量为 1.50 亿 m^3，年均冲刷强度 15.77 万 m^3/（km·a）。全河段及宜昌至城陵矶河段、城陵矶至汉口河段、汉口至湖口河段 90%以上的冲刷都集中在枯水河槽。

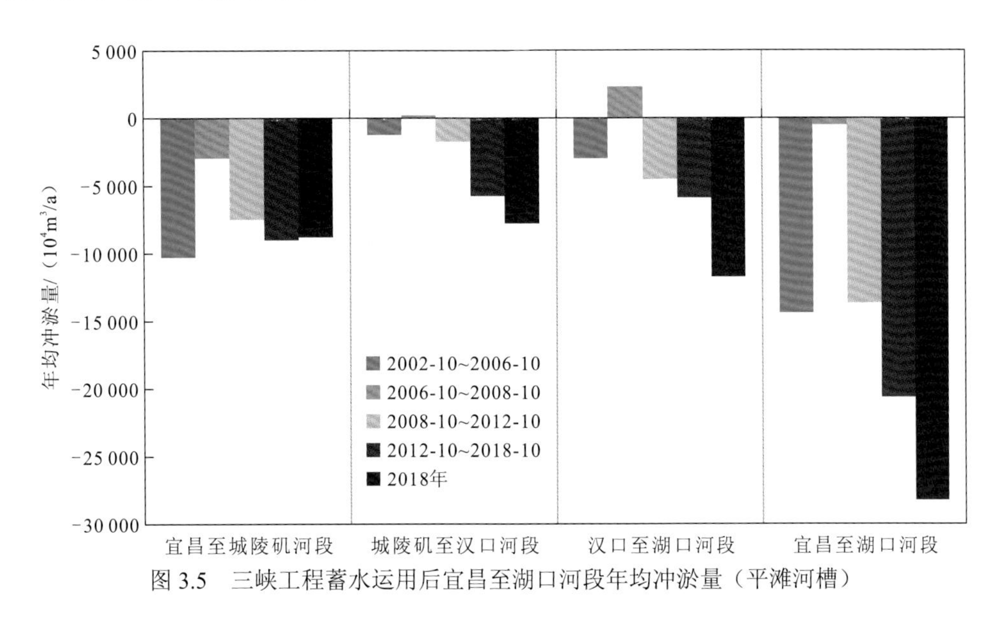

图 3.5　三峡工程蓄水运用后宜昌至湖口河段年均冲淤量（平滩河槽）

对于冲淤量的沿程分布，2002 年 10 月～2018 年 10 月，宜昌至枝城河段平滩河槽冲刷量为 1.669 2 亿 m^3，占宜昌至湖口河段平滩河槽总冲刷量的 6.9%，年均冲刷强度为 17.16 万 m^3/(km·a)，深泓平均冲刷下切 4.0 m，其中冲深最大的是枝城外河坝的枝 2 断面，达 24.3 m；荆江河段平滩河槽冲刷量为 11.381 4 亿 m^3，占全河段冲刷量的 47.3%，年均冲刷强度为 20.49 万 m^3/（km·a），深泓纵剖面平均冲刷深度为 2.96 m，最大冲刷深度为 17.8 m，位于调关河段的荆 120 断面；城陵矶至汉口河段平滩河槽冲刷 4.692 7 亿 m^3，占全河段平滩河槽总冲刷量的 19.5%，年均冲刷强度为 11.00 万 m^3/(km·a)，深泓平均冲深为 1.74 m；汉口至湖口河段平滩河槽冲刷量为 6.133 8 亿 m^3，占全河段平滩河槽总冲刷量的 25.5%，年均冲刷强度为 12.21 万 m^3/(km·a)，河段深泓纵剖面有冲有淤，除田家镇河段深泓平均淤积抬高外，其他各河段均以冲刷下切为主，全河段深泓平均冲深 2.93 m。由上可见，宜昌至湖口河段年均冲刷强度总体呈沿程减弱趋势，但随着冲刷发展、河床粗化及沿程泥沙补给的差异，宜昌至城陵矶河段与城陵矶至湖口河段相比，年均冲刷强度差别较大，但宜昌至枝城河段与荆江河段相比、城陵矶至汉口河段与汉口至湖口河段相比年均冲刷强度差别不大，截至目前，荆江河段年均冲刷强度最大，宜昌至枝城河段次之，汉口至湖口河段较小，城陵矶至汉口河段最小。宜昌至枝城河段水库运用后 10 年左右已达到冲淤相对平衡。

对于冲淤量的沿时分布，三峡水库 135 m 蓄水位运用前三年（2002 年 10 月～2005 年 10 月）宜昌至湖口河段冲刷比较剧烈，平滩河槽冲刷 6.0 亿 m^3，占 2002 年 10 月～2018 年 10 月全时段的四分之一，年均冲刷强度为 17.96 万 m^3/(km·a)。冲刷主要发生在宜昌至城陵矶河段，占该时段全河段的 63.8%，年均冲刷强度为 31.29 万 m^3/(km·a)。汉口至湖口河段 2004 年 10 月～2005 年 10 月冲刷量为 1.5 亿 m^3，可能主要是由当年九江张家洲河段航道整治和疏浚引起；2006 年为特枯水文年，三峡水库下游的冲刷强度减弱，2005 年 10 月～2006 年 10 月枯水河槽淤积 0.105 亿 m^3，平滩河槽冲刷 0.154 亿 m^3。围堰发电期冲刷强度最大的是宜昌至枝城河段，达 33.46 万 m^3/（km·a）；2006 年 10 月～2008 年 10 月为三峡工程初期蓄水期，冲刷比较少，全河段枯水河槽冲刷量为 1.13 亿 m^3，平滩河槽仅冲刷 0.0909 亿 m^3，其中宜昌至城陵矶河段冲刷 0.5799 亿 m^3，这一时期冲刷强度最大的仍是宜昌至枝城河段，为 18.34 万 m^3/（km·a）；2008 年汛末三峡水库进行 175 m 试验性蓄水以来，宜昌至湖口河段冲刷强度增大，2008 年 10 月～2018 年 10 月，平滩河槽冲刷 17.8205 亿 m^3，占全时段的 74%，年均冲刷强度为 18.67 万 m^3/（km·a），枯水河槽冲刷 17.14 亿 m^3，占平滩河槽的 96.3%。其中，宜昌至城陵矶河段、城陵矶至汉口河段、汉口至湖口河段平滩河槽冲刷量分别为 8.3739 亿 m^3、4.1334 亿 m^3 和 5.3132 亿 m^3，分别占全河段的 46.99%、23.19%和 29.82%，年均冲刷强度分别为 20.52 万 m^3/（km·a）、16.47 万 m^3/（km·a）和 17.99 万 m^3/（km·a）。这一时期冲刷强度最大的是上荆江，为 30.28 万 m^3/（km·a）。

2）湖口至江阴河段

湖口至江阴河段由三峡工程蓄水运用前的略有淤积转为水库各个运用阶段的持续冲刷，2001 年 10 月～2018 年 10 月平滩河槽冲刷 13.1090 亿 m^3，年均冲刷强度为 11.69 万 m^3/（km·a），与城陵矶至湖口河段相当，也主要集中在枯水河槽，占总冲刷量的 80%以上。其中，湖口至大通河段冲刷量为 4.2984 亿 m^3，冲刷强度为 11.09 万 m^3/（km·a），大通至江阴河段冲刷量为 8.8106 亿 m^3，冲刷强度为 12.01 万 m^3/（km·a），两段冲刷量分别占总冲刷量的 32.8%和 67.2%，均由 2001 年前的冲淤交替转为三峡工程蓄水运用后的持续冲刷。

3）江阴以下河段

澄通河段 2001 年以前的 17 年略有冲刷，2001 年后继续持续冲刷，且强度增大，2001 年 10 月～2018 年 10 月平滩河槽冲刷量为 5.8410 亿 m^3，年均冲刷强度为 35.5 万 m^3/（km·a），其中包括了河段内通州沙西水道整治疏浚、航道疏浚及岸线利用疏浚的泥沙量，不完全是水流引起的冲刷。

长江河口段冲淤变化受潮流和径流双重影响，其中潮流影响占主导地位。2001 年前后南、北支冲淤趋势未发生改变。2001 年后北支河段仍持续淤积，至 2018 年淤积量为 2.6075 亿 m^3，年均淤积强度为 17 m^3/（km·a），较 1984～2001 年有所减弱。2001～2018 年南支河段继续冲刷 4.0704 亿 m^3，年均冲刷强度为 32.2 万 m^3/（km·a），较 1984～2001 年增强。长江口河段冲淤量也受到航道疏浚和岸滩利用的影响。

3.2.3 河道冲淤变化趋势预测

长江中下游河道冲淤变化主要取决于来水来沙条件的变化，河道和航道整治、河道采砂等对局部河段冲淤变化影响较大。来水来沙条件的变化则主要取决于流域气候条件变化、产水产沙条件变化（包括植被覆盖情况和水土保持措施情况等）及水利水电工程对水沙的拦蓄调节情况。据第一次全国水利普查成果，20 世纪 50 年代以来，长江流域干支流共修建了 51643 座水库，总库容 3607 亿 m^3，约占长江入海年均径流量的 37.6%。其中，大型水库 282 座，总库容 2880 亿 m^3；中型水库 1543 座，总库容 415 亿 m^3。而且还有一批大型水利水电工程正在修建或将要修建，向家坝水电站、溪洛渡水电站已分别于 2012 年、2013 年投入运用，乌东德水电站、白鹤滩水电站即将投入运行。长江流域这些水库的调蓄尤其是控制性水库的调蓄会显著改变进入中下游江湖系统的水沙条件，使江湖系统的水沙输移与冲淤演变特性发生新的变化，从而对长江中下游地区防洪、航运、水沙资源综合利用及水生态环境等产生影响，而且影响距离远、范围广、持续时间长。以下利用水沙数学模型和实体模型预测长江上游干支流控制性水库联合运用后中下游河道的冲淤变化趋势。

1. 宜昌至大通河段冲淤变化预测

首先利用三峡工程蓄水运用以来 2003～2012 年实测资料对一维水沙数学模型进行验证和率定，然后从第 11 年开始预测计算。预测计算以 1991～2000 年水沙系列为基础，考虑已建、在建、拟建的上游干支流控制性水库的拦沙作用。长江上游主要考虑干流的乌东德水库、白鹤滩水库、溪洛渡水库、向家坝水库、三峡水库和龙盘梯级水库，支流雅砻江的二滩水库、锦屏一级水库和两河口水库，岷江的紫屏铺水库、瀑布沟水库和双江口水库，乌江的洪家渡水库、乌江渡水库、构皮滩水库、彭水水库，嘉陵江的亭子口水库、宝珠寺水库等，其中乌东德水库、白鹤滩水库、两河口水库和双江口水库按 2023 年投入运行，龙盘梯级水库按 2033 年投入运行。通过这些水库联合运用的泥沙冲淤计算，将获得的三峡工程蓄水运用后 50 年出库水沙过程作为进入中下游宜昌站的来水来沙过程，在此基础上进行中下游江湖冲淤变化的计算预测。

预测计算时，河段内洞庭湖四水、鄱阳湖五河及其他支流等汇入的水沙均采用 1991～2000 年系列年的相应值；计算范围包括长江干流宜昌至大通河段、荆江三口分流道、洞庭湖区及四水尾闾、鄱阳湖区及五河尾闾，以及区间汇入的主要支流清江和汉江；计算初始地形均为 2011 年实测地形图，其中干流宜昌至大通河段切剖断面 819 个，荆江三口分流道及洞庭湖区切剖断面 1 566 个，鄱阳湖区切剖断面 133 个；下游大通站水位由该站 1993 年、1998 年、2002 年、2006 年、2012 年的多年平均水位流量关系控制；初始河床组成由三峡工程蓄水运用前的河床钻孔资料、江心洲或边滩的勘测资料、固定断面床沙取样资料及三峡工程蓄水运用初期实测床沙资料等综合分析确定。表 3.7 和图 3.6 为预测计算结果，其中前 10 年为实测结果。

表 3.7　宜昌至大通河段冲淤量变化预测计算结果

河段	河段长度/km	冲淤量/（10^8 m^3）				
		第 10 年末	第 20 年末	第 30 年末	第 40 年末	第 50 年末
宜昌至枝城河段	60.8	−1.46	−1.88	−1.88	−1.89	−1.89
枝城至藕池口河段	171.7	−3.31	−7.19	−7.93	−8.14	−8.32
藕池口至城陵矶河段	170.2	−2.90	−8.47	−13.06	−16.38	−17.87
城陵矶至武汉河段	230.2	−1.26	−2.91	−5.98	−10.21	−14.16
武汉至湖口河段	295.4	−2.79	−3.68	−4.19	−5.29	−6.00
湖口至大通河段	204.1	−1.56	−2.15	−2.62	−2.82	−3.39

续表

河段	河段长度/km	冲淤量/（10^8 m^3）				
		第 10 年末	第 20 年末	第 30 年末	第 40 年末	第 50 年末
宜昌至大通河段	1132.4	−13.27	−26.27	−35.64	−44.71	−51.62
宜昌至湖口河段	928.3	−11.71	−24.12	−33.03	−41.89	−48.23
宜昌至武汉河段	632.9	−8.93	−20.45	−28.85	−36.61	−42.24
宜昌至城陵矶河段	402.7	−7.67	−17.54	−22.87	−26.41	−28.08

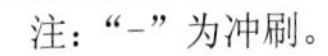
注：“-”为冲刷。

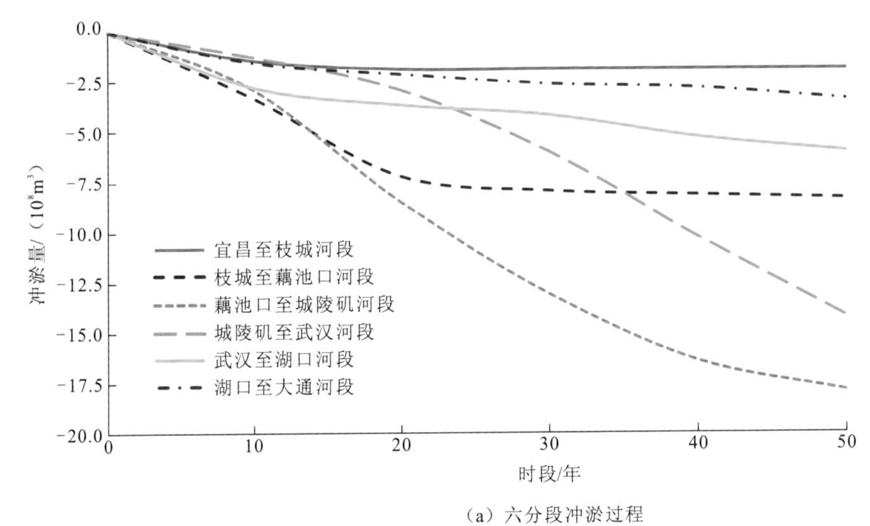

（a）六分段冲淤过程

（b）以宜昌为起点四分段冲淤过程

图 3.6　宜昌至大通河段各分段累计冲淤过程

由表 3.7 和图 3.6 可见，在计算考虑上游控制性水库联合运用条件下，计算至三峡工程蓄水运用后第 50 年末，干流宜昌至大通河段悬移质累计冲刷量为 51.62 亿 m^3，其中宜昌至枝城河段、荆江河段、城陵矶至武汉河段、武汉至湖口河段、湖口至大通河段分别冲刷 1.89 亿 m^3、26.19 亿 m^3、14.16 亿 m^3、6.00 亿 m^3 和 3.39 亿 m^3。由于宜昌至大通河段跨越不同地貌单元，河床组成各异，各分河段在三峡工程蓄水运用后出现不同程度的冲淤变化（表 3.7）。宜昌至枝城河段，河床由卵石夹沙或沙夹卵石组成，表层粒径较粗，三峡工程蓄水运用初期 10 年内本段悬移质强烈冲刷基本完成，至 20 年末累计冲刷量为 1.88 亿 m^3，如按河宽 1 000 m 计，平均冲深为 3.1 m。

上荆江为弯曲型河道，弯道凹岸已实施护岸工程，险工段冲刷坑的最低高程已低于卵石层顶板高程，其中上段枝城至杨家脑长 57 km 河段的边界条件与枝城以上河段类似，两岸仍多被低山丘陵控制，河床由沙夹卵石组成，杨家脑以下河段河床由中细沙组成，卵石埋藏较浅。上荆江冲刷发展过程中，有三种因素抑制河段冲刷：一是本河段河床组成的粗化；二是上段为粗沙卵石推移质覆盖；三是河床冲深与拓展，过水面积增大，流速减小，降低了水流挟沙能力。因此，本河段的上段松滋口至杨家脑河段同时受三种因素的作用，在水库运用后 20 年左右冲刷基本完成。下段太平口至藕池口河段因沙质覆盖层较厚，水库运用后 30 年左右冲刷基本完成。水库运用后 30 年末、50 年末上荆江冲刷量分别为 7.93 亿 m^3 和 8.32 亿 m^3，若按河宽 1 300 m 计，河床平均冲深分别为 3.55 m 和 3.73 m。

藕池口至城陵矶河段的下荆江现为限制性蜿蜒型河道，河床沙层厚达数十米。三峡工程蓄水运用至 2012 年末时，本河段冲刷强度较小，占该河段 50 年总冲刷量的 16%；此后河床发生剧烈冲刷，三峡及上游水库运用后 50 年末冲刷量为 17.87 亿 m^3，仍未达到最大，如河宽按 1 400 m 计，河床平均冲深为 7.5 m，是冲刷量及冲刷强度最大的河段。

由于下荆江的强烈冲刷，进入城陵矶至武汉河段水流的含沙量较近坝段大，本河段的河床组成也较粗，河床上有粒径大于 1 mm 的粗砂及砾石，冲刷受到限制。待荆江河段的强烈冲刷基本完成后，强冲刷下移。由于上游干支流水库的拦沙效应，三峡及上游水库运用 30 年后，城陵矶至武汉河段冲刷强度也逐渐增大，至水库运用 50 年末累计冲刷强度仅次于下荆江，至 50 年末，河宽按 1 900 m 计，河床平均冲深为 3.24 m。

武汉至大通河段为分汊型河道，三峡工程蓄水运用初期，因上游河段强烈冲刷，水流含沙量沿程得到补充，冲刷能力沿程减弱，使武汉以下河段微冲微淤。2012 年、2013 年向家坝水电站和溪洛渡水电站投入运用，并且乌东德水电站、白鹤滩水电站、龙盘水电站等陆续投入运用，使三峡水库出库泥沙进一步减少，同时河床冲刷也逐步向下游发展，武汉以下河段冲刷也逐步发展，至三峡工程蓄水运用后 50 年末，按河宽 2000 m 计，武汉至湖口河段和湖口至大通河段河床平均冲深分别为 1.02 m 与 0.83 m，河床冲刷仍在继续发展。

2. 荆江重点河段冲淤变化预测

三峡工程蓄水运用前荆江河段河床冲淤变化频繁，河势变化大，崩岸剧烈，防洪问题突出，是首先受到三峡工程蓄水运用影响的河段，受影响的程度大。为深入分析、预测荆江各重点河段的冲淤变化趋势，利用长江防洪实体模型进行了三峡工程与向家坝、溪洛渡工程联合运用初期（至 2022 年）杨家脑至北碾子湾河段、北碾子湾至盐船套河段和盐船套至螺山河段冲淤变化动床模型试验的研究。模型平面比尺为 1 : 400，垂直比尺为 1 : 100，模型沙为复合塑料沙，试验采用的水沙条件也是 1991～2000 年少沙系列经三峡工程与向家坝、溪洛渡工程联合运用调蓄后至试验河段入口的水沙过程。试验从三峡水库 175 m 试验性蓄水运用开始，至水库运用后 20 年，即 2022 年止，共 15 年。

1）杨家脑至北碾子湾河段

（1）冲淤量及分布。

试验结果（表 3.8、图 3.7）表明，在试验时段内，全河段 120 km 及各分河段均持续冲刷，且冲刷集中在枯水河槽（流量为 5000 m^3/s）。水库联合运行至 2012 年末、2017 年末和 2022 年末杨家脑至北碾子湾河段枯水河槽分别累计冲刷 2.1246 亿 m^3、2.6751 亿 m^3、3.1546 亿 m^3，冲刷强度分别为 177.35 万 m^3/km、223.30 万 m^3/km、263.33 万 m^3/km，河宽按 1100 m 计，平均冲深分别为 1.61 m、2.03 m、2.39 m；中水河槽（流量为 27000 m^3/s）累计分别冲刷 2.1469 亿 m^3、2.7921 亿 m^3、3.2147 亿 m^3，河宽按 1200 m 计，平均冲深分别为 1.49 m、1.94 m、2.23 m；2012 年后冲刷有所减弱；各河段冲刷强度有所不同，以涴市河段、郝穴河段较大，至 2022 年末枯水河槽冲刷强度分别为 407 万 m^3/km 和 289 万 m^3/km，公安河段较小，冲刷强度为 219 万 m^3/km。

表 3.8　三峡工程与向家坝、溪洛渡工程联合运用初期杨家脑至北碾子湾河段冲淤量统计表

河段	起止断面	距离/km	冲淤量/（10^4 m^3）								
			沙市 5 000 m^3/s			沙市 12 500 m^3/s			沙市 27 000 m^3/s		
			2008～2012 年	2012～2017 年	2017～2022 年	2008～2012 年	2012～2017 年	2017～2022 年	2008～2012 年	2012～2017 年	2017～2022 年
涴市河段	荆 27～荆 29	6.8	−1 732	−503	−533	−1 694	−528	−519	−1 712	−558	−509
沙市河段	荆 29～荆 45	20.0	−2 467	−1 690	−1 018	−2 337	−2 014	−1 125	−1 814	−2 058	−1 209
	荆 45～荆 52	11.8	−2 066	−231	−409	−2 640	−343	−311	−2 670	−417	−273
公安河段	荆 52～荆 64	20.1	−2 723	−658	−1 023	−2 996	−572	−831	−3 053	−533	−698
郝穴河段	荆 64～荆 74	14.8	−3 317	−530	−748	−3 546	−532	−719	−3 641	−556	−735
	荆 74～荆 82	17.7	−4 159	−298	−330	−4 314	−284	−70	−4 429	−235	−44
石首河段	荆 82～荆 104	28.6	−4 782	−1 595	−734	−4 848	−2 024	−785	−4 150	−2 095	−758
合计	荆 27～荆 104	119.8	−21 246	−5 505	−4 795	−22 375	−6 297	−4 360	−21 469	−6 452	−4 226

（2）断面形态变化。

各河段典型断面的冲淤变化情况见图 3.8。涴市河段（荆 27～荆 29 断面）主河槽整体呈刷深拓宽的趋势，至三峡工程蓄水运用后 20 年末（2022 年），河槽最大冲深 10.6 m，位于涴市河湾凹岸荆 27 断面处。左侧低滩部分也基本表现为冲刷，河床有所降低，至 2022 年末，累计最大冲深 5.5 m，位于荆 28 断面附近。

水库运用后 20 年末，沙市河段上段太平口过渡段左河槽呈冲刷发展趋势，河槽冲刷展宽，累计最大冲深 13.2 m（荆 33 断面）；右河槽淤积抬高，但横向向左侧有所扩展，即太平口心滩右缘有所冲刷后退；太平口心滩整体有所刷低，并且以滩头部分冲刷降低最为明显，其最高点高程由初始地形的 32 m 左右降低至 28 m 左右。三八滩汊道段断面

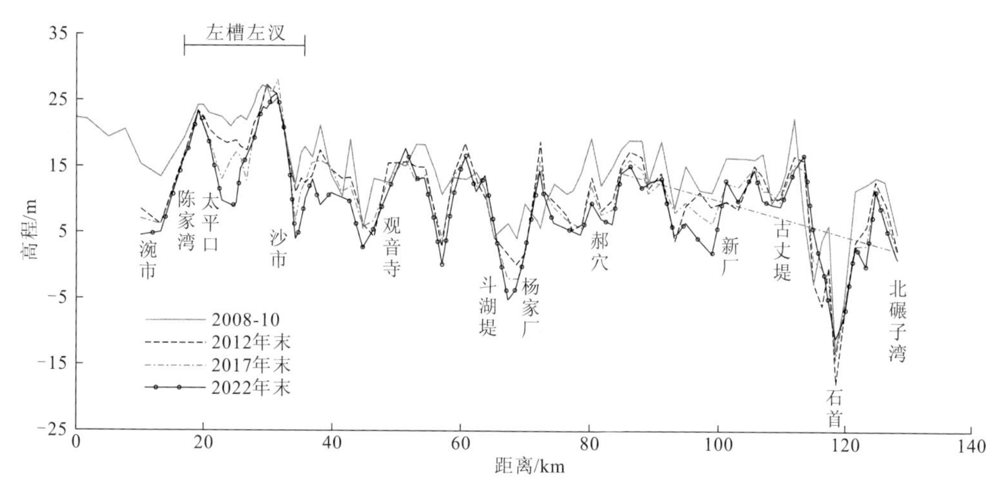

图 3.7 三峡工程与向家坝、溪洛渡工程联合运用初期杨家脑至北碾子湾河段深泓纵剖面冲淤变化图

冲淤变化较为复杂，左汊进口（荆 39～荆 42 断面）以淤积为主，左汊出口刘大巷矶以下则呈冲刷发展的趋势，且向右侧扩展，三八滩的尾部相应地冲刷萎缩；右汊全线冲刷发育，受沙市河段航道整治一期工程的影响，三八滩右汊上段（荆 40～荆 41 断面）左侧冲刷幅度较小，以向右冲刷扩展为主要表现形式，致使右岸腊林洲边滩不断冲刷崩退，由于三八滩尾部受航道整治工程约束较小，右汊下段（荆 41 断面以下）则以向左侧冲刷三八滩尾部，从而不断扩宽河槽为冲刷方式；受左、右两汊出口部分冲刷的影响，三八滩尾部萎缩上提，原三八滩中上段有所淤积，并向左侧扩宽；三八滩汇流段左槽冲刷，右槽淤积，断面形态由初始地形的 W 形或 U 形转化为偏左的 V 形，至 2022 年末，左槽累计最大冲深约 10.7 m（荆 45 断面）。金城洲汊道段左、右河汊均整体呈冲刷发展的趋势，且以左汊冲刷为主，局部位置冲刷较严重，累计最大冲深约 15 m（荆 46 断面），右汊冲刷主要集中在中下段，冲刷幅度较小；金城洲洲体（30 m 高程线）总体冲淤变化不大，洲顶高程稍有所降低，但幅度较小，洲左、右缘均有所冲刷崩退，洲尾有所上提。观音寺河段断面形态基本为偏 V 形，主河槽冲刷下切，至 2022 年末，累计最大冲深约 8.7 m，位于荆 51 断面附近，并且向右有所展宽。

公安河段进口过渡段上段（荆 53 断面以上）左侧低滩部分冲刷下切较为严重，至 2022 年，累计最大冲深 6.9 m（荆 53 断面），断面形态由 2008 年 10 月的 U 形转化为偏左的 V 形，即该段主流呈现左偏下移的趋势；进口过渡段下段（荆 53～荆 55 断面）左侧低滩部分也以冲刷为主，右侧主河槽部分冲淤变幅不大，稍有冲刷，断面形态由原有的偏右的 V 形向 U 形转化，但主河槽仍位于右侧。突起洲汊道段主要表现为右汊（主汊）冲深并向左展宽，左汊淤积抬高，与 2008 年 10 月初始地形相比，左汊河槽累计最大淤高 12.2 m（荆 56 断面），右汊河槽累计最大冲深 11.2 m（荆 56 断面下游 1 500 m 处）。突起洲下游弯道段的上段与下段断面冲淤变化略有不同，上段（荆 62 断面以上的过渡段）的断面变化主要表现为左侧 30 m 以下低滩部分的冲刷崩退，主槽则略有淤高；下段（荆 62～荆 64 断面）主流长期贴岸，深槽部分冲刷下切，至 2022 年，深槽累计最大冲深 11.6 m，位于荆 63 断面处，同时深槽左侧有所冲刷展宽，最深点位置有所左移，致使该段主流也稍有左移，但幅度不大。

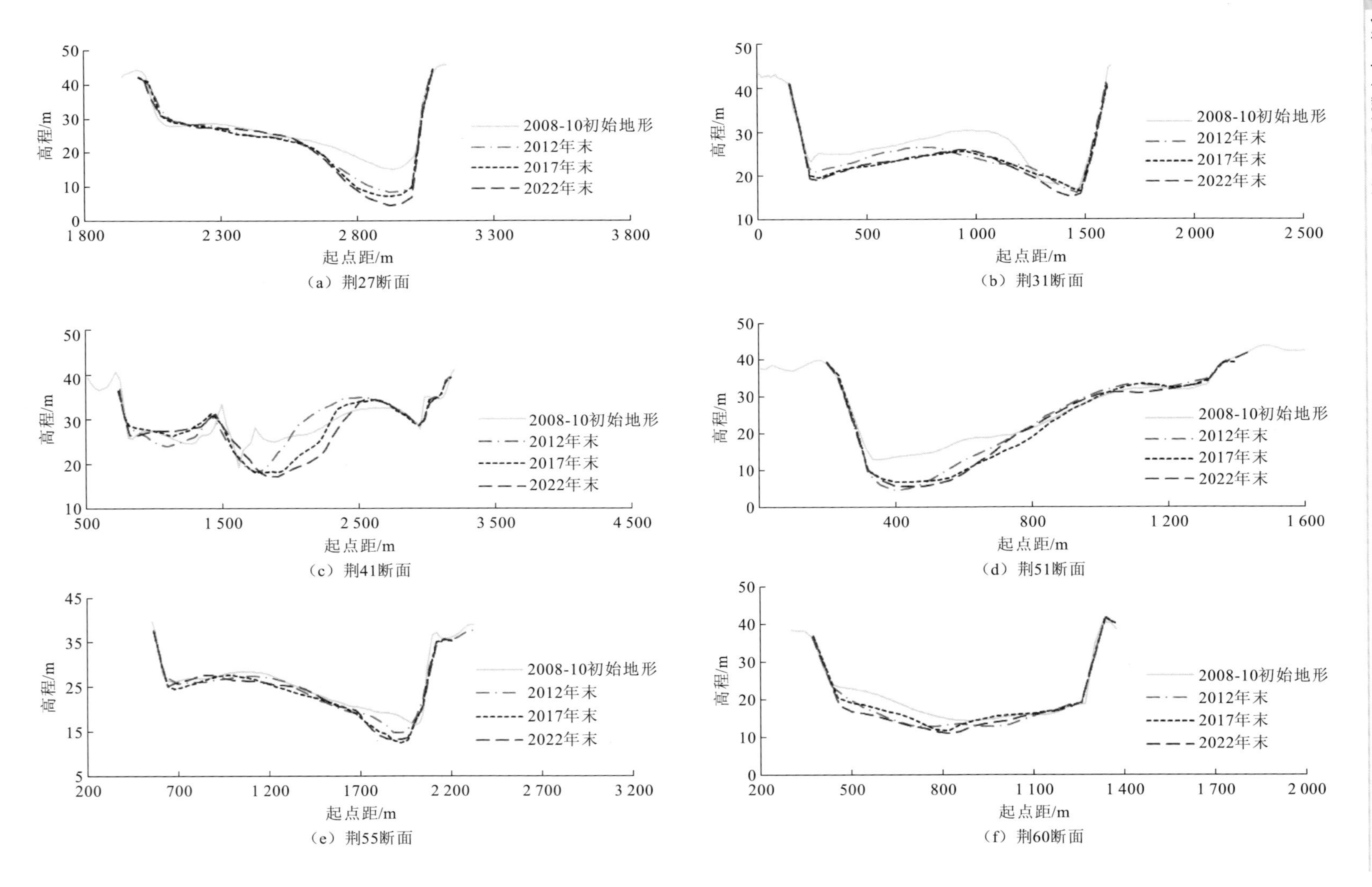

（a）荆27断面

（b）荆31断面

（c）荆41断面

（d）荆51断面

（e）荆55断面

（f）荆60断面

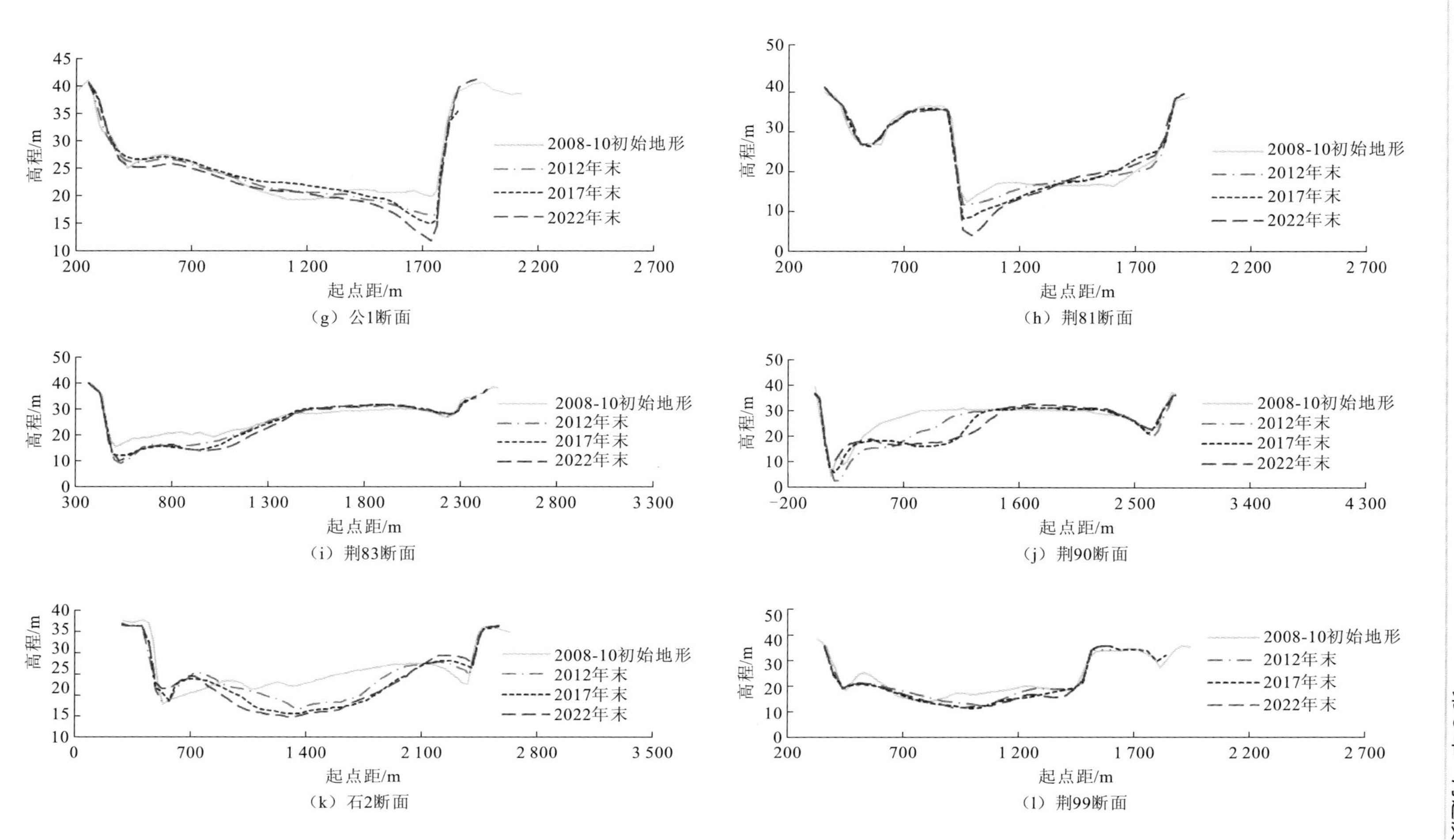

图 3.8　杨家脑至北碾子湾河段典型断面冲淤变化图

与2008年10月初始地形相比，郝穴河段进口过渡段上段（荆65断面以下至荆66断面上游800 m）在三峡工程蓄水运用第6～20年河床的变化是主河槽冲刷下切且向左摆动，进口过渡段下段（荆67断面以上）主河槽有所淤积抬高，右侧低滩急剧冲刷，河床高程大幅度降低，至2022年末，主河槽最大淤高4.9 m，低滩最大冲深12 m（荆66断面）；进口过渡段以下（荆67断面以下）至公3段面，河床面在主河槽纵向冲刷下切的同时横向也有所展宽，即右侧低滩部分也有所冲刷，至2022年末，主河槽累计最大冲深约10.40 m，位于荆69断面下游700 m处，低滩累计最大冲深约8.00 m（荆68断面）；公3断面以下河段河床冲刷以冲槽淤滩为主，主河槽累计最大冲深10.2 m，位于荆71断面附近。郝穴河段下段进口处（荆74断面附近）主河槽左侧低滩部分冲刷下切较为严重，累计最大冲深7.7 m（荆74断面），断面形态呈偏左的V形；进口以下过渡段（荆75～荆76断面）受下游左岸周天河段航道整治控导工程制约的影响，左侧低滩部分冲刷下切的幅度及影响范围均有所减缓，相应的主河槽及右侧低滩部分则冲深，断面形态呈U形；进口过渡段以下（公1～荆81断面）断面的冲淤变化主要表现为主河槽（右汊河槽）的冲深并向左展宽及左汊河槽的淤积抬高，与2008年10月初始地形相比，右汊河槽累计最大冲深7.2 m（荆80断面）；荆81断面以下至荆82断面的上段与下段断面变化略有不同，上段（公2断面以上）的断面以冲槽淤滩为主，下段（公2～荆82断面）则表现为滩槽均冲，主河槽向右扩宽。

从石首河段典型断面的冲淤变化情况可以看出，与2008年10月初始地形相比，石首河段进口过渡段（荆82断面以下至荆84断面）在三峡工程蓄水运用第6～20年河床的变化主要表现为主河槽冲刷下切且向右展宽，至2022年末，主河槽累计最大冲深6.4 m，位于荆82断面下游980 m处，右侧天星洲洲头心滩稍有所淤积上延；进口过渡段以下（荆84～荆89断面），天星洲右缘近岸主河槽大幅度冲刷，河床降低，累计最大冲深10.3 m（荆84断面下游1 330 m），且向右侧展宽，以至于天星洲右缘岸线大幅度崩退，以荆85+1断面以上1 300 m范围内岸线崩退尤为严重，30 m岸线累计最大崩退约170 m，主河槽左侧近岸河床则淤积抬高；荆89断面以下右岸天星洲至左岸焦家铺之间的过渡段随着该段主流的不断下移，河床整体表现为冲滩淤槽，倒口窑心滩左缘不断冲刷崩退，原有的滩体遭受切割，主河槽随之右移，原有的位于左岸近岸河床的主河槽则有所淤积萎缩；藕池口心滩以下至北门口之间的河床以冲槽淤左滩为主，北门口以下至荆99断面河槽冲刷较严重，至2022年末，累计最大冲深约12.8 m，位于荆98断面处，荆99断面以下主河槽冲刷且向右移动，即该过渡段主流有所下移，过渡段以下则主要表现为冲槽淤右滩。

2）北碾子湾至盐船套河段

（1）冲淤量及分布。

试验结果（表3.9、图3.9）表明，北碾子湾至盐船套长78.4 km河段及各分河段均持续冲刷，且冲刷全部集中在枯水河槽（流量为5000 m^3/s），其冲刷强度较其上游杨家脑至北碾子湾河段小。水库联合运行至2012年末、2017年末和2022年末全河段枯水河槽分别累计冲刷0.9136亿m^3、1.2689亿m^3、1.5377亿m^3，冲刷强度分别为116.53万m^3/km、

161.85 万 m^3/km、196.14 万 m^3/km，河宽按 850 m 计，平均冲深分别为 1.37 m、1.90 m、2.31 m；中水河槽（流量为 22 000 m^3/s）累计分别冲刷 0.9204 亿 m^3、1.2671 亿 m^3、1.5076 亿 m^3；2012 年后冲刷有所减弱；各河段冲刷强度有所不同，以沙滩子弯道段、天字一号微弯段较大，至 2022 年末枯水河槽冲刷强度分别为 354 万 m^3/km 和 261 万 m^3/km，上车湾微弯段最小，冲刷强度为 30 万 m^3/km。

表 3.9　三峡工程与向家坝、溪洛渡工程联合运用初期北碾子湾至盐船套河段冲淤量统计表

河段	起止断面	距离/km	冲淤量/（10^4 m^3）								
			监利 5 000 m^3/s			监利 11 400 m^3/s			监利 22 000 m^3/s		
			2008～2012 年	2012～2017 年	2017～2022 年	2008～2012 年	2012～2017 年	2017～2022 年	2008～2012 年	2012～2017 年	2017～2022 年
沙滩子弯道段	荆 110～荆 122	13.1	−3 149	−709	−777	−3 525	−691	−806	−3 277	−362	−832
中洲子弯道段	荆 122～荆 133	15.3	−1 966	−812	−179	−2 063	−755	−233	−1 997	−756	−120
塔市驿过渡段	荆 133～荆 140	14.2	−1 590	−920	−888	−1 549	−1 069	−866	−1 521	−1 067	−700
监利河段	荆 140～荆 147	11.5	−651	−675	−255	−742	−659	−268	−597	−752	−138
天字一号微弯段	荆 147～上 7	9	−1 453	−365	−530	−1 529	−539	−510	−1 473	−454	−564
上车湾微弯段	上 7～荆 170	15.3	−327	−72	−59	−342	−99	−158	−339	−76	−51
合计	荆 110～荆 170	78.4	−9 136	−3 553	−2 688	−9 750	−3 812	−2 841	−9 204	−3 467	−2 405

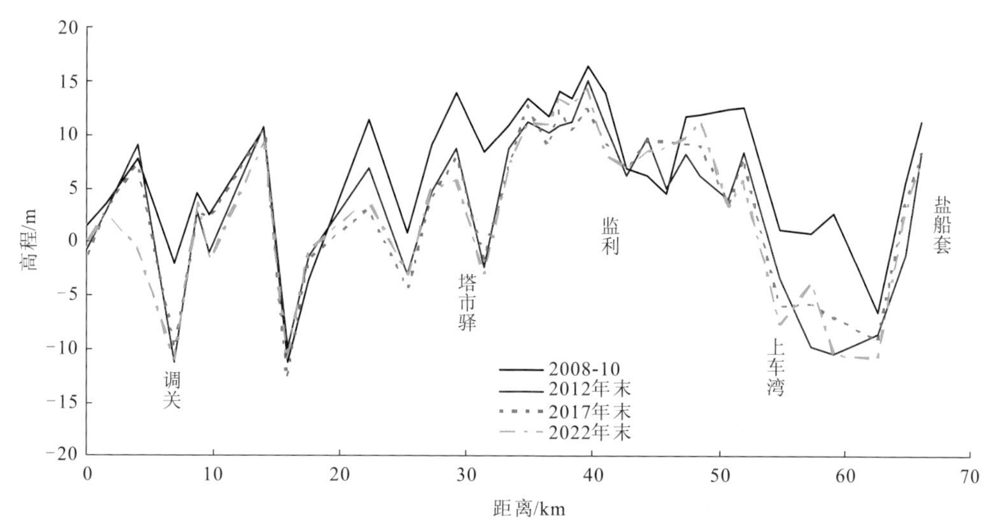

图 3.9　三峡工程与向家坝、溪洛渡工程联合运用初期北碾子湾至盐船套河段深泓纵剖面冲淤变化图

（2）断面形态变化。

从试验河段典型断面冲淤变化（图 3.10）可以看出，沙滩子弯道段断面冲淤变化主要表现为在金鱼沟及连心垸弯道入口段主流过渡段延长，主流往河中间摆动，凸岸边滩

持续切割冲刷，深槽逐渐向中间移动。石 5 断面位于金鱼沟弯道凹岸深槽，形态为偏 V 形，深槽居于左侧，多年来主流出寡妇夹贴岸段后进入金鱼沟弯道，贴弯道左岸下行。随着金鱼沟弯道凹岸护岸工程的实施，三峡工程运行后初期主河槽整体呈刷深拓宽的趋势，但断面形态基本不变，左侧仍为深槽，至 2022 年末，左侧深槽累计最大冲深约 2.8 m。金鱼沟弯道出口段，随着上游弯道凹岸深槽的展宽，由左岸摆向调关弯道凹岸的主流过渡段明显变长，主流冲刷左岸低滩形成主槽，过渡段深泓向河槽中间摆动，连心垸弯道凹岸主流顶冲点下移，弯道凹岸深槽下移；荆 120 断面位于连心垸弯道入口段，随着主流过渡段的延长，主流逐渐向河槽中间摆动，断面形态没有变化；石 6 断面位于连心垸

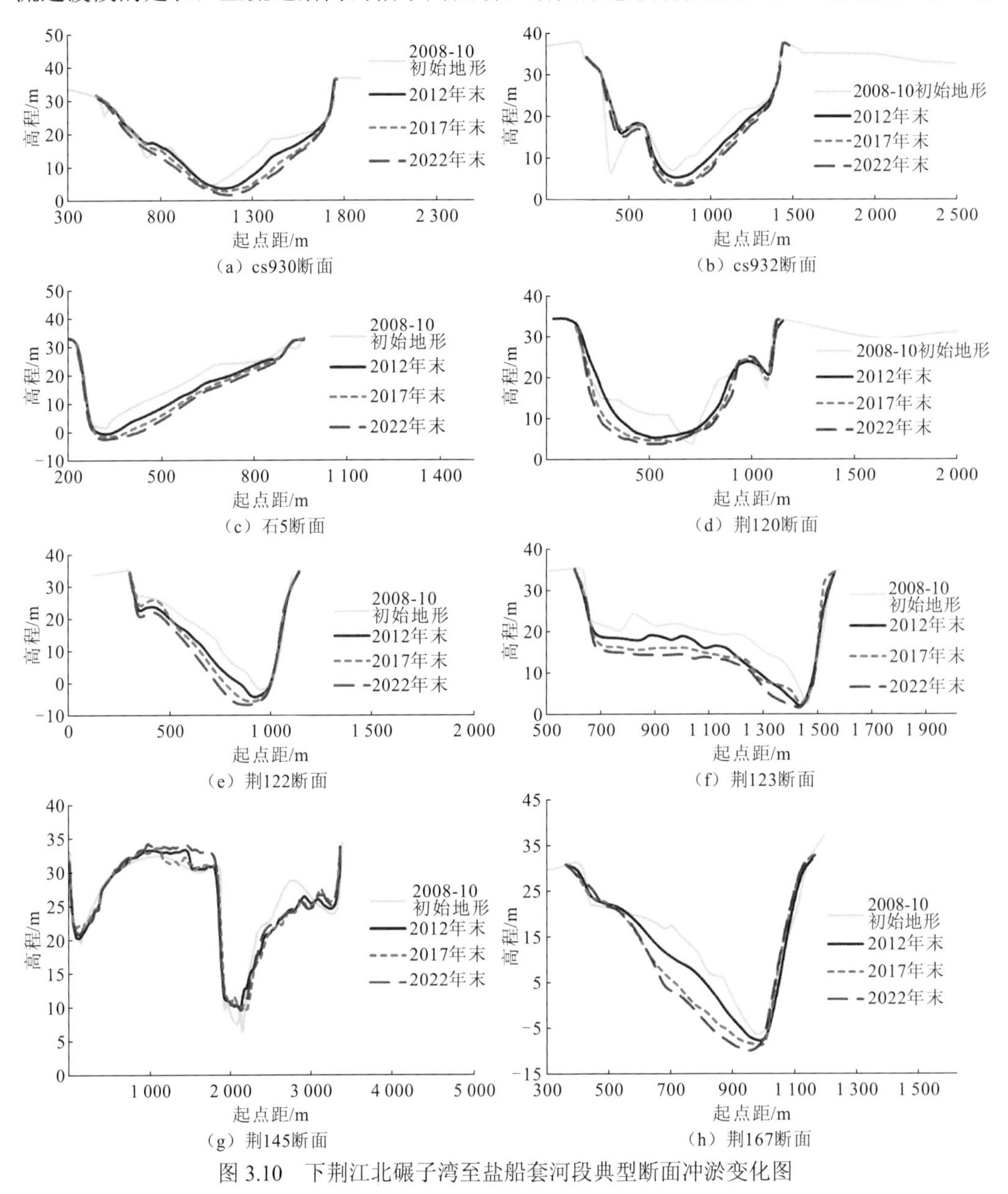

图 3.10　下荆江北碾子湾至盐船套河段典型断面冲淤变化图

弯道主流顶冲点附近，其变化趋势和荆 120 断面相似，随着弯道入口段主流过渡段的延长，连心垸弯道主流顶冲点逐步下移，凸岸边滩持续切割冲刷，深槽逐步由右岸向中间过渡，U 形的断面形态变化不大。

三峡工程蓄水运用第 6～20 年，中洲子弯道段（荆 122～荆 133 断面）主流顶冲点下移，过渡段主流往河中间摆动，造成凸岸桃花洲边滩冲刷后退，弯道入口处深槽逐渐向河槽中间移动。调关弯道段断面形态为偏 V 形，深槽居于右侧，多年来调关矶头护岸工程的实施基本抑制了凹岸的崩退。三峡工程运行后初期枯水河槽有所冲深拓宽，左侧低滩冲刷下切，断面形态基本不变，至 2022 年末，深槽累计最大冲深约 9.2 m；调关弯道与中洲子弯道间的过渡段（荆 123 断面）断面形态为偏 V 形，随着调关至八十丈河段护岸工程的实施，近年来河势较为稳定。三峡工程运行后初期枯水河槽有所冲深拓宽，断面形态基本保持不变，至 2022 年末，深槽累计最大冲深约 4.2 m；中洲子弯道段枯水河槽冲刷，有所拓宽，断面形态基本不变。

塔市驿过渡段（荆 133～荆 140 断面）断面冲淤变化试验结果表明，三峡工程蓄水运用初期，该河段中枯水河槽冲刷下切，局部冲刷幅度较大，其中上段累计最大冲深约 7.9 m（荆 136 断面），下段最大冲深约 6.5 m（荆 140 断面），断面形态没有改变。

监利河段（荆 140～荆 147 断面）属弯曲分汊型河道，1998 年后随着乌龟洲右缘的大幅崩退，主流顶冲点不断上提，造成乌龟洲头部心滩右缘崩退，心滩整体向左岸移动。三峡工程蓄水运用以来，乌龟洲弯道进口过渡段主流逐渐向左摆动，主槽冲刷并向左展宽；随着 2009 年窑监河段航道一期整治工程的实施，乌龟洲头部心滩及洲头右缘得到守护，主流顶冲点不再上提，此后主槽继续有所冲刷展宽，断面形态保持稳定；三峡水库 175 m 试验性蓄水以前乌龟洲头部断面形态较为稳定，变化主要表现为乌龟洲头部与心滩间的串沟逐渐淤高，心滩尾部冲刷崩退，乌龟洲右缘深槽向上延伸，与心滩右缘深槽贯通，乌龟洲右缘崩退，右岸新沙洲淤高。此后，随着 2009 年窑监河段航道一期整治工程的实施，至 2022 年末乌龟洲断面形态及左、右汊形态保持稳定，心滩尾部消失，乌龟洲右缘深槽明显冲刷拓宽，乌龟洲洲体整体有所淤高，洲顶最高点高程由初始地形的 32.4 m 升高至 2022 年末的 34.4 m。

天字一号微弯段（荆 147～上 7 断面）在三峡工程蓄水运用后前几年随着乌龟洲右缘大幅崩退，顶冲点由下游铺子湾上移至太和岭处，造成太和岭左岸不断崩退，深槽左移，此后随着护岸工程的实施，崩岸得到控制，深槽有所冲刷展宽，断面形态保持稳定。三峡工程运行后初期上车湾微弯段（上 7～荆 170 断面）枯水河槽有所冲深展宽，但断面形态基本不变，至 2022 年末，累计最大冲深约 7.8 m（荆 166 断面）。

3）盐船套至螺山河段

（1）冲淤量及分布。

试验结果（表 3.10、图 3.11、图 3.12）表明，盐船套至螺山长 85.5 km 河段及各分河段均持续冲刷，且冲刷全部集中在枯水河槽（监利流量为 5000 m^3/s，洞庭湖入汇流量为 3000 m^3/s）。其中，下荆江出口段在水库联合运行至 2012 年末、2017 年末和 2022 年末枯水河槽分别累计冲刷 0.5889 亿 m^3、0.8456 亿 m^3、1.1564 亿 m^3，冲刷强度分别为 104.97 万 m^3/km、150.73 万 m^3/km、206.13 万 m^3/km，较其上游北碾子湾至盐船套河段略小，河宽按 950 m 计，平均冲深分别为 1.10 m、1.59 m、2.17 m；中水河槽（监利流量为 22000 m^3/s，洞庭湖入汇流量为 13900 m^3/s）累计分别冲刷 0.6113 亿 m^3、0.8372 亿 m^3、1.1202 亿 m^3，说明该河段枯水位以上河槽有所淤积；2012 年后冲刷有所减弱；各河段冲刷强度差别不是很大，以七弓岭河段略大，至 2022 年末枯水河槽冲刷强度为 234 万 m^3/km，熊家洲河段略小，冲刷强度为 176 万 m^3/km。

表 3.10　三峡工程与向家坝、溪洛渡工程联合运用初期盐船套至螺山河段冲淤量统计表

河段		起止断面	距离/km	冲淤量/（10^4 m^3）								
				监利 5 000 m^3/s，洞庭湖 3 000 m^3/s			监利 11 400 m^3/s，洞庭湖 8 900 m^3/s			监利 22 000m^3/s，洞庭湖 13 900 m^3/s		
				2008～2012 年	2012～2017 年	2017～2022 年	2008～2012 年	2012～2017 年	2017～2022 年	2008～2012 年	2012～2017 年	2017～2022 年
下荆江出口段	荆江门河段	利 5～荆 175	12.3	−908	−573	−736	−985	−540	−717	−1 027	−463	−663
	熊家洲河段	荆 175～荆 179	13.9	−1 224	−600	−623	−1 306	−569	−580	−1 251	−640	−493
	七弓岭河段	荆 179～荆 181	17.0	−2 169	−799	−1 010	−2 334	−781	−1 047	−2 246	−707	−1 082
	观音洲河段	荆 181～利 11	12.9	−1 588	−595	−739	−1 702	−485	−690	−1 589	−449	−592
	合计	利 5～利 11	56.1	−5 889	−2 567	−3 108	−6 327	−2 375	−3 034	−6 113	−2 259	−2 830
城陵矶至螺山河段	城螺上段	利 11～南阳洲	11.6	−490	−502	−675	−509	−332	−460	−379	−353	−439
	城螺下段	南阳洲～螺山	17.8	−801	−74	95	−1 132	−281	−133	−1 126	−355	−150
	合计	利 11～螺山	29.4	−1 291	−576	−580	−1 641	−613	−593	−1 505	−708	−589

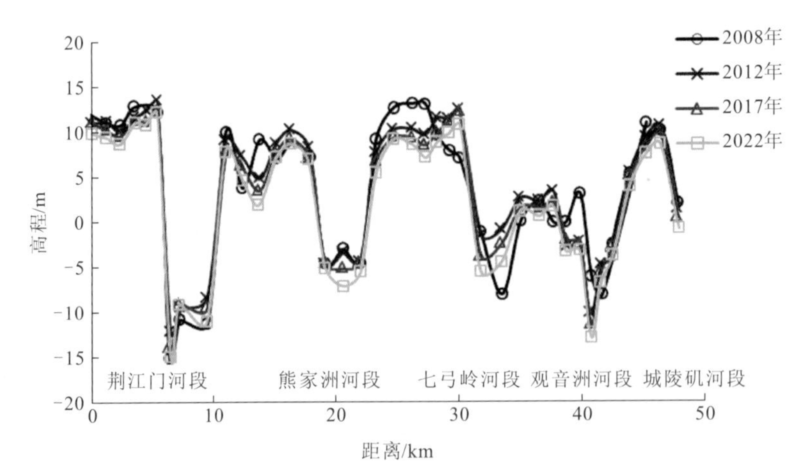

图 3.11　三峡工程与向家坝、溪洛渡工程联合运用初期下荆江出口段深泓高程变化

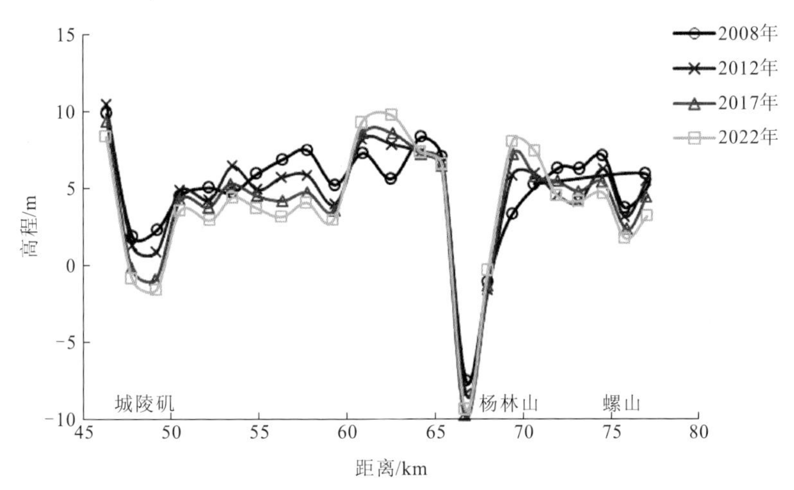

图 3.12　三峡工程与向家坝、溪洛渡工程联合运用初期城陵矶至螺山河段深泓高程变化

水库运行至 2012 年末、2017 年末和 2022 年末城陵矶至螺山河段枯水河槽分别累计冲刷 0.1291 亿 m^3、0.1867 亿 m^3、0.2447 亿 m^3，冲刷强度分别为 43.91 万 m^3/km、63.50 万 m^3/km、83.23 万 m^3/km，河宽按 1200 m 计，平均冲深分别为 0.37 m、0.53 m、0.69 m，可见其冲刷强度明显小于下荆江出口段，冲刷也主要集中在枯水河槽。

（2）断面形态变化。

三峡工程运用后初期不同时期盐船套至螺山河段典型断面冲淤变化见图 3.13。盐船套顺直段枯水河槽冲刷，荆江门河段深槽略有冲深，凸岸边滩略有淤积，断面形态没有改变。熊家洲河段三峡工程运用初期中枯水河槽有所冲深展宽，断面形态无明显变化；三峡工程蓄水运用后七弓岭河段发生撇弯，凸岸边滩冲刷下切，凹岸深槽淤积，主流向左移动，弯顶以上段主槽从右岸移至左岸，断面形态变为 W 形（如荆 179.1 断面）。弯顶及以下段主流长期贴岸，岸线时有崩退，弯顶下移，三峡工程蓄水运用后，右侧岸线稳定，深槽先淤积左移，后又转为冲刷下切，左侧边滩上段淤积、下段冲刷，断面形态基本不变；三峡工程蓄水运用后观音洲河段主要表现为中枯水河槽冲刷，有所展宽，断面形态无明显变化。

城陵矶枯水河槽发生不同程度的冲刷。南阳洲断面形态为 W 形，右槽为主槽，近 20 多年来，江心洲右缘逐年后退，断面面积及河宽不断增大，三峡工程蓄水运用后初期，右槽进一步冲深、扩大，左槽则出现冲淤交替，总体为淤积；螺山附近断面形态为 W 形，多年来该河段河势基本稳定，三峡工程运用后初期该段主要表现为左槽不断冲深，而右槽有所淤积，断面形态没有改变。

4）河势变化趋势

三峡工程与向家坝、溪洛渡工程联合运用初期各河段动床实体模型试验研究表明，水库联合运用至 2022 年末，三八滩汊道段左汊分流比呈减小趋势，但减小幅度不大，受金城洲右汊进口、突起洲左汊进口已实施整治工程影响，金城洲左汊分流比略有增大，

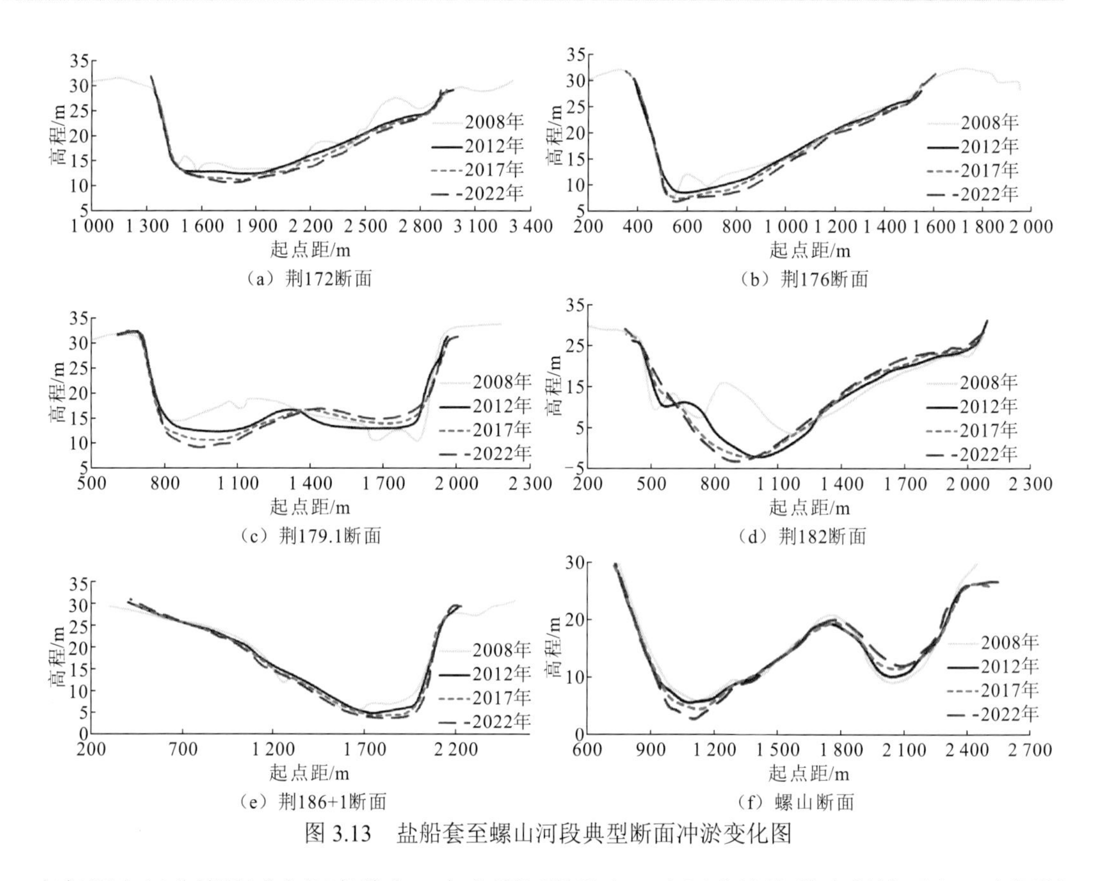

图 3.13 盐船套至螺山河段典型断面冲淤变化图

突起洲左汊分流比减小幅度稍大，乌龟洲汊道段左、右汊分流比基本保持不变，南阳洲右汊分流比有所减小，仍为主汊。

水库联合蓄水运行 20 年，研究河段河床呈沿程逐步整体冲刷下切趋势，深槽冲深拓展，总体河势没有发生大的变化，但局部河势变化比较剧烈，过渡段主流平面摆动较大，主流整体有所下移，江心洲滩及汊道段冲淤变化较大，急弯段出现撇弯切滩，其中以沙市河段、石首河段、调关弯道及七弓岭河段变化尤为显著。试验结果表明，水库联合运用初期，随着上游来水来沙及河势的变化，沙市河段太平口心滩从目前左右双槽且右槽为主槽的河道形态逐步向左右双槽且左槽为主槽的形态转变，右槽有所淤积萎缩；三八滩汊道呈现洲体右侧切割、右汊发展扩大，左汊进口淤积、左汊稍有萎缩的发展趋势，见图 3.14。

石首河段依然维持石首河湾左、右两汊的分汊格局，左汊为主汊，左汊中的左、右两槽并存；倒口窑心滩左缘继续冲刷右摆，右缘淤积，有与藕池口心滩并靠的趋势，即石首河湾左汊右槽呈淤积萎缩的趋势。

调关弯道进口过渡段主流下挫，弯道顶冲点下移，深泓逐渐向凸岸摆动，有发生撇弯切滩的趋势，其中 2012 年以前发生撇弯切滩的趋势较明显，此后趋势减缓，见图 3.15。

七弓岭河段总体处于持续冲刷状态，主流出熊家洲弯道后不再从荆 178～荆 179 断面处向右岸过渡，而继续沿左岸下行；弯道上游虽继续维持左右双槽形态，但右槽逐渐淤积萎缩，左槽冲刷、上提、右移、展宽而逐渐发展为主槽，即发生撇弯切滩，弯道主流顶冲点下移，见图 3.16。

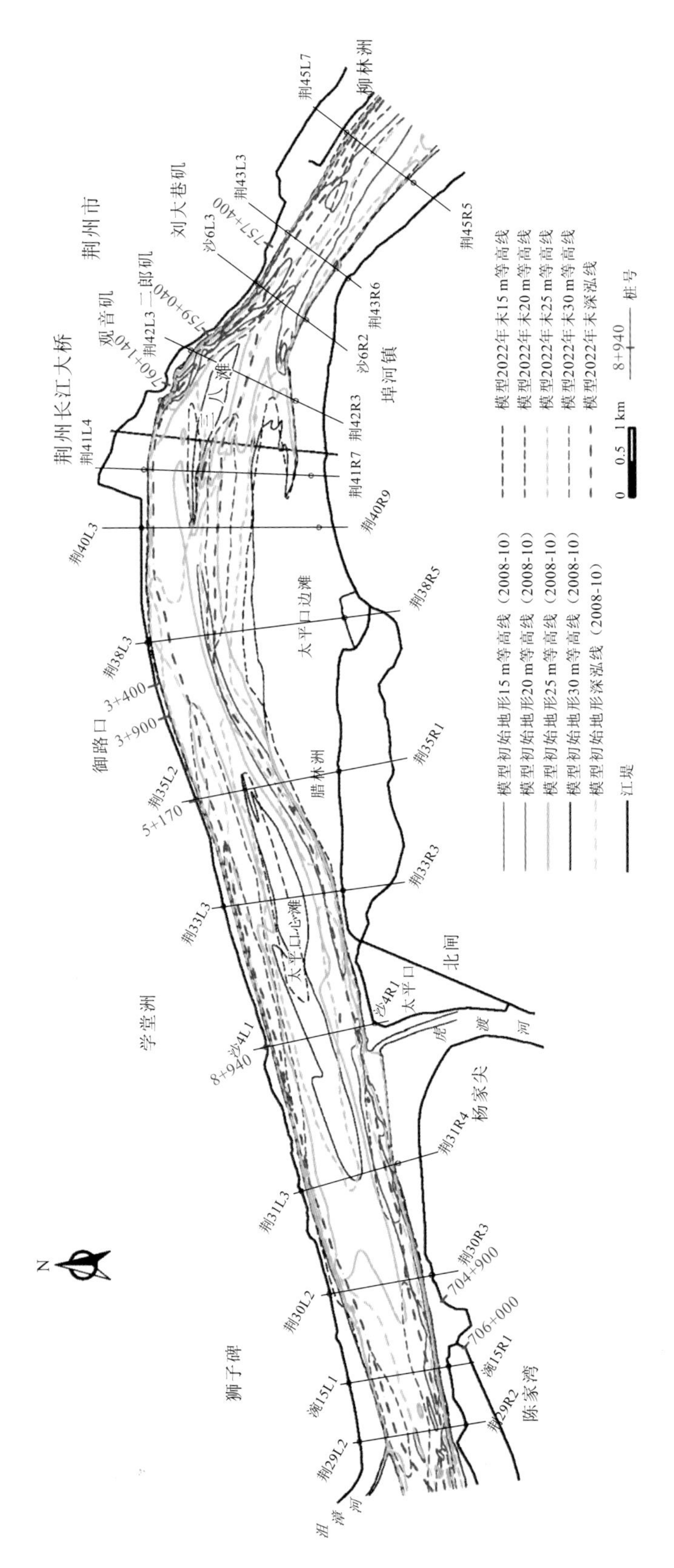

图 3.14　三峡工程蓄水运用至2022年末荆江沙市河段河势变化图

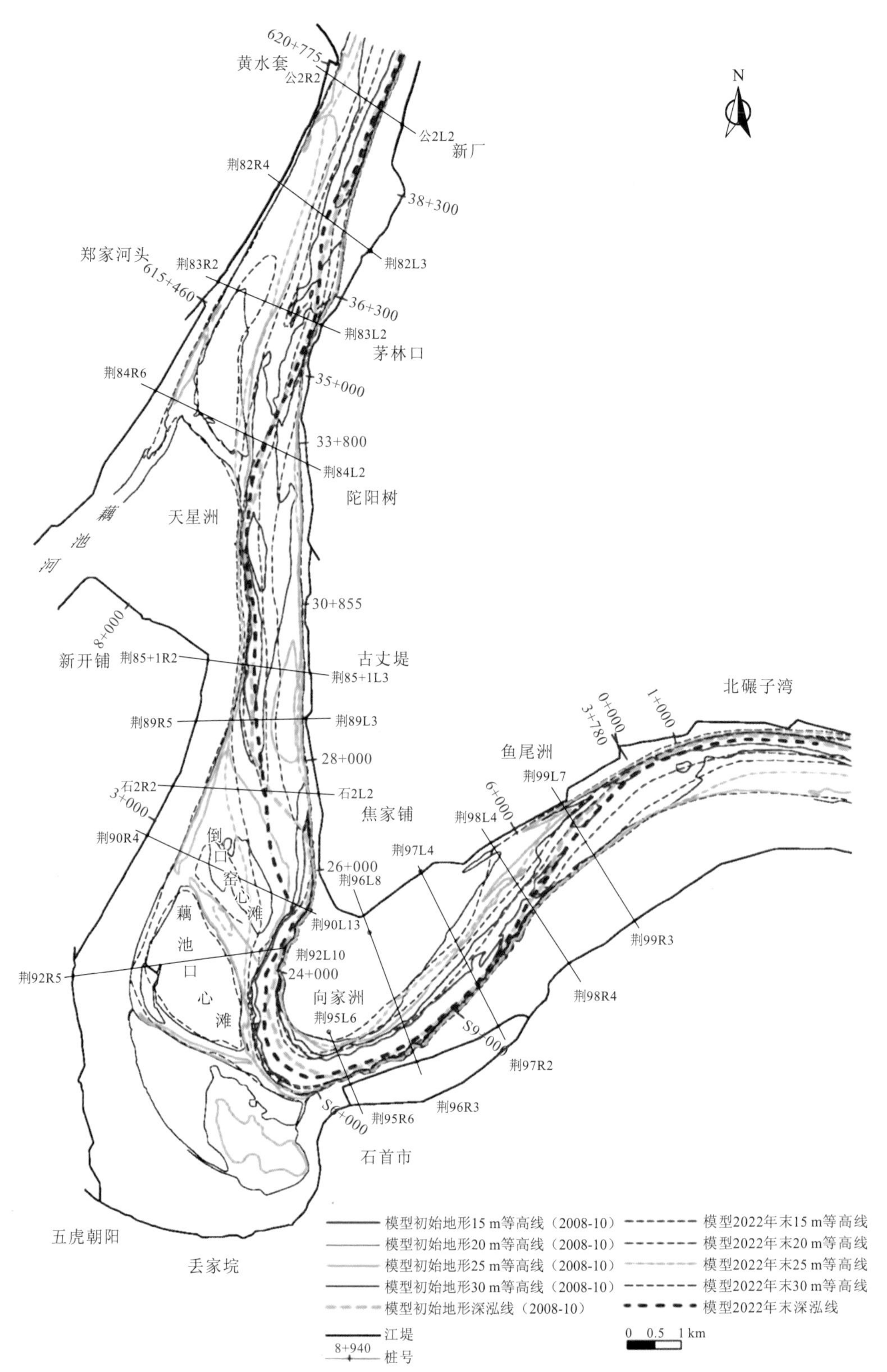

图 3.15　三峡工程蓄水运用至 2022 年末石首河段河势变化图

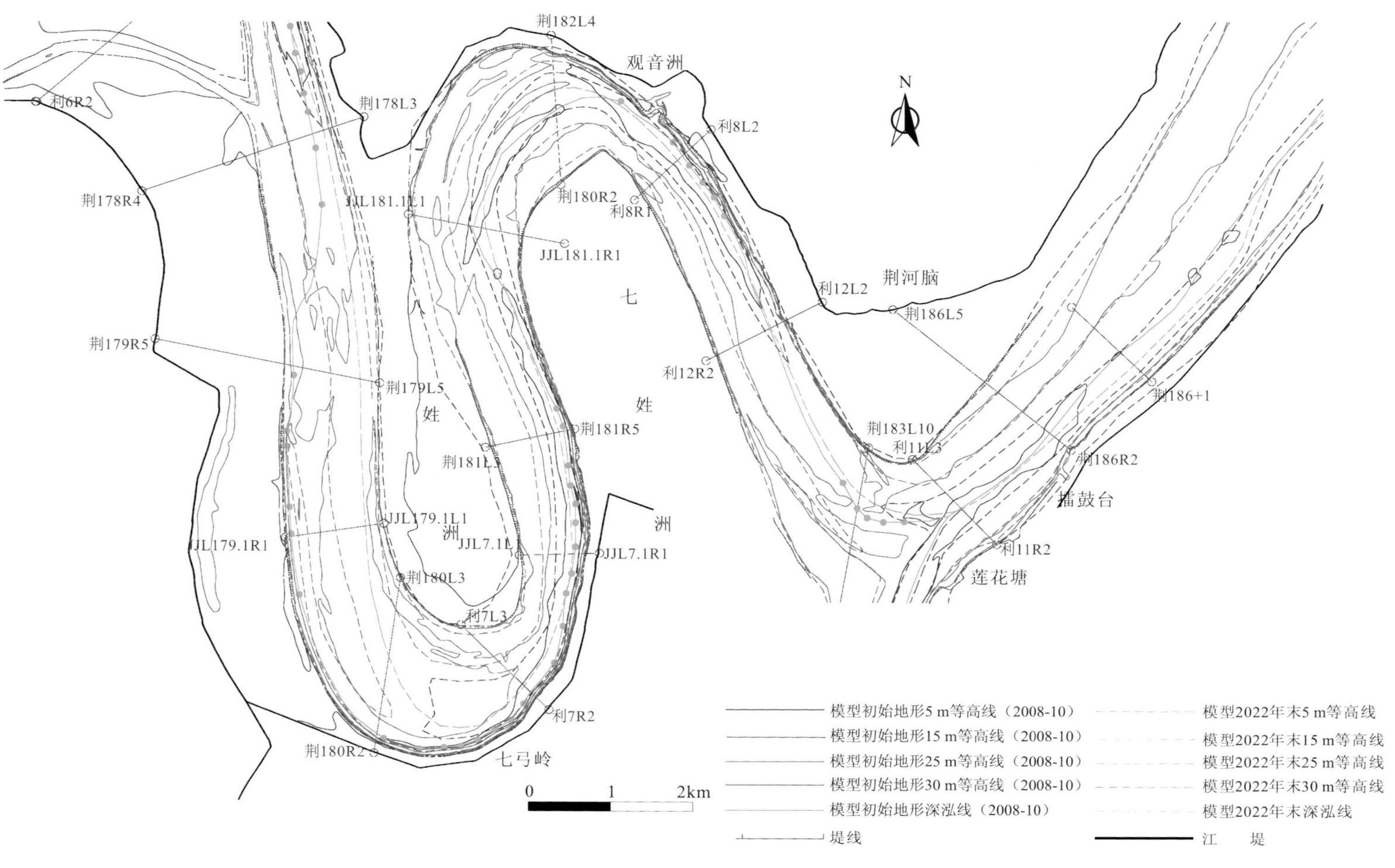

图 3.16　三峡工程蓄水运用至2022年末荆江熊家洲至城陵矶河段河势变化图

随着干支流正在兴建和规划修建的大型控制性水库的陆续建成并投入运用，与三峡水库等已建控制性水库联合运用，将拦截大量泥沙并淤积在水库中，加之水土保持等措施的不断实施，在相当长的时间内进入长江中下游江湖系统的水沙过程会发生较大改变，来沙量维持在相当少的水平，将对中下游江湖冲淤演变产生深刻影响，干流河道持续呈以冲刷为主的趋势，冲刷自上游向下游逐渐发展，每个河段的冲刷发展遵循冲刷—平衡—回淤的变化规律；随着河床冲刷的下切，同流量的水位降低，其中中枯水水位降低多，洪水位降低不大，甚至不降低；河床冲刷发展过程中，河道纵剖面和横断面形态将发生不同程度的调整变化；由于近 70 年来，长江中下游河道实施了大量的护岸工程、河道整治工程和航道整治工程，总体河势得到控制，稳定性增强。尽管三峡水库等控制性水库运用后，在相当长时间内河床持续冲刷，但河道总体河势不至于发生改变，不过局部河段的河势会发生调整，有的河段调整还可能比较剧烈，过长或过短的顺直过渡段主流会发生左右摆动或上下移动；弯道凸岸边滩遭受冲刷并难以恢复，滩槽格局与断面形态发生调整，曲率大的弯道段会发生撇弯切滩；大部分分汊河段仍将维持原有形态，但分流比很小、处于不利迎流状态、相对主汊长度偏长较多的小支汊则可能淤积衰退，甚至淤塞，因上游过长或过短顺直过渡段河势的调整，各汊分流状况会发生相应改变。河道演变除受来水来沙条件影响外，还与自身的边界条件和人类活动密切相关，长江中下游已实施了大量的河道、航道整治工程，修建了许多涉水工程，边界条件已发生很大改变，已经不再是一条自然河流了，因此，其演变规律将更加复杂。

3.3 不同河型河道的演变规律

3.3.1 顺直型河道演变规律

长江中下游顺直型河道主要有两种：一种是具有强约束的河岸边界，如宜昌至云池河段（图 3.17）、松滋口至杨家脑河段；另一种主要是在弯道或汊道之间存在的长度不同的顺直过渡段，如上荆江的太平口顺直过渡段（连接涴市河湾和沙市河湾）、马家嘴顺直过渡段（连接沙市河湾和公安河湾）、周天河段（连接郝穴弯道与下荆江石首弯道）、铺子湾至盐船套河段（图 3.18）、大通河段等。顺直段长度小于 3 倍平滩河宽的河段称为短顺直段，其深泓线一般自一岸直接过渡到对岸，长度大于 3 倍平滩河宽的河段称为长顺直段，其深泓线自一岸过渡至对岸需要一次或两次过渡，并存在犬牙交错的边滩。顺直型河道演变呈现以下规律。

（1）对于具有强约束河岸边界的顺直型河道，受两岸边界条件的制约，河道平面形态、洲滩格局和河势长期以来相对稳定，河道演变主要表现为河床周期性冲淤变化，年际冲淤维持相对平衡。例如，宜昌至云池河段，该段右岸受到山体控制，左岸也受到山体、阶地的断续控制，河道边界条件约束很强，以致长期以来均较稳定。河床内除胭脂坝为靠右岸的江心洲外，河床地貌形态为依附于两岸的犬牙交错的边滩，基本无心滩，

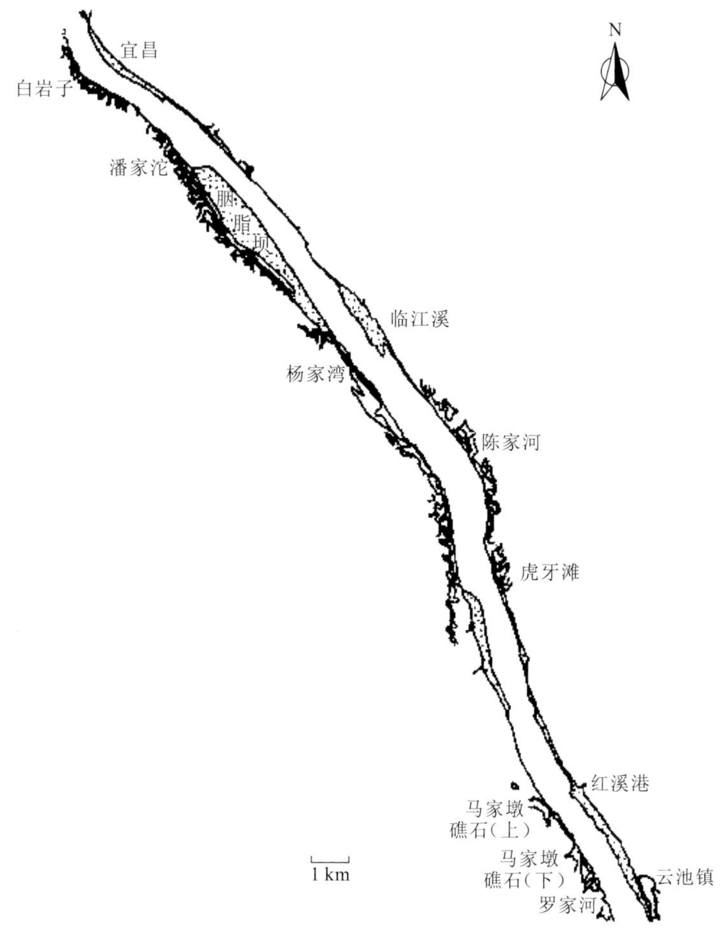

图 3.17　宜昌至云池河段

但这类边滩是推移质和悬移质泥沙运动共同形成的。一方面，由于有悬移质泥沙参与边滩堆积，边滩的平面位置历年都较固定，滩槽高差大，构成滩槽分明的河床；另一方面，随着不同水文年来水来沙情况的变化，边滩与深槽均发生冲淤变化，即边滩平面尺度和滩面高程围绕某一均衡状态发生冲淤变化（余文畴和卢金友，2005）。

（2）对于弯道之间的顺直型河道，河道在变化的过程中，由于没有明显的环流，泥沙横向输移较弱，泥沙的输移主要表现为纵向水流输沙；河槽两侧分布有犬牙交错的边滩（如周天河段），在河宽较大的情况下，交错边滩的河床中可能还有心滩（如太平口顺直过渡段）。河段平面变化的过程与犬牙交错的边滩、心滩运动息息相关。在长江中下游某些河段，受河道两岸地质地貌条件或护岸工程的影响，河岸的抗冲性较强，加之来沙中的推移质部分甚少，犬牙交错边滩主要由悬移质泥沙形成。

（3）三峡工程运用以来顺直型河道演变的特点。三峡工程蓄水运用前，顺直型河道边滩冲淤主要受年内、年际来水来沙作用而呈周期性冲淤变化，而边滩依附两岸的位置较固定。在这种情况下，整个河道的平面形态较稳定，相应的崩岸则较少发生，如上荆江的周天河段，该段为一喇叭状顺直放宽段，近岸边滩和江心潜洲分布较广，1959～1993 年

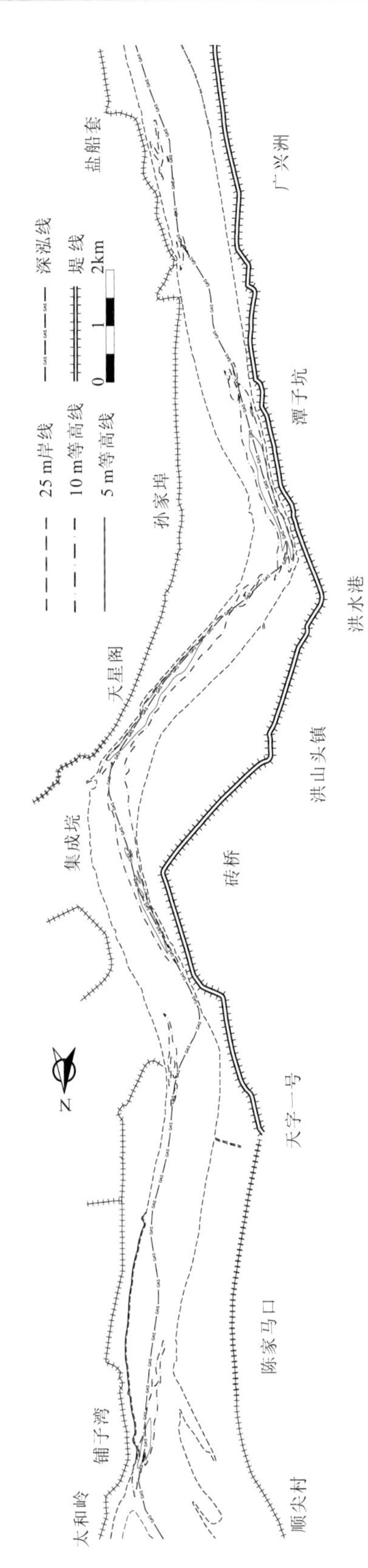

图 3.18 铺子湾至盐船套河段（2008年10月地形）

周天河段曾出现主泓上提下挫、左右摆动的周期，8～10 年一次，但河势相对稳定，边滩依附两岸的位置也较固定。

三峡工程蓄水运用后，顺直型河道演变仍基本延续蓄水前的变化趋势，但发生一定幅度的调整。例如，下荆江的铺子湾至盐船套河段，近期两岸交错、边滩冲刷，深槽淤积，河宽增加，河道断面向宽浅方向发展，深泓年内和年际变化频繁。产生这些变化的主要原因是，上游水沙条件变化引起边滩冲刷，断面朝宽浅化发展，并且使同流量下河道水流的弯曲度有所减小，河道水面纵比降也随之明显减小，凸岸边滩冲刷以减小水流弯曲度则成为必然，这也是河势调整的根本原因。随着长江中下游堤防工程和河势控制工程的不断实施，河道的边界条件将更为稳定。因此，三峡工程建成后，长江中下游顺直型河道的河床形态和演变规律总体上不会有重大改变，即河道虽可能有一定的调整变化，但仍保持原有顺直河型不变。

3.3.2　蜿蜒型河道演变规律

下荆江河段为长江中下游典型的蜿蜒型河道（图 3.19）。从平面上看，蜿蜒型河道由一系列正反相间的弯道和介乎其间的过渡段衔接而成。蜿蜒型河道的流域条件是十分广阔的，其河床形态及河道演变呈现以下特点：①基本河槽的断面较为窄深，宽深比 $\sqrt{B_b / H_b}$ 较小（B_b 为平滩河宽，H_b 为平滩水深）；弯道段横断面呈不对称三角形，凹岸一侧坡陡水深，凸岸一侧坡缓水浅；过渡段横断面呈对称的抛物线形或梯形；由弯道段至过渡段断面形态沿程是逐渐变化的。②河身蜿蜒曲折，河湾半径较小，河曲带的摆幅较大，形成 S 形的反向河湾，而河湾之间有较长的顺直段连接。③在横向变形方面，主要表现为河湾凹岸崩坍与凸岸堆积，当河湾半径发展到较小时，发生凹岸撇弯和凸岸切滩的现象。大多数蜿蜒型河道均有自然裁弯情况。因此，河床不断位移，河长不断变化。④在纵向变形方面，从较长时期分析，基本河槽没有单向变形的趋势，年内变化则表现为弯道深槽与过渡段浅滩的周期性冲淤变化。

蜿蜒型河道的演变规律，一般表现为凹岸崩塌速率大，凸岸相应淤长，当河湾发展到一定程度时，在一定的水流边界条件下发生自然裁弯、切滩、撇弯。按照其缓急程度，可以分为两种情况：一种是经常发生的一般演变；另一种是特殊条件下发生的突变。无论是哪一种演变都与水流和泥沙运动紧密相关。

1. 平面变化

蜿蜒型河道的平面变化主要表现为蜿蜒曲折的程度不断加剧，河长增加，曲折系数也随之增大。究其原因，主要是凹岸的不断崩退和凸岸的相应淤长，使得河湾在平面上不断发生位移，并且随弯顶向下游的蠕动而不断改变其平面形状。尽管平面变形时河湾不断变化，但各河段之间过渡段的中间部位则基本不变，只是过渡段长短不等而已。也就是说，蜿蜒型河道的平面变形，基本上是围绕这些中间部位连成的摆轴进行的。这表明，平面变形虽然比较大，但仍有一定的限度。

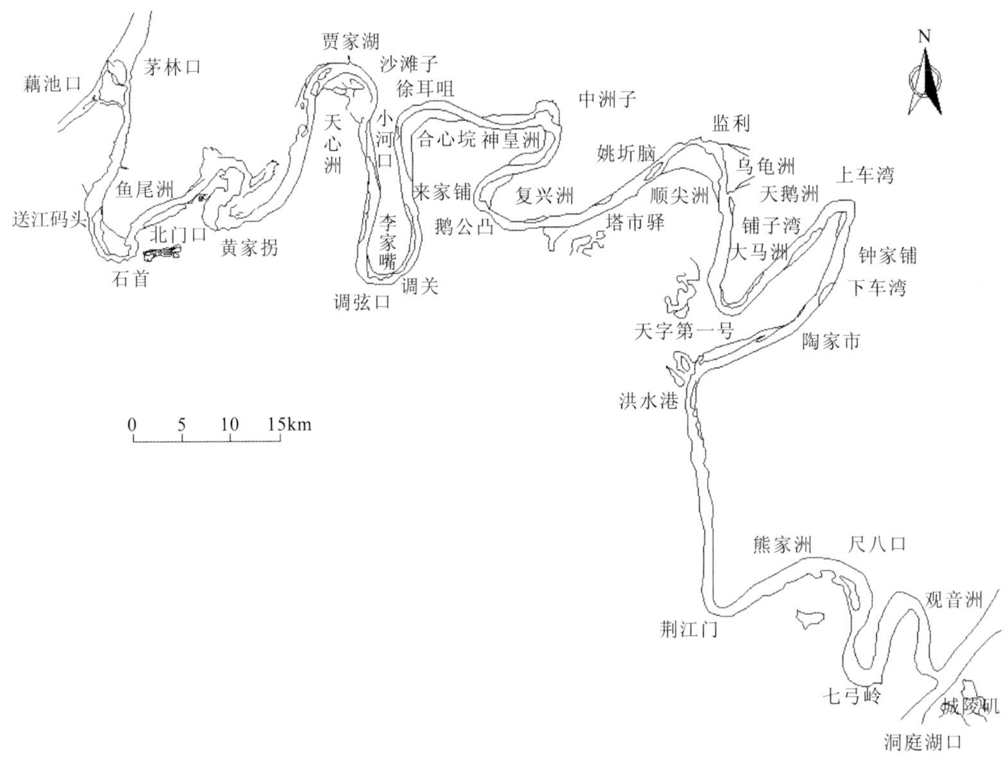

图 3.19　下荆江典型蜿蜒型河道（20 世纪 60 年代测图）

2. 横断面变形

凹岸崩退和凸岸相应淤长是蜿蜒型河道横断面变化的主要特点。实测资料表明，在变化过程中不仅断面形态相似，而且冲淤的横断面面积也接近相等。从这一点出发，可以根据前后两次实测断面资料，对断面的进一步发展趋势作出判断。如果崩退的面积大于淤长的面积，凸岸会继续淤长；如果凸岸淤长的面积大于崩退的面积，凹岸会继续崩退；如果崩淤面积接近相等，表明断面已接近平衡状态。一般情况下，只要凹岸的抗冲能力较弱，河岸必然发生崩塌，使过水面积增大，而横向输沙能力总是不平衡的，因而凸岸总是趋向淤长的。因此，横断面变形最本质的原因是横向输沙不平衡。过渡段两岸也会发生一定的冲淤变化，但强度较弱，两岸冲淤面积接近相等，断面形态保持不变。蜿蜒型河道的纵向变形表现为弯道段洪水期冲刷而枯水期淤积，过渡段则相反。年内冲淤变化虽不能完全达到平衡，但就较长时期的平均情况而言，基本上是平衡的。

3. 自然裁弯

出于某些原因（如河岸土壤抗冲能力较差），蜿蜒型河道的发展使同一岸两个弯道的弯顶崩退，形成河环和狭颈。狭颈的起止点相距很近，而水位差较大，如遇水流漫滩，在比降陡、流速大的情况下便可将狭颈冲开，分泄一部分水流而形成新河，这一现象称为自然裁弯，这种突变在蜿蜒型河道上常有发生。例如，下荆江 1860～1949 年就发生过太公湖、西湖、古长堤、尺八口、碾子湾等多处自然裁弯。蜿蜒型河道的突变，除自然裁弯外，还有撇弯和切滩两种类型。当河湾发展成曲率半径很小的急弯后，遇到较大的洪水，水流弯曲半径远大于河湾曲率半径，这时在主流带与凹岸急弯之间产生回流，使原凹岸急弯淤积，这种突变称为撇弯，如 1994 年石首河湾发生了撇弯。河湾之所以形成急弯，原因是多方面的。从水流角度来说，主要是连续多年的水量偏小，特别是枯水流量偏小，使顶冲部位比较固定，加上特定的边界条件，逐渐发展成急弯。撇弯时凹岸是淤积的，有异于弯道演变的一般规律。河湾曲率半径适中，而凸岸边滩延展较宽且较低时，遇到较大的洪水，水流弯曲半径大于河湾的曲率半径较多，这时凸岸边滩被水流切割而形成串沟，分泄一部分流量，这种突变称为切滩。产生这一现象的原因是凸岸边滩较低，抗冲能力较差。例如，下荆江监利河湾曾于 1970 年发生切滩。

自然裁弯与切滩虽然有一些共同点，但实际上是两个不同的概念。自然裁弯是在两个河湾之间的狭颈上进行的，而切滩发生在同一个河湾的凸岸。切滩所形成的串沟，虽然也可以称为新河，但原河湾不会被淤积成牛轭湖，而是形成两条水道并存的分汊河段。其中，自然裁弯对河势的影响比切滩要大很多。

4. 三峡工程蓄水运用后蜿蜒型河道演变的特点

随着下荆江中洲子、上车湾河湾实施人工裁弯，沙滩子河湾的自然裁弯，下荆江河道曲折率大为降低，目前仅位于首尾的石首至调关河段、熊家洲至城陵矶河段两段属蜿蜒型河道，其他河段已转为弯曲型河道，受河势控制工程的约束，已转变为限制性蜿蜒型或弯曲型的河道，凹岸崩塌受到一定的限制。三峡工程蓄水运用以来，受“清水”下泄影响，下荆江蜿蜒型河道表现为凸岸边滩冲刷后退，凹岸淤积，主流在弯道进口至弯顶段明显向凸岸方向偏移，部分弯道已发生明显的撇弯切滩现象（卢金友 等，2011），如三峡工程蓄水运用后，主流在七弓岭弯道处出现切滩撇弯现象，即主流出熊家洲弯道后不再向右岸过渡，而直接贴八姓洲狭颈西侧下行至七弓岭弯道；观音洲弯道七姓洲凸岸边滩遭到水流切割，深泓不断内移，最大移动幅度超过 500 m；荆河脑边滩遭受冲刷，深泓也出现向凸岸移动的现象，相应的洞庭湖出口的汇流点有所下移（图 3.20），调关弯道段也如此，这也证实了实体模型试验预测的结果。受上游三峡工程等控制性水库的持续影响，预计这种现象将会持续，对于连续急弯段，调整将会更加剧烈，若遇不利水文年，在边界条件适宜的急弯段的凸岸有发生自然裁弯的可能性。

3.3.3　分汊型河道演变规律

长江中下游城陵矶至徐六泾河段是最典型的分汊型河道，且下游汊道的发育程度高于中游（表 3.11）。按汊道平面形态不同，分顺直型、微弯型和鹅头型三种汊道，各汊道平面形态特征见表 3.12（中国科学院地理研究所 等，1985）。长江中下游汊道平面形态及稳定程度受边界条件的影响很大，当上下游、左右岸均被节点控制时，多形成顺直型汊道，稳定性最高。在上下游节点左右岸交错分布（不对称）的条件下，多形成微弯型

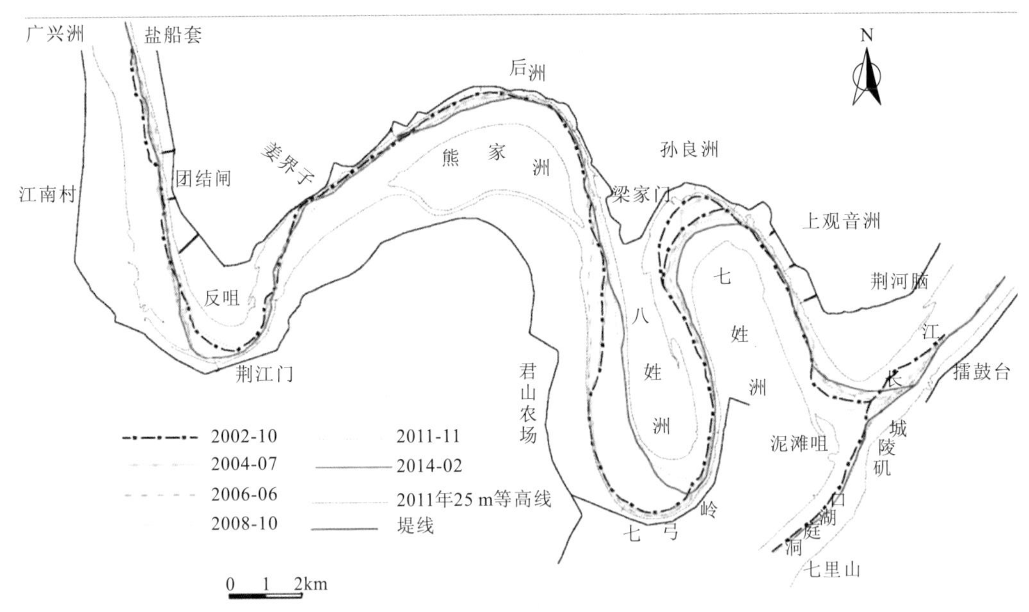

图 3.20 熊家洲至城陵矶河段深泓线平面变化图

汊道，稳定性较差。当右岸起控制作用的山矶走向发生较大的向右转折变化时，对水流的控制作用减弱，水流向左岸扩散，形成鹅头型汊道，稳定性最差。

表 3.11 长江中下游（城陵矶至江阴河段）分汊河段发育程度比较

河段		中游	下游
河道长度/km		512	608
分汊段	数量/个	20	21
	长度/km	327	472
	占总长的百分数/%	64	78
分汊情况	双汊	17	6
	三汊	1	12
	四汊	1	2
	五汊	1	1
	平均	2.3	2.9
江心洲滩	数量/个	24	59
	最大长度/km	16.8	17.4
	最大宽度/km	5.4	11.4

长江中下游分汊型河道的河道演变具有如下特点。

（1）全河段河道平面形态总体变化不大，河道演变主要表现为汊道内各汊消长和主汊与支汊兴衰交替，但主汊和支汊兴衰交替的周期较长。

表 3.12　长江中下游城陵矶以下分汊河段平面形态特征

汊道类型	分汊河段	汊道段最大曲折率	分汊数	分汊系数	汊道放宽率	长度/km	宽度/km	汊道段长宽比	江心洲长宽比
顺直型汊道	仙峰河段	1.08	2	2.16	1.68	13.0	2.4	5.4	4.7
	南阳洲河段	1.12	2	2.15	1.80	8.0	3.2	2.5	5.2
	新堤河段	1.07	2	2.11	1.68	27.0	3.4	7.9	4.0
	白沙洲河段	1.10	2	2.11	1.72	10.8	2.5	4.0	5.2
	嘉鱼河段	1.09	2	2.40	3.17	34.0	3.7	9.2	3.6
	土地洲河段	1.09	2	2.11	2.40	10.0	2.9	3.5	5.5
	铁板洲河段	1.06	2	2.09	1.69	7.0	2.5	2.8	4.0
	白沙洲（武汉）河段	1.06	2	2.06	1.51	13.5	2.0	6.8	7.3
	牯牛洲河段	1.08	2	2.08	2.38	—	—	—	5.1
	蕲春河段	1.06	2	2.08	3.29	14.5	2.8	5.2	6.1
	人民洲河段	1.06	2	2.10	1.20	16.0	2.4	6.7	4.4
	东流河段	1.03	3	2.32	3.34	17.0	4.0	4.3	7.9
	鲫鱼洲河段	1.07	2	2.07	1.80	26.0	2.8	9.3	4.5
	马鞍山河段	1.15	2	2.36	3.45	33.0	8.0	4.1	2.9～3.4
	新济洲河段	1.06	2	2.38	2.14	27.0	4.5	6.0	2.8～3.6
	梅子洲河段	1.08	2	2.10	3.12	22.0	5.6	3.9	8.2
微弯型汊道	天兴洲河段	1.18	2	2.23	3.21	31.5	3.9	8.1	6.0
	牧鹅洲河段	1.41	2	2.50	3.09	19.0	3.6	5.3	3.7
	黄冈河段	1.27	2	2.38	2.84	15.0	—	4.4	3.5
	戴家洲河段	1.47	2	2.88	2.16	16.0	3.8	4.2	3.3
	黄莲洲河段	1.24	2	2.26	3.30	10.0	2.6	3.8	3.8

续表

汊道类型	分汊河段	汊道段最大曲折率	分汊数	分汊系数	汊道放宽率	长度/km	宽度/km	汊道段长宽比	江心洲长宽比
微弯型汊道	张家洲河段	1.30	3	2.96	6.82	29.0	9.4	3.1	2.8
	上下三号洲河段	1.39	3	2.72	3.39	33.0	4.8	6.9	3.8～6.0
	搁排洲河段	1.30	3	2.75	14.90	24.0	9.0	2.7	2.2
	新洲河段	1.19	2	2.22	1.49	6.4	2.8	2.4	2.6
	安庆江心洲河段	1.39	3	2.31	6.91	16.0	7.2	2.2	1.3
	小新洲河段	1.25	2	2.36	1.63	5.0	3.0	1.7	2.5
	贵池河段	1.16	3	2.81	6.51	22.0	9.2	2.4	2.3～2.9
	和悦洲河段	1.29	2	2.31	1.92	14.0	3.7	3.8	2.7
	曹姑洲河段	1.16	2	2.84	2.46～3.46	13.0	4.8	2.7	2.9～3.2
	世业洲河段	1.32	2	2.36	2.95	19.0	5.7	3.3	3.6
鹅头型分汊	陆溪口河段	2.22	3	3.62	5.25	11.2	6.1	1.8	1.2
	团风河段	3.12	5	6.76	5.15	19.0	7.7	2.5	1.8～3.1
	龙坪河段	1.62	3	3.00	4.93	12.0	6.6	1.8	1.2
	官洲河段	1.82	5	4.85	7.70	20.0	7.0	2.9	1.9～2.6
	铜板洲河段	2.31	3	4.33	5.00	9.0	6.2	1.5	1.5～4.9
	铜陵河段	1.76	5	4.60	10.20	50.0	12.5	4.0	1.5～3.6
	黑沙洲河段	2.32	3	4.14	8.45	15.0	9.6	1.6	1.4～3.2
	八卦洲河段	1.96	2	3.04	6.50	16.0	9.4	1.7	1.6
	和畅洲河段	1.74	2	2.92	3.31	17.0	8.5	2.0	1.2
	扬中河段	1.63	4	3.69	12.50	68.0	12.0	5.7	4.1

大多数汊道段主支汊地位在较长时期保持不变的原因主要如下：汊道段上端有节点控制，其上游顺直段的河势又比较稳定；支汊进口汛期靠近主流，汛期分流比大于非汛期，且汛期的分流比又大于分沙比，使支汊得以长期存在和保持稳定。根据对 1860 年以来实测河道图的分析，在 27 个汊道段至今仍存在的支汊中，有 21 个支汊 140 年前已形成（表 3.13）。

表 3.13　长江中下游主要汊道支汊存在年数

汊道名称	支汊位置	成为支汊的年代	支汊存在年数	备注
南阳洲	左汊	1860 年前	>140	
新堤	左汊	1934 年前	>70	
陆溪口	左汊	1956 年前	53	
嘉鱼	左汊	1912 年前	>90	
铁板洲	右汊	1986 年前	>140	
白沙洲	右汊	1934 年前	>70	
天兴洲	左汊	1966 年	43	
牧鹅洲	左汊	1860 年前	>140	1953 年已淤成边滩
团风	左汊	1860 年前	>140	
戴家洲	左汊	1860 年前	>140	
龙坪	左汊	1860 年前	>140	
张家洲	右汊	1860 年前	>140	
搁排洲	左汊	1860 年前	>140	
官洲	左汊	1860 年前	>140	1979 年堵汊工程
安庆	右汊	1860 年前	>140	
铜板洲	左汊	1860 年前	>140	
贵池	左、右汊	1860 年前	>140	
铜陵	右汊	1860 年前	>140	
黑沙洲	左汊	1860 年前	>140	
陈家洲	左汊	1860 年前	>140	
马鞍山江心洲	右汊	1860 年前	>140	
梅子洲	右汊	1860 年前	>140	
八卦洲	左汊	1860 年前	>140	
世业洲	左汊	1860 年前	>140	
和畅洲	右汊	1983 年	26	
太平洲	右汊	1860 年前	>140	
福姜沙	右汊	1860 年前	>140	

注：统计截至 2009 年。

（2）主支汊兴衰交替表现为主支汊原位交替和摆动交替两种形式（余文畴和卢金友，2005），前者主支汊地位互换，但其平面位置基本不变，一般发生于顺直型汊道和微弯型汊道，如监利河段的乌龟洲汊道、武汉天兴洲汊道；后者为支汊通过平面位移和断面冲刷扩大而取代主汊，一般发生于鹅头型汊道，如陆溪口汊道、团风汊道，团风汊道1971年有左、中、右三个分汊，中汊为主汊，随着左汊断面的扩大、左移和曲率增大，1981年左汊成为主汊，中汊则原位萎缩。主支汊易位的主要原因之一是汊道上游顺直段较长，主流发生摆动。

武汉河段（图3.21）自沌口至阳逻长约48 km，其中上段沌口至龟山长约14 km，为顺直型汊道，江中有白沙洲、潜洲、荒五里边滩和汉阳边滩；下段龟山至阳逻为微弯型汊道，长约34 km，天兴洲分河道为南北两汊，左岸有汉江入汇，沿江有武昌深槽、

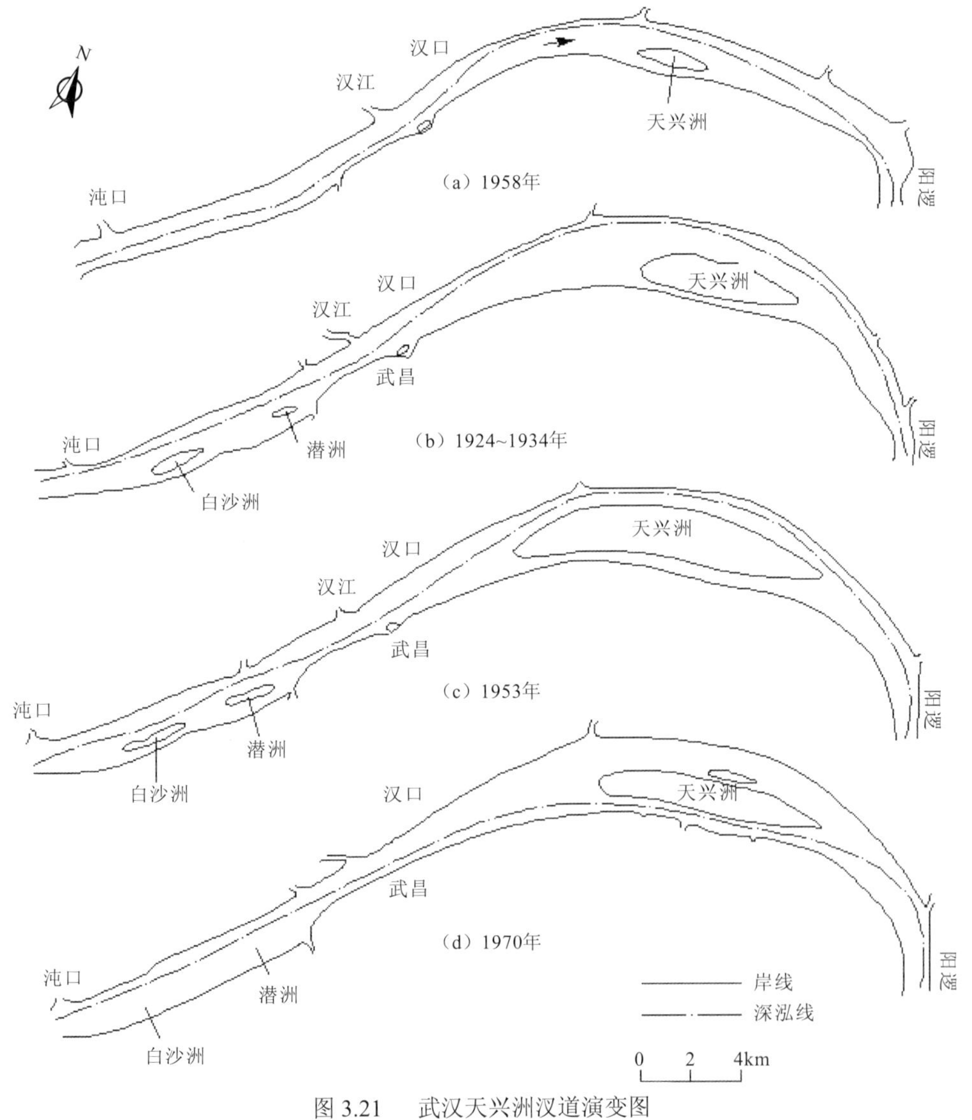

图3.21　武汉天兴洲汊道演变图

汉口边滩和青山边滩。上段沌口至长江大桥河段自20世纪30年代形成现今河势后，一直维持顺直分汊，河势较为稳定；下段的天兴洲汊道河势则发生了较大变化，自20世纪30年代以来，天兴洲汊道主支汊发生了交替变化，北汊由主汊变为支汊，南汊成为主汊。50年代北汊仍为主汊，分流比、分沙比大于南汊，枯水分流比北汊达60%，此后北汊淤积衰退，分流比逐渐减小，相应地南汊冲刷发展，分流比增大，至60年代末70年代初，南汊分流比大于50%，成为主汊，至70年代后期南汊枯水（流量小于10000 m^3/s）分流比达90%以上，完成了主支汊交替变化。80年代中期以后，北汊枯水期已基本断流，但汛期分流比仍达30%以上，从而形成了枯水为单一河道，高、中水期为分汊河道的河势。

团风河段位于武汉以下约60 km处，上起泥矶，下至黄柏山，主汊长约15 km，属典型的鹅头型三汊河道。汊道内有东槽洲和罗湖洲，进、出口皆有节点控制，河宽较窄，中间最宽处达7.7 km。近几十年来，团风汊道洲滩冲淤变化频繁，左汊淤积萎缩，主流在中汊与右汊间交替变化（图3.22）。20世纪20年代测图表明，主流走中汊，但流路已弯曲，右岸边滩淤长，至1948年水流取直冲开右边滩，形成新右汊，原中汊向左平移，罗湖洲不断崩退，原中汊逐步弯曲，至19世纪50～70年代后期，中汊更加弯曲并向鹅

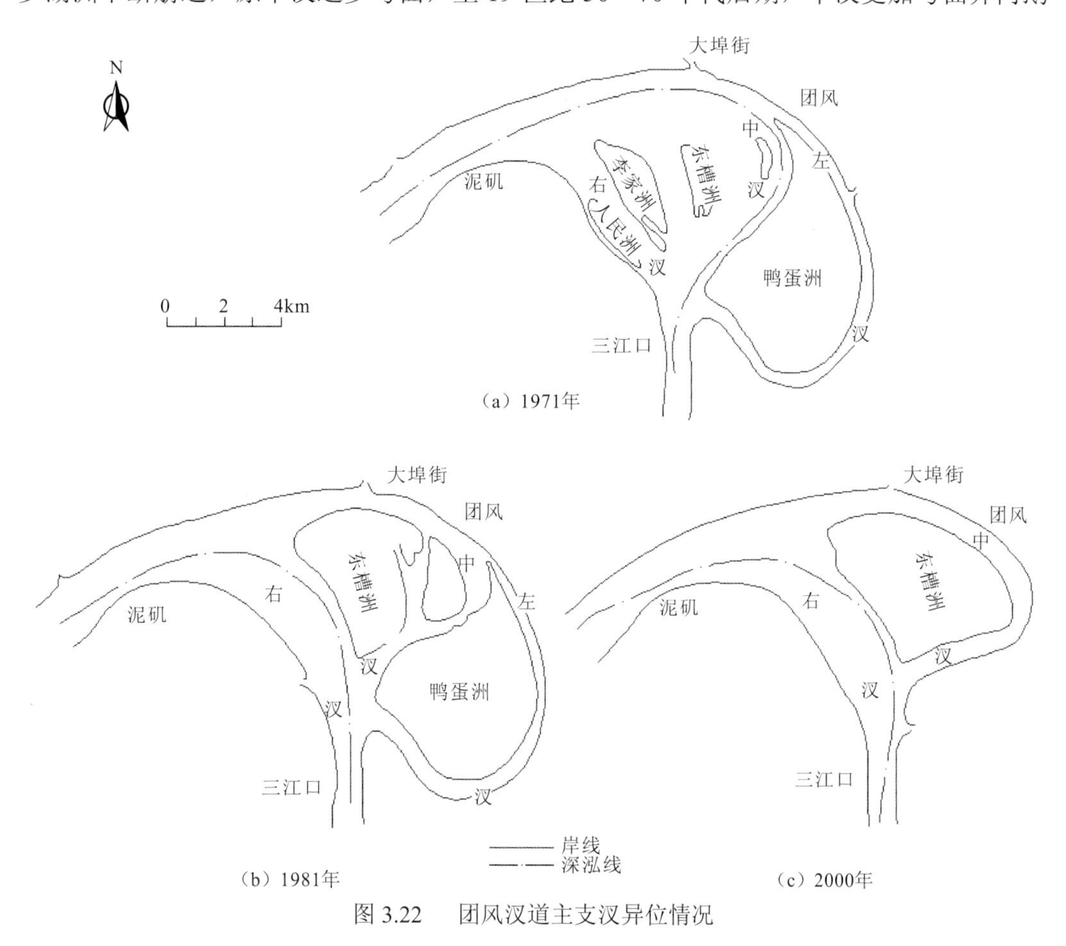

图3.22　团风汊道主支汊异位情况

头型发展，分流比减小，而右汊逐渐发展，90 年代前后至今已成为主汊。中汊保持主汊地位。对已有实测资料进行分析表明，在自然情况下，完成一个周期的主支汊易位需 40 多年（余文畴，2003）。

（3）汊道上游河段的河势变化是导致汊道主支汊易位的重要原因之一。

天兴洲汊道 20 世纪 60 年代主支汊易位与其上游顺直段的河势变化有关。1912 年以前，汉江入汇口门以上深泓线偏靠右岸，1934 年深泓线转移靠左岸，导致汉江口下游顺直段深泓线变化，有利于天兴洲汊道右汊的发展。

另外，汊道受其上游汊道的影响程度取决于两汊道之间单一段的长度及两岸有无节点控制。镇扬河段世业洲汊道与和畅洲汊道之间的单一段长度较短，世业洲汊道右汊凹岸崩退，其下游单一段弯道由右向左演变为左向弯道，和畅洲汊道左汊口门处于迎流部位，有利于左汊发展，最终于 20 世纪 70 年代中后期逐渐发展为主汊（图 3.23）。

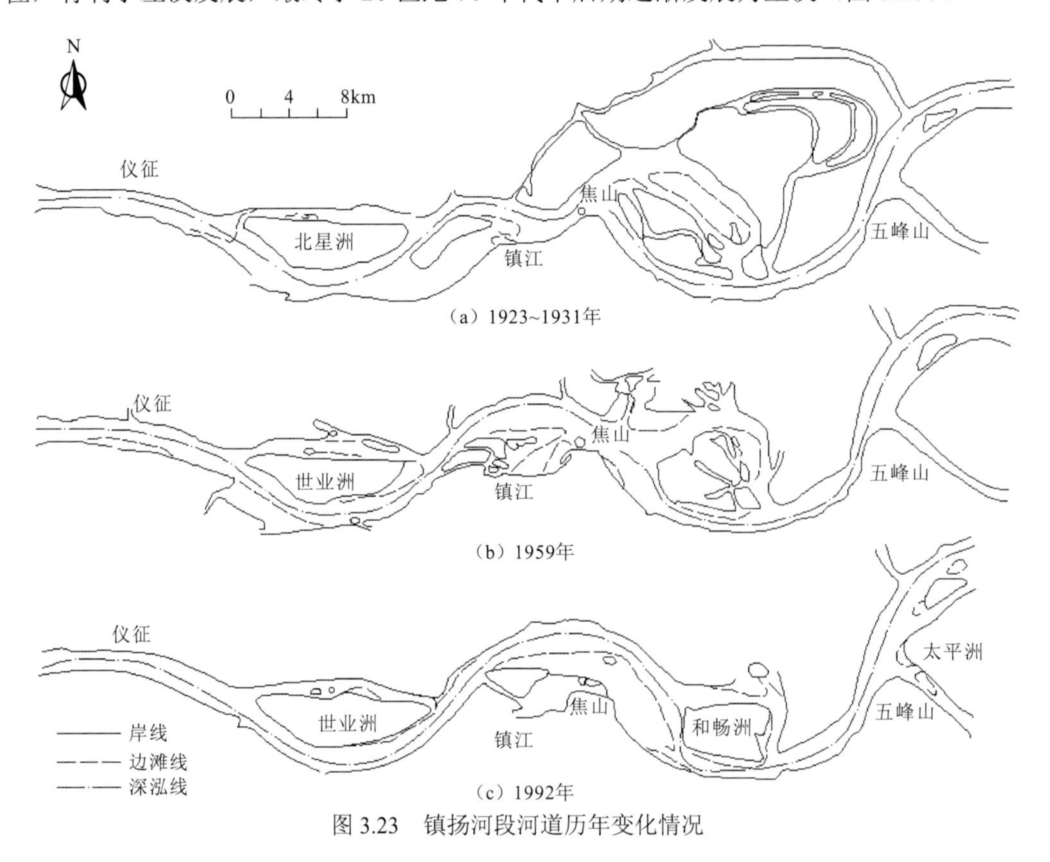

图 3.23　镇扬河段河道历年变化情况

（4）汊道的演变对其下游的单一段及汊道演变的影响程度取决于单一段的长度和两岸有无节点控制。

（5）长江中下游各种类型汊道段的平面形态特征值都处于同一范围内，河道不同程度地受山矶节点的控制，其演变规律也基本一致。

例如，陆溪口、团风等鹅头型汊道，其鹅头型弯顶都是朝向左岸，主支汊的兴衰交替规律基本一致，且左汊均已萎缩或淤废。各种河型河道的演变，都是以弯道为基本单元，只是演变的程度有所差别。分汊河段的单个支汊，具有弯道演变的特点，但就整个分汊河段而言，支汊间的演变相互制约；各分汊河段演变也相互制约，特别是两个分汊河段之间顺直段的演变对其下游汊道段往往产生重要影响。例如，鹅头型汊道段主支汊的摆动式兴衰交替过程，实质上相当于弯道的发展和凸岸的切滩过程。

（6）不同形态的汊道河道的崩岸呈现出不同的特点。

对顺直分汊河型来说，两岸受边界条件或人工约束较强，一般来说崩岸的幅度和强度不大。弯曲分汊河型的崩岸一般发生在弯曲支汊的凹岸，较为稳定的顺直支汊崩岸较小，发展中的顺直支汊崩岸较大，甚至向两岸都拓宽。鹅头分汊河型主要表现为鹅头型支汊的崩岸，它先是随分流比的增加向凹岸拓宽，发生崩岸，继而是随曲率的增加和分流比的减少发生崩岸，最后甚至是在河床发生淤积的情况下支汊向更为弯曲（鹅头型）的方向发展时仍然发生崩岸，但其速度逐渐减弱并趋于相对稳定，在历史上鹅头型汊道的江心洲最终朝并岸方向发展；这类汊道中，其他支汊平面变形带来的崩岸，一般来说，幅度和强度都较大。至于两汊道河段之间的单一段，视具体的水流和边界条件而呈现不同的崩岸幅度与强度，一般来说，单一段河道具有较强的稳定性。

（7）长江中下游分汊河道的洲滩总体上仍然沿着历史演变趋势发生并洲和并岸（将枯期断流的支汊视为基本并岸或并洲）。

据统计，约有 17 个江心洲已经并岸或基本并岸，其中左岸 9 处，右岸 8 处；江心洲并洲有 21 处。因此，共有 38 处江心洲发生并岸并洲现象，其中，大部分是自然演变的结果，只有官洲、天然洲、扁担洲、太阳洲、兴隆洲、又来沙、薛案沙等的并岸并洲是人工堵汊的结果。上述堵汊由于都是堵塞那些分流比较小，本来就处于淤积态势的小支汊，基本上符合因势利导的整治原则，工程规模不大，未对河势产生大的影响。总体来看，并岸并洲后的河道，河宽束窄，稳定性得到增强。

长江下游的分汊河道演变到今天，从宏观上看大部分都已成为双汊河段，仅有 6 个为三汊河段。分汊河段中，上下三号洲、贵池、太阳洲、黑沙洲等汊道段已基本成为双汊河段，上三号洲左汊、官洲河段新中汊、贵池右汊、太阳洲左汊、黑沙洲中汊等在枯水期已基本断流；目前只有东流河段三汊仍在维持。

（8）人为因素对分汊型河道河道演变的影响日益增强。

历史时期，人工筑堤垦殖有利于汛期水流归槽和支汊减少。20 世纪 50 年代以来，陆续修建护岸工程、港口码头和取水工程，不同程度地限制了河道的平面移动；70 年代以来，实施分流比较小的支汊堵汊工程，减少了部分汊道的支汊，有利于汊道的稳定；80 年代以来，实施的重点河段河势控制和整治工程，有利于河势稳定，防止河势向不利方向发展。

综上所述，长江中下游分汊河道与单一河道相间分布，其分汊河道的演变具有弯曲型河道演变的特点，两汊道之间的单一段多较为顺直，对该段河道演变具有承上启下的重要作用。鹅头型汊道的弯顶都是朝向左岸，主支汊的兴衰规律基本一致，其汊道的主支汊的摆动式兴衰交替过程，实质上相当于弯道的发展和凸岸的切滩过程。汊道的主支汊兴衰交替周期较长，大多数汊道的主支汊地位较长时期保持不变。不同类型分汊河段都是以平面变形为其主要的演变形式，抑制了其平面变化，就控制了河床演变总体发展的格局。在整个演变过程中，诸汊的纵向冲淤发生了较大的变化，一般都是伴随着平面变形发展到一定阶段而体现出来的。分汊河段节点对河床演变具有控制作用，使得上游分汊河段的变化对下游分汊河段的影响，经过节点窄深河槽的约束和调整，可以减弱。节点的分割可以使各汊道段的整治自成体系。人为因素对分汊型河道演变的影响日益增强，重点河段河势控制和整治工程的实施，有利于河势稳定，防止河势向不利方向发展。

（9）三峡工程运用以来分汊河道演变的特点。

长江中下游分汊型河道的河势多受两岸节点控制，1949 年以来兴建了大量的护岸工程，多数河段的整体河势已基本得到控制，河道演变主要表现为汊道段和单一段的河床冲淤，局部河势的变化，以及鹅头型汊道少数支汊的萎缩（卢金友 等，2012）。

对于主支汊明显的顺直型汊道和微弯型汊道，一般支汊河道流程较长，河床较高，阻力较大，水流动力弱，三峡工程运用以来河床冲刷幅度较主汊小，甚至不冲或出现淤积，因此各汊的主支汊地位没有发生变化，如监利弯曲分汊河道，三峡工程蓄水运用以来，乌龟洲右汊冲刷，左汊变化不大，因此，右汊的主汊地位得到进一步加强，深泓线在汊道内平面的摆幅明显减小（图 3.24、图 3.25），但局部滩槽演变仍较为剧烈。

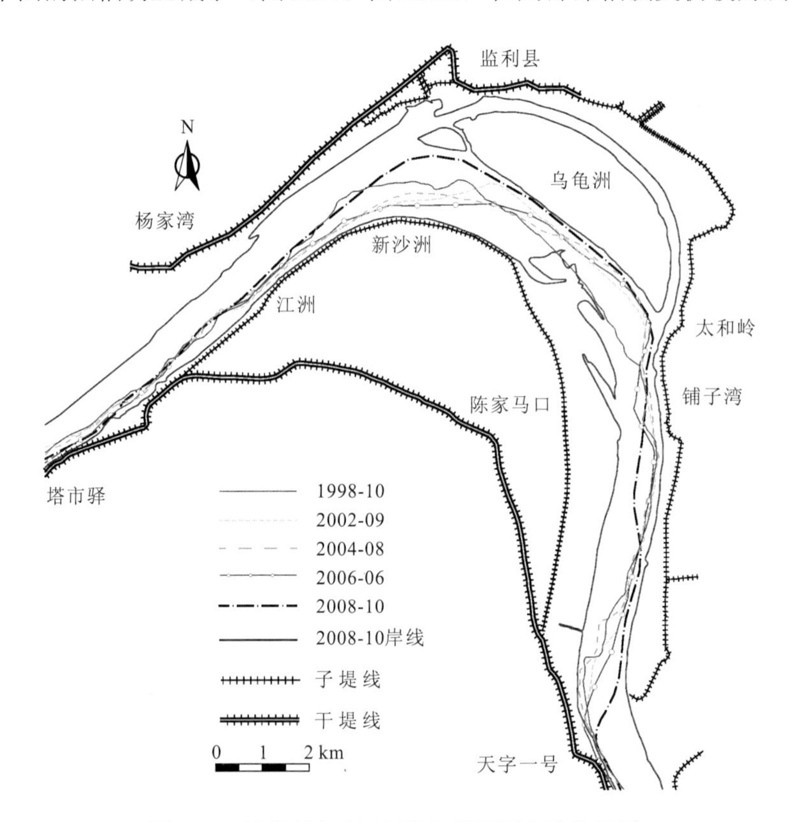

图 3.24　监利弯曲分汊河道深泓平面变化比较图

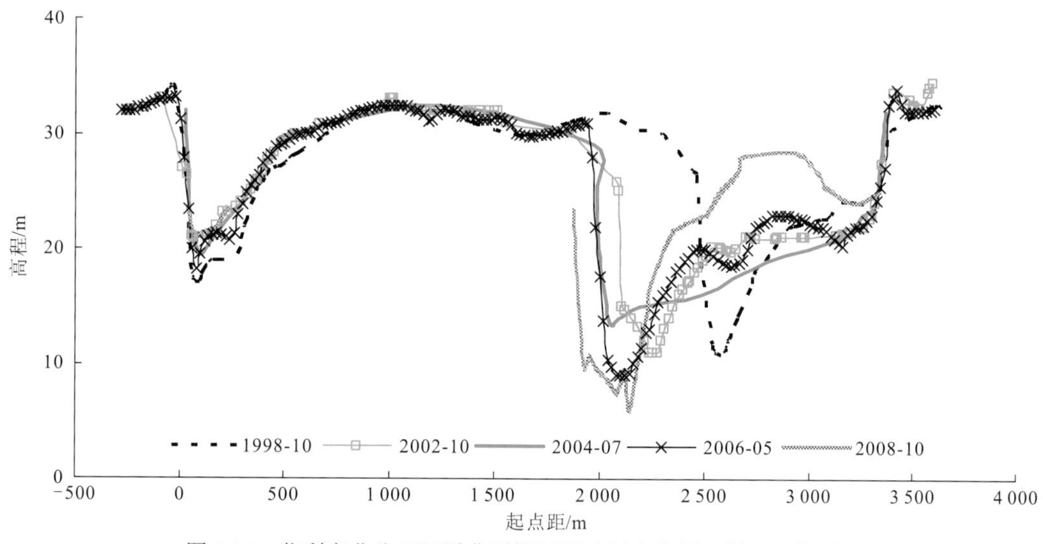

图 3.25　监利弯曲分汊河道典型横断面冲淤变化图（荆 145 断面）

对于主支汊相当的顺直型汊道和微弯型汊道，由于两汊河床高程、水流动力等条件差别不大，三峡工程运用以来河床冲刷幅度没有出现很大差别，但在一定的水流或上游河势变化等条件的影响下，可能出现主支汊易位。例如，城陵矶以下的界牌河段，三峡工程自 2003 年 6 月蓄水运用以来，进入该河段的年均沙量已不到多年平均的 1/3，年均含沙量仅为 0.196 kg/m^3，界牌河段进口因受一对节点的控制，上游河势变化对其演变虽有一定的影响，但仍遵循以往的规律，河段内过渡段演变十分复杂，主要表现为顺直河段两岸边滩的移动及相应的深泓的摆动（图 3.26）。

鹅头型汊道如主汊地位非常强，一般不会发生主支汊易位现象，除非上游河势发生显著变化，分流比较小的支汊可能进一步萎缩；如有多汊水流动力等条件相当，则主支汊交替现象仍继续存在。

3.4　河道平面形态指标与河床稳定性

通过对长江中下游干支流河道河型的调查，可将长江中下游干流河道平面形态特征分为四种基本类型：顺直微弯型、弯曲型、蜿蜒型和分汊型，前三类属单一河槽型（称单一河道，下同），分汊型又可分为顺直分汊型、弯曲分汊型和鹅头分汊型（余文畴和夏细禾，1993）。这些分类是对河道平面形态的宏观描述。为了进一步认识长江中下游干流河道特性，长江科学院通过引入河道平面形态主要指标，采用统一的尺度因素来概括不同河型的平面形态，获得它们之间的相互关系，并进一步提出河型分区的判数。并且借助水利部公益性行业科研专项子课题“三峡和丹江口水库修建前后长江和汉江下游河型变化与成因研究”，对三峡工程蓄水运用前后坝下游不同河型的河床稳定性进行了研究（姚仕明 等，2012），对今后的河道整治研究与实践均具有重要意义。

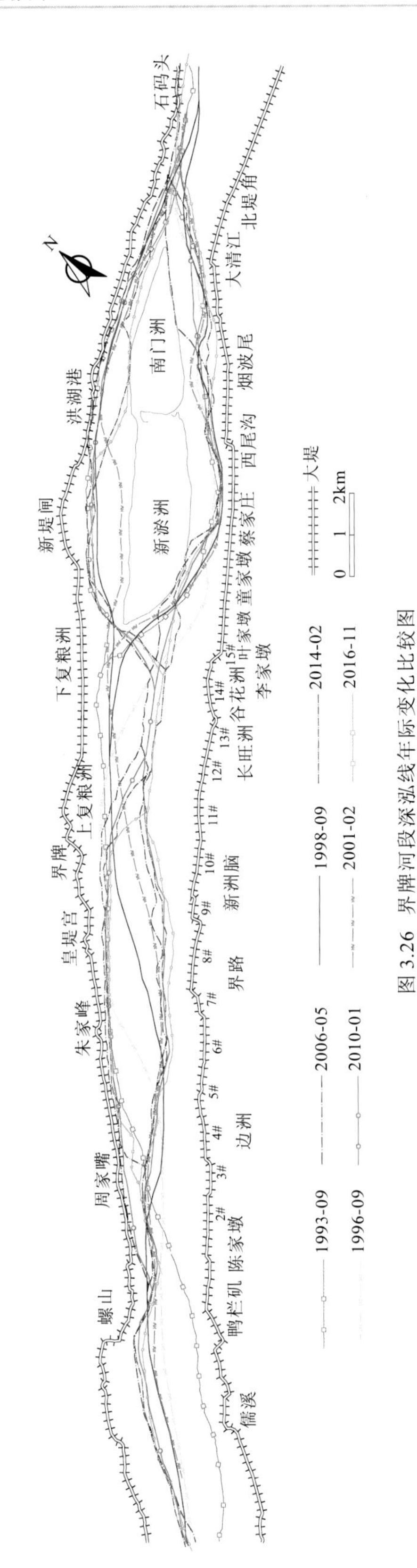

图 3.26 界牌河段深泓线年际变化比较图

3.4.1　河道平面形态指标

就冲积平原河流而言，其平面形态与来水来沙条件和河床边界条件基本适应，但也不是可以简单地、任意地将河道某种几何外形作为河型的形态指标，应当依据河道演变中产生的河床地貌形态，将表现河流弯曲过渡的河湾单元或进出口节点间汊道单元的形态因素作为衡量其几何尺度和判别河型的形态指标。

一般情况下，表达河道平面形态的主要因素包括（余文畴，1994b；余文畴和夏细禾，1993）：①平滩河宽（B_b）。对于冲积河流，河宽应有代表一个弯道单元或汊道单元的进口、中部和出口三个断面的河宽值，但要表征可能展宽的程度，主要是弯段中部或汊道段中部的能够扩展的最大河宽。②弦长或步长（L_x）。在单一河道中，两过渡段中点之间的直线距离即弦长或步长。③弯曲河道长度（S_b）。④边滩的宽度（b_s）。⑤以弦长为基线的边滩宽度（b_0）。⑥弯道进口和出口断面（即两过渡段中点处）的法线转折角（α）。就汊道河段而言，L_x、S_b 和 α 分别表达进出口节点断面中点之间的距离、河轴曲线长度和法线转折角度（图 3.27）。

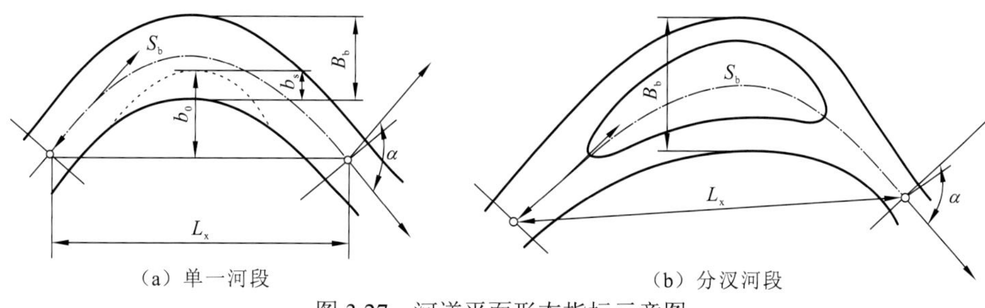

图 3.27　河道平面形态指标示意图

河宽 B_b 是表达河床演变特征最活跃的因素，也是河道平面形态中的重要尺度；而弦长 L_x 表达了水流通过一个弯道或汊道单元的直线长度，即表达了平面形态长度的特征。实际上，弦长 L_x 与河宽 B_b 之间的关系就是一个单元河段的长度和宽度的对比关系。因此，L_x 和 B_b 是确定单元河段基本形状的两个平面形态要素。

对于单一河段与分汊河段来说，以上各表征平面形态的因素之间存在的关系会有所差异。

1. 单一河段形态指标的相互关系

1）弦长与河宽的关系

据统计，在长江中下游干支流冲积平面河道中，单一河段的 L_x 与 B_b 的关系为

$$\begin{cases} L_x = (2.6\sim11.1)\ B_b & \text{（顺直微弯型）} \\ L_x = (3.3\sim12.5)\ B_b & \text{（弯曲型）} \\ L_x = (1.1\sim12.5)\ B_b & \text{（蜿蜒型）} \end{cases} \tag{3.1}$$

可见，在单一河段中，由于边界条件十分复杂，无论是哪种河型，L_x 与 B_b 的倍数都

有可能在较大范围内变化。其中，在蜿蜒型河道中，处于演变过程中的河宽较大，如下荆江按熊家洲、观音洲等五个河湾统计，弦长是河宽的1～4倍；而处于稳定状态的河宽较小，如汉江下游，弦长为河宽的2～11倍。

2）弯曲河道长度与平滩河宽的关系

在单一河段中，S_b与B_b的关系为

$$\begin{cases} S_b = (3\sim11)\ B_b & （顺直微弯型） \\ S_b = (4\sim17)\ B_b & （弯曲型） \\ S_b = (4\sim25)\ B_b & （蜿蜒型） \end{cases} \tag{3.2}$$

可见，单一河段从顺直微弯型至弯曲型再至蜿蜒型，S_b与B_b的倍数逐渐增加。分析其原因，随着河道弯曲程度的增加，边滩相对发育的程度也增加，这就使得平滩河宽减小，特别是较为稳定的蜿蜒型河道，凸岸发育更为充分，河宽更小，从而使得S_b与B_b之间的倍数随着河道曲率的增加而增大。

3）弯曲半径的表达式与转折角

河道弯曲半径R_1在单一河段中表示不同尺度水流的惯性，理论研究与实际资料均表明，它在一个弯道中是一个沿程渐变的量，本书取其平均值。统计表明，在单一河段中，R_1与S_b的关系为

$$\begin{cases} R_1 = (1\sim11.5)S_b & （顺直微弯型） \\ R_1 = (0.44\sim1)S_b & （弯曲型） \\ R_1 = (0.23\sim0.44)S_b & （蜿蜒型） \end{cases} \tag{3.3}$$

对于单一河段，α的区间为

$$\begin{cases} 5^\circ\sim57^\circ & （顺直微弯型） \\ 57^\circ\sim130^\circ & （弯曲型） \\ 130^\circ\sim250^\circ & （蜿蜒型） \end{cases} \tag{3.4}$$

2. 分汊河段形态指标的相互关系

1）弦长与平滩河宽的关系

对于分汊河段，L_x与B_b的关系为

$$\begin{cases} L_x = (3\sim11)\ B_b & （顺直微弯型） \\ L_x = (2\sim5)\ B_b & （弯曲分汊型） \\ L_x = (0.6\sim2)\ B_b & （鹅头分汊型） \end{cases} \tag{3.5}$$

需要指出，在长江中下游，有不少顺直分汊型河段，往往是较长的L_x与较小的B_b相联系，更多的鹅头分汊型河段是较短的L_x与较大的B_b相联系。式（3.5）表明，分汊河道弦长L_x与平滩河宽B_b之间的关系主要取决于河型，以及河段弯曲或转折的程度。

2）弯曲河道长度与平滩河宽的关系

在分汊河段中，S_b与B_b的关系为

$$\begin{cases} S_b = (3\sim11)\ B_b & \text{（顺直微弯型）} \\ S_b = (2\sim5)\ B_b & \text{（弯曲分汊型）} \\ S_b = (1\sim2)\ B_b & \text{（鹅头分汊型）} \end{cases} \tag{3.6}$$

由式（3.6）可知，由顺直分汊型至弯曲分汊型再至鹅头分汊型，S_b 与 B_b 的倍数逐渐减小，与式（3.2）显示的规律不同，可见，分汊河段和单一河段的平面形态遵循不同的变化规律。在分汊河段中，不同分汊河型形成的河宽随着曲率和河长的增加而增大，从而使 S_b 与 B_b 之间的倍数减小。还需指出的是，在分汊河段中，代表汊道段节点间距的 L_x，实际上是由分汊河段进出口节点位置决定的。节点形成在不同河段具有一定的特殊性，但一经形成，其位置具有较强的稳定性。经统计，中下游各汊道 L_x 的均值 $\overline{L}_x$ 为 15.88 km，均方差 σ 为 6.60 km，变差系数 C_V 为 0.42；然而代表河段弯曲长度的 S_b 则是经过水流与河床较长时期相互作用而调整的数值，其 S_b、σ 和 C_V 分别为 17.98 km、6.04 km 和 0.34，可见 S_b 的有序性比 L_x 有所增强。

3）弯曲半径的表达式与转折角

在分汊河段中，河道弯曲半径 R_1 则是与弯曲河道长度 S_b 和转折角相联系的综合性平面尺度，也取其平均值。统计表明，在分汊河段的 R_1 与 S_b 的关系中还包含了汊道的宽长比 B_b/L_x，即

$$\begin{cases} R_1 > 4.76\dfrac{S_b B_b}{L_x} & \text{（顺直分汊型）} \\ 4.76\dfrac{S_b B_b}{L_x} > R_1 > 1.85\dfrac{S_b B_b}{L_x} & \text{（弯曲分汊型）} \\ R_1 < 1.85\dfrac{S_b B_b}{L_x} & \text{（鹅头分汊型）} \end{cases} \tag{3.7}$$

在式（3.7）中，基本上将不同类型分汊河段的平面形态因素概括成了一组综合表达式，这对分汊河段平面形态的相互转化具有重要意义。

对于分汊河段，α 的区间为

$$\begin{cases} 8^\circ \sim 28^\circ & \text{（顺直分汊型）} \\ 28^\circ \sim 88^\circ & \text{（弯曲分汊型）} \\ 88^\circ \sim 145^\circ & \text{（鹅头分汊型）} \end{cases} \tag{3.8}$$

可见，分汊河段三类河型的 α 值比其相对应的单一河段三类河型的 α 值要小，这就使得分汊河段在各单元河段之间呈宽窄相间的藕节状，而总体外形又显得比较顺直。分汊河段中的 α 值之所以比单一河段中的 α 值小，是因为河道分汊后，支汊的平面尺度均随流量的减小而变小，支汊水流交汇时的相互顶托，抑制了原单汊水流固有流路的发展；另外，交汇水流掺混产生局部冲刷坑，使汊道段出口节点形成窄深断面形态，这种节点形态由于滩槽高差大，不仅有利于自身稳定，而且对于其上游汊流的变化具有某种调整作用，从而滞阻了上游主流线的惯性影响。正是这种调整水流方向的作用使分汊河段三类河型的 α 值比相应的单一河段三类河型的 α 值要小。

3. 河型分区判数

在冲积平原河流河型的形态指标中，转折角 α、弦长 L_x 及平滩河宽 B_b 是三个最主要的因素。根据 B_b/L_x 与 α 的关系，对长江中下游干支流河道的河型进行了分区，具体见图 3.28。

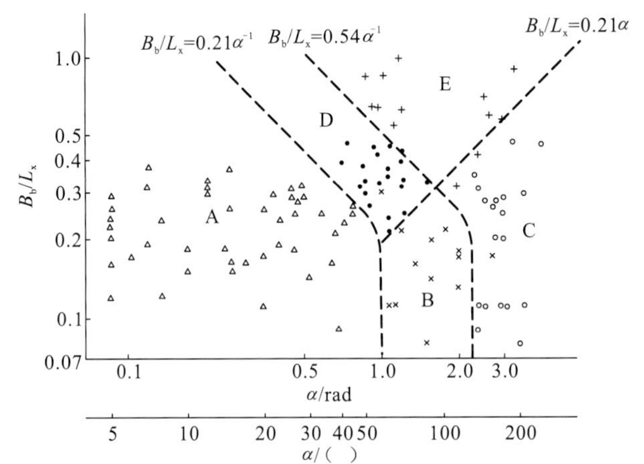

A区，“△”顺直型，顺直分汊型，宽浅顺直分汊型；B区，“ ”弯曲型；C区，“○”蜿蜒型；D区，“ ”弯曲分汊型，宽浅弯曲分汊型；E区，“＋”鹅头分汊型，宽浅鹅头分汊型

图 3.28　长江中下游干支流河道的河型分区图（余文畴，1994b）

由图 3.28 可知，对于单一河段，将 α 为 57° 和 130°（1 rad 和 2.27 rad）作为顺直微弯型、弯曲型和蜿蜒型之间的界限，可得单一河段河型分区判数：

$$\begin{cases} S_b / R_1 < 1 & \text{（顺直微弯型）} \\ 1 < S_b / R_1 < 2.27 & \text{（弯曲型）} \\ S_b / R_1 > 2.27 & \text{（蜿蜒型）} \end{cases} \tag{3.9}$$

对分汊河段，将 $B_b/L_x=0.21\alpha^{-1}$ 和 $B_b/L_x=0.54\alpha^{-1}$ 作为顺直分汊型、弯曲分汊型和鹅头分汊型之间的界限，可得分汊河段河型分区判数：

$$\begin{cases} (B_b / L_x)\cdot(S_b / R_1) < 0.21 & \text{（顺直分汊型）} \\ 0.21 < (B_b / L_x)\cdot(S_b / R_1) < 0.54 & \text{（弯曲分汊型）} \\ (B_b / L_x)\cdot(S_b / R_1) > 0.54 & \text{（鹅头分汊型）} \end{cases} \tag{3.10}$$

对式（3.9）与式（3.10）比较可知，当分汊河段中 B_b/L_x 为 0.21～0.238 时，两式就非常接近了。这就说明在单一河段中发生展宽，当 $B_b/L_x>0.21$ 时，就可能逐步向分汊河段转化。

从河型分区图还可以看出，弯曲分汊型和鹅头分汊型与单一的弯曲型和蜿蜒型之间的界限是 $B_b/L_x=0.21\alpha$，即 $B_b/L_x=0.21S_b/R_1$，说明从单一河段向分汊河段转化是随着转折角 α 或 S_b/R_1 的减小或宽长比 B_b/L_x 的增大而进行的；反之，从分汊河段向单一河段转化，则是由 α 或 S_b/R_1 的增大或 B_b/L_x 的减小造成的。

3.4.2　河床稳定性

河床的稳定性指标是研究冲积河流河床演变特性的重要特征参数之一，一般以稳定系数来表达。河床稳定系数分纵向稳定系数与横向稳定系数（余文畴和卢金友，2005；林木松和唐文坚，2005）。由于河流是否稳定既决定于河床的纵向稳定，也决定于河床的横向稳定，这两个稳定系数联系在一起，就构成一个综合的稳定系数。各稳定系数表达式如下。

纵向稳定系数：

$$\varphi_{h_1} = \frac{\overline{d}}{H_b J} \tag{3.11}$$

式中：φ_{h_1} 为纵向稳定系数；H_b 为平滩水深，m；$\overline{d}$ 为床沙平均粒径，m；J 为比降。纵向稳定系数值越大，泥沙运动强度越弱，河床因沙波、成型堆积体运动及与之相应的水流变化产生的变形越小，因而越稳定；相反，其值越小，泥沙运动强度越强，河床产生的变化越大，因而越不稳定。

横向稳定系数：

$$\varphi_{b_1} = \frac{Q_b^{0.5}}{J^{0.2} B_b} \tag{3.12}$$

式中：φ_{b_1} 为横向稳定系数；Q_b 为平滩流量，m^3/s；B_b 为平滩河宽，m；J 为比降。横向稳定系数越大，表示河岸越稳定，越小则表示河岸越不稳定。

综合稳定系数：

$$\varphi_{bh} = \varphi_{h_1} \left(\varphi_{b_1}\right)^2 = \frac{\overline{d}}{H_b J} \left(\frac{Q_b^{0.5}}{J^{0.2} B_b}\right)^2 \tag{3.13}$$

式中：φ_{bh} 为综合稳定系数。该综合稳定系数在一定程度上可以作为河型的判数，反映河型的转化情况。

长江中下游干流河道的主要河型有顺直微弯型、分汊型与蜿蜒型。选取宜昌站、监利站及汉口站作为分析代表站，分别代表近坝段的顺直微弯型河道（宜昌至枝城河段）、蜿蜒型河道（藕池口至城陵矶河段）及分汊型河道（城陵矶至湖口河段）的来水来沙情况，利用式（3.11）～式（3.13）分析三峡水库坝下游干流不同河型的稳定性及三峡工程蓄水运用前后同一河型稳定性的变化情况（图 3.29）。

1. 顺直微弯型河道

宜昌至枝城河段长约 60.8 km，是从峡谷区过渡到冲积平原的河段，属顺直微弯型河道。河道沿程受胭脂坝、虎牙滩、宜都、白洋及枝城等基岩节点控制，两岸为低山丘陵地貌，岸线多为基岩或人工护岸，抗冲能力强；河床组成以砂质为主，沿程粗细相间砾卵质，河床抗冲能力也较强。从图 3.29 可以看出，三峡工程蓄水运用前，受河道本身两岸节点及低山丘陵等影响，河道横向稳定性较强，横向稳定系数基本在 1.4～1.7，纵

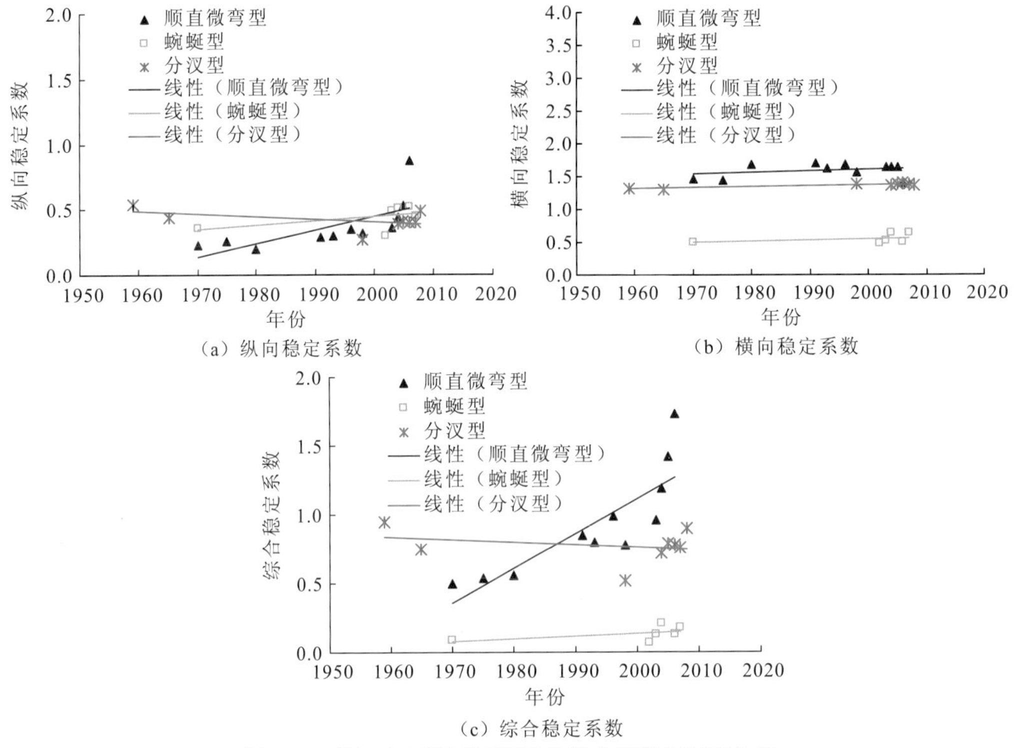

（a）纵向稳定系数

（b）横向稳定系数

（c）综合稳定系数

图 3.29　长江中下游不同河型各稳定系数历年变化图

向稳定性较弱，纵向稳定系数在 0.2～0.4，综合稳定系数在 0.5～1.0；三峡工程蓄水运用后，河道岸线较为稳定，故河道横向稳定性变化不大，受河道冲刷影响，河床不断粗化，纵向稳定性逐渐增强，综合稳定性也随之增强，综合稳定系数由建库前的 1.0 左右增大至建库后的 1.7 左右。

2. 蜿蜒型河道

下荆江在自然条件下为典型的蜿蜒型河道，受裁弯工程、河势控制工程及航道整治工程等的影响，现已属限制性蜿蜒型河道。三峡工程蓄水运用后，随着河床的冲刷发展，床沙有粗化趋势，河道的纵向稳定系数稍有增大，即纵向稳定性有所增强，横向稳定性变化不大，综合稳定性有所增强，综合稳定系数约为 0.18。

3. 分汊型河道

城陵矶至湖口河段为分汊型河道，沿江两岸广泛分布有因基岩断层、露头形成的突出节点，对河势有很强的控制作用，并且节点具有很强的对称性，往往左右两岸互相对峙，形成天然的屏障与卡口，致使河道的平面形态较为稳定，河道的横向稳定系数基本在 1.3 左右。三峡工程蓄水运用后，受两岸控制节点及堤防、护岸工程的影响，河道的横向稳定性不会出现很大的变化；由于该河道距离三峡大坝较远，三峡工程蓄水运用初期，河床的冲刷粗化程度不是很大，河道的纵向稳定性变化不明显，但随着三峡水库的进一步蓄水运用，该河道河床的冲刷粗化会逐渐表现出来，河道的纵向稳定系数也就逐渐增大，综合稳定系数也相应地有所增大。

综合上述分析可以看出，与汉江中下游河道分析结果类似（姚仕明 等，2012），长江中下游不同河型的综合稳定系数也不同，分汊型河道的综合稳定系数较大，蜿蜒型河道的较小，分汊型河道的稳定性要大于蜿蜒型河道；对于顺直微弯型河道，若河床为沙质河床，其稳定性不及分汊型河道，但大于蜿蜒型河道，若为卵石夹沙或卵石河床，其稳定性大于分汊型河道。三峡工程蓄水运用以后，长江中下游干流河道整体也呈渐趋稳定的态势，综合稳定系数均有所增加，其中近坝段综合稳定系数增加得最为明显。

另外，在以往研究成果的基础上，通过比较分析汉江中下游与长江中下游各个河型的综合稳定系数可以得出，同一河型在不同的河流甚至同一河流的不同河段上其综合稳定系数存在差异。例如，长江的蜿蜒型河道的综合稳定系数在 0.1 左右，而汉江的蜿蜒型河道的综合稳定系数在 0.7 左右；长江中游城陵矶至螺山分汊河段与武汉分汊河段的综合稳定系数分别为 0.5、0.7。这主要是因为不同的河流或同一河流的不同河段，其河道边界条件及上游来水来沙条件存在一定的差异。

第 4 章　近岸河床变化规律及护岸工程破坏机理

本章系统论述自然条件下顺直微弯型、蜿蜒型、弯曲型和分汊型河道的近岸河床变化规律，矶头护岸工程和平顺护岸工程实施后的近岸河床变化规律，以及散粒体（抛石等）、排体（铰链混凝土排、土工织物砂枕和柴排等）和刚性体（模袋混凝土等）不同材料结构形式护岸工程实施后的破坏机理和适用条件。

4.1　近岸河床变化规律

4.1.1　自然条件下近岸河床变化规律

冲积河流在自然状态下总是处于不断变化、发展的过程之中。近岸河床变化是近岸水流泥沙运动与河床相互作用的结果，是通过崩岸来具体实现的。当水流冲刷河岸及其附近河床时，若河岸及近岸河床抗冲性强于水流的冲刷能力，河岸便不会发生崩岸；当水流中挟带的泥沙量不小于水流的输沙能力时，近岸河床也不会遭受冲刷甚至发生淤积；但当近岸河床的抗冲性小于水流的冲刷能力，而且冲刷的泥沙能被水流源源不断带到下游时，岸坡变陡，失去稳定而发生坍塌，这时崩岸就会发生。在整个崩岸线上，由于岸坡不同部位受到的水流作用及其自身土壤的组成条件都不是均一的，水流冲刷强度和河岸抗冲性都有一定程度的差异，故崩岸发生在整个岸线中表现也是不均衡的。同时，未崩的突出部位受到的水流作用更强而使得该处的崩坍接踵发生，这样就使河岸的各个局部交替发生崩坍。在不同的来水来沙条件下，崩坍发生的规模和强弱程度是不同的，而且挟带和输移坍塌的土体与泥沙需要一定的时间，所以崩岸又都是间歇性的。这种在河岸中不均衡地交替发生，又间歇性不断发展的崩岸，总体上构成近岸河床的变化。

长江中下游顺直微弯型、弯曲型、蜿蜒型和分汊型河道的近岸河床变化规律存在一定的差异。

1.顺直微弯型河道近岸河床的变化规律

由于河床形态顺直，河道两岸分布有犬牙交错的边滩，并在纵向水流作用下边滩向下游推移。顺直微弯型河道近岸河床的变化与犬牙交错的边滩的运动息息相关。一般在有边滩的河岸，岸坡受到边滩掩护而不受水流冲刷，岸坡就稳定；当河岸处于顺直段深泓迫岸部位时，岸坡受水流冲刷就有可能发生崩岸。这样，随着边滩的纵向移动，河道两岸的近岸河床呈现年内、年际冲淤交替变化。但在长江中下游的有些河段，如宜昌至云池河段，受两岸边界条件的制约，河段河床平面形态、洲滩格局和河势长期以来相对稳定，河道内交错的边滩是推移质和悬移质泥沙运动共同形成的，边滩较为稳定，近岸河床发生崩岸的可能性较小。

2.蜿蜒型河道近岸河床的变化规律

蜿蜒型河道平滩水位下的河槽或者说中水河槽具有过度弯曲的外形，深槽紧靠凹岸，凸岸的边滩十分发育，凹岸冲蚀，凸岸淤长。弯道横向环流强度较大，泥沙横向输移量也较大。自然状态下，蜿蜒型河道近岸河床变形主要表现为凹岸的崩退和凸岸的相应淤长，当河湾曲折率增大到某种程度时，在一定水流泥沙和河床边界条件下，可能发生切滩和撇弯现象，对上、下游河势会带来较大影响。当相邻河湾不断靠近形成狭颈时，在洪水漫滩水流作用下可能发生自然裁弯（图 4.1），对上、下游河势产生重大影响。

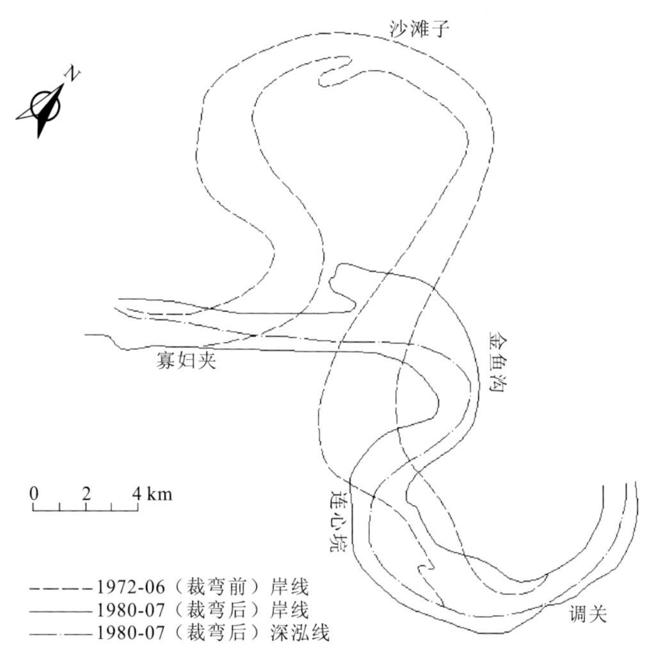

图 4.1 沙滩子自然裁弯后河道变化图（余文畴和卢金友，2008）

蜿蜒型河道凹岸的崩退与弯曲水流的长期贴岸、顶冲等息息相关。一般情况下，在弯道顶点下游一段距离内，主流常年靠近凹岸，近岸河床变化较大（如石首北门口河段、中洲子河段）；在弯道顶点附近，随着流量的不同，其顶冲点会下挫上提，这一段属于顶冲点的变动区，近岸河床变化也较大。这两区以外的弯道上下游进、出口段近岸河床变化较小。这一近岸河床变化特性使自然状态下蜿蜒型河道愈加弯曲，在平面上整体向下游蠕动。

北门口河段未守护段（桩号 9+000～11+100）属于石首河湾顶冲点的下段，主流长期贴岸，近岸河床严重冲刷，发生了大范围的崩岸，1998 年 8 月～2006 年 6 月水下岸坡变陡，岸线崩退（图 4.2），平均崩宽幅度达 430 m，最大崩宽幅度达 536 m（桩号 9+800）。

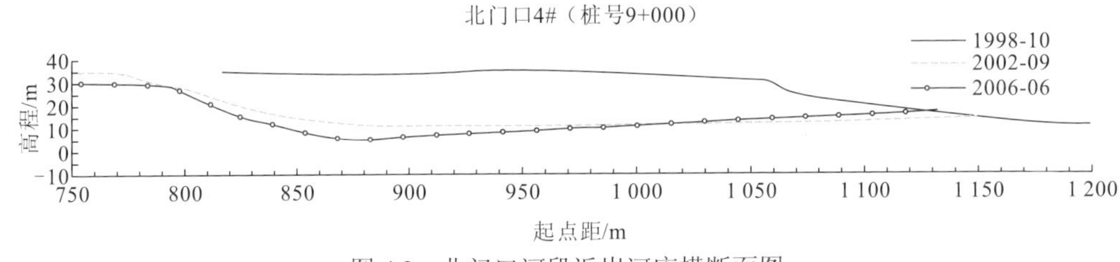

图 4.2　北门口河段近岸河床横断面图

中洲子河段（桩号 5+420～7+520）河岸基本处于天然状态，也属于主流顶冲点以下，近岸河床逐年冲刷，岸线出现不同程度的后退（图 4.3），1998 年 8 月～2006 年 6 月平均崩宽达 70 m，最大崩宽达 105 m（桩号 7+520）。

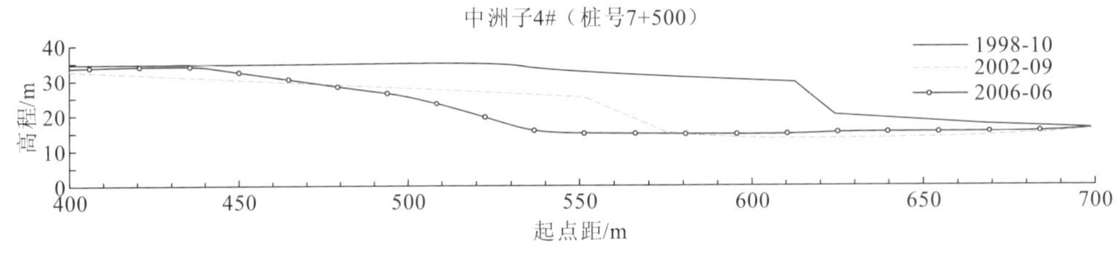

图 4.3　中洲子河段近岸河床横断面图

此外，蜿蜒型河道崩岸段近岸河床的断面变化在年内表现出较强的规律性。图 4.4 为下荆江典型断面年内崩岸过程，由图可以看出，在一个水文年内，崩岸段近岸河床变化主要取决于水流动力作用的年内变化，根据年内流量过程基本可以分为四个阶段：①枯水期为崩岸最弱阶段；②汛前涨水期为崩岸较弱阶段；③洪水期为崩岸强烈阶段；④汛后落水期为崩岸次强阶段（余文畴和卢金友，2008）。

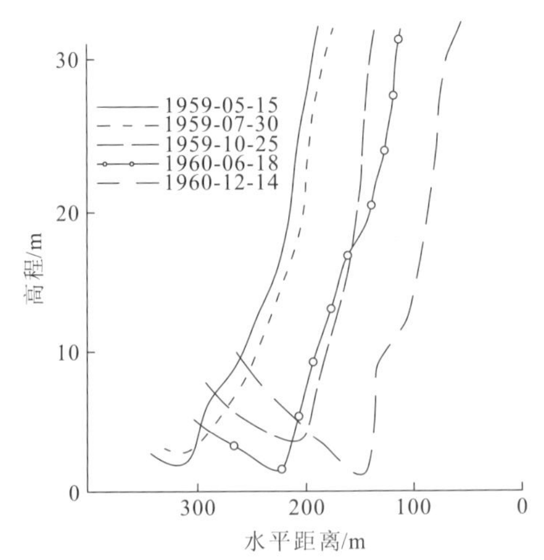

图 4.4　下荆江典型断面年内崩岸过程图

3. 弯曲型河道近岸河床的变化规律

弯曲型河道是指弯道曲率比较适度，平面形态或是主流线基本呈正弦曲线的河段，如上荆江枝城至松滋口河段、公安河段、郝穴河段均为弯曲型河道。在上荆江弯道河宽较大部位一般都有江心洲，所以也称为含江心洲的弯曲型河道。弯曲型河道的平面变形主要受纵向水流泥沙运动规律支配，横向环流强度较弱，自然状态下其近岸河床的变化特点与蜿蜒型河道类似，也是凹岸崩坍，凸岸淤积，其中弯道顶点下段崩岸比上段强（如公安河段马家嘴段），整个弯道也有向下游缓慢蠕动的趋势。一般来说，弯曲型河道崩岸强度介于顺直微弯型河道和蜿蜒型河道之间。

公安河段马家嘴段（桩号 665+300～664+200）位于顶冲点的下段，河岸边界条件处于天然状态，受突起洲上游过渡段主流摆动的影响，1998 年 9 月～2004 年 7 月该段岸线大幅度崩退，崩宽达 90 m（桩号 664+640），2004 年 7 月～2006 年 6 月该段近岸河床冲刷，岸坡变陡，岸线进一步崩退，崩宽为 10～30 m（图 4.5）。

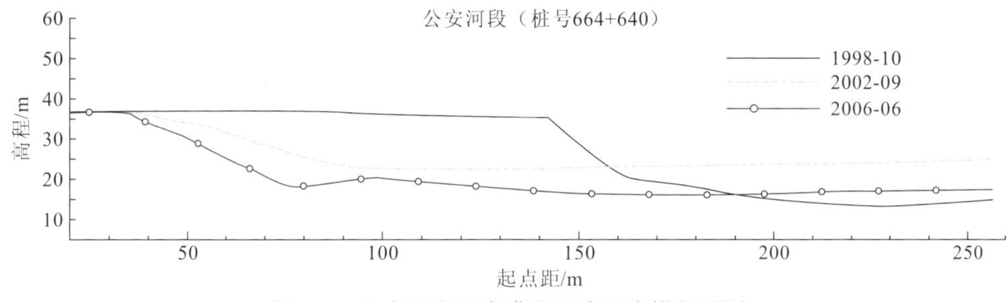

图 4.5　公安河段马家嘴段近岸河床横断面图

4. 分汊型河道近岸河床的变化规律

分汊型河道近岸河床变化规律较为复杂。除两岸的平面变形之外，还存在江心洲的平面变形。特别是洲头崩岸产生的平面变形，不仅影响分流区局部阻力的变化，而且影响各汊之间综合阻力的对比关系。这些导致汊道分流分沙的变化，并直接影响着各汊的水流动力因素，从而对近岸河床造成新的影响。例如，南京河段八卦洲汊道自 1933 年至 1965 年的平面变形，不仅表现在进、出口变化，而且表现在左、右汊的变化；不仅表现在两岸变化，而且表现在江心洲的变化（图 4.6）。马鞍山分汊河段江心洲及两岸岸线自 1993 年以来存在一定的平面变化。小黄洲左汊左岸大黄洲处 1993 年后近岸河床冲刷严重，岸线大幅崩退（图 4.7），1993～2001 年零高程线累计崩退 300 余米。随后在长江重要堤防隐蔽工程和县江堤防渗护岸项目中对左岸大黄洲新建了护岸工程，基本遏制了江岸的大幅崩退。另外，在马鞍山江心洲左缘主流顶冲，1993 年后江岸崩塌较严重，大幅崩退（图 4.8），1993～2008 年零高程线累计崩退 150 余米。2008 年前后对江心洲左缘新建了护岸工程，江心洲左缘的大幅崩退有所遏制。

分汊型河道不管是哪种汊道类型，也无论汊道数是多是少，都要视其各汊道的形态来决定其平面变形的具体特征。当某汊道为顺直型时，其近岸河床变化与顺直单一河道

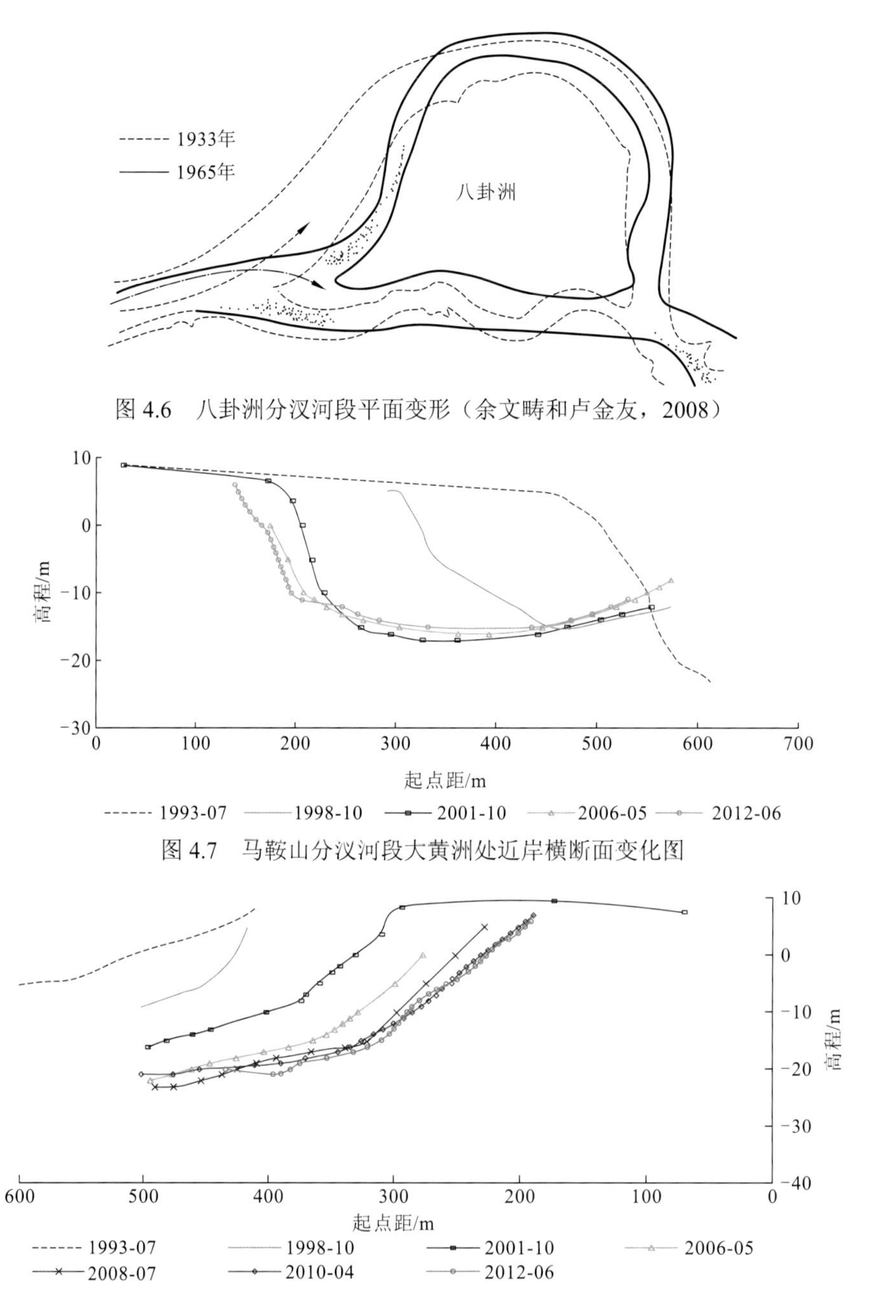

图 4.6　八卦洲分汊河段平面变形（余文畴和卢金友，2008）

图 4.7　马鞍山分汊河段大黄洲处近岸横断面变化图

图 4.8　马鞍山分汊河段江心洲左缘近岸横断面变化图

的特点类同，即主要表现为深槽与边滩的交错分布和平行下移。长江中下游的顺直型支汊往往受到悬移质泥沙造床的影响，也会形成犬牙交错、依附于两岸、具有河漫滩相的江心洲（如张家洲的右汊、世业洲的左汊，见图 4.9）。这种边滩或江心洲的平面位置均较稳定，由水流冲刷带来的近岸河床变化的位置也较固定。当某汊道为曲率适度的弯道时，仍遵循一般弯道凹岸崩坍、凸岸淤积的规律（如监利右汊，见图 4.10）。当某汊道为鹅头型时，则与蜿蜒型弯道的近岸河床变化特点类同，即该汊道可能向河曲形态发展。

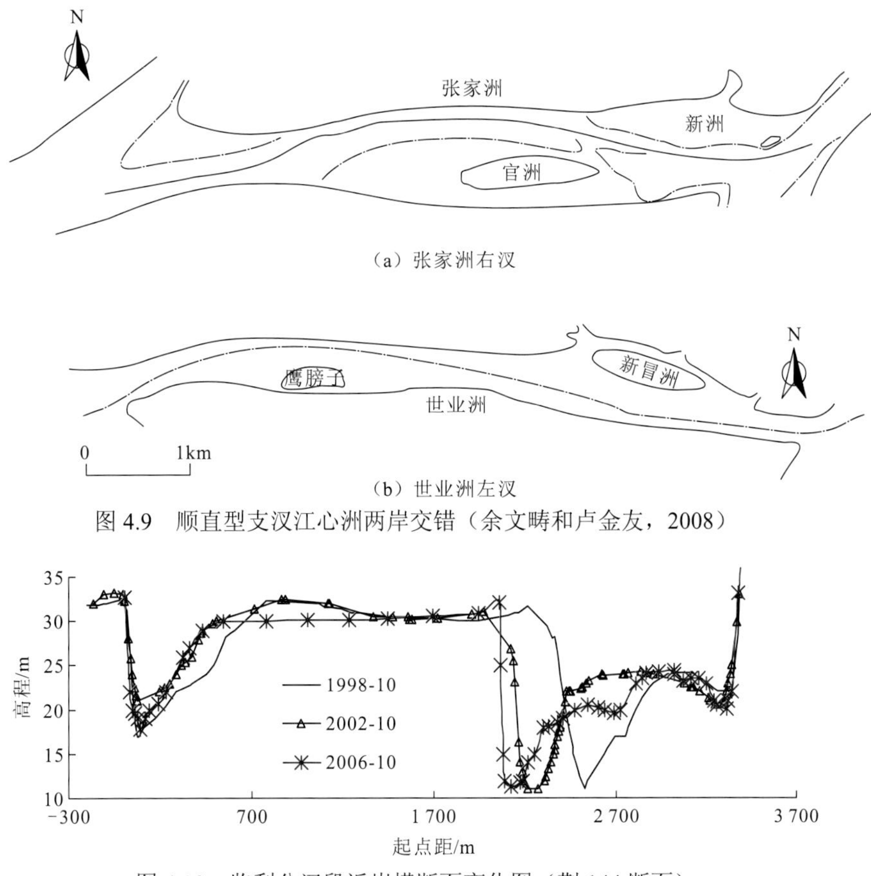

（a）张家洲右汊

（b）世业洲左汊

图 4.9　顺直型支汊江心洲两岸交错（余文畴和卢金友，2008）

图 4.10　监利分汊段近岸横断面变化图（荆 144 断面）

4.1.2　守护条件下近岸河床变化规律

20 世纪 50 年代以前，长江中下游干流河道只有零星的护岸工程，基本以矶头与驳岸的形式为主，主要位于沿江重要城市与防洪形势十分险要的地段，长江中下游干流河道基本处于自然演变状态，主流摆动较大，河势变化十分剧烈，岸线经常发生崩塌，在约 1 893 km 长的河道中，两岸崩岸线长达 1 500 km，严重威胁着两岸社会经济的发展和人民生命财产的安全。1949 年以后，中央及各级政府高度重视长江中下游的河道治理工作，截至 1997 年，长江中下游护岸累计守护总长度为 1 189 km，对稳定岸线、初步控制河势、维护沿江地区防洪安全发挥了重要作用。1998 年大洪水后，党中央及时作出了灾后重建、整治江湖、兴修水利的重大决策，投巨资进行防洪工程建设，在全面加高加固长江中下游干流堤防的同时，对直接危及重要堤防安全的崩岸段和少数河势变化剧烈的河段进行了治理，截至 2003 年底，完成护岸长度 436 km。此外，长江中下游航道整治过程中在工程河段实施了护岸工程。

据统计，现有的护岸工程一般分布于弯道凹岸、长过渡段的主流线弯曲贴岸段及江心洲的主流顶冲段。一方面，在河道实施护岸以后，护岸工程成为河床的组成部分，加强了河岸的稳定性，抑制了守护侧河岸的横向变形，一定程度上稳定了水流在不同水文年洪水期、枯水期顶冲部位的变化范围。另一方面，受上游来流变化及河道内冲淤调整影响，已护岸段近岸河床也呈现出一定的冲淤变化。

1. 荆江大堤护岸矶头岸坡变化

荆江大堤险工护岸主要包括沙市城区段、盐（盐卡）观（观音寺）段、祁（祁家渊）冲（冲和观）段、灵（灵官庙）黄（黄林垱）段和郝（郝穴）龙（龙二渊）段，大多堤外无滩或滩比较窄，护岸历史悠久。荆江大堤主要矶头有观音矶、刘大巷矶、杨二月矶、箭堤矶、冲和观矶、黄灵垱矶和铁牛矶。长江科学院曾针对观音矶、杨二月矶、龙二渊矶三处典型矶头的近岸河床变化特点和局部冲刷坑变化进行了统计总结（姚仕明 等，2003a），本节就荆江大堤护岸各段的主要矶头，根据河道观测资料，对岸坡稳定情况和近岸河床冲淤变化进行分析。

1）岸坡稳定性变化

水下岸坡坡度是衡量护岸岸坡稳定的一个重要因素。一般认为，当岸坡坡度小于1 : 2.50 时，岸坡处于比较稳定的状态。统计分析 1998 年后矶头水下坡比变化情况可知，荆江大堤矶头水下坡比基本能满足岸坡稳定要求；处于凹岸顶冲段的岸坡汛前及汛后比较稳定，有的矶头岸坡有时受水流作用强及水流挟沙能力大的影响而变陡（表 4.1）。

表 4.1　荆江大堤重点矶头水下坡比统计表（余文畴和卢金友，2008）

险工段	冲刷坑	桩号	年份					
			1998	2000	2001	2002	2003	2004
沙市城区段	观音矶	760+100	1 : 4.10	1 : 3.44	1 : 3.41	1 : 3.88	1 : 3.67	1 : 3.09
	刘大巷矶	758+960	1 : 2.36	1 : 2.35	1 : 2.76	1 : 2.65	1 : 2.54	1 : 3.30
盐观段	杨二月矶	745+619	1 : 2.15	1 : 2.16	1 : 2.83	1 : 2.87	1 : 2.33	1 : 2.25
	箭堤矶	744+273	1 : 3.71	1 : 3.04	1 : 3.33	1 : 2.52	1 : 2.88	1 : 2.60
祁冲段	冲和观矶	720+714	1 : 2.65	1 : 3.40	1 : 3.07	1 : 3.23	1 : 3.31	1 : 3.06
灵黄段	灵官庙矶	714+500	1 : 2.60	1 : 3.12	1 : 2.72	1 : 3.08	1 : 3.23	1 : 3.11
郝龙段	铁牛矶	709+775	1 : 2.96	1 : 2.37	1 : 1.81	1 : 2.77	1 : 2.61	1 : 3.45

2）近岸河床年际变化

1993～2004 年汛前各矶头近岸河床断面变化表明（图 4.11～图 4.17）（余文畴和卢金友，2008）：受三八滩左汊淤积影响，沙市城区段观音矶和刘大巷矶近岸河床呈大幅淤积之势；盐观段杨二月矶、箭堤矶 1996 年后近岸河床受金城洲左汊发育影响呈现大幅冲刷趋势；冲和观矶、黄灵垱矶多年来河床冲淤幅度较小，断面稳定；20 世纪 90 年代后，铁牛矶断面总体明显淤积。

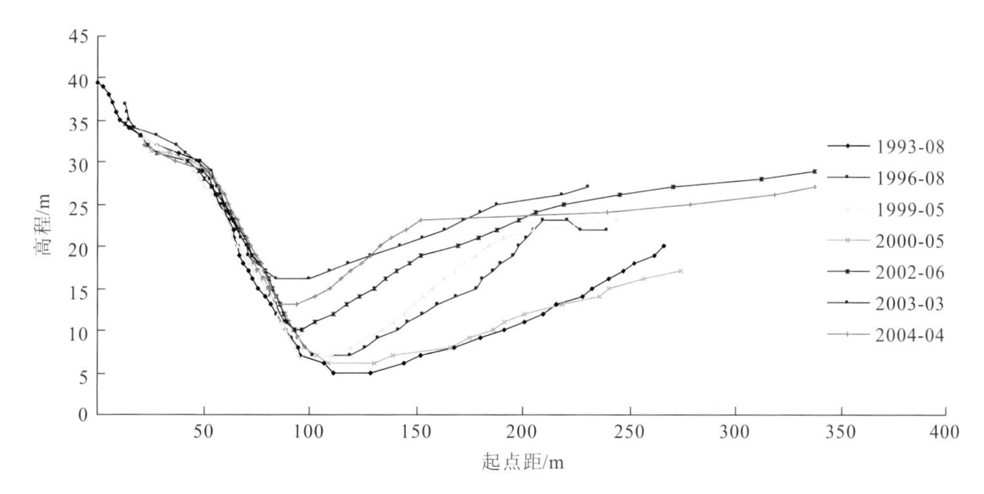

图 4.11　观音矶（桩号 760+100）半江断面年际变化图

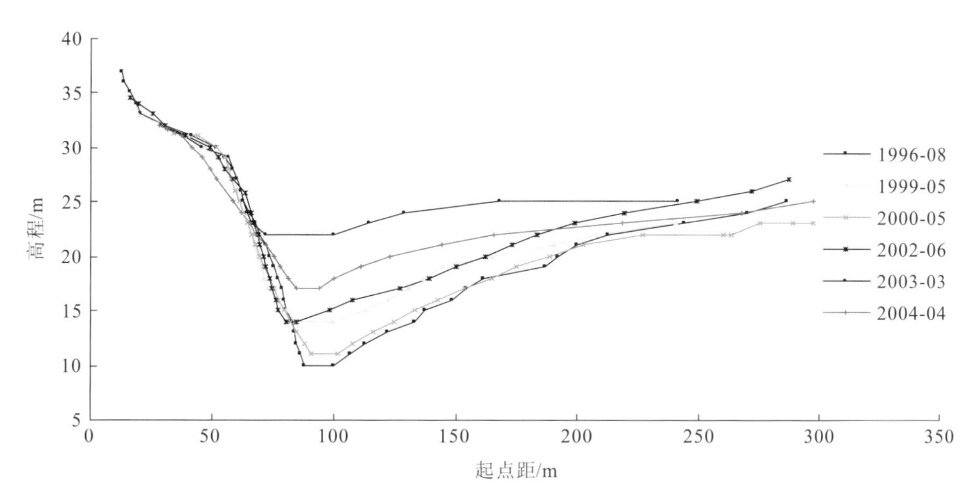

图 4.12　刘大巷矶（桩号 758+960）半江断面年际变化图

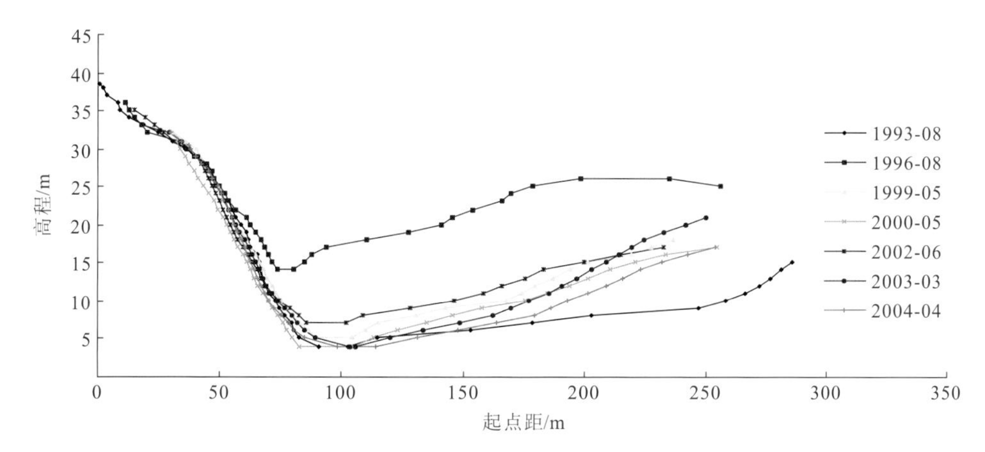

图 4.13　杨二月矶（桩号 745+619）半江断面年际变化图

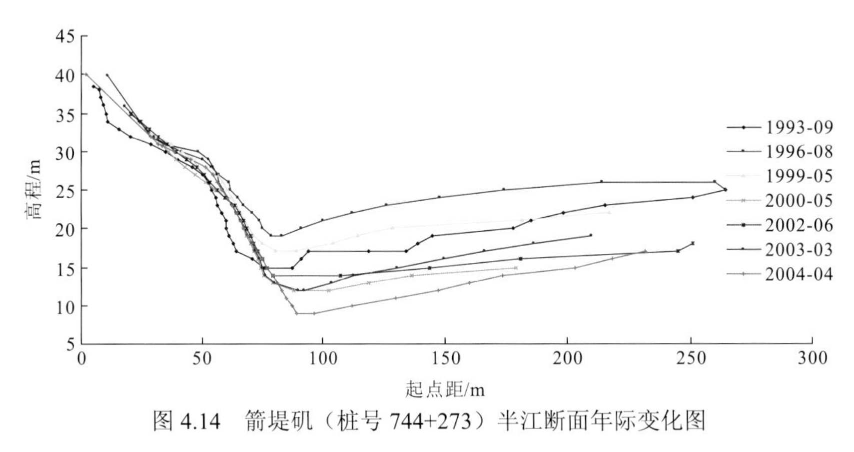

图 4.14　箭堤矶（桩号 744+273）半江断面年际变化图

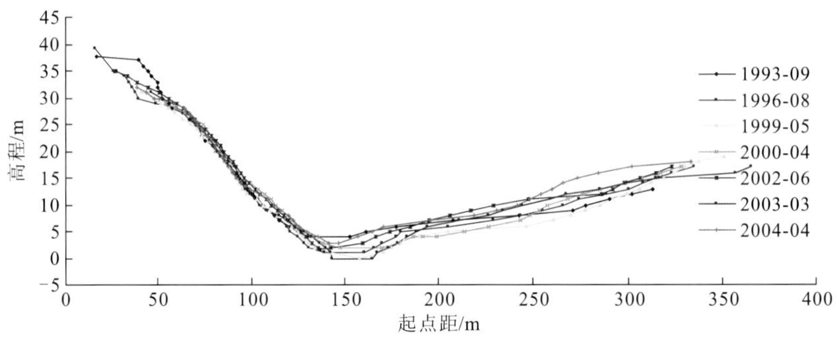

图 4.15　冲和观矶（桩号 720+714）半江断面年际变化图

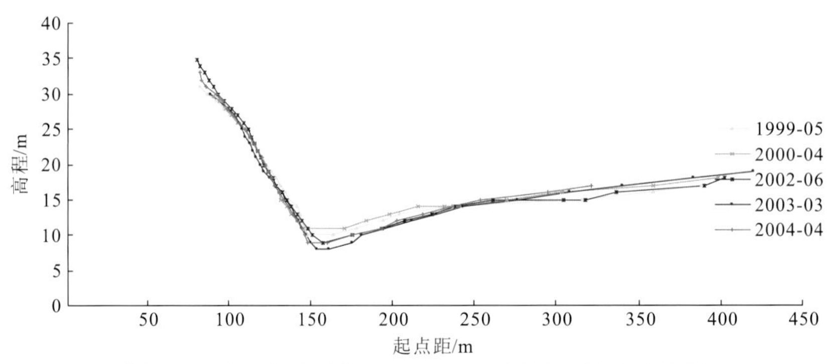

图 4.16　黄灵垱矶（桩号 716+900）半江断面年际变化图

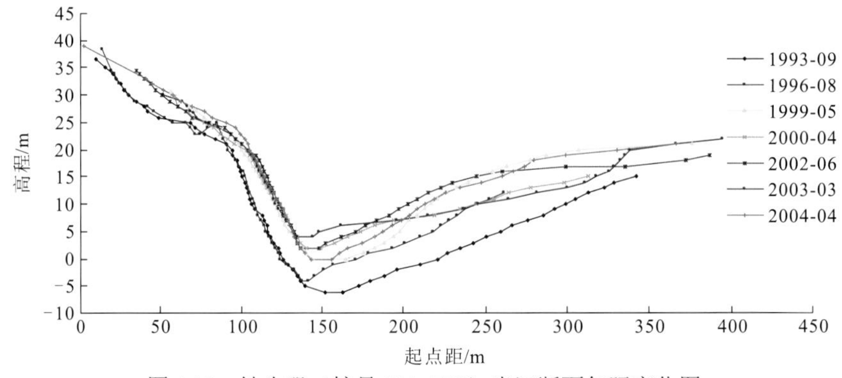

图 4.17　铁牛矶（桩号 709+775）半江断面年际变化图

3）近岸河床年内变化

2003～2004 年荆江大堤各矶头护岸近岸河床断面年内变化见图 4.18～图 4.20，分析结果显示，观音矶、箭堤矶近岸河床主要表现为汛期冲刷，低水淤积，最深点的位置在低水时内靠，高水时横向外移；刘大巷矶、杨二月矶断面也是低水淤积，高水冲刷；冲和观矶、黄灵垱矶虽也表现为汛冲枯淤，但年内变化很小；铁牛矶年内变化也很小（余文畴和卢金友，2008）。

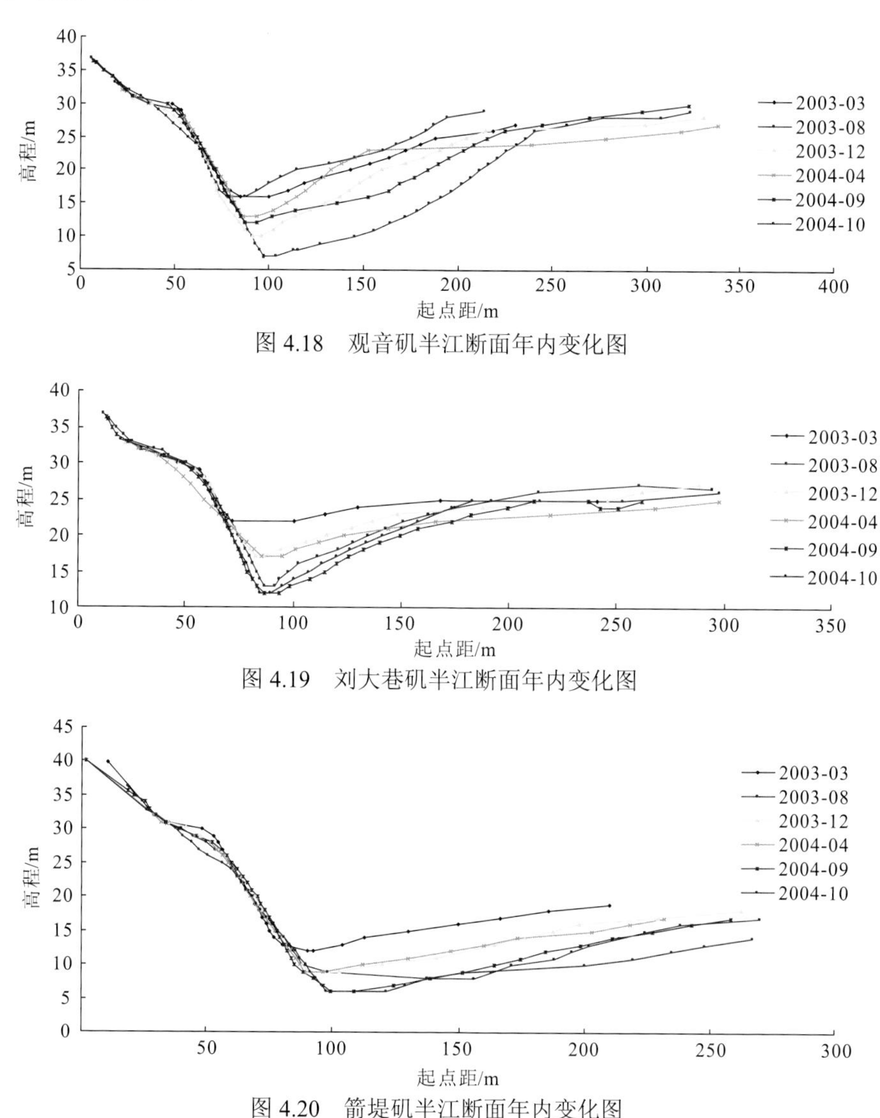

图 4.18　观音矶半江断面年内变化图

图 4.19　刘大巷矶半江断面年内变化图

图 4.20　箭堤矶半江断面年内变化图

2. 平顺护岸工程实施后近岸河床变化

长江中下游实测资料表明，平顺护岸工程实施后第一年近岸河床冲刷最剧烈，守护段内平均最大冲刷深度在迎流顶冲段一般为 5～8 m，非迎流顶冲段为 3～5 m，此后冲刷强度减弱，一般经过 2～3 年冲刷调整后可达到基本稳定。从护岸工程实施后至河床达到基本稳定，守护段内累计平均最大冲刷深度在迎流顶冲段一般为 10～15 m，非迎流顶冲段为 8～10 m，同时，深泓向河岸有所内移（余文畴和卢金友，2008）。例如，荆江河段中洲子新河护岸段，1968～1971 年深泓向河岸移动 195 m，深泓平均冲深最大岸段（桩号 1+500～3+100）为 15.9 m（表 4.2、图 4.21）；长江下游扬中河段嘶马弯道护岸后，1971～1973 年深泓向河岸移动约 90 m，深泓平均高程降低 6.1 m。几十年的护岸工程实践与试验研究表明（余文畴和卢金友，2005；欧阳履泰和余文畴，1985；潘庆燊 等，1981；长江流域规划办公室，1978），平顺护岸工程兴建后，枯水位以下近岸河床被护岸材料覆盖，枯水位以上岸坡经削坡护砌后，坡度一般为 1∶3.0～1∶2.5，较护岸前更为平缓，但是护岸后，由于护岸材料在近岸河床上形成抗冲覆盖层，岸坡抗冲能力增强，横向变形受到抑制，水流只能从坡脚外未护河床上得到泥沙补给，护岸坡脚外河槽普遍冲深，深泓略向岸边移动，但其冲深幅度取决于近岸流速的大小和水流顶冲情况。

表 4.2　中洲子新河护岸后历年同期深泓高程变化表

桩号	1968-10-29（护岸前）/m	1969-10-10（护岸后）/m	1970-10-17 /m	1971-10-31 /m	最大冲深值 /m	深泓平均冲深值/m
0+500	15.5	13.5	2.0	4.8	13.5	12.8（弯道上段）
0+700	14.0	13.0	1.0	3.2	13.0	
0+900	12.5	9.0	1.0	1.0	11.5	
1+100	12.5	4.7	-2.0	1.8	14.5	
1+300	11.0	1.0	0.0	-1.0	12.0	
1+500	9.6	-1.0	2.0	-4.6	14.2	15.9（弯道顶冲段）
1+700	10.4	-2.2	-1.6	-4.4	14.8	
1+900	10.4	-1.4	-4.0	-2.2	14.4	
2+100	8.6	1.0	-2.0	-4.2	12.8	
2+300	10.4	-4.0	-12.0	-12.0	22.4	
2+500	12.2	3.4	-3.2	-4.6	16.8	
2+700	7.8	1.0	-6.5	-9.6	17.4	
2+900	7.6	-3.8	-6.6	-5.8	14.2	
3+100	3.4	-1.6	-4.4	-1.2	7.8	8.3（弯道下段）
3+300	5.2	-1.0	-4.0	-1.6	9.2	
3+500	5.6	-2.2	-5.0	-0.6	10.6	
3+700	4.8	1.4	0.0	-3.6	4.8	
3+900	7.8	1.8	2.4	-1.0	8.8	
4+100	9.4	6.4	3.4	0.0	9.4	

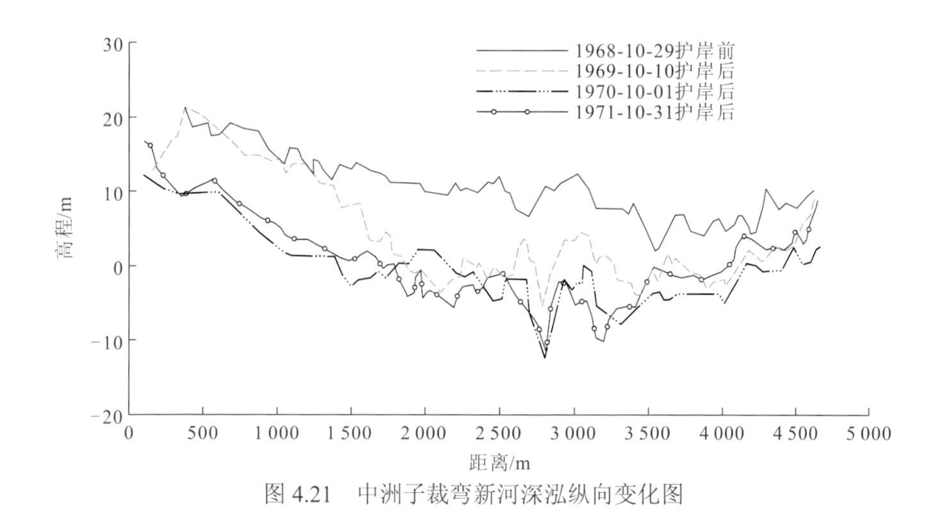

图 4.21　中洲子裁弯新河深泓纵向变化图

护岸工程实施后，不同程度地改变了河岸的边界条件，并逐步调整流速场，从而导致近岸河床的冲刷，其冲刷过程一般可以划分为三个阶段：冲深阶段、调整阶段和相对稳定阶段（潘庆燊 等，1981）。冲刷发展到一定程度，受上游河势调整及护岸工程施工质量、强度等影响，在一定的情况下又会产生新的崩岸险情。例如，在 2002 年 9 月～2005 年 6 月，石首北门口已护段（桩号 6+000～9+000）近岸河床年际冲淤交替，总的情况是冲刷，冲刷的部位主要在坡脚附近，距设计枯水位（25.6 m）水边线 30～150 m 的近岸河床冲刷，最大冲深为 14 m（桩号 7+100）；水下岸坡变陡，2000 年汛后、2003 年、2004 年北门口已护工程段的 4 处局部地段出现了 4 次不同程度的崩塌险情。中洲子河段已护岸段（桩号 1+400～5+420）2004 年 8 月～2005 年 6 月坡脚冲刷深度达 10.6 m（桩号 1+780），水下岸坡变陡，由 2004 年 8 月的 1∶3.2 变为 2005 年 6 月的 1∶1.5（桩号 1+780），局部地段多次出现了护岸工程崩塌险情。例如，在桩号 3+700 附近，一崩窝长约 200 m，宽 150 m；其下 400 m 处连续有 4 个崩窝，崩窝平均长 100 m，宽 40 m；再向下长约 3 km 岸线全线崩退，崩塌形式为坐崩（窝崩）。

4.2　护岸工程破坏机理

长江科学院从 20 世纪 50 年代就开始了有关护岸工程材料、结构形式、破坏机理、实施效果等的研究工作，开展了大量的水槽试验及现场试验（表 4.3），在散粒体（如抛石、小颗粒石料等）、排体（如铰链混凝土排、柴排等）及以模袋混凝土为代表的刚性体的破坏机理上都取得了大量的研究成果，同时选择典型崩岸段对一些新材料、新技术进行了现场对比试验，积累了较为丰富的工程实践经验。这些研究成果对于护岸的方式和护岸加固的阶段性及护岸设计参数的确定具有重要的意义。

表 4.3　20 世纪 50 年代以来长江科学院开展的护岸工程试验研究情况

研究时段	试验内容
20 世纪 50～60 年代初	定性地研究抛石在河床上的稳定过程及其防冲作用
20 世纪 60 年代中期	对 50 年代实施的安定街沉排、下关和浦口沉排及武汉青山沉排进行稳定性分析
20 世纪 60～70 年代	对平顺护岸的块石移动规律（块石位移、抛石落距等）开展了室内水槽试验，并对相对稳定坡度和施工方法做了研究
20 世纪 80 年代	在室内弯道水槽中开展了对丁坝、矶头、平顺护岸三种形式护岸效果的对比试验及不同护岸形式的水流和冲刷特性的比较试验
20 世纪 80 年代中期～90 年代初	对柴排破坏过程和柴排寿命进行试验研究，并进行了塑料编织布砂（土）枕护岸工程的现场试验研究
21 世纪初	对不均匀块石、小颗粒块石、铰链混凝土排、模袋混凝土、土工织物砂枕、四面六边透水框架及软体排等护岸工程新材料的破坏机理、适用条件和守护效果等进行了较系统的试验研究

4.2.1　散粒体护岸工程破坏机理

1. 抛石护岸工程破坏机理

长江中下游抛石护岸历史悠久，早在 15 世纪中叶，就开始在荆江大堤兴建抛石护岸工程，到目前为止，实施了大量的抛石护岸工程，抛石是长江中下游应用最普遍的护岸工程材料，以往在各种水流、边界条件下均使用过，均取得了较好的护岸效果，也积累了较多的工程实践经验。大量的工程实践证明，抛石护岸工程最大的优点是能较好地适应河床变形，适用范围广，任何情况下崩岸都能够用块石守护而达到稳定岸线的目的，即无论是一般护岸段，还是迎流顶冲段，只要设计合理、抛投准确，护岸效果均较好，尤其是在崩岸发展过程或抢险中更能体现抛石的优越性。此外，抛石护岸还具有就地取材，施工和维护简单，可分期施工、逐年加固，造价低等优点。

抛石作为一种散粒体护岸材料，均匀抛护到近岸河床的坡面上。护岸后块石在近岸河床上形成抗冲覆盖层，横向变形受到抑制，水流不能直接冲刷岸坡，而是冲刷护岸工程坡脚以外的近岸河床而获得泥沙补给，近岸河床普遍冲深，深泓向岸边移动，随着近岸河床的冲深，岸坡变陡，坡脚附近的块石在自身重力与水流作用下首先下滑，到达坡度较缓处停止。当坡脚块石大量下滑后，岸坡变陡，进一步引起其以上岸坡的块石下滑，从而使坡面上出现空白区，护岸工程遭到破坏。抛石厚度越薄，遭受的破坏会越严重。

实际上，水下抛石护岸工程施工不易做到按设计要求抛投均匀。由于抛护得不够均匀密实，在水流作用下，坡面块石有一个自行调整的过程，调整的结果是有些位置块石之间的缝隙逐渐减小，变得较为密实，由不均匀变得较为均匀。当原来的空白区里的泥沙被水流淘刷后，上层块石逐渐失去稳定，沿坡面下滑，使得岸坡上的空白区不断向坡面上层发展，并与其他空白区逐渐合并串通，形成长条形空当，空当最终发展到已护岸坡的上部。在水流不断淘刷的情况下，随着岸坡的变陡，有些部位形成“吊坎”，如无块石补给，会使近岸出现崩塌现象。当然，水流淘刷块石空当下面的沙粒及空白区的合并需要一定的时间，所以块石下滑运动是间歇性的，若及时加固或处理，则不至于出现崩塌，但目前的技术水平还难以准确地测定抛护的空白区及其发展过程，因此施工时，尽可能使抛石均匀非常重要。

2002～2004 年长江科学院利用长 40 m、宽 2.5 m、高 1.0 m 的水槽（按正态模型设计，几何比尺为 1∶40），对抛石护岸等各种结构形式护岸工程的效果、破坏机理及适用条件等进行了系统的试验（姚仕明 等，2007；姚仕明和卢金友，2006a；卢金友 等，2005a）。试验采用单侧动床动岸模拟，动岸侧为试验守护段，岸坡坡度分定坡和变坡两种情况。定坡坡度为 1∶2；变坡情况，岸坡上段坡度为 1∶2，下段为 1∶3。采用密度为 2.65 t/m^3 的小粒石模拟块石，粒径为 3.8～11.3 mm（原型为 0.15～0.45 m）。进行了单层块石、双层块石铺护和块石均匀铺护、不均匀铺护等多种情况的试验。试验结果表明，如块石覆盖率达不到 80%（块石覆盖率为河岸实际由块石覆盖的面积与实际要守护的面积之比），或者分布过于集中而形成局部冲刷坑，都会影响抛石的护岸效果。块石覆盖率超过 80%，而且有防冲石时，护岸效果较好（图 4.22）。

图 4.22　块石不均匀铺护（覆盖率 80%，有防冲石）后河床变化情况

综上可见，平顺抛石护岸工程的破坏主要是因为护岸后，近岸河床横向变形受到限制，坡脚处河床冲深而引起块石大量下滑，以及由于抛石不均匀而出现空白区，在水流淘刷作用下，岸坡变陡而引起块石大量下滑。

2. 小颗粒石料护岸工程破坏机理

小颗粒石料护岸与块石及混凝土异形块相比，其具有适应河床变形的能力更强，对近岸水流干扰小等特点。长江科学院采用水槽试验研究了小颗粒石料的护岸效果。模型使用的小颗粒石料的粒径为 d_{50}=4.2 mm（原型 d_{50}=16.8 cm），密度为 2.65 t/m^3。小颗粒石料护岸工程试验分两种方案进行。

方案一：3 层均匀铺护，防冲石方量按 0.3 m（原型 12 m）宽、6 层厚（原型 1.0 m）考虑。试验过程中发现，在水流作用下河床纵向不断冲刷下切，坡脚前沿河床冲刷，坡度变陡，由附近上层碎石下滑填补，形成新的碎石覆盖层坡度，一般在 1∶2.05～1∶1.52。同时，坡面上的碎石也在调整，但调整幅度比大颗粒块石的要小，主要是因为小颗粒碎石对近底水流的扰动要小，加上小颗粒在铺护过程中易密实，颗粒之间及颗粒与床面之间空隙尺度小。经过一段时间的水流作用后，坡脚前沿的岸坡通过冲刷调整，由防冲石料覆盖，趋于稳定，因此，护岸工程也趋于稳定，护岸效果较好（图 4.23）。

（a）试验前

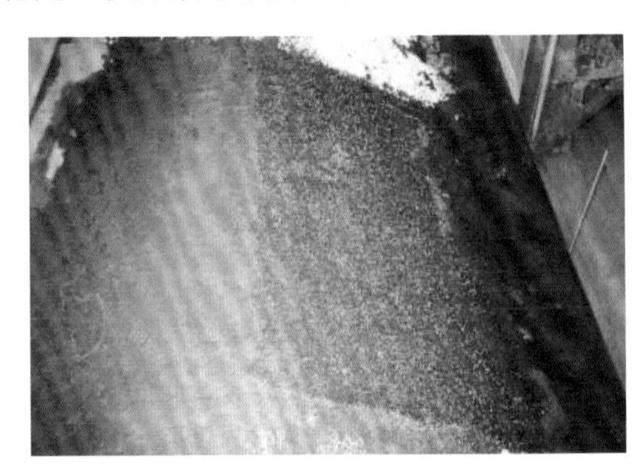

（b）试验后

图 4.23　小颗粒石料 3 层均匀铺护试验前后变化图（有防冲石）（余文畴和卢金友，2008）

方案二：石方量按 3 层控制，但在坡面上为不均匀铺护，小颗粒石料覆盖率为 80%，防冲石方量同方案一。试验过程中发现，在水流作用下河床纵向不断下切，坡脚前沿河床冲刷，坡度变陡，由附近上层碎石下滑填补，形成新的碎石覆盖层坡度，其坡度大小与均匀铺护方案基本一致。同时，坡面上的碎石也在调整，调整幅度大于均匀铺护方案，主要是因为空隙处的部分泥沙被淘刷，由附近上层的碎石填补。这样，坡面的碎石分布趋于均匀密实，仅在坡面上层形成较小范围的缝隙，可通过接坡石填补，形成比较稳定的护岸工程。

试验结果表明，在水流作用下，小颗粒石料坡面、坡脚的变化及其在坡面的运动与抛石护岸工程的情况是基本一致的，小颗粒石料的护岸效果比块石和较大的散粒体实体的护岸效果要好，主要原因是小颗粒石料在河床发生冲淤变化时更容易调整，对近底水流的影响小于块石；在水流作用下，小颗粒石料更容易密实，可以更好地保护床面泥沙免遭淘刷。当然，其前提条件是小颗粒石料在同样水流条件下不能被起动。但小颗粒石料的抗冲性有限，对于急弯段或者流速较大、流态复杂的河段采用散抛小颗粒石料可能难以取得预期的护岸效果。

4.2.2　排体护岸工程破坏机理

1. 铰链混凝土排护岸工程破坏机理

铰链混凝土排（铰链沉排）是通过钢制扣件将预制混凝土板连接组成排的护岸工程

结构形式。铰链混凝土排在水下的稳定性与岸坡的坡度和平整度、排体自重及压载重、混凝土板之间连接扣件的强度、河床的冲刷强度等许多因素有关。

长江科学院曾采用水槽试验研究了铰链混凝土排的护岸效果与破坏机理。主要进行了两种方案的试验：①直接采用铰链混凝土排护岸；②在前沿加备填石镇脚的铰链混凝土排护岸。水槽试验研究结果表明（姚仕明和卢金友，2006b），当直接用铰链混凝土排护岸时，排体头、尾部及前沿冲刷严重，由于排体具有一定的柔性，一般情况下，基本能随河床的冲刷而发生相应变形，但若冲刷过于严重，一方面排体的坡度变陡，排体会出现下滑甚至被拉断的现象；另一方面，由于排体前沿冲刷幅度最大，局部岸坡较陡，有的甚至呈悬吊状。同时，排体上下游两侧也发生冲刷变形，对局部排体的稳定性及护岸效果会产生不利影响（图 4.24）。试验过程中还发现排体前沿坡度明显变陡，由开始时的 1∶2 变为 1∶1.7～1∶1.1，局部位置的排体几乎垂直地悬挂于水中，而排体中上部与试验前相比有轻微变形，主要是由混凝土块之间的部分泥沙被淘刷引起的。另外，在试验中观察到，排体迎水侧与未护交接处受水流冲刷作用，最前端一排的混凝土块部分悬于水中，从而使水流对前端排体的作用力增加，在较不利的水流条件下，会出现排体被掀起或翻卷的现象，因此，排体的首部应加大压载量，以有利于铰链混凝土排的整体稳定性。

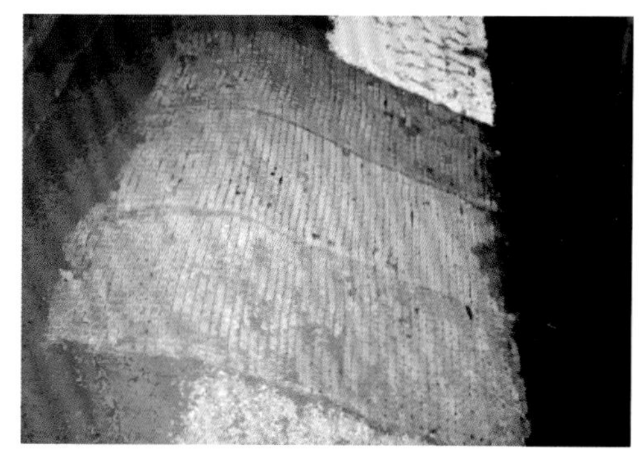

（a）试验前地形

（b）试验后地形

图 4.24　铰链混凝土排护岸（无备填石）试验前后近岸地形变化图

当排体头、尾及前沿加抛裹头石与防冲石时，排体头、尾及前沿河床受水流冲刷变形后，有相应的块石来填补，形成由块石覆盖的稳定坡度。根据试验资料，排体前沿由块石形成的稳定坡度在 1∶2.03～1∶1.48，尾部形成的侧向坡度较陡，在 1∶1.8～1∶1.2，而头部形成的坡度较缓，在 1∶4.0～1∶2.5。有了块石的保护，岸坡上的排体较为稳定，由于排体混凝土块间的部分泥沙仍被淘出，岸坡仍有轻微变形，但对护岸效果影响较小（图 4.25）。

综上可见，铰链混凝土排护岸工程的破坏主要是由护岸后排体头、尾部和前沿的河床冲刷引起的。虽然铰链混凝土排有一定的柔性，可适应一定的河床变形，但排体适应河床变形的能力及调整幅度有限，因而，为了减小排体周围受水流冲刷而引起的变形，需在头、尾部及前沿加抛块石保护。另外，实践表明，排体下面的块石层变形，混凝土板之间连接扣件或混凝土板的断裂，造成了排体的局部破坏（图 4.26），因而铰链混凝土排应在坡面平整的岸段沉放。此外，混凝土块体之间的空隙将造成岸坡的轻微变形，间距较小的，可不加土工布垫层，但对于铰链混凝土排中混凝土块体之间间距较大的情况，需加土工布作为垫层，以防止其间的泥沙被淘刷而影响排体的稳定与护岸效果。

（a）试验前地形

（b）试验后地形

图 4.25　铰链混凝土排护岸（有备填石）试验前后地形变化图

（a）岸坡破坏

（b）局部放大

图 4.26　铰链混凝土排护岸破坏情况

2. 土工织物砂枕护岸工程破坏机理

砂枕护岸材料水槽试验表明（姚仕明 等，2006a；卢金友 等，2005a），单层均匀铺护时，岸坡因受砂枕保护，开始时免遭冲刷，但坡脚前沿河床及上下游两侧冲刷严重，当坡脚前沿冲刷到一定程度时，局部岸坡明显变陡，附近的砂枕就会失去稳定而下滑；砂枕在坡面上失稳下滑主要是由自身重力引起的，当砂枕的下滑力大于摩擦阻力时，砂枕就会出现失稳现象，即 $F_{下滑力}/F_{阻力}\geqslant 1$。一般土工编织袋与床面的摩擦系数 f=0.4～0.5，岸坡坡角 θ 相应为 22°～27°（其边坡系数 m_f 为 2.5～2.0），因此，当岸坡陡于这一角度时，砂枕容易失稳下滑。砂枕下滑后，其出露的泥沙又被水流冲刷带走，影响上面砂枕的稳定性，在水流冲刷作用下砂枕不断下滑，由下向上逐层发展，砂枕在岸坡上重新排列。由于砂枕在下滑时受床面地形、重力、水流作用力等多种因素的影响，调整后的砂枕排列较为杂乱（图 4.27）。在岸坡上层形成无砂枕保护的空白区，空白区在水流作用下冲刷后退，若不及时采取措施，将严重影响砂枕的护岸效果，甚至会出现水流“抄后路”的现象。砂枕护岸区上下游两侧的河岸经水流冲刷后有所凹进，同时使附近的砂枕向上下游两侧的方向下垂，也影响护岸工程的效果。当上下游两侧及前沿加抛裹头石与防冲石时，在水流与泥沙的相互作用下，块石位置不断调整，在砂枕护岸区的两侧及前沿形成新的相对稳定坡度，保护砂枕前沿及两侧免遭冲刷，从而不引起砂枕下滑，护岸效果较好（图 4.28）。

（a）均匀铺护(无防冲石)

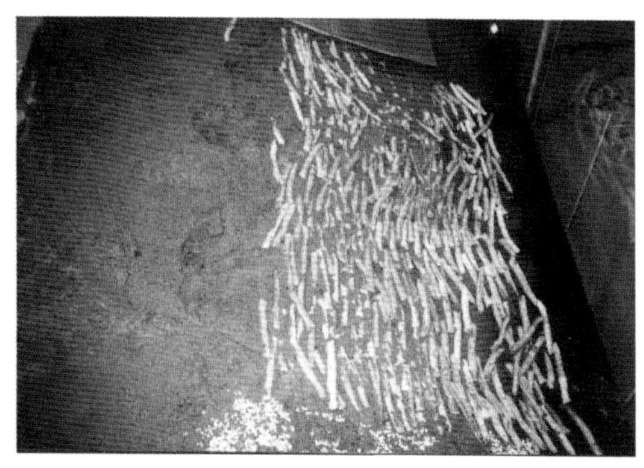

（b）不均匀铺护（无防冲石）

图 4.27　砂枕护岸试验后破坏情况

（a）试验前地形

（b）试验后地形

图 4.28　砂枕不均匀铺护（有防冲石）试验前后近岸河床地形变化图

在砂枕不均匀铺护（覆盖率为 70%）的情况下，试验发现，一方面坡脚前沿冲刷，引起砂枕下滑；另一方面，由于砂枕之间存在空隙，当其间泥沙被水流淘刷到一定程度时，其上层砂枕也会因失去稳定而下滑。这两者共同作用使砂枕护岸工程遭到破坏，其破坏程度比单层均匀铺护更严重。在其两侧及前沿加抛裹头石与防冲石时，单层不均匀铺护仍会出现破坏现象，主要是因为砂枕袋之间存在空隙，当其间泥沙被水流淘刷到一定程度时，其上层砂枕因失去稳定而下滑。

试验表明，水流强度和水位变化对土工织物砂枕护岸工程的影响主要表现为，砂枕前沿的防冲石及河床变形在起始小水深、低流速的情况下，变形速度较慢；随着水位的抬高、流速的加大，其变形速度加剧，最终在砂枕前沿形成由块石覆盖的坡度，其变形过程与单级流量的情况是基本一致的，但变形速度存在差异。在落水过程中，砂枕空隙之间的少量泥沙会受内水外渗的影响而被带出，但不影响砂枕护岸工程的稳定性。

土工织物砂枕护岸工程具有取材容易，体积和重量大，稳定性好，工程数量与质量容易控制，造价低，对环境影响较小及施工方便等优点，虽然砂枕可随河床的冲刷变形而发生一定的调整，但由于其尺寸较大，抗冲性较强，其调整能力明显比块石差，且调整后的砂枕在床面上的形态比较杂乱，有些砂枕间存在空当。另外，砂枕易被船只抛锚所破坏。因此，采用砂枕进行护岸，一方面护岸工程前沿需加备填砂枕或块石（最好为块石，适应河床变形能力强），以适应河床的冲刷变形；另一方面考虑到坡面上砂枕投抛及排列存在一定的随机性，为了使砂枕在坡面上形成相对均匀的覆盖层，宜采用双层砂枕量抛护。砂枕多用于崩岸强度小，水流顶冲不强烈的地段，在水流顶冲强烈地段使用较少。

3. 土工布压载软体排护岸工程破坏机理

土工布上系砂枕袋或者混凝土块及加压块石的软体排护岸工程水槽试验结果表明（姚仕明 等，2006a；卢金友 等，2005a），当直接用软体排进行护岸时，排体头、尾部及前沿冲刷严重，对排体的稳定性及护岸效果会产生不利影响，因此，排体头、尾及前沿应加抛裹头石和防冲块石以增强稳定性（图 4.29）。软体排护岸工程的破坏主要是因为坡脚河床冲刷后，坡度变陡，排体上面的压载物下滑，排体下垂，严重时出现断裂（图 4.30）；若土工布压载量不够，会出现被水流掀起与翻卷现象，从而使护岸工程遭受破坏。土工布垫层的作用主要表现为增强护岸工程的整体性，有利于护岸工程的稳定；土工布垫层将水流与河床泥沙隔开，有效阻止水流对床面上泥沙的淘刷。

（a）试验前地形

（b）试验后地形

图 4.29　土工布压载软体排铺护（有防冲石）试验前后变化图

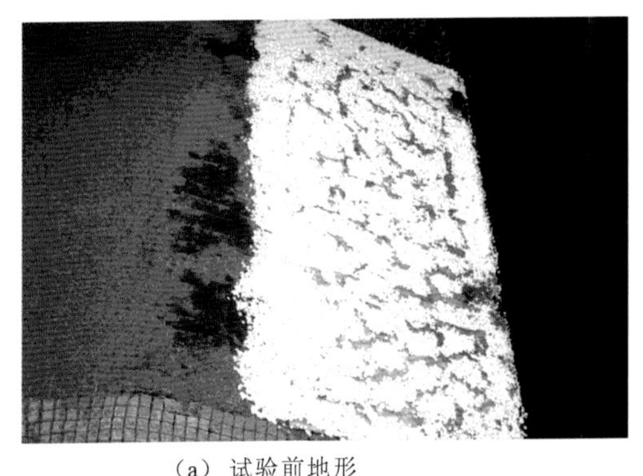

（a）试验前地形

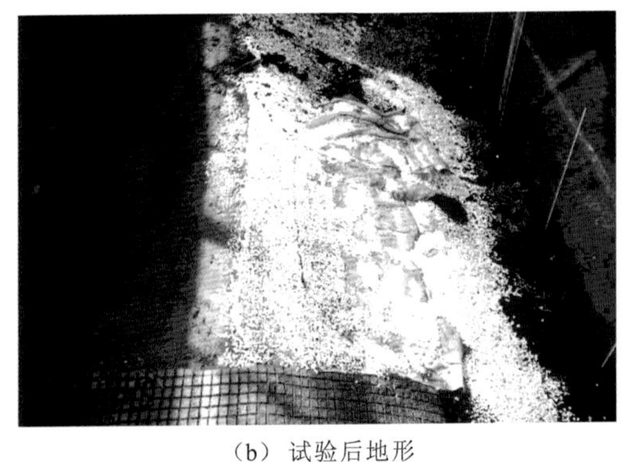

（b）试验后地形

图 4.30　土工布压载软体排铺护（无防冲石）试验前后变化图

排体的自身稳定，一方面是靠压重物来保证排体不被水流掀起、翻卷；另一方面，由于材料的特殊性，排首锚固作用较差，排体依靠河床的稳定而稳定。因此，土工布压载软体排适用于守护段水下坡度缓于 1∶2.5 及河床变形不大的河段，同时在守护区内船舶不能抛锚。

4. 柴排护岸工程破坏机理

长江科学院将木屑作为模型床沙，选择棕皮纤维条作为排体，在水槽中进行了柴排破坏过程的试验（李大志和余文畴，2003），试验结果如下。

（1）在排体上游和前沿无保护的情况下，水流对周围河床的冲刷，将使排体上游侧面先形成局部冲刷坑，排体破坏过程是上游先冲坏，下游后破坏；深水区先冲坏，浅水区后破坏。在排体上游侧受到抛石保护的情况下，排脚泥沙受淘刷，当河床继续发生冲刷时，整体性较差的松散排体迅速破坏，基本失去保护岸坡的作用。整体性较强的排体能适应河床变形。在前沿有抛石的情况下，由于抛石适应河床冲深变形，排体处于稳定状态。

（2）排体搭接不连续对沉排破坏过程的影响。结合南京河段下关、浦口沉排的施工过程，当一期柴排实施后，河床发生淤积，处于其下游的二期排体沉放在淤积河床上，一、二期排体在平面上看起来好像已搭接，但实际上并不连接，其纵向高差达数米。一期排体被泥沙长期掩埋，整体性较好。二期排体长期暴露在床面，呈比较松散的状态。试验中观察到，在水流冲刷的情况下，一期排体上的泥沙除顺水流方向运动外，大部分泥沙经二期排脚输移到下游，二期排体上游侧和前沿床面不断受到冲刷，逐渐使二期排体上游侧裸露，排体迅速被冲散。二期排体破坏后并未立即使附近河床产生较大变形。当河床继续冲刷至一期排体露出后，才阻止了坡面的继续冲刷。可见，二期排体破坏形成空当后，尚未立即加速近岸河床的冲刷。如及时采取防护措施，是可以防止河床进一步冲刷的。

（3）排体上压石量对沉排破坏过程的影响。试验中，柴排铺护在坡度为 1∶2 的岸坡上，排体上压石量有两种，分别为 300 kg/m^2 和 450 kg/m^2。当排脚前沿河床淘刷时，排脚的压石下沉。当河床继续刷深时，压重为 300 kg/m^2 的柴排产生整体下滑现象。在斜坡上滑动是一次性的，排脚滑至坡底。当排体上压重为 450 kg/m^2 时，不发生滑动。因此，排体在水下的滑动实质上是排体自身的滑动，并不是水下松散的沙土体带排体一起滑动，排体滑动的原因是压重较轻。在压石较多情况下，松散排体也有一定的抗冲作用。

综上所述，柴排护岸工程的破坏主要是由于柴排排体上游和前沿无抛石保护，排体上游及深水区先破坏，然后发展到下游及浅水区；当排体上游侧受到抛石保护，但排体整体性较差时，排体也容易遭受破坏；实施的排体之间的衔接不连续及排体上压重较轻等也是排体破坏的主要原因。

4.2.3 刚性体护岸工程破坏机理

模袋混凝土为大块体刚性护岸材料，是将流动混凝土或砂浆用泵灌入由合成纤维制成的模袋内形成的河岸坡面上的混凝土护面层。模袋混凝土的整体稳定性主要与岸坡地形和坡度、河床变形强度及模袋混凝土与坡面土体间的摩擦系数等因素有关。模袋混凝土所设排水孔的透水性的好坏对其抗滑稳定性有一定的影响。

长江科学院曾采用水槽试验研究了模袋混凝土的护岸效果与破坏机理（姚仕明和卢金友，2006b），主要进行了两种方案的试验：①直接采用模袋混凝土护岸；②在前沿加块石镇脚的模袋混凝土护岸。水槽试验结果表明，模袋混凝土护岸材料的破坏主要是因为模袋混凝土前沿和上、下游两侧的河床在水流作用下冲刷严重，而模袋混凝土为大块体刚性护岸材料，基本不能适应河床的变形，在水流的冲刷与淘刷作用下，其前沿及两侧的河床局部范围会出现明显的淘刷，其淘刷坑逐渐向模袋混凝土下层床面发展，随着冲刷坑的不断增大，在水流作用力与其自身重力作用下，模袋混凝土会出现断裂与滑移现象。当模袋混凝土断裂后，其附近床面的局部冲刷更为剧烈，淘刷坑继续向模袋混凝土下层床面进一步发展，严重影响模袋混凝土的护岸效果（图 4.31、图 4.32）。

（a）试验前地形

（b）试验后地形

图 4.31　模袋混凝土护岸（无防冲石）试验前后变化图

（a）破坏后现场一

（b）破坏后现场二

图 4.32　九江张家洲模袋混凝土护岸破坏情况

当在模袋混凝土上、下游两侧及前沿加抛裹头石与防冲块石时，模袋混凝土上、下游两侧及前沿受水流冲刷变形后，有备填块石来填补，形成有块石覆盖的坡度，排体前沿及两侧形成的稳定坡度与抛石护岸形成的坡度是一致的。模袋混凝土周围有了块石的保护，岸坡上的模袋混凝土较为稳定，基本无变形，护岸效果明显增强。但试验中也发现，只要在其周围存在薄弱环节，都易遭水流淘刷而形成局部冲刷坑。

模袋混凝土作为大块体刚性护岸材料，整体性较好，但不能随河床的冲刷变形而自动调整，相反，河床的冲刷变形对其有破坏作用。若在模袋混凝土周围加抛裹头石、镇脚，会对模袋混凝土的稳定性起到积极的作用。由于模袋混凝土自身没有变形调整能力，即便在模袋混凝土周围加抛裹头石、镇脚，在河床冲淤变幅较大的位置，一旦在其周围出现薄弱环节，也会遭受水流的淘刷，形成淘刷坑，影响模袋混凝土的护岸效果。另外，模袋混凝土的导滤作用比其他材料要差，这对岸坡的稳定也会有一定的影响。因此，模袋混凝土护岸工程的适用条件与铰链混凝土排护岸类似，适用于岸线比较平顺、河床冲淤变化不大、岸坡较缓且比较平整的河段，在岸线变化急剧、水下地形起伏大、河床冲淤变形剧烈的迎流顶冲的地段不宜采用。此外，模袋混凝土整体性好，抗风浪和水流的冲击能力强，适合于水上护坡。

第 5 章　河道整治基本问题

河道整治是以稳定有利河势、保障防洪安全、改善航道条件、保证涉水工程正常运行、保持河岸洲滩稳定和合理利用，以及修复河流生态、改善水环境和水景观等为目的而采取的工程措施。它按照河道演变的规律，因势利导，稳定有利河势，调整不利河势，改善水流、泥沙运动和河床冲淤部位。控制河势是河道整治的关键，也是最基础、最重要的目标。河道整治涉及整治规划、整治原则、整治思路、整治方向、整治措施的一系列基本理论问题。本章对近 70 年来在研究与实践中逐步形成的长江中下游河道整治的原则、方向、措施等基本问题和河势控制理论与实践问题进行总结论述。

5.1　长江中下游河道整治原则、方向及主要工程措施

1. 河道整治原则

河道整治原则是在长期的研究和实践中总结出来的治理河道时需要遵守的普遍准则，对于不同的河流、同一河流的不同河段及不同河型的河道，整治的目标、方向、措施等各不相同，但整治的原则都是适用的。

长江科学院在参加编撰《中国水利百科全书》（中国水利百科全书编辑委员会，1991）时，总结前人和长江科学院的河道整治规划研究与实践成果，对河道整治规划类型进行了划分，并提出了河道整治的原则和思路。

河道整治的基本原则是“全面规划、综合利用；因势利导、因地制宜；远近结合、分期实施”。全面规划、综合利用是统筹考虑防洪安全、河势稳定和经济社会发展对利用河道资源的需求，以及河道保护的需求，妥善处理上下游、左右岸、各地区、各部门之间的关系，明确重点，兼顾一般，进行全面规划、综合治理，实现综合利用河道资源的目的。因势利导、因地制宜是深入分析掌握整治河段的河道特性、水沙运动和演变规律，预测其发展趋势，并总结本河段已往整治的经验教训，针对存在的问题和综合利用目标，提出适宜的工程措施，稳定有利河势，调整、引导不利河势向有利于防洪安全和综合利用的方向发展。远近结合、分期实施是指规划中需包括整治的远景目标和近期要求，分清轻重缓急，有计划地分期实施，既要解决近期的迫切问题，又要有利于远期的整治和利用要求。

2. 河道整治方向

河道整治思路是指针对河道存在的主要问题和各方面需求而提出的包括整治方向、

目标、措施和整治方案等在内的整治方略。由于不同河型河道的特性、演变规律各不相同，其整治的思路是不完全相同的，即使是同一河段在不同时期其整治思路也会有区别，这是因为河道是变化的、动态的，不同时期的河势条件、存在的问题是有差别的，而且不同时期各方面对河道的需求也是有区别的。其中，河道的整治方向具有决定性作用，整治方向不同，采取的工程措施和方案也不同。长江中下游各河段河型不同，其特性和演变规律也不同，所处的位置不同，各方面的需求也不相同，因此，其整治的方向也是不同的。根据长江中下游各种河型河道的特性、演变规律及稳定性，顺直型河段，宜以稳定有利的河势为主，并留有足够的滩地和泄洪断面，对于顺直段过长和主流上提下挫频繁或左右摆动幅度大的河段，应抓住有利时机加以整治，使其成为微弯河道。对于弯曲型河段，应确定正确的河势与治导线的关系，稳定有利河势，也可采用控导工程控制凹岸发展及改善弯道，使其成为曲率适度的优良河湾。弯道之间过长或过短的顺直过渡段的河势一般都不是很稳定，其变化直接影响弯道段的河势变化，应在适宜时机采取工程措施加以整治。对于蜿蜒型河段，根据经济社会发展的要求及优良弯曲河段的河湾形态，设计整治河宽、河湾形态参数，拟定整治河段的治导线，确定整治工程位置线。对于过度弯曲难以采取一般措施加以整治的，宜在充分论证的基础上实施人工裁弯。对于分汊型河段，尽可能将多汊整治成双汊，将鹅头型和过度弯曲的分汊型河段整治成微弯或曲率适度的弯曲型分汊河道，为此应抓住河道演变的有利状态，对上游节点、汊道入口、汊道内冲刷段、江心洲首尾部采取不同的措施加以整治，采取顺坝、丁坝、疏浚或潜坝等措施改善汊道条件，对多汊河段中持续衰退的较小的汊道加以堵汊以减少分汊数。这些整治的原则和方向都被各类规划采用，并被《河道整治设计规范》(GB 50707—2011)（中华人民共和国水利部，2011）所采纳。

对于长江中下游各河段的具体整治方向，以往不同时期都进行过研究，在相关的流域综合规划、河道治理规划中都有较详细的论述。随着经济社会的快速发展，岸滩开发利用、航道整治、取调水等人类活动对河道演变产生一定的影响，甚至是累积性影响，尤其是三峡工程及干支流控制性水利水电工程的兴建运用，对中下游河道水沙条件、河湖冲淤演变将产生深远影响，持续时间长、范围广、程度大。因此，应在充分考虑三峡工程等梯级水库运用对中下游河道防洪与航运等带来的巨大影响的基础上，深入研究预测这些强烈的人类活动对河道冲淤演变的影响，充分利用有利因素，防止不利因素的影响，结合各地区经济社会发展需求，研究确定各河段的整治方向、目标和方案，制订治理规划，并适时予以实施。

3. 河道整治主要工程措施

河道整治中可以采取的工程措施很多，不同地理环境中的河流整治措施有所不同，如长江与黄河河道整治的工程措施就不完全相同，大型河流与中小型河流整治的措施也有所不同，山区河流与冲积平原河流整治的措施差别比较大，不同河型的河道及整治目标不同，采取的工程措施也有区别。

在长江中下游河道整治中，针对不同河型的河道、不同的整治目标，采取的工程措施也是有一定差别的。护岸工程是最普遍采用的工程措施，无论是崩岸治理、河势控制、不同类型重点河段的整治，还是航道整治、岸滩利用等都广泛采用；修建丁坝、顺坝、潜锁坝、洲头鱼嘴等工程措施常用于河势控制、分汊型河道分流控制与调整、航道整治中；潜锁坝、护底工程常用来抑制河床冲刷；裁弯工程是蜿蜒型河道整治的治本措施；堵汊工程则是分汊型河道整治的重要措施，用以减少分汊数，也用于河口促淤；海塘工程、围垦工程主要用于河口滩岸防护和促淤，其中围垦工程也用于内河滩地利用工程中；护滩带多用于航道整治，也用于河道整治中来抑制洲滩冲刷；河床疏浚主要用于航道维护；等等。这些工程措施可以单独使用，也可以几种措施组合使用，具体需根据整治河段的特性及整治目标综合研究确定。

5.2 长江中下游河势与河势控制

在长江中下游几十年的河势控制工程历史中，长江科学院根据当时的学科发展前沿，将动力学的概念引入河势的内涵中，明确了河势是“主流线与河岸线的相对位置”的基本内涵，并与河道整治工程相结合，提出了以河流主流线为主线的河势控制工程概念。在随后的河道整治工程实践中，丰富和发展了河势控制工程的理论，使之成为长江中下游河道整治工程理论的重要组成部分。

5.2.1 河势与河势控制理论

长江科学院将河势定义为主流线与河岸线的相对位置，并将其与河势规划结合，形成了河势控制工程的理论。

为保障长江下游防洪、航运安全，整治长江崩岸、港口淤积，满足社会经济建设的需求，1964 年 12 月长江水利水电科学研究院开展了长江下游大通至镇扬河段河势的初步规划工作，并于 1965 年 7 月正式提交了《长江下游大通至镇扬河段河势初步规划》（长江水利水电科学研究院，1965）。本次规划根据林一山同志要充分利用山矶节点、已有的护岸工程进行控制河势的指示，全面贯彻《长江中下游河道整治规划要点报告》（长江流域规划办公室，1960）中的“全面规划、综合利用；因势利导、重点整治；远近结合、分期实施”的规划原则，对该河段的河势进行了初步规划，与此同时，河势控制工程的理念逐步形成，并为河势控制理论的构建奠定了坚实的基础。此后，在下荆江河道的裁弯工程中也提出了河势控制工程。例如，1979 年长江科学院在下荆江裁弯工程总结中就指出：在拟定长江蜿蜒型河段系统裁弯规划的同时应“结合河势控制工程，以扩大泄洪量，确保堤防、城镇安全，同时缩短航程，改善通航条件，以利发展航运事业”（潘庆燊 等，1978）。1972 年长江科学院为解决葛洲坝水利枢纽布置问题，兴建了河势控制模型来进行研究。

总结过去的实践经验后，长江科学院 1987 年发表了《河势与河势控制》（潘庆燊，1987）一文，在河势的定义和河势控制工程理论上作出了重要贡献。该文根据 30 多年来整治长江河道的经验，论述了在大江大河上实施河势控制工程的必要性，以及天然河道和修建水利枢纽后河道的河势控制工程布置，最后提出了河势控制规划的一般原则。该文的两个重要贡献，其一是就河势的定义提出了主流线的概念，即现在的水流主动力轴线的概念，其二是系统提出了河势控制工程理论，并总结了河势控制工程的一般性原则。

关于河势的概念，文中指出："河势是河道在其演变过程中水流与河床的相对态势，可以河段内主流线与河岸线的相对位置来表示。"这一定义中"主流线"指的就是河道水流动力轴线。此后，在 1991 年出版的《中国水利百科全书》（中国水利百科全书编辑委员会，1991）词条编目中根据上述成果，在河势定义中直接采用动力学名词"动力轴线"来概括"主流线与河岸线的相对位置"。河势（river regime）定义为"河道水流动力轴线的位置、走向以及岸线和洲滩分布的态势"，并在其后作出解释："在治河工程实践中，常采用目测方法在平面图上勾绘河流的岸线、边滩、心滩、深槽和主流线的位置，称为河势图，通过对不同时期河势图的比较，可以大致了解河床演变的现状及其发展趋势，为工程规划设计提供依据。"在 2006 年出版的《中国水利百科全书》（第二版）（中国水利百科全书编辑委员会，2006）中对河势的定义与第一版完全一样，在解释中略有语句的修改："在治河工程实践中，常在地形图上勾绘河流的岸线、边滩、心滩、深槽和主流线的位置等，可以清楚看出河道的范围以及河道、水流的走向，该图称为河势图，通过对不同时期河势图的比较，可以大致了解河床演变的现状及其发展趋势，为工程规划设计提供依据。"

5.2.2　河势控制工程治导线

治导线指河道经过整治以后在设计流量下的平面轮廓。制订治导线不但要求能很好地满足国民经济各部门的要求，而且它也是布置建筑物的重要依据。因此，制订治导线必须从全局着眼，并且要遵循因势利导，充分利用已有工程和较难冲刷的河岸的原则，分析历史的河势变化规律，确定适宜的河势流路，以达到规划设计治导线的目的。治导线类型有洪水治导线、中水治导线、枯水治导线。设计参数主要有设计流量、设计水位、设计河宽、泄洪河槽宽和河湾要素等。其中，河湾要素又包括弯曲半径 R_1、中心角 φ_*、弦长 L_x、弯曲幅度 P、河湾跨度 T_b 及两湾之间直河段长度。治导线的河湾形态通常有单一圆弧、双圆弧和复合圆弧三种。

荆江河势控制工程在规划过程中，按安全泄量计算了荆江平滩河宽，上荆江为 1100 m，下荆江为 1300 m，根据安全泄量和荆江的河湾要素制订下荆江河段的治导线，治导线主要包括长顺直段盐船套的微弯调控治导线，天字一号卡口、荆江门卡口和铺子湾卡口拓宽治导线，石首河段、荆江门至城陵矶河段整治治导线，调关、中洲子、荆江门等弯顶守护工程治导线及乌龟洲洲头守护治导线等。下荆江河势控制的治导线设计的具体要求为，主河槽面积不小于 15000 m^2，平滩河宽不小于 1300 m，满足当时航运部门对航道的要求，弯道过渡段长度大于 7 km，航槽最小宽度大于 80 m，弯曲半径大于 1500 m。

5.2.3 不同河型河道的河势控制思路

长江科学院先后承担了下游安庆河段、马鞍山河段、南京河段、扬中河段、镇扬河段的河势控制研究工作，中游下荆江的河势控制研究工作，长江中下游干流河道整治河势控制方案的研究工作，三峡工程蓄水后荆江的河势控制方案的研究工作，以及长江流域综合规划和长江中下游干流河道治理规划修编中的河势控制方案的研究工作，同时在研究过程中对上荆江弯曲分汊型河道、下荆江蜿蜒型河道和下游分汊型河道等不同类型河道的河势控制规划问题进行了较系统的总结（余文畴和卢金友，2005；余文畴，1994b；余文畴和夏细禾，1993）。

1. 上荆江弯曲分汊型河道的河势控制

上荆江河道的岸线相对下荆江河道基本受到控制，在河势控制方案研究中主要考虑江心洲汊道改变带来的河势问题，如沙市三八滩南北汊的河势控制、公安河段左右汊的河势控制问题等，这些河势控制问题也与航道整治紧密结合。

（1）目前上荆江两岸的岸线基本受到控制，现有河势存在的主要问题是，江心洲汊道的河势不稳定，在大洪水作用下常发生大的变化；河势衔接不好，过渡段太长，在不同水文年主流线常发生变化；有的河湾之间过渡段又太短，主流顶冲江岸；另外，还存在河宽太窄的卡口泄洪不畅的问题。因此，上荆江应当在加强守护、调整和改善河势的基础上进行总体河势控制。

（2）考虑三峡水库“清水”下泄对河床的冲刷，原有的主槽会加深拓宽，原两汊交替变化的汊道可能会形成明显的主槽，长过渡段的平面形态可能会因水流过程的改变而调整。因此，上荆江河道的河势调整应结合三峡工程蓄水后上荆江可能发生的河势变化情况，在有利于防洪、航运和综合利用的前提下进行河势控制。

2. 下荆江蜿蜒型河道的河势控制

1949 年以前长江中下游干流河道的整治工程主要是荆江河段、武汉河段和南京河段等局部河段的护岸工程，以及河口的海塘工程（长江科学院，2000b）。1949 年以后国家对长江干流的治理非常重视，1960 年长江流域规划办公室编制了《长江中下游河道整治规划要点报告》（长江流域规划办公室，1960），其内容包括崩岸治理、弯道与汊道整治、航道整治与港埠维护等整治方案和工程措施。在该报告的指导下，以荆江河道治理为重点，拟定了在沙滩子、中洲子、上车湾、石首与观音洲 5 处弯道进行人工裁弯的南线方案。1967～1969 年，先后实施了中洲子、上车湾 2 处人工裁弯，1972 年发生了沙滩子自然裁弯。

以中洲子裁弯工程为例，工程包括引河开挖工程、新河护岸工程、新河北堤工程、防止调弦河湾狭颈冲穿的护岸工程和新河上下游河势控制工程。引河开挖工程于 1966 年 10 月开工，1967 年 5 月竣工。1968 年汛后，引河已发展至预计的宽深尺度，即开始进行新河护岸工程。至 1971 年汛前为止，经过三期枯季施工和两个汛期的防汛抢护，新河护岸工程已基本稳定。在引河竣工过流前后，还先后兴建了新河北堤工程、调弦河湾狭颈隔堤和护岸工程，以及新河上下游河势控制工程。由于三个河段河势控制的重要性，1974 年首次以规划报告的形式提出了下荆江河势控制初步规划，此后 1974～1987 年围绕下荆江河势控制进行了大量的工作，并形成了《下荆江河势控制工程规划报告》（长江流域规划办公室长江水利水电科学研究院，1983）和《下荆江河势控制规划补充分析报告》（长江流域规划办公室长江水利水电科学研究院，1986）。

河势控制规划指导思想是，控制有利河势，全面规划，统筹安排，按照“先急后缓，保证重点，分段建成，全面照顾”的原则，进行工程的规划、设计与施工。工程规划的要求如下：有足够的断面可以畅泄洪水，平滩河宽不小于 1 300 m；应整治为有利于防洪和航运的微弯河道，航槽最小宽度为 80 m，弯曲半径大于 1 500 m。长江科学院总结了下荆江蜿蜒型河道的河势控制思路，在系统裁弯调整河势的基础上进行了河势控制和河势控制中的一般性问题的研究。

1）在系统裁弯调整河势的基础上进行河势控制

蜿蜒曲折的下荆江河道演变的主要特征是平面变形。凹岸受水流顶冲而崩岸，对岸凸岸边滩的淤长也保持同等的速度。在环流强度很大的弯道水流作用下，河湾半径很小，形成九曲回肠的河曲带。当相邻河湾发展，相互靠近成狭颈时，河漫滩受洪水期漫滩水流的切割，发生自然裁弯；在弯曲半径很小的河湾，有时也发生水流撇弯切割边滩现象。因此，下荆江蜿蜒型河道不仅存在相邻弯道之间河势相互影响的“一弯变，弯弯变”的特征，还存在自然裁弯和切滩带来的河势的更大变化。总之，下荆江蜿蜒型河道处于河势不稳定的状态。蜿蜒型河道蜿蜒曲折，行洪不畅；曲率半径小，过渡段长，浅滩多，不利于航运；同时崩岸还影响两岸城镇安全和经济的发展，因而采取人工裁弯并控制和稳定裁弯后的河势应是蜿蜒型河道整治的方向。综上所述，稳定下荆江河道的河势，不可能是将现有的蜿蜒曲折形态的河势都进行控制而固定下来，而是要全面考虑荆江防洪、航道和江湖关系的变化，实施系统裁弯工程，在充分研究裁弯后河势可能出现的调整的基础上进行河势控制。

2）河势控制中的一般性问题

（1）对于曲率适度，弯曲半径满足航道要求，弯曲河道长度 S_b 与弯曲半径 R_1 之比为 1～2.5 的弯道，以护岸工程控制其河势；对于曲率较大，弯曲半径小，有可能发生撇弯切滩的弯道，可采取工程措施，调整岸线，使其成为较为平顺的弯道；对于已经发生或即将发生撇弯切滩的河湾，应对上下游河势予以适当调整。

（2）对弯道段的河势控制应注意控制水流顶冲部位的下移。为此，可考虑弯顶下半段的曲率应大于上半段的曲率，同时下半段弯道应有足够的长度，以控导水流较为稳定地进入下一弯道。

（3）调整过渡段长度和过长的顺直段。一般来说，过渡段长度以不大于三倍河宽为宜；过长的顺直段应采取工程措施或允许岸线后退，将其调整为微弯形态之后加以控制。

（4）对于下荆江蜿蜒型河道，还存在个别曲率大的弯段，河势调整很困难，另外，个别江心洲汊道河段仍在不断变化，存在出口与洞庭湖相互顶托、河势不顺的问题，应考虑是否继续裁弯，并结合江心洲汊道整治及三峡工程对下荆江河势的影响，研究整个下荆江河势的控制及稳定问题。

3. 分汊型河道的河势控制

在长江的治理中，河势在工程上体现其重要性要追溯到长江流域规划办公室（已更名为长江水利委员会）的首任主任林一山，1964 年 12 月林一山首次提出了“河势规划”的概念。他指导科研人员先进行了长江下游经济地位重要的大通至镇扬河段的河势规划，强调利用沿长江的天然节点，实施护岸工程，达到基本控制河势的目的。编制河势控制规划的任务下达到了当时的长江水利水电科学研究院（已更名为长江科学院）。1965 年 7 月长江水利水电科学研究院编制完成了《长江下游大通至镇扬河段河势初步规划》（长江水利水电科学研究院，1965）。该规划分四章分别介绍了河段的基本情况和整治任务，河段的整治方向和整治措施，初步的轮廓规划，以及今后需研究的问题。

关于整治方向，该规划讨论了保持分汊河型和单一河型或减少分汊数的两种整治方向，综合分析后认为“改造分汊河型使之向单一或减少分汊的河道方向发展，应成为本河段的远景治导方向”。

关于整治措施，该规划中指出河道整治可采用的措施有：“①利用节点、天然良好弯道、已有的护岸工程和今后必须守护的河岸，控制河势；②根据河势发展需要与可能采取堵塞或稳定汊道的措施，改造分汊河道向单一的减小分汊的河道发展，满足航运和工农业生产的需要；③因地制宜，采用沉排或抛石护岸，稳定江床；④维护航道和港埠，也可采用挖泥疏浚。”

该规划明确规划方案应满足：①能安全宣泄设计洪水流量，不因河工建筑物的设置而壅高水位，影响堤防安全；②能满足近期和远期航运发展的需要；③稳定河道，确保重点堤防、城镇、工矿企业和居民点不受坍岸的威胁；④保障港埠码头和工农业引水排水口门和穿江运河口门的运行安全。在满足上述条件下，初步拟定两个轮廓方案：“近期方案，即稳定现有险工，稳定现有河势，使之不继续恶化；远景方案，即改造河流现状，使之逐渐向单一或少支汊河道方向发展。”按铜官山（铜陵河段，53 km）、黑沙洲河段（28 km）、芜裕河段（45 km）、马鞍山河段（33 km）、南京河段新济洲段（22 km）、南京河段（62 km）和镇扬河段（66 km）分段规划。

长江科学院总结研究成果和实践经验后认为分汊型河道的河势控制主要是节点的控制、江心洲洲头的控制和洲尾的控制，具体如下。

（1）节点的控制。长江中下游城陵矶以下的分汊型河道具有宽窄相间的平面形态，由一个个节点划分为汊道单元（称汊道河段）。每个汊道单元都由进口和出口束窄段的节点与节点之间的江心洲分汊河床组成。有的相邻汊道之间连接段较长，上一汊道的出口节点之后往往经过一段单一河槽的顺直微弯段，再到下一汊道的进口节点。有关研究表明，节点在长江中下游分汊型河道的河床演变中对河势具有很强的控制作用。一方面，节点可以阻止上一汊道河段的江心洲不再下延，在河道平面形态中可以保持相对稳定性；另一方面，经过节点束流控制和调整作用，上一汊道的变化对下游的影响减弱或者说具有某种滞后性。节点的控制和调整水流作用随节点（束窄河段）的长度、节点断面的宽深比而异。节点长度较长，即上一汊道的出口节点与下一汊道进口节点之间有一单一河槽的连接段，其调整水流和控制河势的作用就强；当上一汊道的出口节点即下一汊道的进口节点时，上述控制作用就较弱。节点断面河宽较小，宽深比较小，调整水流和控制河势的作用就较强。综上所述，在长江中下游河道保持分汊河段节点的稳定，充分利用节点调整水流的作用，对分汊型河道河势控制具有首要的意义。长江中下游分汊型河道要达到河势的稳定必须首先控制节点的稳定。

（2）江心洲洲头的控制。长江中下游河道经过长期造床作用而塑造的宽窄相间的平面分汊形态，基本上是有序的，其中江心洲这一河床地貌形态是分汊型河道组成中不可分割的部分。对长江中下游分汊型河道的河势进行控制并达到河势稳定，不能离开江心洲的控制和稳定。在江心洲的整治中，洲头的稳定和控制又具有非常关键的作用。对江心洲洲头进行控制，首先要区别洲头以上分流区的水流状态。当主流顶冲江心洲洲头时，水流属于两侧分流；当分流区主流直接进入某汊（即主汊）时，水流属于一侧分流。属于两侧分流的汊道，两汊都具有一定的入流条件，汊道的动态变化十分显著。例如，洲头遭受主流顶冲后后退，洲头分水的形态随之变化，反过来它又影响分流态势和两汊口门滩槽的态势；同时，洲头后退，往往改变两汊的沿程相对阻力和口门局部阻力。因此，控制洲头的稳定对于汊道河段河势的稳定具有十分重要的作用。属于一侧分流的汊道，支汊很可能单向累积性淤积，洲头因该侧淤积的发展很可能与江岸相连成为拦门沙坎，洲头处于主汊一侧及其以下的河岸线将成为河势控制部分。在这种条件下，还要防止洲头在较高水位时由支汊向主汊的越滩水流造成的对洲头的切割。洲头的切割，不管是低滩部位还是高滩部位，都会对汊道河势稳定带来影响，给洲头防护带来复杂因素，若不加以防止，会对河势控制造成很大的困难。

（3）江心洲洲尾的控制。长江中下游分汊河段的江心洲洲尾在河势控制中也具有重要的作用，这主要表现在两个方面。一是在各汊都有一定的分流比的条件下，洲尾各汊水流交角的平面形态不同，在控制下游河势中往往具有不同的作用。当出口支汊交角较大时，支汊水流汇合时掺混作用强，往往在洲尾形成较发育的局部冲刷坑。局部冲刷坑往往又造成出口节点更为窄深的形态，对下游河势控制作用就强。反之，如果支汊出口交角小，支汊出流较平顺，不形成局部冲刷坑，那么往往构成较宽浅的断面形态，对下游河势控制作用就较弱。二是分汊河段的主汊占很大的分流比，其他支汊分流比很小，主汊在河势控制中占主导地位。在这种情况下，约束主流的江心洲凹岸控制河势的作用很强，而江心洲的尾部在控制主流方向中就更为重要。如果水流顶冲下移，洲尾崩失而失去控制，原来汊道出口的主流方向就将改变，会直接破坏出口节点的稳定，下游河势将受到大的影响。因此，江心洲洲尾的控制实际上与出口节点的稳定是有密切联系的。要确保分汊河段出口节点的稳定，维持原主流进入下游的方向不变，必须对江心洲洲尾进行控制，这也是分汊型河道河势控制中必须重视的方面。

参 考 文 献

长江流域规划办公室, 1978. 长江中下游护岸工程基本情况及主要经验[C]// 长江流域规划办公室. 长江中下游护岸工程经验选编. 北京: 科学出版社.

长江流域规划办公室, 1959. 长江流域综合利用规划要点报告[R]. 武汉: 长江流域规划办公室.

长江流域规划办公室, 1960. 长江中下游河道整治规划要点报告[R]. 武汉: 长江流域规划办公室.

长江流域规划办公室长江水利水电科学研究院, 1983. 下荆江河势控制工程规划报告[R]. 武汉: 长江水利水电科学研究院.

长江流域规划办公室长江水利水电科学研究院, 1986. 下荆江河势控制规划补充分析报告[R]. 武汉: 长江水利水电科学研究院.

长江流域规划办公室水文处河流研究室, 1959. 荆江河道特性初步研究[J]. 泥沙研究, (2): 3-20.

长江水利委员会, 1992. 长江中下游护岸工程技术要求(试行稿)[R]. 武汉: 长江水利委员会.

长江水利委员会, 1993. 长江中下游河势控制应急工程规划报告[R]. 武汉: 长江水利委员会.

长江水利委员会, 1997. 长江中下游干流河道治理规划报告[R]. 武汉: 长江水利委员会.

长江水利委员会, 2008a. 长江流域防洪规划[R]. 武汉: 长江水利委员会.

长江水利委员会, 2008b. 长江口综合整治开发规划[R]. 武汉: 长江水利委员会.

长江水利委员会, 2009. 长江中下游干流河道采砂规划[R]. 武汉: 长江水利委员会.

长江水利委员会, 2012. 长江流域综合规划(2012～2030 年)[R]. 武汉: 长江水利委员会.

长江水利委员会, 2016. 长江中下游干流河道治理规划(2016 年修订)[R]. 武汉: 长江水利委员会.

长江水利水电科学研究院, 1965. 长江下游大通至镇扬河段河势初步规划[R]. 武汉: 长江水利水电科学研究院.

长江水利水电科学研究院, 1981. 葛洲坝工程坝区泥沙模型设计及验证试验报告[R]. 武汉: 长江水利水电科学研究院.

长江水利水电科学研究院, 1982. 黏性土抗冲特性浅述[R]. 武汉: 长江水利水电科学研究院.

长江科学院, 2000a. 三峡水库下游宜昌至大通河段冲淤一维数模计算报告[R]. 武汉: 长江科学院.

长江科学院, 2000b. 长江志·中下游河道整治(第 20 卷)[M]. 北京:中国大百科全书出版社.

长江科学院, 2000c. 长江中下游平顺护岸工程设计技术要求(试行稿)[R]. 武汉: 长江科学院.

长江科学院, 2002. 三峡水库下游宜昌至大通河段冲淤一维数学模型计算分析[C]// 国务院三峡工程建设委员会办公室泥沙课题专家组, 中国长江三峡工程开发总公司三峡工程泥沙专家组. 长江三峡工程泥沙问题研究(1996—2000)(第七卷). 北京: 知识产权出版社.

长江科学院, 2005. 长江中下游护岸工程关键技术研究[R]. 武汉: 长江科学院.

陈媛儿, 谢鉴衡, 1988. 非均匀沙起动规律初探[J]. 武汉水利电力学院学报, (3): 30-39.

丁君松, 杨国禄, 熊治平, 1982. 分汊河段若干问题的探讨[J]. 泥沙研究(4): 39-51.

韩其为, 王玉成, 1980. 对床沙质与冲泻质划分的商榷[J]. 人民长江(5): 49-57.

侯穆堂, 李玉成, 钟声扬, 等, 1957. 底沙冲刷流速的试验研究[J]. 大连工学院学刊(4): 61-81.

惠遇甲, 王桂仙, 姚美瑞, 等, 1984. 长江葛洲坝枢纽回水变动区泥沙问题的模型试验研究[J]. 泥沙研究,

4: 1-11.
冷魁, 1993. 非均匀沙卵石起动流速及输沙率的试验研究[D]. 武汉: 武汉水利电力学院.
李保如, 陈俊施, 1958. 黄河河床质起动流速的研究[R]. 北京: 中国水利科学研究院河渠研究所; 郑州: 黄河水利委员会水利科学研究所.
李保如, 1959. 泥沙起动流速的计算方法[J]. 泥沙研究, 4(1): 71-77.
李大志, 余文畴, 2003. 沉排破坏过程试验研究[C]//长江重要堤防隐蔽工程建设局, 长江科学院. 长江护岸及堤防防渗工程论文选集. 北京: 中国水利水电出版社.
林木松, 唐文坚, 2005. 长江中下游河床稳定性系数计算[J]. 水利水电快报, 26(17): 25-27.
刘艾明, 徐海涛, 卢金友, 2006. 矩形水槽水流紊动特性分析[J]. 长江科学院院报(1):12-15.
卢金友, 1990. 长江泥沙起动流速资料分析[J]. 人民长江(4): 39-45.
卢金友, 1991. 长江泥沙起动流速公式探讨[J]. 长江科学院院报(4): 57-64.
卢金友, 徐海涛, 姚仕明, 2005a. 天然河道水流紊动特性分析[J]. 水利学报, 36(9):1029-1034.
卢金友, 徐海涛, 姚仕明, 2005b. 天然感潮河道水流紊动特性分析[J]. 海洋工程, 23(3): 70-77.
卢金友, 渠庚, 李发政, 等, 2011. 下荆江熊家洲至城陵矶河段演变分析与治理思路探讨[J]. 长江科学院院报, 28(11): 113-118.
卢金友, 姚仕明, 邵学军, 等, 2012. 三峡工程运用后初期坝下游江湖响应过程[M]. 北京: 科学出版社.
罗海超, 1992. 长江中下游河道演变及整治的研究与展望[J]. 长江科学院院报(3): 32-38.
罗海超, 周学文, 尤联文, 等, 1980. 长江中下游分汊河型成因研究[C]//中国水利学会. 河流泥沙国际学术讨论会论文集. 北京: 光华出版社.
南京水利科学研究所, 1974. 三三〇工程坝区模型设计[R]. 南京:南京水利科学研究所.
欧阳履泰, 余文畴, 1985. 长江中下游护岸形式的分析研究[J]. 水利学报(3): 3-11.
潘庆燊, 1987. 河势与河势控制[J]. 人民长江, (11):1-9.
潘庆燊, 史绍权, 段文忠, 1978. 长江中游河段人工裁弯河道演变的研究[J]. 中国科学(2): 212-225.
潘庆燊, 余文畴, 曾静贤, 1981. 抛石护岸工程的试验研究[J]. 泥沙研究(1): 75-84.
水利水电科学研究院, 1989. 水压力对细颗粒泥沙起动流速影响的试验研究[R]. 北京: 水利水电科学研究院.
唐日长, 潘庆燊, 袁金炼, 等, 1964. 蜿蜒性河段成因的初步分析和造床试验研究[J]. 人民长江(2): 13-21.
武汉水利电力学院, 1985. 长江三峡工程变动回水区青岩子河段泥沙模型设计报告[R]. 武汉: 武汉水利电力学院.
武汉水利电力学院水流挟沙能力研究组, 1959. 长江中下游水流挟沙力研究: 兼论以悬移质为主的挟沙水流能量平衡的一般规律[J]. 泥沙研究, 4(2):54-73.
徐海涛, 郭炜, 刘娟, 2005. 急剧扩散河段水流紊动特性分析[C]//姚文艺. 第六届全国泥沙基本理论研讨会会议论文. 郑州:黄河水利出版社:375-383.
徐海涛, 卢金友, 刘小斌, 2011a. 不连续宽级配床沙推移质输沙率特性试验分析[J]. 长江科学院院报, 28(10):26-30.
徐海涛, 卢金友, 刘小斌, 2011b. 不连续宽级配床沙推移质输沙率的计算方法[C]//河海大学. 第八届全国泥沙基本理论研究学术讨论会. 南京: 河海大学出版社: 548-554.
姚仕明, 卢金友, 2006a. 抛石护岸工程试验研究[J]. 长江科学院院报, 23(1): 16-19.

姚仕明，卢金友, 2006b. 两种护岸新材料的应用技术试验研究[J]. 泥沙研究(2): 17-21.
姚仕明，陈攀，金琨, 2003a. 抛石护岸稳定性分析[C]// 长江重要堤防隐蔽工程建设管理局，长江科学院. 长江护岸及堤防防渗工程论文选集. 北京：中国水利水电出版社.
姚仕明，余文畴，董耀华, 2003b. 分汊河道水沙运动特性及其对河道演变的影响[J]. 长江科学院院报(1): 7-9, 16.
姚仕明，卢金友，徐海涛，2005. 黄陵庙水文断面垂线流速分布特性研究[J]. 长江科学院院报，22(4):8-11.
姚仕明，卢金友，罗恒凯，2006a. 长江中下游护岸工程新材料新技术试验研究[J]. 人民长江，37(4): 79-80.
姚仕明，张超，王龙，等, 2006b. 分汊河道水流运动特性研究[J]. 水力发电学报, 25(3):49-52.
姚仕明，卢金友，岳红艳, 2007. 小颗粒石料护岸工程技术研究[J]. 泥沙研究(3): 4-8.
姚仕明，黄莉，卢金友, 2011. 三峡与丹江口水库下游河道河型变化研究进展[J]. 人民长江, 42(5):5-10.
姚仕明，黄莉，卢金友, 2012. 三峡、丹江口水库运行前后坝下游不同河型稳定性对比分析[J]. 泥沙研究(3): 41-45.
尹学良，王延贵, 1988. 关于分流淤积的一些问题[J]. 水利学报(3): 65-74.
余文畴, 1986. 长江下游水流挟沙力经验公式[J]. 长江水利水电科学研究院院报, 3(1):45-53.
余文畴, 1987. 长江分汊河道口门水流及输沙特性[J]. 长江水利水电科学研究院院报(1): 14-25.
余文畴, 1994a. 长江中下游河道水力和输沙特性：初论分汊河道形成条件[J]. 长江科学院院报(4): 16-22.
余文畴, 1994b. 长江中下游河道平面形态指标分析[J]. 长江科学院院报, 11(1):48-55.
余文畴, 2003. 长江中游团风河段整治规划工作回顾[J]. 长江志季刊(科学研究专辑)(1):20-25.
余文畴, 2006. 长江中游下荆江蜿蜒型河道成因初步研究[J]. 长江科学院院报(6):9-13.
余文畴，卢金友, 2005. 长江河道演变与治理[M]. 北京：中国水利水电出版社.
余文畴，卢金友, 2008. 长江河道崩岸与护岸[M]. 北京：中国水利水电出版社.
余文畴，夏细禾, 1990. 长江中下游河型调查报告[R]. 武汉:长江科学院.
余文畴，夏细禾, 1993. 长江中下游冲积平原河流河型分类及其形态指标[J]. 人民长江, 24(9):31-36.
余文畴，张敬, 1995. 长江中下游长河段阻力系数分析[J]. 人民长江(4): 8-14.
张植堂，姚于丽, 1989. 长江上游河床卵石起动流速表达式的讨论[J]. 长江科学院院报, 6(2): 1-10.
张植堂，潘庆燊，叶树森，等, 1964. 下荆江河弯水流分析研究[J]. 人民长江(2):1-12.
张植堂，林万泉，沈勇健，1984. 天然河弯水流动力轴线的研究[J]. 长江水利水电科学研究院院报(1): 47-57.
中国科学院地理研究所，长江水利水电科学研究院，长江航道局规划设计研究院，1985. 长江中下游河道特性及其演变[M]. 北京：科学出版社.
中国水利百科全书编辑委员会, 1991. 中国水利百科全书[M]. 北京：水利电力出版社.
中国水利百科全书编辑委员会, 2006. 中国水利百科全书[M]. 2 版. 北京：水利电力出版社.
中华人民共和国水利部, 2011. 河道整治设计规范: GB 50707—2011[S]. 北京：中国计划出版社.
中华人民共和国水利部, 2013. 堤防设计工程规范: GB 50286—2013[S]. 北京：中国计划出版社.
XU H T, LU J Y, LIU X B, 2008. Non-uniform sediment incipient velocity[J]. International journal of sediment research, 23(1): 69-75.

第二篇

河道整治关键技术

河道整治技术是河道整治取得预期目标的关键，围绕长江中下游河势控制、河道整治关键技术，近 70 年来许多单位和学者进行了卓有成效的研究，取得了大量成果，并成功应用于河道整治实践。本篇分别以顺直型河道、蜿蜒型河道和分汊型河道为研究对象，提出不同河型河道的河势控制技术，并以盐船套河段为例论述长江中下游顺直型河道在三峡工程建成前后的守护重点布置等关键技术，以下荆江河段为例论述蜿蜒型河道的河势控制关键技术，以安徽马鞍山河段和江苏南京新济洲河段为例论述分汊型河道河势控制的关键技术。以长江中游界牌河段防洪与航运综合治理工程、武汉河段龙王庙险段综合整治工程、武汉河段汉口江滩综合整治工程、长江下游镇扬河段整治工程为例，分别对以防洪航运、城市河段综合利用、洲滩控制、抑制河床下切为主要目标的河道多目标协调综合整治关键技术进行研究，突破主汊动深水潜坝控流整治和感潮多汊河段分流与滩槽稳定及疏导控制技术难题。建立护岸工程设计准则及方法，解决护坡和护脚工程的关键技术问题。综合形成长江中下游河道整治技术体系，可指导长江中下游河道整治设计、施工及运行管理。

第 6 章　不同河型河道的河势控制关键技术

河势控制是长江中下游河道整治的基础，不同河型河道的河势控制思路相异，所采用的河势控制的关键技术也不同。本章阐述了长江中下游不同河型河道的河势控制技术。主要对顺直型河道、蜿蜒型河道和分汊型河道河势控制中的控制基本参数、控制措施等关键技术问题进行了详细论述，并在此基础上结合各典型河段河势控制工程实例进行了分析。

6.1　顺直型河道河势控制关键技术

长江中下游河道除上荆江杨家脑以上为山区河流向平原河流过渡的过渡性河段外，杨家脑以下基本为冲积性平原河流。长江中下游顺直型河道基本以下述三种形式存在：一是具有强约束河岸边界的单一河道，河道相对窄深，如宜昌至云池河段；二是具有一定约束河岸边界的单一河道，河道窄深，如铺子湾至盐船套河段；三是具有一定约束河岸边界的放宽型河道，河道沿程放宽，或江中有心滩（如太平口过渡段），或两岸有交错边滩，如周天河段、马家嘴过渡段等。顺直型河道的河势控制应依据不同类型顺直型河道的演变特征来确定。

1. 控制要素

顺直型河道的河势控制应因不同类型顺直型河道演变特征的不同而有所不同。对于单一顺直型河道，河势控制要素主要考虑平滩河宽 B_b、弯曲河道长度 S_b 及弯曲半径 R_1，控制岸线为合适曲率的平顺曲线；对具有一定约束河岸边界、河道沿程放宽的顺直型河道，河势控制要素主要考虑平滩河宽 B_b 及弯曲半径 R_1，通过控制江心滩的稳定或两岸边滩的发展，达到控制的目的。总的来说，顺直型河道的河势控制要素应主要考虑治导线的布置，即控制平滩河宽 B_b、弯曲河道长度 S_b 及弯曲半径 R_1 等（余文畴，1994）。

2. 控制措施

顺直型河道的河势控制应因势利导地采取工程措施，稳定有利河势下的边滩或江心滩，如采用鱼嘴工程、护滩带、护岸等稳定有利河势的边滩、江心滩，让河湾发展到具有适当曲率，再及时护岸，控制整个河势；对不利的河势，则采取相关的工程措施，并与护岸工程相结合，使河势向可控的和有利的方向发展，如对岸线做必要的后退，以调整岸线形态，通过改善流势达到改善河势的目的。

对于单一顺直型河道，河道的演变主要表现为犬牙交错边滩的上下游移动及横向冲淤变化，从而使河道河宽、弯曲半径等发生相应调整。针对这一类河道，主要采取护滩带、护岸等工程措施稳定或形成有利滩形和合适的河道弯曲半径，必要时采取丁坝群、退堤等强工程措施，达到控制河宽、河长和弯曲半径的目的（如下荆江盐船套河段）。

具有一定约束河岸边界、河道沿程放宽的顺直型河道，河道的演变较为复杂，上游的河势调整、河道内洲滩的冲淤变化等均可能使本河段的河势发生一定的调整。对长江中下游河道而言，此类河段进口两岸或者单侧基本有节点控制，如太平口过渡段上游有陈家湾节点控制，周天河段进口有郝穴矶头控制，马家嘴过渡段进口有杨二月矶控制等，因而上游河势变化对本河段的影响会减弱。因此，对此类顺直型河道的河势控制应以控制本河段内洲滩为主。通过鱼嘴工程、护滩带或护岸等工程措施，稳定江心滩及边滩的位置，控制其冲淤变化，从而达到控制河宽与弯曲半径的目的。

3. 典型河段河势控制案例

1）20 世纪 90 年代下荆江盐船套河段河势控制

下荆江盐船套河段历史上为长达 15 km 的顺直过渡段。河道主泓易摆动，边滩犬牙交错且不稳定。广兴洲边滩发育较完整，主泓左移，致使盐船套一带河岸发生间歇性崩塌，但速度较慢，最大年崩率仅为 20 m/a。20 世纪 50 年代后期主流逐步摆到左岸，主泓沿左岸下行，河道向左向微弯型发展，20 世纪 70 年代后，左岸新堤子以下岸线崩塌加剧，致使下游荆江门河湾水流进一步撇弯，主流趋直顶冲，形成急弯河势，加之荆江门 11 号矶头的阻水挑流，流态恶劣，对防洪及航运十分不利。

基于河道演变特点，按照河道治理因势利导的原则，长江科学院提出将盐船套河段控制成左向微弯河道，以达到稳定主流以利防洪、航运，同时利用其弯道的导流作用改善下游荆江门急弯态势的目的（长江科学院，1991a）。由于该段的上下游河势控制工程已建，该段所能采取的控导工程措施回旋余地较小，同时河道演变规律比较复杂。因此，在初步设计阶段对该河段进行了河工模型试验，以期优选出合理的河势控制治导线。

1991 年，长江科学院进行了推移质动床模型试验。模型平面比尺为 1∶700，垂直比尺为 1∶120，将木屑作为模型沙。为了制订合理的治导线，共进行了 11 组不同控制岸线方案的试验，分两类：第一类包括方案 1～7 和方案 11（推荐方案），以比较其工程效果，各个方案的差异主要是治导线进出口位置及曲率不同；第二类包括方案 8～10，主要是修建导流坝，以达到调整河势的目的。各个方案治导线特征值见表 6.1，其中除方案 7、8 以外，各方案治导线的宽度均为 1 300 m。

表 6.1　下荆江盐船套河段河势控制方案治导线特征值表

方案序号	治导线曲率半径/km	左岸最大后退宽度/km	治导线起始位置	治导线末端位置	备注
1	4.8	1.13	58#（杨岭子）	75#（团结闸）	
2	5.5	0.75	58#	75#	
3	6.0	0.75	58#	77#	

续表

方案序号	治导线曲率半径/km	左岸最大后退宽度/km	治导线起始位置	治导线末端位置	备注
4	5.4	0.88	58#	79#	
5	5.0	1.13	58#	80#	
6	5.7	0.81	58#	80#	
7	9.0	0.81	50#	75#	
8	9.0	0.83	50#	75#	加上导流坝
9	9.0	0.83	50#	75#	加上、下导流坝
10	9.0	0.80	50#	75#	
11（推荐方案）	11.0	0.43	53#	75#	

试验效果以荆江门弯道上过渡段主流右移幅度和一矶、二矶段近岸流速的增值为判别标准。通过各个方案的综合比较，提出了本河段河势控制的推荐方案，认为弯曲适度的盐船套河湾治导线上起杨岭子（进流条件较为理想），下迄新堤子（团结闸，若再到下游则效果不明显），全长 8.5 km，弯曲半径约 11 km（较能适应上游河势，并对荆江门弯道流态有一定程度的改善）。计划先守护两头、后守护中间。治导线较 1990 年坎边线最大后退 450 m，因此，左岸需建一段长 5 km 的新堤，新堤与设计治导线之间的最小距离为 100 m。

下荆江盐船套河势调整试验表明，由于将直段岸线调整为向左岸凹进，下游荆江门的弯道水流得到一定的改善。这说明，在产生崩岸的部位，水流顶冲的位置相对固定，是同时达到弯曲流路增长和弯曲半径减小，从而使顺直段变为弯曲段的必要条件，由此可以调整下游河势。盐船套河势调整后的 S_b 与 R_1 分别为 16 km 和 11 km，R_1/S_b=0.69，处于弯曲型范围 $R_1=(0.44\sim1)S_b$ 中的居中部位。

2）三峡工程运用以来下荆江盐船套河段河势控制

三峡工程运用以来，下荆江盐船套至荆江门河段河势基本稳定，存在的主要问题如下：一是盐船套至团结闸河段主流长期贴岸且距离下延，近岸河床冲深，导致团结闸段岸坡局部出现崩坍；二是主流从左岸团结闸至右岸荆江门的过渡段位置下移，导致荆江门急弯段曲率半径有继续减小的趋势，影响防洪安全和航运安全，且荆江门急弯段距东洞庭湖仅 2.5 km，水流顶冲，岸坡陡峭，地势险要。

2007～2010 年，长江科学院对三峡工程运用以来至 2022 年荆江河段的河道演变趋势进行了实体模型试验研究，并提出了具体的河势控制方案（长江科学院，2011）。根据实体模型试验预测成果，三峡工程运用初期（至 2022 年）盐船套一线近岸深槽继续冲刷，团结闸附近冲刷坑向上游延伸，主流贴岸距离下延；荆江门弯道主流顶冲点下移至荆 173 断面附近；弯道出口主流贴岸距离下延约 450 m，左岸熊家洲主流顶冲点下移约 400 m。因此，该段河势控制的总体思路是，控制团结闸段主流继续左移，抑制过渡段下移；对荆江门岸线进行守护，控制弯道出口段主流进一步下移。主要措施是：①对近岸冲刷坑扩大、上提的团结闸桩号 25+500～24+500 段岸线进行新护；②对近年持续冲刷、三峡工程运用后继续冲刷的团结闸桩号 23+240～22+280 段 960 m 护岸进行重点守护加固，避免团结闸一线继续崩退而导致下游荆江门弯道半径进一步减小；③对荆江门急弯段的险工薄弱段（桩号 2+000～5+500）进行重点加固；④对荆江门出口主流贴岸下延段（桩号 5+500～5+900）岸线进行新护，引导主流线使之平顺过渡到左岸，具体河势控制工程布置见图 6.1。

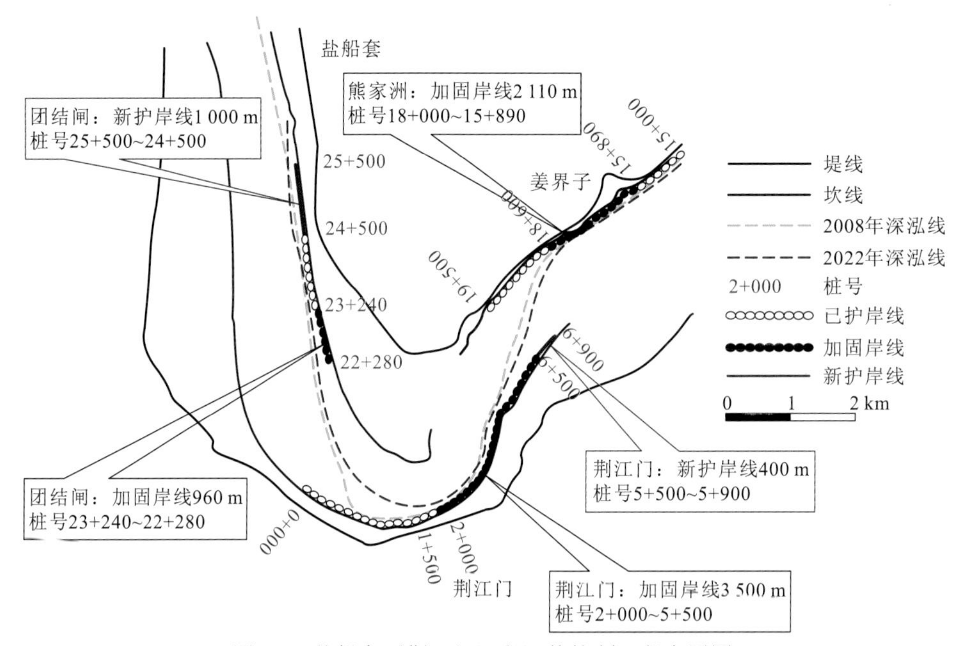

图 6.1　盐船套至荆江门河段河势控制工程布置图

6.2　蜿蜒型河道河势控制关键技术

6.2.1　河势控制基本参数

蜿蜒型河道的河势控制要根据河段演变趋势，采用不同的河势控制方案。河势控制方案应主要考虑治导线的布置，即控制平滩河宽 B_b、弯曲河道长度 S_b 及弯曲半径 R_1 等。已实施的下荆江蜿蜒型河道河势控制工程以裁弯工程为主，即河道由蜿蜒型变为弯曲型，主要是通过减小 S_b，增大 R_1 和 B_b 来实现。

1.平面形式参数

以裁弯工程为例（潘庆燊和胡向阳，2011）：裁弯工程中，引河线路一般应设计为弯曲型并具有适当的长度，使引河能朝预期弯曲的方向发展，并能与上下游弯道平顺衔接，避免裁弯后上下游河势改变过大。引河弯曲半径既要考虑河势稳定的要求，又要考虑航道要求，并结合一般弯道尺度的经验，合理控制相应的 R_1/S_b 值。裁弯工程引河的弯曲半径一般为平滩河宽的 2～3 倍，引河中心线与上下游弯道深泓线的交角以 20°～30° 较为适宜。

2. 长度参数

裁弯引河长度的选定一般以裁弯比（老河长度与引河长度的比值）为指标。引河过长，即裁弯比过小，开挖土方量大，且引河发展缓慢；引河过短，引河发展过程中，其凹岸岸线不能控导主流流向，可能引起下游河势较大的变化。裁弯工程以裁弯比为 3～9、引河长度为平滩河宽的 4～5 倍较为适宜。

3. 断面参数

裁弯引河的冲刷发展一般都是先冲深河底，随着引河两岸的崩塌河面逐渐展宽，同时为了加大引河流速，引河宜尽量挖深，并挖至易冲土层或通航标准高程；引河宽度则根据崩岸发展速度和通航要求选定。下荆江裁弯工程引河的断面面积为原河道的 1/30～1/17，引河发展过程中有 90%以上的土方量是由水流冲刷带走的，由于流速较大，并未出现碍航情况。

6.2.2　河势控制措施

蜿蜒型河道的河势控制要根据河段演变趋势，采用不同的河势控制措施。但需有两个重要前提：①需要有足够的断面面积来宣泄洪水；②要满足航道部门对通航的要求，弯道过渡段长度不宜过长，航槽最小宽度和弯曲半径应大于航道规划要求。对曲率适当、弯曲半径满足航道要求、弯曲河道长度 S_b 与弯曲半径 R_1 之比为 1～2.5 的平顺弯道，通常采用护岸工程控制凹岸发展，如下荆江监利河湾的治理。当弯道进出口曲折度大，水流不畅时，可采用削嘴和凹岸护岸工程调整河湾曲率，使之成为曲率适中的平顺弯道。在需要调整岸线的情况下，可在弯道采取一定的工程措施，让撇弯水流能长期地维持稳定，使蜿蜒河段的河势得到一定的改善。对于过度弯曲并形成较短狭颈的河环弯道，用上述方法难以达到稳定河势的目的，只能顺应河势发展趋势，在部分河环狭颈附近施以裁弯工程，并待新河发展到设计的预期宽深尺度时，及时进行护岸以稳定新河。裁弯段上下游河段的护岸工程应按河势控制规划分阶段实施，以达到稳定全河段、有利河势的目标。

6.2.3　河势控制实例

长江中游下荆江是典型的蜿蜒型河道（图 6.2），历史上该河道平面摆动频繁。1966 年和 1969 年分别实施了中洲子和上车湾人工裁弯。1972 年又发生了沙滩子自然裁弯，由于裁弯后未及时进行河势控制，部分河段的河势发生剧烈变化，河曲有所增长。为巩固裁弯成果，自 1984 年开始，对下荆江实施了碾子湾至荆江门长 110 km 河段的河势控

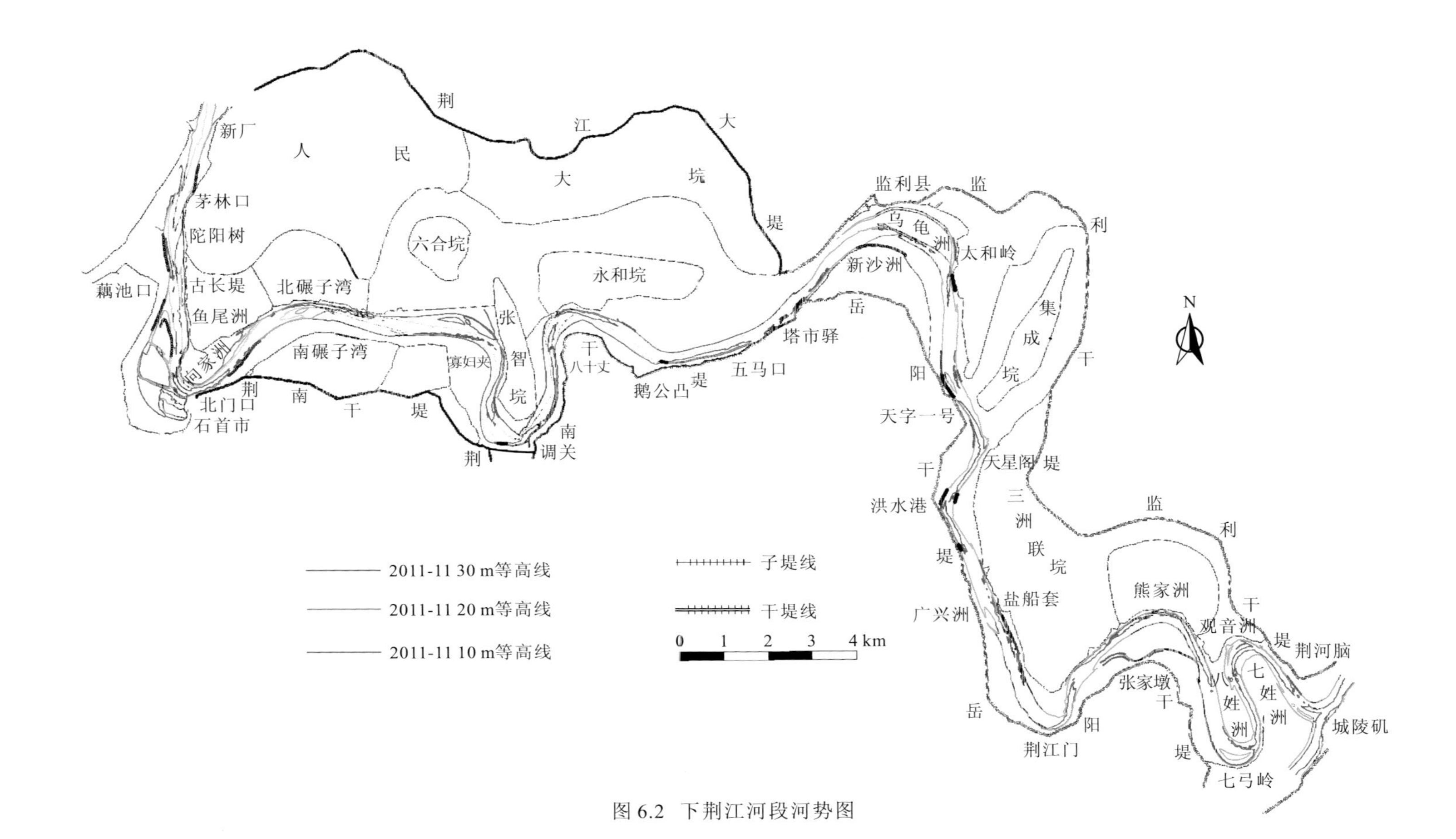

图 6.2 下荆江河段河势图

制工程，至 20 世纪 90 年代，下荆江共守护岸线 40.73 km。这一阶段受投资的限制，工程标准普遍偏低，各段守护范围普遍偏短，而且在建设过程中因河势调整，已建工程存在崩失和淤废现象，新的崩岸段不断产生。1998 年大洪水后，国家加大了治理长江的力度，使下荆江河道的河势控制工程能得到进一步的实施，在以往陆续实施的河势控制工程的基础上，根据河势现状和演变趋势，全面布置了河势控制中的新护工程和加固工程。

1. 下荆江蜿蜒型河道河势控制工程的目的与要求

根据“确保荆江大堤，江湖两利，蓄泄兼筹，以泄为主，上下荆江统筹考虑”的荆江地区防洪治理方针，下荆江河势控制工程的目的是，巩固裁弯工程效果，稳定有利河势，保护沿江堤防的安全。

下荆江河势控制规划原则是“全面规划，综合利用，因势利导，重点整治，以满足防洪、航运等部门的要求”。

下荆江河势控制设计的具体要求如下：①要有足够的断面来宣泄洪水。下荆江主河槽面积不小于 15000 m^2，平滩河宽不小于 1300 m。②要满足航运部门对航道的要求，弯道过渡段长度不宜大于 7 km，航槽最小宽度应大于 80 m，弯曲半径应大于 1500 m。

2. 下荆江蜿蜒型河道河势控制工程的总体布置方案

《下荆江河势控制工程规划报告》(长江流域规划办公室和长江水利水电科学研究院，1983）中，确定下荆江河势控制工程由石首河段、沙滩子自然裁弯河段、中洲子人工裁弯河段、上车湾人工裁弯河段、盐船套至荆江门河段和熊家洲至城陵矶河段共 6 个河段的河势控制工程组成，并提出了各段的工程布置方案（图 6.3、图 6.4）。总体布置 118.07 km 岸线的加固和新护，另有削矶 181 m，卡口拓宽 1850 m 及部分退垸工程。其后，在工程实施过程中，根据河道的变化和工程经验的积累，对下荆江河势控制工程总体布置方案做了修改和补充（图 6.5、图 6.6）。

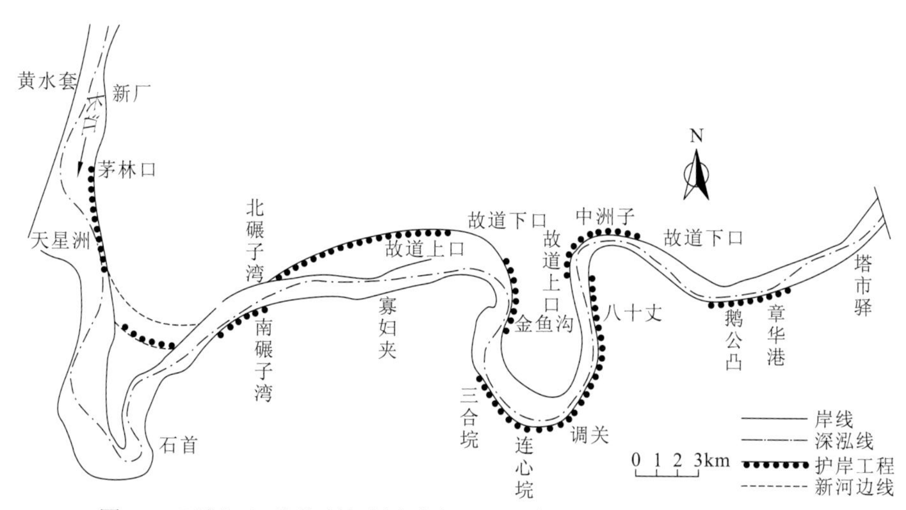

图 6.3　下荆江河势控制规划方案新厂至塔市驿河段示意图（1983 年）

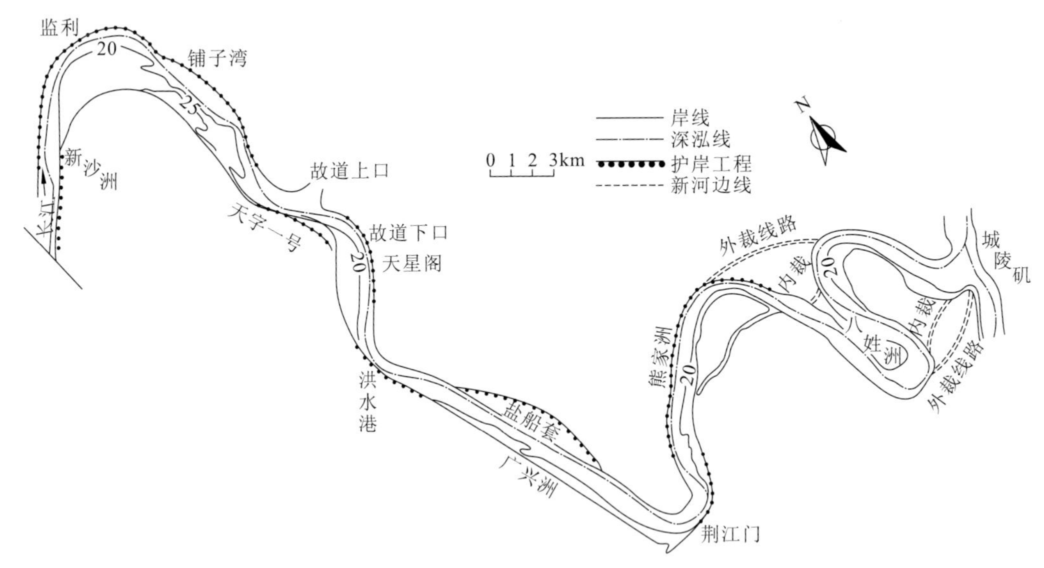

图 6.4 下荆江河势控制规划方案塔市驿至城陵矶河段示意图（1983 年）

1）石首河段

石首河段上起茅林口，下迄南碾子湾，全长 31 km。《石首河段河势控制规划意见》（长江科学院，1991b）建议采用石首河湾人工裁弯工程方案。1994 年 6 月石首河湾狭颈崩穿过流，发生撇弯。原拟定的石首河段裁弯工程方案已不宜实施，因此重新研究石首河段的整治工程方案。石首河湾自 1994 年切滩撇弯以来，河势处于剧烈的调整之中，特别是新生滩左、右汊，1994 年撇弯发生后主流枯期走右汊，主航道也移至右汊。但 1997 年汛后，左汊又发展为主航道，下游其他河段河势也有不同的变化。左岸向家洲一带仍继续崩塌，1994 年底～1995 年初，为安全度汛，实施了 2 km 护岸工程，后几乎崩失殆尽。由于石首河湾变化较快，根据当时的分析，制约石首河湾河势发展的主要因素，一是向家洲的崩退，二是上游河势的变化。石首河段上游周公堤至天星洲河段是长顺直分汊河段，主流摆幅较大，导致石首河段进口段易形成顺直分汊的河势，分汊段的左、右汊随周公堤至天星洲河段的主流摆动而交替消长。

1994 年长江科学院开始对石首河湾的整治方案重新进行研究，提出如下两个比较方案。

方案一：从有利于河势和石首港及地方经济的发展出发，利用陀阳树至古丈堤 3km 长范围内多年来始终是主流贴岸段的条件，待左汊处于萎缩时期，在新生滩左汊筑锁坝或丁坝，控制枯期主流走新生滩右汊；同时，稳定茅林口至古长堤一线，阻止藕池口附近的洲滩向左扩展，以维持藕池口的分流现状；守护左岸向家洲、右岸送江码头，孤岛至东岳山一线待淤积形成岸线后再守护；北门口已护段以下的岸线还需适当崩退调整后加以控制，使主流向鱼尾洲中下段过渡；北碾子湾至柴码头一线待形成微弯后加以控制，稳定寡妇夹一带岸线，以免其继续崩退导致下游金鱼沟一带已护岸段水流顶冲位置下移而出现新险工和碾子湾浅滩恶化。方案布置见图 6.7。

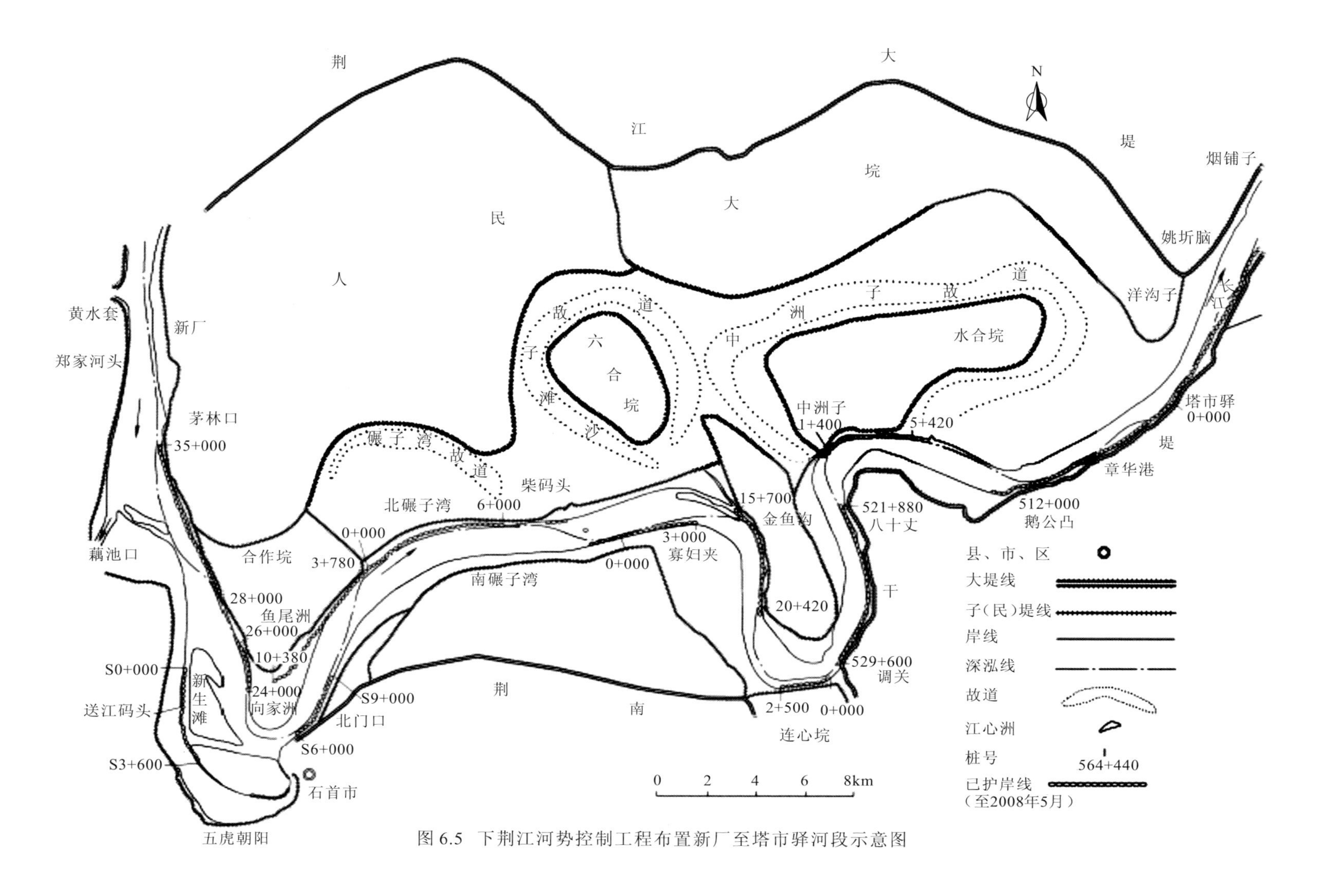

图 6.5　下荆江河势控制工程布置新厂至塔市驿河段示意图

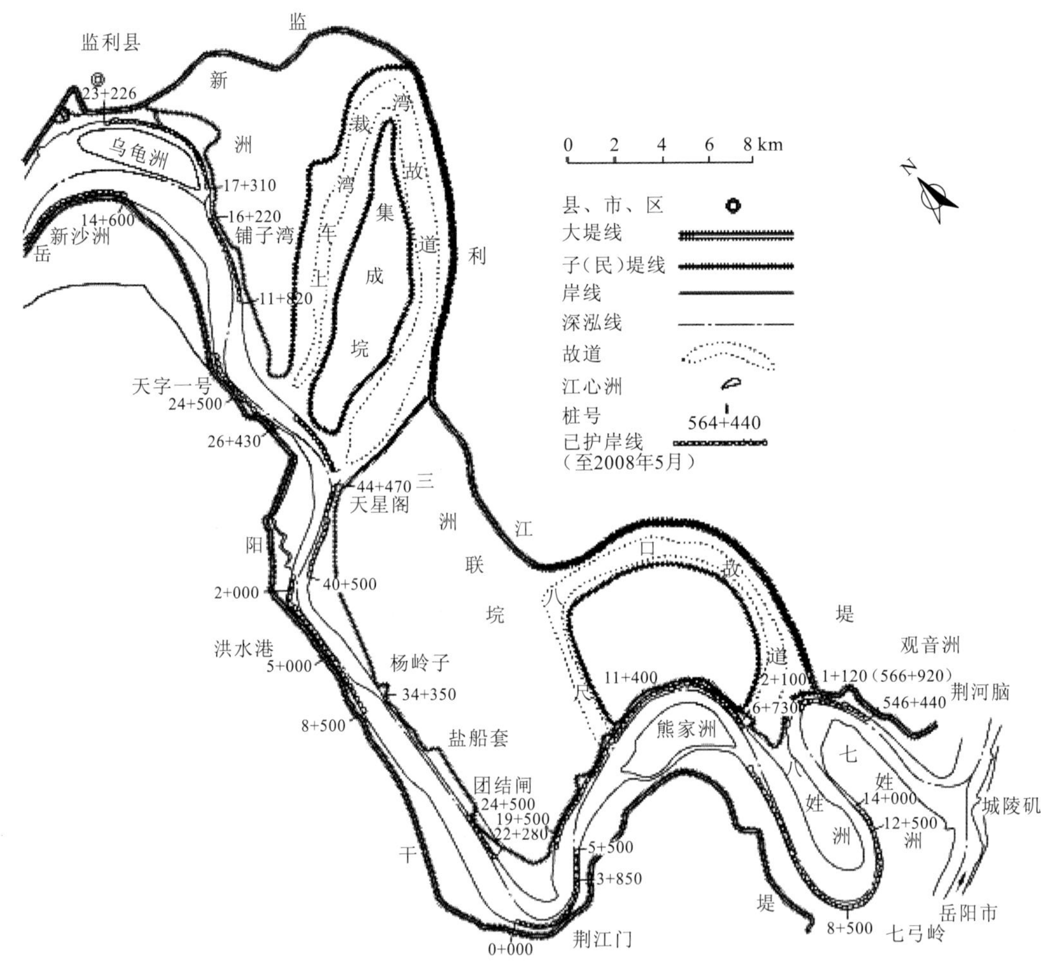

图 6.6　下荆江河势控制工程布置塔市驿至城陵矶河段示意图

方案二：维持茅林口至向家洲河段主流贴左岸下行的现状，在右岸的北门口至南碾子湾河段形成主流贴岸的弯顶段。然后主流向左岸的鱼尾洲至北碾子湾一带过渡，再向右岸的寡妇夹过渡，最后向金鱼沟上段过渡。方案布置见图 6.8。

方案一和方案二均在河工模型上进行了比较试验。当时，基于如下理由推荐方案一：①弯道弯曲半径的调整程度。方案一枯期主流走新生滩右汊，主流弯曲半径为 2.6～2.8 km，对航行有利；方案二主流弯曲半径仅为 1.42 km，不利于航行。②石首港区今后的开发利用情况。方案一，随着右汊的发育，送江码头一线岸线崩退，送江码头、孤岛至北门口一线形成弯道凹岸，主流贴岸，形成自送江码头至北门口长达 8.5 km 的深水岸线，其后为大片可供利用的陆域，有利于石首港口和城市的发展；方案二，送江码头、孤岛至北门口一线未加控制，石首河湾仍将处于变动状态，石首港口今后只能沿北门口向下游发展，不如方案一发展的地域广阔。③对下游河势的影响。方案一的主流出北门口后顶冲鱼尾洲中下部，过渡段长约 2.8 km。方案二，主流顶冲鱼尾洲中部，顶冲点较方案一上提约 1.7 km，过渡段长约 2.3 km。方案一过渡段较长，水流平顺，对鱼尾洲顶冲强度会

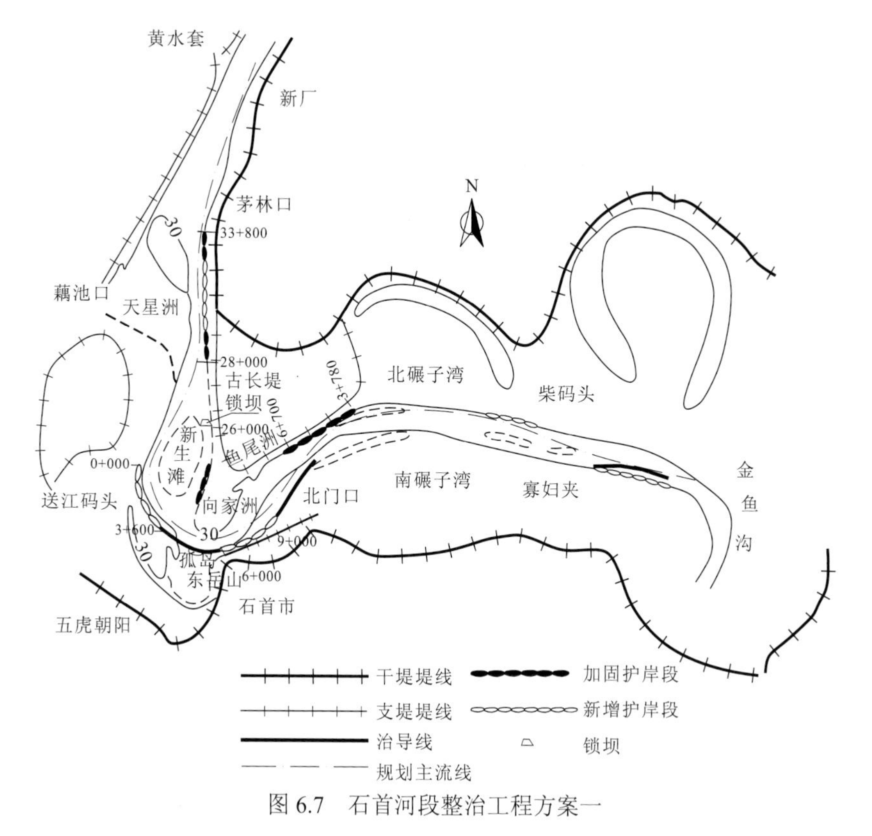

图6.7　石首河段整治工程方案一

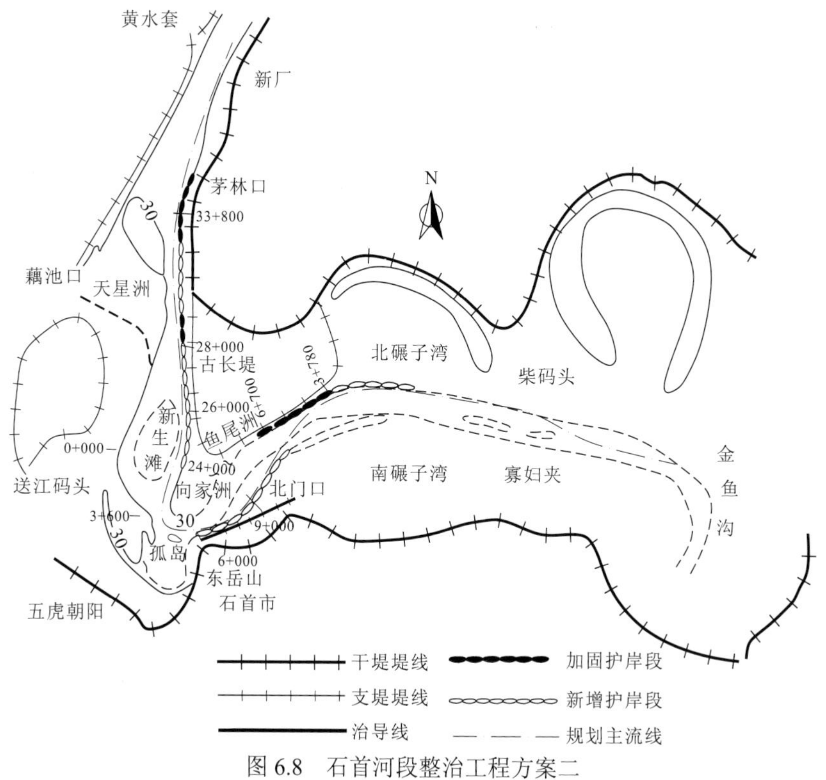

图6.8　石首河段整治工程方案二

相应减弱，鱼尾洲一带水流顶冲点会逐渐下移，对北碾子湾一带水流坐弯有利。④对藕池口分流能力的影响。由于方案一、方案二均是在原有河势基础上进行适当调整，并没有大幅度地改变河势，且均提出稳定茅林口至古长堤一线，阻止主流的继续左移，故对藕池口分流均不会产生明显影响。

实施方案一的前提是“左汊处于萎缩时期，在新生滩左汊筑锁坝或丁坝，控制枯期主流走新生滩右汊”，以及“新生滩经孤岛至东岳山一线进行待淤积形成岸线后守护”。

根据 1994 年以来石首河段河道演变情况，1997 年汛后，新生洲左汊又发展为主航道，下游其他河段的河势也有不同程度的变化。由长江科学院完成的石首河段整治工程初步设计指出，石首河段河势控制工程的目标是，根据因势利导的原则，改善石首河段急弯状况，扩大泄洪能力，保护石首市防洪安全，同时兼顾航运、港口及地方经济发展的要求，逐步将石首河湾调整为曲度适中、河势稳定的河段。整治工程茅林口至鱼尾洲河段共布置了 17.32 km 的护岸工程，具体如下：①茅林口至古长堤河段护岸工程，长 5 800 m，其中新护 4 800 m，加固 1 000 m；②向家洲护岸工程，长 2 000 m，其中新护 1 740 m，加固 260 m；③送江码头护岸工程，长 3 600 m，为新护工程；④北门口护岸工程，长 3 000 m，其中新护 1 600 m，加固 1 400 m；⑤鱼尾洲护岸工程，长 2 920 m，其中新护 920 m，加固 2 000 m。

2）沙滩子自然裁弯河段

沙滩子自然裁弯河段上起南碾子湾，下迄调关，全长 25 km，自上而下分为北碾子湾段、寡妇夹段、金鱼沟段、调关段。1972 年沙滩子自然裁弯后，平面形态成为反 S 形，其中南碾子湾至寡妇夹河段为一较长的顺直段，由石首河湾进入本河段的主流贴近右岸南碾子湾下行，向左岸柴码头过渡，再贴靠右岸寡妇夹，然后过渡到左岸金鱼沟弯道凹岸，再过渡到右岸连心垸弯道。1994 年石首河湾撇弯后，本河段河势发生较大变动，主流出石首河湾后贴左岸北碾子湾下行，在柴码头附近过渡到右岸寡妇夹，然后与金鱼沟弯道衔接。据 1998 年资料统计，该河段曲折系数为 1.5，平滩河宽为 1 300 m 左右。

调关矶头为下荆江著名的险工段，其变化与上游的河势密切相关。1972 年沙滩子自然裁弯后，由于上、下游河道衔接极不平顺，河势发生了急剧调整。新河口门主流 1974 年右移，寡妇夹一带冲刷崩退，使新河左岸护岸工程脱流。顶冲点迅速下移，水流直冲金鱼沟边滩，岸线大幅度崩坍，致使金鱼沟由右向弯道变成左向弯道。随着寡妇夹的崩退，金鱼沟水流顶冲点下移，河湾半径由 1980 年的仅 1 800 m 调整为 1998 年的约 4 000 m。由于金鱼沟顶冲点的下移，弯道的调整，下弯道连心垸的水流顶冲点在 1980～1998 年也相应下移了 3 250 m。因其弯道下段受到调关矶头的控制，连心垸弯道成为急弯，弯曲半径由 1980 年的 3 000 m 减小到 1 800 m 左右。

调关上游北碾子湾至寡妇夹河段河势的变化与上游石首河段的变化紧密相连。随着石首河湾河势控制工程的实施，主流将会在北碾子湾至柴码头处坐弯，然后向寡妇夹过渡，为沙滩子自然裁弯段的治理奠定了基础。因此，《下荆江河势控制工程（湖北段）初步设计报告》（长江科学院，2001）中提出该段河势控制工程的目标为“抓住主流已在北碾子湾坐弯的有利时机，及时实施控制，使北碾子湾至柴码头段成为左向微弯河段，寡妇夹形成微弯过渡段，以遏制金鱼沟顶冲点的下移，使调关矶头险情不再恶化；稳定调关至塔市驿河势”。总体布置为守护北碾子湾（桩号 0+000～6+000）长 6 km 的崩岸段和寡妇夹（桩号 0+000～3+000）长 3 km 的崩岸段，加固连心垸（桩号 0+000～2+500）长 2.5 km 已护段和金鱼沟（桩号 17+200～20+420）长 3.22 km 已护段（图 6.9）。

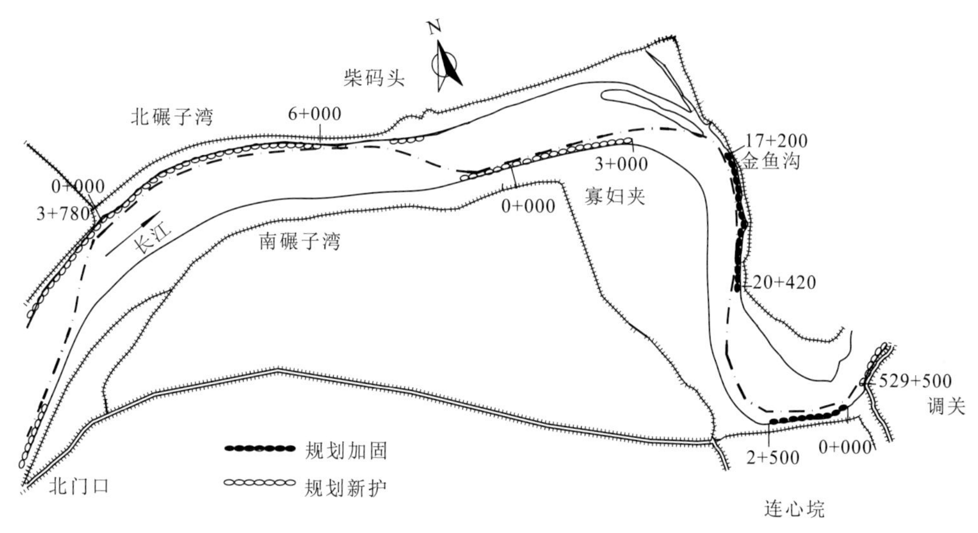

图 6.9　沙滩子自然裁弯河段河势控制实施方案

3）中洲子人工裁弯河段

中洲子人工裁弯河段自调关至塔市驿，全长 24.4 km。本河段主流由调关至八十丈均贴右岸下行，经八十丈过渡至左岸中洲子新河弯道凹岸，至弯道出口处平顺过渡到右岸鹅公凸、茅草岭一带，直至塔市驿。由于中洲子人工裁弯后有计划地实施了新河及上下游护岸工程，新河与上下游河势衔接较平顺，河势总体稳定。受上游河势变化的影响，1980 年以来新河凹岸主流贴岸段末端逐渐下移，至 1998 年共下移 1400 m，导致其下游右岸主流贴岸段下延至章华港一带。新河左岸护岸段上端 510 m 主流不贴岸。

《下荆江河势控制工程初步设计》（长江科学院，1991c）中提出“为完善该段河控工程，适应局部岸线变化，维持现有河势，拟在八十丈、中洲子末端、鹅公凸～章华港段及五马口分别续建护岸工程。中洲子矶头群阻水挑流，近岸水流紊乱，局部冲刷严重，冲刷坑最低高程均在 0 m 以下，威胁着护岸工程的稳定和航行安全，需视具体情况对长 2000 m 的岸线适当加以改造”。

中洲子新河段位于 1966 年中洲子人工裁弯新河左岸，岸坡稳定性较差。1968 年 10 月开始守护，1969～1987 年陆续对各守护点进行加固，并连接各空白段形成长 3670 m（桩号 4+360～0+690）的连续护岸段，1988 年对突出的 9 号矶头进行削矶改造。9 号矶头以上由于主流长期贴岸，1993 年以来连续发生崩窝，1998 年以来水流顶冲点向弯道下段发展，弯道下段连续发生大崩塌，17 号矶头以下原守护工程几乎全部失效。为稳定中洲子弯道形态，避免中洲子护岸下段岸线大幅后退并引起下游河势的变化，对桩号为 1+400～3+700 长 2300 m 的岸段进行加固，对崩岸严重的桩号为 3+700～5+420 长 1720 m

的岸线进行守护。

鹅公凸至章华港河段位于中洲子人工裁弯新河出口下游右岸。1967 年 5 月中洲子人工裁弯新河过流后，出口水流顶冲鹅公凸，直接危及堤防安全。从 1969 年开始守护至 1987 年，随着上游中洲子弯道下端的崩退，水流顶冲点逐年下移至鹅公凸守护段尾端。茅草岭段（桩号 511+590～510+280，长 1310 m）位于鹅公凸段下游。1973～1974 年，因上游鹅公凸的不断崩进，深泓下移，于 1975 年汛期发生崩岸，同年 7 月进行抢护，汛后仍发生较大的崩坍。章华港段（桩号 510+280～498+000，长 4200 m）位于茅草岭段下游。从 1971 年开始守护，1991 年 7 月末守护段崩长 140 m，宽 20 m，12 月 7 日已守护段崩长 70 m，宽 30 m。1999 年汛末，桩号为 509+550～509+410 长 140 m 的守护段发生两处崩窝，最大崩宽 27 m，沿线吊坎 1～3 m。由于该段局部崩塌严重，加之滩地最窄处离干堤脚仅 5 m 左右，急需改造加固。本河段布置的护岸加固工程（桩号 498+000～512+000）长 5920 m（图 6.10）。

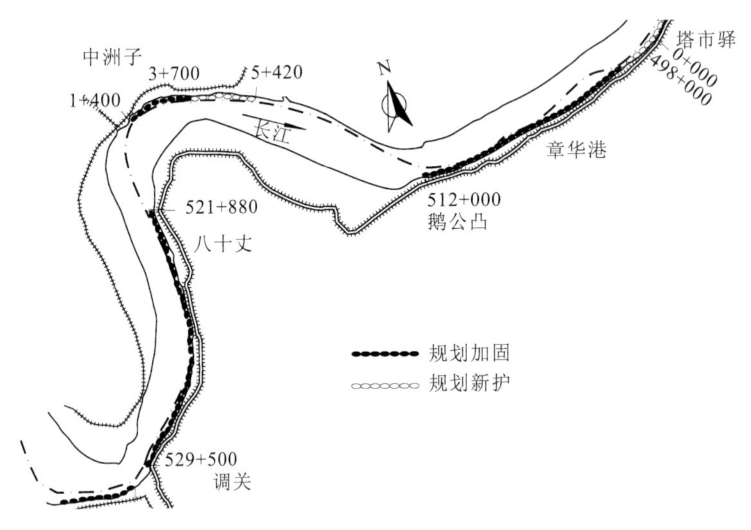

图 6.10　中洲子人工裁弯河段河势控制实施方案

4）上车湾人工裁弯河段

本河段上起塔市驿，下迄洪水港，全长约 41 km，由监利河段和上车湾河段组成。监利河湾为弯曲分汊河段，乌龟洲分江流为左、右两汊。上车湾河段包括天字一号弯道、新河弯道（集成垸至天星阁河段）和洪水港弯道。

1995 年后上车湾人工裁弯段河势发生较大变化，主要表现在塔市驿至乌龟洲河段主泓右移，使塔市驿至新沙洲河段岸坡变陡、崩岸险情不断，下游铺子湾和洪水港因上游河势变化、主流顶冲点移动，部分护岸段出现险情。此外，天星阁护岸工程年久失修，破损严重，天字一号卡口处过水断面面积过小等也是本河段河势控制急需解决的问题。因此，本河段五处岸线共布置 30.02 km 的护岸段（图 6.11）。

（1）新沙洲段。新沙洲对岸姚圻脑边滩位于塔市驿至监利河湾段，其浅滩过渡段不稳定，随着水文条件的不同，航槽在洋沟子至烟铺子河段的移动范围为 3 km。自 1983 年以

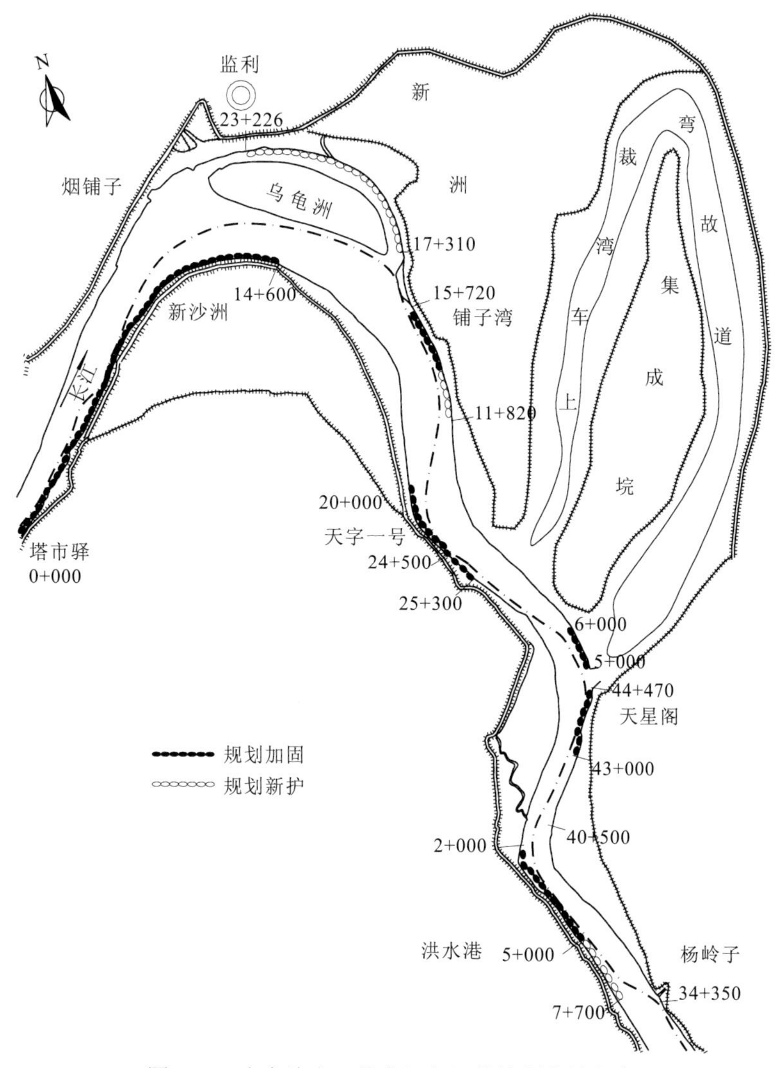

图 6.11　上车湾人工裁弯河段河势控制实施方案

来，新沙洲主泓右移，姚圻脑边滩逐渐淤长。近年来新沙洲近岸河床发生冲刷，岸线发生崩坍。因此，对塔市驿至新沙洲河段布置桩号为 7＋650～13＋600 长 5 950 m 的岸线加固工程，桩号为 0＋000～1＋350、2＋000～7+650、13＋600～14+600 长 8 000 m 的岸线新护工程。

（2）铺子湾段。铺子湾段位于监利河湾，铺子湾段的守护随着主泓左、右汊移位可分为三个阶段。第一阶段，1971～1975 年，监利河湾主泓走右汊，1977～1980 年对桩号为 15+080～16+930 长 1 800 m 的范围进行守护；第二阶段，1975 年监利河湾主泓摆向左汊，老河口上下严重冲刷，1987～1995 年对桩号为 17+310～22+606 共计 5 296 m 长的崩岸段进行守护，至此，初步稳住了崩势；第三阶段，1995 年以后主泓一直位于右汊，铺子湾顶冲部位下移至桩号 14+000 附近，导致太和岭以下发展迅速。因此，1998 年后安排太和岭以下的岸线守护。

（3）天字一号段。天字一号段位于上车湾裁弯新河进口的右岸。1969～1999 年曾对天字一号桩号 24+780 以上长 3.73 km 的崩岸段进行了守护。随着上游监利河湾的变化，天字一号顶冲点下移，水流冲刷桩号 24+780 一带。桩号 24+780 处 1998 年洪水后崩进 20 m，1999 年崩进 30 m，崩窝长 120 m，距干堤仅 35 m，直接危及干堤安全。因此，天字一号段护岸工程需进行加固。天字一号桩号 25+430 以下岸段，黏土层深厚，平滩河宽窄，过流面积偏小，影响泄洪，成为卡口。卡口的存在影响洪水的畅泄，增加上游防洪压力。1969 年新河过流后，卡口处自然崩坍速度缓慢，至 1999 年卡口处平滩河宽仅 780 m，过流断面面积仅 12 800 m^2，根据《下荆江河势控制工程初步设计》（长江科学院，1991c），天字一号卡口需加以拓宽，并确定了治导线。为此，进行了平面比尺为 1∶700，垂直比尺为 1∶120，以木屑为模型沙的动床模型试验，试验中考虑了在设计治导线时可能出现的最不利水流边界条件。试验结果表明，天字一号卡口拓宽后，过流断面增加，流速分布较大幅度调整，水流向右岸扩散能力加强，下游左岸集成垸近岸流速减小，深泓回淤。天字一号段总体布置为加固桩号为 22＋500～25＋300 长 2 800 m 的岸线，对桩号 25＋430 以下卡口拓宽。

（4）天星阁段。该段在 1969 年上车湾裁弯后变化急剧，由右向河湾演变成左向河湾。为制止崩岸，从 1983 年开始守护，至 1985 年基本稳定，到 1986 年止，已连续守护岸线 4 360 m。天星阁桩号 44+470～43+000 段及已护段（桩号 44＋000～40+000）长期迎流顶冲，水下坡度较陡，集成垸桩号 5+250～6+350 段河床最深点为-10.5 m，水下坡度局部仅为 1∶1.5，危及工程的稳定，需加固。

（5）洪水港段。随着天星阁岸线的崩退，其深泓线在 1980～1987 年左移 1 000 m，致使洪水港河段水流顶冲点位置下移 1 500 m，1985 年开始进行守护及原有护岸改造工程，至 1991 年守护 2 810 m，初步控制了崩势。但由于顶冲点的下移，原守护工程量又偏少，其下段部分岸线仍在崩退，需进行加固或守护。

5）盐船套至荆江门河段

该段长约 20 km，上段为长达 15 km 的顺直段，深泓线偏左岸，岸线崩坍，但速度较慢。下段为荆江门弯道，凹岸崩坍，形成弯曲半径为 1 350 m 的急弯。1967～1972 年在荆江门弯道凹岸修建了 12 个矶头护岸工程，岸线基本稳定，但受上游盐船套顺直段崩退的影响，凹岸顶冲点 1969～1990 年累计下移 1 500 m。

盐船套位于本河段上端，为一长达 15 km 的顺直过渡段。主泓易摆动，边滩犬牙交错且不固定。广兴洲边滩发育较完整，主泓左移，致使盐船套一带发生间歇性崩塌，但速度较慢，最大年崩率仅为 20 m/a。该段宜改造成为左向微弯河段。20 世纪 90 年代以来，对岸洪水港一带水流顶冲点下移，导致向左岸团结闸的过渡段也相应下移，顶冲位置在桩号 34+350～33+150 处，致使岸线崩退，特别是盐船套下段（桩号 24+500～22+280），自 1987 年 6 月至 1999 年 12 月，岸线崩退达 220 m，其中 1987～1993 年 11 月崩退达 190 m，1993 年以后岸线继续崩退，幅度有所减弱，至 1999 年 6 年间崩退 40 m。

下端荆江门弯道凹岸已基本稳定。由于原守护时机、守护方式及布局不够合理，河湾的弯曲半径仅为 1 350 m，且沿程形成了 12 个矶头，近岸流态十分紊乱，给航运、泄洪及护岸工程的稳定造成不利影响。自 1986 年起改造矶头为平顺护岸，还有 1 300 m 需继续改造。该段水流顶冲点 1980～1987 年下移 1 000 m，由原来顶冲 1 号矶头移至 3 号矶头以下。在 1 号矶头至 3 号矶头之间普遍淤积。在 11 号矶头上下，由于矶头突出，阻水挑流，附近河床平均高程为-8.0～-7.0 m，其中最深点达-25 m 左右，距岸约 100 m，危及岸线稳定。11 号矶头位于弯道出口处，水流急剧向左岸过渡，使下游熊家洲河湾进口姜界子段迎流顶冲，岸线崩退，故应对该段进行削矶改造，扩大弯曲半径，调顺河势。

根据《下荆江河势控制工程初步设计》（长江科学院，1991c）关于荆江门 11 号矶头削矶整治的治导线设计要求，进行了平面比尺为 1∶700，垂直比尺为 1∶200，以木屑为模型沙的动床模型试验，试验中考虑了在设计治导线时可能出现的最不利水流边界条件。试验结果表明，荆江门 11 号矶头削矶后，其阻水挑流作用明显降低，改变了紊乱、急剧向下游过渡的水流流态，缓解了下游左岸姜界子上段常年顶冲和护岸工程较难稳定的状况，对防洪、河道岸线及航道稳定效果明显，矶头下 1 500 m 范围内右岸流速有所增加，应适时守护 1 500 m 左右岸线以稳定有利河势（图 6.12）。

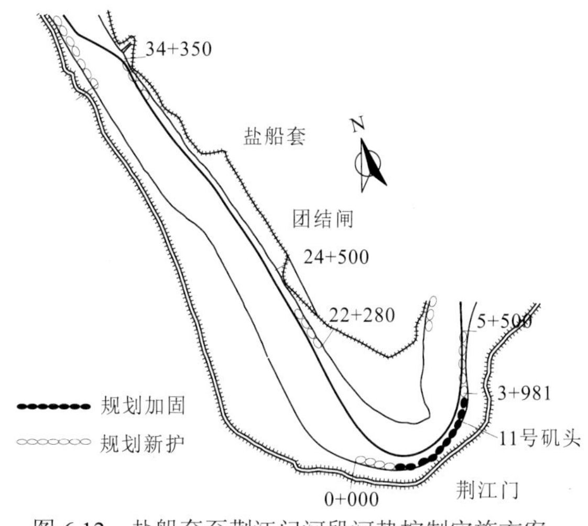

图 6.12　盐船套至荆江门河段河势控制实施方案

6）熊家洲至城陵矶河段

本河段全长 40.8 km，由熊家洲、七弓岭和观音洲三个弯道组成。1952 年以来，熊家洲弯道长 14.6 km 的凹岸岸线全线崩退，1966～1980 年累计最大崩宽 1 980 m，年崩率达 132 m/a，弯道顶点下移，与下游七弓岭弯道之间过渡段的深泓线在 1980 年以前紧贴八姓洲狭颈西侧，然后过渡至七弓岭弯道上段，1987 年过渡段深泓线上移，从熊家洲弯道末端直接过渡至七弓岭弯道右岸，使七弓岭弯道上段深泓线贴岸范围加长。同时，七弓岭弯道顶点崩坍下移。观音洲弯道凹岸崩坍，弯顶下移，下荆江与洞庭湖出口的交汇点下移约 1 200 m。

（1）熊家洲段。熊家洲段岸线长 14578 m（桩号 6+000～20+878），可划分为四段：姜界子段（桩号 20+578～18+500）、上口段（桩号 18+500～11+400）、后洲段（桩号 11+400～8+020）、下口段（桩号 8+020～6+000）。熊家洲河湾受上游荆江门弯道挑流影响，主流急促过渡到左岸姜界子处，由于过渡段短，水流与滩岸交角较大，姜界子一带迎流顶冲。另外，桩号 18+000 附近 600 m 范围堤外无滩。熊家洲河湾已守护岸线 12990 m，完成抛石方量 111.2 万 m^3，柴枕约 3.645 万个。熊家洲河湾地质条件差，岸坡稳定性差，有的地段滩宽很窄，水下岸坡很陡，许多地段岸坡不足 1∶1.5，隐患严重。熊家洲河湾的崩退，必将引起七弓岭、八姓洲两弯道的变化，故需对熊家洲河湾进行守护。

（2）七弓岭段。七弓岭段位于下荆江尾闾，全长 16 km。该河段严重崩岸始于 1952 年，据统计，1952～1998 年累计最大崩宽 2200 m，最大年崩率达 116.7 m/a。由于七弓岭河湾的大幅度崩退，长江与洞庭湖出口仅隔 460～800 m 的洲滩（黄海基面高程 27.0m），汛期水流漫过滩面，江湖交汇处，一片汪洋。为防止河滩冲穿而改变江湖入汇点，给防洪、航运带来不利影响，1985 年开始对该河段进行守护。目前，七弓岭段存在的主要问题是，该段岸坡稳定性较差，近岸河床长期受水流冲刷，有继续产生崩岸的可能。

（3）观音洲段。观音洲段上段称为八姓洲（桩号 1+120～4+250），全长 3630 m。桩号 1+120 以下称为七姓洲，相应长江干堤桩号为 566+920～564+400，长 2520 m。1969 年对观音洲崩岸段开始守护，采用守点固线，共布设三个点（桩号 565+900～565+600、桩号 565+260～565+060、桩号 564+200～564+000），守护后水流顶冲点不断上延，弯曲半径不断减小，由 1980 年的 2670 m 减小到 1987 年的 2048 m。1990 年冬对八姓洲严重崩岸段进行了守护。由于观音洲段地质条件差，水流冲刷剧烈，工程稳定性也差，需对桩号 2+100～1+120 段、桩号 566+920～564+440 段长 3460 m 的已护段进行加固（图 6.13）。

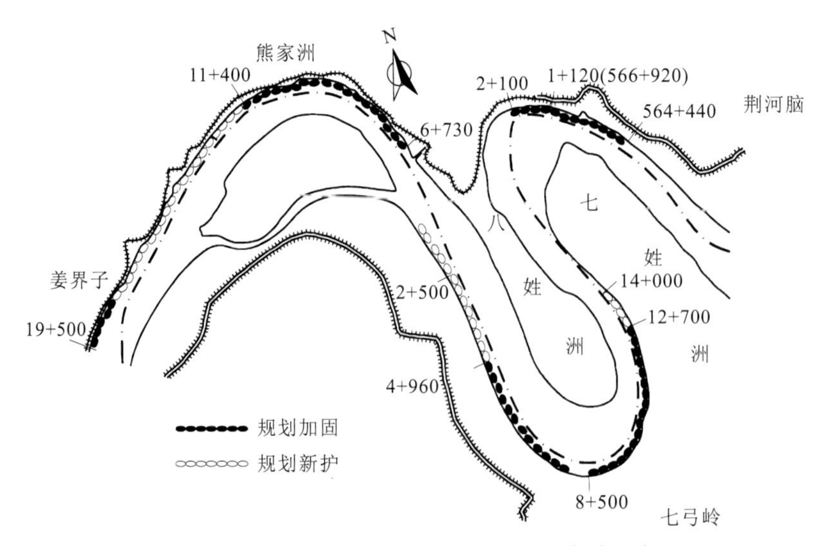

图 6.13　熊家洲至城陵矶河段河势控制实施方案

6.3　分汊型河道河势控制关键技术

6.3.1　分汊型河道河势控制思路

分汊型河道的演变特点（刘中惠，1995；潘庆燊，1987）如下：单个汊道具有弯道演变的特点；整个河段又具有主支汊兴衰交替、互为消长的特点。主支汊互相转化具有周期性，短则十多年，最长则达百年以上。大多数的分汊河段主支汊能保持较长时间的相对稳定。主支汊交替转化的必要条件是，上游河势变化引起下河段主流线方向的改变。如果两汊边界稳定性相差悬殊，则一汊向抗冲强度弱的一岸弯曲发展，此时发展中的一汊又具有弯道演变的特点，在水流与特殊边界条件的作用下形成微弯型或鹅头型汊道。两岸边界条件相差不大的顺直分汊段，其演变特征是主流线左右摆动，两岸滩槽冲淤变化，经常影响航槽变异。

分汊型河道在演变过程中，往往发生从量变到质变的冲淤变化，表现形式主要为主支汊易位等。这些变化有的对人类有利，有的则对人类不利，甚至带来巨大的灾害。河势控制应是不失时机地控制对人类有利的河势，为河道综合治理与利用奠定基础。因此，分汊型河道的河势控制思路应该从河势控制的目的、时机、部位、措施、实施方式等方面加以考虑。

1. 河势控制的目的

长江是我国最大的河流，沿岸是我国工农业生产的精华地带。1949 年以来，对于长江中下游干流的河道整治做了大量的工作。据不完全统计，至 1998 年前，长江中下游累计完成护岸 1189 km；1998 年长江发生流域性大洪水之后，全国加大了防洪工程的建设力度，1999～2017 年已实施和正在实施的河道整治工程累计护岸约 1016 km（长江水利委员会，2017）。随着国民经济的发展，人们对长江经济带的综合开发利用提出了更高的要求，从以往那些单纯为防洪护堤而进行的护岸工程，或者为改善航行条件而进行的枯水航道整治工程，转变为综合性整治工程，要实现这一目标首要的问题是稳定长江的有利河势，为逐步实现长江干流的综合治理创造条件。

由于各分汊河段所处的位置不同，河道治理的主要任务和目的也不相同。当分汊型河道某汊有港口、码头、取排水等方面岸线利用的需求时，应当控制该汊道使之维持岸线开发利用的分流比、主流线等，如安庆河段的江心洲汊道右汊。当分汊型河道某汊沿岸有城市分布，有防洪方面的需求时，应当控制该汊道主流使之不能过于靠近岸滩，并对该处河岸加以守护。当分汊型河道某汊有通航要求时，应当控制该汊道主流线的摆动幅度，并且其分流比不宜衰减，如东流河段的老虎滩左汊等。

河势控制是一项复杂的综合性规划，需要综合考虑防洪、航运及岸线开发利用等诸多综合效益，并重点考虑分汊型河道所在河段及上下游地区国民经济社会发展的需求。在分析该河段的演变过程，掌握河道的变化规律及发展趋势的基础上，加强调查研究，统筹考虑上下游河段河势与本河段的衔接关系，统筹考虑国民经济各地区、各部门的要求，处理好沿江两岸有关地区、部门之间的关系，总结过去河势控制工程的经验教训，从而达到综合治理与利用的目的（刘中惠，1995）。

2. 河势控制的时机

通常所说的有利河势包含着两层意思：一是指河势较平顺，即主流线与河岸线相对位置较为适应，不会出现重大调整；二是指这种河势与两岸的工农业布局及城市建设要求相适应（潘庆燊，1987）。由于长江分汊型河道本身无时无刻不在变化过程之中，河势控制应是不失时机地控制对人类有利的河势，为河道综合治理与利用奠定基础。

因此，河势控制工程与其他水利工程项目不同，它具有更强的时机性和经验性，抓住有利时机，工程得以事半功倍，否则，将大大增加工程的难度和工程量，甚至使工程失败。例如，镇扬河段的整治，从整体来看应该控制和畅洲汊道左汊的发展。1974 年左汊分流比减少到 25.2%，出于种种原因未能及时实施护岸等河势控制工程，左汊又复扩大，对右汊沿岸码头及取水口极为不利（潘庆燊，1987）。和畅洲左汊分流比以每年增加 3.57%的速度迅猛发展，至 20 世纪 90 年代中期，左汊成为主汊。21 世纪初，和畅洲左汊分流比已超过 70%。而南京梅子洲汊道由于治理及时，右汊分流比得到控制，稳定了汊道，为南京河段综合治理创造了有利条件。

对长江进行综合治理，需要较长时间的研究与论证，就是工程批准后因经费关系也不能一起全面实施。在这段时间里，河势却在不断变化。因此，首先应实施应急工程，控制有利河势，否则将为以后的综合治理带来不利影响（刘中惠，1995）。

3. 河势控制的方案

分汊型河道的河势控制要根据河段演变趋势、河段地区综合开发利用的需求，采用合适的河控方案。长江中下游汊道的治理方向应为，稳定分汊有利河势，适度减少支汊，合理利用洲滩。

分汊型河段的河势控制包括三部分内容（潘庆燊和胡向阳，2011）：一是调整和稳定汊道的平面形态，包括主支汊与上游来流的交角及江心洲洲头的位置和形态，达到稳定主支汊的分流比和主支汊地位的目的；二是稳定主汊和支汊河段内的河势；三是稳定汊道之间单一段的河势。三者相互作用、相互制约，必须制订统一的河势控制规划加以协调。例如，汊道主支汊的分流比变化既受到汊道上游单一段河势变化的影响，又受到汊道平面形态、主支汊分流角和江心洲洲头位置与形态的影响，主汊和支汊河段内冲淤和河势变化引起的过水断面、河段长短的变化，也直接影响支汊分流比的变化。

无论是哪种形式的河势控制，要保持有利河势的稳定态势，或者是改造成有利于经济发展需要的河势，均需要充分利用节点的控制、江心洲洲头和洲尾的控制。

6.3.2 分汊型河道河势控制关键参数

分汊型河道河势控制治导线的布置应主要考虑控制平滩河宽 B_b、弯曲河道长度 S_b、

弦长 L_x 及弯曲半径 R_1 等关键参数。

从分汊型河道的历史演变过程来看，通过江心洲之间的合并和江心洲并岸，分汊型河道朝着减少支汊的方向发展。分汊型河道长远整治是将多汊型变为少汊型，有的河段在一定条件下可变为单一河道型，这是符合长江中下游分汊型河道历史发展趋势的。另外，在上述总趋势下，在具体河段演变过程中，也会发生由单一段变为分汊段的情况。一般来说，分汊型河道存在较多的不稳定因素，不利于开发利用，因而要尽可能防止单一河段变为分汊河段。在河道整治中，通过护岸工程及时防止导致 S_b/R_1 减小和 B_b/L_x 增大的河岸崩坍。分汊型河道整治有以下三种情况（余文畴和卢金友，2008）。

1. 鹅头型分汊河段整治

鹅头型分汊河段常常是多汊河段，它向弯曲分汊型转化的条件是 L_x 和 R_1 增大，S_b 和 B_b 减小。在分汊河段历史演变过程中，当弯曲过度的支汊不断淤积趋向堵塞时，B_b 大幅度束窄，出现鹅头型分汊河段向弯曲分汊型自然转化的现象。在这种情况下，要适时对弯曲主汊进行河势控制。鹅头型支汊给防洪、航运和农业发展带来诸多不利影响，故在河道整治中采用锁坝加以堵塞，使其向弯曲型分汊河段转化。例如，1992 年在铜陵河段太阳洲左汊实施堵汊工程后，河宽 B_b 由 6.4 km 缩窄到 4.05 km，宽长比 B_b/L_x 由 0.448 减小为 0.283，S_b/R_1 由 2.0 减小至 1.55，使得（B_b/L_x）•（S_b/R_1）由 0.89 减小为 0.44（<0.54），符合所要求的从鹅头型过渡到弯曲分汊型的条件。需要指出的是，由于堵汊后 L_x 和 R_1 的增大，可能会对下游河势带来影响，故工程实施后必须及时对出口与下游河势的衔接进行控制。1979 年官洲河段实施西江堵汊后，由于官洲洲尾未加控制而崩坍，失去了对主汊出口水流的控导作用，汇流后的水流由顶冲右岸杨套转为顶冲左岸广成圩，对下游河势产生不利影响（图 6.14）。鉴于这一经验教训，太阳洲堵汊后的河势控制应立即守护太阳洲洲尾，以保持水流向右岸过渡的良好河势（图 6.15）。

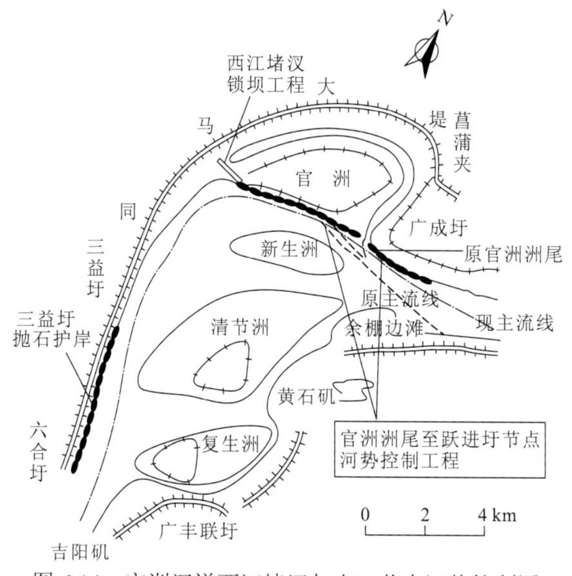

图 6.14　官洲汊道西江堵汊与出口节点河势控制图

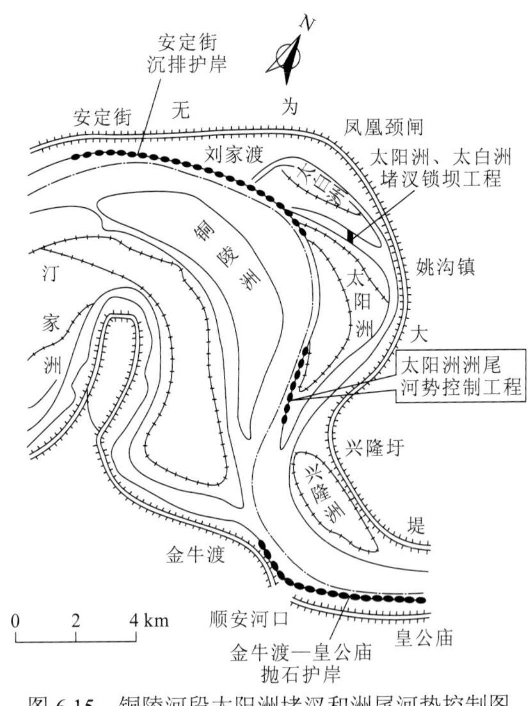

图 6.15　铜陵河段太阳洲堵汊和洲尾河势控制图

2. 分汊河段整治为单一河段

目前，能朝着单一型发展的只有较少数的一侧分流的双汊河段。一般来说，这些支汊的进口有悬移质堆积的拦门沙或浅滩，枯水期分流很少甚至断流，继续处于淤积趋势。这类双汊河段在进口条件和主汊十分稳定的情况下，通过长期的缓慢淤积将成为单一河段，其形态也将产生调整，即 L_x 一般可能增长，B_b/L_x 将大幅度减小，如武汉河段天兴洲左汊淤塞后，将使 $B_b/L_x<0.21S_b/R_1$。显然，其中支汊淤塞后的河宽减小是形态转换的主要因素。堵塞即将淤废的支汊，从河势控制而言，它也存在主汊流量增加后 L_x 和 R_1 随之增大，水流顶冲下移的问题，因而在整治中除了控制主汊的平面变形之外，还应控制河段出口的河势。

3. 维持分汊河段的稳定问题

关于维持分汊河段的稳定，一般指双汊河段。对于一侧分流，支汊口门具有推移质堆积的拦门沙的双汊河段，支汊处于冲淤相对平衡或淤积极其缓慢的状态。欲保持汊道的稳定，一方面要抑制导致主汊发展的因素，另一方面要尽可能避免在支汊内设障。例如，八卦洲汊道，主汊（右汊）内布置天生圩外贸码头等，以及有关的护岸工程，有利于抑制其发展，支汊（左汊）内则要求今后尽可能不布置工程并及时维护洲头左缘岸线的稳定，避免阻力的增加。目前，左右汊分流比基本保持稳定。对于支汊处于缓慢发展的另一种一侧分流的情况，也要尽可能抑制支汊发展的因素。例如，世业洲左汊近期分流比增加速率趋大，对其口门处洲头左缘的防护成为抑制其发展的关键，目前，已作为应急工程予以实施。对于水流顶冲洲头呈现两侧分流而洲头又急剧崩坍后退的双汊河段，稳定洲头则是维护该分汊河段稳定的关键。例如，镇扬河段一期整治和畅洲汊道洲头护岸工程实施后，左汊分流比每年的增值由 2.5～3.0 个百分点降到 1 个百分点左右，可见江心洲洲头的整治在维护汊道稳定中尤其重要，它既影响局部形态阻力，又影响两汊沿程相对阻力。

6.3.3　分汊型河道河势控制措施

分汊河段的河势控制工程措施视演变趋势而定，大体上有两种方式。

（1）对支汊变动频繁的分汊河段，如长江中游的陆溪口河段、团风河段和官洲等鹅头型分汊河段，主、支汊呈周期性变化，可待有利河势时，采取平顺护岸、潜坝、导流坝等整治工程稳定主汊，保证河势稳定，有利航运。

（2）对主支汊相对稳定的双汊河段，可通过汊道和江心洲的护岸工程及分流鱼嘴控制河势，稳定两汊的分流比，尽量不改变两岸城市、港口、工业、农业布局。例如，马鞍山河段，小黄洲分河道为两汊，右汊为主汊，其右岸有多处工厂码头，小黄洲洲头崩退，影响到这些工厂码头的安全。1969 年开始实施以洲头守护为重点的整治工程，为稳定上游河势，在新河口一带也进行了抛护工程，通过 1972 年、1973 年的加固工程，小黄洲岸线基本稳定。工程实施后守住了洲头，控制主流顶冲部位下移，增强了南岸人工矶头的挑流作用，掩护了右岸电厂、港区一带岸线，遏制了 31 号泵房的淤积趋势。

6.3.4　典型河段河势控制实例

长江中下游多分汊型河段，在城陵矶至江阴 1 150 km 河段内，就有分汊河段 41 处，总长 788.9 km，占区间河长的 68.6%。分汊河段由于水流和泥沙分股输移，水沙状况难以稳定，滩槽格局复杂多变，容易引起汊道的变化，给防洪、河势、航运、岸线利用和生态保护等带来影响。分汊河段存在的主要问题如下。

（1）多汊型河段河势不稳定问题。例如，马鞍山河段江心洲汊道左汊，心滩、上下何家洲滩群导致水流分汊，主流左右摆动幅度较大，造成汊道左汊及下游小黄洲汊道段河势不稳；南京河段新生洲、新济洲之间的切滩中汊发展，洪季分流比接近 4%，如果不加以控制，中汊将呈现口门大开、分流比大幅增加的趋势，对本河段及下游河段的河势稳定、防洪安全都将产生严重的不利影响。

（2）汊道格局调整问题。例如，马鞍山河段小黄洲汊道的洲头受水流冲刷而崩退，小黄洲汊道左汊则持续发展，影响马鞍山港区深水岸线利用和下游南京河段河势稳定；江心洲汊道段洲头受水流冲刷而崩退，导致右汊口门区出现拦门沙，进流条件恶化；南京河段新生洲左汊淤积萎缩，镇扬河段和畅洲左汊发展等，影响河势格局稳定和两岸经济社会发展。

（3）河段节点崩退及控制问题。例如，新济洲右汊发展，七坝段顶冲压力增加，如果该处人工节点不稳定，将影响下游南京河段河势稳定。下面以马鞍山河段和南京新济洲河段为例，简述典型分汊河段河势。

1.马鞍山河段河势控制

马鞍山河段上起东梁山、西梁山，下至猫子山，全长约 36 km（图 6.16）。河道两端束窄、中间放宽分汊，是典型的顺直分汊型河道，河道宽度最窄为东梁山、西梁山卡口处的约 1.1 km，最宽为江心洲中部的约 8 km。河段内有江心洲和小黄洲两个汊道，自上而下分布有彭兴洲、泰兴洲、江心洲、何家洲和小黄洲。江心洲汊道左汊为主汊，右汊口门以内有彭兴洲，属二级分汊。20 世纪 50 年代以来，江心洲左右汊分流比较稳定，右汊分流比在 8%～13%变化。江心洲汊道左汊主流经小黄洲洲头过渡到小黄洲汊道右汊，过渡段从左至右急剧转折，形成上下两个近 90° 的急弯。小黄洲汊道右汊为主汊，分流比为 70%～80%。小黄洲汊道与下游新济洲汊道之间的单一河段即小黄洲汊道汇流段。

马鞍山河段近 50 多年来的河道演变有如下三个主要特点。

（1）江心洲汊道与小黄洲汊道之间及其与上下游相接的陈家洲汊道和新济洲汊道的过渡段都很短，过渡段的调整与控制作用甚小，上汊道的河势变化直接影响着下汊道的河势变化。例如，江心洲汊道与上游芜裕河段的陈家洲汊道之间仅隔东梁山、西梁山卡口段，上游陈家洲汊道汇流的摆动直接影响着江心洲汊道进口段的河势；江心洲汊道与小黄洲汊道之间相距仅约 3 km，使得上下两汊道的河势互相影响；小黄洲汊道与下游的新济洲汊道之间的过渡段很短，小黄洲左右汊的兴衰对新济洲左右汊的变化有直接影响。

（2）江心洲汊道左汊长而顺直，其间边滩和深槽顺流下移，心滩运动频繁，主流左右摆动幅度较大。

（3）受上游汊道演变的影响，江心洲汊道与小黄洲汊道的洲头都是受水流冲刷而崩退，但两汊道的支汊变化有异，江心洲汊道右汊缓慢衰退而小黄洲汊道左汊则持续发展。究其原因，主要是其支汊所在的口门平面形态和进流条件不同。江心洲右汊缓慢衰退的主要原因是，江心洲洲头后退导致汊道分流口门增宽，口门区在东梁山的屏护下出现大范围的缓流区，产生拦门沙，进流条件恶化；小黄洲洲头的后退，使得左汊口门面迎主流，有利于左汊的进流和发展。

1）河势控制方案

马鞍山河段的滩群调控过程大体分为两个阶段：一是 1956～1998 年对河段崩岸部位的重点守护阶段；二是 1998 年大洪水后长江重要堤防隐蔽工程中马鞍山河段一期整治阶段（潘庆燊和胡向阳，2011）。

第一，马鞍山河段崩岸部位的重点守护阶段。

（1）人工矶头至马鞍山电厂段。20 世纪 50 年代，马鞍山河段主流贴江心洲尾部下行过渡到右岸，顶冲恒兴洲一带江岸，恒兴洲崩岸严重，崩势向下游发展，威胁马鞍山电厂和马鞍山港区的安全。为阻止崩势，保护电厂和港区的正常运行，于 1956 年在恒兴洲崩岸严重段实施了大型沉排和抛石工程。整个工程大体分为三期。一期工程是 1956 年 3～4 月的沉排护岸工程，形成人工矶头；一期工程实施后，1956 年汛后，恒兴洲崩

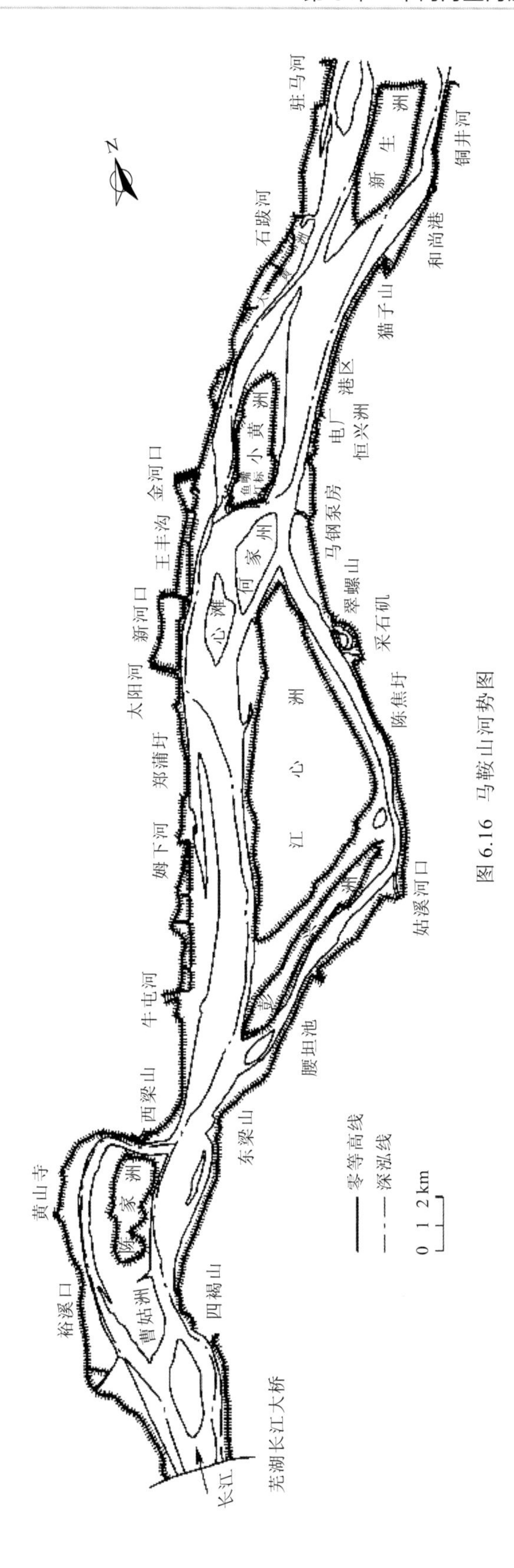

驻马河
新生洲
铜井河
石跋河
和尚港
猫子山
港区
电厂
恒兴洲
小黄洲
金河口
马钢泵房
王丰沟
何家洲
翠螺山
新河口
心滩
采石矶
太阳河
陈焦圩
江心洲
郑蒲圩
姆下河
姑溪河口
牛屯河
腰坦池
西梁山
东梁山
零等高线
深泓线
0 1 2 km
黄山寺
陈家洲
裕溪口
曹姑洲
四褐山
芜湖长江大桥
长江

图 6.16　马鞍山河势图

岸向上游发展，凸嘴继续崩塌 240 m，为此安排实施第二期工程，对人工矶头进行加固。第一、二期工程结束后，已护岸段稳定，但上游主流变化，崩岸向上游发展，1960 年 7 月及 12 月，人工矶头上游马鞍山港第二作业区江岸两次发生崩坍，三期工程为在人工矶头上游 600 m 处建堆石潜水丁坝 1 座，1963 年在马钢泵房前沿沉排。因水流顶冲点继续上提，丁坝上游江岸发生崩坍，马钢泵房受到威胁，于 1963 年、1964 年对丁坝予以加固，并进行了沉排护岸工程。1965 年后，上游河势发生变化，恒兴洲江岸马钢泵房至人工矶头段由冲转淤，丁坝被泥沙淤埋。1976 年 11 月 10 日，恒兴洲人工矶头下游约 400 m 处江岸发生剧烈窝崩，长江干堤约 450 m 也坍入江中。崩窝长 460 m，最大宽度为 350 m，崩窝上嘴紧贴沉排区下游，下嘴距电厂仅 540 m，随即进行抛石护岸。

（2）小黄洲洲头段。1964 年以后，由于上游河势变化，小黄洲洲头受主流顶冲，崩坍严重，小黄洲右汊恒兴洲江岸水流顶冲点随之下移，威胁电厂及港区安全。1969 年对小黄洲洲头进行了局部抢护，因抛石方量不足，已做工程被抄后路。1970 年 12 月由长江流域规划办公室、安徽省长江修防局、马鞍山市长江修防处联合编制的《长江马鞍山河段整治规划报告》认为：小黄洲护岸是控制河势的关键，并在电厂、太阳河、新河口护岸，控制过渡段的河势。1971 年开始在洲头抢护段进行大量抛石，至 1973 年洲头基本稳定。自 1969 年以来，对于小黄洲洲头和左右缘的守护及加固几乎没有中断过。小黄洲左缘 1980 年大洪水以来冲刷严重，1996 年 4 月对原崩窝进行抢护，护长 70 m，抛石 3 080 m^3。小黄洲洲头至过河灯标护岸工程是马鞍山河段河势控制的关键工程，1969～1995 年，守护长 4.9 km（含加固长）的河段，其中 1995 年，加固了灯标下深槽；1995 年大洪水作用强烈，灯标节点附近主流贴岸，河道狭窄，水深流急，冲刷严重，1996 年 2～4 月，在灯标附近进行抛石加固。

（3）马鞍山河段左岸。①西梁山崩岸段。西梁山段的崩岸始于 20 世纪 60 年代后期，崩岸总长 1.4 km，1965 年和 1973 年对崩岸段进行抛石守护。②郑蒲圩崩岸段。郑蒲圩段位于江心洲汊道左汊左岸，其崩岸始于 20 世纪 80 年代初，崩岸长 7.4 km，最大崩退达 170 m。1981～1998 年 4 月，对该崩岸段进行抛石守护。1998 年后，对新护太阳河至新河口空白段长 1.93 km 的岸段进行加固。③新河口崩岸段。新河口崩岸段位于郑蒲圩下游，全长 4.1 km，自 1971 年起，先后抛石 43.4 万 m^3。④大荣圩至大黄洲崩岸段。大荣圩至大黄洲崩岸段位于小黄洲左汊左岸，崩岸始于 20 世纪 60 年代后期，崩岸长度为 6.7 km，崩岸剧烈处为大黄洲凸嘴，1967 年、1983 年、1987 年和 1990 年先后对该崩岸段进行了护岸。

（4）马鞍山河段右岸。①东梁山段。1995 年和 1996 年大洪水后东梁山下游 200 m 处发生较大窝崩，1997 年进行首次抢护。②腰坦池段。腰坦池段位于江心洲汊道右汊入口处右岸，全长约 3.7 km，该段崩岸始于 20 世纪 60 年代中期，严重崩岸长约 2.0 km。1969 年实施护岸，1987 年进行护坎。③襄城河闸段。襄城河闸位于江心洲汊道右汊姑溪河口下游，20 世纪 80 年代实施护岸工程，护岸长 450 m（襄城河口至上游 450 m）。④陈焦圩段。陈焦圩位于江心洲汊道右汊右岸，在姑溪河口下游 4 km 处，该段约 2.0 km 堤脚直接临江，主流贴岸。1990～1992 年实施抛石护岸，1995 年实施护坎。

20 世纪 60 年代至 1998 年，马鞍山河段主要崩岸段共 10 处，总计崩岸长度 34 km，完成护岸长度 26.07 km，共抛石 242.165 万 m^3（图 6.17）。

第二，马鞍山河段一期整治阶段。

长期以来马鞍山河段主流摆动，洲滩与江岸反复冲淤变化，江岸崩坍严重。已建的护岸工程在一定程度上抑制了河道崩岸的发展，对稳定河势起到了重要作用，但由于工程量分布不均，许多崩岸段尚未守护，局部河势及洲滩群格局仍在不断变化，主要表现在如下三个方面。

（1）左岸和县郑蒲圩至太阳河之间的未守护段仍在崩坍；大黄洲崩岸仍在发展。右岸马鞍山市腰坦池、陈焦圩在 1998 年汛期发生严重崩岸，崩长数百米。

（2）江心洲汊道与小黄洲汊道已建的护岸工程只是初步控制了两汊之间的过渡段不再下移，整个河段的河势并未达到基本稳定，过渡段仍在一定范围内上下、左右摆动，马鞍山港区深水岸线不稳定。过渡段主流在长约 2 km 的河道内有连续两个急转弯，造成三个不利后果：一是曲率太大，水流紊乱，不利航行；二是主流顶冲右岸，形成冲刷坑，增加了岸坡崩坍概率和守护难度；三是水流入射角大而使转折角也大，人工矶头以下主流贴岸下行较短距离后，即折向左岸，因而缩短了右岸深水岸线。

（3）小黄洲左汊处于不稳定状态，进口段河床刷深，断面扩大，小黄洲左缘岸线及出口左岸大黄洲江岸严重崩坍，有三个不利后果：一是左汊继续发展，将使右汊相对趋向萎缩；二是使小黄洲洲尾汇流段主槽左移、河宽增大，马鞍山港区下段成为缓流淤积区，影响沿江已建的各种设施的正常运行；三是大黄洲江岸崩坍的加剧，对江堤的防洪安全构成威胁，也将影响下游新济洲汊道段的河势。

马鞍山河段一期整治工程的任务是，保障防洪安全，稳定现有河势，以满足沿江经济建设与社会发展的需要，并为二期整治工程（过渡段河势调整工程）的实施创造较好的河势条件。整治的目标是，通过实施一期整治工程，达到江岸稳定，确保其抗御 1954 年型洪水的防洪安全，稳定现有河势，以满足近期沿江国民经济和社会发展的需要。主要工程措施为水下平顺抛石护脚工程、枯水位以上的干砌石护坡工程及原有抛石地段的加固工程。

工程布置为小黄洲左缘、小黄洲洲头至灯标段、小黄洲右缘灯标以下段、小黄洲右缘村口段、人工矶头至电厂段、腰坦池、陈焦圩护岸工程的新建和加固（图 6.18）。

2）河势控制要点

马鞍山河段河势控制要点及主要经验（潘庆燊和胡向阳，2011）如下。

（1）河道整治要在基本掌握河道演变规律的基础上，在河道综合利用与河道整治统一规划指导下分步实施。马鞍山河段整治工程经验表明，由于对河道演变规律认识的不充分或对河道演变趋势的估计不足，以及缺乏河道综合利用与河道整治统一规划等，整治工程效果较差，甚至事与愿违。

（2）护岸工程必须在河势规划指导下分步实施。1956 年，为保证马鞍山电厂、马鞍山港区和马钢泵房的安全，在恒兴洲岸段实施了沉排和抛石护岸工程。1964 年以来，由

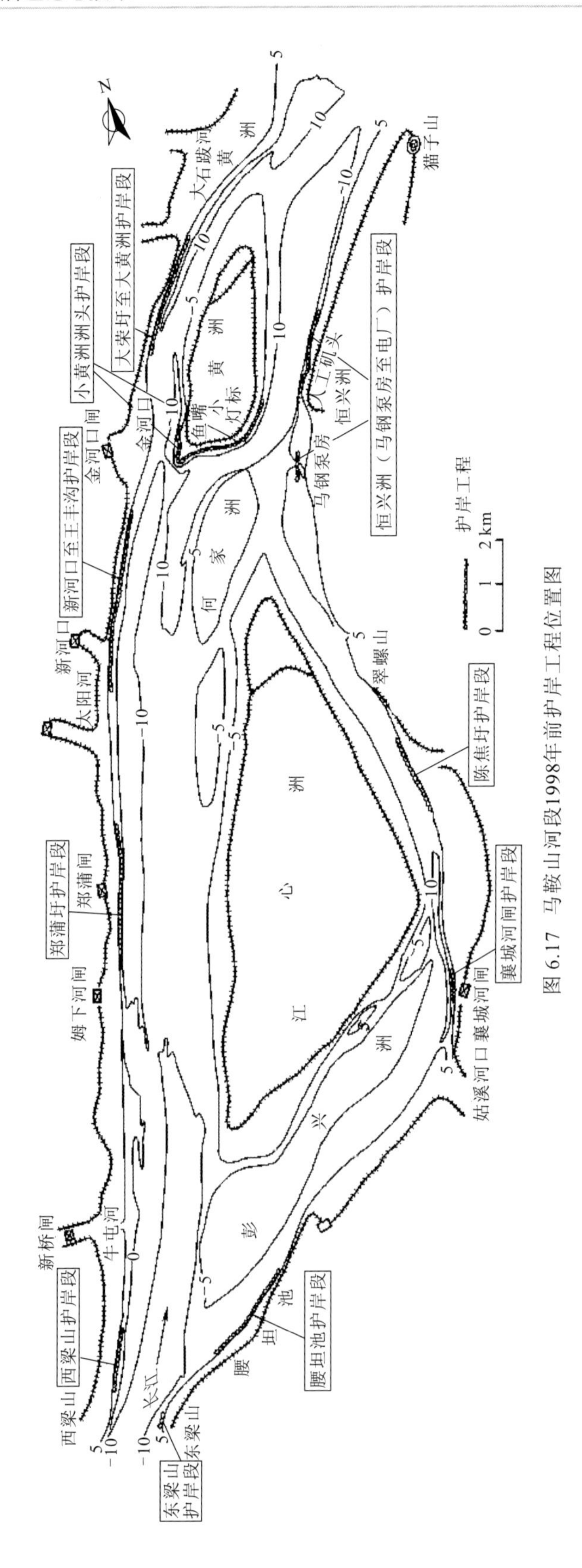

图 6.17　马鞍山河段1998年前护岸工程位置图

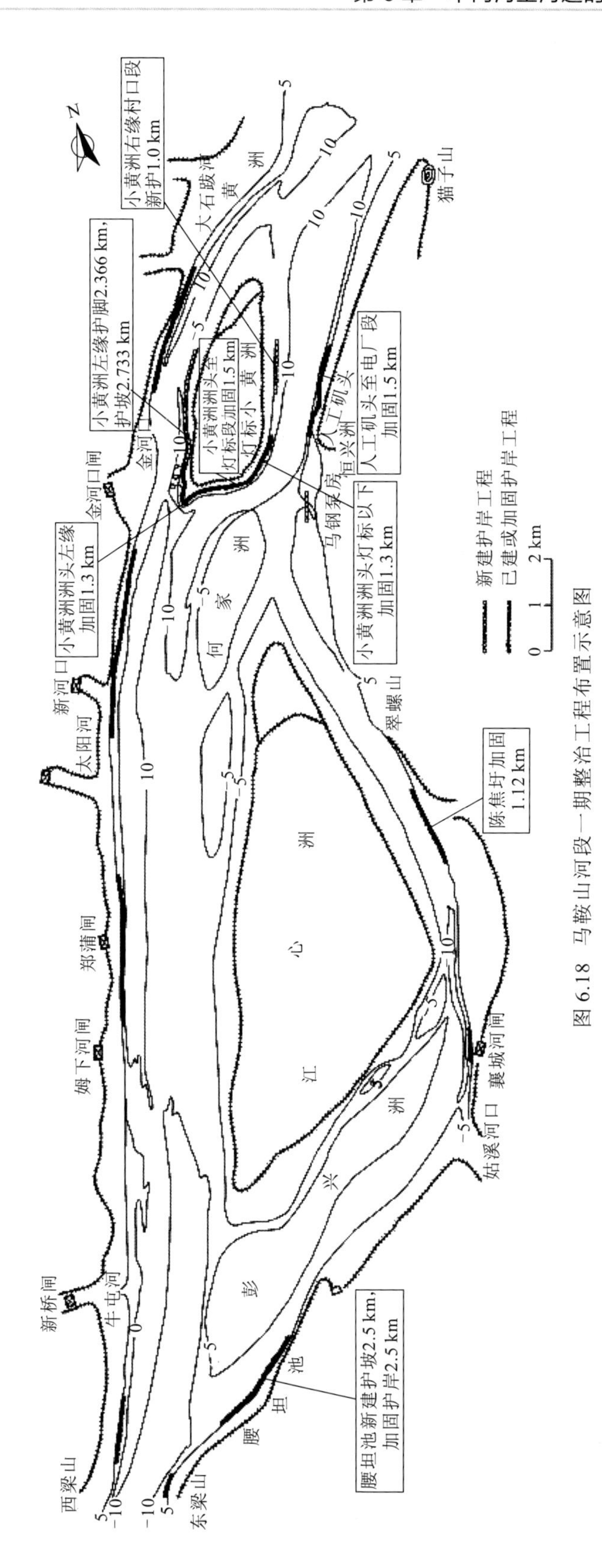

图 6.18　马鞍山河段一期整治工程布置示意图

于小黄洲洲头迎流顶冲，小黄洲洲头迅速崩退，恒兴洲马钢泵房一带则由冲转淤，护岸工程失效。1969 年开始抢护洲头，因工程量过小而失效。1970 年 12 月由长江流域规划办公室、安徽省长江修防局、马鞍山市长江修防处联合编制了《长江马鞍山河段整治规划报告》，认为小黄洲洲头护岸是控制河势的关键，并在电厂、太阳河、新河口护岸，以控制过渡段的河势。1971 年开始按上述工程规划方案实施护岸工程，经过连续几年对护岸工程的加固和新建，过渡段河势得到基本控制。

（3）江心洲洲头的守护是稳定分汊型河道河势的关键。小黄洲洲头的守护自 20 世纪 60 年代开始，70 年代基本守护成功，至今已近 50 年，对小黄洲汊道河势的稳定起到了至关重要的作用。小黄洲洲头的成功守护，成为在长江中下游分汊河道整治方面通过重点守护洲头从而有效控制分汊河道河势的首例。

（4）河道整治必须掌握有利时机。河道整治是动态工程，在河道演变过程中，抓住时机，及时治理，可收到事半功倍之效。马鞍山河段整治经验说明，河道整治必须掌握时机，因势利导。小黄洲洲头护岸工程若抓住有利时机，在过渡段发生切滩后、主流偏靠小黄洲洲头初期，及时抢护江心洲左汊新河口岸段及小黄洲洲头，河势可能要比目前有利。20 世纪 50 年代，马鞍山港区有较长的深水岸线，从马钢泵房到慈姆山，长约 9 km。20 世纪 60 年代小黄洲崩退，过渡段下移，使恒兴洲江岸的着流点也下移，由于未能及时对小黄洲洲头进行守护，丧失了人工矶头上游 2000 余米长的深水岸线。

（5） 平顺护岸工程长度应包括水流顶冲部位的可能变化范围，而且护岸段内不宜留空当。例如，1976 年 11 月 10 日马鞍山电厂上首江岸发生剧烈滑塌，发生长 460 m、宽 350 m 的大窝崩，约 150 万 m^3 土体倒入江中，江堤崩垮，原因是随着小黄洲头部的崩坍，主流顶冲右岸的部位下移。又如，小黄洲洲头初护时，限于多种原因，留有空白段，以致后来被抄后路而冲垮。以上实例说明，采用平顺护岸工程形式，其护岸范围应包括水流顶冲的变化范围，护岸段内也不应留空白段。

2. 南京新济洲河段河势控制

南京新济洲河段上起猫子山，下至下三山，全长约 25 km，自上而下分布有新生洲、新济洲、新潜洲等江心洲，为多分汊型河道，新生洲与新济洲上、下顺列，左汊为支汊，右汊为主汊。新生洲、新济洲右汊内又分布有子母洲，新济洲尾部偏靠右岸位置分布有新潜洲。新生洲、新济洲左汊近年由于萎缩、衰退，汊内生成了在中枯水期出露的新洲，同时，新生洲与新济洲间的中汊近年快速发展，目前已重新过流（图 6.19）。

根据实测资料，2008 年 2 月新生洲左汊分流比为 37.4%，中汊分流比为 1.57%，子母洲左汊分流比为 64.9%，子母洲右汊分流比为 2.8%，新潜洲右汊分流比为 19.6%。

20 世纪 50 年代以来，新济洲河段河道演变主要表现在：

（1）小黄洲尾部大幅下延，新生洲洲头冲淤交替，小黄洲尾部与新生洲洲头总体呈现相连的趋势，分流段逐步转化为分汊段。

（2）新生洲左汊先兴后衰，分流比大幅度减小，河道由单一河型转化为复式河型，深槽总体呈现右摆、萎缩的趋势，石跋河边滩大幅淤涨。

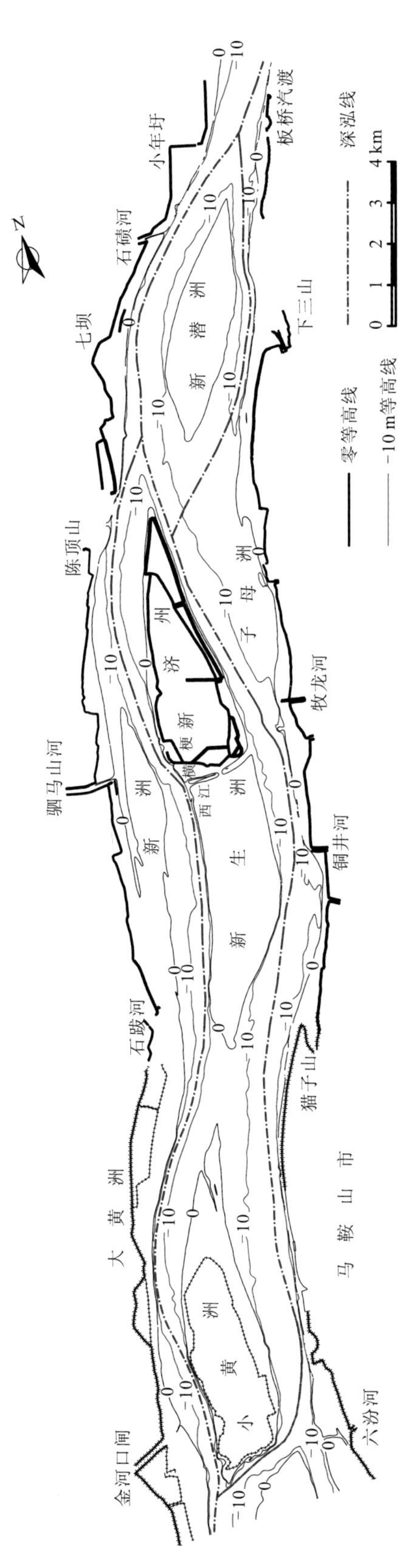

图 6.19　南京新济洲河段河势图

（3）新生洲、新济洲右汊先衰后兴，1991 年以后发展为主汊，目前发展的趋势仍未停止，七坝段顶冲压力增加。

（4）中汊一度淤浅萎缩，现又呈发展趋势。

（5）新潜洲形成并发展壮大，洲头及右岸岸线大幅度后退，右汊深槽下延、右摆。

1）河势控制方案

新济洲河段的治理分为三个阶段：一是 1998 年大洪水以前，新济洲河段仅在 20 世纪 70 年代及 1983～1993 年的集资整治工程中，对七坝段岸线进行过守护，其余岸段基本处于自然状态。二是 1998 年大洪水后的南京河段二期河道整治，对新济洲河段中汊口门进口上下游的西江横埂段、新济洲右缘中下段、铜井河口上下游段进行了守护，对七坝段原护岸工程进行了加固（图 6.20）。三是 2013 年开始的新济洲河段河道整治工程，封堵了威胁总体河势稳定的中汊，在新生洲洲头实施了调整汊道分流比的导流坝工程；在新生洲右汊进口实施了防止右汊口门进一步扩大的左右岸护岸工程及护底工程；在新潜洲洲头及洲左缘、新潜洲右汊右岸实施了稳定新潜洲汊道分流格局的护岸工程；对七坝人工节点进行了加固，并将护岸范围上延到陈顶山，进一步加强了节点对河势的控制作用（图 6.21）。

从新济洲河段的治理过程可以看出，第一阶段的治理主要是形成了控制下游河势的七坝人工节点，第二阶段的治理主要是对 1998 年大洪水后危及河势稳定、堤防安全的重点崩岸险工段进行了治理，第三阶段的整治是在第一、二阶段基础上的系统治理工程。

2）河势控制要点

（1）抓关键点。目前新济洲河段的河势控制关键点是稳定现有河势格局，要稳定现有河势格局，要抓住两个关键点：一是维持新济洲河段总体双分汊的格局。近十年，新生洲、新济洲之间的中汊发展趋势明显，洪季分流比接近 4%，原来在二期工程中实施的中汊口门控制工程多处损毁，如果不加以控制，一旦原护岸工程大面积损毁，中汊将呈现口门大开、分流比大幅增加的趋势，重现 20 世纪 60 年代的河势格局，对本河段及下游河段的河势稳定、防洪安全都将产生严重的不利影响；二是防止新生洲洲头与小黄洲洲尾之间的水下浅滩出水，一旦出现这种情况，上下两个汊道将合二为一，出现小黄洲左汊水流走新生洲左汊、小黄洲右汊水流走新生洲右汊的格局，新生洲左汊分流比将由目前的 37%大幅下降至 27%左右，新生洲右汊两岸的防洪压力及七坝段顶冲压力将大幅增加，危及河势稳定、防洪安全。

对于第一个关键点，根据多分汊型河道的整治思路，对分流比较小的支汊或串沟，采取“塞支强干”的措施，将多分汊型河道改造为稳定的双分汊型或三分汊型河道，本工程封堵了中汊，消除了中汊进一步发展导致本河段发展为多分汊型河道的隐患；对于第二个关键点，对新生洲洲头与小黄洲洲尾之间的水下浅滩进行了疏挖，将疏浚弃土作为新生洲洲头导流坝袋装土坝芯的料源。同时，新生洲洲头导流坝坝头绕坝水流也有利于浅区的冲刷。

（2）多措并举。根据本工程的治理目标，需要采取工程措施适当增加新生洲左汊的分流比，降低左汊淤积萎缩的速率。为实现这一目标，通过多方案比选，选取了偏向右

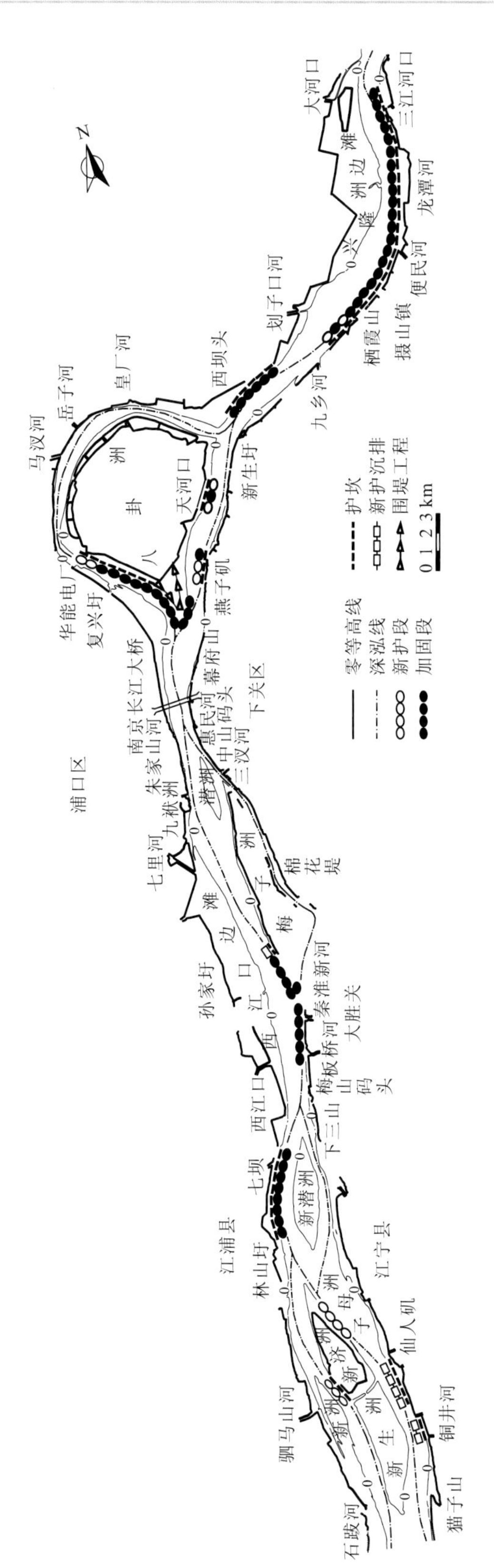

图 6.20　南京河段二期河道整治工程平面布置示意图

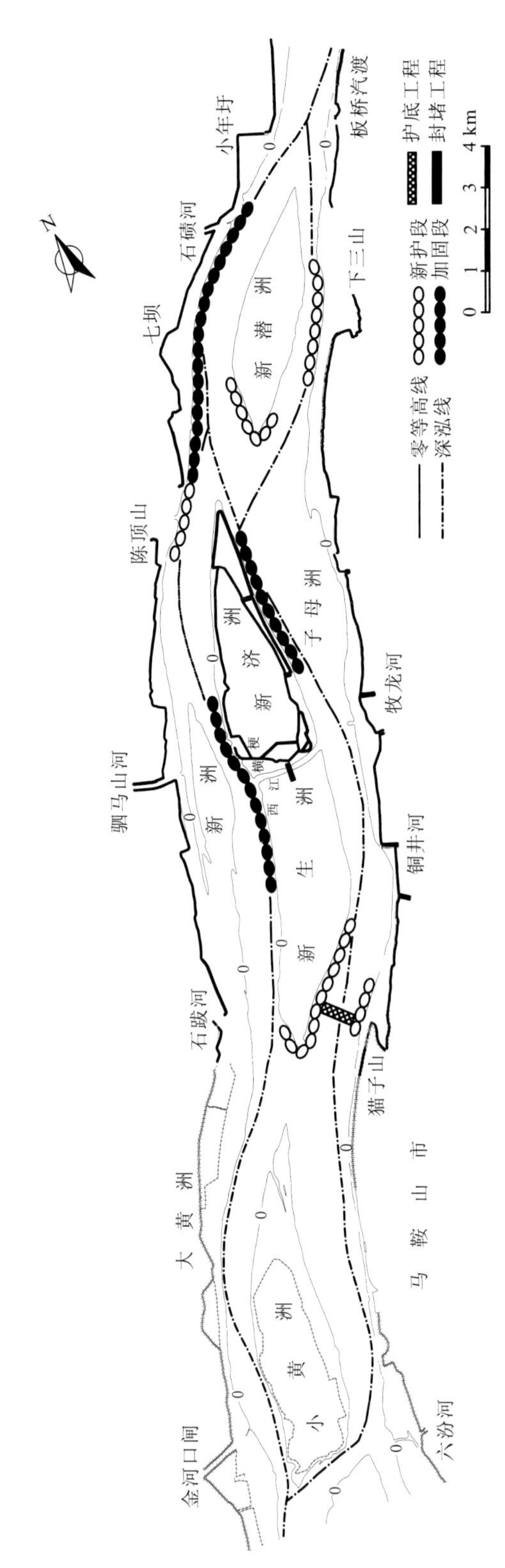

图 6.21 长江南京新济洲河段河道整治工程平面布置示意图

汊的新生洲洲头导流坝工程措施。导流坝偏向右汊，对右汊进口段水流造成挤压，将导致河床冲刷，如果不加以控制，右汊进口断面将会扩大，将逐步蚕食导流坝的整治效果。因此，推荐整治方案中还安排了右汊进口段控制工程（包括右汊进口左右岸护岸工程及右汊进口护底工程）。由此可见，要实现整治目标，依靠单一措施很难奏效，需多措并举。

（3）统筹兼顾。在整治方案实现整治目标的同时，还需要使工程对第三方的影响在可接受的范围之内，或者采取切实可行的舒缓措施。本工程在工程可行性研究阶段推荐的新生洲洲头导流坝长达 1 500 m，越过了安徽、江苏省界，在实施过程中协调难度较大，同时，工程对航道还有一定的不利影响。在项目实施阶段，根据最新的河势条件，将导流坝长度调整为 389 m，既实现了整治目标，减少了协调难度，又大大减小了对航道的影响幅度。

第 7 章 河道多目标协调综合整治

随着经济社会的不断发展，对水资源综合利用的需求也日趋迫切，河道整治目标也从防洪、河势控制等较单一的目标逐步向包括防洪、河势控制、水资源利用、岸滩利用及水环境改善、水生态修复、水景观提升等多目标转变。20 世纪 80 年代开始，开启了长江中下游重点河段多目标综合整治的历程。各河段所处的位置不同，面临的问题和需求不同，因此，整治的目标和重点也有区别。根据近 70 年来的研究和整治实践，将重点河段多目标综合整治分为四种类型，即以防洪和航运为主要目标的河道综合整治、以城市河段综合利用为主要目标的河道综合整治、以洲滩控制为主要目标的河道综合整治和“清水”冲刷条件下河道的河势控制。本章介绍这四类河道的整治原则、措施及关键技术，并分别以长江中游界牌河段、武汉河段龙王庙险段和汉口江滩、长江下游镇扬河段整治工程，以及荆江河段河势控制为例加以阐述。

7.1 以防洪和航运为主要目标的河道综合整治

7.1.1 整治原则

首先，应根据防洪的需要，充分考虑洪水河床整治、中水河床整治等要求，从洪水河床整治下河漫滩的过洪能力与拓卡，高水位下的河势与滩面冲刷，自然裁弯的负面影响，人工裁弯、洲滩民垸在防洪中的作用与保护问题，以及平滩（中水）河床整治下的防洪护岸、河势控制与调整、江心洲并岸并洲、中水河床内边滩的护滩固滩、心滩的并岸并洲和调整汊道的分流等方面综合考虑，选择主要整治方向和思路，并根据实际情况选择不同的整治措施并制订详细的整治方案。

然后，应根据航运的需要，充分考虑枯水河床整治等要求，从深槽的稳定、浅滩和拦门沙的整治等方面综合考虑，选择主要整治方向和思路，并根据实际情况选择不同的整治措施，制订详细的整治方案，来解决枯水河槽的稳定问题，继而解决枯水河槽内各种地貌形态在航行条件中存在的航深、航宽、航道半径及局部险阻与流态等方面的相关问题。在采取防护工程使得航槽达到基本稳定的基础上，深泓纵剖面隆起的部位，即各类浅滩，是航道整治中的主要对象。

最后，根据防洪及航运的综合要求，制订合理的整治方案，并开展方案的论证和比较。确定整治方案及整治的远景目标和近期要求，分清轻重缓急，有计划地实施。

7.1.2　整治措施

以防洪和航运为主的河道整治措施，较为广泛。洪水河床整治包括蓄滞洪工程、围滩工程和堵汊工程；平滩（中水）河床整治包括河势控制护岸工程、分汊河段洲头防护工程、分流工程和锁坝工程；枯水河床整治包括航道整治工程和分汊河段主、支汊潜锁坝工程。其中，蓄滞洪工程的分洪可能舒缓特大洪水对河势的影响，围滩工程改变了洪水流速场，可能对河势稳定有一定的影响，分汊河段洪水河床堵汊整治要与河势控制工程相结合，洪水河床束窄会对枯水河床产生冲刷影响。

具体的整治措施分类见表 7.1（余文畴，2013）。

表 7.1　整治措施分类

项目	整治工程类型	整治措施（或整治建筑物）
洪水河床整治	堤防工程	堤防及其护坡、堤河填筑、滩面护砌（窄滩）
	拓卡清障工程	堤防退挽、围堤刨毁、岸体开挖
	裁弯工程	引河开挖、新河护岸、新河下游河势控制
	堵汊工程	堵坝及坝面护坡
	圈围工程	围堤堤防及其护坡、护底
平滩（中水）河床整治	护岸工程	平顺工程、丁坝、矶头
	河势控制工程	平顺工程、丁坝、矶头
	江心洲洲头防护工程	平顺工程
	江心洲洲头分流工程	鱼嘴、梳齿坝、鱼骨坝、围坝、导流坝
	汊道中水束流控制工程	锁坝
	护滩工程	护滩带（边滩、心滩）
	崩窝整治工程	裹头、封口坝、岸边护坡、缓流促淤
	岸线调整工程	平顺护岸（崩岸至治导线后实施）
枯水河床整治	疏浚工程	疏挖、爆破疏浚、炸礁
	航槽稳定工程	丁坝、勾坝、顺坝、护滩带（潜边滩）
	汊道枯水分流调节工程	潜锁坝
	支汊控制工程	护底带、透水坝
	局部防冲工程	埋置护底、床面排护底、散抛护底

1. 洪水河床整治

整治方案研究确定时，应根据洪水河床整治中的主要问题有针对性地选择合理的措施（余文畴，2013）。

1）河漫滩的过洪能力与拓卡问题

湖口以上的分汊型河道，平滩河槽过洪能力较大，河漫滩承担的过洪量较小，为

3%～15%。因此，在河漫滩的过流能力中，湖口以上主要是处理洪水河床山体卡口的拓宽问题。关于长江中游洪水河床的拓卡问题，如上所述，一是指城陵矶至螺山河段，二是指西塞山至半壁山河段。城陵矶至螺山河段长约 30 km，左岸为断续山丘，右岸有天然矶头，构成白螺矶与道人矶、杨林山与龙头山和螺山与鸭栏矶三组对峙节点，节点之间河道内为河漫滩相泥沙堆积不甚发育的江心洲滩，仍构成宽窄相间的顺直型分汊河段。河道窄段宽 1～1.7 km，宽段宽 2 km 以上。此段洪水河床由于总体河宽较小，对行洪仍构成一定的阻水作用。据粗略分析，河漫滩在规划洪水下行洪大致为 15%。但由于本段顺直，河宽沿程变化较为平缓，河槽内江心洲滩高程较低，几组对峙节点对洪水水面线不存在明显的壅水作用。已有的规划研究成果表明，如按拟拓卡方案实施该段拓卡，降低上游水位甚微，而开挖工程的土石方量数以亿立方米计，因而认为是不可行的。黄石以下的西塞山至半壁山河段，全长约 50 km，两岸边界大部分被低山丘陵控制，河道狭窄，除韦源口和蕲洲两个河段江中有小尺度的江心洲、心滩之外，其余大部分为单一窄深河道，如西塞山、马口、半壁山河宽分别为 690 m、980 m 和 630 m，宽深比仅为 0.7、0.5 和 0.6；又如韦源洲尾、肖家渡、猴儿矶河宽分别为 970 m、910 m 和 910 m，宽深比为 1.8、1.5 和 1.3。据以上粗略分析，湖口以上单一河道河漫滩通过的泄洪流量占设计洪水流量的 25%，可见这一段长距离的狭窄河道，将对洪水水流有明显的壅水作用。从理论上说，此段的拓卡对降低上游水位和扩大洪水泄量应有显著的作用。但是，天然河道较长河段的拓卡工程毕竟是一项艰巨的工程，涉及庞大的石方开挖量，同时又大范围内破坏两岸的自然环境和山河景观，这一洪水河床整治中的拓卡方案也是不大现实的。在这种情况下，只能承认目前河道的现状，即长江经过漫长岁月洪水的动力作用已经造就的河床形态，现有河床已经具有通过 1954 年和 1998 年洪水过程的纵横剖面形态。实际上，此段已经形成了长江中下游河道中深度最大的河段，在马口附近河床最深高程可达 −100 m，是整个长江干流河道的最深处。可以在此基础上，为航运或其他方面的开发利用，做适当的有利于改善行洪能力的局部拓宽治理。

长江中下游湖口以下单一河槽主要是指藕节状分汊河段之间的节点束窄段，河漫滩过洪量占断面的 35%，而分汊段的宽段河漫滩过洪量占 21%～27%，河漫滩过流的绝对数量和相对数量均较大，说明在洪水河床整治中，对汊道段河漫滩与江心洲的利用需做必要的限制，对现有节点处的民堤堤距的束窄更要做较强的限制，必要时应刨除某些节点处影响较大的民堤。至于城陵矶以上河段，对宜昌至新厂河段河漫滩的过洪分析，可采用与中游分汊型河段类似的方法。

2）高水位下的河势与滩面冲刷问题

滩面冲刷，一般的处理都是根据现场情况进行适当维修和加固，但对洪水冲刷河漫滩滩面的问题一直未做过专门研究，也未对长江中下游及其主要支流的河漫滩滩面在大洪水下的冲刷问题做过深入调查，因而不能不说大洪水冲刷滩面对堤防安全的影响是个较为严重的隐患。

大洪水时，在特定条件下，漫滩水流会使河漫滩出现严重冲刷。紧贴堤防的水流冲刷作用还表现在堤外河漫滩的特殊形态。例如，铜陵河段东联圩下段的河漫滩，在太阳洲下段护岸工程的控导下，主流的顶冲作用使该段河漫滩河岸受到冲蚀，造成该段河漫滩不平坦，呈现斜向河槽的缓坡，这就使得该段的护坡工程不得不设计为较长的斜面护坡。在大洪水作用下，还需要重视滩面水流通过堤坡可能对堤脚产生的冲刷，以防影响堤防的安全。

关于河漫滩这部分洪水河床的整治，由于不是长江中下游所有的河漫滩及某河漫滩的全部外滩都存在上述冲刷问题，而是在河漫滩局部具备特定条件时产生的冲刷问题，需要针对不同河段的具体情况布置有关防护工程。要深入研究具体河段大洪水条件下的河势问题，分析河漫滩及滩岸附近的流速、流向，对于漫滩水流直接顶冲的堤段，除直接加强堤坡的抗冲防护之外，还要在堤坡坡脚之外一定范围内的滩面上进行防护，平铺一定厚度的抗冲材料；对于堤脚外的堤河，最好能采取促淤措施，使其淤积，如淤积效果不佳，应人工填以黏性土；对于窄滩堤段，滩面均要做平铺的防护工程，并与堤面护坡和河岸护坡相衔接，特别是滩面过流流速较大的地段，滩面的铺护还应加强；对于弯顶段，尤其是蜿蜒型河段的弯顶段，由于河道形态曲率半径小，强烈的环流可能产生强烈的淘刷，需实施重点防护。对于堤外滩面较窄和堤岸合一的险工段，更是重中之重，既要防止局部冲刷坑可能使工程失去稳定所产生的破坏，又要防止突出矶头的上、下两腮因局部水流带来的淘刷甚至“抄后路”而导致的堤坡和堤身的破坏。

对于河漫滩上人工或天然形成的水塘也要采取必要的措施，避免积水对岸坡及其护坡造成渗流破坏；滩地前沿也不宜有过重的荷载，以避免岸坡因不稳定而遭受破坏。这方面属于土力学的范畴，应给予必要的重视。

2. 平滩（中水）河床整治

平滩（中水）河床整治及措施包括以下两个方面（余文畴，2013）。

1）防洪护岸、河势控制与调整和江心洲并岸并洲

平滩（中水）河床整治中的防洪护岸有两方面的含义：一是指河道的平面变形较大，开始影响或已经影响到堤防、城镇、工厂企业和水利设施的安全，因而在堤外河漫滩前沿即河岸，直接实施护岸工程，以保障防洪工程和其他涉水工程的安全；二是预计到在中水和洪水作用下水流有可能破坏河道的平面形态，因而有必要预先实施护岸工程以维护洪水顶冲部位岸滩的稳定。防洪护岸在过去曾被看作“头痛医头，脚痛医脚”的局部整治，不能认为这一观点是全面的，因为防洪护岸虽然往往属于应急性的，但它又是非常重要的，关系到保护人民生命、财产的安全，关系到保障地区经济社会的发展，是一项十分必要的整治措施。

河势控制与调整，是着眼于一个河段或较长的数个河段甚至同一种河型中全河段的整治措施，是从两岸社会经济可持续发展实施综合治理的需要出发，兼顾上下游、左右岸、近期和远景的兴利除害要求，在河床演变研究的基础上，进行全面规划，有计划、有步骤地对河势进行控制和调整。在长江中下游河道河势控制措施中，大部分都是采用护岸工程，将较有利的河势稳定下来，将朝不利方向发展的河势予以控制，对不利的河势则采取相关的工程措施，与护岸工程相结合，使河势向可控的和有利的方向发展。例如，对岸线做必要的后退以调整岸线形态，通过改善流势达到改善河势的目的；对系统裁弯后实施河势控制工程，防止河势发生大的变化，使蜿蜒型河道转化为弯曲型河道，使之成为一种有利的并受到控制的良好河势；对河势朝不利方向发展的分汊河段，采取洲头的防护工程、鱼嘴工程或其他整治工程，达到控制或调整河势的目的。

长江中下游河道中的江心洲并岸并洲是分汊型河道历史演变的总趋势。江心洲的并岸使河道宽度总体得以束窄，宽深比减小，从而增强了河道的稳定性；江心洲之间的合并，使诸多小江心洲并为大江心洲，也增强了江心洲的稳定性。江心洲并岸并洲总体上体现了长江中下游分汊型河道由多汊变少汊的历史演进中的造床过程。迄今，长江中下游江心洲并岸并洲的造床过程尚未终结，只是随着河道稳定性的增强其进程逐渐趋缓。因此，江心洲并岸并洲的整治符合上述历史演变的总趋势。目前，长江中下游两岸人口密集，社会经济飞速发展，在我国占有重要的地位，保障两岸平原地区防洪安全仍然是河道治理中的首要任务，实施江心洲并岸并洲的整治一定要以不影响防洪为前提。同时，长江中下游不仅是主汊，有的支汊内也布置了国民经济的重要企业；江心洲堤垸内社会经济也在不断发展。因此，对于长江中下游长达 1 300 km 的江心洲汊道的整治也需与时俱进，应当赋予新的使命和新的内容。在平滩河床内阻塞汊道，进行并岸并洲的整治，有可能壅高洪水位，影响河势的稳定，还有可能造成对发展和环境的影响，因而一般来说对于平滩河床的堵汊整治都是需要很慎重的，一定要进行全面的科学论证工作。在确保防洪安全的前提下，对有些分汊河段，如三汊以上且有的支汊分流比较小并继续淤积的多汊河段，有的鹅头型支汊淤积且江心洲已经有自然并岸趋势的河段，有的支汊处于衰萎阶段且又是钉螺遍布、滋生血吸虫病的乡村河段等，可以考虑通过堵塞支汊的平滩河床实施江心洲并岸或并洲，以进一步有利于河道的稳定，实现综合治理的目标。总之，对待分汊河段的整治，要根据河段的具体情况，遵循因势利导的原则，对防洪及河势的影响问题做充分论证。

2）中水河床内边滩的护滩固滩、心滩的并岸并洲和调整汊道的分流等

边滩在通常情况下基本处于淤积部位，特别是高程较高、平面位置相对稳定的边滩，一般是不需要采取工程措施的。但如果边滩遭到冲刷或边滩位移可能带来不利影响，甚至影响河势的稳定时，需要采取护滩或固滩措施，防止边滩的冲刷和位移，以维护中水河床的稳定，进而达到河势的稳定，并为枯水河床整治提供条件。

心滩处于河槽中部，是受水流泥沙运动影响的敏感部位。对于较为稳定的心滩，由于它在枯水河槽中有一个相当庞大的基础，同时它也是构成汊道河势的组成部分，在河床演变分析中决不可忽视它的存在，在河道整治中应重视其形态的作用。对于河槽中滩面高程较低，处于冲淤交替、演变较为频繁的心滩，以暂不采取整治措施为宜，同时应加强观测，根据其演变趋势和影响，研究是否采取相应的整治措施。处于边滩部位的心滩，可以考虑因势利导，采取缓流促淤工程使心滩并入边滩，有利于中水河床的稳定。对于江心洲边缘边滩部位的心滩和被切割的洲头心滩，一般都宜采取缓流的促淤工程措施使其成为边滩形态。

另外，在分汊型河道中以变坡度的锁坝工程来调整汊道的分流可能是一项有效的中水河床整治措施，可以调整中、枯水的分流比，进而改善分汊河段的岸线利用和航道条件。

3. 枯水河床整治

在航道整治中，主要是枯水河床整治，枯水河床的整治主要包括三个方面：深槽的稳定、浅滩与拦门沙的整治和分汊型河道枯水分流的稳定及调整。从整治难度来看，枯水河床的整治难于平滩（中水）河床和洪水河床的整治；其中，浅滩与拦门沙的整治又难于深槽的稳定；当主汊分流比相当大并仍在继续发展时，稳定或减小主汊的枯水分流比应是难度最大的整治。枯水河床整治有关情况（余文畴，2013）如下。

1）深槽的稳定

枯水河槽及相应深槽的平面移动是河道崩岸和平面移动的核心问题。可以认为，当枯水河槽中的深槽，特别是弯顶部位及下段的深槽受到水流冲刷，其深槽及附近的河床发生冲深并向岸一侧拓宽做平移时，河岸坡脚部位不断变陡，结果是使岸坡失去稳定而产生崩岸。一般来说，深槽河床在年内的冲淤变化规律是洪冲枯淤，崩岸及河道平面变形的原因主要是汛期洪水对深槽近岸的冲刷。近岸河床冲刷、泥沙输移使岸坡变陡失去稳定是个量变到质变的过程，因而崩岸一般都发生在洪水过程的后期或汛末水位降落期（汛末和枯期的崩岸也包含土力学方面的因素）。由此说明，深槽及其附近河床的冲深和向岸平移是河道形成崩岸与平面移动的根本原因，而枯水河槽的等高线与深泓线的向岸移动往往是河道崩岸和横向变形的先兆及具体表现形式。

在弯道段，深槽主要在弯顶部位和弯道的下半段，稳定了深槽部位的枯水河床就在相当大的程度上抑制了弯道的横向变形和蠕动，从而为河道的稳定提供了重要条件。维护深槽的稳定，需要对河岸枯水位以下的河床和枯水位以上部分沙质河床（河床相）进行防护，同时为防护范围外可能产生的近岸冲深变形，实施预备性的防冲工程量，以适应河床冲深变形而达到长期的稳定。对于河宽非常窄的汊道内束窄段，在分流比不断增大的情况下，冲刷还会影响到深槽的凸岸侧，除崩岸侧枯水河床应予以加固防护外，必要时还需对对岸侧的枯水河床做适当的防护，避免对岸发生崩岸甚至在单宽流量很大或水流顶冲交角大的情况下局部形成“口袋型”崩窝。对于顺直段深槽的整治，一般与河段的河势控制相联系，稳定其深槽还可能与其他地貌形态的整治有关；防护工程的稳定机理与弯道段相同。

2）浅滩与拦门沙的整治

浅滩与拦门沙的整治是一项复杂而艰巨的任务，一是因为处于枯水河槽内的这种地貌在来水来沙条件下冲淤多变，形态很不稳定，在整治工程作用下较易对周围河床产生冲淤影响；二是该地貌的形成和演变不是孤立的，与枯水河槽中其他地貌和中水河床地貌之间具有密切的联系，因而它们的整治往往都不是局部的，需要与枯水河槽内其他整治相配合，更需要与中水河床整治和河势控制相结合；三是浅滩和拦门沙在不同的条件下具有各种形式，需要根据具体情况，通过全面系统的河道观测和河床演变特性的深入分析，借助于物模和数模的研究途径，对整治工程方案进行比较。

（1）正常浅滩的整治。正常浅滩的整治在航道整治中可以说是最简单的整治。由于正常浅滩一般位于上、下深槽之间的过渡段，同时也处于上、下边滩之间的过渡段，床面形状呈马鞍形。水流自上一弯道进入过渡段，先扩散然后再逐渐收缩而进入下一弯道。

过渡段内枯水河槽断面一般较为宽浅，一方面主流可能摆动而使航槽不稳定，另一方面往往滩脊处河槽水深较小而不能满足通航的要求。正常浅滩的演变规律是洪淤枯冲，具体来说，是汛期泥沙淤积，到汛后随着水位降落、局部比降增大而发生冲刷，当汛后的冲刷量不足以使枯水期水深满足航行要求时，便发生碍航现象。当碍航不严重，疏浚工程量不大时，一般采取挖泥措施维护航道条件，当挖泥量较大且每年都需挖泥甚至挖泥量与日俱增时，则需要采取整治工程措施。正常浅滩的整治措施一般是采用低水丁坝来控制枯水河槽并加强退水期的冲刷，以稳定滩脊航槽并增加滩脊航宽和水深。其中，确定整治建筑物的高程是至关重要的，既要在汛后“退水过程”中发挥对浅滩脊槽的冲刷作用，又不致影响河道的行洪能力；同时，建筑物的布置和尺度也是很重要的，既要构成有利于浅滩冲刷的水流泥沙运动条件和较好的流态，又不致对河势产生不利的影响。当过渡段有心滩，流槽散乱时，整治措施包括航槽的选择、心滩的处理和相应的束流、导流整治工程，整治难度较大。

（2）交错浅滩的整治。交错浅滩与正常浅滩都是水流的过渡并扩散使泥沙在过渡段沉积而形成的，在本质上是相同的，其不同之处取决于河型，后者一般存在于弯曲型河段，而前者一般存在于顺直型河段。从形态来看，交错浅滩不像正常浅滩一样是典型的马鞍形，而是在上、下深槽中间以沙埂过渡；从水流运动来看，交错浅滩在上深槽至下深槽之间的水流结构中存在横向的斜流，其由上深槽越过沙埂进入下深槽，过渡段上下都不存在弯道环流结构的特征，沙埂上的浅滩槽部是在汛后水位降落过程中横向水流的局部比降增大而冲刷形成的。随着一个水文年内水流条件的不同，横向水流的过渡可能在较大的范围内进行，在沙埂上形成的过渡槽也将在较大范围内变动，呈现成槽不稳定的特征。这样，在构成浅滩的碍航条件时，随着不同的水流退落过程，浅滩上航槽的槽位是随机的、摆动的，甚至形成两槽并存的碍航局面。因此，交错浅滩的枯水河床整治就不同于正常浅滩常采用的横向束窄工程，更需要结合河势和其他地貌情况，采取综合措施，包括控制横向水流过渡和摆动范围的纵向堤与堵塞倒套槽等综合整治工程。

（3）分汊河段支汊口门浅滩和拦门沙的整治。支汊口门的浅滩和拦门沙往往是伴随支汊的淤积萎缩而产生的，其整治包括治标和治本措施。口门浅滩和拦门沙，其冲淤特性取决于不同水位下支汊分流分沙比的变化情况，年内变化规律一般也表现为“洪水期淤积，汛后冲刷”的特点。在支汊口门浅滩淤积速度不大的情况下，可以采用疏浚措施，维护滩脊上必要的水深，增加枯水期进入支汊的流量。采取这种治标措施取决于各水文年水沙条件下汊道的分流分沙情况，有的年份可能不需要挖泥，有的年份需要挖泥，有的年份可以少挖，有的年份可能需要多挖。但当支汊疏浚挖泥量很大甚至与日俱增而必须维护支汊一定的分流规模时，应采取治本的工程措施。基于改善通航条件的支汊整治，有一个重要的原则，就是不能单纯在支汊内布置整治工程，否则将加大支汊阻力，进一步减少支汊分流比，而应当在支汊以外布置整治工程，如在分流口门或洲头部位布置工程或者在主汊内布置潜锁坝工程。

3）分汊型河道枯水分流的稳定与调整

（1）稳定和改善枯水分流比的江心洲洲头防护工程。当分汊河段江心洲洲头遭受水流顶冲后退时，洲头的防护工程实际是稳定河势的措施，是抑制平滩水位以下不同流量级分流比变化的关键性工程，其中包括枯水分流比的稳定。在洲头遭受水流顶冲情况下，以平顺形式为妥，不宜布置类似鱼骨坝或梳齿坝工程，这易招致严重的局部冲刷，工程也不易稳定。当需要改善某汊枯水分流状况时，将枯水位以下的洲头防护布置成一定长度、宽度和角度并对枯水水流有直接拦截作用的分水鱼嘴，或在防护工程前沿布置一定长度和角度的导流坝，可以适度改善汊道枯水分流比的对比情况。这方面还有待进一步实践。

（2）稳定枯水分流的江心洲洲头低滩固滩工程。当江心洲洲头以上分汊水流的分流点距洲头较远，洲头为坡度较缓的低滩时，为稳定汊道的枯水分流，在洲头低滩往往采用固滩工程。当洲头低滩较为稳定，基本没有越滩的横向水流（或横向水流很弱）时，现在一般采用的鱼骨坝固滩工程较易达到进一步稳定汊道枯水分流比的目的；当洲头形态尚较稳定，但具有较明显的越滩横向水流，使枯水分流比不够稳定并有可能切割低滩滩体时，固滩工程还应防止越滩横向流可能带来的局部冲刷，防止横向水流冲刷产生串沟。可以预计，在削弱横向越滩水流的同时，也会改善汊道的枯水分流比。

（3）抑制枯水分流增大，调整汊道分流比的潜锁坝工程。以上所述基本上都是着眼于稳定分汊型河道的分流比，只能起到少量的改善作用，但要进行汊道枯水分流比的调整，采取潜锁坝工程较为有效。潜锁坝的作用，一是增加汊内阻力，壅高上游水位；二是改变入口流速分布，从而减小该汊分流比，达到调整汊道分流比的目的。其中，要使发展中的支汊分流比得到抑制，在支汊内修建潜锁坝工程，规模较小，较易实施；但需注意，此时洲头最好不宜同时布置向上游延伸的纵向坝或类似的鱼骨坝等工程，因为它将阻碍洲头以上新生的横向水流或者不利于流速的重分布，抵消支汊内潜锁坝的抑制分流效果。而要使处于淤积趋势的支汊口门浅滩和拦门沙受到冲刷，增加分流，或使萎缩的支汊得到复活，就不能在该支汊内采取整治工程措施，因为支汊内任何整治工程都会增加该汊的阻力，整治效果适得其反，而必须在该支汊外实施整治工程。实践表明，在口门以上较深的岸边采用导流坝或丁坝企图改变水流方向，很难达到“挑流”以调整枯水分流的目的，这样做不仅工程量巨大，而且坝头的局部冲刷大大降低工程效果；而在主汊内采取潜锁坝工程抑制主汊分流比的增大趋势并适度调整分流比，已被实践证明是能够做到的。

7.1.3　典型河段整治实例

界牌河段位于城陵矶下游 20 km，上起杨林山，下迄石码头（图 7.1），全长 38 km，上接南阳洲汊道，下连叶家洲弯道。左岸属湖北洪湖，右岸属湖南岳阳临湘。河道为顺直展宽分汊型，上段杨林山至螺山河段为单一河道，下段为分汊型河道。上段进口处由杨林山、龙头山节点控制，河宽为 1.1 km；其下游 8.6 km 的螺山、鸭栏节点处河宽为 1.6 km，两对节点之间河道放宽，平面上呈藕节状。下段螺山至石码头河段为顺直放宽分汊段，谷花洲以下由新淤洲和南门洲将河槽分为左右两汊，最大河宽达 3.4 km，在石码头稍上两汊汇合，河宽缩窄至 1.6 km。

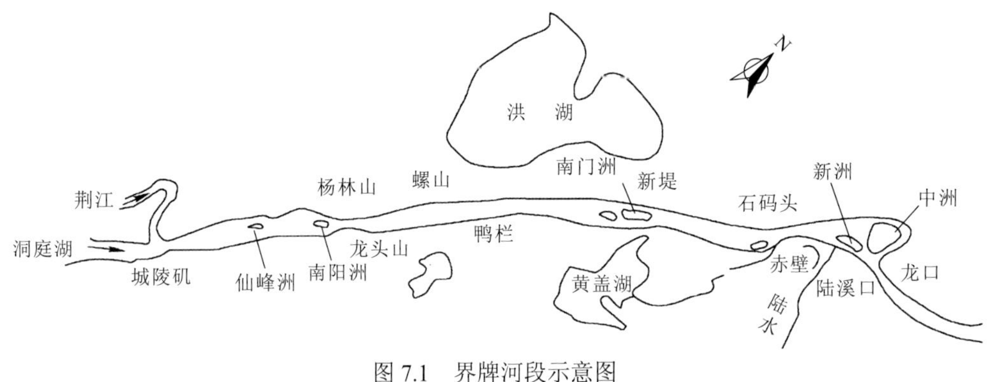

图 7.1 界牌河段示意图

1.河床演变

1）深泓线平面变化

（1）杨林山至螺山河段。杨林山至螺山河段长约 8.6 km，为顺直放宽段。杨林山与龙头山对峙，为一对天然节点；以下河床稍有展宽，螺山与鸭栏节点处河宽为 1.6 km，呈藕节状河段。由于杨林山、龙头山节点的控制作用较强，且其上游紧接南阳洲汊道，1861 年、1912 年、1934 年、1953 年、1956 年、1959 年、1966 年、1971 年、1981 年、1986 年、1993 年和 1998 年测图均显示，南阳洲右汊为主汊。受南阳洲右汊的导流作用，以及不同水文年来水来沙变化的影响，历年来杨林山至螺山河段深泓线变化有两个特点：一是多数年份深泓线偏靠左侧；二是深泓线变动幅度沿程增大，儒溪以上较小，以下变幅加大，螺山附近甚至贴左岸或右岸。

（2）螺山至石码头河段。螺山至石码头河段长约 29.4 km，为顺直放宽分汊段。多数年份深泓线靠左岸螺山至皇堤宫一侧，然后在皇堤宫至新堤一带自左向右过渡，称为一次过渡形式；有的年份深泓线在螺山以下由左岸向右岸过渡，然后又向左岸过渡，到南门洲洲头再向右岸过渡，称为二次过渡。上述过渡段的变动范围在皇堤宫至新堤之间，其变化主要表现为过渡段逐年下移，在一定的水文及滩槽地形条件下，在一个水文年内可大幅度上提。20 世纪 60 年代以来，先后于 1968 年及 1982 年出现过过渡段大幅度上提现象。1968 年汛后过渡段从下复粮洲上提到皇堤宫，1982 年汛后从新堤上提至皇堤宫，上提幅度分别为 8 km 和 12 km。自 1982 年过渡段上提后，至 1994 年整治工程实施前，过渡段位置大多在新洲脑至叶家墩一带，摆动幅度为 7 km 左右。

2）洲滩变化

界牌河段的洲滩基本格局为，左岸螺山以上有螺山边滩，右岸鸭栏以上有儒溪边滩，鸭栏以下有新洲脑边滩，江中有南门洲和新淤洲两处江心洲。

（1）螺山边滩。当主流居中偏右时，杨林山至螺山河段沿岸形成螺山边滩，随着主流线的逐渐左移，螺山边滩下移至螺山以下，并可能被水流切割为潜洲。1956～1962 年螺山边滩形成、下延和增宽，1963～1967 年螺山边滩越过螺山并逐年下移，直至下复粮洲；1970～1974 年螺山边滩重新形成、下延和增宽，1975～1982 年螺山边滩越过螺山并逐年下移，直至下复粮洲；1984 年以后螺山边滩又重新形成、下延和增宽，1994 年螺山边滩越过螺山并逐年下移。

（2）儒溪边滩。龙头山至儒溪河段岸线凹进，其间形成的儒溪边滩长期存在。其滩尾随河道主流线的摆动而变化。当主流线居中偏左时，儒溪边滩的尾部可延伸到鸭栏，整个边滩均相应增宽；有的年份甚至越过鸭栏，与新洲脑边滩连成一体。杨林山至螺山河段为顺直放宽段，左岸螺山边滩和右岸儒溪边滩互为消长。受南阳洲汊道出流的影响，多数年份深泓线偏靠左岸或居中偏左，螺山边滩很小。据 1961～2006 年的实测资料统计，仅 1961～1963 年、1970～1974 年和 1993～1995 年共 11 年深泓线偏靠右岸鸭栏一带，杨林山至螺山河段存在较大的边滩，其余年份螺山边滩均很小。南阳洲右汊历年均保持主汊地位，故杨林山至螺山河段边滩的变化主要受各年水沙变化的影响。

（3）新洲脑边滩。界牌河段右岸鸭栏以下的新洲脑边滩随主流的变化而上下移动和展宽缩窄。其上端可达鸭栏，尾部可延伸至谷花洲，甚至与新淤洲头部连成一体。新洲脑边滩尾部与右岸之间有倒套，边滩最大宽度（15 m 等高线）可达 1 300 m。当螺山附近主流偏靠右岸时，边滩头部受冲，尾部淤积，倒套萎缩；在漫滩水流作用下，易形成串沟。

（4）南门洲和新淤洲。南门洲历年变化不大，洲顶高程一般为 29～30 m，洲上有农作物、树木。新淤洲是近 20 多年来在南门洲上首分流段逐年淤长形成的江心洲。20 世纪 90 年代，新淤洲与南门洲之间仅留有夹套，新淤洲顶部高程约为 26 m，最高部分洪水期也出露，长有芦苇。新淤洲年内冲淤变化为汛期洲头向上游淤长，同时右边滩尾部向下游延伸，右边滩尾部与新淤洲头部之间形成沙埂；枯水期退水过程中，水流冲刷其间的沙埂，形成过渡航槽。新淤洲的年际变化为洲头随过渡段主流线的上提或下移而相应淤长和冲退。1993 年 10 月，新淤洲 20 m 高程的滩长为 5 km，面积约为 10 km^2，与 1987 年 8 月相比，洲头 20 m 等高线后退 1 100 m。南门洲汊道属顺直型汊道段，南门洲分河道为左右汊，20 世纪初汊道形成以来左汊一直为主汊，1931 年长江大洪水后右汊成为主汊。

3）过渡段的演变

皇堤宫至新堤河段为界牌河段过渡段的变动范围，其变化主要表现为过渡段逐年下移，在一定的水文和滩槽地形条件下，可于一个水文年内大幅度上移。当过渡段位于皇堤宫附近时，右边滩较为窄小，新淤洲头部为大片低滩，甚至与左岸相连，新堤夹在中枯水期基本断流。随着过渡段主流线的逐年下移，新淤洲头部低滩被冲，洲头后退，右边滩淤积、展宽，滩尾向下游延伸。当右边滩成为宽广的边滩后，其中部易被漫滩水流冲刷，形成串沟，发展至与其下部的倒套连通后，最终右边滩被水流切割，形成新的过渡段，原有过渡段则淤积萎缩，切割后的右边滩中下部则成为新淤洲头部的低滩（图 7.2）。

20 世纪 60 年代至 1994 年界牌河段综合整治工程实施前，已出现两个过渡段变化周期。1961～1968 年为第一周期，过渡段下移最下至中篾洲，上提最上处为皇堤宫至新洲脑河段。1968～1982 年为第二周期，下移最下至南门洲头部，上提最上处为皇堤宫至新洲脑河段。两个周期过渡段的上下游变动幅度分别为 8 km 和 12 km，周期历时分别为 8 年和 14 年。1983～1987 年过渡段在新洲脑至谷花洲河段徘徊，1988 年以后则继续下移，至 1994 年过渡段下移至上篾洲。过渡段变化周期长短和变动幅度差异较大，与水沙变化

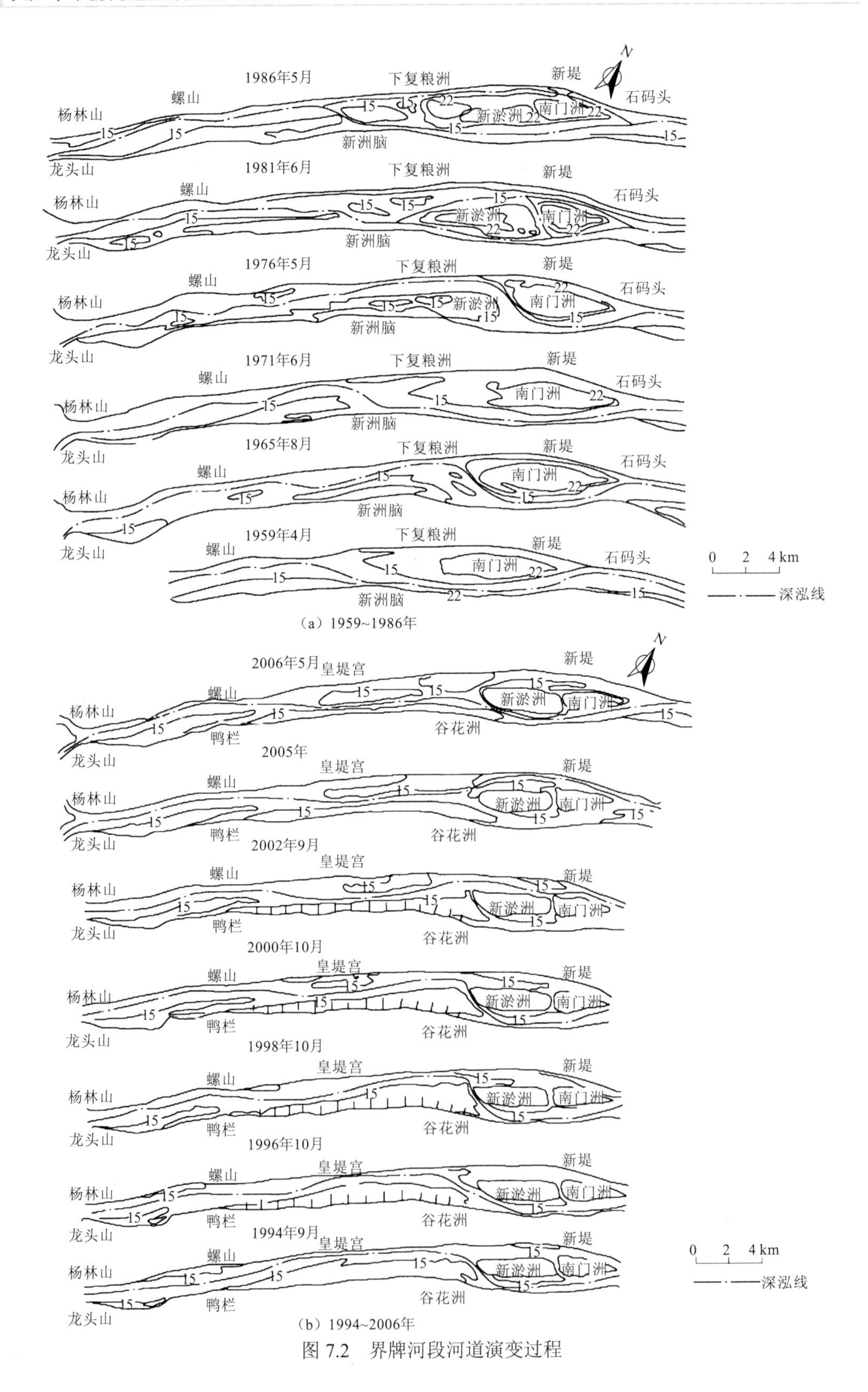

（a）1959~1986年

（b）1994~2006年

图 7.2 界牌河段河道演变过程

过程和洲滩发育状况有关。1961～1968 年丰水年较多，仅 2 年为小水年，在此期间界牌河段右边滩低小，过渡段仅下移到中篾洲就因右边滩被水流切割而上提。1968～1982 年，小水年多于丰水年，且 1974 年以后沙量偏丰，右边滩淤高增大，故下移周期长，下移幅度也较大。1983～1994 年，仅 1983 年为丰水年，且 1983～1985 年连续出现丰沙年，右边滩淤高增大，过渡段距上一周期下移的最下端南门洲头部尚有 7 km。

4）南门洲汊道

南门洲汊道属顺直型汊道段，南门洲分河道为左右汊，左汊又称新堤夹。左右两汊的长度随新淤洲的消长和过渡段的上下移动而增长、缩短，1993 年两汊长度相等，均为 12.5 km。20 世纪初汊道形成以来左汊一直为主汊，1931 年长江大洪水后右汊成为主汊。20 世纪 50 年代以来，左汊经历了萎缩与发展的反复变化过程，50～70 年代初，新堤夹分流比很小，洪水期不到 10%，枯水期断流。80 年代初由于过渡段下移至南门洲洲头稍上（图 7.2），右汊过流能力迅速增大，1982 年 1 月分流比达 53.7%，随后因过渡段大幅度上提，分流比又迅速减小。1986 年 12 月，水位与 1982 年 1 月接近，但分流比仅为 4.7%；以后分流比继续减小，速度减缓，1996 年 3 月断流，汛期 7 月分流比仍达 28.6%。1998 年大洪水后，过渡段紧靠新淤洲头部，新堤夹冲刷扩大，2001 年 11 月分流比达 56.2%，2005 年 11 月分流比为 46.1%，2006 年汛期分流比接近 50%。

南门洲汊道左右汊分流分沙变化的特点有两个：一是左汊分流比随水位的上升而增加，随水位的下降而减小，原因是左汊进口中、高水期面迎主流，进水顺畅，20 世纪 80 年代左汊处于萎缩阶段，汛期分流比仍保持在 30%左右；二是左汊汛期分沙比一般大于分流比，枯水期分沙比小于分流比，与左汊口门河底较高有关。

2. 存在的主要问题

界牌河段是长江中下游防洪问题突出的河段之一。防洪方面存在的主要问题除两岸堤防的堤身和堤基质量尚未达到防洪设计标准外，还受到河岸崩坍的威胁，表现为崩岸线长和崩岸强度大。由于河段内主流摆动不定，崩岸线长，抛石量分布也不均匀，部分河岸崩坍仍时有发生。同时，界牌河段是长江中游浅滩碍航最严重的河段之一。由于左右两岸均有水流顶冲的堤防险工段，浅滩疏浚往往与堤防安全存在矛盾。针对界牌河段存在的防洪、航运方面的问题，20 世纪 50～80 年代初界牌河段崩岸治理的主要工作如下。

界牌河段右岸鸭栏至大清江崩岸线长达 28 km，1959～1962 年年崩率高达 73 m/a。自 1962 年开始，有关部门采取守点固线的护岸工程措施，按照河道地形特点，守土嘴成矶头，先后修建了边洲、界路、长旺洲、谷花洲、叶家墩、童家墩、蔡家庄、西尾沟、烟波尾、潭子湾及大清江共 11 处矶头，大部分工程至 1966 年基本完工（图 7.3）。矶头长 5～22 m，宽 4～6 m，多数为正挑形式，矶头间距为 1 000～1 750 m。为保护矶头稳定，各矶头上下游均采用平顺护岸连接；对矶头下游的回流，则守护较小土嘴以迎托回流，避免矶头下腮被水流淘刷而发生崩坍。矶头护岸工程结构为，枯水位以上采用铺砌块石护坡，枯水位以下采用柴枕与柴排护底。柴枕护底用于急流重险段，柴排用于水流较缓及矶头掩护的地段。

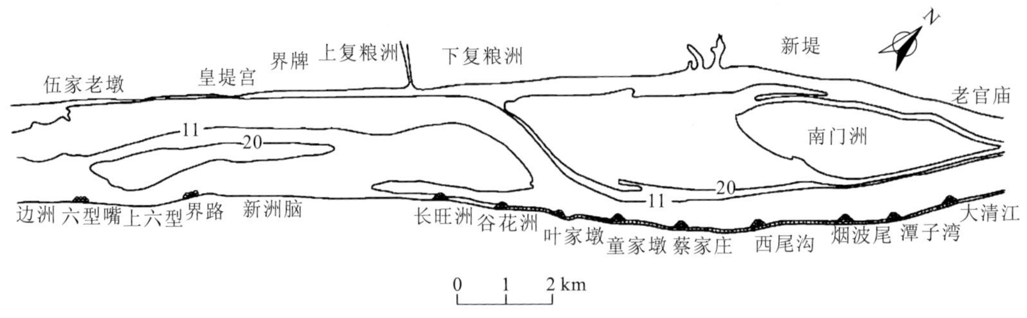

图 7.3　界牌河段右岸护岸工程布置图

界牌河段右岸矶头护岸工程 1966 年基本完成后，河岸崩势大为减缓。由于矶头附近形成冲刷坑，空当段发生较大的崩窝，以后又逐年维修加固。20 世纪 70 年代中期改为平顺抛石护岸，80 年代以来又对突出的矶头进行削矶改造，以改善矶头附近的流态。界牌河段左岸五八闸至界牌崩岸段全长 9.7 km。其中，五八闸至朱家峰长 4.8 km 河段为已建护岸段。

由于界牌河段局部河势不稳定，浅滩段航槽变化频繁，航槽位置上提下移的最大变幅达 13 km，有些年份一个枯水期内航槽也要摆动数次。在这种情况下，挖泥回淤现象极其严重，边挖边淤，即使是挖成功的航槽，往往也只能使用几天至十几天，因而疏浚对浅滩的改善只能是暂时的。在浅滩严重恶化时，甚至无能为力。

同时，航道与堤防部门对航道的维护疏浚工作经常发生矛盾和纠纷，甚至挖泥船被迫停止施工，航道无法正常维护。1985 年 9 月，湖南省人民政府、长江流域规划办公室和长江航务管理局编制了《长江中游界牌河段防洪、航运（护岸、航道）综合治理工程可行性研究报告（代设计任务书）》，但有关部门对该报告仍提出了不同意见。界牌河段浅滩阻航严重，整治工作复杂，疏浚与防洪的矛盾突出，还有两岸之间的矛盾，涉及交通部、水利部两部和湖南、湖北两省。界牌河段航道维护、沿江护岸与洪湖经济发展之间越来越加剧的矛盾引起了国家的高度重视。1986 年 4 月，经国务院批准，确定由国家经济委员会、国家计划委员会、交通部、水利电力部、湖南省、湖北省组成界牌河段整治协调小组，协调界牌河段防洪护堤、航运等综合治理问题（潘庆燊和胡向阳，2011）。

3. 综合治理目标和要求

界牌河段综合治理工程总的目标是防洪护堤、改善航道，整治工程应尽可能少抬高城陵矶水位，尽可能有利于新堤夹（洪湖港）的维护。从界牌河段河道演变的实际出发，确定的整治要求（潘庆燊和胡向阳，2011）如下。

（1）采用低水整治建筑物固定边滩和洲头，限制和束窄过渡航槽的摆动范围，使枯期水流集中归槽，以利通航。要求设计水位以下的航道尺度为水深 3.7 m、航宽 80 m，弯曲半径不小于 1 000 m，水深保证率达 98%。

（2）对深泓逼岸、水流顶冲的险工段，采用平顺抛石护岸工程进行守护。

（3）新堤夹水道不改变河势演变现状，尽可能改善现有港区的航行条件。

4. 综合治理工程技术方案

长江科学院 1987～1988 年分别开展了综合治理的定床试验和动床河工模型试验，对界牌河段洲滩群调控方案进行了研究。界牌河段综合治理工程可行性研究阶段对五种总体布置方案进行过研究（潘庆燊和胡向阳，2011）。

1）枯水单槽方案

工程布置两个方案。方案一采用低水整治建筑物稳定右岸上边滩（新洲脑边滩），将新淤洲头部与左岸连接，形成下边滩，束窄枯水河宽，形成单一的枯水河槽，稳定过渡段航槽；整治建筑物包括右岸丁坝 10 座、左岸丁坝 4 座、南门洲夹套锁坝 1 座及左右岸护岸工程。方案二在右岸龙头山至鸭栏河段建丁坝 5 座，使主流沿螺山至周家嘴河段下行，左岸建丁坝 6 座，使主流在谷花洲附近进入右岸深槽，南门洲夹套筑锁坝 1 座，左右岸建护岸工程，见图 7.4（a）。

2）枯水双槽方案

修筑低水整治建筑物，固定上边滩（新洲脑边滩），使枯水期水流归槽。新淤洲头部筑固滩鱼嘴，稳定洲头，并达到稳定滩槽、束窄枯水航槽、维持枯水分汊河势的效果。这个方案的整治工程布置又有三种方案，代表性方案见图 7.4（b），鸭栏至长旺洲河段建丁坝 11 座，新淤洲洲头筑导流鱼嘴，以长顺坝将鱼嘴与新淤洲相连，南门洲夹套筑锁坝 1 座。

3）左岸加控导的枯水双槽方案

采用低水整治建筑物固定上边滩（新洲脑边滩）及稳定新淤洲，并在左岸筑导流丁坝，缩窄过渡航槽，促使水流集中归槽，维持分汊河势。工程具体布置又分为三种方案，代表性方案见图 7.4（c），丁坝 4 座，南门洲夹套筑锁坝 1 座，左右岸建护岸工程。

4）主流二次过渡方案

整治建筑物，控导主流，促使枯水航槽形成具有一定弯曲半径的两次过渡的微弯河段，控制第二次过渡段处于南门洲头部，以改善新堤夹进流条件，达到改善洪湖港的目的。工程布置为周家嘴至皇堤宫河段建丁坝 5 座，新洲脑至谷花洲河段建丁坝 6 座，左右岸建护岸工程，见图 7.4（d）。

5）调整河势，主流进新堤夹方案

在两岸建控导工程，使主流沿左岸螺山而下，进入新堤夹，南门洲夹套筑锁坝，左岸加强护岸。工程布置为右岸龙头山至鸭栏河段建丁坝 6 座，左岸周家嘴至伍家老墩河段建丁坝 2 座，新洲脑至谷花洲河段建丁坝 5 座，叶家墩附近筑锁坝 1 座，南门洲夹套筑锁坝 1 座，两岸建护岸工程，见图 7.4（e）。

上述方案中，主流二次过渡方案和调整河势，主流进新堤夹方案的难度较大，均需对河势进行很大调整，控导主流的工程量很大，且与防洪的矛盾突出，故未再做进一步研究，而对枯水单槽方案和枯水双槽方案做进一步分析比较。这两种方案均需在河槽内布置一系列整治建筑物，由于荆江、洞庭湖地区的防洪建设及蓄洪运用均以城陵矶洪水位为主要的控制条件，这些建筑物对上游城陵矶的洪水位影响如何，是整治方案选择中应首先考虑的问题。试验结果表明：枯水单槽方案由于右岸边滩及新堤夹的迅速淤积，对城陵矶水位产

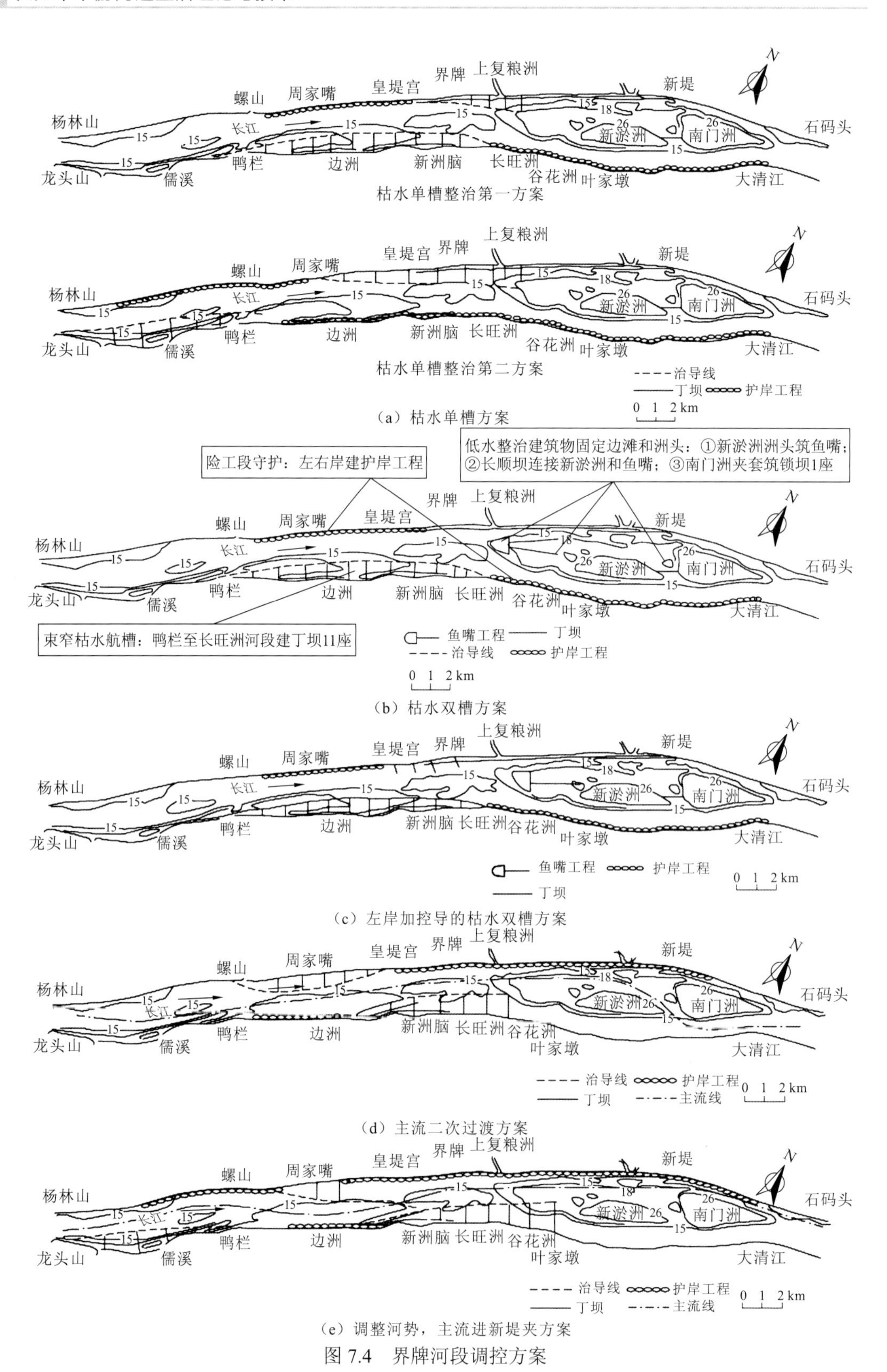

（a）枯水单槽方案

（b）枯水双槽方案

（c）左岸加控导的枯水双槽方案

（d）主流二次过渡方案

（e）调整河势，主流进新堤夹方案

图 7.4　界牌河段调控方案

生相当大的影响；枯水双槽方案虽然对城陵矶洪水位有一定的影响，但比起枯水单槽方案要小得多。为进一步优化该方案以尽量减轻对城陵矶水位的影响，提出了以下措施：在基本满足航运要求的条件下，丁坝间距和长度可进一步调整；将丁坝工程分年分期实施，以便河床能逐步调整，使洪水位的抬高降至最低程度；工程实施中，加强水文、河道观测，严密监视水文情势变化，及时发现问题，采取必要措施，尽可能减小其影响。

在整治效果比较方面，两个方案均可维持过渡航槽的稳定，但对新堤夹水道则有不同的影响。枯水双槽方案可维持目前枯水分汊的有利河势，整治工程实施后，左汊新堤夹分流比有所增加，对两岸农田水利设施和洪湖工业取水设施没有不良影响，洪湖港枯水期辅以疏浚挖泥，可使船舶从新堤夹出口通过。枯水单槽方案在左汊口门修建控导水流向右岸过渡的丁坝工程，使左汊口门泥沙落淤，分流量减少，枯水期基本断流，不利于新堤夹水道的发展，可能导致新堤夹淤塞，迫使洪湖港搬迁，影响滨江自来水厂的正常取水。新堤大闸、新堤老闸、石码头闸出口段如发生淤积，则排水不畅，势必增加四湖地区的渍涝威胁。

综合分析，认为枯水双槽方案在对上游洪水位的抬高、新堤夹水道的维护和利用、洪湖的排水和取水、洪湖港口的影响等方面，都较枯水单槽方案优越，故最终选定枯水双槽方案。

7.2　以城市河段综合利用为主要目标的河道综合整治

7.2.1　整治原则

城市是非农业产业和非农业人口集聚形成的较大居民点。非农业人口较稠密的地区称为城市，一般包括了住宅区、工业区和商业区，并且具备行政管辖功能。城市河流一般包括过境的主干河流和流入主干河流的支流。主干河流除具有传统认为的水安全、水资源、水交通三个主要功能外，还兼有体现人与自然和谐关系的水环境、水生态、水景观和水文化四类辅助功能，而城市河道的支流则一般不具有水交通的功能。城市河流主辅功能的重要性也可能随支流的各自特点而略有不同，对于滨江城市，长江干流的水资源是城市赖以存在的最重要的自然条件。从河流的服务功能角度，水安全和水资源是服务于城市最基本的底层功能，而水交通作为满足城市发展的功能处于中间层和相对次要的位置，水环境、水生态、水景观和水文化这四方面功能则是反映人与自然和谐，以及更高层次服务人类的功能。因此，从河流服务人类角度，长江临江城市的功能可划分三类七个功能：底层需求是水安全功能和水资源功能，中层需求是水交通功能、水环境功能和水生态功能，最高层次需求是水景观功能和水文化功能。

根据长江临江城市河道的特点，结合河道整治的一般原则，总结出城市河段河道综合整治的一般性原则：①全面规划，综合利用，统筹考虑水安全、水资源、水交通、水环境、水生态、水景观和水文化等各个方面的要求，妥善处理上下游、左右岸、各地区、水安全及其他各部门之间的关系，明确重点，兼顾一般，以达到综合利用水资源的目的；②因势利导，因地制宜，具体分析本河段的特性及其演变规律，预测其发展趋势，并总结本河段已往整治的经验教训，提出适合本河段的以水安全和水资源为主要需求，以水交通、水环境、水生态为较高层次需求，以水景观和水文化为最高层次需求的整治工程措施与方案；③远近结合、分期实施，包括整治的远景目标和近期要求，分清轻重缓急，有计划地实施。

7.2.2 整治措施

城市河道整治中，最底层的需求是水安全和水资源，一般情况下对于南方河流，尤其是长江干流，水资源的量和质均不存在大的问题，而水安全中的防洪问题是重中之重。因此，长江干流河道整治首先考虑的是防洪问题，防洪问题应充分考虑洪水河床整治、中水河床整治等要求，考虑洪水河床整治下河漫滩的过洪能力、高水位下的河势与滩面冲刷、自然裁弯和撇弯的负面影响、人工裁弯和撇弯在防洪中的作用与保护问题，还应根据城市经济发展的需要，充分考虑边滩利用、环境整治、生态治理等要求。

城市河道以防洪为主要目的的整治措施有拓卡、平滩、河势控制与调整、江心洲并岸并洲、中水河床内边滩的护滩固滩、心滩的并岸并洲和调整汊道分流等方面的措施。

边滩等综合治理工程，应以防洪及沿江环境景观为主，兼顾航运、岸线利用、城市交通、血吸虫病防治等。整治措施可包括边滩清障（铲除所有影响行洪的建筑物）、河道疏浚、边滩吹填、岸线守护、生物措施，以及封山、植树、休耕、休渔、退耕还草、退耕还林、退耕还湖等综合措施。

根据不同的防洪、边滩综合利用等要求，可将城市河道整治措施划分为以除险加固为主要目的的整治、以改善环境为主要目的的整治和以改善航道为主要目的的整治（表 7.2）。

表 7.2　城市河道整治措施分类

项目	整治工程类型	整治措施（或整治建筑物）
以除险加固为主要目的	堤防加固工程	堤防及其护坡、堤河填筑、滩面护砌（窄滩）
	防渗工程	堤防、码头一体防渗处理
	改善水流工程	平顺岸线、改变水流汇流交角等
	河势调整工程	拓卡、裁弯、堵汊等
以改善环境为主要目的	边滩环境工程	边滩吹填、平整、绿化等
	堤防景观改造工程	堤路一体化等
以改善航道为主要目的	河势调整工程	拓卡、裁弯、堵汊等
	枯水航道改善工程	低滩守护、中水束流工程等
	堤防工程	堤防及其护坡、堤河填筑、滩面护砌（窄滩）
	拓卡清障工程	堤防退挽、围堤刨毁、岸体开挖

7.2.3　典型河段整治实例

武汉是长江中游最重要的临江城市，其临江河段的整治具有典型性和代表性。纱帽山至阳逻长约 70 km 的河段为武汉河段（图 7.5）。武汉河段总体上为分汊河型，按天然地貌节点和河段平面形态，可分为三段：上段纱帽山至沌口河段 19.9 km，为铁板洲顺直分汊段；中段沌口至龟山河段 15.0 km，为白沙洲顺直分汊段；下段龟山至阳逻河段 35.4 km，为天兴洲微弯分汊段。受节点控制、上游河势及来水来沙变化等因素影响，长期以来武汉河段上段河势较为稳定；中段 20 世纪 30 年代形成白沙洲汊道，左汊为主汊；20 世纪 50～70 年代，下段天兴洲汊道逐渐完成了主流由左汊改走右汊的主支汊易位过程；其余段除局部滩槽有所冲淤、过渡段主流有所摆动外，河势无重大的变化。

20 世纪 90 年代，特别是 1998 年大洪水后，武汉市区长江段的河道整治面临三大问题：一是以龙王庙险段为代表的多处城市险工段的综合整治问题；二是以汉口江滩为代表的临江二江四岸边滩的综合整治问题；三是白沙洲、天兴洲的地位和利用与保护问题。龙王庙险工段的综合整治问题，显然不仅仅是单纯险工段的整治问题，工程还需要综合考虑航道安全和城市景观的问题，因此其是对应整治原则为水安全、水交通和水景观三者的综合整治工程（长江勘测规划设计研究院，1998a，1998b；长江科学院，1998）。汉口江滩由于多年散乱发展，违章建筑普遍存在，在 1998 年的大洪水中严重碍洪，洪水安全成为其整治的第一目标，其次，江滩上脏、乱、差等严重影响城市形象，同时市民极其缺乏亲水休闲场所，而且江滩洼地有血吸虫病的传染源隐患存在，因此水环境、水生态、水景观和水文化成为综合整治的另一目标。由于涉及滩地的整治，对航道的影响也必然要涉及。因此，对于汉口江滩的整治，当时除水资源目标暂时未做考虑外，水安全、水交通、水环境、水景观、水生态、水文化六个方面均为综合整治的目标（长江科学院，2000a）。白沙洲、天兴洲的地位和利用与保护，实际上是顺直或微弯河道河势控制的科学问题与临江城市开发利用的经济社会问题之间的协调关系问题，本节不做详述。

1. 龙王庙险段综合整治关键技术

龙王庙险段位于汉江与长江汇流段的汉江左岸凹岸迎流顶冲段，险段自集家嘴至鄂航四码头，长 1080 m，是武汉著名的历史重点险工段，如果出险将直接威胁到武汉三镇中汉口几百万人的生命安全。险段所在河段为汉江下游河口段，自汉江新沟至龙王庙，长约 54 km，迂回曲折，是古云梦泽冲积平原形成的蜿蜒型河道。河道边界为第四系冲积层，自地面而下可分为粉质壤土、细砂与粉砂层，系二元结构，上实下弱，极易受水流淘刷形成险情。汉江下游河口段两岸街道及永久性建筑物星罗棋布，岸线长 100 余千米内，原有重大险段险工数十处，历年发生的险情有崩坍、滑坡、沉陷等，而以崩坍为主，其中由于龙王庙险段地处市区，尤为重要。

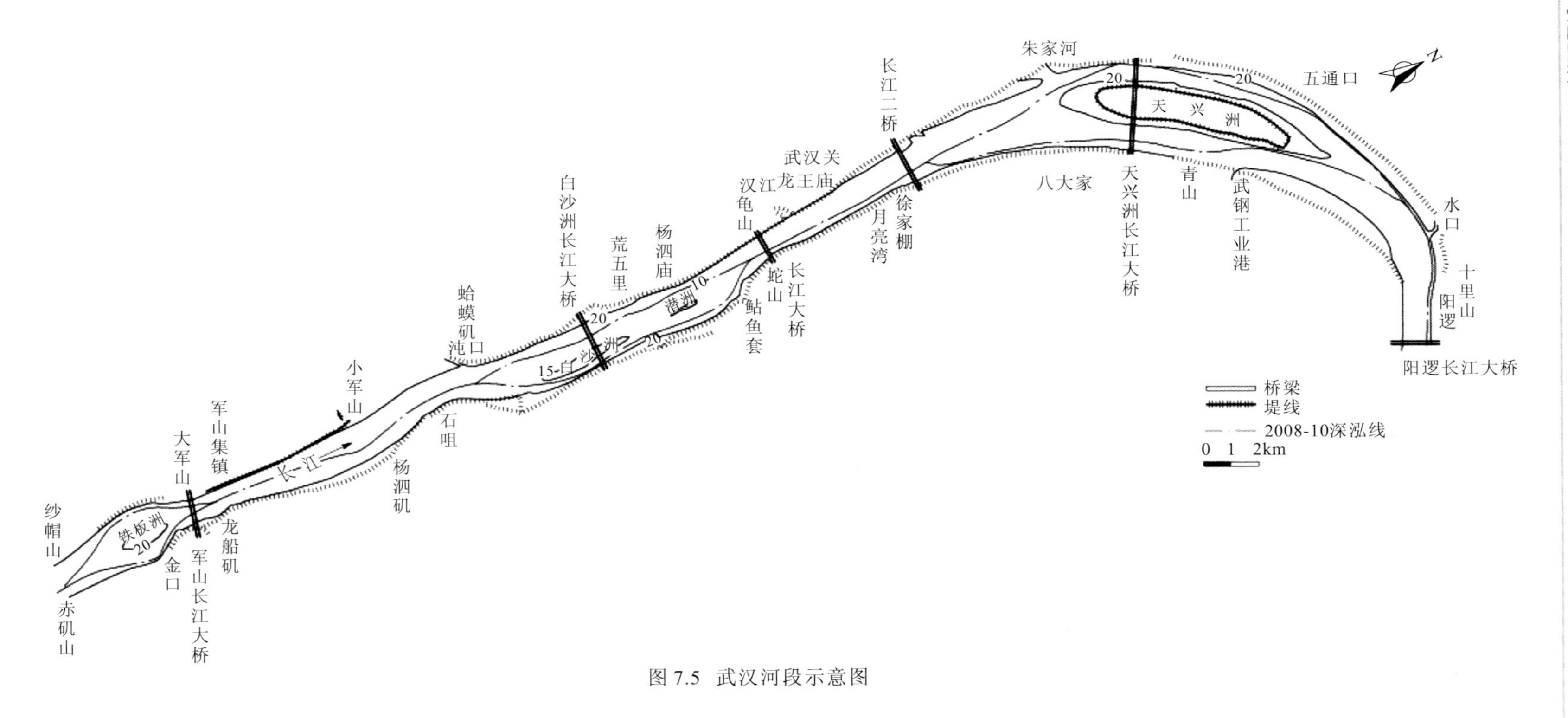

朱家河
五通口
天兴洲
长江二桥
武汉关
龙王庙
汉江
龟山
白沙洲长江大桥
荒五里
杨泗庙
潜洲
白沙洲
蛤蟆矶
沌口
小军山
军山集镇
大军山
长江
纱帽山
铁板洲
金口
军山长江大桥
龙船矶
赤矶山
石咀
杨泗矶
蛇山
长江大桥
鲇鱼套
徐家棚
月亮湾
八大家
天兴洲长江大桥
青山
武钢工业港
水口
十里山
阳逻
阳逻长江大桥
桥梁
堤线
2008-10深泓线
0 1 2km

图 7.5 武汉河段示意图

汉江为长江的最大支流，来水量平均约占汇流后长江干流汉口站的 6%，汉江出口段河道为两个反向急弯，河宽 180～200 m。汉江与长江汇流处水流夹角接近 70°，龙王庙险段为该汇流段弧形突出岸线，整治前堤防为普通防水墙、驳岸结构。该险段堤内就是城市，深泓逼岸，水深流急，水流条件十分复杂。整治前近岸河床冲刷剧烈，岸坡有变陡趋势，致使驳岸和防水墙的稳定受到严重威胁。

地质结构表明，河岸表层为杂填土和适水性较强的土层，洪水期间，江水大量渗入堤内，造成管涌险情；枯水期间，堤内水外渗，造成岸坡塌陷等险情。因此，龙王庙险段成为武汉历年汛期守护的重点险工段。1949 年后，对龙王庙险段均采用平顺抛石守护的形式，深槽和水流顶冲部位加抛铁石笼、竹石笼护脚，1956～1997 年累计抛石 27.7 万 m^3，平均每米岸线抛石约 250 m^3，对稳定岸坡起到了一定的效果。虽然多年的抛石对抑制险情发展起到了重要作用，但从多年运行情况来看，水下岸坡仍然陡峻，为确保龙王庙险段在流速较大水流条件下的安全，仍需经常性地进行抛石加固。

险工段的主要成因可归为四方面：①水文因素，河口段河床断面窄深，不能满足洪水安全泄量需求，水流湍急，当两江来水出现不同遭遇时，河床将发生不同变化；②河道蜿蜒的地形因素，特别的两江交汇形态使得水文因素在此放大；③流态水力因素，该段经历多年守护，水下暗滩和潜坝使得河道水流不顺；④地质因素，二元结构易发生岸线崩塌。总之，龙王庙至鄂航四码头河段近岸河床、水流和泥沙等条件复杂，影响河床河势变化的因素很多，季节性冲淤变迁很大，经常出现堤基淘空的危险。

为根除龙王庙险段的险情，1993 年武汉水利部门着手研究龙王庙险段综合整治问题，1995～1998 年长江科学院进行了汉江龙王庙险段治理方案的河工模型试验研究。综合整治工程于 1998 年底开工，1999 年竣工。

1）综合整治工程目标及整治方案

针对龙王庙险段迎流顶冲、岸脚淘刷、渗透破坏严重等险情，工程的主要目标是确保防洪安全，在此条件下满足航运安全和城市水岸环境的需求。采取的综合整治工程措施为稳固岸脚，维持堤防及岸坡的整体稳定，采取防渗措施，防止堤防的渗透破坏。

工程总体布置方案为扩宽汉阳岸，固守汉口岸，改善河势，稳定岸线。汉口岸布置护岸固脚工程（抛石段长 1 080 m，沉排段长 1 050 m）、护坡防冲工程（护坡段长 1 080 m）、驳岸墙加固工程、驳岸平台防渗工程和防水墙内侧导渗工程。汉阳岸布置削坡工程、护岸工程、驳岸平台和码头重建工程（图 7.6）。

其中，需解决两大关键技术问题：一是两江汇流口汇流形态调整的关键技术研究，岸线形态和断面形态必须同时满足防洪安全与航运安全等多目标的需求；二是固守汉口岸的防渗问题，这是解决汉口岸多年洪水期间堤防渗水的关键技术问题。

2）扩宽汉阳：两江汇流口汇流形态调整关键技术

两江汇流口汇流形态调整，一是扩宽龙王庙对岸汉阳岸岸线以加宽过洪断面，扩大泄洪能力，二是平面形态和断面形态拟定，以满足防洪安全和汇流口通航安全的需要。如何扩宽，扩宽多少，扩宽岸线的位置和高程是一个关键技术问题，扩宽岸线后对上、下游，尤其是对对岸龙王庙的影响，对两江汇流后的冲刷坑位置的影响，以及由此带来

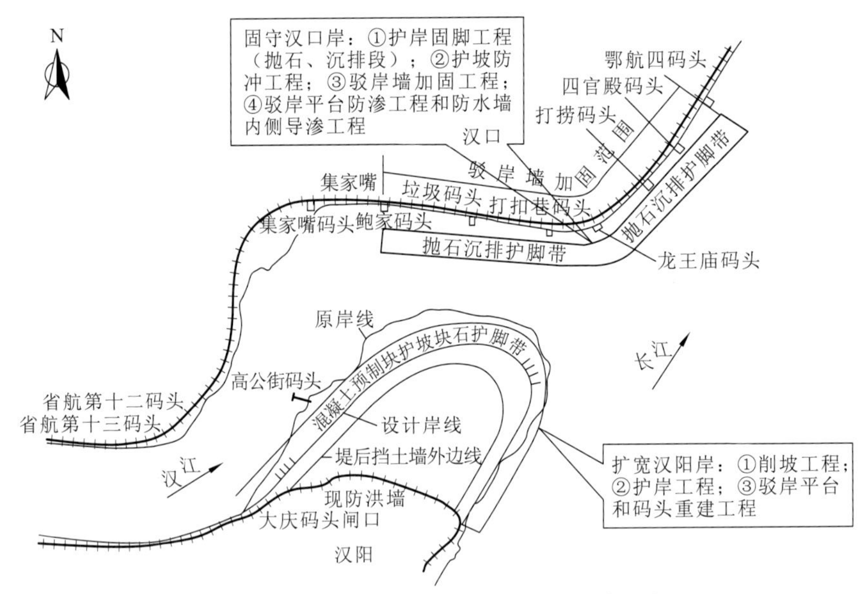

图 7.6　龙王庙险段综合整治工程布置图（长江科学院，1998）

的对两江航运和防洪的影响是需要重点考虑的问题。因此，适宜的岸线平面和断面形态的确定成为此次工程的关键技术问题之一。为解决这一关键技术问题，建设单位特别委托长江科学院进行了实体模型试验研究。

1995～1998 年，长江科学院开展了长达 4 年的武汉龙王庙险段综合整治模型试验研究工作（长江科学院，1998），分别开展了定床模型试验和半江动床模型试验。对龙王庙险段的整治方案（南岸嘴拓宽整治方案）包括两条治导线（方案 1-1、方案 1-2 及方案 2）和两种开挖高程（黄海基面 4.5 m、−7.0 m），进行了多方案试验，并考虑晴川桥的影响。两条治导线在晴川桥附近扩宽江面超过 1/4，使得过洪河宽大大增加，两条治导线的形态略有不同，以便研究不同形态治导线的水流改善情况。治导线开挖基面也是影响河道水流的重要因素，因此研究了两个相差较大的开挖基面，以研究不同基面对过洪能力和断面的影响。

方案 1-1 与方案 1-2 在平面布置上治导线相同，但开挖高程及开挖断面不同；方案 2 在平面布置上治导线与方案 1-1 和方案 1-2 不相同，开挖高程及开挖断面与方案 1-2 相同。各方案布置见图 7.7。

（1）设计方案比选。方案 1-1，南岸嘴削除并控制在高程 4.5 m，试验表明虽然该方案扩大高水河宽明显，但低水时水流挑流作用仍明显，遏制了高公街至品字街一线形成的深槽右移，难以形成良好的河势来改善对岸龙王庙险段的险情，故该方案被否决。方案 1-2，南岸嘴开挖加上水流冲刷，近岸河床高程降至−7.0 m。该方案动床试验河床调整较为充分，使高公街至品字街一线深槽右移，成为完整的右向弯道，对岸龙王庙冲刷强度缩小幅度明显，工程效果较好。但由于汉江出口处岸线后退较大，反而产生一定的回淤，工程后的河势没有达到最佳平衡，为工程后河势调整留下隐患。方案 2，主流线较方案 1-2 右移更大一些，流速分布更趋于合理，但由于在品字街处岸线后退不够，约束

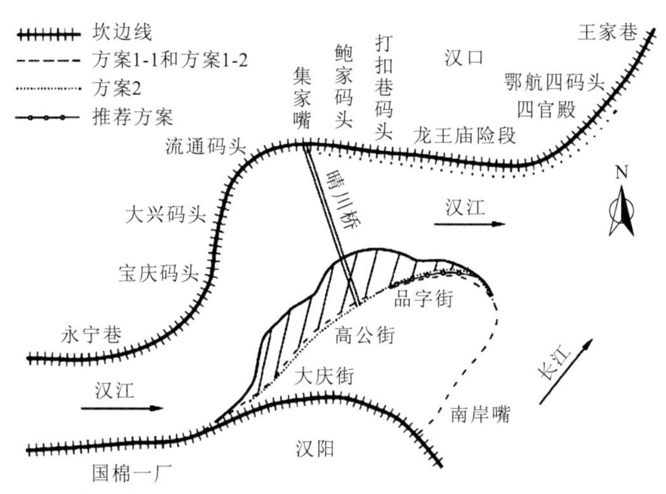

图 7.7　龙王庙险段整治工程方案布置示意图（长江科学院，1998）

了水流。另外，品字街处岸线与主流线交角偏大，使龙王庙处近岸流速减小的幅度较小，改善龙王庙迎流冲刷的程度还不及方案 1-2。根据试验结果，设计方提出的方案 1-2 和方案 2 均能较好地达到改善龙王庙险段险情的目的，但从更有利于改善龙王庙险段的冲刷程度出发，考虑到南岸嘴出口处开挖过大后产生回流等因素，长江科学院提出了南岸嘴开挖线的以上部分采用方案 2 治导线，以下部分采用方案 1-2 的局部调整修改线方案，称为推荐方案，并进行了整治效果论证试验。

（2）推荐方案模型试验。试验模拟河段范围分为汉江和长江两段，汉江段为江汉一桥至汉江入汇口，长约 1.56 km；长江段从长江一桥至武汉关，长 1.5 km。模型平面比尺为 1∶150，垂直比尺为 1∶120，模型变率为 1.25。模型布置见图 7.8。

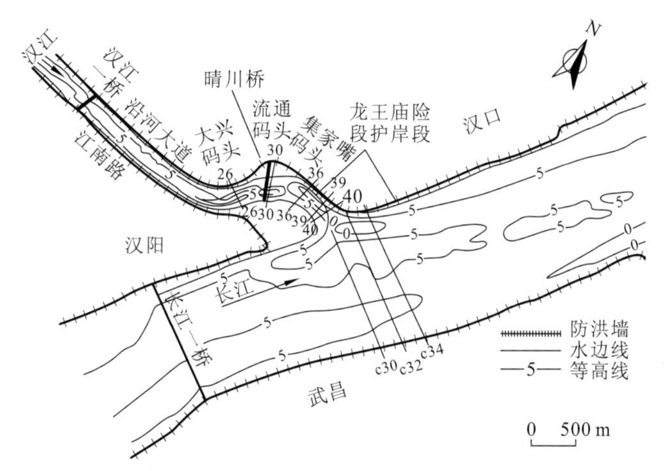

图 7.8　龙王庙河工模型试验平面布置图（长江科学院，1998）

通过对推荐方案多组次的模型试验研究发现：①主流线位置发生变化，从根本上缓解了水流顶冲龙王庙的压力。工程实施后，改善了大庆街至高公街上弯道的平面形状，增大了曲率半径，主流线大幅度右移，从根本上缓解了水流顶冲龙王庙险段的压力。②近岸流速断面由分布极为不均变化为较为均匀。工程实施前，上弯道进口段流速分布较均匀，而进入下弯道顶冲点垃圾码头至汉江口门段，流速变幅加大，在龙王庙险段更为突出。工程实施后，在左岸宝庆码头至汉江口门 50 m 内流速减小 1.1～1.8 m/s；右岸大庆街至高公街 20 m 处流速增加 0.8～2.0 m/s。③汉江和长江险工段附近河床局部冲刷坑远离江岸并缩小，有利于堤防安全。模型试验模拟工程前施放了 1983 年型大流量并进行了观察，结果是模拟河段河床出现 4 个大冲刷坑。工程完工后，冲刷坑位置及范围有了变化，即右岸国棉一厂至品字街一带冲刷坑右移并延长，而龙王庙上段冲刷坑缩短，并向右偏移；长江冲刷坑缩小下移。另外，集家嘴、水运码头及南岸嘴回流区均出现一定回淤，都对堤防安全有利。

受汉江出口段整体河势的限制，南岸嘴扩宽工程并不能彻底改变汉江出口段的平面态势，汛期龙王庙险段流速仍较大，该险工段仍需适当加固。主流线右移后，国棉一厂至品字街河段近岸流速增加较大，河床冲刷加剧，此处岸线应加强守护。

南岸嘴人工扩宽方案实施后，汉口龙王庙险段的河势都有不同程度的改善，流速分布趋于均匀，主流线右移，局部冲刷坑缩小，险工段河床冲刷强度减弱，可为龙王庙岸线及河床稳定提供有利条件。同时，可改善汉江河口段的平面形态，增大汉江出口段的泄洪能力。汉江出口段的航道无累积淤积，对航运基本无影响。推荐的整治工程方案更能达到预期的整治效果和目标，被龙王庙险段综合整治工程所采用。

3）固守汉口：城市堤防建筑物一体化防渗设计关键技术

汉口龙王庙原有防洪墙在洪水来临时渗水现象严重，如何做到在原有基础上进行防渗是设计研究过程中的一项关键技术。长江勘测规划设计研究院在设计过程中提出了土工布水平和垂直一体防渗技术，有效地解决了这一关键技术问题。

（1）设计方案比选。工程初步设计研究中，考虑了两种防渗方案进行比较选择：方案一，采取混凝土垂直防渗墙防渗，拆除原有戗台，在驳岸平台（大约 7.0 m 宽）中间顺堤线方向造防渗墙，墙体深约 13 m，厚约 0.25 m，渗透系数达 10^{-8} cm/s，按当时价格，该方案工程造价为 300 元/m^2 左右；方案二，采取铺设复合土工膜防渗，拆除原有戗台，清挖出表层填土，然后沿驳岸平台和驳岸墙表面铺设复合土工膜防渗，膜的一端锚固在防水墙上，另一端铺设至新建挡土墙底板下以形成封闭，最后用回填土加以保护。整个工程铺膜面积大约为 17280 m^2，渗透系数达 10^{-12} cm/s，工程造价为 50 元/m^2 左右。比较两方案，方案一防渗效果好，施工技术和工艺成熟可靠，能满足工程需要，缺点是工效较低，造价较高，施工干扰大，而且施工时对驳岸墙的稳定不利；方案二防渗效果好，施工相对简单方便，施工干扰度小，施工效率高，造价低，施工时对驳岸墙的稳定没有影响，缺点是由于周边建筑物的拐角多，增加了复合土工膜的局部铺设难度。综合比选研究，方案二明显优于方案一，最后确定采用方案二解决本工程的渗透破坏问题。

（2）防渗体结构设计。驳岸墙防渗设计：武汉龙王庙险段现有防洪工程主要由驳岸墙和防洪墙组成，驳岸墙为水泥砂浆砌红砂石结构，建于 20 世纪 30 年代，防洪墙为钢筋混凝土结构，建于 20 世纪 50 年代，在实施工程时均有几十年历史，驳岸墙由于几十年的外水内渗和内水外渗的侵蚀，现已出现剥蚀、裂缝。根据地质调查，驳岸平台多为杂填土，表层约有厚 50 cm 的黏土层，由于年代久远，透水性明显增大，原建的防渗体渗透破坏问题严重。根据龙王庙险段渗透破坏的现状和工程地形地质条件，首先需解决表层黏土层透水性较大的问题，因此，在防洪墙和老驳岸墙之间，拆除了原有戗台，挖出表层填土，并且在水平铺设了复合土工膜，复合土工膜锚固在防洪墙上，然后回填土进行保护，恢复前戗台，形成水平防渗体；再将复合土工膜沿老驳岸墙表面顺铺至新建挡水墙底板下，并用黏土包裹，形成垂直防渗体，以延长渗径，降低渗透坡降，达到渗透稳定（图 7.9）。码头防渗设计：武汉龙王庙险段原有的每个码头均由条石铺筑而成，由于洪水冲刷，基础沉陷，且年久失修，码头台阶和侧墙局部均出现张开性裂缝，形成渗水通道。设计结合码头的改建，对码头也做了相应的防渗处理，即利用新浇钢筋混凝土台阶在码头表面进行防渗，码头侧墙和码头闸口之间的水平段采用表面铺设复合土工膜防渗，其自由边锚固在码头侧墙上（图 7.10）。

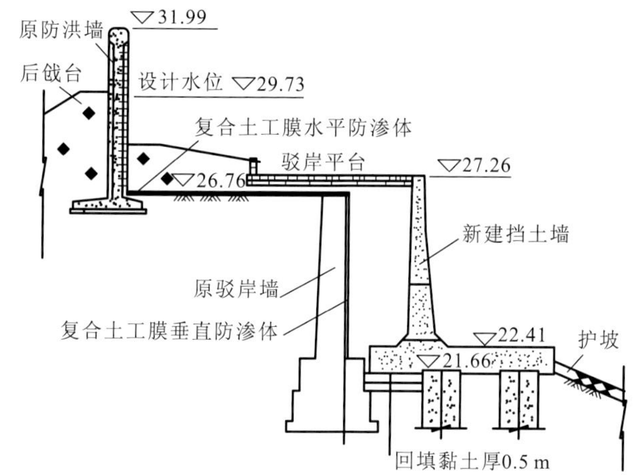

图 7.9　龙王庙险段整治工程方案剖断面布置示意图（单位：m）
（长江勘测规划设计研究院，1998b）

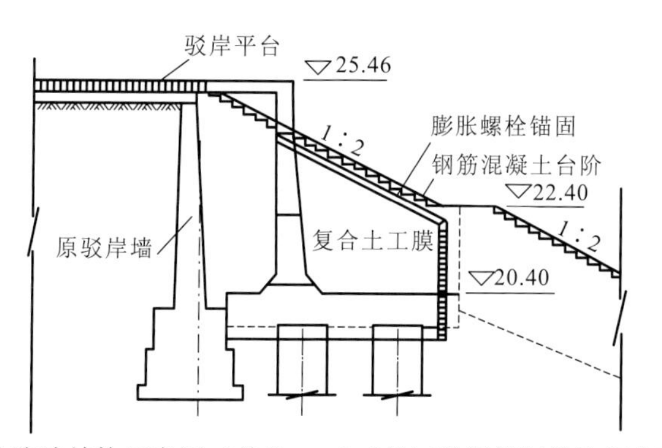

图 7.10　码头防渗结构示意图（单位：m）（长江勘测规划设计研究院，1998b）

2. 汉口边滩综合整治关键技术

长江武汉河段汉口边滩，位于长江左岸，混凝土防洪墙之外，汉口站武汉关水尺以下约 650 m（即汉江入汇口以下约 1600 m）处。从武汉客运港（下）往下游延伸至府环河（朱家河）口，全长约 9.4 km，见图 7.11。边滩高程 20～26 m（按习惯用法，高程为黄海基面，水位为冻结吴淞基面，两者换算关系为黄河高程 = 吴淞高程-2.90 m），即大都在设防水位 25 m（黄海基面）以下。边滩宽度为 200～500 m 不等，平均宽约 300 m，面积约为 3 km^2。

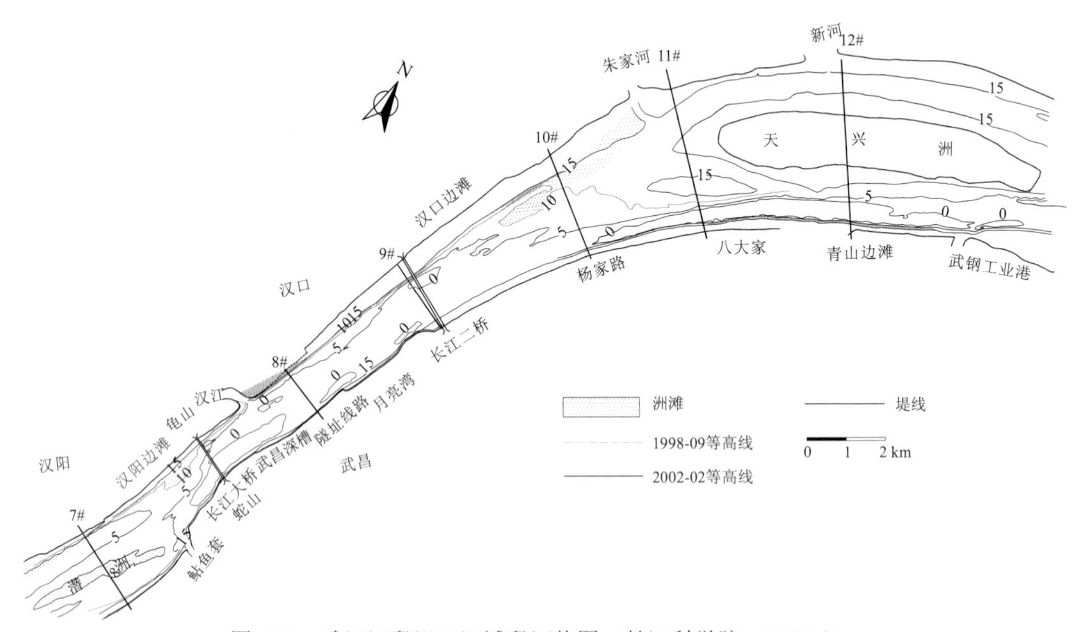

图 7.11　武汉河段汉口江滩段河势图（长江科学院，2000a）

汉口边滩经多年历史演变，原属不受管束的自由滩涂。1949 年以后虽设管制，但是各种厂房、楼屋、堆场及码头等建筑物密布于上段 2 km 内（武汉客运港至一元路），并有公园一处。中段 1.5 km（一元路至长江二桥）有部分草地、菜地及运动场，下段 3.5 km（长江二桥至后湖船厂）有部分沙滩及小游乐园，其余为防浪林带及洼地。边滩上的各种建筑物杂乱无序，且有向高大发展之势，2000 年左右已是武汉市区交通网络、商业核心地段，既影响汛期河道行洪，又严重损害环境景观，而且污物、污水任意排放，造成水环境污染。

1）综合整治工程目标

汉口边滩从长江左岸的武汉关至谌家矶府环河口，长约 10 km，早在 1858 年已有其雏形。20 世纪 50 年代以来，其最大面积为 1981 年的 7.6 km^2，最小面积为 1954 年的 1.0 km^2。边滩的年内变化规律如下：滩首枯季淤积，汛初冲刷，汛期淤长，汛末冲刷；当滩首滩尾冲刷时，滩中淤积；当滩首滩尾淤积时，滩中冲刷；滩首枯季、汛期淤积是由汉江来沙和汉阳边滩冲刷所致。

边滩的年际变化有明显的阶段性，其阶段性变化并非单向淤积，而是冲淤交替的。其多年变化为累积性的淤长。这主要与两江的来水来沙规律有密切关系。

概括而言，边滩 6 m 高程的多年变化规律是，平水年过后淤长，丰水年过后缩小。

这是由于平水年其上游的汉阳边滩有较大淤长，次年汛期则下移补给汉口边滩；而丰水年的情况则相反。至于 10 m 以上高程的冲淤变化，与上述基本一致，但高程越高，其变幅越小。20 世纪 70 年代，汉口边滩 6 m、10 m 高程已与下游天兴洲洲头相连。1981～1998 年，武汉关至长江二桥河段，边滩各级高程均逐年增长；长江二桥至丹水池油库河段，低滩高程变化不大，15 m、20 m 高程范围逐年增大。90 年代初，长江二桥兴建后，桥的上游壅水，流速减小，边滩淤宽。桥的下游一定范围内由于回流淘刷，滩宽缩窄。

汉口边滩治理工程方案是以防洪及环境景观为主，兼顾航运、岸线利用、城市交通、城市建设规划及血吸虫病防治等。按城市河道综合整治目的，其主要整治目标为水安全、水交通、水环境、水生态、水景观和水文化。

（1）水安全目标。武汉是长江中游滨江重点城市，长江洪峰高、量大、历时长，与长江河道安全泄量的矛盾十分突出。对武汉关水位站百余年的水位实测资料进行统计发现，高水位出现的频率越来越大，持续时间也越来越长，向洪水威胁的不利方向发展。例如，1966～1998 年最高洪水位超过高程 27 m 的年份有 11 年，平均每 3 年一次。而在 1865～1964 年只出现过 6 年，平均每 16 年一次。长江武汉河段江面宽窄相间，洲滩发育，河段单一与分汊参差，河床形态阻力大，水面比降多变，流势不畅，过流能力受束。汉口边滩地处闹市区河段内，边滩累计淤高增大，边滩上各类大小建筑物密布，严重阻碍河道行洪，致使同流量下的洪水位，特别是高洪水位有所抬高。上述各项都是影响武汉防洪的不利因素，为了减轻洪水压力，是必须重点研究解决的防洪问题。

（2）水交通目标。汉口边滩的兴衰对下游天兴洲汊道的主支汊分流分沙比影响较大，从而对河段的航道产生一定的影响，因此河道综合整治不应该影响本河段的航运条件。

（3）水环境目标。汉口边滩的累计淤高增大，使汉口港口码头使用不便，水厂取水口设施运行困难，对武汉工商业的投资环境和社会可持续发展的影响很大。边滩 23.0 m 高程以上滩地上密布各类建筑物，总建筑面积达 10 万 m^2，码头 10 多座，中小企业 70 多家，此处涉及政府行政事业、国有企业和集体企业单位 40 余家，大部分为 20 世纪 80 年代初所建，总建筑面积达 16 万 m^2。如此丛集的建筑群，在汛期阻碍行洪，它们外形结构均很简陋，杂乱无序，污水横流，污物堆积，污染严重，破坏水环境，影响卫生，又造成恶劣景观，有损市容。为了保护环境，创造良好的水环境，减轻洪水压力，进行汉口边滩防洪及环境综合治理工程是十分必要和迫切的。

（4）水生态目标。武汉是血吸虫病老疫区，据调查，1999 年仍有钉螺面积 13 830 hm^2，血吸虫病患者 5 700 余人。汉口边滩的杂乱环境适宜血吸虫和钉螺的滋生繁殖，对边滩进行整治是防治血吸虫病的重要措施。

（5）水景观和水文化目标。为了体现武汉城市风貌，发挥城市核心滨水区的中心功能，改善城市形象，实现城市与江水、环境与景物、现实与理想的结合，塑造富有地方特色的滨水空间和居民喜爱的活动场所，对汉口边滩实施防洪和环境的综合治理，清除滩上所有建筑物，进行一次彻底的改造，也就是要解决环境严重污染破坏的现状。结合该地区的历史特点，设计以环境旅游、观光、休闲、运动及娱乐为主要功能的绿色滨江公园，为市民营造一个观赏游乐的优美环境。

2）疏挖结合的二级滩地综合整治关键技术

（1）方案比选。汉口边滩整治首先是确定治理范围及宽度，其确定需综合考虑上下游河道河势平顺衔接、河道断面过流能力等因素。其次是确定治理高程，治理高程的确定，一要充分考虑本河段的河道平面形状和河势现状，二要确保满足本河段的防洪要求，尽可能地提高河道的过流能力，三要综合考虑整治后的汉口边滩的环境景观等要求，尽可能减少治理后边滩每年受淹的时间和次数。综合考虑到整治范围内汉口边滩的高程基本在 20～26 m，长江中高水位时，汉口边滩上由于存在众多阻水建筑物，边滩上段已基本不能过流，下段过流能力也非常小，在保证整治后过流能力不被降低而有所提高的前提下，确定治理高程。拟定了两类方案，即疏浚方案和非疏浚方案。疏浚方案共 5 个（方案 1～5）：整治宽度为 120 m、160 m、190 m（一元路），长度为 7 007 m［武汉客运港（下）至后湖船厂河段］，高程为 28.28 m 及 28.80 m（冻结吴淞，下同），在工程段内进行疏浚，160 m 及 190 m 方案以不同宽度与两种高程组合，进行比较筛选。非疏浚方案共 3 个（方案 6～8）：整治宽度为 120 m、150 m 及 190 m（一元路），长度为 7 007 m［武汉客运港（下）至后湖船厂河段］，高程为 29.00 m 及 28.28 m，在工程段内不进行疏浚；现状一元路以上按不过流考虑，以下按 40%阻水；规划方案为滩地上不设阻水建筑物。不同方案以不同宽度与两种高程组合。平面布置见图 7.12。

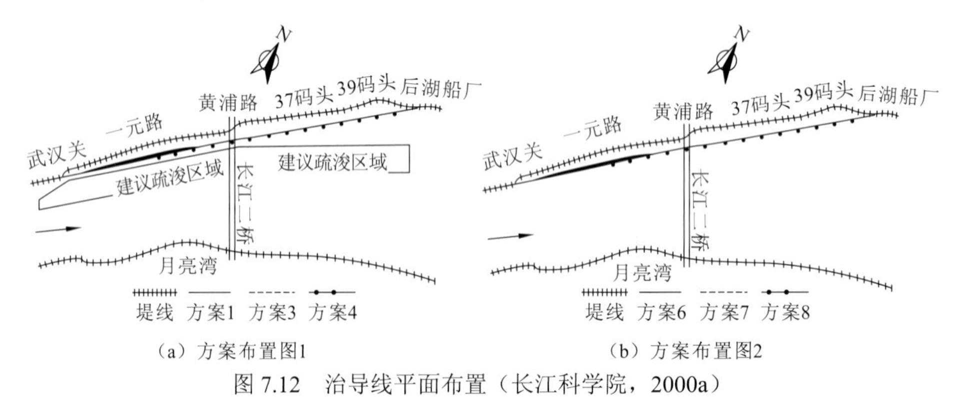

图 7.12　治导线平面布置（长江科学院，2000a）

（2）方案模型试验。长江科学院 1998～2001 年对汉口边滩综合利用工程进行了方案试验研究，采用定床试验研究工程实施后，本河段的水位、流速、流态及天兴洲左右汊分流比的变化；动床试验研究在不同典型水文年条件下的河势、河道冲淤变化及疏浚区的回淤问题，为治理方案的优化比选及工程决策提供科学依据。这是长江干流滨江城市河道整治的先声，是城市规划建设中环境保护工程实施的首例，意义非常重大。定床试验结果表明，汉口边滩防洪及环境综合整治方案不同，整治效果也不同。工程段不进行疏浚的各个方案实施后，武汉关洪水位都略有抬高，主流也有不同程度的右移。整治加上疏浚措施，同时滩上不建阻水建筑物的方案实施后，武汉关水位没有明显变化，甚至呈略有降低的趋势，工程段主流无明显的摆动。各种方案对天兴洲汊道分流无明显影响。动床试验结果表明，经过 4 个典型水文年组合的水沙作用后，全河段河势、深泓位置、流速分布均无明显变化；但河床发生有相应的冲淤变化，其中左岸疏浚区发生回淤，又以其下段回淤较快；对天兴洲汊道分流影响不明显；对汉江入汇、汉口港区及长江大桥也无明显影响。根据定床和动床试验成果，认为方案 3（一元路整治宽度 160 m，长度 7.007 km，高程 28.8 m）的综合效益较好，故作为推荐方案（图 7.13）。但疏浚区域要发生回淤，需采取疏浚等措施加以常规维护，以保证工程整治的防洪效益。

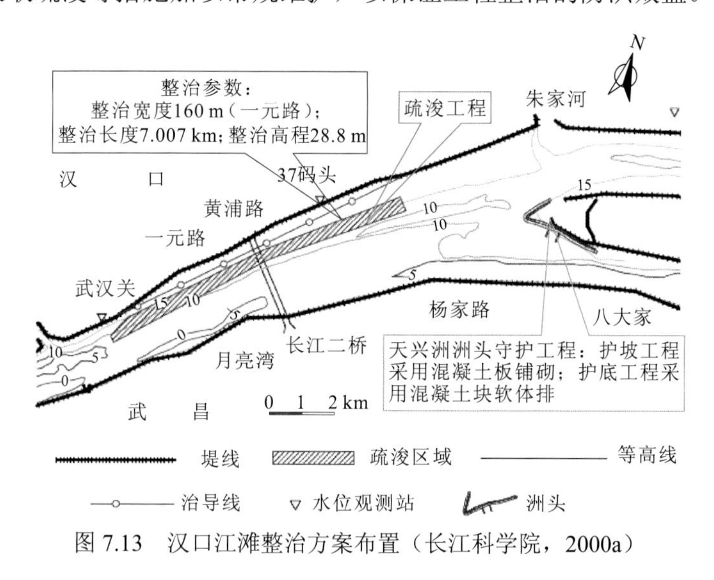

图 7.13　汉口江滩整治方案布置（长江科学院，2000a）

7.3　以洲滩控制为主要目标的河道综合整治

长江中下游干流河道洲滩发育，据不完全统计，分汊河型河道的长度约为 1 230 km，约占长江中下游干流河道总长的 65%以上，江心洲及河漫滩面积约为 8 938 km^2，形成了以分汊河型为主，微弯单一及弯曲蜿蜒河型为辅，且单一河型河道与分汊河型河道相间的河道平面形态，具有越往下游江心洲越发育的特点。这些洲滩既是长江上游、中下游两岸入汇支流水系来水来沙及长江口来潮来沙作用，河床边界条件制约及人类活动等诸多因素长期相互作用、相互影响下河道自然演变的结果，又是长江中下游干流河道的重要组成部分，同时也是长江中下游河道生物、重要珍稀水生动物等赖以生存的载体及活动场所，它们的冲淤消长变化在一定程度上影响或决定着河道平面形态及河道河势的变化，影响着长江中下游河道水生态环境、水生动植物种群的变化，影响着长江中下游河道河势及航道的稳定、沿江两岸的防洪安全、经济设施的正常运行和社会经济建设布局及发展等。因此，以洲滩控制为主要目标的河道综合整治在长江中下游干流河道治理中有着极为重要的现实意义。

7.3.1　整治原则

长江中下游河道中的江心洲是河床中泥沙长期不断沉积并冲淤消长演变的结果。20

世纪 50 年代以来，长江中下游河道中部分江心洲洲头、洲缘、洲尾迎流顶冲，出现较大幅度的崩退，并使局部范围或者下游河势发生变化或调整；部分段洲体间的支汊或串沟淤积萎缩，分汊水流减少，江心洲冲淤合并增大，其余大部分江心洲洲体位置相对稳定，并在一定的范围内冲淤消长、下移上延，对河势变化影响较小。

长江中下游河道中的边滩是河道主流摆动弯曲过程中一般在弯曲水流的凸岸形成、发育的泥沙沉积体，若边滩不断淤高，至平滩水位，则成为河漫滩。边滩的平面形态与尺度大小取决于其所在的河道形态。一般顺直型河道的边滩呈犬牙交错分布，边滩的长度短则数百米，长则 1～2 km，宽度与河道的宽度相适应，一般为百米至数百米。弯曲型、蜿蜒型河道的边滩多呈鬃岗地形，大小不一。20 世纪 50 年代以来，顺直型河道的边滩随主流的摆动年际有所冲淤消长，并略向下游蠕动，或者受边界条件制约，略有冲淤但位置相对稳定。弯曲型、蜿蜒型河道边滩总体呈现凹岸冲刷、凸岸边滩淤长、边滩略有下移，或周期性冲淤变化的特点，部分蜿蜒型河道的边滩，受上游来水来沙及河势变化等因素的影响，曾发生撇弯切滩、自然裁弯等剧烈的河道冲淤及河势变化。

长江中下游分汊型河道多以顺直或弯曲型双分汊河型为主。20 世纪 50 年代以来，大多数分汊型河道呈较稳定的分汊格局，部分分汊型河道主、支汊的分流比较稳定，但主汊滩槽冲淤变化仍较大，部分分汊型河道支汊分流比呈缓慢增大或减少之中，对该分汊段及下游局部河势产生较大影响；部分分汊型河道受上游河势变化影响，呈主支汊兴衰交替、互为消长的变化特点，河道冲淤变化较大，周期一般为 10～50 年，若两汊为边界条件较为接近的顺直型分汊段，其演变特点一般是主流线左右摆动、两岸滩槽冲淤变化，若两汊边界稳定性相差较大，抗冲性弱的一岸易冲刷并弯曲发展，该汊或形成微弯型或鹅头型汊道；部分鹅头型多分汊河道总体有所衰退，汊道减少，并向稳定方向发展。

根据长江中下游河道整治的基本原则，结合洲滩和汊道演变的基本规律及特征，统筹考虑、妥善处理各方面和各部门的关系，以洲滩控制为主要目标的河道整治还需重点考虑如下原则。

（1）维护河势及洲滩形态基本稳定的原则。维护长江中下游河道河势及洲滩形态基本稳定既是保障防洪安全、维护航道稳定、满足沿江社会经济发展需求的需要，又是维系河道优良水生态及环境保护的需要。河道的洲滩和水是水生态的载体，河道的洲滩形态、水流的主流态势即河势对水生态环境具有一定程度的影响，维护河道河势及洲滩形态基本稳定也是对长江中下游河道水生态环境的保护途径之一，需处理好局部洲滩整治带来的短期环境改变影响与整治洲滩后水生态的良好载体较长期稳定带来的效果的关系。

（2）确保两岸防洪安全、洲滩整治适度的原则。长江中下游大部分洲滩为河道行洪区，开发较早的江心洲、河漫滩建有圩堤，居住有一定数量的人口。对于长江大堤外侧较窄的边滩、河漫滩，水流贴岸或迎流顶冲，为确保两岸防洪安全需及时治理守护；因大量的洲滩被利用后可能减少河道洪水期的槽蓄量，影响过流能力，对防御大洪水产生不利影响；对于有些江心洲、边滩等的冲刷崩退，其洲滩治理应遵循“不碍洪、稳河势、保民生、促发展”的原则，结合河道演变规律、长江中下游防洪的具体形势及变化，并根据区域经济社会发展状况具体研究、确定治理方案。

（3）力求综合整治效益最优原则。随着长江中下游河道来水、来沙条件的变化，以及沿江两岸经济社会的快速发展，长江中下游河道整治涉及的问题也越来越复杂，目标也越来越多元化，给以洲滩治理为主的河道整治提出了更高的要求。因此，应综合河势、防洪、航运、生态与环境保护、水沙与岸线利用及社会经济发展等多方面的需求，力求综合整治效益最优。

7.3.2　整治措施

根据上述河道整治的原则，以洲滩控制为主要目标的河道整治工程措施按工程部位的不同，主要分为两类：洲滩重点部位的整治措施和汊道的整治措施。

1. 洲滩重点部位的整治措施

洲滩重点部位的整治措施主要是指江心洲洲头、主流顶冲的洲缘、江心洲洲尾等洲滩部位的护岸工程措施（余文畴，2013）。

1）江心洲洲头守护

处于河道中部迎流顶冲处的江心洲洲头的大幅度冲淤变化，将给该洲滩汊道段乃至相邻河段带来较大的影响，稳定江心洲的洲头是长江中下游洲滩及汊道整治中的重要措施之一。迎流顶冲处的江心洲洲头易于崩退，洲头持续大幅崩退改变了汊道口门的形态，影响局部汊道分流态势、主支汊的汊道长度及沿程阻力的大小，并影响主支汊内的河道演变。因此，洲头的防护对于江心洲段洲滩的控制及分汊河段的整治具有重要作用。江心洲洲头实施护岸工程守护后，江心洲主支汊总体河势也将随之趋于相对稳定。例如，南京河段八卦洲洲头 20 世纪 80 年代实施护岸后，洲头渐趋稳定，分汊河道河势也逐渐趋于相对稳定（图 7.14），其附近的河床也将发生一定的调整和变化，河段进口两侧的边滩及主支汊口门两侧的边滩、河漫滩仍将继续淤长，汊道口门断面形态逐渐向窄深方向发展，并逐渐稳定下来，并在一定程度上影响汊道的分流态势。

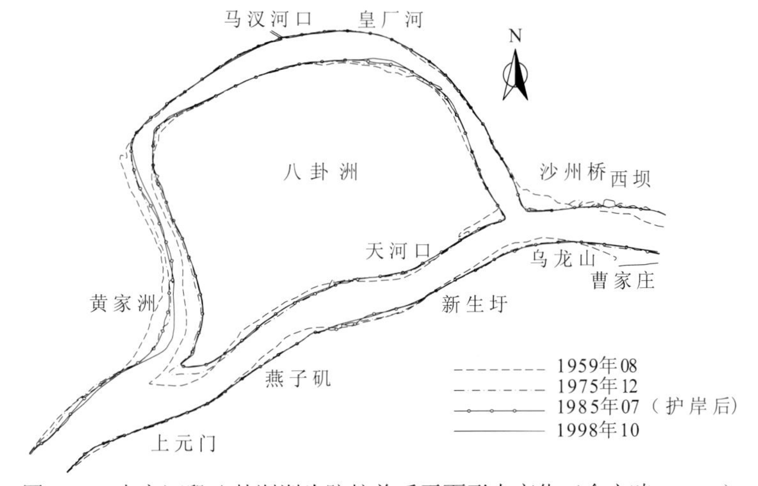

图 7.14　南京河段八卦洲洲头防护前后平面形态变化（余文畴，2013）

2）主流顶冲的洲缘守护

长江中下游河道洲滩多为二元结构，大部分洲滩抗冲能力较差，受上游来水来沙条件变化、河势变化、主流摆动等因素影响，部分洲滩主流顶冲或贴岸，滩岸较大幅度地崩退，将可能导致该段洲滩、汊道河势发生较大的变化。及时有效地守护洲滩重点部位、控制洲滩平面的变形，有利于河势的稳定及汊道的稳定，这对于分汊型河道是如此，对于单一顺直型河道、弯曲型河道、蜿蜒型河道也是如此。例如，长江下游六圩弯道尾端的沙头河口段守护后，有利于其抑制征润洲边滩中下段的淤积下移及下游和畅洲汊道段的稳定，对于六圩弯道段及和畅洲汊道段的河势稳定具有重要作用（图 7.15）。

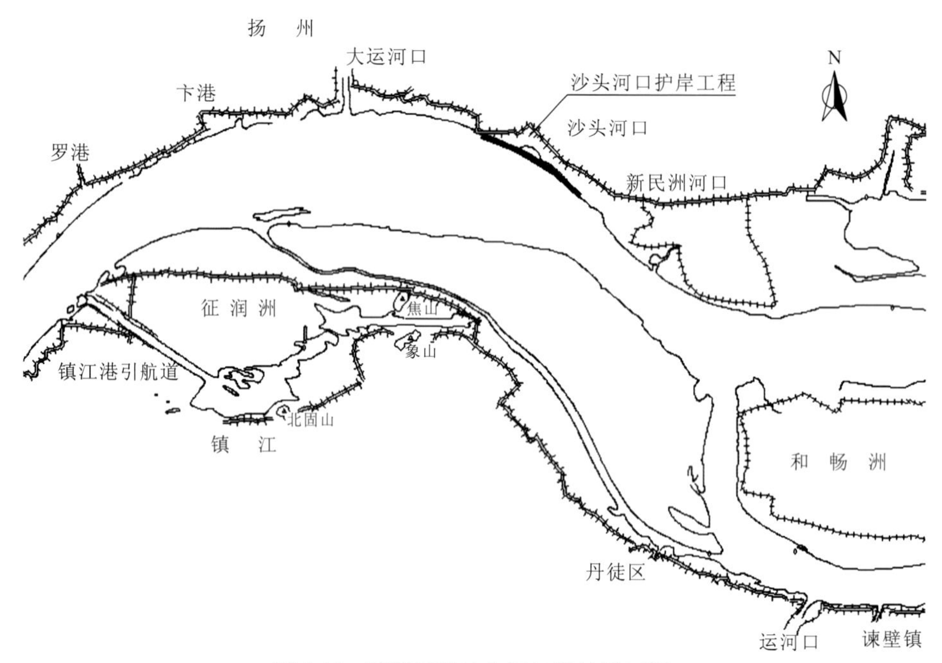

图 7.15　镇扬河段沙头河口段护岸工程

3）江心洲洲尾导流护岸

江心洲洲尾的平面形态对分汊河段两汊汇流情势及下游段的河势具有重要影响，江心洲洲尾的整治措施还需考虑与下游河段的衔接问题。当江心洲洲尾的平面形态所形成的主、支汊水流汇流角较大且支汊流量比较大时，水流汇合后多在汇流点处附近形成局部冲刷坑，形成的断面形态较窄深（图 7.16），汇流段洲滩平面形态对水流的控制作用较强；当主、支汊水流汇流角较小且支汊流量比较小时，一般在汇流点处形成较为宽浅的断面形态（图 7.17），汇流段主汊滩槽对水流起重要的导流作用，因此，对主汊内江心洲洲尾处实施护岸工程，如铜陵河段的太阳洲洲尾的护岸工程（图 7.18）、芜裕河段陈家洲右汊陈家洲洲尾的护岸工程等（图 7.19），均是借助江心洲尾部平面形态的导流作用与其下游河势有序衔接，并控制下游河段的入流条件的有效措施。

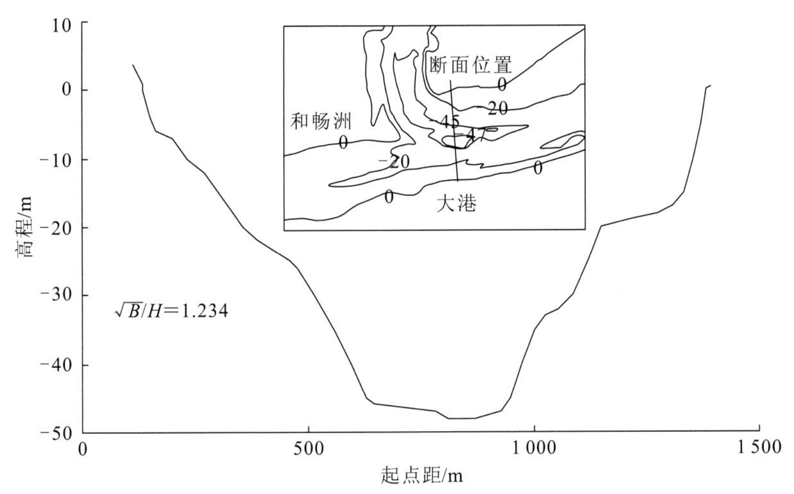

图 7.16　镇扬河段和畅洲汇流平面图和横断面（2008 年）（余文畴，2013）

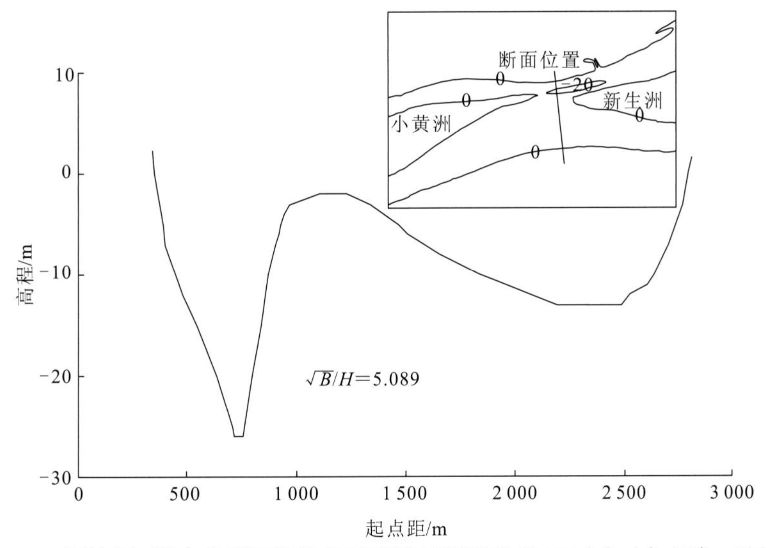

图 7.17　马鞍山河段小黄洲尾部节点平面图和横断面（2008 年）（余文畴，2013）

2. 汊道的整治措施

河道的江心洲、河漫滩和河槽等是河床最主要的地貌组成之一，它们的自然冲淤演变决定了河道的平面形态及断面形态的变化。长期以来，长江中下游河道中的滩槽冲淤变化、洲滩的淤积和并岸并洲，均不断地演绎着河道的江心洲、河漫滩和河槽之间在一定的水沙条件下相互作用、相互转化的自然特性，因此，汊道的稳定与整治在洲滩的控制中也具有重要作用。总体来看，在以洲滩控制为主要目标的河道整治中，对于汊道分流比呈缓慢增大且将对该段及其下游局部河势产生较大影响的汊道整治，可采取洲头分流鱼嘴、汊道潜锁坝等稳定汊道分流比的整治工程措施；对于持续性不断淤积萎缩且分流比较小的汊道、不稳定的沟槽，结合河段防洪安全、河势及航道稳定、水生态环境修复与保护、水资源和岸线资源的保护与利用等方面的需求，可适时采取整治工程措施，

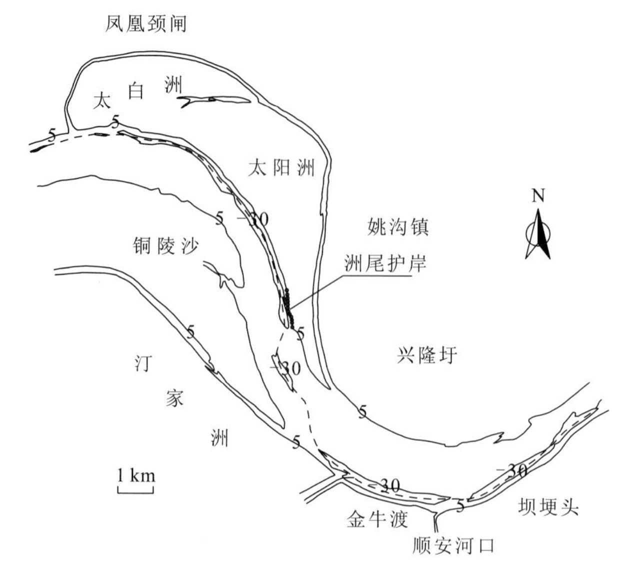

图 7.18　铜陵河段太阳洲洲尾控制工程（1998 年）（余文畴，2013）

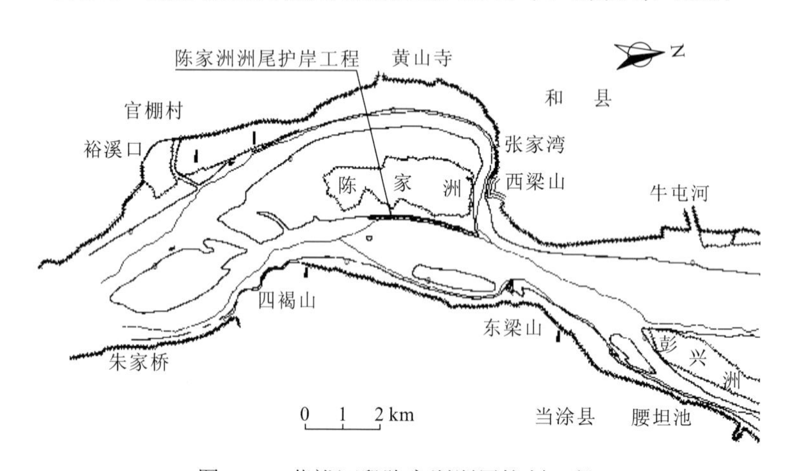

图 7.19　芜裕河段陈家洲洲尾控制工程

使大小江心洲合并，或江心洲与河道一侧的河漫滩并岸，洲滩向稳定方向发展，分汊河型向相对稳定的双汊或单一河型转化，河道的平面形态发生改变，同时，取得较好的综合社会效益及工程效益。汊道整治工程措施简述如下。

1）稳定汊道分流比整治措施

（1）洲头分流鱼嘴。守护河道中部迎流顶冲处的江心洲洲头不但是稳定洲滩的重要措施，而且是稳定汊道分流比的整治措施之一。例如，界牌河段新淤洲洲头、南京河段八卦洲洲头、镇扬河段和畅洲洲头、马鞍山小黄洲洲头、安庆河段鹅眉洲洲头等洲头的鱼嘴工程，在稳定洲头河势、抑制汊道分流比的变化中均发挥了重要作用（图 7.20）。

（2）汊道潜锁坝。汊道潜锁坝是在汊道中沿河道横断面修建的阻水建筑物。兴建潜锁坝后，由于潜锁坝断面过水面积有所减小，上游水位局部范围有所壅高，水流结构有所调整，汊道分流比得以改善。潜锁坝的坝顶高程根据河道形态、整治要求与效果、潜锁坝工程结构要求、工程投资等研究确定。在长江下游镇扬河段和畅洲左汊分流比控制整治中采用了潜锁坝工程形式，并取得了一定的工程效果，其具体情况详见后述。

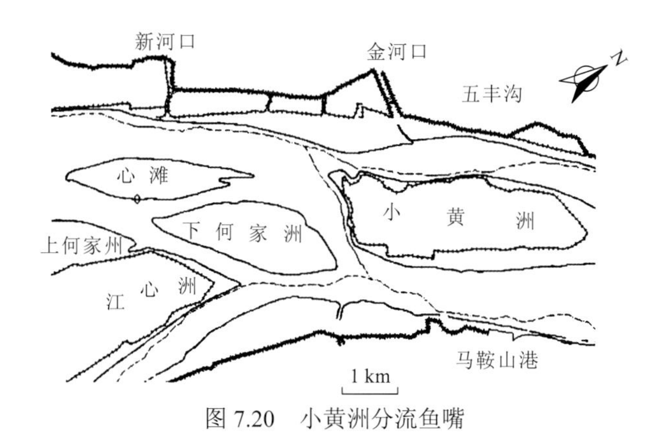

图 7.20　小黄洲分流鱼嘴

2）淤塞型汊道整治工程措施

淤塞型汊道整治工程措施主要分为透水锁坝、不透水的实体锁坝两类（余文畴，2013）。透水锁坝利用缓流促淤作用原理，通过透水材料及形式促使泥沙在汊道内不断淤积，逐步使江心洲与江心洲合并或江心洲与河道一侧的河漫滩并岸，这种形式对河床地貌的影响及河势变化的过程是渐进式的；不透水的实体锁坝是在较短时间内采取工程措施阻塞支汊，使江心洲与江心洲合并或江心洲与河漫滩并岸，工程实施后局部河势呈现一个较明显的变化。

（1）透水锁坝促淤。透水锁坝是在淤塞性支汊缓流区域沉放透水四面六边体、柴排（梢）等透水材料及形式的促淤体，促使支汊枯水河槽逐步淤积，并淤至平滩高程，直至使洲滩相连，成为新的江心洲或河漫滩。在支汊淤塞过程的同时，河道的主汊及其上下游河道的河床形态也逐渐发生变化：主汊的河宽、河长和弯曲半径将随着流量的增加相应地增大；主汊内枯水河槽冲深拓宽，河漫滩也将有新的调整，有的部位河岸可能产生冲刷崩坍。这种透水锁坝工程，大多是随着支汊淤积的情况分期实施的，河势及河道形态的变化呈渐进式变化，河床冲淤调整的过程也需经历较长的时间。

（2）实体锁坝堵塞。实体锁坝是在较短时间内阻塞支汊所采取的工程措施，实体锁坝一般在短期内修筑至平滩河床高程。工程实施后，中低水时该汊道不过流，这将致使该锁坝上游局部范围的河道水位有所壅高，并给其附近的流场带来迅速的变化，局部段的河势也呈现一个较明显的变化，并将致使主汊水流的顶冲位置发生变化，部分边滩、洲头发生不同程度的切滩，形成倒套、串沟或心滩，主汊河槽也相应发生较大冲淤调整变化。因此，淤塞型汊道的整治采用实体锁坝堵塞时，可充分利用该河段河道的水流泥沙条件，分期逐步实施，有利于河道平面形态与河床断面形态的逐步调整。江心洲合并、并岸后，采用实体锁坝堵汊后的支汊可在支汊的尾端建闸，洪水期可以蓄滞一部分洪水流量，不至于给汛期洪水带来明显的影响；在其他方面，该支汊形成的水域或湿地，也能较好地适应农业、渔业及生态保护的需要，并发挥综合治理效果。

7.3.3 典型河段整治实例

长江镇扬河段位于长江下游江苏境内，其左岸是扬州，右岸为镇江，上承南京河段，下接扬中河段。该河段上起三江口，下迄五峰山，全长约为 74 km，自上而下按河道平面形态的不同分为仪征水道、世业洲汊道、六圩弯道、和畅洲汊道和大港水道五段，是长江中下游 16 个重点治理河段之一（图 7.21）。

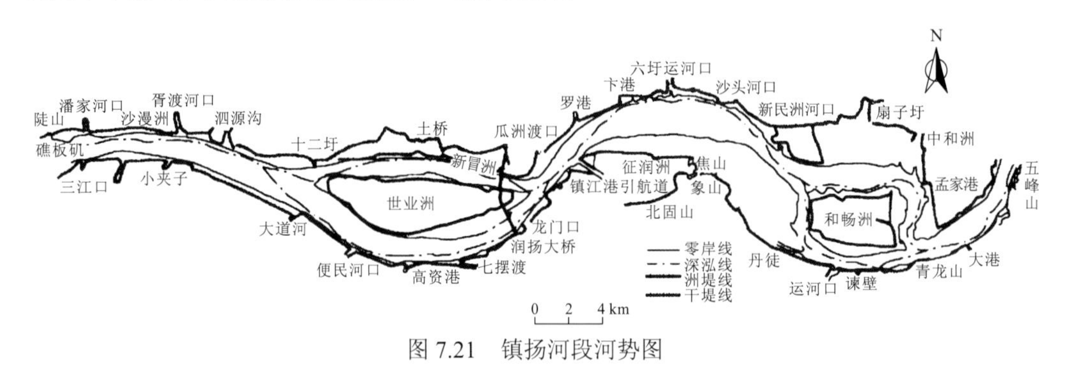

图 7.21 镇扬河段河势图

仪征水道为单一微弯河道，全长 18.0 km，河道上窄下宽，深泓靠左岸，平均河宽约 1 430 m。

世业洲汊道自泗源沟至瓜洲渡口，长 24.7 km，右汊是主汊，长 15.8 km，为曲率比较适度的弯曲河道，平均河宽约 1 450 m；左汊为支汊，长 13.5 km，呈顺直型，平均河宽约 880 m。世业洲汊道 20 世纪 70 年代后左汊进入缓慢发展阶段，90 年代以后，左汊发展速度加快。

六圩弯道自瓜洲渡口至沙头河口，长约 13.5 km，为两端窄中部宽的弯道。长期以来，六圩弯道平面变形较大，镇扬河段一期、二期整治护岸工程实施后，河势趋于稳定调整中。

和畅洲汊道自沙头河口至和畅洲洲尾，左汊长 10.9 km，右汊长 10.2 km。和畅洲汊道是镇扬河段近 60 多年来变化最为剧烈的一段，主要表现在主支汊易位。1983～1993 年镇扬河段实施一期整治工程后，左汊的发展速度得到有效控制，1995 年后和畅洲左汊分流比又不断增大，由 1995 年 5 月的 58.1%增大至 2002 年 9 月的 75.48%。和畅洲右汊口门右侧的征润洲边滩持续淤涨，进流口门缩小，迎流条件日益恶化，右汊表现为持续萎缩。1998～2003 年实施了包括和畅洲左汊口门控制工程在内的镇扬河段二期整治工程，和畅洲左汊 2011 年 7 月左汊分流比为 72.5%，基本遏制了左汊的快速发展。

镇扬河段是长江下游变化最剧烈的河段之一，20 世纪 50 年代以来，镇扬河段在河道整治工程实施以前及实施过程中，主要存在以下问题：由于河势不稳定，六圩弯道、和畅洲左汊左岸等处岸、滩的崩塌现象频繁发生，影响两岸的防洪安全；和畅洲左右汊交替发展，严重影响两岸的经济发展及航道的稳定；征润洲淤积，致使镇江港池淤积，严重影响镇江港的正常运行；世业洲左汊缓慢发展，影响下游六圩弯道、和畅洲河势的稳定。

1. 镇扬河段河道整治方案

镇扬河段河道内存在着世业洲左汊的缓慢发展、六圩弯道崩岸、和畅洲左右汊交替发展及征润洲淤积等问题，给沿江各部门的经济发展带来严重的影响。20 世纪 50 年代以来，针对上述主要问题及出现的新的问题，以长江科学院为主体的多家科研、设计单位及地方水利部门，对此开展了大量的研究、设计，并根据镇扬河段不同时期河道的变化与沿江防洪、航运和经济发展的要求，实施了大量的河道整治工程，镇扬河段的突出问题基本得以解决或缓解。

镇扬河段 20 世纪 70 年代修建的整治工程虽对局部河势起到一定的控制作用，但未能阻止中下段河势的继续恶化，特别是 1977 年和畅洲左汊鹅头型弯段切滩以后，左汊分流比迅速增加，1980 年汛期来水量较大，左汊分流比从 1977 年的 31.3%增至当年的 38.2%，每年递增率超过 2 个百分点。河势的进一步恶化，给和畅洲右汊带来严重的不利影响，由于焦山尾滩逐年下延，右汊进口段主航道缩窄，依靠挖泥才能维持万吨轮通航。右汊进流量减小，沿江各企业码头前沿河床发生淤积。由于左汊孟家港岸段崩岸向下游发展，和畅洲汊道汇流区以下的大港深水泊位的安全运行也受到威胁。1975 年以后，征润洲边滩尾部迅速下延，与焦山尾滩连成一片，伸入和畅洲右汊口门，并呈与右岸边滩丹徒沙相连之势，焦山尾滩以每年 100 m 的速度延伸，焦南航道也随之延长，大量泥沙由征润洲边滩滩面漫流，进入镇江港池和焦南航道，焦山尾滩对焦南航道的屏蔽作用渐趋消失。1975～1981 年，征润洲边滩（含焦山尾滩，下同）滩尾平均每年淤长面积 1.65 km^2，焦南航道出口受征润洲洲尾及丹徒沙边滩的钳形封锁作用，淤积量急剧增加，淤积区段越来越长，口门段年淤积量为 254 万 m^3，航道维护挖泥量由每年的 16 万 m^3 增至 68 万 m^3，全港挖泥量增至每年的 150 万 m^3。镇江港再次面临焦北航道淤废前的困境，维护极为困难。

鉴于镇扬河段河势的恶化已严重危害沿江涉水工程的正常运行和航道畅通，整治河道已显得极为紧迫，1982 年长江流域规划办公室会同江苏省水利厅、镇江市和扬州市水利部门及长江航道管理局等单位，开展镇扬河段整治工程的可行性研究工作。1982 年 10 月江苏省水利勘测设计院和镇江市水利局先行提出了《镇扬河段整治应急工程初步设计报告》(江苏省水利勘测设计院和镇江市水利局，1982)，1983 年经国家计划委员会批准，首先实施四项应急工程。1984 年 12 月由长江流域规划办公室和江苏省水利厅联合编制《长江南京、镇扬河段整治工程可行性研究报告》(长江流域规划办公室和江苏省水利厅，1984)，1986 年国务院批复了国家计划委员会报送的《关于长江下游南京、镇扬河段整治工程意见的报告》，使镇扬河段的治理走上了有计划实施的轨道。

《长江南京、镇扬河段整治工程可行性研究报告》提出的镇扬河段整治任务如下：①和畅洲汊道的治理，是镇扬河段整治的核心问题，必须制止右汊形势的恶化，维持右汊的主泓地位。近期要满足丹徒至谏壁至大港沿江工厂、港口码头、运河口门通航和取水需要，并有利于远期的发展。②治港应是治江的主要任务之一和治江规划的组成部分。河段治理规划应协调和妥善处理治港与治江整体规划的关系，有利于治港方案的实施。

③六圩弯道岸线的大幅度崩退，是镇扬河段河势动乱的直接根源，必须通过整治，达到全线稳定的目的。④制止世业洲汊道的下移，对于稳定下游河势关系重大，必须防止右汊弯道岸线的崩退，既保护汽渡口，又对下游六圩弯道起到稳定作用。

《长江南京、镇扬河段整治工程可行性研究报告》提出的镇扬河段整治方案为，以护岸为主，以和畅洲左汊建潜坝堵汊为辅。在实施程序上，第一阶段先进行全河段应急重点护岸工程，以稳定河势；第二阶段在和畅洲左汊内兴建堵汊工程，以改善河势。

第一阶段全河段的应急重点护岸工程包括六圩弯道护岸工程、和畅洲洲头护岸工程、和畅洲左汊下段孟家港护岸工程、世业洲右汊龙门口至镇江渡口护岸工程和人民滩串沟封堵及滩面拦洪束流工程（图 7.22）。

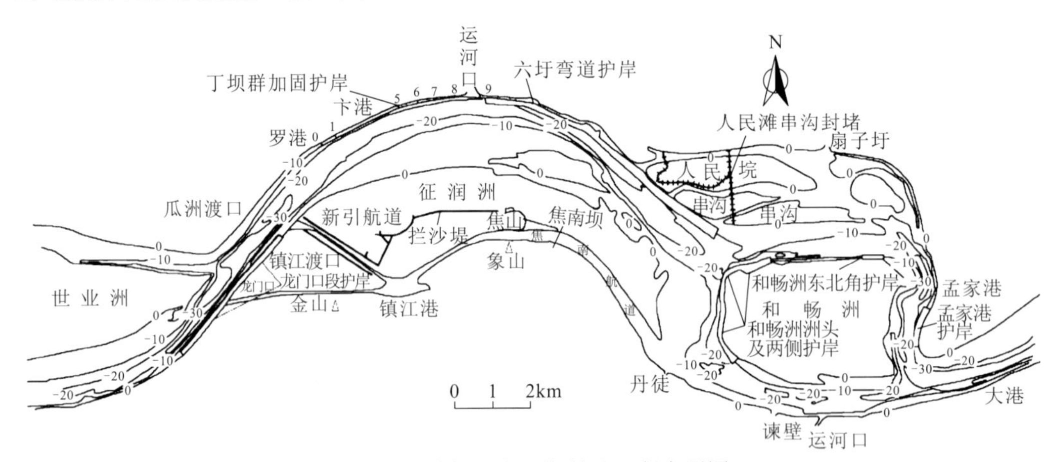

图 7.22　镇扬河段一期整治工程布置图

镇扬河段一期整治工程虽已使镇扬河段的河势得到基本控制，但已建工程尚不足以完全达到整治目标。1993 年以后，长江相继出现大洪水年，河势又有新的变化。

和畅洲左汊分流比年增长率在一期整治后期已减小 0.7 个百分点，但 1992～1997 年的年增长率又增加了 1.36 个百分点，经历 1995 年、1996 年、1998 年、1999 年连续大洪水，左汊分流比达到 61.9%，右汊萎缩加快，左汊断面面积已为右汊的 1.8 倍。和畅洲东北角原护岸段过短，发生 4 次大窝崩，孟家港江岸冲刷加剧，近岸水下平台全部冲失，岸坡变陡，发生窝崩。

六圩弯道仍处于调整阶段，已建护岸工程水下坡脚前沿刷深，险情时有发生。1993 年 5 号、6 号丁坝间发生崩坍，扬州港客运码头损毁，弯道上段瓜洲边滩仍缓慢淤长下延，下段沙头河口深泓左移，岸坡崩坍，是引起和畅洲汊道分流区主泓左移、左汊口门扩大的重要原因。

世业洲汊道在一期整治中未加考虑。20 世纪 70 年代以来，左汊缓慢发展，右汊相对萎缩，洲头崩退，洲尾淤长下延。左汊的发展，使汊道汇流区以下六圩弯道右岸龙门口以下崩岸加剧。

为巩固一期工程的整治成果，进一步控制和稳定河势，长江科学院、镇江市水利局和扬州市水利局于1994年3月联合编制了《长江镇扬河段二期整治工程可行性研究报告》

（长江科学院等，1994），并于 1998 年 2 月完成该报告的修编稿。1998 年 9 月水利部对《长江镇扬河段二期整治工程可行性研究报告》作出批复，要求江苏省水利厅组织实施。1999 年 9 月，江苏省水利勘测设计院提出《长江镇扬河段二期整治工程总体初步设计》（江苏省水利勘测设计院，1999）。长江勘测规划设计研究院和镇江市工程勘测设计研究院于 2000 年 8 月完成《和畅洲左汊口门控制工程单项初步设计报告》（长江勘测规划设计研究院和镇江市工程勘测设计研究院，2000），并于 2001 年 10 月完成《长江镇扬河段二期整治工程和畅洲左汊口门控制工程单项初设补充报告》（长江勘测规划设计研究院和镇江市工程勘测设计研究院，2001）。

镇扬河段二期整治工程的任务是，在继续保持仪征弯道稳定的基础上修建世业洲头部和十二圩以下左岸护岸工程，抑制世业洲左汊的发展，维持该汊道的相对稳定；修建引航道口门下游的护岸工程并加固六圩弯道的护岸工程，以及实施征润洲串沟堵塞工程，促使该弯道成为单一河槽的、相对稳定的弯道；修建和畅洲左汊分流区左岸的固滩促淤等工程，并延长、加固和畅洲左缘和孟家港的护岸工程，使左汊分流比得到控制。

镇扬河段二期整治工程共实施十二圩至新冒洲河段新建护岸工程、六圩弯道加固工程、世业洲洲头新建护岸工程、龙门口上段加固工程、龙门口下段加固工程、引航道口门新建护岸工程、沙头河口下段加固工程、和畅洲洲头及两侧加固工程、和畅洲北缘新建护岸工程、孟家港上段加固工程、孟家港下段加固工程、和畅洲左汊口门控制工程、征润洲串沟封堵工程 13 项工程。总计新建长度约 11450 m，加固长度 10415 m（图 7.23）。

2. 和畅洲左汊（主汊）潜坝整治关键技术

1）和畅洲左汊（主汊）潜坝整治的特点与难点

与国内外同类工程和技术相比，长江镇扬河段和畅洲左汊（主汊）潜坝整治研究，具有以下特点与难点。

（1）长江中下游主汊中实施的第一个潜坝。长江和畅洲左汊口门控制工程在长江主流上建筑潜坝，在全国尚属首例，世界罕见。

（2）整治规模最大。和畅洲左汊口门潜坝直线布置坝体的规模为，主坝长 1102 m，最大坝高 30 m，平滩水位时坝前最大水深约 53 m，两侧与左、右岸连接的土堤长度分别为 344 m 和 100 m，是当时长江中下游规模最大的河道整治工程。

（3）整治难度极大。镇扬河段和畅洲汊道平面变形中的崩岸速度、汊道分流比周期性变化和河道整治难度之大，都是长江中下游分汊河道中首屈一指的。潜坝工程位于和畅洲左汊进口段，水流流态紊乱，河床地形复杂，水深与流速较大，工程实施与长江船舶通航的矛盾突出。左汊潜锁坝是在其分流比增加至 75%（汊内流量可达 50000 m^3/s 以上）的严峻形势下实施的。在长江这样大江大河的主汊内，汛期流量可达 50000 m^3/s 以上，河宽 1300 m，最大水深达 60 余米，整治工程在设计和施工技术方面都有很大难度。在这种条件下具体的施工工艺、工序和工程量扩大系数等，过去均无先例或类似工程可供参考。

（4）先进的平面分区设计理念。工程河段水流、地形条件复杂，为了保证整治效果

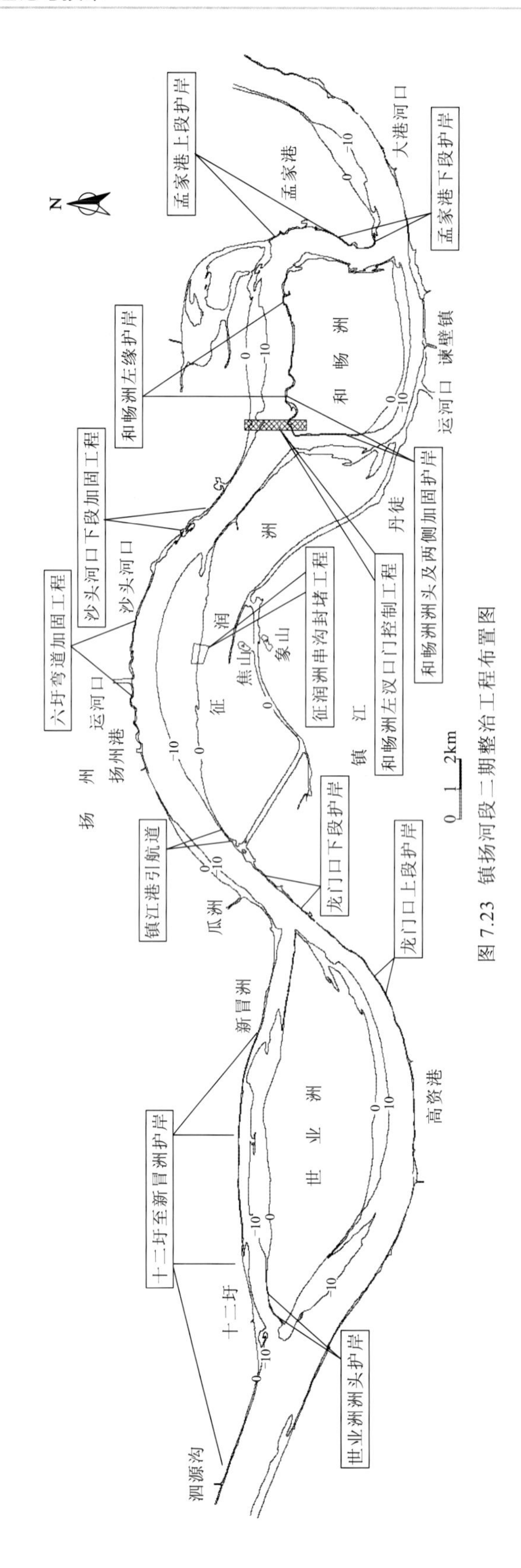

图 7.23 镇扬河段二期整治工程布置图

和工程稳定性，对整治区域进行了详细的平面分区：潜坝坝体（重点是坝面防冲设计，采用复合塑枕）、潜坝上下游抛石护底、潜坝塑枕护底、南岸截流堤、抛石护岸加固、潜坝下游抛石护底下延，确保了工程的实施效果。

2）工程方案论证比选

1987～1989 年长江科学院开展了和畅洲汊道整治工程方案的实体模型试验研究。模型平面比尺为 1∶550，垂直比尺为 1∶125，模型变率为 4.4。试验段上起镇扬汽渡，下至大港水尺下 2 km，模拟天然河长 27 km。定床试验中，对潜坝方案（上、中、下三个坝址，-3 m、-4.5 m 和-6 m 三种坝顶高程）、顺坝方案（上、下两个坝址，730 m 和 1 000 m 两种坝长，30°、45°、60°三种挑角）和调整岸线方案（凹进岸线 100 m、120 m、250 m）进行初步比选。试验结果表明，中潜坝与顺坝、固定河床方案和人民滩隔堤方案比较（表 7.3），工程实施后和畅洲左汊分流减小百分数以坝顶高程为-4.5 m 的中潜坝方案优于其他方案。

表 7.3　和畅洲汊道不同整治方案左汊分流减小百分数（定床试验）（长江科学院，1989）

流量级/（m^3/s）	中潜坝方案	顺坝方案	固定河床方案	人民滩隔堤方案
14 400	3.8	5.1		
40 000	5.1	3.1	0.1	
74 100	2.2	3.5		1.1

1989～1990 年，在定床试验的基础上，进行了和畅洲汊道整治工程方案的动床模型试验。对中潜坝方案进行了-3 m、-4.5 m 和-6 m 三种高程的比较，并与顺坝和岸线调整方案做了进一步对比（表 7.4）。试验结果仍然表明，-4.5 m 的中潜坝工程效果较好，并推荐采用-4.5 m 中潜坝与人民滩隔堤相衔接的方案；同时提出该方案可与将人民滩作为电厂灰场的远景规划相结合。试验还表明，在典型系列水文过程，包括 1983 年和 1954 年型洪水作用下，左汊在保持 1986 年河床边界情况下分流比可维持在 60%以内。

表 7.4　和畅洲汊道中潜坝、顺坝和岸线调整方案工程效果对比（动床试验）（长江科学院，1990）

工程效果	中潜坝（-4.5 m）方案	顺坝方案	岸线调整方案
抬高六圩站水位/m	0.05	0.02	0.00
左汊分流比减小值/%	7.6	5.3	0.0

注：流量级为 7 000 m^3/s。

1991 年在动床模型试验中，进行了第三次方案比选研究，将中潜坝与对口丁坝、分水鱼嘴、长导流坝和固定河床等方案进行了对比。试验成果（表 7.5）表明，长导流坝（总长 1 500 m）减小左汊分流值虽然最大，但对洪水位抬高也很严重，工程量及技术难度都很大。各方案相互比较发现，以-4.5 m 的中潜坝方案较优，坝顶高程-10 m 的对口丁坝可作为潜坝进一步比较的方案。

表 7.5　和畅洲汊道中潜坝、对口丁坝、分水鱼嘴和长导流坝方案工程效果对比（动床试验）（长江科学院，1990）

流量级/（m^3/s）	工程效果	中潜坝坝顶高程-4.5 m	对口丁坝坝顶高程-10 m	分水鱼嘴	长导流坝1 500 m	固定河床
42 900	抬高六圩站水位/m	0.100	0.062	0.037	0.275	0.000
	左汊分流比减小值/%	3.0	1.2	−1.0	20.5	−0.7
63 300	抬高六圩站水位/m	0.125	0.075	0.037	0.600	0.000
	左汊分流比减小值/%	2.8	1.5	1.0	23.8	1.0

此外，还进行了四个大小不同的和畅洲左汊人民滩灰场围堤方案的动床试验，表明四种围堤方案对减小左汊分流比的效果均较好，但对抬高上游洪水位影响较大。

经过 1987～1991 年进行的各整治方案的对比试验研究，确立了以坝顶高程为-4.5 m 的中潜坝方案工程效果比较显著。

1999～2000 年长江科学院再次开展了和畅洲左汊口门控制工程河工模型试验工作。整治方案概括为左汊控制工程和分流区导流坝两种类型，其中左汊控制工程又包含口门控制工程和中潜坝两个，共拟定了 20 种工程整治方案，对和畅洲左汊潜坝坝体位置、坝体平面布置、坝轴断面形态分别进行了河工模型试验研究，为和畅洲左汊控制工程的选址、布置及形态的最后抉择奠定了坚实的基础。

左汊口门控制工程一共拟定了八个方案进行比选试验（表 7.6、表 7.7）。首先进行了直线方案与折线方案的比较，左汊口门控制（I）方案与折线方案深槽部位坝高相同，工程后平滩流量下右汊分流比分别增加了 2.4%和 2.6% ，工程效果比较接近，但折线方案坝长较左汊口门控制（I）方案长 500 m，坝体工程量远大于左汊口门控制（I）方案，口门控制折线形式不宜采用，而以直线形式较合理。左汊口门控制（I）～（VII）七个方案是以左汊口门控制（I）方案为基本形式，分别抬高或降低深槽部位与边滩部位坝高，视工程效果的变化情况，选择坝体断面的形式。

表 7.6　左汊口门控制各整治工程方案一览表（长江科学院，1990）

方案名称	工程布置	坝体工程量/（$10^4 m^3$）
左汊口门控制（I）方案	工程两端 *A*、*C* 点平面坐标如下：*A* 点为 *X*=3 567 460，*Y*=40 458 160；*C* 点为 *X*=3 568 430，*Y*=40 458 170。坝顶宽 10 m，上游坡比为 1∶2.5，下游坡比为 1∶3，坝顶为变坡度形式，右侧深槽部分坝顶高程为-20 m，向左侧逐渐过渡至-5 m 高程，坝长 1 120 m	39.2
左汊口门控制（II）方案	在左汊口门控制（I）方案的基础上，将右侧深槽部分坝顶高程抬高 2 m，到达-18 m，左侧边滩部位坝顶高程不变	44.3
左汊口门控制（III）方案	在左汊口门控制（I）方案的基础上，将整个坝体全部加高 2 m，即深槽部位坝顶高程为-18 m，左端坝头顶高程为-3 m	52.0

续表

方案名称	工程布置	坝体工程量/（$10^4 m^3$）
左汊口门控制（IV）方案	在左汊口门控制（I）方案的基础上，深槽部位坝体高程不变，而将向左侧人民滩过渡的坝体均加高 2 m，即深槽部位坝顶高程为-20 m，左端坝头顶高程为-3 m，坝长 1 230 m（含两端连接段）	47.2
左汊口门控制（V）方案	以左汊口门控制（IV）方案为基础，将深槽部位坝体高程降低 5m，即从-20 m 高程降至-25 m，边滩坝体顶高程不变	37.4
左汊口门控制（VI）方案	深槽部位不用坝体形式，仅均匀地抛厚度为 0.8～1.5 m 的块体护底，在左侧人民滩上建一滞流坝，坝体从-22 m 河底逐渐向人民滩上过渡至 5 m 高程处，坝顶适应河底地形设计为变坡度，坝长 1 200 m，坝上下游坡比同其他方案	14.1
左汊口门控制（VII）方案	深槽部位采用厚 0.8～1.5 m 的平抛护底，在断面左侧滩地上建高程为 7.5 m 的平坝，坝长 300 m，坝头前沿直线延伸至-10 m 河底。顶宽 10 m，上游坡比为 1∶2.5，下游坡比为 1∶3	17.2

注：坝体工程量不含护底工程部分。

表 7.7　左汊口门控制各方案定床试验和畅洲右汊分流比变化表（长江科学院，1990）（单位：%）

方案名称	$Q = 14\ 000\ m^3/s$			$Q = 46\ 700\ m^3/s$			$Q = 56\ 000\ m^3/s$			$Q = 85\ 400\ m^3/s$		
	工程前	工程后	增值	工程前	工程后	增值	工程前	工程后	增值	工程前	工程后	增值
左汊口门控制（I）方案	33.3	35.4	+2.1	35.0	37.4	+2.4	34.3	36.6	+2.3	35.2	36.3	+1.1
左汊口门控制（II）方案	33.3			35.0	37.6	+2.6	34.3			35.2		
左汊口门控制（III）方案	33.3	36.1	+2.8	35.0	38.8	+3.8	34.3	38.0	+3.7	35.2	37.6	+2.4
左汊口门控制（IV）方案	33.3	36.0	+2.7	35.0	38.7	+3.7	34.3			35.2	37.6	+2.4
左汊口门控制（V）方案	33.3			35.0	38.1	+3.1	34.3			35.2		
左汊口门控制（VI）方案	33.3			35.0	37.0	+2.0	34.3			35.2		
左汊口门控制（VII）方案	33.3			35.0	35.7	+0.7	34.3			35.2	35.7	+0.5
左汊口门折线方案	33.3			35.0	37.6	+2.6	34.3			35.2		

比较试验结果表明，口门控制工程以深槽和边滩部位同时建束流工程效果最好，如果仅在河道一侧建束流工程，由于河宽较大，流速仍有足够的空间横向调整，从而削弱工程效果。其中，边滩部位坝高变化对工程效果影响较大，而深槽部位由于水深达 50 m 以上，小幅度坝高变化对工程束流作用影响较小。七个方案中以左汊口门控制（III）和（IV）方案较优，在 46 700 m^3/s 流量级下，可分别增加右汊分流比 3.8 和 3.7 个百分点，在 85 400 m^3/s 流量级下均增加 2.4 个百分点。但考虑到左汊口门控制（III）方案的工程量较大[比左汊口门控制（IV）方案约大 10%]，而整治效果相当，因此推荐左汊口门控制（IV）方案在动床试验阶段与其他方案进行比选。

左汊中潜坝工程方案共比选了四个方案（表 7.8、表 7.9），其中，左汊中潜坝（II）、（III）方案为深槽平坝形式，左汊中潜坝（I）、（IV）方案为全断面布置坝体形式。定床模型试验结果表明：左汊中潜坝（IV）方案工程效果较好，平滩流量下，可增加右汊分流比 3.2 个百分点，在 85 400 m^3/s 特大流量下，增加 1.9 个百分点。推荐左汊中潜坝（IV）方案在动床试验阶段与其他方案进行比选。

表 7.8　左汊中潜坝各整治工程方案一览表

方案名称	工程布置	坝体工程量/（10^4m^3）
左汊中潜坝（I）方案	坝轴线为正南北向，平面坐标 Y= 40 460 800，坝顶为变坡形式，深槽部位为平顶坝，坝顶高程为-20 m，左侧从-20 m 向人民滩直线连接至-5 m 高程，相应潜坝长 950 m，坝顶宽 10 m，上下游坡比分别为 1∶2.5 和 1∶3	24.7
左汊中潜坝（II）方案	坝体为平顶坝形式，坝顶高程为-15 m，坝长 615 m，左侧边滩部位不建坝。其他与左汊中潜坝（I）方案相同	16.1
左汊中潜坝（III）方案	坝体为平顶坝形式，坝顶高程为-10 m，坝长 820 m。其他与左汊中潜坝（I）方案相同	36.2
左汊中潜坝（IV）方案	坝体为变坡度坝形式，深槽部位主坝为平坝，坝顶高程为-12 m，向左侧人民滩逐步过渡至 4m，滩上平均坝体高度在 4～5 m，坝长 1 630 m	47.0

资料来源：长江科学院，2000．和畅洲汊道整治工程方案的动床模型试验报告．武汉：长江科学院．

注：坝体工程量不含护底工程部分。

表 7.9　左汊中潜坝定床试验各方案和畅洲右汊分流比变化表（长江科学院，1990）　（单位：%）

方案名称	Q = 14 000 m^3/s			Q = 46 700 m^3/s			Q = 56 000 m^3/s			Q = 85 400 m^3/s		
	工程前	工程后	增值	工程前	工程后	增值	工程前	工程后	增值	工程前	工程后	增值
左汊中潜坝（I）方案	33.3			35.0	36.3	+1.3	34.3			35.2		
左汊中潜坝（II）方案	33.3			35.0	36.1	+1.1	34.3			35.2		
左汊中潜坝（III）方案	33.3			35.0	37.8	+2.8	34.3			35.2		
左汊中潜坝（IV）方案	33.3			35.0	38.2	+3.2	34.3			35.2	37.1	+1.9

导流坝方案一共比选了八个方案（表 7.10、表 7.11）。首先比较平顶坝和坡度坝的工程效果，试验结果表明，平顶坝工程效果要优于坡度坝。

表 7.10　分流区导流坝各整治工程方案一览表（长江科学院，1990）

方案名称	工程布置	坝体工程量/（10^4 m^3）
平导流坝（-10 m）方案	导流坝位于分流区左岸，坝根 E 点的平面坐标为 X=3 569 110，Y=404 456 310，平面上与岸线夹角约为 30°，坝体为平顶坝，坝顶高程为-10 m，坝头按 1∶5 坡度与河床相连。坝长分 600 m、800 m、1 000 m、1 200 m、1 500 m 共 5 种。坝顶宽 10 m，上游坡比为 1∶2.5，下游坡比为 1∶3	60.10（坝长 600 m）
		90.10（坝长 800 m）
		119.10（坝长 1 000 m）
		140.50（坝长 1 200 m）
		171.30（坝长 1 500 m）

续表

方案名称	工程布置	坝体工程量/（$10^4 m^3$）
平导流坝（-20 m）方案	坝体为平顶坝，坝顶高程为-20 m，坝长为 1 000 m，其他同平导流坝（-10 m）方案	40.78
平导流坝（-15 m）方案	坝体为平顶坝，坝顶高程为-15m，坝长为 1 000 m，其他同平导流坝（-10 m）方案	73.60
坡度导流坝方案	坝根 E 点高程为-5 m，坝头 F 点高程为-25 m，两点直线相连，形成前低后高的坡度坝，坝头前沿按 1∶5 坡比与河床相接。坝长 1 500 m。顶宽及上下游坡比与平导流坝相同	

注：坝体工程量不含护底工程部分。

表 7.11　分流区导流坝定床试验各方案和畅洲右汊分流比变化表（长江科学院，1990）（单位：%）

方案名称	$Q = 14\,000\ m^3/s$			$Q = 46\,700\ m^3/s$			$Q = 56\,000\ m^3/s$			$Q = 854\,009\ m^3/s$		
	工程前	工程后	增值	工程前	工程后	增值	工程前	工程后	增值	工程前	工程后	增值
600 m 平导流坝（-10 m）方案	33.3			35.0	36.6	+1.6	34.3			35.2		
800 m 平导流坝（-10 m）方案	33.3	34.1	+0.8	35.0	37.6	+2.6	34.3	36.8	+2.5	35.2	37.1	+1.9
1 000 m 平导流坝（-10 m）方案	33.3	34.5	+1.2	35.0	37.8	+2.8	34.3	37.0	+2.7	35.2	37.1	+1.9
1 200 m 平导流坝（-10 m）方案	33.3			35.0	37.9	+2.9	34.3			35.2		
1 500 m 平导流坝（-10 m）方案	33.3			35.0	38.1	+3.1	34.3	37.1	+2.8	35.2	37.2	+2.0
1 000 m 平导流坝（-20 m）方案	33.3			35.0	35.5	+0.5	34.3			35.2		
1 000 m 平导流坝（-15 m）方案	33.3			35.0	35.9	+0.9	34.3			35.2		
1 500 m 坡度导流坝方案	33.3			35.0	37.2	+2.2	34.3			35.2		

平导流坝（-10 m）方案共比较了 5 个坝长，分别为 600 m、800 m、1 000 m、1 200 m、1 500 m。试验结果表明，800～1 500 m 四个坝长方案右汊分流比增加值相差不大，仅相差 0.1～0.2 个百分点，而坝长缩短至 600 m，工程效果明显下降，与 800 m 坝长方案比较，右汊分流比增加值减小了 1 个百分点；800～1 000 m 是较合理的坝长范围。

考虑到平导流坝（-10 m）方案工程量太大，而且坝体位于主航道，可能威胁航行安全，又进行了平导流坝（-15 m）和（-20 m）方案试验，坝长选定为 1 000 m。试验结果表明，两方案调整分流比效果较差，分别增加 0.9 和 0.5 个百分点，远小于同坝长的平导流坝（-10 m）方案增加 2.7 个百分点的工程效果，可见平导流坝方案坝高对工程效果的影响也很大，坝高较小的平导流坝工程效果不理想。考虑到本次工程的规模及导流坝方案改变水流结构较大，初步选定平导流坝（−10 m）和（−20 m）长 1000 m 的方案在动床试验阶段与其他方案进行比选。

动床模型的比选试验主要针对定床模型试验提出的三个推荐方案进行典型水文年系列试验，观测工程效果和河床调整变化情况，进一步比选出较优的工程位置和工程形式供设计参考。此外，还进行了以下两个方案的试验：在仅实施平顺护岸工程，不做抑制左汊发展工程的情况下，和畅洲汊道左右汊分流状况的发展前景预测；在和畅洲左汊口门平铺护底，与左岸人民滩护滩工程相结合的情况下，左汊发展情况的预测。

动床模型试验结果表明：左汊口门控制（IV）方案在典型系列年末的平滩流量下（表 7.12），左汊分流比值为 65.16%，与 1998 年 10 月实测分流比 64.5%相比，仅增加 0.66 个百分点，分流比年增率为 0.17 个百分点，基本上稳定了和畅洲汊道目前的分流状况，和畅洲右汊内深槽部位基本维持冲淤平衡。同时，工程对左、右汊流速场改变不大，工程所产生的壅水作用和滞流作用，对于引导水流进入右汊比其他的工程方案更显著。

表 7.12　动床试验各整治方案和畅洲汊道分流比变化表（长江科学院，1990）

方案名称	典型年份	流量级/（m^3/s）	左汊分流比/%	差值/%
平顺护岸方案	1966	42 900	67.32	0.00
	1983	46 000	70.25	0.00
	1984	47 300	69.50	0.00
	1954	44 700	70.72	0.00
		80 300	70.78	0.00
		52 300	72.20	0.00
	1954	80 300	73.60	
		52 300	74.17	
	1954	80 300	73.46	
		52 300	74.10	
左汊口门控制（IV）方案（坝后护底）	1966	42 900	63.88	−3.44
	1983	46 000	66.27	−3.98
	1984	47 300	65.98	−3.52
	1954	44 700	66.35	−4.37
		80 300	65.95	−4.83
		52 300	66.16	−6.04
左汊中潜坝（IV）方案（坝后护底）	1966	42 900	64.62	−2.70
	1983	46 000	66.84	−3.41
	1984	47 300	66.43	−3.07
	1954	44 700	67.04	−3.68
		80 300	67.15	−3.63
		52 300	67.43	−4.77

续表

方案名称	典型年份	流量级/（m³/s）	左汊分流比/%	差值/%
1 000 m 平导流坝（−20 m）方案	1966	42 900	66.62	−0.70
	1983	46 000	69.21	−1.04
	1984	47 300	68.76	−0.74
	1954	44 700	69.58	−1.14
		80 300	70.00	−0.78
		52 300	71.44	−0.76
1 000 m 平导流坝（−15 m）方案	1966	42 900	66.22	−1.10
	1983	46 000	68.90	−1.35
	1984	47 300	68.45	−1.05
	1954	44 700	69.33	−1.39
		80 300	69.84	−0.94
		52 300	71.14	−1.06
人民滩和左汊口门护底方案	1966	42 900	66.40	−0.92
	1983	46 000	69.20	−1.05
	1984	47 300	68.61	−0.89
	1954	44 700	69.64	−1.08
		80 300	69.97	−0.81
		52 300	71.26	−0.94

左汊中潜坝（IV）方案在典型系列年末的平滩流量下左汊分流比值为 66.43%，较 1998 年 10 月测的分流比增加了 1.93 个百分点，年增率为 0.40 个百分点，工程实施后能使和畅洲汊道目前的分流状况得到基本稳定，和畅洲右汊内深槽部位未见明显淤积。但由于潜坝左侧距江堤很远，滩地宽 2 km，在大流量情况下，建坝后左侧流速增加，水流冲刷作用加强，易形成串沟分流，进而削弱工程效果，因此中潜坝方案需要辅以较大工程量的护滩工程。

1 000 m 平导流坝（−20 m）和（−15 m）方案在典型系列年末的平滩流量下左汊分流比值分别为 70.44%、70.14%，年增率分别为 1.49 和 1.41 个百分点。这两个方案坝头流态较为紊乱，坝头出现了较为明显的冲刷坑，和畅洲右汊内仍有一定程度的淤积，对和畅洲汊道分流区流速场调整也较大，不仅加剧了和畅洲洲头的冲刷，威胁和畅洲的防洪安全，而且对航运也产生了较大的影响。

不同潜坝的坝址选择河工模型试验表明，口门处潜坝、中段处潜坝分别实施后，从左汊分流比的减小来看，口门处潜坝方案在 46 700 m³/s 流量级下可减小左汊分流比 3.7 个百分点，在 85 400 m³/s 流量级下可减小左汊分流比 2.4 个百分点，口门处潜坝的效果略优于中段处潜坝方案；口门处坝址的不同坝型方案布置比选模型试验表明，从左汊分流比的减小来看，潜坝直线布置方案的效果略优于潜坝折线布置方案的效果。同时，模型试验研究结果还显示，在实施口门控制方案后，左汊的分流比年增率为 0.17 个百分点，基本上稳定了和畅洲汊道目前的分流状况，和畅洲右汊内深槽部位基本维持冲淤平衡，可以基本稳定和畅洲汊道分流状况。

通过河工模型试验研究结果的综合分析，确定了口门处潜坝坝址、潜坝直线布置的坝体平面布置方案。在此基础上，确定了和畅洲左汊口门潜坝坝体断面形态，主坝体位于深槽部位，主坝顶高程采用变坡形式，坝高程为−20～−5 m，主坝体的总长度为 1 102 m，在坝体的左右侧有连接段与左右岸连接。

3）工程设计关键参数

通过对左汊口门潜坝、分流区导流坝和中潜坝三类共 20 种工程方案的定床和动床河工模型试验的研究比较，最终推荐左汊口门控制（IV）方案，即深泓坝顶高程为−20 m 的变坝顶高程的潜坝方案作为和畅洲汊道整治工程方案。

（1）工程总体布置。和畅洲左汊潜坝坝体位置及平面布置直接关系到工程效果和工程影响，是关系到潜坝整治工程成败的关键问题之一。工程总体布置主要解决的问题有坝轴线位置、主坝体布置、上下游护底布置、两岸连接布置。①坝轴线位置：和畅洲洲头水流结构十分复杂，河床地形变化较大，不同坝轴线位置的坝体工程量相差较大。为了优选坝轴线位置，达到相同坝顶高程条件下工程量最小的目的，在距洲头 150 m、280 m、440 m 的位置选择三条坝轴线来比较，结果以距洲头 440 m 位置的坝轴线工程量最小（坝体总体积为 61.75 万 m^3），距洲头 280 m 坝轴线次之（坝体总体积为 67.90 万 m^3），距洲头 150 m 处最大（坝体总体积为 77.19 万 m^3）。从施工条件来说，距洲头越近，水流流态越复杂，施工越困难，因此距洲头 440 m 位置施工条件较好。综合比较后，潜坝坝轴线选定在距洲头 440 m 的位置。②主坝体布置：主坝体位于断面深槽部位，左岸河底高程为−51.7～−5 m，右岸河底高程为−51.7～−20 m，总长度为 1 102 m。坝顶高程采用变坡形式，以左岸 N2 点为起点，N2 至 N3 段（桩号 0+330～0+830）坝顶高程为−8～−3 m，N3 至 N4 段（桩号 0+830～1+190）坝顶高程为−20～−8 m，N4 至 N5 段（桩号 1+190～1+432）坝顶高程为−20 m。潜坝纵剖面布置详见图 7.24。坝轴线确定后，依据确定的坝体纵横断面，可以确定坝脚线的平面范围，并以此平面范围作为布置坝基防护、坝上下游防护区的依据。③上下游护底布置：潜坝建成后，上下游一定范围内河床将产生冲刷，进而可能危及坝体稳定。为了维护坝体的稳定，增强工程的总体整治效果，在坝体的上下游需进行护底工程的布置。考虑到坝体部分水流垂线平均流速在横向分布的不均匀性，按水深大、坝体高则护底长，水深浅、坝体矮则护底短的原则布置。动床河工模型试验表明，工程兴建后坝下游右侧深槽（−20 m 以下）冲刷的距离（以与坝轴线的距离计，以下同）较长、高程较低，工程前后比较在 500 m 的范围内河床冲刷的最大深度可达 10 m 左右；右侧深槽（−20～−10 m）次之，左侧边滩（−10 m 以上）最小。考虑这一因素，将右侧深槽（−20 m 以下）坝下游护底长度（以与坝轴线的距离计，以下同）最大定为 460 m，最小定为 110 m；深槽（−20～−10 m）坝下游护底长度最大定为 90 m，最小定为 50 m；左侧边滩（−10 m 以上）坝下游护底长度定为 60 m。为了防止河道产生的一般冲刷，在护底工程的外缘（−10 m 以下深槽）设置防崩层，防崩层的宽度为 20 m。④两岸连接布置：潜坝建成后，两岸主江堤之间的滩面过流将会增加，将削弱工程整体效果，也可能危及主江堤的安全。设计考虑在两岸滩面布置截流堤。为了防止土堤兴建后在大洪水时引起堤身、堤脚的冲刷，对左右岸土堤的堤坡、堤顶和堤脚均进行了防护，水上部位采用浆砌块石护坡，水下部位采用抛块石护面。

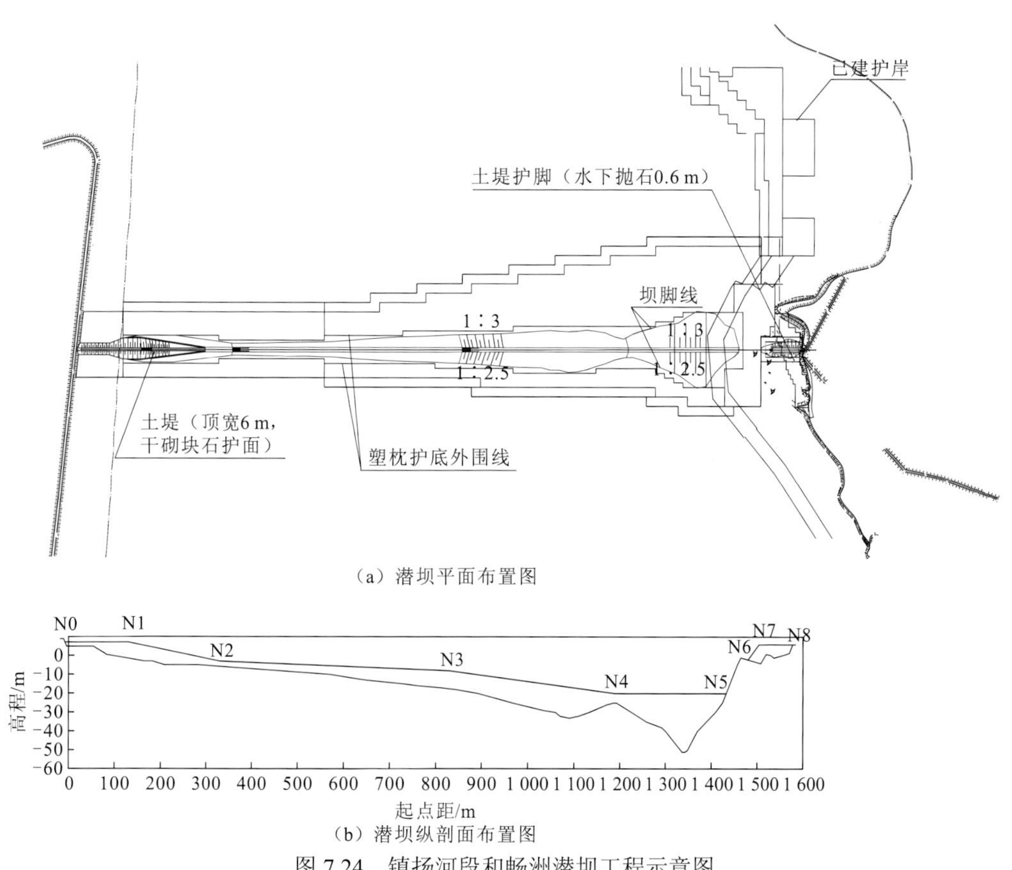

（a）潜坝平面布置图

（b）潜坝纵剖面布置图

图 7.24　镇扬河段和畅洲潜坝工程示意图

（2）潜坝结构设计。和畅洲左汊口门潜坝坝体设计直接关系到工程稳定及工程安全，是关系到潜坝整治工程成败的重大关键问题之一。和畅洲左汊口门潜坝实施前，和畅洲左汊分流比约为 75%，河道较宽阔，平均河宽约 1 500 余米，平均水深为 20 余米，左汊口门处最大水深达 50 余米，其流速达 2～3 m/s。针对这样大的水深、流速、坝高和坝长，通过河工模型试验研究提出了潜坝坝顶高程为梯级变坡的结构形式，主坝体位于深槽部位，坝顶高程为-20～-5 m。在坝体结构设计中，坝顶设计宽度为 10 m，在考虑坝身冲刷情况下，参照有关坝体稳定结构断面形式，结合坝体的稳定计算，对坝体的稳定边坡进行了复核和设计，确定潜坝坝体上游侧平均坡度为 1∶2.5，下游侧平均坡度为 1∶3。①坝体断面尺寸：坝体断面尺寸需确定坝顶宽度、上下游坝坡。坝体断面尺寸决定于筑坝所用塑枕的性质，单枕长度为 10 m。坝顶宽度的小幅度变化对坝顶过流影响很小，但显著影响坝体工程量。设计按不小于单枕长度确定坝顶宽度为 10 m。上下游坝坡关系到坝体的稳定性、工程量，坝坡与筑坝材料塑枕的性质有关，也与筑坝施工工艺有关。对坝体施工成型开展了室内水槽试验，成坝后迎水面坡比约为 1∶2.60，背水面坡比约为 1∶3.15。综合考虑塑枕对边坡的稳定及施工工艺水平，设计最终采用上游坝坡 1∶2.50，下游坝坡 1∶3.0。②坝基防护：主坝体施工之前需要对坝基进行防护，防止坝基河床产生冲刷。经比选软体排、卵砾石、塑枕后，坝基防护材料分片采用不同材料。其中，浅水区（桩号 0+530～0+800）坝轴线下游 20 m 范围内采用复合塑枕护底，右岸原护岸抛石区范围内采用抛厚 0.5 m 的卵砾石护底，其余部位采用普通塑枕护底。坝基护底范围为坝脚线外 5～20 m，以利主坝体的成型。③坝面防护：普通塑枕在水流长期作用下漏砂量较大，主坝体采用普通塑枕填筑，但坝表面需要进行防护。设计最终确定潜坝顶部 4 m 高度范围和坝体上下游侧面的表面一层内采用复合塑枕，坝体上下游侧面的表面一层是指水平方向一个复合塑枕长度即 10 m 的范围。浅水区（桩号 0+330～0+530）坝体顶高程位于-5 m 以上，考虑防紫外线辐射，防止塑枕老化，采用抛块石防护，抛石厚度为 0.8 m。

7.4 “清水”冲刷条件下河道的河势控制

7.4.1 “清水”冲刷条件下沙质河床抑制冲刷技术

天然河道兴建水利枢纽后，大量泥沙被拦截在水库内，坝下游河道原有的相对平衡状态遭到破坏，水流通过冲刷河床的方式来增加泥沙补给，河床受到剧烈的冲刷作用，引起河床再造床，给防洪、航运、灌溉及岸滩利用等可能带来一系列影响，对于稳定性差的沙质河床其影响更为明显。因此，研究沙质河床抑制冲刷下切技术显得尤为重要。本节在分析、研究三峡工程蓄水运用后荆江河道冲淤演变规律的基础上，通过对以维持河床稳定为目的的工程措施进行分类比较，借鉴抑制河床冲刷已实施工程的经验，提出了荆江沙质河床抑制冲刷的工程布置及措施。

1. 抑制河床冲刷整治工程措施

对于沙质河床河道，其河道演变主要表现为平面形态变化和河床纵向冲淤变化。沙质型河道在一定水流条件与河床边界条件相互作用下，岸线常发生崩岸，这是沙质型河道平面形态变化的主要形式。荆江河段两岸抗冲能力差，尤其是下荆江砂层底板一般出露在枯水位以上，崩岸更为剧烈，横向变形大。三峡工程运用以来 12 年内（截至 2014 年 10 月），荆江河床累计冲刷约 7.9 亿 m^3，平均冲刷深度为 2.13 m，河床总体变化趋势表现为下切展宽，冲刷部位主要集中于深槽，预计荆江河道在今后相当长时段内仍将维持以冲刷下切为主的演变趋势。因此，为维持荆江河段平面形态及河床相对稳定，必须采取护岸工程和护底工程等措施加以控制。

1）护岸工程

护岸工程是长江中下游河道治理中最基本的工程措施，具有稳定河岸和控导河势的双重作用。目前采用较多的是平顺护岸工程，它对河床边界条件改变较小，对近岸水流结构的影响也较小，实施后近岸河床的局部冲刷较弱。平顺护岸可分为护脚工程、护坡工程和滩顶工程三部分。护脚工程的特点是常年淹没水中，长期受到水流的冲击和侵蚀作用。因此，在建筑材料和结构上，要求具有抗御水流冲击的能力，能适应河床变形，并有耐受水流侵蚀的性能，以及便于水下施工等。较常用的护脚工程有散粒体、排体和刚性体三种结构形式，包括抛石、铰链沉排、模袋混凝土、混凝土软体排、梢料、混凝土透水框架、钢筋（铁丝）石笼等。护坡工程多采用块石护坡，主要由枯水平台、脚槽、坡面及封顶等组成。块石护坡的边坡坡度一般为 1∶3.0～1∶2.5，对于较陡河岸，应先削坡，再进行砌护，削坡从滩顶削至脚槽内沿。此外，还有混凝土和钢筋混凝土板护坡、沥青护坡、模袋混凝土护坡等；在护坡顶部与滩唇结合处，用宽度为 1.0 m 左右的浆砌块石封顶为滩顶工程。护岸工程的稳定很大程度上取决于护脚工程能否适应近岸河床变形，能否在河床动态调整过程中保持稳定。

2）护底工程

沙质河床采用护底工程的主要作用是抑制河床冲刷下切，遏制中枯水位随河床刷深进一步下降。目前，护底工程主要包括深槽处潜坝和锁坝、洲滩上护滩带及护底加糙工程等。

（1）潜坝。潜坝的主要作用是通过抛筑坝体，增高急流滩下游河床的局部高程，缩窄过水断面面积，增加局部河床糙率，使潜坝上游产生水位壅高。其特点是将块石等投入河床，筑成堆石坝，这种堆石坝在最枯水位时均潜没在水底而不碍航。潜坝按其纵断面与河床横断面的组合形式，大体上可分为三种类型，即潜丁坝、潜锁坝和丁潜组合坝。潜丁坝是坝体在设计水深下占据河床底部部分河宽的堆石坝，因为其坝头有挑流作用，会冲刷抗冲性差的河床，以致削弱或消除潜坝的壅水作用，所以适用于抗冲性好的基岩或砾卵石覆盖的河床卡口、陡坡型急流滩。潜锁坝是坝体在设计水深下占据河床底部整个河宽的堆石坝，适宜在河床系基岩、砾石、卵石、砂质的卡口、陡坡急流滩处建筑。丁潜组合坝是指河床横断面由丁坝和潜坝组合而成的堆石坝。潜坝在川江上应用较广，主要用于调节左、右槽的分流量，增加某一河槽中段及下口水流的冲刷能力，以达到航道尺度的要求。此外，潜坝在长江航道整治工程中得到广泛的应用。例如，在上荆江七星台局部深槽填槽工程及安庆河段堵汊工程中均发挥了很大的作用。

（2）锁坝。锁坝是一种拦断河流汊道的水工建筑物，锁坝坝顶高程一般高出平均枯水位 0.5～1.0 m，坝身中部部分通常设计成水平两侧以 1/25～1/10 的坡度向河岸升高。当锁坝过水时，先从中间部分通过，然后逐渐向两侧，水流趋向中泓，以减轻河岸和坝根的冲刷。因此，其主要作用是在治河工程和航道整治工程中用于塞支强干，增加主汊的流量或抬高河段水位，以利取水口引水，同时可增强主汊的输沙能力。中高水位时坝体全面过流，坝下游可能发生比较严重的冲刷，所以一般都用沉排护底。锁坝根据河道整治要求不同分别选择布置在汊道的入口段、中段或下段。锁坝布置在汊道的入口段时，坝高可以降低一些，工程量小；布置在中段时，上游汊道段可以淤积泥沙，同时根据坝高修建需要，可分期抛筑，使上、下游的河段得到充分淤积；布置在下段时，坝体承受的水头差较小，坝下冲刷较轻。20 世纪中后期，长江中游陆溪口新洲左汊、团风河段罗湖州支汊进口处均实施锁坝工程，基本达到塞支强干的整治效果。长江口崇明岛东南沿的团结沙汊道兴建长锁坝堵汊工程，加快支汊淤积，扩大高滩滩涂，增加土地面积，改善长江口北港航槽水深。

（3）护滩带。护滩带是一种保护滩体，束水归槽，防止滩体被冲刷，稳定航道的整治建筑物，当守护部位地形较低，位于水深较深处时，又称为护底带。与丁坝、锁坝、鱼嘴等发挥束水攻沙作用的“进攻型”整治建筑物相比，护滩带一般以守护滩体为主，当其轴线抛石强度较大时，可发挥限制和引导水流的作用，类似于潜坝的功能。护滩带主要有四种结构：一是排体结构，包括系沙袋软体排、系结混凝土块软体排、铰链混凝土块软体排和混凝土联锁块软体排；二是钢丝网石兜结构；三是抛石结构；四是抛枕结构，包括砂枕和碎石枕。此外，也衍生了一些改进的结构，如由混凝土联锁块软体排衍生而来的单元排，由钢丝网石兜衍生而来的三维加筋垫。截至 2015 年，在荆江提高航深至 3.5 m 航道整治工程中，采用了护滩带工程措施共计 34 道，其中枝江至江口河段 4 道、太平口水道 4 道、藕池口水道 7 道、来家铺水道 5 道、窑监水道 6 道、铁铺至熊家洲河段 8 道。

（4）护底加糙。护底加糙是一种范围更大，坝高更小的类似潜坝的建筑物形式，通过在河床上回填卵石、碎石或其他加糙材料等方式来达到加糙的目的，是一种既有护底作用，又有壅水效果的护底加糙新型建筑物。护底加糙建筑物一般有块石散抛和软体排护底两种形式。传统的潜锁坝一般具有较高的坝高，坝宽较窄，容易产生集中壅水的情况，在达到壅水效果的同时也给局部水流的流态及比降带来了较大的影响，其坝下游的回流较严重，造成的局部冲刷问题也较严重，也就给航行带来了新的问题。为此，将坝宽加宽，坝高降低后，其壅水过程属于分散壅水的情况，这样的建筑物对河床影响不大，而且水流流态较为平顺，不易形成新的坡陡急流。因此，无论是对河床的影响，还是从水流流态的角度来看，这种护底加糙的工程形式都优于其他集中壅水建筑物。

2. 抑制河床冲刷已实施整治工程效果

在河道纵向上抑制河床冲刷下切的工程措施主要有护底和潜坝等，其中护底是采用抛石或软体排等工艺对河床进行守护，使河床不再冲刷下切；潜坝通过在河槽上修筑坝体，适当压缩河道过流断面，以壅高局部河段中枯水位，并减小局部区域河道冲刷量。目前，在长江中下游干流河道中实施的抑制河床冲刷下切的工程实例尚不多见。护底工程实例有中国长江三峡集团有限公司在胭脂坝河段（卵石夹沙河床）实施的试验性护底工程和交通部门在中下游航道整治中实施的低滩守护工程，潜坝工程实例有长江下游镇扬河段和畅洲汊道左汊（沙质河床）实施的潜坝工程。

1）胭脂坝河段护底工程

在三峡工程第八个单项技术设计第一阶段工作中，为解决三峡工程施工期及 135 m 和 156 m 水位蓄水运用前葛洲坝下游河道下切带来的影响，提出了船闸优化调度及水库枯期补偿调度措施，并研究了护底加糙的防护措施等。2004 年汛前，中国长江三峡集团有限公司开始在胭脂坝坝尾以下（护底区 0）进行河床护底材料试验，截至 2011 年，中国长江三峡集团有限公司已先后在葛洲坝下游胭脂坝河段实施了 6 期护底工程。连续的监测分析表明，护底工程对河床的保护作用较为明显，保护了工程区河床，控制了局部河床的冲刷，改变了局部河床的边界条件，在相当大程度上控制了河段侵蚀基面的下降。至 2011 年 10 月，护底工程全河段总体上表现为轻微的泥沙淤积，护底工程区域在基本保持稳定中也有少量的泥沙淤积，河床的形态变化表现在护底工程基础以上的河床冲淤变化，护底工程本身没有遭到破坏，工程对河床的保护作用效果明显，护底段河床稳定。此外，2004 年汛前胭脂坝河段护底后，除 2005 年由于汛期大洪水时间过长，胭脂坝以上河段有少许的冲刷外，其他年份当宜昌河段冲刷时，胭脂坝河段所占的冲刷比例明显低于 2003 年，而当宜昌河段有泥沙淤积时，淤积的主要河段在胭脂坝以上段，说明护底工程不仅能保护工程河段河床免受水流的冲刷，还对工程以上河段的冲刷有一定的抑制作用，同时对增加本河段河床糙率发挥了直接和间接的作用。在遏制宜昌枯水位下降效果方面，2004～2008 年的实际观测表明，宜昌枯水位趋于稳定，没有发生下降，说明胭脂坝护底工程不仅具有抑制宜昌枯水位下降的作用，而且可使宜昌枯水位获得一定程度的抬升，护底工程的效果已经初步显现。2009～2011 年坝下游河床大幅度发生冲刷，以及宜昌枯水位持续明显下降的状态表明，虽然胭脂坝河段护底工程对河床和宜昌枯水位下降有一定的效果及作用，但由于工程仅针对局部河段进行整治，产生的影响有限，不能控制全部河段冲刷恶化的趋势，有必要对坝下游沿程的洲滩、弯道、卡口、浅滩等枯水控制节点和重要河段同时进行综合整治，以保证长江黄金航道的畅通。

2）和畅洲左汊潜坝工程

和畅洲汊道位于长江下游镇扬河段，上起世业洲洲尾瓜洲，下至五峰山，长约 37 km，其右汊为主航道，右汊右岸建有谏壁电厂等大型企业。20 世纪 70 年代初，和畅洲左汊为支汊，分流比仅为 25%左右，此后和畅洲汊道左汊处于持续发展趋势，至 20 世纪 90 年代中期，左汊已取代右汊成为主汊，分流比达 60%左右。90 年代中后期，长江连续出现 4 次大洪水，使得左汊分流比又开始持续增大，特别是经过 1998 年、1999 年连续大水年的作用，1999 年左汊分流比已达到 67.9%，至 2002 年 9 月实施和畅洲左汊口门控制工程前，左汊分流比已达到 75.48%。和畅洲左汊的持续发展，给长江防洪、右汊大型企业生产运行及长江主航道的通畅带来不利影响；为维持河势稳定，抑制左汊进一步扩大，水利部门于 2002 年 6 月着手实施和畅洲左汊口门控制工程，即潜坝工程，其方案已如前所述。和畅洲左汊潜坝主体工程于 2003 年 9 月完成，2005 年 5 月全面竣工。根据潜坝工程竣工时的分流比测验资料，2005 年 4 月左汊分流比回落至 72.9%，与工程实施前相比，左汊分流比减小 2～3 个百分点，表明左汊潜坝工程在一定程度上遏制了左汊的发展态势，取得了预期的效果，对稳定右汊主航道水域条件、促进地方经济的发展起到了积极的作用，也为长江中下游类似的河道整治提供了宝贵经验。

3. 沙质河床抑制冲刷工程技术

通过对比分析抑制河道平面形态变化的护岸工程、抑制河床冲刷下切的护底工程的不同类型，结合抑制河床冲刷整治工程实践效果分析，综合考虑到荆江沙质河床抗冲性差、工程措施与河床调整的适应性、通航条件及工程拟达到目标等多种因素，研究提出沙质河床抑制冲刷工程技术。

对于荆江沙质河床，在其关键节点处采用设计枯水位下全断面护底加糙工程，一方面通过护底，可以限制河床冲刷，另一方面由于护底材料通常粒径较大，能够达到加糙的目的，增加对水流的阻力，达到抬高水位的目的。

在全断面护底加糙工程中，当该处航行基面与河床深泓高程差值小于 10 m 左右时，设计枯水位下河床采用护底加糙工程，其结构形式为沿床面布置混凝土软体排+1 m 厚抛石，见图 7.25；当航行基面高于河床深泓约 10 m 以上时，在河床深槽处布置潜坝工程，潜坝高程为航行基面−10 m，潜坝结构由下至上依次为混凝土软体排、钢筋石笼及抛石；深槽以外河床布置混凝土软体排+1 m 厚抛石，见图 7.26。

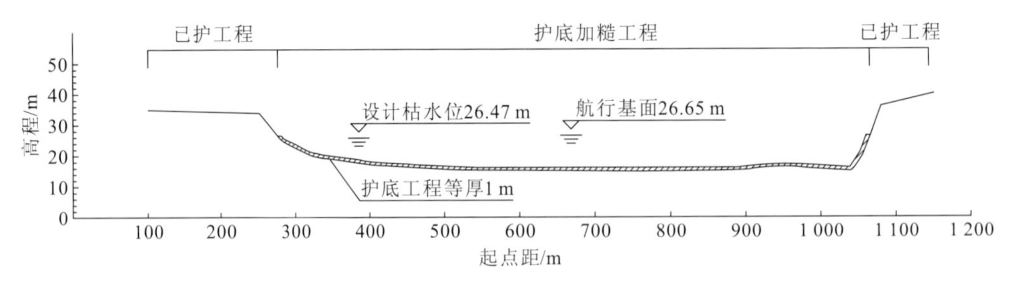

图 7.25　典型断面无潜坝护底加糙工程示意图（蛟子渊-2#）

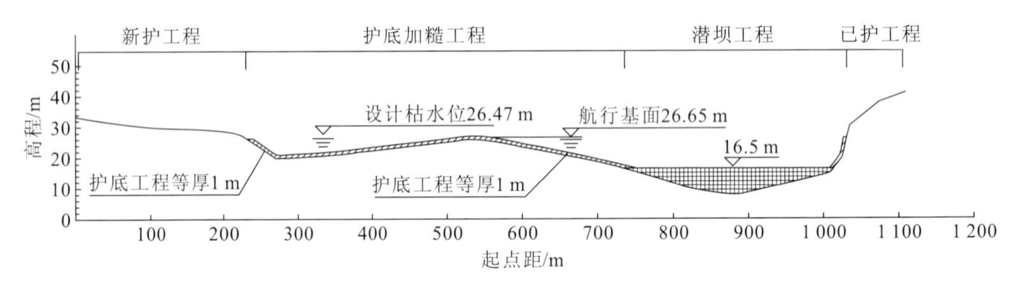

图 7.26　典型断面有潜坝护底加糙工程示意图（蛟子渊-1#）

4. 典型河段关键节点抑制冲刷下切治理措施及其效果研究

1）护底工程尺度及布置研究

根据上述研究，对于荆江沙质河床，宜在其关键节点处采用设计枯水位下全断面护底加糙工程。本节主要采用基于平面二维数学模型的下切河床控制节点定位与防护技术方法，开展抑制冲刷下切治理工程的尺度和布置的探索性研究。

侧蚀主要发生于河岸、边滩等高于深泓的部位，枯水河槽以展宽为主，在一定流量范围内，水位降幅随流量的增大而增大，防护工程应布置于洲滩与支汊等位置；深蚀主要造成河床下切，枯水河槽以窄深化为主，在一定流量范围内，各级流量下的水位降幅差异较小，防护位置应布置于主河槽内。结合这一基本原理，本小节对节点进行分类，并对节点守护后的效率进行比选，其流程见图 7.27。

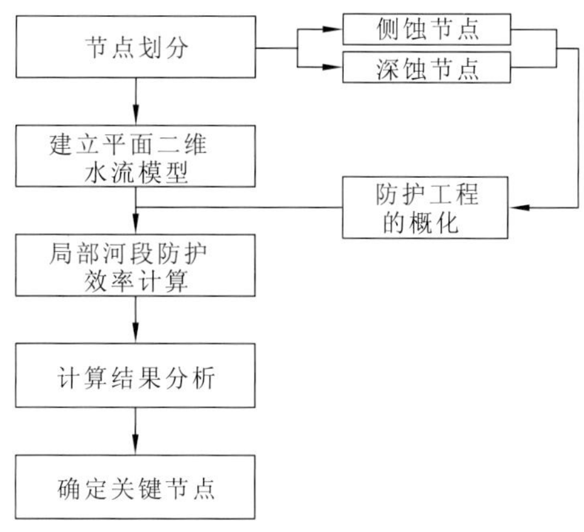

图 7.27　水位控制节点筛选计算流程图

（1）节点分类。根据不同类型变形方式对水位降幅的影响机理，可对节点类型进行筛分。具体步骤如下：将长距离河段根据水尺（或水位站）位置划分为若干区间，根据低于第二造床流量的枯期流量、水位资料，在坐标平面内点绘各站冲刷剧烈年份的水流流量关系；从水位流量关系在坐标平面内的分布特点，判断不同区间河床变形对水位降落的影响方式，确定侧蚀区间与深蚀区间，节点也相应分为侧蚀节点与深蚀节点。具体是，依据时段始、末年份各自的水位流量关系趋势线，插值出第二造床流量下的时段内水位降幅 DZ1、历年最枯流量下的时段内水位降幅 DZ2，DT=DZ1/DZ2；在长河段内对 DT 取平均值 DTA，将各区间上游点的 DT 值与 DTA 值进行比较，若 DT>DTA，则区间内以侧蚀为主，若 DT<DTA，则区间内以深蚀为主。

（2）节点筛选。对研究区域进行河道内网格剖分，建立平面二维水流数学模型，并搜集河段内最新实测地形及水文资料，对数学模型进行参数率定，使其能够反映河段内当前的水流运动特点。防护工程一般采用护底带或潜锁坝等形式，反映到模型中为地形高程的增加与工程局部糙率的增大，加高高度取工程高度，糙率系数依据工程材料而异，根据 $n = n_0 \dfrac{k_0}{k_\mathrm{a}}\left(\dfrac{D}{D_0}\right)^{1/6}$ 来确定，其中，n_0、D_0 为原始河床的糙率与床沙中值粒径；k_0、k_a 为河床粗化前后的有关系数，与床面上的沙波形态有关。侧蚀节点防护工程布置于洲滩与支汊，宽度为布置区域湿周宽度。深蚀节点防护工程布置于主槽内，宽度为主槽内湿周宽度。

局部河段防护后，工程壅高水位的效率计算采用平面二维水流数学模型。在模型中，每次计算考虑护底工程的纵向长度为 n_m 个网格单元，每个网格单元按照所属节点类型选择工程概化及糙率计算方式；研究河段内共 NX 个断面，分别假定护底带位于紧邻第 1 个断面下游的 1～n_m 个网格内，位于紧邻第 2 个断面以下的 2～n_m+1 个网格内，…，位于第 NX-（n_m+1）个断面以下的 NX-（n_m+1）～NX 个网格内，共计得到 NX-n_m 种计算工况，计算每种工况造成的枯水水流条件变化，代表性枯水流量取历年最枯流量的多年平均值。

衡量护底工程效率通过两方面的指标，一是护底前后的局部比降变化，比降如果显著增大，说明该位置实施护底效率高；二是护底前后的上游水位变幅，上游水位若显著增大，说明该位置护底对控制水位的作用大。

2）七星台至陈家湾河段的应用

荆江上段砂卵石河床至沙质河床的过渡主要在枝城至陈家湾河段内完成，该河段内枯水位下降一方面由自身河床冲刷引起，另一方面由下游沙质河段水位下降的溯源传递引起。江口以下的七星台至陈家湾河段，是三峡工程蓄水运用后冲刷较为剧烈的区间，也是抑制下游枯水位溯源传递的主要区间。本小节以该河段为对象，尝试应用控制节点定位技术探索该区间内的守护方案，计算分析的对象包括工程位置、工程规模。

（1）护底工程位置的确定。根据平面二维数学模型中七星台至陈家湾河段纵向网格数目，拟定 167 种概化计算方案，针对七星台至陈家湾河段开展计算，得到以上工程实施后比降、水位壅高值两方面指标，分别见图 7.28 和图 7.29。由图可见，护底工程实施后，能够引起局部比降和河段进口水位显著变化的位置有三处，分别是八亩滩、火箭洲头部和马羊洲头部。从图 7.28 与图 7.29 还可以看出，若将护底后比降大于 0.6/10000 或护底后引起七星台水位抬升幅度大于 0.01 m 作为判别标准，三个位置的有效区间长度均为 2000 m 左右。

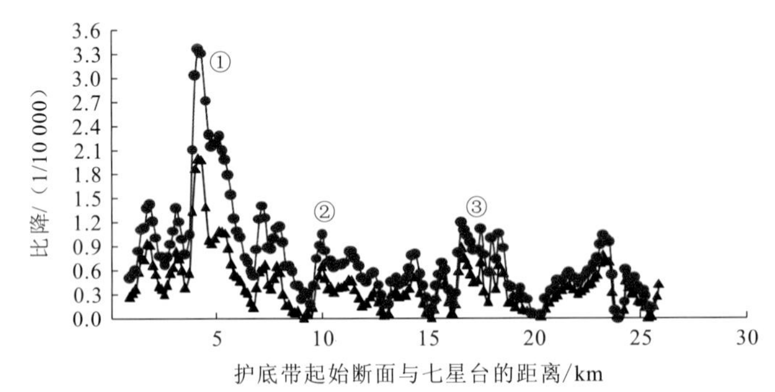

图 7.28　不同位置虚拟实施护底带工程引起的比降变化

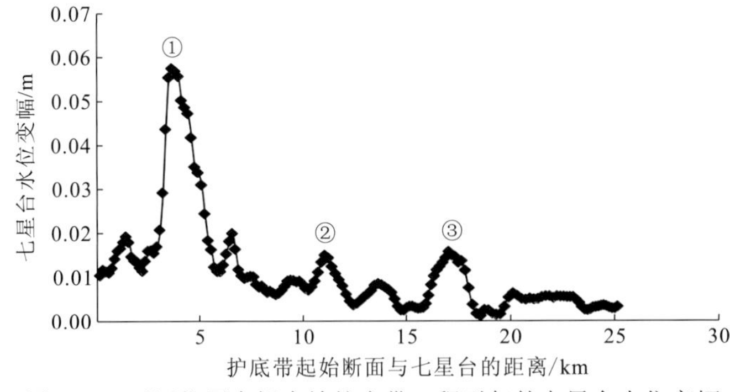

图 7.29　不同位置虚拟实施护底带工程引起的七星台水位变幅

（2）工程尺度与平面布置形式探索性试验。护底工程建于河槽底部，兼有壅水、护底功能，可采取抛枕、抛石、低矮潜锁坝等不同形式。工程厚度、沿水流方向长度、间距等参数可变，而这些参数会影响工程量和工程效率，因而需要通过数学模型对此加以探索。选取马羊洲进口河段长约 2000 m 的区间作为数学模型中的护底试验区，分别探索不同间距、不同厚度护底带的工程效果。具体计算方案为，假设护底带沿水流方向长度为 200 m，在约 2000 m 长度的试验河段区间，分别假定其间距为 0、300 m、450 m、600 m、750 m，共 5 种计算方案。护底区间总长度基本不变，随着护底带间距的变化，各方案所用护底带数目会有所区别。假设护底带沿水流方向长度为 200 m，护底带间距为 450 m，由此在约 2000 m 长度的试验河段区间布设了 4 条护底带。保持护底带平面布置不变，分别假定其厚度为 0.5 m、1.0 m、1.5 m、2.0 m，共 4 种计算方案。计算过程中，从偏于保守的角度，暂不考虑护底带引起的床面糙率变化。图 7.30 中给出了间距探索计算的结果，图 7.31 中给出了护底带厚度探索计算的结果。由图 7.30 可见，在试验区间内护底带铺设间距为 0，即不设间距时，护底带壅水效果最佳。随着护底带间距的加大，其壅水效果逐渐减弱，它们之间近似呈线性衰减关系。当间距增加至大于 600 m 以后，护底效果不随间距变化。这说明，在试验区间长度固定为 2000 m 的情况下，护底带间距取为 600 m 以内可以取得较好的效果。由图 7.31 可见，当护底带平面布置方式不变时，护底带厚度越大，壅水效果越好，它们之间呈现一种非线性关系。总体而言，增大护底带厚度至 2 m，可使七星台水位壅高 0.08 m，而从图 7.30 可见，在护底带厚度为 1 m 时，即使不设间距，护底带壅高水位效果也不足 0.06 m。这在一定程度上说明，增大护底带厚度可以弥补间距方面的不足，甚至增大厚度比缩小间距更易取得壅高水位的效果。因此，在江口以下至陈家湾河段内，对于抑制水位降幅的护底工程，护底带间距不宜大于 600 m，护底带间距越小，厚度越大，其壅高上游水位的效果越好。

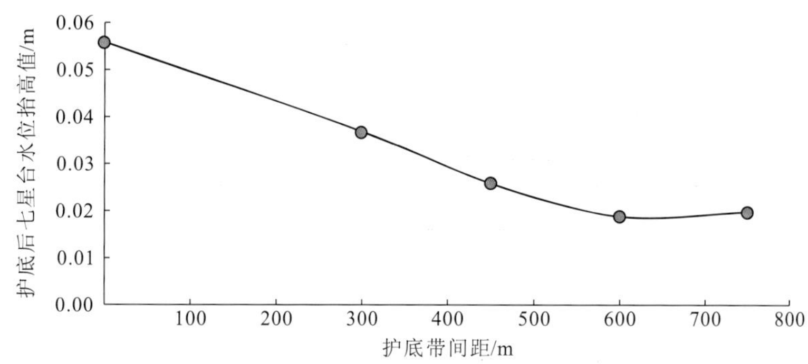

图 7.30　不同间距虚拟实施护底带工程引起的七星台水位变化（厚度 1 m）

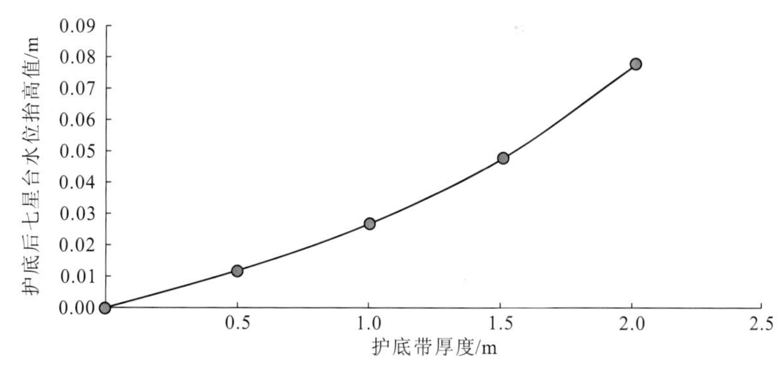

图 7.31　不同厚度虚拟实施护底带工程引起的七星台水位变化（间距 400 m）

3）塔市驿河段的应用

下荆江河段主要为沙质河床，三峡工程蓄水运用后，河床冲刷下切剧烈，河槽展宽，河道水位（尤其是中、枯水位）下降明显，为抑制河道冲刷下切，降低中、枯水位下降幅度，需对河段关键节点位置采用护底工程措施加以防护。选取下荆江塔市驿河段为研究对象，采用二维水流数学模型计算分析的方法，研究护底工程不同方案的工程效果。

（1）研究方案。该河段护底工程拟采用多条护底带和护底带上兴建潜坝的组合方式，其工程基本参数如下：护底区段基本保持 7.8 km 长度不变；单个护底带长度约 200 m，厚度约 1 m；断面防护范围主要为枯水位以下的河槽（从河底护至两侧 20 m 高程处）；塔市驿护底工程段平面位置及护底工程断面形式见图 7.32。具体研究方案包括：护底带间距方案研究，在 7.8 km 长的护底区段，分别假定其护底带间距为 0（不设间距）、200 m、400 m、600 m、800 m、1 000 m，共 6 种间距方案。护底区段总长度基本不变，随着间距的变化，各方案所用护底带数目会有所区别，间距越大，护底带数目越少。填槽（潜坝）高程方案研究，在 7.8 km 长的护底区段，在护底带间距为 400 m（护底带总条数约为 14 条）的条件下，分别假定其护底带断面潜坝高程为 0、5 m、10 m、15 m，共 4 种方案。通过对塔市驿护底工程不同方案（护底带间距、潜坝高程）对河道水位的壅水影响效果进行计算对比分析，比选出较优方案，为总体方案的制订提供参考依据。计算过程中，从偏于保守的角度暂不考虑护底带引起的床面糙率变化。

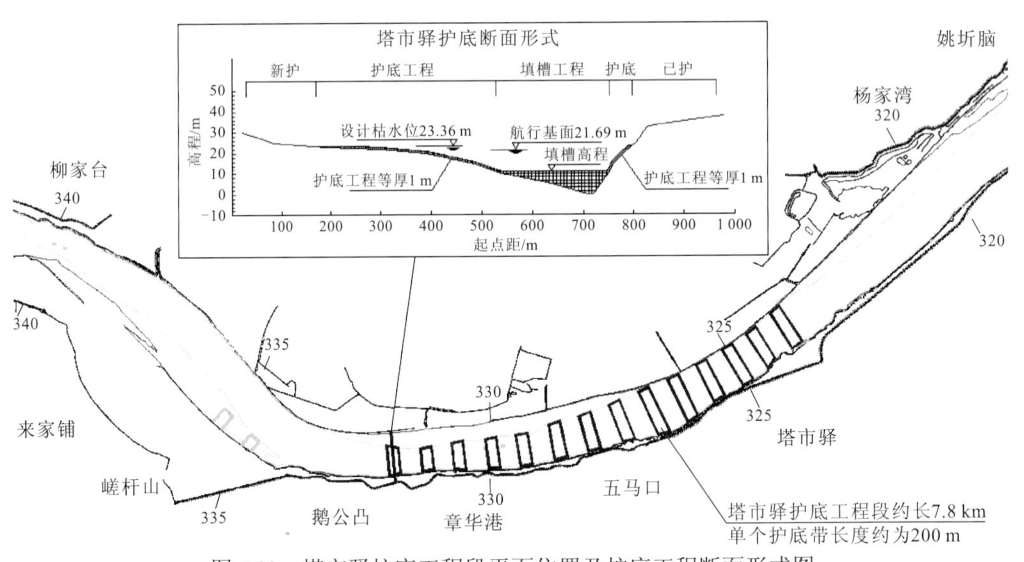

图 7.32　塔市驿护底工程段平面位置及护底工程断面形式图

（2）计算结果分析。①护底带不同间距方案壅水影响结果分析：图 7.33 为各级流量条件下塔市驿护底工程中护底带不同间距方案对河段壅水影响的计算结果。由图 7.33 可见，在工程河段内，当护底带铺设间距为 0，即不设间距时，护底带壅水效果最佳；随着护底带间距的加大，其壅水效果逐渐减弱，且它们之间近似呈线性衰减关系；当护底带间距大于 400 m 后，壅水效果随着间距的增大，减弱幅度开始趋缓，而当护底带间距增大到 600 m 以后，壅水效果随着间距的增大，减弱幅度明显变缓，这说明护底带间距大于 400 m 后，护底带群对河道壅水的叠加效应开始减弱，而间距大于 600 m 以后，护底带群对河道壅水的叠加效应明显减弱。因此，在 7.8 km 长的工程区段内，护底带间距取≤400 m 时，护底带工程群壅水效果较好。②护底带不同填槽（潜坝）高程壅水影响结果分析：图 7.34 为各级流量条件下塔市驿护底工程中护底带不同潜坝高程方案对河段壅水影响的计算结果。由图 7.34 可见，当护底带平面布置方式不变时（以 400 m 护底带间距为例），护底带潜坝高程越大，壅水效果越好；一般，当潜坝高程在 10 m 以下时，随潜坝高程的增大，壅水影响逐步增加；而潜坝高程大于 10 m 后，随潜坝高程的增大，壅水增幅明显变大。当护底带潜坝高程在 10 m 及以下时，防洪水位最大壅高值不超过 6.3 cm，影响较小；而当潜坝高程在 15 m 时，防洪水位壅高约 18.4 cm，对防洪水位影响较为明显。

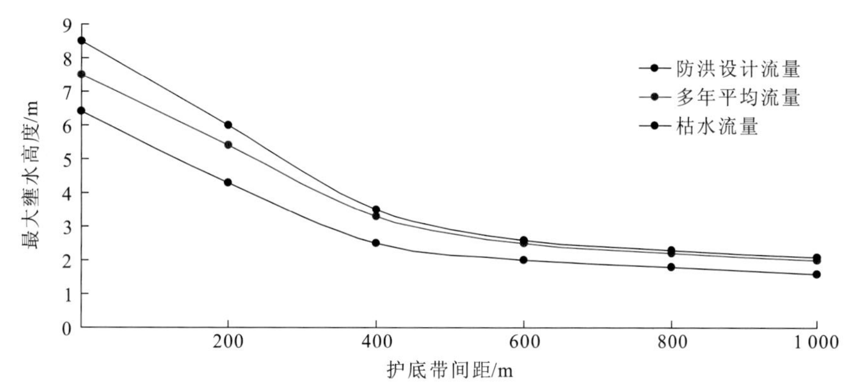

图 7.33　塔市驿护底工程段护底带不同间距方案对河段壅水影响对比图

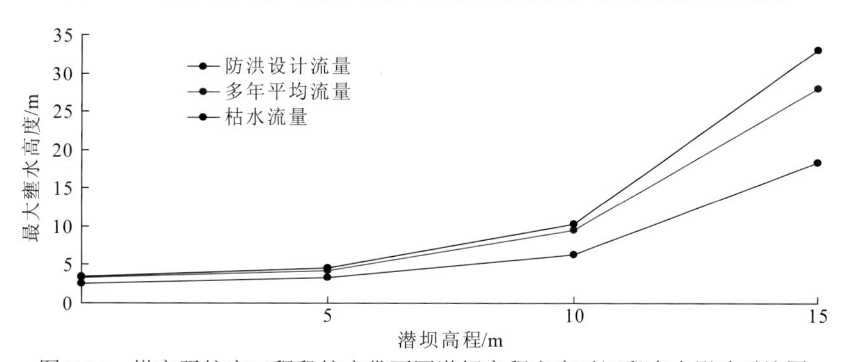

图 7.34　塔市驿护底工程段护底带不同潜坝高程方案对河段壅水影响对比图

（3）下荆江潜坝高程和护底带间距确定。在设置护底带潜坝高程时，应尽可能采用使护底带工程对河段中、枯水壅水效果明显，且对防洪水位影响不大的潜坝高程方案。因此，本段布置护底带潜坝工程时，潜坝高程可以稍大于 10 m，且以不超过 15 m 为宜。另外，实施潜坝，增加护底带高度比缩小护底带间距更易取得好的壅水效果。由历年来对长江荆江河段的整治研究可知，对于下荆江这类冲淤变化剧烈的沙质河段，对河势控制节点区段采用护底带（护岸）+潜坝的护底工程措施，对河床冲刷下切控制较为有效。从上述下荆江塔市驿河段（典型代表河段）护底工程不同方案效果的初步分析可见，当护底带间距取≤400 m 时，工程群叠加影响效果较好，而当潜坝高程大于 10 m，且不超过 15 m 时，对河段中、枯水壅水效果明显，且对防洪水位影响不大。因此，在下荆江河段，采用抑制河道冲刷下切，减小水位降幅的护底工程布置时，初步认为护底带间距不宜大于 400 m，潜坝高程在 10～15 m。另外，由于下荆江河段为沙质河床，两岸（尤其是低滩部位）抗冲性较差，当实施护底工程措施，而不同时实施岸、滩部位守护工程时，河底冲刷虽受到抑制，但两侧岸、滩未护区域会出现剧烈冲刷（图 7.35 为护底工程左侧低滩未护区域）。因此，布置护底工程措施时，应在其两侧岸、滩部位同时实施守护工程，以利于河势控制节点段的稳定。

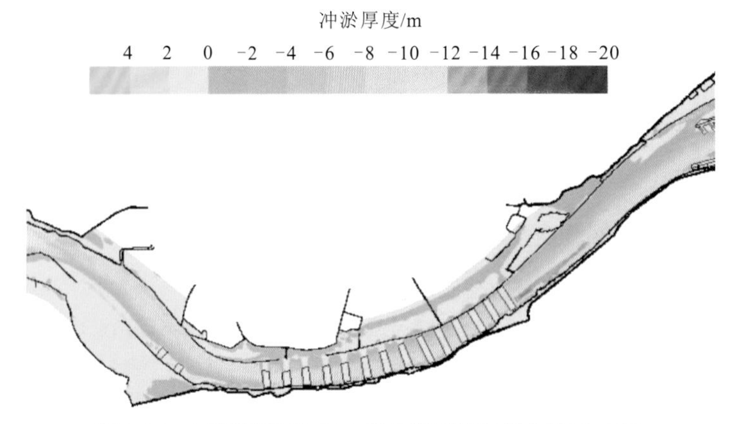

图 7.35　工程实施 20 年末塔市驿河段冲淤厚度分布图

4）治理措施抑制冲刷下切的效果分析

基于上述的方案比选，重点对河势控制节点区段采用护底带（护岸）+潜坝护底工程措施的抑制下切效果进行分析。以荆江的塔市驿河段为例，结合目前已护岸工程和航道整治工程实施情况，采用水沙数学模型及已有的实体模型，分析治理措施的效果和影响。

根据上述分析，初步确定塔市驿河段的治理措施如下：实施护底及潜坝工程，即建 14 条护底带，等厚 1 m；护底带宽度为 200 m，间距为 400 m；潜坝高程为 11 m。

（1）数学模型计算成果。采用平面二维水沙数学模型，模拟了塔市驿河段在工程前后的冲淤变化规律；分析了工程实施后对抑制河床下切的效果。①冲淤量：表 7.13 为塔市驿河段有无工程时冲淤量对比表。研究结果表明，从冲淤量对比来看，有、无工程时，塔市驿河段总体均表现为冲刷。与无工程相比，工程实施后 10 年末，护底工程区段冲刷量减少了 50.5%，工程以下河段（塔市驿工程下端至陈家马口）冲刷量增加了 11.4%；20 年末，护底工程区段冲刷量减少了 51.4%，工程以下河段冲刷量增加了 8.4%。可见，本河段实施护底工程后，工程区段河床冲刷抑制较为明显，工程下游河段冲刷有所增强。②冲淤分布：图 7.36 为塔市驿河段有无工程的冲淤厚度分布图。由图 7.36 可见，该河段有、无工程时，河床冲淤分布特性基本一致，除工程区段及其上、下侧区域外，其余部位冲淤幅度相对变化不大；有工程时，总体上工程上游河段河槽冲刷幅度有所减小，而工程下游河段河槽冲刷幅度有所增强，且距离工程越近，相对冲淤变幅越大；

工程区段河槽冲刷抑制较为明显，但单个工程上、下侧局部区域冲刷有所加剧；工程对高边滩部位冲淤影响较小。与无工程时的冲淤厚度相比：10 年末，塔市驿护底工程区段，平均冲刷厚度减小约 1.70 m；塔市驿工程以下河段，平均冲刷厚度增加约 0.2 m。20 年末，塔市驿护底工程区段，平均冲刷厚度减小约 3.7 m；塔市驿工程以下河段，冲刷厚度增加约 0.26 m。

表 7.13　塔市驿河段有无工程时冲淤量对比表

河段	10 年末			20 年末		
	无工程冲淤量/（$10^4 m^3$）	有工程冲淤量/（$10^4 m^3$）	相对变化率/%	无工程冲淤量/（$10^4 m^3$）	有工程冲淤量/（$10^4 m^3$）	相对变化率/%
塔市驿护底工程区段（8.4 km）	−2 194.4	−1 087.2	−50.5	−4 574.5	−2 224.4	−51.4
塔市驿工程下端至陈家马口（22.0 km）	−5 314.1	−5 919.4	+11.4	−10 602.5	−11 498.2	+8.4

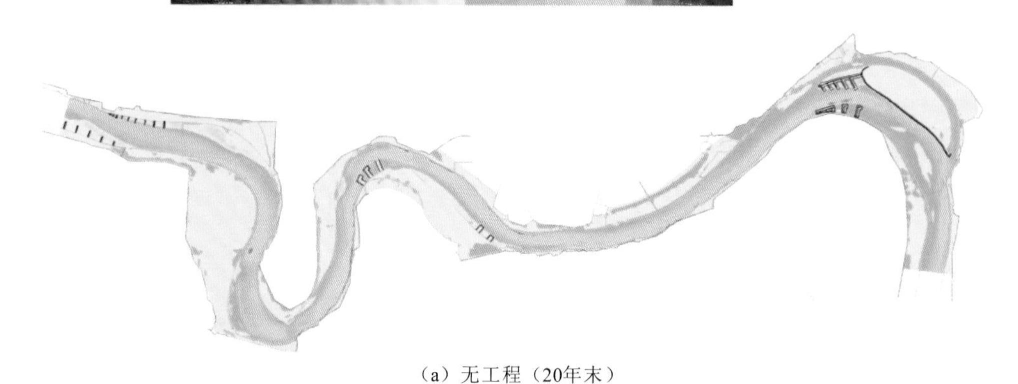

（a）无工程（20年末）

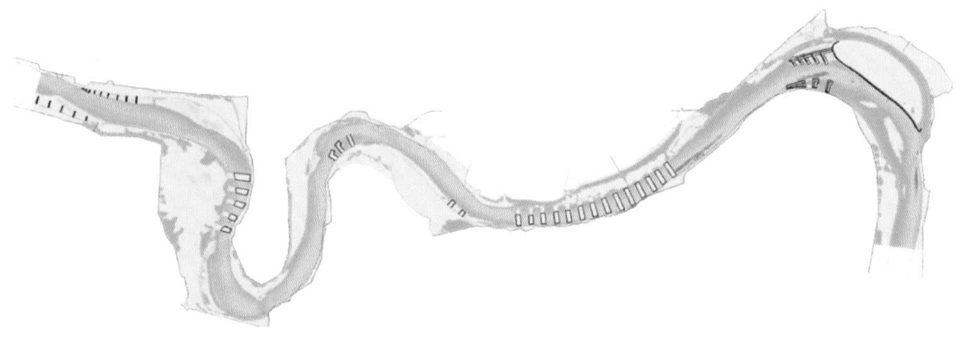

（b）有工程（20年末）

图 7.36　有无工程 20 年末柴码头至陈家马口河段河床冲淤厚度分布对比图

（2）实体模型试验成果。①冲淤量：对工程实施后10年系列年动床模型试验成果进行分析，与工程实施前相同，全河段以冲刷为主，但整体冲刷量小于工程实施前。监利流量5 000 m^3/s对应的水位下，塔市驿过渡段（荆133～荆140断面，长约14.2 km）10年末累计冲刷量达2 708.7万m^3，较工程前减少9.8%（表7.14）。②河势变化：该河段属于顺直放宽型河段，工程实施后系列年动床模型试验第5年末及第10年末，该河段滩槽总体形态相对稳定，河势仍维持现有格局不变，即主流出中洲子弯道后，向右岸鹅公凸过渡并贴右岸深槽下行，进入监利弯道段。实体模型试验成果表明：经过5年水沙连续作用后，从滩槽形态变化看，塔市驿过渡段工程实施后滩槽格局基本稳定，滩槽变化主要体现在工程区域附近。工程方案实施后，实施的14条护底带及潜坝工程对位于工程区域内右岸深槽的冲刷下切起到一定的抑制作用，但护底带的厚度及潜坝的高度导致工程实施后工程区域内断面过水面积有所减小，因此相同流量下断面流速有所增大，导致两条护底带之间河槽的裸露区域与工程实施前相比略有冲深。荆135断面（图7.37）位于相邻两条护底带之间河槽的裸露区域，与工程方案实施前5年末地形相比，工程实施后5年末位于河道右侧的深槽有所冲深，最深点下降约2.4 m，左侧高滩有所淤积，其20 m等高线向右岸回淤约120 m。CS1090断面（图7.38）正位于护底带及潜坝工程上，系列年动床模型试验5年末与试验前相比，位于河槽右侧深槽的潜坝工程高程基本无变化，而位于河槽左侧的护底带略有淤积。第10年末地形的主要特点如下：经过10年水沙连续作用后，与第5年后相似，塔市驿过渡段工程实施后滩槽格局基本稳定，滩槽变化也主要体现在工程附近，但工程对附近河势的影响逐渐积累加强。与工程实施前10年末地形相比，工程实施后10年末荆135断面位于河道右侧的深槽继续冲深，其范围和冲刷幅度有一定的增大。

表7.14　北碾子湾至盐船套河段冲淤变化表

时间		5年末			10年末		
工况		无工程	有工程	变化比/%	无工程	有工程	变化比/%
冲淤量/（$10^4 m^3$）	监利流量5 000 m^3/s	−2 065.1	−1 862.7	−9.80	−3 003.0	−2 708.7	−9.80
		−5 284.6	−4 973.5	−5.89	−7 443.0	−7 003.2	−5.91
	监利流量11 400 m^3/s	−2 208.0	−2 009.3	−9.00	−3 232.6	−2 941.7	−9.00
		−5 536.3	−5 229.1	−5.55	−7 917.3	−7 478.9	−5.54
	监利流量22 000 m^3/s	−2 170.2	−1 979.2	−8.80	−3 294.9	−3 004.9	−8.80
		−5 488.4	−5 195.4	−5.34	−8 042.7	−7 608.8	−5.39
枯水河槽平均冲深/m		−1.92	−1.73	−9.90	−2.88	−2.60	−9.72

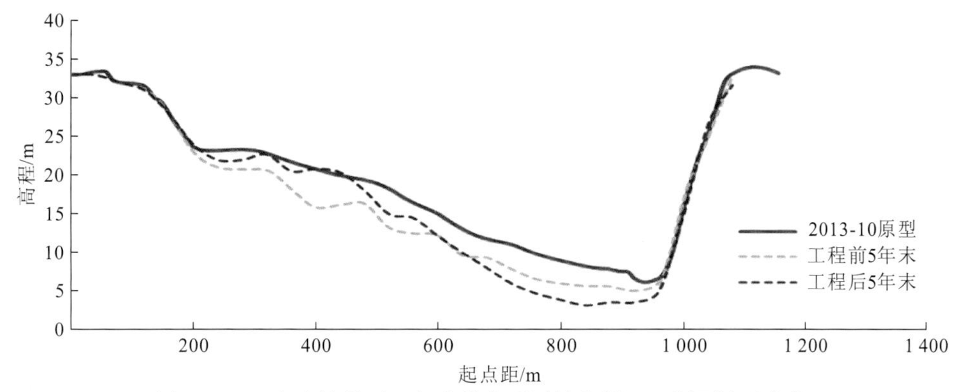

图 7.37　工程实施前后 5 年末塔市驿过渡段荆 135 断面地形变化

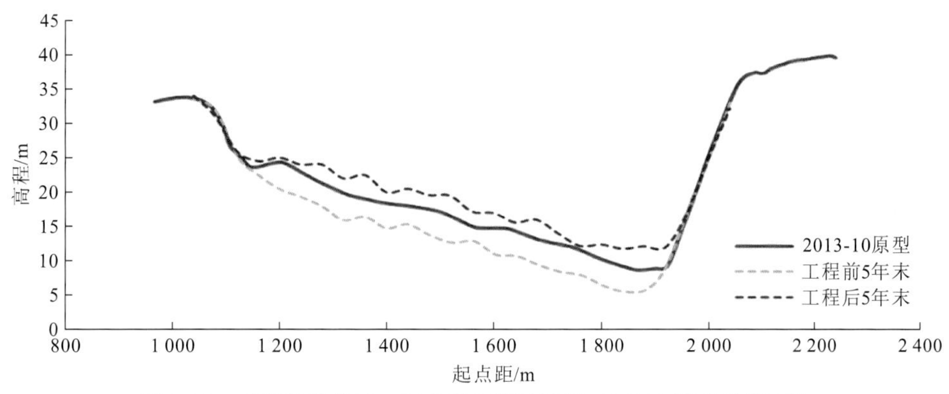

图 7.38　工程实施前后 5 年末塔市驿过渡段 CS1090 断面地形变化

综上可知，本河段实施护底加潜坝工程后，对河床下切的抑制效果比较明显，可以在荆江河段抑制河道冲刷下切总体方案中采用。

7.4.2　三峡工程蓄水运用后荆江河势控制

天然河道上修建水利枢纽工程后，坝下游河道的来水来沙条件将发生不同程度的变化，主要是，洪峰流量削减，枯期流量增大，年内较长时段流量变化过程较为平稳，悬移质和推移质泥沙大部或部分被拦截在水库内，水库下泄水流的含沙量有不同程度的减小。坝下游河道也发生相应的变化，主要是河床发生长距离冲刷，冲刷最强部位逐步下移，河床通过床沙粗化和床面比降调整来达到新的平衡；河床演变出现新的调整趋势，顺直微弯型河段和蜿蜒型河段河型不变，但水流顶冲部位和弯道间过渡段的部位有所调整，甚至会发生撇弯切滩现象。有的分汊型河段则可能因为支汊口门淤塞而逐步变为较稳定的分汊型河段，但仍可能因上游河势变化或遇大洪水年而发生主、支汊易位的现象。

河床演变的基本理论和国内外长期治河工程的实践说明：修建水库后，坝下游河段将朝着有利于河床稳定的方向发展，并为进一步的河道整治以发展沿岸工农业创造了有利条件。关键在于及时地实施河势控制工程，因势利导，逐步改造原来的河势，以发挥水利枢纽的防洪、航运等方面的综合效益。汉江丹江口水库下游泽口至武汉河段属稳定性较强的蜿蜒型河段，建库后不断进行护岸工程，十多年来河势基本稳定，位于该河段的汉江分洪区进洪闸——杜家台分洪闸曾多次运用，情况良好。

根据三峡工程蓄水运用以来长江中游河段冲淤变化分析、重点河段水流运动特性试验、重点河段动床模型试验与水沙数学模型计算等研究成果，三峡工程运用初期长江中游河段应实施相应的河势控制工程，并且河势控制工程要综合考虑对防洪安全、河势稳定、航道安全的影响这三个主要方面的因素。

1. 河势控制原则

河势控制主要是指河道主流线走向的规划，以河道主流线为依据确定河道控制导线——控制河道平面形态的两岸岸线和江心洲的位置。其工程规划原则如下。

（1）有利于防洪。为使泄洪通畅，减小水流阻力，应使主流线保持曲率适度的弯曲型走向，并尽可能避开或不过于靠近堤防险工地段。

（2）有利于航运。控制主流线走向，河道曲率半径尽可能满足船舶航行要求。

（3）因势利导。按河道演变规律及其演变趋势和沿岸地区社会经济发展要求控制主流线走向。一方面要使主流线尽可能偏靠边界条件较稳定的河岸，另一方面要使主流线位于城市港口和各种重要设施附近，并尽可能使供水、排灌等设施和运河口不脱流。

（4）正确处理好上、下游河势之间的关系。上游河段的治理不应恶化下游河段的河势，并尽可能地为下游河段的治理创造有利的条件，使上、下游河段的河势控制能相互协调。

2. 长江中游重点河段河势控制方案

以长江中游荆江河段为例，根据三峡工程蓄水运用以来荆江河段河床演变规律及演变趋势预测，综合考虑防洪安全、河势稳定、航道改善及岸滩利用等方面的要求，并经数学模型计算和实体模型试验论证，研究提出了当前阶段以稳定现有有利河势、抑制河床冲刷的荆江河段河势控制方案，见图 7.39～图 7.45［《长江荆江河段河势控制应急工程可行性研究报告》（长江科学院，2009）］。

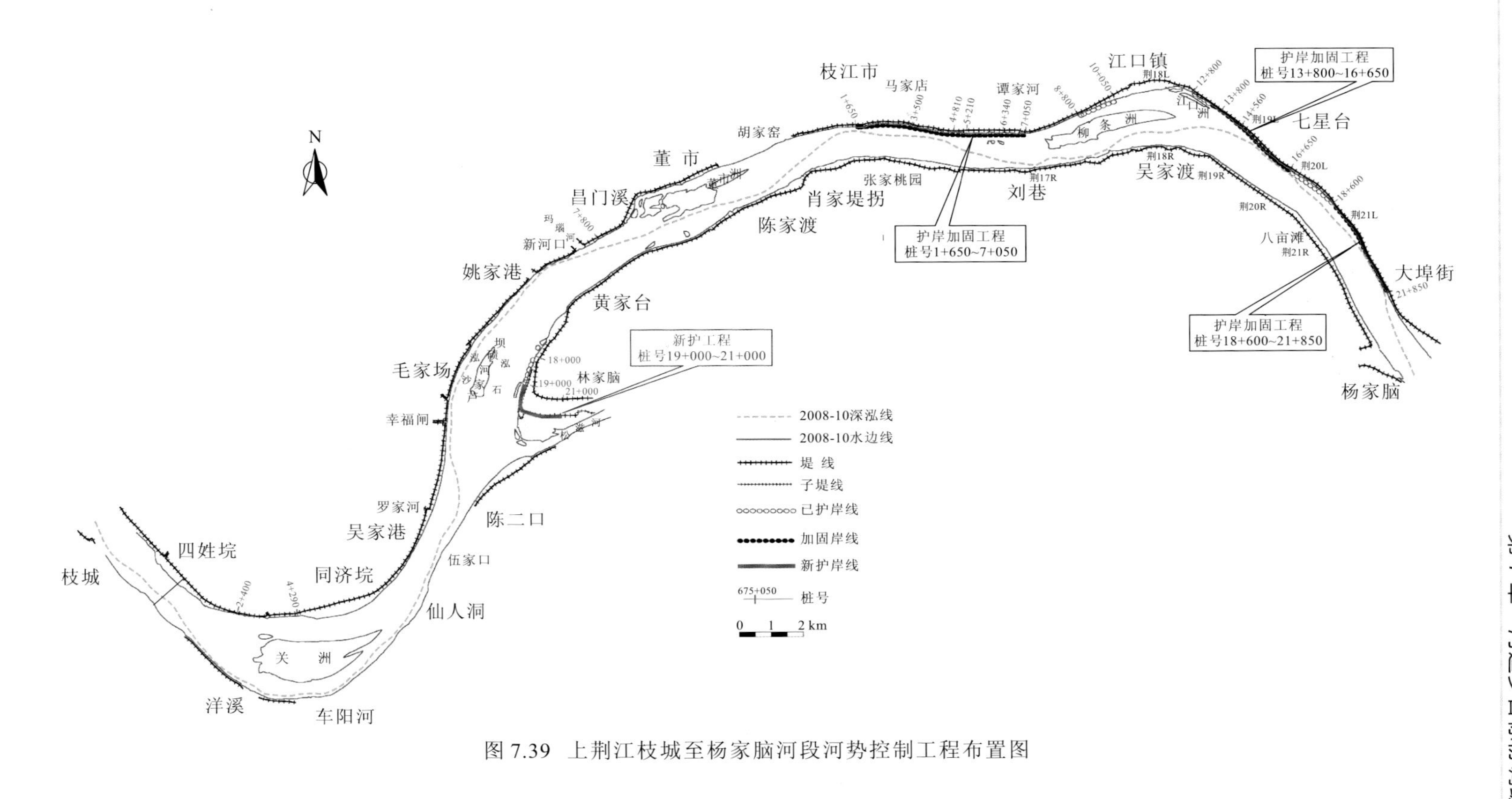

图 7.39　上荆江枝城至杨家脑河段河势控制工程布置图

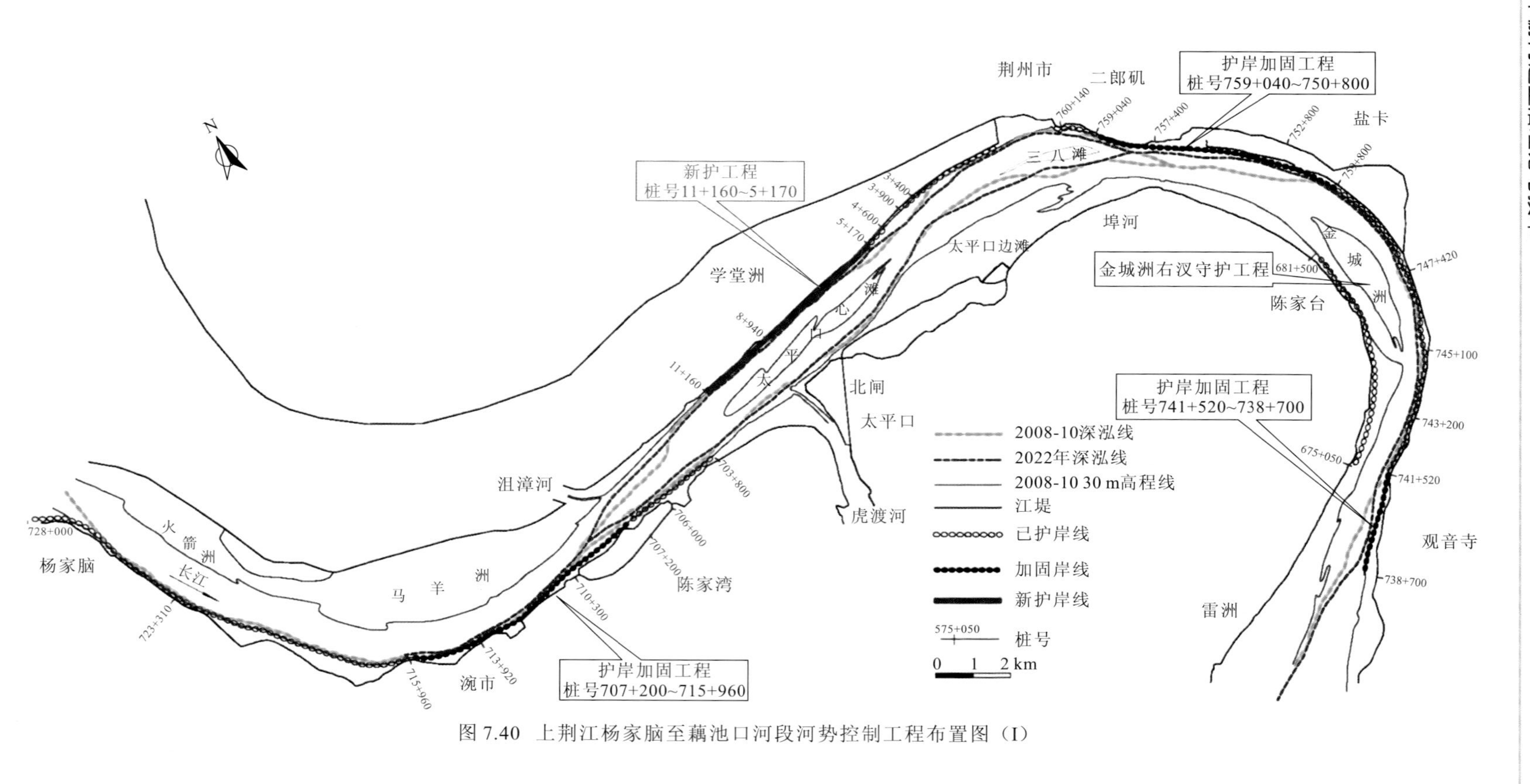

图 7.40 上荆江杨家脑至藕池口河段河势控制工程布置图（I）

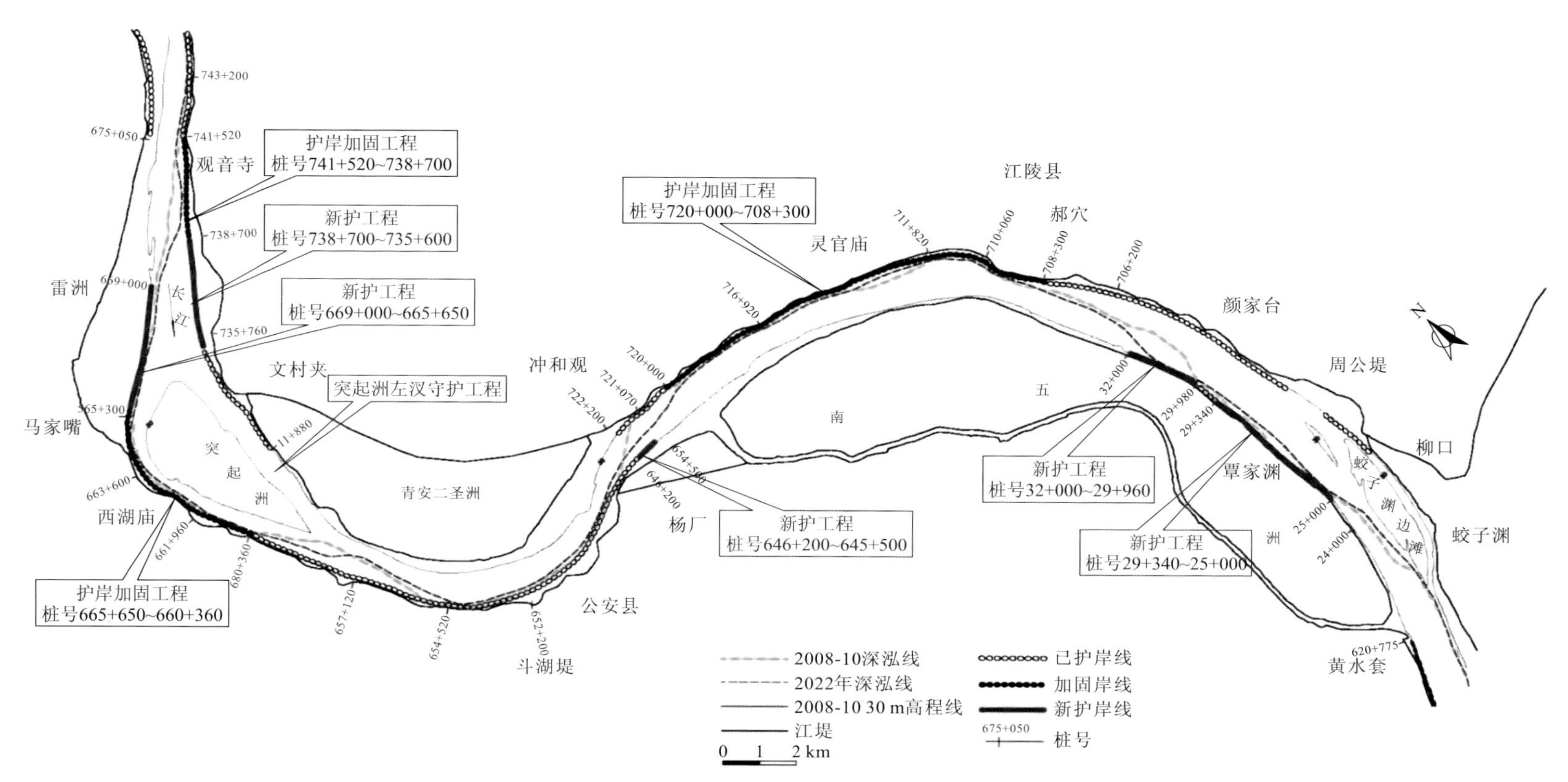

图 7.41　上荆江杨家脑至藕池口河段势控制工程布置图（II）

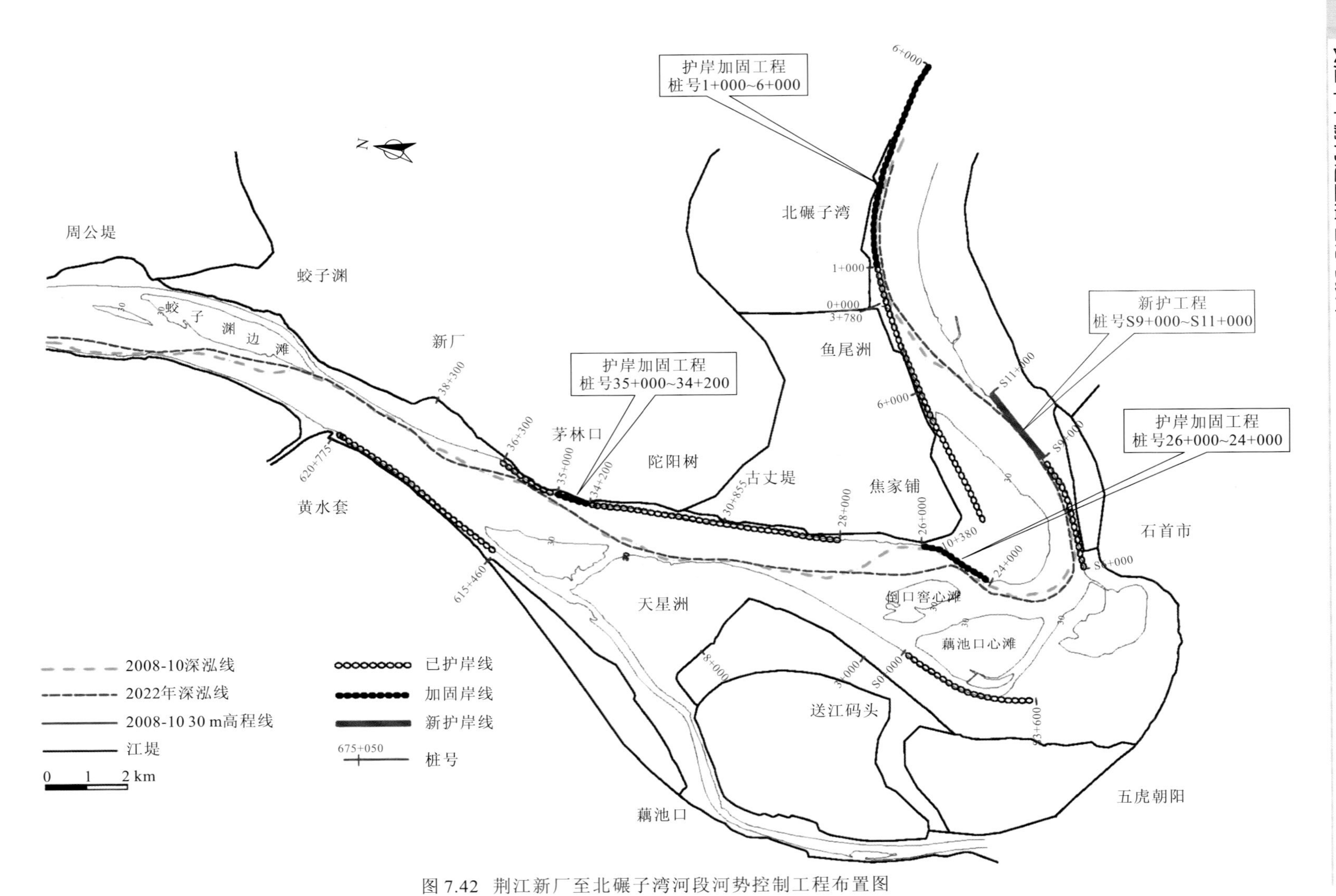

图 7.42 荆江新厂至北碾子湾河段河势控制工程布置图

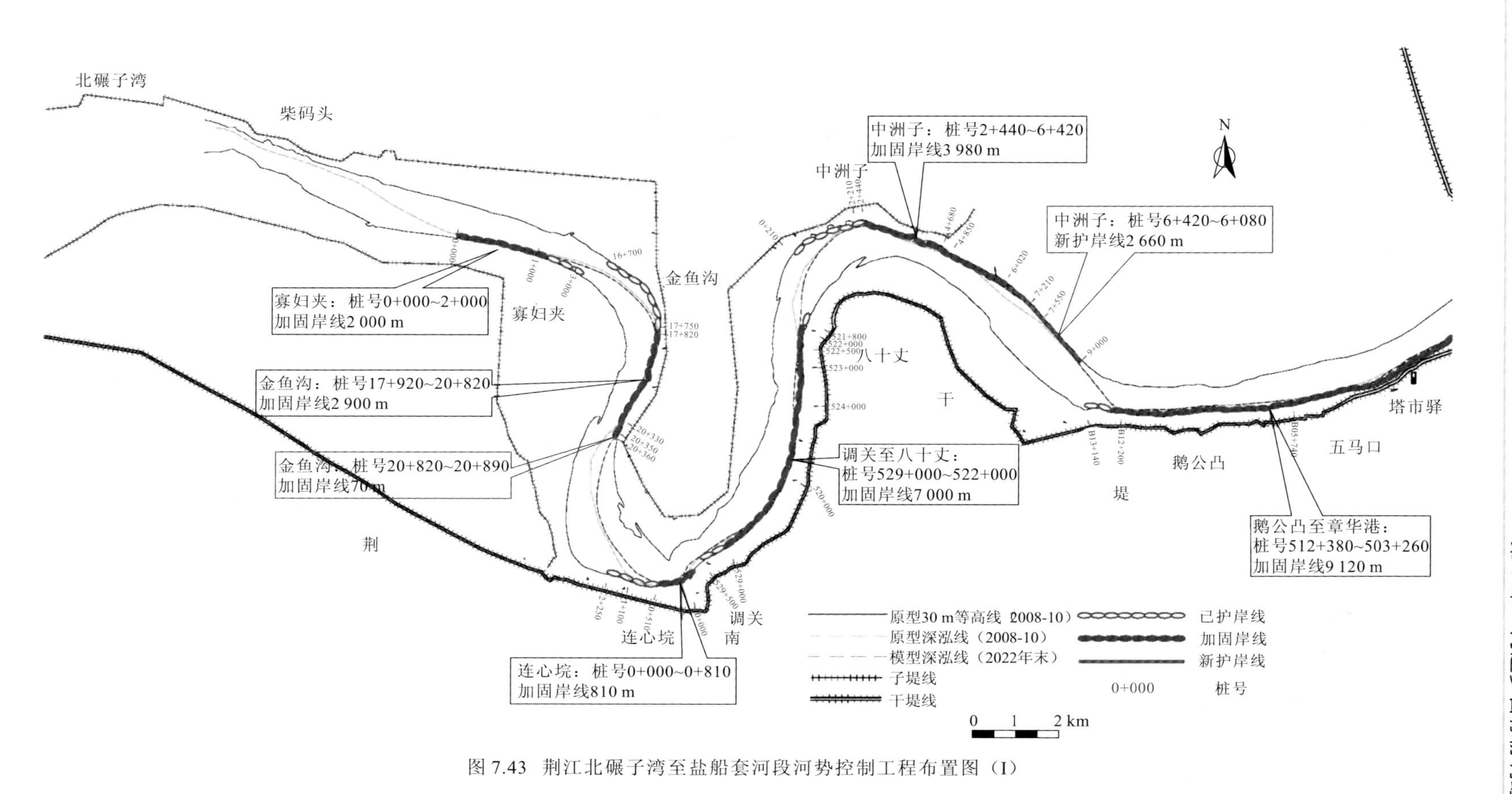

图 7.43　荆江北碾子湾至盐船套河段河势控制工程布置图（I）

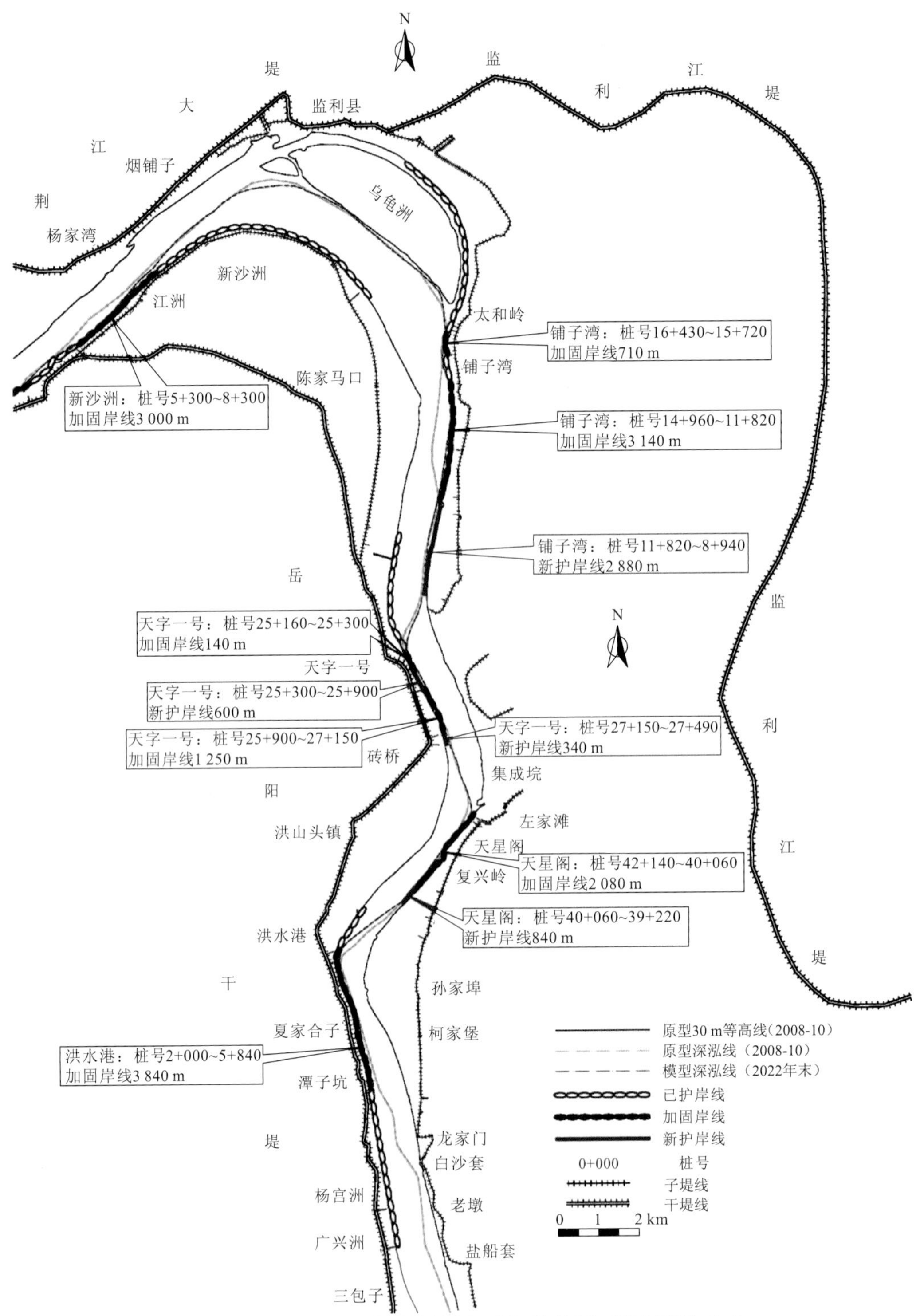

图 7.44　荆江北碾子湾至盐船套河段河势控制工程布置图（II）

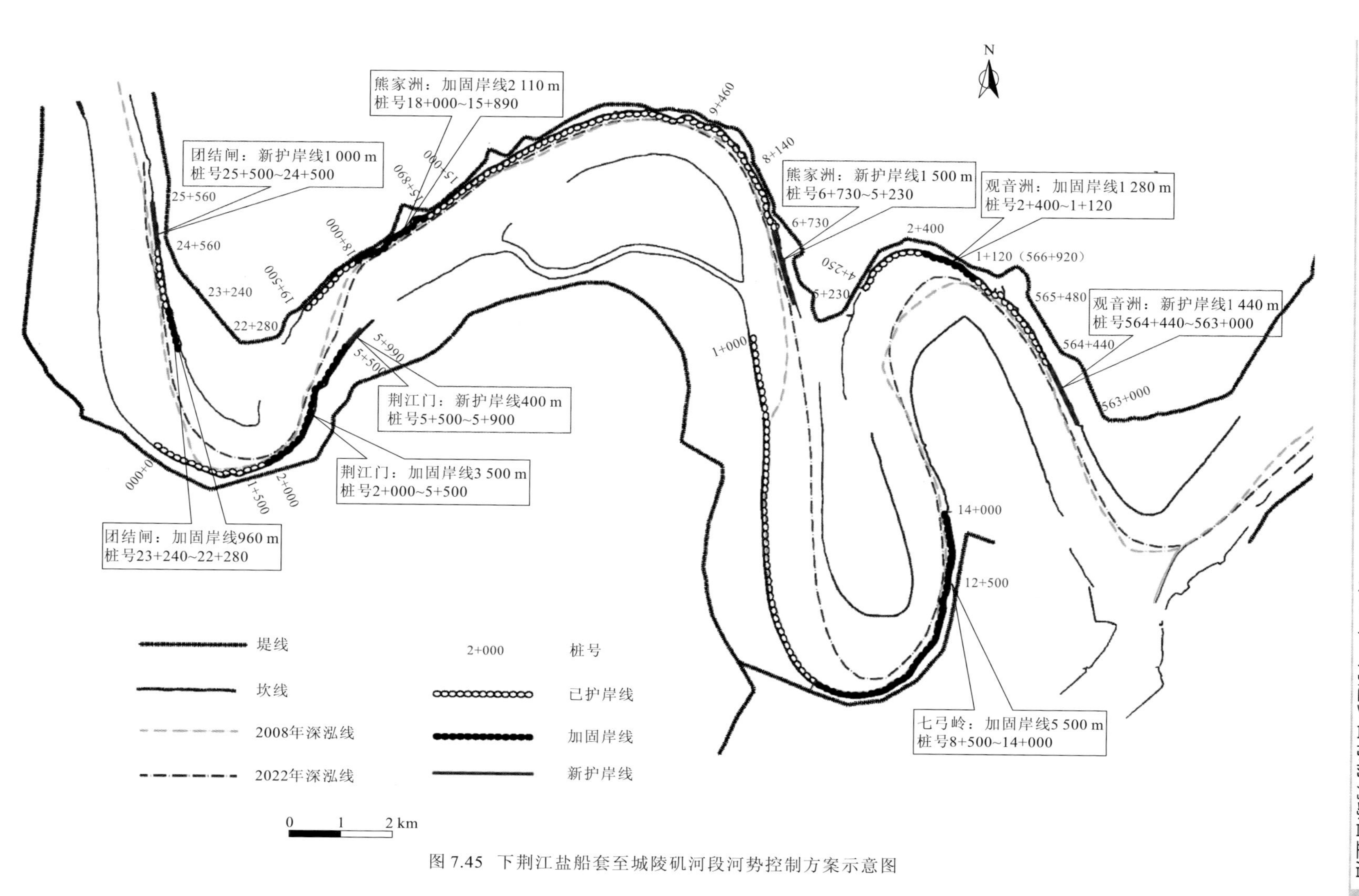

图7.45　下荆江盐船套至城陵矶河段河势控制方案示意图

第8章　护岸工程关键技术

在长江中下游河道整治中，护岸工程是采用最普遍的工程措施，无论是崩岸治理、河势控制、不同类型重点河段整治，还是航道整治、岸滩利用等都广泛采用，而且护岸工程历史悠久，至今已有500多年历史，尤其是1949年以来实施了规模宏大的护岸工程，护岸技术比较成熟，也积累了丰富的经验。本章介绍护岸工程平面布置原则和断面布置结构，干砌石、混凝土预制块、石垫、生态护坡等水上护坡和散粒体型（抛石、柴枕）、排体型（铰链混凝土排、网模卵石排）、刚性体型（模袋混凝土）等水下护脚工程的关键技术及设计方法与要求。这些成果在长江中下游崩岸治理实践中得到广泛应用，在稳定、控制河势，保障防洪安全，促进航运发展，保障涉水工程运行安全和岸滩资源利用与保护等方面发挥了巨大的作用，有力地促进了沿江经济社会的快速、可持续发展。

8.1　护岸工程布置

8.1.1　平面布置

长江中下游护岸工程按其平面形式，可分为平顺护岸、丁坝护岸和矶头群护岸三大类型（余文畴和卢金友，2008）。平顺护岸是长江中下游普遍采用的护岸工程形式，护岸效果较好，特别是重要城市、港区码头、引河口或运河口处及外滩甚窄的重要堤段采用平顺护岸更为适宜。丁坝护岸在长江口地区海塘工程中广泛采用，效果也较好；在航道整治中，常采用高程较低（一般低于枯水位）的丁坝束窄枯水河槽，稳定边滩。矶头群护岸在长江中下游各地均实施过，当时是限于财力、施工进度与技术水平等因素，遵循“守点顾线”的原则守护的，也取得了设计、施工、加固方面的经验。实践也已证明，除长江口海塘工程外，长江中下游护岸工程采用平顺护岸是一种良好的护岸形式。

护岸工程平面布置包括工程位置、防护长度和治导线的确定，是关系到护岸工程整体布局和成败的关键性问题。关于长江中下游护岸工程布置，以往已经取得了许多成功的经验，同时也有一些值得汲取的教训。例如，有的护岸工程实施后，由于河势的变化而发生淤积现象；有的地段的护岸由于守护长度不足，护岸段上游发生崩塌，严重的甚至造成“抄后路”现象而破坏已护工程，或者护岸段下游发生崩塌，以致突出矶头的形成，造成局部严重冲刷；有的地段由于标准偏低，护岸后不久即遭受破坏。20世纪50年代和60年代实施的护岸工程，限于当时的财力、物力，不同程度地存在“顾此失彼”或“头痛医头，脚痛医脚”的现象。总结以往的实践经验，并考虑到护岸工程具有动态工程的特性，护岸工程布置宜遵循以下原则（余文畴和卢金友，2008）。

（1）护岸工程布置应以河流防洪规划、河道整治或河势控制规划为依据。护岸工程以防洪、控制有利河势、稳定岸线为重要目标。在长江中下游崩岸线很长，护岸工程量巨大，难以在短时间内完成的情况下，必须在河流防洪规划、河道整治或河势控制规划的指导下，进行护岸工程总体布置，分期实施，既能抑制当前崩岸，满足国民经济发展的需求，又能兼顾河势控制的长远目标，使护岸工程充分发挥控制河势的综合效益。

（2）护岸工程布置要处理好上下游、左右岸的关系，应满足各部门综合利用长江水土资源对岸线稳定的要求。

（3）护岸工程布置应考虑首先抑制河势恶化和保护堤防工程安全，先重点后一般，远近结合，分期实施。

（4）护岸工程治导线的确定，应综合考虑防洪、河势、岸线平顺及工程量等因素。确定的治导线应力求比较平顺，但这样往往会使削坡工程量增大，而保持崩岸后的岸线状况，岸线又不平顺，有的可能过于凹进或凸出，以致影响河势和护岸工程本身的稳定。因此，治导线应综合考虑各方面因素，合理确定。

（5）护岸工程位置和防护长度应根据河道演变分析成果与规划的治导线分析确定。河道演变分析是护岸工程布置的基础，应收集、分析工程河段河道演变观测资料，弄清工程河段河道演变规律及其影响因素、崩岸规律和崩岸原因，以及河道演变趋势与崩岸发展趋势。护岸工程长度要留有一定富余。在护岸工程首尾两端必须布置裹头，这是保证工程稳定的重要措施。

（6）重要河段河势控制或问题复杂的护岸工程布置方案应以河工模型试验结果为依据，进行综合论证确定。

8.1.2　断面布置

长江中下游护岸工程在断面上一般分为枯水位以上的水上护坡工程和枯水位以下的水下护脚工程两部分。

1. 水上护坡工程

水上护坡顶部高程一般均应达滩顶；当堤外无滩堤岸合一时，护坡应护至堤顶。水上护坡工程一般由枯水平台、脚槽、坡身、封顶四部分组成。其中，坡身包括坡面、马道、导滤沟和排水沟；滩顶除在滩沿进行封顶防护外，必要时还需设截水沟。有反滤要求的垫层，对重要工程或者岸坡抗渗强度较低的沙土地段，其下宜设土工布。护坡工程结构见图 8.1。

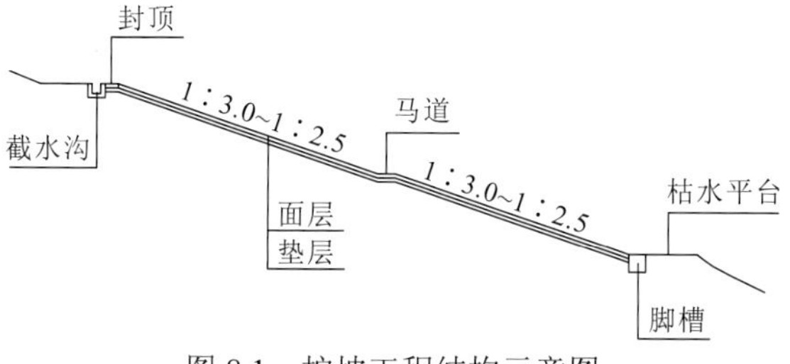

图 8.1　护坡工程结构示意图

1）枯水平台

枯水平台位于护坡工程的最下部，与护脚工程相接。护坡工程中一般应设枯水平台，以保护脚槽不受波浪淘刷，有利于护坡的稳定，对护脚工程遭受冲刷时也有预警作用。但枯水平台的宽度直接影响削坡工程量的大小，因此，枯水平台设置应综合考虑治导线及岸坡稳定等因素加以确定。

一般情况下，枯水平台顶部高程为设计枯水位加 0.5～1.0 m。枯水平台宽度一般不宜小于 2 m，可用干砌石或浆砌块石铺护，厚度为 0.25～0.3 m，垫层厚 0.1 m；也可用厚度为 0.1 m 的预制混凝土板铺护。当削坡后平台宽达 4 m 以上时，对 4 m 宽枯水平台以内至脚槽之间的空坦部位，以平铺块石护面，其厚度重要工程为 0.8 m，一般工程为 0.5 m。当枯水平台宽度小于 2 m 时，平台应为具有反滤层的干砌护面，并延护至枯水平台以下 1 m 深的岸坡处，同时在岸沿设 2 m^3/m 接坡石，以防止波浪淘刷脚槽。当没有枯水平台时，波浪和近岸水流更易淘刷脚槽，则在脚槽处宜布设一层土工沙袋或块石，深度不小于 1 m，其外设置接坡石 2～4 m^3/m。

2）脚槽

脚槽位于枯水平台内侧的坡身下缘处，顶部高程与枯水平台高程相同。脚槽断面为矩形或梯形。脚槽填筑为干砌石，其断面面积一般为 0.6～1.0 m^2，脚槽上层也可用浆砌块石，厚度为 0.25～0.3 m；如整个脚槽用浆砌块石或混凝土填筑，其断面面积一般为 0.4～0.6 m^2。

3）坡身

坡身指脚槽以上至滩顶的整个护坡体，其坡度一般为 1 : 3.0～1 : 2.5。当岸坡坡度陡于 1 : 2.0 或岸坡由沙粒含量较高的土层或淤泥质土组成时，应对岸坡的稳定性进行分析计算。

在坡身高度大于 6 m 时，在中部宜设置马道（或齿槽）。马道宽 1 m，齿槽深 0.3～0.5 m，其结构为浆砌石或混凝土预制块。坡面一般每隔 100 m 左右修一条排水沟，断面尺寸为 0.4 m×0.6 m。

坡面防护是护坡工程的主体，包括导滤沟、垫层和面层。

坡面导滤沟是保证护坡工程稳定的重要措施之一，是护坡工程排水设施的重要组成部分。在岸坡土质透水性差的岸段，坡面设置垫层、导滤沟、排水沟和滩顶截流沟等组成的排水系统更为重要，否则在施工过程中和实施后均可能影响岸坡的稳定。

导滤沟根据地下水逸出点及渗流量大小、岸坡土质条件设置，其形式一般采用 Y 形（也有设置 T 形导滤沟），纵向间距为 10 m，起点可以设在地下水出逸点以上 1 m 左右，分汊点在沟长 1/2 处，断面尺寸一般为 0.6 m×0.5 m，沟内填筑二级或三级导滤材料，层间系数为 8～15；也可选用 2～30 mm 的砂石混合料，按体积计算，其中 5～30 mm 的卵、砾石占 80%左右，2～4 mm 的粗砂占 20%左右。有反滤要求的垫层，对重要工程或岸坡抗渗强度较低的沙土地段，其下宜设土工布。对于存在淤泥质类软弱夹层基础的岸坡，由于软弱夹层含水量高，承载能力低，施工扰动后难以稳定，需采取加密加深导滤沟等措施。例如，2000～2001 年荆南长江干堤章华港段护岸工程在施工过程中，削坡完成后数次出现滑塌，采取加深导滤沟（导滤沟间距为 5 m，尺寸为 0.5～1.0 m）和减载反压等措施后才得以稳定。

坡面砂卵石垫层一般厚 0.10～0.15 m，对于由粉细沙、淤泥、沙质壤土等组成的岸坡，垫层可适当加厚。垫层可采用砂、卵石（或碎石）混合或分层铺设。砂、卵石（或碎石）混合垫层的组成可与导滤沟相同；分层铺设的垫层，下层为粗砂，厚 0.05～0.08 m，上层为卵、砾石（或碎石），厚 0.10～0.15 m。对于沙层深厚的岸坡，垫层下宜设土工布，其等效孔径 O_{95}（mm）应满足 $O_{95} \leqslant 0.5d_{85}$，式中 d_{85} 为被保护土的特征粒径（mm）。

护坡工程面层材料应根据工程重要性、河岸土质、近岸水流、风浪、船行波及材料来源等因素分析比较选择。可采用干砌石、浆砌石、混凝土预制块（正六边形或矩形）、混凝土浇筑板、模袋混凝土、钢丝网石垫及植物等生态护坡。

干砌石、钢丝网石垫和混凝土预制块排水性能较好，适用于土质渗透性较大（渗透系数 $k_s \geqslant 10^{-5}$ cm/s）的地段；浆砌石、混凝土浇筑板、模袋混凝土整体性好，一般用于土质渗透性较小（$k_s < 10^{-5}$ cm/s）、抗御较强波浪作用的河岸；生态护坡具有保护环境的作用。以往长江中下游护坡工程主要有干砌石护坡、浆砌石护坡和混凝土预制块护坡，模袋混凝土护坡和钢丝网石垫护坡尚处于试验阶段，植物护坡主要应用于堤坡。

4）滩顶

滩顶的高程应与滩面齐平。滩顶以宽 0.8 m、厚 0.3 m 的干砌石或浆砌石，或者厚 0.1 m 的混凝土预制块沿滩岸线封顶。为确保护坡工程的安全，滩面应有完善的排水设施，一般应设置浆砌石或混凝土衬砌的纵向截流排水沟，与坡面排水沟相通。滩面截流排水沟是防止暴雨集中冲刷、破坏护岸工程的重要排水设施，其断面深度等于坡面排水沟的深度。

2. 水下护脚工程

平顺护岸护脚工程形式应根据工程重要性、自然条件（河床与岸坡地质情况、河床形态与水流条件等）、航行及船舶抛锚等情况，考虑工程投资与运行维护条件、材料来源及施工条件等因素，经方案比较后选定。

1）主体工程布置及选择

护脚工程形式可采用抛石、铰链混凝土排、模袋混凝土、土工织物砂枕（排）、钢丝网石笼、钢丝网石垫软体排、四面六边透水框架及抛柴枕、柴排、混凝土块体、沉树、沉梢等。

抛石工程积累经验较多，能较好地适应河床变形，施工简便，易于加固；铰链混凝土排整体性好，能有效地防止床面冲刷，能适应一定冲深幅度内的变形调整；沉柴枕能在河床土质条件较差，崩速很大情况下发挥较好的抗冲作用。以上三种护脚形式都具有较成熟的施工经验。土工织物砂枕（排）整体性较好，但是易遭船舶抛锚破坏。柴枕整体性好，但是施工工序复杂。沉钢丝网石笼多用于水深流急处险工护底。沉混凝土块体作用同抛石，但不能形成级配，造价也较高。沉树和沉梢用于崩窝治理有较好的缓流促淤效果。

2）防冲石量

护岸工程实施后，近岸河床普遍冲深，深泓向岸边移动，守护范围内水下坡度会变陡，为适应河床冲深，并抑制冲刷向纵深发展，应加抛防冲石。另外，随着上游来水来沙条件的变化，近岸河床出现相应的冲淤变化，深泓会继续冲深，尤其是大洪水年或者上游河势发生变化时，冲深幅度将更大，水下坡度会继续调整。因此，抛石护岸工程坡脚处必须设置足够数量的防冲石，以适应近岸河床冲刷调整。防冲石量可按下式（长江科学院，2000b；长江水利委员会，1992）计算：

$$W_0 = W_1 + W_2 \tag{8.1}$$

$$W_1 = K_1 B_t (W_t m_2 / m_1 - W_t + m_2 H_{\max 0}) \tag{8.2}$$

$$W_2 = K_2 B_t m_2 (H_{\max} - H_{\max 0}) \tag{8.3}$$

式中：W_0 为防冲石量，m^3/m；W_1 为初期防冲石量，m^3/m；W_2 为最大冲深防冲石量，m^3/m；B_t 为坡脚处抛石厚度，m；W_t 为坡脚处抛石宽度，m，水深流急地段可取 10 m，其他地段可取 6～8 m；m_1 为工程实施前守护范围内的平均坡度；m_2 为工程稳定坡度，可取 2.25～2.5；K_1 为系数，取 1.1；K_2 为系数，水深流急、迎流顶冲段可取 1.2～1.3，其他段取 1.1～1.2；$H_{\max 0}$ 为工程初期河床冲刷调整基本结束时守护前缘可能发生的最大冲深值，m；$H_{\max}$ 为可能发生的最大冲深值，m，其值可参照同类地段已实施工程的实测资料分析确定，也可以估算为

$$H_{\max} = h_p[(V_p/V_c)^{1/4} - 1] \tag{8.4}$$

式中：h_p 为冲刷后水深，m，可近似用设计枯水位下最大水深代替；V_p 为主河槽平均流速，m/s；V_c 为床面泥沙起动流速，m/s。据长江中下游实测资料，在迎流顶冲段 $H_{\max}$ 为 10～15 m，一般段为 8～10 m。

根据式（8.1）～式（8.4）和长江中下游工程实践经验，防冲石量重要工程段一般为 15～25 m^3/m，一般工程段为 10～15 m^3/m。防冲石量可按宽度 10～20 m 均匀分布在抛石前沿，不超出或可略超出设计的抛石范围。

3）裹头

护岸工程实施后，其上下游两端未护河床也会发生不同程度的冲刷，造成已护工程的破坏。例如，石首北门口崩岸段 1999～2000 年护岸工程实施后，2000 年汛后在已护工程下游端发生长 40 m 的崩岸，致使已护工程末端 40 m 长的护岸工程遭到破坏。因此，护岸工程上下游两端应做裹头处理。裹头纵向长度可根据崩岸强度来确定，一般为 20～50 m；沿横断面的守护范围最好与工程段保持一致，厚度为 0.6～1.0 m；水上护坡应同时实施，可用散抛石守护，厚度一般为 0.4～0.6 m。

4）抛石护脚工程的加固

因历次施工累积抛石量偏少，或者河势发生较大变化而遭受破坏或可能产生破坏的已建抛石护岸工程，均需要进行加固。

抛石护脚工程加固设计，首先应收集该河段的水沙及河道地形等相关资料，深入分析河势变化情况及其原因，护岸段近岸河床变形、坡度变化情况及其原因，调查统计历次守护的部位和有效工程量（即不计算因水流抄后路等而失效的工程量），尽可能采用先进的仪器设备和技术探测护岸工程破坏情况，以合理确定加固部位。对每米岸线抛投石量重要工程不足 20 m^3、一般工程不足 15 m^3 的护岸加固，必须按新护工程进行设计。

抛石加固部位一般以抛护坡脚前沿为主。当枯水位以下整个坡度变陡并陡于 1 : 1.5 需加固时，根据不同的坡度，自枯水位以下 2/3 水深处按以下坡度在坡脚处进行加固：重要工程段按 1 : 2.5～1 : 2.0 的坡度加固，一般工程段按 1 : 2.0～1 : 1.75 的坡度加固。对护岸后近岸深泓变化不大，深槽由卵石组成，抛石量较大的矶头段，可按 1 : 1.75～1 : 1.5 的坡度加固。对于水深流急处前沿，可考虑采用钢丝网石笼等进行加固。按坡度加固时，也可视具体情况采用变坡的方式控制。若局部岸坡变陡，则在该处进行局部加固。若调查时发现枯水平台附近块石滑动而下部断面变化不大，则在枯水位以下附近岸坡进行加固。如枯水平台以上岸坡发生裂缝并下挫，说明岸坡不稳定，除坡脚做重点加固外，上部护坡还要整修甚至削坡整修，并需进行岸坡稳定计算。

对于枯水位以下岸坡坡度较缓而又需要加固的地段，如长江下游许多地段坡度都比较缓，也可根据破坏情况，从枯水位以下附近岸坡至坡脚按不同的抛石厚度进行加固，其中靠近坡脚的下部抛石厚度可以大一些。

若在原抛石护岸工程段采用排体进行加固，则施工前必须先平整整个岸坡。

8.2　护坡工程关键技术

在主要的护坡材料中，砌石护坡具有取材容易，施工简单，维修方便，排水性能好，能适应变形，工程造价低等优点，但垫层容易被水流和风浪淘刷而出现局部跌陷破坏；浆砌石护坡具有干砌石护坡的优点，外形美观，整体性强，可以防止较大风浪的拍击破坏，但工程造价较高，施工较难；混凝土预制块护坡具有取材容易，可工厂化生产，施工简单，施工速度快，不破坏垫层，外形美观等优点，但混凝土预制块护坡适应变形的能力较差，对块与块之间的灌缝技术要求高，造价也较高；模袋混凝土护坡具有整体性好，防水流冲刷和防浪，不破坏垫层，外形美观等优点，但造价较高，排水困难，适应变形能力差；植物护坡造价低，施工简单，外形美观，但防水流冲刷和防浪能力差，多用于堤坡防护；钢丝网石笼采用耐腐蚀、高强度、柔性好的钢丝编织成网笼，其内充填石料而成，具有整体性和透水性好，可适应变形，耐久，防水流冲刷和防浪，不破坏垫层，网垫内充填物选材范围广等优点，而且还可以在网垫上铺土种草，有利于环境保护，是一种有发展前途的护坡形式。

8.2.1　砌石护坡

1. 块石厚度

根据《堤防工程设计规范》（GB 50286—2013）（中华人民共和国水利部，2013），在波浪作用下，斜坡堤砌石护坡的护面厚度 $D_{块}$（m）可按式（8.5）计算：

$$D_{块}=K_3\frac{\gamma}{\gamma_{sb}-\gamma}\frac{H_w}{\sqrt{m_\theta}}\sqrt[3]{\frac{\lambda_w}{H_w}} \tag{8.5}$$

式中：K_3为系数，对一般干砌石取0.266；γ_{sb}为块石的容重，kN/m³；γ为水的容重，kN/m³；λ_w为波长，m；H_w为计算波高，m，当$h_d/\lambda_w \geqslant 0.125$时，取$H_{w4\%}$，当$h_d/\lambda_w < 0.125$时，取$H_{w13\%}$，$h_d$为堤前水深；$m_\theta$为斜坡坡率，$m_\theta = \cot\theta$，$\theta$为斜坡坡角，（°）。

根据长江中下游河道情况，计算求得$D_{块}$= 0.2～0.3 m，因此砌石护坡的护坡厚度一般取0.3 m。

2. 护坡块石抗冲粒径

水流作用下护坡块石保持稳定的抗冲粒径（折算粒径）可按式（8.6）（中华人民共和国水利部，2013）计算：

$$D_c = \frac{U^2}{2C_b^2 g \frac{\gamma_{sb} - \gamma}{\gamma}} \tag{8.6}$$

式中：D_c为抗冲粒径（折算粒径），m，按球形折算；U为水流流速，m/s；g为重力加速度，取9.81 m/s²；C_b为块石运动的稳定系数，水平底坡C_b=1.2，倾斜底坡C_b=0.9；γ_{sb}为块石的容重，可取2.65 kN/m³；γ为水的容重，取9.8 kN/m³。

8.2.2 混凝土预制块护坡

混凝土预制块护坡由边长为0.3 m的正六边形混凝土预制块灌浆勾缝组成。

面层混凝土预制块厚度（$D_{混}$）按式(8.7)计算（中华人民共和国水利部，2013）：

$$D_{混} = \eta_0 H_w \sqrt{\frac{\gamma}{\gamma_b - \gamma} \frac{\lambda_w}{L_b m_\theta}} \tag{8.7}$$

式中：η_0为系数，取0.075；H_w为计算波高，m，取$H_{w1\%}$；γ_b为混凝土块的容重，kN/m³；γ为水的容重，kN/m³；λ_w为波长，m；L_b为沿斜坡方向的混凝土块长度，m；m_θ为斜坡坡率，$m_\theta = \cot\theta$。

混凝土预制块护坡面层需设置变形缝。其中，坡面横向一般设置3条变形缝，分别位于马道两边，坡面与封顶交界处；纵向每隔20 m设置一条变形缝。变形缝宽2.5 cm，用沥青灌缝。

8.2.3 生态型护坡

生态型护坡工程是基于河流泥沙运动力学、水力学、现代水利工程学、环境学、生态学和景观学等学科的基本原理，利用植物或植物和其他土木工程材料的组合，在河道岸坡上构建具有生态功能的防护系统，实现岸坡的抗冲蚀、抗滑动和生态恢复，以达到维持河岸稳定、营造或维持河岸带生态系统平衡的目的，同时其还具有一定的景观效果。

国外生态型护坡技术研究与应用较早，20世纪50年代，在莱茵河的治理工程中就提出了“近自然河道治理工程”，认为河道的整治要符合植物化和生命化的原理（居江，2003）。加拿大、日本曾采用芦苇进行生物护坡，均取得了较好的效果（Mitsch，1989）。美国和欧洲一些国家较为常用的技术是“土壤生物工程”护岸技术，美国新泽西州曾采用该生物护岸工程，用可降解生物纤维编织袋装土，形成台阶岸坡并种植植被，实际洪水的考验证实了其可靠性（戴尔·米勒，1998）。随着社会与经济的发展，人们的环境意识不断提高，生态型护岸已成为目前国外护岸形式的发展方向，在护岸工程的设计和实施过程中更加注重对环境的影响，尽量避免破坏自然生态系统的平衡（徐芳和岳红艳，2005）。

在吸收国外河道整治和其他领域生态型护坡研究成果的基础上，河道生态型护岸工程在我国也得到了初步的应用（夏继红和严忠民，2004）。例如，上海的河道生态绿化护坡将岸坡防护和景观设计进行了有机的结合；永定河、潮白河等进行了生态型护坡示范工程研究；广西漓江进行了生态型护坡试验等（孙江岷 等，1998）。

目前国内外使用较多的生态型护岸工程，大概可归纳为以下四种，分别应用于不同的河道和水流条件。

（1）植被护坡技术。通过在岸坡种植植被（乔木、灌木、草皮等），起到固土护岸的作用。这一技术主要是利用植被根系网络固结土壤的作用，提高坡面表层的抗剪能力及对渗透水压力的抵抗能力，增强迎水坡面的抗蚀性，减少坡面土壤流失；利用植物的地上部分形成坡面的软覆盖，减少坡面的裸露面积，增强对降雨溅蚀的抵御能力。该技术常用于中小河流和湖泊港湾处，河道岸坡及道路路坡的保护，在一些城市的亲水景观设计中也有采用。

（2）植被加筋技术。通过土工网、生态混凝土现浇网格、种植槽或使用预制件、土工织物或编织袋（纤维袋）填土等方式，对植被进行加筋，增强岸坡抗侵蚀的能力，起到更好的防护功能，适用于大中河流水流条件。例如，河道护岸工程中采用的三维植物网技术，就是通过土工合成材料在岸坡表层形成覆盖网，再按一定的组合与间距种植多种植物，通过植物的生长达到根部加筋的目的，从而大幅提高植物的抗冲刷能力和岸坡的稳定性。

（3）网笼或笼石结构的生态护岸。柔性结构的网笼或石笼，能适应基础不均匀沉陷而不导致内部结构遭受破坏，基础处理简单，施工方便，笼石本身十分透水，不需另设排水，厚层镀锌及用于腐蚀环境中的外加聚氯乙烯（polyvinyl chloride，PVC）涂层可延长网笼的寿命。网笼结构既能够抵御水流动力冲刷、牵拽，又能够适应地基沉降变形，还可提供植物生长的条件，维护自然生态环境，改善生态和景观。大型河流及中等河流中水流流速较大或河道深泓近岸的情况，可采用网笼或笼石结构的生态型护岸工程。

（4）钢丝网石垫护坡。目前石垫在公路、铁路、堤防等护坡工程中正在推广使用，并已在长江护岸工程中使用。钢丝网石垫护坡与混凝土预制块和砌石护坡相比，不设垫层、脚槽、截水沟、排水沟，结构与混凝土预制块护坡相同。石垫厚 0.2～0.3 m，平面尺寸有多种规格，以 6 m×2 m 和 4 m×2 m 两种规格较为常用。为防止石料滑动，沿长边方向每 1 m 加装钢丝网隔板，采用铝锌合金低碳钢丝编制成六边形网，网格钢丝和绞边钢丝直径为 2.2 mm，边端钢丝直径为 2.7 mm，网目 80 mm×60 mm，内装粒径为 7～10 cm 的块石。将石垫直接铺在开挖形成的坡面上，在沙质和粉沙坡面上加铺 250 g/m^2 土工布，四周用钢丝绑扎在一起形成一个整体。钢丝抗拉强度大于 350 MPa，伸长率大于 10%，镀层量大于 220 g/m^2，铝含量为 5%。

土工格栅石垫除织网材料为土工格栅外，其他结构与钢丝网石垫相同。规格为 2 m×4 m，高 0.23 m，网目 39 mm×39 mm，炭黑含量大于 2%，单位面积质量大于 0.3 kg/m^2，质控抗拉强度大于 30 kN/m，内装粒径为 7～10 cm 的块石。

8.2.4 其他护坡工程

除上述几种护坡工程外，还有浆砌石护坡和模袋混凝土护坡等。浆砌石护坡与砌石护坡结构基本相同，不同的是砌石之间用水泥砂浆勾缝。模袋混凝土护坡结构与模袋混凝土护脚工程类似。

8.2.5 淤泥质岸坡的治理

1. 淤泥质岸坡破坏的基本模式

地质勘探资料表明，长江中下游地区岸坡地质结构基本上为第四系松散堆积层、中更新统及全新统的冲积层，一般呈可塑性，具有中低等压缩性，抗剪强度较大，承载力较高，对护岸工程而言一般能满足建筑物对地基的要求。但局部地段，特别是洞庭湖和鄱阳湖区，普遍发育有淤泥质（类）土，埋深一般为 3～10 m，厚 2～6 m，干容重较小（11.1～13.7 kN/m^3），孔隙比较大（0.986～1.538），遇水容易饱和，一般接近或大于液限，呈软塑-流塑状，压缩系数大，抗剪强度低，内摩擦角一般为 10°～15°，承载力很低。由于淤泥质（类）土的存在，易形成软弱面，对岸坡的稳定影响较明显，其引起岸坡破坏的基本模式主要有以下两种（长江科学院，2005）。

（1）塌陷破坏：在护岸工程施工过程中，带有软弱夹层的岸坡经常出现地下水出渗，并形成“流沙”现象，引起岸坡塌陷破坏。下荆江护岸工程中普遍存在这种情况。例如，荆南长江干堤、下荆江部分河段在护坡工程施工过程中，因地下水从软弱夹层中出渗，带出岸坡土体，而引起岸坡塌陷破坏。在工程完工后，饱和土的自然固结也会引起岸坡的塌陷破坏，如安徽铜陵、马鞍山部分河段护岸后因不均匀沉降出现坡面塌陷。

（2）滑移破坏：在自身重力、地下水及长江水位、水流等因素的共同作用下，岸坡土体沿某一软弱面产生滑移破坏。岸坡滑移极具破坏力，常呈弧形窝状，如咸宁长江干堤邱家湾崩岸，荆南长江干堤调关、八十丈及章华港崩岸，石首河湾北门口崩岸等。

岸坡滑移主要有两种形式，即整体性滑移和牵引式滑移。整体性滑移是岸坡在圆弧形土体中沿某一连续滑动面产生整体性移动而导致的岸坡破坏；牵引式滑移是岸坡坡脚淘空或软化部分土体滑动破坏后，后面的土体因平衡条件被打破，逐级发生滑移而导致的岸坡破坏。整体性滑移破坏规模大，危害性强，多发于中、枯水退水期；牵引式滑移后岸坡具有明显的阶梯状地貌，滑移具有连锁性，最具潜在威胁，危害性较大。

2. 淤泥质岸坡破坏的成因

大量的实际资料表明，无论是不均匀沉降引起岸坡的塌陷破坏，还是岸坡出现抗滑稳定问题，不良地基是岸坡破坏的直接内因。例如，咸宁长江干堤邱家湾崩岸段，尽管呈现堤外滩窄，深泓逼岸的态势，但从 2000 年抛石加固后的整体情况来看，该段河势已趋于稳定，近岸水流平顺，水下地形坡度也不陡，滑移并非河势变化或近岸冲刷所致。邱家湾段土层结构以双层结构为主，滑移段局部范围土层均含有淤泥质土，且含水量较高，呈现出软塑-流塑状，易液化，土层力学强度指标大为降低，此种不良地基是该段崩塌的直接内因。地下水排水不畅或地下水渗出并将土体带出，是岸坡破坏的诱因。又如，荆南长江干堤调关段崩岸滑塌时长江处于枯水期，水位较低，施工时扰乱了原来稳定的岸坡地层结构和岸坡排水出溢通道，一方面增加了坡体下滑静水和动水压力，另一方面也使得坡身长期处于水浸泡之下，土体力学强度降低，再加上局部地下水渗出带走坡内部分土体，加速了岸坡失稳。近岸水下河床冲刷变陡或淘空也是岸坡破坏的外因之一。

3. 淤泥质岸坡的治理

根据不良地基引起岸坡破坏的分析及实践经验，岸坡破坏的治理方案主要从排水、减载、反压、支撑和置换几个方面考虑（长江科学院，2005）。

（1）岸坡塌陷破坏的治理：此类岸坡在荆江普遍存在，危害性不是很大，治理方案比较简单，主要是增设导滤沟加强排水，局部位置可采用置换的方法。一般情况下，导滤沟截面尺寸为 0.4 m×0.6 m（宽×深，下同），内填砂、卵石，间距 5 m，导滤沟上部起点超出塌陷区，特殊地段根据不良地基深度及渗水情况可适当加深、加密导滤沟。对软弱夹层较深且范围不大的坡面可采用置换的方法。置换工程量较小的坡面可直接采用块石或砂、卵石或碎石回填，置换工程量较大的坡面为节约投资可采用土工织物砂枕袋还坡的方法，即清除塌陷土体后，铺 0.2～0.5 m 厚砂、卵石导滤层，其上用土工织物砂枕袋回填，坡面用 0.1 m 厚黏土夯实还坡。下荆江七弓岭桩号 7+685～7+700 段长 15 m 的坡面下陷破坏采用的就是后一种置换方法。

（2）岸坡滑移破坏的治理：岸坡产生滑移破坏规模较大，危害性较强，治理难度较大，可采用以下三种方案进行治理。

方案一：排水+减载+反压。清除坡面滑动的松散土体或放缓坡比，减轻坡面荷载，在坡身加密、加深导滤沟并加强排水，坡脚前缘水下加抛块石镇脚。此方案施工简易、方便，能快速实施，适用于滑坡体出口位置较明确，抛石反压针对性较强的岸坡。例如，荆南长江干堤章华港段（桩号 499+920～500+040）岸坡出现隆起滑移，采用的就是这种治理方案。该段岸坡主要由粉质黏土夹淤泥质土组成，且地下水位较高，施工开挖后因土体扰动及土体饱和，产生流塑变形，强度降低。在坡顶治导线内侧约 5.5 m

处出现多条裂缝，坡面整体下挫，最大挫高近 1 m，已开挖坡面中部隆起，脚槽及枯水平台向外挫动，最大位移为 0.5 m，岸坡滑移前后水下地形无明显变化。这表明滑坡体下缘位于枯水平台前缘。主要处理方案如下：放缓坡比，减轻坡面荷载；坡身每 5 m 设一 Y 形导滤沟，断面尺寸为 0.5 m×1.0 m，以加强排水；枯水平台外用块石反压，坡度为 1∶1.5。

方案二：排水+减载+反压+置换。在方案一的基础上，将滑塌体下缘或脚槽位置已液化的淤泥质土用砂、卵石或块石进行置换，以改善滑塌体自身的力学特性，稳定坡脚，从而达到治理之目的。此方案适用于因坡脚土体软化而产生的牵引式滑移，对边缘软化土体进行置换后则对中后部土体有较大的支撑作用。例如，荆南长江干堤八十丈段（桩号 524+015～524+125）崩岸采用了这种治理方案。该崩岸段直线长 110 m，崩宽 53 m，弧形长约 160 m，崩塌体呈明显的阶梯状，挫落高差 1～2 m，且沿滩顶向大堤方向 10 m 范围内有多条贯穿裂缝，坡面渗水非常严重，脚槽及枯水平台位置为淤泥质土，含水量很高，呈流塑状，水下近岸坡度较陡，是典型的牵引式滑移岸坡。主要处理方案如下：放缓坡比，减轻坡面荷载；坡身每 10 m 设一 Y 形导滤沟，断面尺寸为 0.5 m×1.0 m，以加强排水；在桩号 523+980～524+180 段长 200 m 范围内增加水下抛石，近岸局部坡度很陡的地段按 1∶1.5 抛石还坡；脚槽及枯水平台淤泥质土位置采用块石置换。

方案三：排水+减载+反压+支撑。在方案一的基础上通过稳定计算分析，在滑塌体适当位置设置抗滑桩进行支撑，以提高滑塌体的稳定性，效果明显。抗滑桩应用较多的主要有杉木桩、钢筋混凝土预制桩和钢筋混凝土钻孔灌注桩等。除杉木桩外，其他桩的造价较高，一般不宜采用。

杉木桩具有施工方便，速度快，工期短，效率高，造价低等特点，适用于滑动面较浅的滑坡治理。钢筋混凝土预制桩具有质量可靠、施工进度较快、效率高、工期较短的特点，较长的桩存在运输或预制场地等问题，施工也比较困难。钢筋混凝土钻孔灌注桩虽然造价较高，但可以克服杉木桩不适用于深层滑坡治理的问题和钢筋混凝土预制桩存在的不足，治理效果好。

荆南长江干堤调关崩岸段（桩号 528+700～528+800）采用的就是这种治理方案，抗滑桩为杉木桩。咸宁长江干堤邱家湾桩号 K317+350～K317+450 崩岸段则采用了钢筋混凝土钻孔灌注桩作为抗滑桩。

8.3 护脚工程关键技术

按护脚工程结构和材料的不同，长江中下游水下护脚工程可分为散粒体护脚工程、排体护脚工程和刚性体护脚工程三类。散粒体护脚工程是将块石、柴枕等散粒体材料按设计要求抛护到近岸河床的坡面上，以保护近岸河床免受冲刷。抛石护脚工程、混凝土块护脚工程、四面六边透水框架护脚工程、钢丝笼护脚工程及土工织物砂枕护脚工程等均属于这种类型。排体护脚工程是用有关材料组成排体沉放到近岸河床的坡面上的护脚结构形式，包括柴排护脚工程、铰链混凝土排护脚工程、土工布压载软体排护脚工程等。刚性体护脚工程主要包括模袋混凝土护脚工程等。

8.3.1 散粒体护脚工程关键技术

1. 抛石护脚工程

抛石护岸是长江中下游应用最普遍的护岸工程结构形式，以往在各种水流、边界条件下均实施了大量的抛石护岸工程，取得了较好的护岸效果，也积累了丰富的工程实践经验。试验研究与工程实践表明，抛石护岸工程的效果主要与工程布置、抛护标准、床面块石的覆盖率及防冲石量、裹头等有关（长江科学院，2005，2000b；长江水利委员会，1992）。

1）守护范围

守护范围是指横断面上从设计枯水位开始往深泓方向的守护宽度。守护范围是否合理直接关系到护岸工程的效果，在护岸工程设计中应予以充分考虑。确定守护宽度不能只根据某一次测图特别是枯水期测图的水下坡度，因为崩岸段的水下坡度都随河床冲淤、岸线崩塌等情况的变化而不断发生变化。长江中下游护岸工程实践表明，水下抛护宽度不能太小，否则难以取得预期效果。这是由于护脚工程实施后，岸坡得到守护，河床横向变形受到限制，水流转而冲刷坡脚前沿的河床，在水流顶冲强烈的河段，护岸后河床冲深可达十几米，若守护宽度太小，就难以适应河床的调整，影响工程的稳定。当然，不言而喻，守护宽度过大，既不经济，又限制了近岸河床做必要的调整。因此，护岸工程的守护宽度应根据河道边界条件、水流条件和崩岸强度合理地确定。

（1）强烈崩岸段。崩塌强度大的岸段（如年崩率大于 40 m/a），在崩岸过程中，深泓与岸有一定的距离，近岸深槽尚未形成，枯水位以下河床较平缓。一旦实施守护，河床纵向调整幅度将会很大，如下荆江中洲子、天星阁等强崩段，近岸河床最大冲深达 14～22 m。因此，守护宽度不宜小于 70 m，以适应近岸河床的变形，达到调整后枯水位以下坡度缓于 1∶2 的要求。

（2）中等强度的崩岸段。一般情况下，其发生在弯道中段，弯道中段常年受水流贴岸冲刷，近岸深槽比较稳定，守护宽度可依据深泓与枯水位时水边线的距离确定。当深泓与枯水期水边线的距离较近时，应守护至深泓，一般来说宽度在 60～100 m。如果距离较远，则可根据崩岸强度和上下游的守护范围确定，一般可守护 60～80 m。

（3）枯水位以下坡度较陡，向下逐渐变缓的岸段。应护至河床横向坡度 1∶4～1∶3 处或一定高程的深槽处，相应守护宽度为 70～100 m。

（4）崩岸强度较小（如年崩率小于 25 m/a）、水下坡度较缓（缓于 1∶4）的岸段。水流顶冲强度较弱，深泓距枯水位较远，守护范围视边界条件和崩岸强度而定，一般为 40～50 m 即可。

2）守护厚度

断面抛护标准不能太低，而且要求一次性抛足够石量，否则工程不易达到稳定。不是一次性抛足，而是通过不断加固，工程量将大很多，往往事倍功半。这种情况以往在长江中下游常有发生。例如，下荆江许多护岸工程是逐年实施的，每年守护标准不高，但累计工程量很大，而险情仍不断发生，这与首次守护的标准低有直接关系。因此，合适的守护厚度是使块石层下的河床沙粒不被水流淘刷的重要保证，并能防止坡脚冲深过程中因块石调整出现空当而被水流冲刷并引起岸坡破坏。室内试验表明，当守护厚度为块石粒径两倍（两层厚约 0.6 m）并抛护得较为均匀，块石在床面的覆盖率大于 80%时，即能满足上述要求。然而，在以往施工中块石粒径偏差较大，水深、流速不稳定，施工工艺还难以使块石均匀分布，因此，在水流的作用下，护岸工程仍易遭到破坏。为了工程安全，在设计中采用增加块石层数（厚度）的方式进行处理。根据工程实践经验，在水深流急、崩岸强度较大的岸段，守护厚度增大至块石粒径的 3～4 倍，即厚度以 1.0～1.2 m 为宜，水流顶冲强烈及崩岸强度很大的地段抛护厚度以 1.2～1.5 m 为宜，一般守护段抛护厚度以 0.8 m 左右为宜。

3）抛石粒径

抛石粒径的确定应考虑抗冲、动水落距、级配及石源条件等因素。抛石抗冲粒径可按式（8.8）确定：

$$D_{\mathrm{b}}=0.0173V_1^{2.78}h^{-0.39} \tag{8.8}$$

式中：D_{b} 为抛石抗冲粒径，m；V_1 为垂线平均流速，m/s；h 为垂线水深，m。

抛石粒径还应考虑较好的级配条件。根据长江中下游平顺抛石护岸工程的实践经验，抛石粒径的范围，中游一般取 0.15～0.45 m，下游取 0.10～0.40 m。

4）相对稳定坡度

斜坡上块石的相对稳定坡度，是指河槽冲刷时斜坡上的块石在下滑过程中自然形成的、重新掩盖河床的坡度。它体现了护岸与河床变形息息相关的性质，是平顺抛石护岸设计与加固工程中确定护脚坡度时必须考虑的一个重要参数。为此，专门在顺直和弯曲水槽中进行了斜坡上块石的相对稳定坡度试验（长江科学院，2005；余文畴和钟行英，1978）。沙质河床抛石护岸的相对稳定坡度应满足以下三个条件：不小于河岸土质在饱和情况下的稳定坡度，根据下荆江观测资料，边坡系数 m_θ 不应小于 2；不小于块石体在水流中的临界休止角；保证单个块石在斜坡上不被起动。

对抛石护岸工程相对稳定坡度在顺直水槽中设计了以下三组试验方案：对单、双层护岸的相对稳定坡度进行比较，护岸初始坡度均为 1∶1.5；对不同的初始坡度（1∶2.0、1∶1.5 和 1∶1.25）进行比较，铺石均为单层；床沙为天然细沙，中值粒径为 0.115 mm，分别铺护小瓜米石（粒径为 0.35～0.80 cm）和大瓜米石（粒径为 1.2～2.3 cm）进行比较。试验成果见表 8.1。

表 8.1　不同试验条件情况下块石护岸相对稳定坡度

<table>
<tr><td rowspan="3">第一组</td><td>试验条件</td><td colspan="3">双层护岸试验前坡度 1∶1.5</td><td colspan="3">单层护岸试验前坡度 1∶1.5</td><td colspan="4">散堆护岸试验前坡度 1∶1.5</td></tr>
<tr><td>断面号</td><td colspan="2">15</td><td>18</td><td colspan="2">24</td><td>27</td><td colspan="2">33</td><td colspan="2">39</td></tr>
<tr><td>坡度</td><td colspan="2">1∶1.47</td><td>1∶1.72</td><td colspan="2">1∶1.90</td><td>1∶1.54</td><td colspan="2">1∶1.52</td><td colspan="2">1∶1.88</td></tr>
<tr><td rowspan="3">第二组</td><td>试验条件</td><td colspan="3">单层护岸试验前坡度 1∶2.0</td><td colspan="3">单层护岸试验前坡度 1∶1.5</td><td colspan="4">单层护岸试验前坡度 1∶1.25</td></tr>
<tr><td>断面号</td><td>11</td><td>12</td><td>13</td><td>17</td><td>18</td><td>19</td><td>23</td><td>24</td><td colspan="2">25</td></tr>
<tr><td>坡度</td><td>1∶1.78</td><td>1∶1.66</td><td>1∶1.84</td><td>1∶1.33</td><td>1∶1.84</td><td>1∶1.84</td><td>1∶1.61</td><td>1∶1.45</td><td colspan="2">1∶1.50</td></tr>
<tr><td rowspan="3">第三组</td><td>试验条件</td><td colspan="5">床沙为天然细沙、小瓜米石，单层护岸试验前坡度 1∶2.0</td><td colspan="5">床沙为天然细沙、大瓜米石，单层护岸试验前坡度 1∶2.0</td></tr>
<tr><td>断面号</td><td>5</td><td>6</td><td>7</td><td>8</td><td>9</td><td>10</td><td>11</td><td>12</td><td>13</td><td>14</td></tr>
<tr><td>坡度</td><td>1∶1.93</td><td>1∶1.78</td><td>1∶1.58</td><td>1∶1.94</td><td>1∶1.77</td><td>1∶1.86</td><td>1∶1.56</td><td>1∶1.51</td><td>1∶1.72</td><td>1∶1.97</td></tr>
</table>

块石护岸的相对稳定坡度与起始河床形态、水流条件、冲淤幅度及抛石厚度等因素有关。相对稳定坡度试验研究表明，在一般情况下，护岸工程的块石在水流作用下形成的自然稳定坡度基本在 1∶2.0～1∶1.5。在弯曲水槽中布设了 20 个断面专门进行相对稳定坡度试验。结果表明，在弯槽中，斜坡上的块石失去平衡下滑所形成的相对稳定坡度最小为 1∶2.19，最大为 1∶1.37。

从以上直槽和弯槽中的试验成果可以看出，斜坡上的块石在下滑过程中自然形成的平均相对稳定坡度，在不同起始坡度、不同护岸层次情况下，一般均不大于 1∶2.0。试验还表明，调整后的坡脚以外至深泓线未被块石保护的部分，其平均相对稳定坡度远远缓于 1∶2.0。因此，斜坡上下滑的块石是由于坡度逐渐变缓、块石与床面之间的下滑摩擦力不断增加而停止下来。

研究块石在斜坡上的稳定，即研究块石粒径与其坡度和水力因素之间的关系。20 世纪 80 年代初，长江科学院从斜坡上块石的力矩平衡方程出发，引用了推移力和上举力系数的试验研究成果，推导出以下关系式（余文畴，1984）：

$$D_{\mathrm{b}}=\frac{3}{2}\left(\frac{\rho}{\rho_{\mathrm{s}}-\rho}\right)\left(\frac{\dfrac{a_1}{\sqrt{1-a_1^2}}\lambda_x\cos\varphi_2+\lambda_y}{\cos\theta-\dfrac{a_1}{\sqrt{1-a_1^2}}\sin\theta\sin\varphi_2}\right)\frac{V_1^2}{2g} \tag{8.9}$$

式中：D_{b} 为简化为球体的块石粒径，m；λ_x 和 λ_y 分别为球体在水流中受力的推移力系数和上举力系数；V_1 为垂线平均流速，m/s；ρ、ρ_{s} 分别为水和块石的密度，kg/m³；θ 为斜坡坡角，(°)；φ_2 为块石失去稳定时的翻滚方向与水平方向的交角，(°)；g 为重力加速度，m/s^2；a_1 为与力臂相关的待定系数，与球体的相对突起高度有关。

在其他条件相同的情况下，φ_2 必定有一个值使得翻滚力矩最大，因而在平衡条件下 D_{b} 也必然有一个极大值。对式（8.9）取 $\dfrac{\partial D_{\mathrm{b}}}{\partial\varphi_2}=0$，得

$$\cot\theta = m_\theta = \frac{\dfrac{a_1}{\sqrt{1-a_1^2}} + \dfrac{\lambda_y}{\lambda_x}\cos\varphi_2}{\sin\varphi_2} \tag{8.10}$$

并可转化为

$$\cos\varphi_2 = \frac{m_\theta\sqrt{m_\theta^2 - \left[\dfrac{a_1^2}{1-a_1^2} - \left(\dfrac{\lambda_y}{\lambda_x}\right)^2\right]} - \dfrac{a_1}{\sqrt{1-a_1}}\left(\dfrac{\lambda_y}{\lambda_x}\right)}{m_\theta^2 + \left(\dfrac{\lambda_y}{\lambda_x}\right)^2} \tag{8.11}$$

和

$$\sin\varphi_2 = \frac{\dfrac{a_1 m_\theta}{\sqrt{1-a_1^2}} + \left(\dfrac{\lambda_y}{\lambda_x}\right)\sqrt{m_\theta^2 - \left[\dfrac{a_1^2}{1-a_1^2} - \left(\dfrac{\lambda_y}{\lambda_x}\right)^2\right]}}{m_\theta^2 + \left(\dfrac{\lambda_y}{\lambda_x}\right)^2} \tag{8.12}$$

根据上述关系式和 a_1、λ_x、λ_y 等系数与参数的取值，可以确定抛石护岸在一定水流条件下及某一坡度下采用的抛石粒径。

研究结果表明，在岸坡较陡的情况下，块石重量 M_b 随 m_θ 值的减小（即坡度变陡）而急剧增加。因而，在比降大、流速大的河段用稳定坡度的方法进行设计时，建议设计的稳定坡度不陡于 1∶1.5，否则将需要尺度很大的块石才能稳定，这就可能增加工程造价，而且给施工造成困难。同时，坡度也不宜缓于 1∶2.5，因为在原岸坡较陡而采用过缓的坡度情况下，设计的断面很大，即使可以采用较小粒径的块石，块石空隙率可能稍大，但总的石方工程量仍可能较大。

研究还表明，在 $m_\theta>3$、坡度十分平缓的情况下，坡度的影响可以忽略。因此，在长江中下游的平顺抛石护岸是以抛石宽度来控制的。因此，在长江中下游利用小颗粒的砾石和石渣进行水下护岸，在节约工程量方面应有很大的潜力，应当进一步进行试验来验证。在形成局部冲刷坑的条件下，由于水流特性不同，底流速可能增加较大，小颗粒块石护岸作用还有待进一步研究。

5）抛石落距

块石自水面落入水中，在水流的作用下经过一段距离沉入河底，自入水点至着底点的纵向水平距离称抛石落距。抛石落距是控制抛石护岸施工质量的重要参数，在求解抛石落距运动的微分方程时，概化的模式是以平均流速均匀分布取代实际流速分布，同时考虑惯性力作用的影响，可得块石纵向水平位移 X（m）与下沉时间 t_b（s）的关系，为（余文畴，1992）

$$X = V_1 t - \frac{1}{\beta_1}\ln(1+\beta_1 V_1 t_b) \tag{8.13}$$

式中：V_1 为垂线平均流速，m/s；$\beta_1=\dfrac{\alpha_3\alpha_x}{\alpha_4}\times\dfrac{\rho}{\rho_s D_b}$，$\alpha_3$、$\alpha_4$ 分别为块石迎流面积和体积的形状系数，α_x 为块石水平运动方向的阻力系数，ρ_s、ρ 分别为块石和水的密度，单位为 kg/m^3。

关于块石沉降速度，经分析，块石在静水中自水面做下沉运动初速度为零时，其沉速 ω_1（m/s）与时间 t_b（s）呈双曲正弦函数关系，为

$$\omega_1=\frac{a_n}{b_n}\text{th}(a_n b_n t_b) \tag{8.14}$$

式中：$a_n=\left(\dfrac{\rho_s-\rho}{\rho_s}g\right)^{1/2}$，$g$ 为重力加速度，单位为 m/s^2；$b_n=\left(\dfrac{\alpha_3\alpha_y}{2\alpha_4 D_b}\dfrac{\rho}{\rho_s}\right)^{1/2}$，$\alpha_y$ 为块石下沉阻力系数。

块石自水面以上一定距离自由落体，进入水中，若接触水面时的初速度 ω_0（m/s）大于块石做匀速沉降运动的速度 ω_a(m/s)，即 $\omega_0>\omega_a$，则块石在水中下沉时做减速运动，其沉速 ω_2 与时间 t_b 呈双曲余弦函数关系，为

$$\omega_2=\frac{a_n}{b_n}\coth\left(a_n b_n t_b+\text{arcoth}\frac{b_n}{a_n}\omega_0\right) \tag{8.15}$$

上述两条双曲函数曲线将随 t 很快趋近 ω_a：

$$\omega_2=\frac{a_n}{b_n}=\left(\frac{2\alpha_4}{\alpha_3\alpha_y}\right)^{1/2}\left(\frac{\rho_s-\rho}{\rho}gD_b\right)^{1/2} \tag{8.16}$$

经计算，无论是块石在水面投放做加速下沉运动，还是在抛石船上离水面一定距离抛石，块石在水中做减速下沉运动，约经过 0.1s 时间，其沉速值与 ω_a 只相差 1%～5%。因此，实际上块石下沉中的沉速可近似视为常数。引入垂线水深 $h=\omega_2 t_b$，得到落距 L_s 的基本公式为

$$L_s=V_1\frac{h}{\omega_2}-\frac{1}{\beta_1}\ln\left(1+\beta_1 V_1\frac{h}{\omega_2}\right) \tag{8.17}$$

说明抛石落距与流速、水深、块石粒径、密度、形状及其水平方向和下沉过程的阻力系数有关。显然，落距 L_s 实际上应为 $\dfrac{V_1 h}{\left(\dfrac{\rho_s-\rho}{\rho}gD_b\right)^{1/2}}$ 的函数，并能以试验来确定不同尺度与不同形状对块石落距的影响。

为研究块石的抛石落距，长江科学院曾进行了抛石落距试验。在进行试验之前，必须首先确定它的比尺关系。有关研究表明，试验中的块石密度与天然条件下相同，块石形状也相似，在满足水流重力相似条件下，试验中抛石落距的比尺就等于水深的比尺（余文畴，1992）。这就保证了水槽抛石试验成果能应用于抛石设计与施工。

抛石落距试验是在 0.6 m 宽的玻璃水槽中进行的。控制水深为 15 cm、25 cm、40 cm 和 50 cm，平均流速为 0.15 m/s、0.30 m/s、0.38 m/s，组合成不同的单宽流量为 0.22 L/(s·cm)、0.37 L/(s·cm)、0.45 L/(s·cm)、0.57 L/(s·cm)、0.75 L/(s·cm)、0.97 L/(s·cm)和 1.53 L/(s·cm)。

试验块石的形状分别为正方体、扁平体和长方体。试验时，同一颗石子重复投放一般均为 400 次，每次均测其落距。

试验中观察到块石在下沉过程中，受到水流脉动与抛石入水姿态等因素的影响，每次投抛，块石的运动轨迹是不同的，它的着落点带有随机性。从分析中可知，块石落距的分布是与正态分布有所偏离的，偏离程度随水深、流速和块石特性而异。

通过重复抛投数万次的落距试验，得到的关系式为

$$L_s = k_1 \frac{V_1 h}{\sqrt{\frac{\gamma_s - \gamma}{\gamma} g D_m}} \tag{8.18}$$

式中：k_1 为考虑各种因素的综合系数；g 为重力加速度，m/s^2；D_m 为等容粒径，m。

为了便于实际应用，考虑块石组成中包括各种形状并以块石重量 M_b 表示的落距公式：

$$L_s = k_2 \frac{V_1 h}{M_b^{1/6}} \tag{8.19}$$

式中：M_b 为块石重量，kg；V_1 为垂线平均流速，m/s；h 为垂线水深，m；L_s 为落距，m；k_2 为综合影响系数，k_2 值建议采用 0.93。

用 1966 年下荆江中洲子裁弯工程冯家潭河段护岸施工时的块石落距试验资料进行验证，结果与上述关系式基本符合（余文畴 等，1983）。

试验还表明，抛石落距分布的均方差 σ_p 值与水深成正比，块石形状对 σ_p 值有一定的影响，而块石尺度和流速对 σ_p 值的影响居次要地位。不同尺度、不同形状的块石，在不同流速下 σ_p 的综合平均值与垂线水深 h（m）的关系为

$$\sigma_p = 0.15h \tag{8.20}$$

为了判断抛石量的集中程度，可根据切比雪夫不等式 $P\{|s-\bar{s}|<\varepsilon'\} \geqslant 1-\frac{\sigma_p^2}{\varepsilon'^2}$ 来考虑（s 为随机变量，$\bar{s}$ 为其数学期望）。当任意正数 $\varepsilon' = 3\sigma_p$ 时，抛石在平均值 $\bar{s} \pm 3\sigma_p$ 范围内的数量不小于 89%。越接近正态分布，在该范围内的数量越多。在抛石施工中，可以根据 s 值做到恰当定位，在进行水下抛石修建潜坝时，根据 σ_p 值可了解块石分布范围。在平顺抛石护岸施工时，在不同水深下抛石船纵向移位的距离可按约 90%的石量将落在 $\pm 3\sigma_p$（即 $6\sigma_p$）范围内来确定。这样可以使抛石比较均匀，同时又有一个合理的移位距离。目前，长江中下游通常采用 10 m×10 m 的抛石网格进行定量投抛和相应的船只移位，对于近岸 10 m 左右水深基本上是可以保证质量的。对于大于 10 m 水深的离岸较远的河床，其均匀程度将会更高，实际上完全可以按照 σ_p 值以较大的施工方格来减小定位船移位次数，从而提高功效。

2005 年长江科学院进一步开展了抛石落距试验（长江科学院，2005）。结合以往的抛石落距试验资料发现，对于不同形状的块石，k_1 和 k_2 的值有一定的差别（表 8.2）。由表 8.2 可以看出，在同样水流条件下，球体的落距最小，立方体的次之，而长方体与扁平体块石的落距相差较小，落距最远，主要原因是不同形状的物体在下沉过程中受水流

的阻力不同，球体在下沉过程中受的阻力明显小于其他形状体。对不同形状的块石落距资料进行综合分析，得到影响抛石落距的系数 $k_1 = 1.078$，$k_2 = 0.90$。另外，试验过程中发现块石落距与其入水时的姿态也有一定关系。

表 8.2　k_1、k_2 值与块石形状关系表

块石形状	球体	立方体	长方体	扁平体
k_1	0.71	0.97	1.26	1.34
k_2	0.59	0.81	1.05	1.12

为了比较试验公式计算值与原型实测落距值的差别，将两者点绘成图（图 8.2），从图 8.2 中可以看出，原型抛石落距主要集中在公式线的两边，与试验观测是一致的，但扁平体与长方体的块石偏离较大，且落距明显大于立方体与球体。根据试验成果分析及原型落距实测资料对比分析，在抛石护岸工程设计中，抛石落距的综合影响系数可按 k_1=1.078，k_2=0.90 来考虑。但在施工过程中，由于河道的水流条件及块石的形状等都比较复杂，根据现场试验可适当调整 k_2 的值，以与实际情况一致。

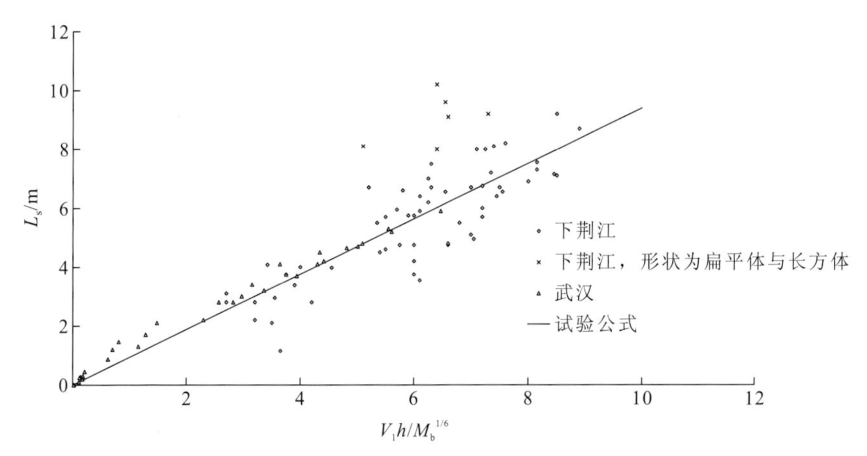

图 8.2　试验公式与长江护岸抛石落距实测资料比较图

为了表明抛石落距既有一定的规律性，又呈现出一定的随机性，进行了定点投抛试验，投抛的碎石每次在 500 颗左右，其粒径为 0.65～0.85 cm，垂线平均流速为 0.15～0.52 m/s，水深为 0.29～0.51 m，结果发现这些碎石在水下形成一定长度与宽度的离散抛石体，且垂线平均流速与水深越大，形成的抛石体就越长，宽度也越大，但抛石体宽度的变化幅度小于长度的变化幅度（表 8.3）。试验中还观察到在水浅、流速较小的情况下，易形成石堆，如流速小于 0.08 m/s，投抛到水下的碎石集中成堆，主要原因是在低流速情况下，水流的脉动强度和纵向流速较小，因此，抛投到水下的碎石被限制在更小的范围内，易成堆。以上试验结果表明，在水深、流速大的位置，只要按设计要求施工，抛石分布可达到相对均匀；在水浅、流速小的位置，则可能会出现石堆与石埂现象。因此，在水浅、流速小的位置施工要更加注意施工质量，以便块石在岸坡上尽可能均匀分布。

表 8.3　块石定点投抛试验成果表

垂线水深/m	垂线平均流速/（m/s）	抛石体	
		长度/m	宽度/m
0.50	0.482	0.54	0.25
0.51	0.398	0.50	0.23
0.50	0.310	0.43	0.21
0.50	0.240	0.40	0.19
0.51	0.160	0.26	0.17
0.29	0.171	0.22	0.14

6）抛石施工方法

抛石施工的质量直接关系到护岸效果。如前所述，若块石比较均匀地覆盖于床面，则可有效地保护其下面的泥沙不被冲刷，从而达到护岸的目的。因此，在抛石施工过程中，要求床面的抛石尽可能均匀。施工方法比较试验是在弯槽中进行的（余文畴和钟行英，1978）。

（1）丁抛和顺抛方法的比较。丁抛是指抛石船的长度方位与水流方向基本垂直，顺抛则是指抛石船的长度方位与水流方向平行。通过丁抛和顺抛的比较试验，得出以下认识：①不论丁抛或顺抛，只要按抛石网格抛投，从平面上看都能抛得比较均匀，基本上可连成一个整体。在水深、流速大的部位散得较开，更为均匀，只有在水浅、流速小的岸边出现空当。②从纵剖面看，在水深、流速大的部位抛得相当平整，顺抛和丁抛没有什么差别。但在水浅、流缓的部位，丁抛有比较大的起伏，纵剖面起伏的形状基本上是迎流面陡，背流面缓，且有空白部位；顺抛顺水流方向抛投，因此近岸部位纵剖面也很平整。③从横断面看，顺抛因抛石过程中的坡面冲刷，石块不断下滑，横断面虽有起伏，但起伏不大，也不产生空当；丁抛则因为纵向有起伏，加上横断面上各处落距不同，所以其横断面也是不平整的。④当流量加大、河槽冲刷时，首先是坡脚冲刷较大，坡脚块石下滑，经过冲刷调整后，顺抛纵剖面变化不大，横断面变得较为平整，而丁抛的纵剖面特别是岸边部分，因空白部位的泥沙被淘刷，坡面块石下滑，掩盖原空白区，其起伏变得更大；因为水流越过石峰形成副流，其旋转方向恰好是迎流面块石下滑的方向，所以水流淘刷空白区时主要是迎流面的块石向上游方向下滑，因而使其起伏形态由原来的迎流面陡背流面缓变成了迎流面缓背流面陡。为了了解因定位不准而抛石过于集中的情况，在丁抛与顺抛的条件下，将两个方格的石量集中在一个方格抛。集中抛石也分为两种方式，一种是沿水流方向比较集中，另一种是垂直水流方向比较集中。通过试验得到如下认识：①过于集中抛石，必然带来水下抛石的堆积，而出现较大、较多的空白区，这种不均匀性尤其表现在近岸部分。②顺水流方向集中抛石，在抛石过程中和加大流量冲刷时，由于坡面块石下滑的不断调整，可以较快地掩护坡面，而垂直于水流方向的集中抛石，基本上是在副流作用下进行调整的，具体说是迎流面的石块在副流淘刷下朝上游方向下滑，过程慢，石峰突起的高度相对增加，造成近岸水流十分紊乱。由此可见，保证抛石施工的质量，关键在于定位，要克服过于集中抛石的现象，并且要特别注意顺水流方向不要留空。

（2）横断面上抛石程序的比较。施工程序是指抛石自远至近（即自江中向岸边抛石）还是自近至远。试验结果表明：自近至远抛石，首先保护了近岸的岸坡，然后再依次保护岸坡的中部和下部，岸坡变得匀称，因为它的岸脚部分遭受冲刷，所以整个岸坡的坡度比抛石施工前稍陡。自远至近抛石，首先保护了坡脚，而近岸部分则遭受冲刷，局部岸坡变得较陡，如果施工速度缓慢，这种趋势继续发展，抛石体与岸坡之间形成冲沟，会出现“抄后路”的现象。

综上所述，在离岸较远、水深较大处，丁抛和顺抛都可以达到比较均匀的效果，在离岸较近、水深较小处，顺抛的效果较好，即近岸流态较好，块石调整能较好地适应河床变形。在崩岸速度不大或抛石加固情况下，可采取自远至近的抛投顺序，但在崩岸速度较大的新护段，必须采取自近至远的抛投顺序，避免发生“抄后路”现象。

2. 柴枕护脚工程

柴枕一般将一定厚度的梢料层或苇料层作为外壳，内裹块石或填泥土，外用铁丝束扎成圆形枕状物，每隔 30～50 cm 捆扎一档，抛在岸坡枯水位以下护脚，上面加压枕石。柴枕以上应接护坡石，柴枕外脚宜加抛块石。

柴枕多用于滩岸抗冲能力差、易发生大型窝崩的护岸段，特别是重点险工段，宜先抛铺柴枕，再抛压枕石。此外，迎流顶冲、崩岸强度大、堤外滩较窄、河床抗冲能力较弱的岸段，也适合抛柴枕。长江中游荆江河段较多采用柴枕。荆江河段通常将柴枕护岸用于迎流顶冲、崩岸强度大、河床抗冲能力弱的地段。

柴枕护脚的关键技术参数（中华人民共和国水利部，2013）如下。

（1）柴枕护脚的顶端应位于多年平均最低水位处，其上加抛接坡石，厚度宜为 0.8～1.0 m；柴枕外脚应加抛脚块石或石笼等。

（2）柴枕的规格应根据防护要求和施工条件确定，枕长可为 10～15 m，枕径可为 0.5～1.0 m，柴、石体积比宜为 7 : 3，柴枕可为单层抛护，也可根据需要抛两层或三层。单层抛护的柴枕，其上压石厚度宜为 0.5～0.8 m。

8.3.2　排体护脚工程关键技术

1. 铰链混凝土排护脚工程

铰链混凝土排整体性好，能有效地防止床面冲刷，也能适应一定冲深幅度内的变形调整。铰链混凝土排护脚工程一般由排体和系排梁组成，有关关键技术如下（长江科学院，2005，2000b；李涛章 等，2003；熊铁和刘顺茂，1988）。

1）系排梁布置

系排梁位于上部护坡与下部护脚的结合部位，既起稳定上部护坡的作用，又起固定排首从而稳定整个护脚工程的作用。

（1）排首高程的确定。排首高程主要根据工程运行、施工条件及施工期的要求确定。为保证工程的稳定性，并尽量减小护脚工程量，排首高程应尽可能低，但从施工条件及施工期的要求来看，排首高程又不能太低。因此，排首高程的选定必须在满足施工要求的条件下尽可能低，一般应高于设计枯水位 1.0～2.0 m。

（2）系排梁平面位置的确定。系排梁需根据岸线情况，尽量沿岸线平顺布置。为保证系排梁的稳定，系排梁基础应尽量建在挖方上。为减少排体之间的搭接损耗，系排梁应尽量减少转折。

2）排体布置与结构

（1）守护范围。守护范围即排体垂直水流方向的宽度，从系排梁下的首块排起，止点需根据近岸可能出现的冲刷深度及排体随河床变形后的允许最陡坡度等条件确定，排体随河床变形后的坡度不宜陡于 1∶2.0。

（2）排体长度。排体顺水流方向的长度主要根据护岸工程规模和施工条件确定，尽可能满足工程的整体效果，最大限度地节约工程造价。为保证护脚工程的整体性，相邻排体之间不应留有空隙，上下游排体的搭接宽度一般可取 1～2 m，并采取上游排压在下游排之上的搭接方式。

（3）预制混凝土板的厚度。预制混凝土板的厚度应根据水深和流速，经压载防冲试验确定，也可参照已建工程经验选定。预制混凝土板的结构应满足沉排施工及运用期荷载的要求。对于土质岸坡，应在排体下铺设土工合成材料衬垫。土工合成材料应满足反滤的要求。对已抛石岸段采用铰链沉排加固时，可不设土工合成材料衬垫，但应在沉放排体前先将岸坡全面平整。

（4）钢制扣件。钢制扣件的抗拉强度及防腐能力直接关系到铰链混凝土排护脚工程的效果，设计时应根据工程河段的边界条件和水流条件，在分析计算的基础上选择扣件材料和尺寸。混凝土板之间的间距不宜太大，否则河床出露面积大，水流容易淘刷床面的泥沙，影响工程的稳定。

3）排体稳定性

在护岸工程中，首先需从两个方面对铰链混凝土排的稳定性进行分析。

（1）排体的抗滑稳定性。由图 8.3 与排体受力分析可知，排体与坡面之间的抗滑稳定安全系数为

$$k_{\mathrm{p}} = \frac{G_1 \times \cos\theta \times f_1}{G_1 \times \sin\theta} = f_1 \times \cot\theta \tag{8.21}$$

式中：k_{p} 为抗滑稳定安全系数；G_1 为有效重力，N；f_1 为铰链混凝土排与坡面的摩擦系数；θ 为岸坡坡角，(°)。从式（8.21）可以看出，排体在岸坡上的抗滑稳定主要与坡角大小及摩擦系数有关。实际工程中，采取水平阻滑盖重或在有系排梁的情况下，将会增加稳定性。

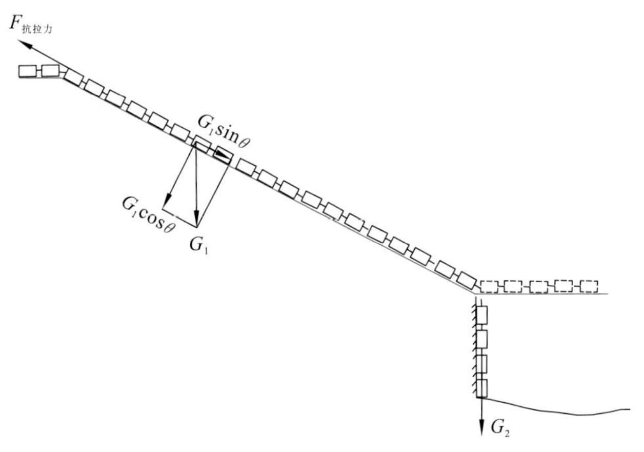

图 8.3　铰链混凝土排冲刷前后及受力分析示意图

有水平阻滑盖重或有系排梁与冲刷下悬的情况下，排体与坡面之间的抗滑稳定安全系数为

$$k_{\mathrm{p}}=\frac{F_{抗拉力}+G_1\times\cos\theta\times f_1}{G_1\times\sin\theta+G_2} \tag{8.22}$$

式中：$F_{抗拉力}$为平台处铰链混凝土排对斜面处铰链混凝土排的拉力，N。

若下悬排体重力 $G_2=0$，则有

$$k_{\mathrm{p}}=\frac{F_{抗拉力}}{G_1\times\sin\theta}+\cot\theta\times f_1 \tag{8.23}$$

由式（8.23）可知，对于有水平阻滑盖重或有系排梁与冲刷下悬的情况，其安全系数还与 $F_{抗拉力}$、G_2 有关，$F_{抗拉力}$越大，越安全，G_2 越重，越不安全，因此，对于河床冲淤幅度较大的情况，需考虑坡脚的冲刷变形或控制排体前沿的冲刷下悬，以增强排体的稳定性。

（2）排体的抗掀稳定性。沉排的压载稳定性是决定沉排工程成败的关键。根据以往研究成果，一般情况下单位面积排体重 110 kg/m^2，能承受 3 m/s 流速，实际上，天然河道为不恒定流，流速变化较大。因此，为了保证沉排的稳定性，在流速较大的位置，需考虑加重排体的压载量，特别是加重迎流最上端排体的压载量，以避免在水流作用下发生翻转。另外，排体边缘抗冲刷稳定校核可按式（8.24）进行计算（包承纲，1999）：

$$V_{\mathrm{cr}}=\theta_1\sqrt{\left(\frac{\gamma_{\mathrm{m}}-\gamma}{\gamma}\right)g\delta_{\mathrm{m}}} \tag{8.24}$$

式中：V_{cr} 为作用于排体上的抗冲临界流速，m/s；θ_1 为系数，一般情况下，对于排体可取 1.4～2.0；g 为重力加速度，m/s^2；δ_{m} 为排体厚度，m；γ_{m}、γ 分别为排体与水的容重，kN/m^3。当排体实际作用流速大于计算的抗冲临界流速时，排体是不稳定的，反之，则是稳定的。

4）裹头与前沿防冲

室内试验和工程实践均表明，铰链混凝土排护脚工程的上下游必须进行裹头，排体前沿应抛防冲石。沿岸线守护长度，上游裹头一般为 20～40 m，下游裹头守护长度一般为 40～60 m，裹头与排体搭接长度为 10 m。排体前沿加抛防冲石，既可保护排体前沿免遭冲刷下悬，又可起到一定的阻滑作用，有利于排体的抗滑稳定性。防冲石量可依据抛石设计的方法计算。

2. 网模卵石排水下护脚工程

网模卵石排河道水下护脚工程是利用卵石的重力原理，在人工或机械的作用下，将卵石填充到挂扣在施工专用设备的排状网模袋里，封口形成网模卵石排；将网模卵石排沉放在河床上，免遭水流冲刷，以达到保护河岸稳定的目的。其以江河自产的卵石为主要原材料，取材容易，综合造价适中，对环保没有不利影响；现场施工受气候、水情、水下地形、边界条件影响小，施工进度、质量容易控制。网模卵石排具有良好的技术经济优势，被水利部科技推广中心评审、列入《2013 年度水利先进实用技术重点推广指导目录》。

1）材料结构及技术参数

网模卵石排河道水下护脚工程平展与结构大样见图 8.4 和图 8.5，材料结构及技术参数如下（姚仕明 等，2016；何广水和范北林，2009）。

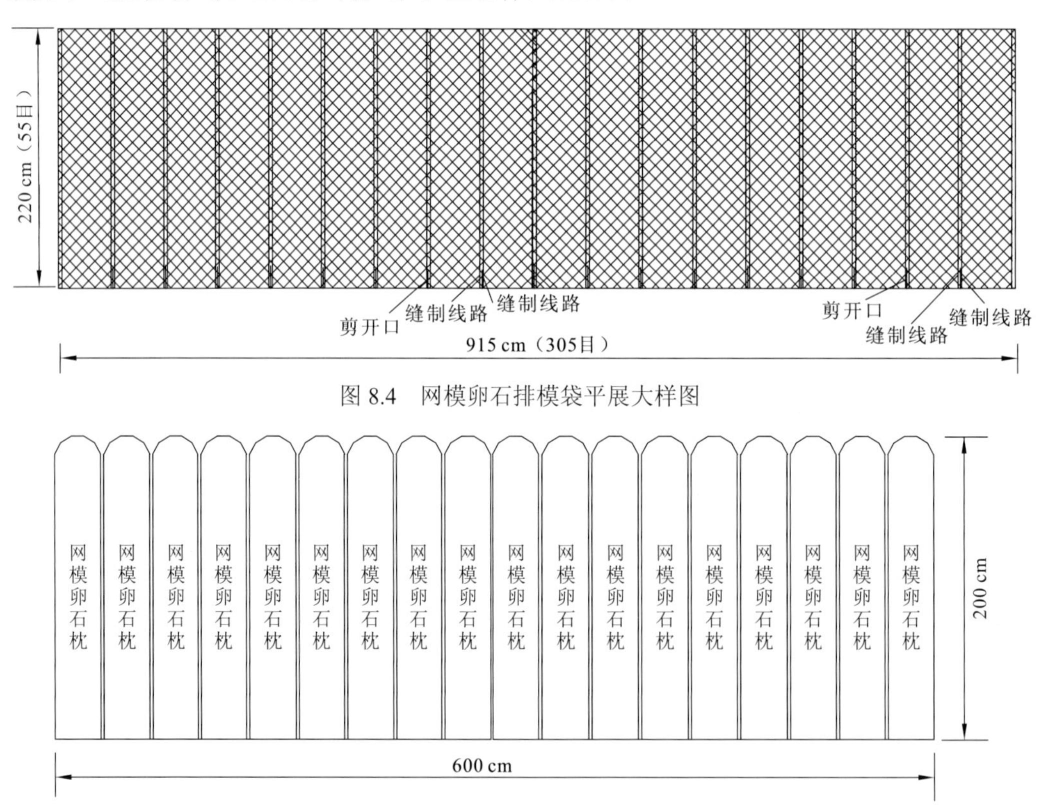

图 8.4　网模卵石排模袋平展大样图

图 8.5　网模卵石排结构大样图

（1）网模卵石排由网模袋灌装卵石而成，单个成型体长 6 m、宽 2 m，装卵石约 2.5 m^3，重约 4.2 t。

（2）模袋的原材料采用聚乙烯纤维绳绞结网片，颜色为白色；网目长 5 cm（网格尺寸为 2.5 cm×2.5 cm）。

（3）单块模袋的网片总目数为 33 550，重（7 500 ± 100）g；有 1 980 个双扣绞结缝点。

（4）卵石粒径：长径不小于 3 cm，短径不小于 2.5 cm。

（5）模袋的网绳为 36 股，单绳断裂强度≥260 N/根；网片顶破强度 CBR≥900 N。

（6）模袋有 17 条剪切口，剪切口长 20 cm（至第 5 目）；18 个单袋口的第 1 目均穿 1 条长 0.9 m 的封口套绳，颜色为绿色。

（7）模袋封口套绳和缝结线均为长纤涤纶纤维绳（36 股）；单绳断裂强度≥275 N/根，两端系单死节；封口时拉紧套绳系双死节。

2）网模卵石排护岸工程抗滑稳定性

网模卵石排的抗滑主要取决于自重所产生的下滑力和网模卵石排与边坡土壤之间产生的摩擦力的比值，按排体抗滑稳定安全系数计算公式计算（余文畴和卢金友，2008）：

$$k_{\mathrm{p}} = \frac{L_3 + L_2 \cos\theta}{L_2 \sin\theta} f_{\mathrm{cs}} \tag{8.25}$$

式中：L_2、L_3 为网模卵石排单元体沉放在河床后，所形成的底部水平段投影长度和斜段长度（本工程中 $L_2 = 0.33$ m，$L_3 = 2.0$ m）；θ 为坡角，（°），试验段最大坡比为 1∶2.0，$\cos\theta=0.894$，$\sin\theta=0.447$；f_{cs} 为模袋与坡面间的摩擦系数，通常取 0.5；k_{p} 为抗滑稳定安全系数。

3）施工工艺技术设计

网模卵石排水下护脚工程施工工艺技术设计（余洪江 等，2014；何广水和范北林，2009）如下。

（1）施工准备。施工准备包括：施工设备的组织、运输、配套调试；施工材料的组织和运输；施工零星器材的购置；施工用电；记录施工区域当天的天气情况。

（2）施工测量。设置施工区域水位观测标尺，定时观测施工区水位；采用浮标表流测量法观测施工区流速；施工前、完工后地形测量，每隔 5 m 布置一个地形测量断面，测量点间隔不超过 2 m；测量记录试验区每天 8：00、16：00 的水位、流速及天气情况；根据地形测量资料布设施工控制网，埋设控制点标志，布设施工导线。

（3）施工工艺程序与方法。按以下先后次序施工：横向拉伸模袋，使模袋延展成型，初挂模袋；挂模袋口锁扣，模袋底放到控制板上；单袋灌石料 10～15 kg，压底定位；第一次拉提模袋；单袋灌石料 40～50 kg；第二次拉提模袋；单袋灌石料 40～50 kg；第三次拉提模袋；单袋灌石料 40～50 kg；第一次插实；单袋灌石料 40～50 kg；第二次插实；补充石料灌装到位；拉绳系结封口；开扣、单排成型检查验收；打开控制板的总控开关，沉放网模卵石排。

4）工程施工质量检测

工程施工质量检测的内容包括模袋质量检测、卵石质量检测、水下地形测量、水下工程状况检测（陈猛，2016；何广水和范北林，2009）。

（1）模袋质量检测。根据模袋出厂检测报告和使用复核，模袋质量符合设计要求，主要的质检要素：模袋的颜色，白色为新原料加工而成，其他颜色则是回收旧料加工而成，有色模袋的耐久性达不到设计要求；模袋网绳的拉丝纤维股数；模袋网片单绳断裂强度；模袋网片顶破强度 CBR。

（2）卵石质量检测。卵石的硬度不小于 7，抗压强度不小于 20 MPa，占重量的 90% 的卵石控制范围：长径为 5.0～10.0 cm，短径为 2.5～5.0 cm，平均粒径为 3.5 cm。

（3）水下地形测量。在施工前和完工后 24 小时内对施工网格或施工断面进行断面地形测量（1/200 测绘精度），对比分析施工网格或施工断面的河床变化情况，确认是否满足设计要求。

（4）水下工程状况检测。在一个单元工程完工后，利用水下摄像设备对已完工工区的水下工程进行录像，通过录像资料判断网模卵石排沉放落地后是否呈平铺河床状态，有无破损；单层排体间的拼接情况，上下层排体间的错缝铺置情况；是否有空白区间，以及空白区间的形状和大小。

8.3.3 刚性体护脚工程关键技术

以模袋混凝土护脚工程（余文畴和卢金友，2008；长江科学院，2005；刘志珍 等，2004；黄永健 等，2003；鄢俊和陶同康，2003；俞海泉 等，2002；李良卫和张绍付，2000）为代表对刚性体护脚工程进行分析。模袋混凝土采用现场灌浆充填技术，施工机械化程度高，整体施工质量控制好，灌入的砂浆凝固前有可塑性，能与坡面平整衔接。其抗风浪、水流冲击能力强，适合坡面防护。若用于枯水位以下的岸坡守护，在灌浆充填时，每个单元之间应留有足够的间隙，使其具有一定的柔性，以适应河床变形，模袋前沿抛足防冲石，上下游进行裹头。

1. 模袋混凝土守护宽度

模袋混凝土守护宽度一般按照护岸段水下边坡冲刷成最陡设计边坡确定。根据《堤防工程设计规范》（GB 50286—2013）（中华人民共和国水利部，2013）的有关规定，水流平行于岸坡产生的冲刷深度可按式（8.27）计算：

$$h_B = h_p\left[\left(\frac{U_{cp}}{U_c}\right)^{n_b} - 1\right] \tag{8.26}$$

$$U_{cp} = U_0\frac{2\eta_1}{1+\eta_1} \tag{8.27}$$

式中：h_B 为局部冲刷深度，m，从水面起算；h_p 为冲刷后的水深，m，以近似设计水位最大深度代替；U_{cp} 为近岸垂线平均流速，m/s；U_c 为泥沙起动流速，m/s，对于黏性与砂质河床可采用张瑞瑾的泥沙起动流速公式计算；U_0 为行近流速，m/s；n_b 与防护岸坡在平面上的形状有关，一般取 n_b=1/6～1/4；η_1 为水流流速不均匀系数，根据水流流向与岸坡交角查表采用。

2. 模袋混凝土厚度

模袋混凝土厚度应能抵抗水下漂浮和冬季坡前水体冻胀水平力将其往上推移的力。长江中下游无冰冻情况，因此不需要考虑冰推力的影响。

抗漂浮所需厚度按《土工合成材料应用技术规范》（GB/T 50290—2014）（中华人民共和国水利部，2014）中抗浮厚度计算公式计算：

$$\delta_1 \geqslant 0.07 C_1 H_{\mathrm{w}} \sqrt[3]{\frac{\lambda_{\mathrm{w}}}{L_{\mathrm{r}}}} \times \frac{\gamma}{\gamma_{\mathrm{b}}' - \gamma} \times \frac{\sqrt{1+k_*^2}}{k_*} \tag{8.28}$$

式中：C_1 为面板系数，对大块混凝土护面，取 $C_1 = 1.0$，护面上有滤水点，取 $C_1=1.5$；H_{w}、λ_{w} 为波浪高度与长度，m；L_{r} 为垂直于水边线的护面长度，m；k_*为坡角 θ 的余切，按 1∶2 的坡考虑，$k_* = 2$；γ_{b}' 为混凝土的有效容重，kN/m^3；γ 为水的容重，kN/m^3，取 $\gamma = 9.8$ kN/m^3。

3.模袋混凝土抗滑稳定性

模袋混凝土的整体稳定性主要与岸坡地形和坡度、河床变形强度、阻滑力及模袋混凝土与坡面土体间的摩擦系数等因素有关，模袋混凝土所设排水孔的透水性好坏对其抗滑稳定性有一定的影响。当模袋混凝土的透水能力较强时，岸坡的渗水压力可忽略不计，根据力学平衡条件，其整体抗滑稳定安全系数 k_{m} 为抗滑力与滑动力之比，计算公式如下：

$$k_{\mathrm{m}} = \frac{\sum \gamma_i \cos\alpha_i f_2 + F_{\mathrm{s}}}{\sum \gamma_i \sin\alpha_i} \tag{8.29}$$

式中：γ_i 为模袋混凝土的有效容重，kN/m^3；α_i 为各坡段坡角，（°）；f_2 为模袋混凝土与坡面土体间的摩擦系数；F_{s} 为除了下滑力以外的阻力，N。一般情况下，$k_{\mathrm{m}} \geqslant 1.2$。

由式（8.29）可知，模袋混凝土整体抗滑稳定安全系数随坡角的变缓而变大，随 F_{s} 的增大而增大，随摩擦系数的增大而增大。当模袋前沿遭冲刷而部分悬空时，其抗滑力会减小，滑动力增大，模袋混凝土整体抗滑稳定安全系数变小。当悬空面积很大而水流强度较大时，还可能被掀起，甚至被折断。当水位退落时，若模袋混凝土的排水能力不够，其临水面与背水面存在水位差，模袋混凝土会因水压力差引起的上浮力作用而降低整体抗滑稳定性。

4.模袋混凝土充填料及土工布的选择

模袋用高强化纤长丝机织成的双层袋，其原材料选用丙纶、绵纶和涤纶土工布模袋，等效孔径 O_{95} 为 0.07～0.5 mm；顶破强度大于 4 000 N；径向断裂伸长率≤35%，纬向断裂伸长率≤30%；渗透系数为 $k_{\mathrm{s}} \leqslant 1.0 \times 10^{-2}$；单位面积质量≥400 g/m^2。每个单元宽度为 3.8 m，内分三格，轴线尺寸长 2.5 m，宽 1.2 m，每格之间留有 0.2 m 间距不充填混凝土，作为活动铰，沿纵向每隔 0.6 m、沿横向每隔 2.5 m 加一道筋。三单元为一块，每块宽度为 11.4 m，考虑模袋混凝土的收缩，搭接长度为 1.4 m。模袋混凝土厚度为 0.15 m，强度等级为 C20，水灰比不大于 0.55，坍落度为（26±1）cm，最大骨料小于 2 cm，配合比为 1∶2.2∶1.9（水泥质量∶砂质量∶石子质量）。为了降低用水量，便于泵送和充满，掺用减水率为 20%左右的泵送剂，另掺用 30%～35%的粉煤灰。

水位变幅区模袋受日光照射而老化、断裂，影响工程整体稳定，对该区域模袋应采用抗老化机织土工布。

参 考 文 献

包承纲, 1999. 土工合成材料应用技术[M]. 北京: 中国水利水电出版社.

长江勘测规划设计研究院, 1998a. 武汉市龙王庙险段综合整治工程初步设计[R]. 武汉: 长江勘测规划设计研究院.

长江勘测规划设计研究院, 1998b. 武汉市龙王庙险段综合整治工程初步设计补充修订报告[R]. 武汉: 长江勘测规划设计研究院.

长江勘测规划设计研究院, 2000. 石首河段整治工程初步设计报告[R]. 武汉: 长江勘测规划设计研究院.

长江勘测规划设计研究院, 镇江市工程勘测设计研究院, 2000. 和畅洲左汊口门控制工程单项初步设计报告[R]. 武汉: 长江勘测规划设计研究院.

长江勘测规划设计研究院, 镇江市工程勘测设计研究院, 2001. 长江镇扬河段二期整治工程和畅洲左汊口门控制工程单项初设补充报告[R]. 武汉: 长江勘测规划设计研究院.

长江科学院, 1989. 和畅洲汊道整治工程方案的定床模型试验报告[R]. 武汉: 长江科学院.

长江科学院, 1990. 和畅洲汊道整治工程方案的动床模型试验报告[R]. 武汉: 长江科学院.

长江科学院, 1991a. 下荆江盐船套河段河势调整动床模型试验报告[R]. 武汉: 长江科学院.

长江科学院, 1991b. 石首河段河势控制规划意见[R]. 武汉: 长江科学院.

长江科学院, 1991c.下荆江河势控制工程初步设计[R]. 武汉: 长江科学院.

长江科学院, 1998. 汉江龙王庙险段治理方案动床模型试验报告[R]. 武汉: 长江科学院.

长江科学院, 2000a. 武汉市汉口江滩综合整治河工模型试验报告[R]. 武汉: 长江科学院.

长江科学院, 2000b. 长江中下游平顺护岸工程设计技术要求(试行稿)[R]. 武汉: 长江科学院.

长江科学院, 2001. 下荆江河势控制工程(湖北段)初步设计报告[R]. 武汉: 长江科学院.

长江科学院, 2005. 长江中下游水下护岸工程关键技术研究报告[R]. 武汉: 长江科学院.

长江科学院, 2009. 长江荆江河段河势控制应急工程可行性研究报告[R]. 武汉: 长江科学院.

长江科学院, 2011. 三峡工程运用初期长江盐船套至螺山河段冲淤演变及其河势控制方案研究[R]. 武汉: 长江科学院.

长江科学院, 镇江市水利局, 扬州市水利局, 1994. 长江镇扬河段二期整治工程可行性研究报告[R]. 武汉: 长江科学院.

长江流域规划办公室, 长江水利水电科学研究院, 1983. 下荆江河势控制工程规划报告[R]. 武汉: 长江水利水电科学研究院.

长江流域规划办公室, 江苏省水利厅, 1984. 长江南京、镇扬河段整治工程可行性研究报告[R]. 武汉: 长江流域规划办公室.

长江水利委员会, 1992. 长江中下游护岸工程技术要求(试行稿)[R]. 武汉: 长江水利委员会.

陈猛, 2016. 水下网模卵石排护岸在三峡后续工作长江中下游影响处理河道整治工程(君山洪水港段)项目的应用[J]. 湖南水利水电(4): 27.

戴尔·米勒, 1998.美国的生物工程护岸[J]. 水利水电快报, 21(24): 8-10.

何广水, 范北林, 2009. 长江护岸工程新材料技术开发研究[J]. 中国河道治理与生态修复技术专刊, 37(4): 124-127.

黄永健, 孙玉生, 高季章, 2003. 江新洲崩岸整治试验工程的设计与施工[C]// 长江重要堤防隐蔽工程建设管理局. 长江护岸及堤防防渗工程论文选集. 北京:中国水利水电出版社.

江苏省水利勘测设计院, 1999. 长江镇扬河段二期整治工程总体初步设计[R]. 扬州: 江苏省水利勘测设计院.

江苏省水利勘测设计院, 镇江市水利局, 1982. 镇扬河段整治应急工程初步设计报告[R]. 扬州: 江苏省水利勘测设计院.

居江, 2003. 河道生态护坡模式与示范应用[J]. 北京水利(6): 28-29.

刘志珍, 葛中华, 夏世民, 2004. 模袋混凝土护坡技术在长江护岸工程中的应用[J]. 水利水电技术(4): 13-14.

刘中惠, 1995. 浅谈河势控制[J]. 水利规划与设计(2): 48-50, 57.

李飞, 余文畴, 2000. 长江中下游分汊河道节点的探讨[C]// 刘兴年, 曹叔尤. 面向二十一世纪的泥沙研究. 成都: 四川大学出版社.

李良卫, 张绍付, 2000. 土工模袋在长江堤防崩岸治理工程中的试验应用[J].水利水电技术, 26(4): 202-206.

李涛章, 叶松, 廖小元, 等, 2003. 铰链混凝土板沉排新技术与施工实践[C]// 长江重要堤防隐蔽工程建设管理局. 长江护岸及堤防防渗工程论文选集. 北京: 中国水利水电出版社.

潘庆燊, 1987. 河势与河势控制[J]. 人民长江(11): 3-11.

潘庆燊, 胡向阳, 2011. 长江中下游河道整治研究[M]. 北京: 中国水利水电出版社.

长江水利委员会, 2017. 长江中下游护岸工程 65 年[C] // 长江水利委员会. 长江崩岸治理与河道整治技术交流会论文集. 武汉: 长江水利委员会.

孙江岷, 张群英, 王文秀, 等, 1998. 河道堤防植物护坡综述[J]. 黑龙江水专学报(2): 67-69.

夏继红, 严忠民, 2004. 国内外城市河道生态型护岸研究现状及发展趋势[J]. 中国水土保持(3): 20-21.

熊铁, 刘顺茂, 1988. 天星洲护岸工程铰链混凝土板—聚酯纤维布沉排[J]. 人民长江(1) : 11-18.

徐芳, 岳红艳, 2005. 护岸工程与环境关系浅析[J]. 重庆交通学院学报, 5(2): 116-118.

姚仕明, 岳红艳, 何广水, 等, 2016. 长江中游河道崩塌机理与综合治理技术[M]. 北京: 科学出版社: 2-14.

鄢俊, 陶同康, 2003. 模袋混凝土的深水护岸技术[C]// 长江重要堤防隐蔽工程建设管理局. 长江护岸及堤防防渗工程论文选集. 北京:中国水利水电出版社.

俞海泉, 肖明, 夏青, 2002. 长江河道深水模袋护岸技术实验研究与探讨[J]. 人民长江(8): 29-31.

余洪江, 赵凤超, 王满兴, 2014. 水下网模卵石排护岸施工实践与探讨[J]. 人民长江, 45(19): 38-40.

余文畴, 1984. 抛石护岸稳定坡度与粒径的关系[J]. 泥沙研究(3): 69-74.

余文畴, 1992. 抛石落距试验研究[J]. 水利工程管理技术(5): 22-24.
余文畴, 1994. 长江中下游河道平面形态指标分析[J]. 长江科学院院报(1): 48-55.
余文畴, 2013. 长江河道认识与实践[M]. 北京: 中国水利水电出版社.
余文畴, 卢金友, 2005. 长江河道演变与治理[M]. 北京: 中国水利水电出版社.
余文畴, 卢金友, 2008. 长江河道崩岸与护岸[M]. 北京: 中国水利水电出版社.
余文畴, 钟行英, 1978. 平顺抛石护岸若干问题水槽定性实验[C]//长江水利水电科学研究院. 长江中下游护岸工程经验选编. 北京: 科学出版社: 18-21.
余文畴, 梁中贤, 沈惠漱, 1983. 长江中下游抛石护岸工程问题的研究[C]//第二次河流泥沙国际学术讨论会组织委员会.第二次河流泥沙国际学术讨论会论文集. 北京: 水利电力出版社.
中华人民共和国水利部, 2013. 堤防工程设计规范: GB 50286—2013 [S]. 北京: 中国计划出版社.
中华人民共和国水利部, 2014. 土工合成材料应用技术规范: GB/T 50290—2014[S]. 北京: 中国计划出版社.
MITSCH W J, 1989. Ecological engineering [M]. New York:John Wiley & Sons Ltd.

第三篇 河道整治工程实践

本篇介绍河势控制工程、各类河道综合整治工程及护岸工程的关键技术在长江中下游河道整治工程中的应用情况，并以典型河段为例，分析各类整治工程的实施效果和经济社会及环境等方面的效益。在此基础上，分析长江中下游河道整治规划、设计、实施及运行管理等方面的成功经验，为今后长江中下游河道的治理、管理与保护提供宝贵经验。

第9章　河势控制工程实施与效果

自20世纪60年代长江中下游河势控制概念提出后，在长江中下游河道整治工程实践中逐渐丰富和发展了河势控制工程中的相关理论与内容，成为河道整治工程研究的重要组成部分。本章阐述了长江中下游典型河势控制工程的实施与效果，分顺直型河道、弯曲型河道和分汊型河道，以下荆江河势控制工程、下荆江重要堤防隐蔽工程、下荆江河势控制应急工程、马鞍山河段河势控制工程、南京新济洲河段河势控制工程为典型工程对工程目的、设计方案、实施过程和治理效果等进行了分析。

9.1　顺直型和弯曲型河道河势控制工程实施与效果

以下荆江河势控制工程为例，根据不同时期河势控制工程的侧重点不同分为四个阶段阐述工程实施情况和效果。

下荆江河段多弯曲和顺直型河道，历史上河道平面摆动频繁，河势极不稳定。在1967年中洲子人工裁弯工程实施以前，历年来仅在若干城镇和干堤重点段实施局部护岸工程，未从河势控制的观点指导护岸工程建设。1967年中洲子裁弯和1969年上车湾裁弯工程实施以后，特别是1972年沙滩子自然裁弯发生以后，对新河上、下游河势控制的重要性和迫切性有了进一步认识，但因为水利投资不足，加之缺乏河势控制总体规划的指导，所以下荆江河势控制工程进展缓慢，至1983年12月提出《下荆江河势控制工程规划报告》（长江流域规划办公室和长江水利水电科学研究院，1983a）前这一时期称为下荆江裁弯工程时期，为第一阶段。

为了巩固下荆江裁弯工程的效益，稳定河势，长江流域规划办公室和相关单位提出《下荆江河势控制规划初步意见》（长江流域规划办公室，1974）、《下荆江河势控制规划》（长江流域规划办公室，1979）、《下荆江河势控制工程规划报告》（长江流域规划办公室和长江水利水电科学研究院，1983a），规划中将下荆江分为六段，即石首人工裁弯段、沙滩子自然裁弯段、中洲子人工裁弯段、上车湾人工裁弯段、盐船套至荆江门河段及孙良洲至楼西湾人工裁弯段。1991年12月水利部长江水利委员会为适应河势的新变化，继续更有效地实施上述规划，编制了《下荆江河势控制工程初步设计》（长江水利委员会，1991），至1997年上述河段的河势控制工程大都得以实施，这一阶段称为巩固裁弯成果的河势控制阶段，为第二阶段。

1998年长江大洪水后，国家继续并加强了对长江中下游堤防的建设投入。根据1983年以来下荆江河势控制工程的实施情况和1998年以后下荆江的河势变化，2000年以来长江科学院与相关单位合作先后编制完成了《长江重要堤防隐蔽工程石首河段整治工程初步设计报告》（长江勘测规划设计研究院，2001a）、《下荆江河势控制工程（湖北段）初步设计报告》（长江科学院，2001a）、《长江重要堤防隐蔽工程崩岸整治及下荆江河势控制工程（湖南段）初步设计报告》（长江勘测规划设计研究院，2001b）、《荆南长江干堤加固工程初步设计报告》（长江勘测规划设计研究院，2000a），相关单位编制完成了《岳阳长江干堤加固工程初步设计报告》（长江勘测规划设计研究院，2001c）、《长江干堤湖南段加固工程可行性研究报告》（湖南省水利水电勘测设计研究总院，2002），以上报告对原定的下荆江河势控制工程方案做了补充调整，提出了下荆江各河段的河势控制工程设计方案，且大部分已陆续实施，这一阶段称为隐蔽工程实施阶段，为第三阶段。

三峡工程蓄水运用后下荆江河道发生冲刷，引起局部河势较大幅度的调整，为解决这一问题，编制完成了《下荆江河段2006年汛前河势控制工程初步设计报告》（长江科学院，2006）和《下荆江河段2009年度河势控制工程初步设计报告》（长江科学院，2009），相关工程已经实施，这一阶段称为三峡工程后下荆江河势控制应急阶段，为第四阶段。

9.1.1 下荆江裁弯工程实施与效果

下荆江蜿蜒型河道具有凹岸崩塌、凸岸淤积、弯道弯曲发展并易于发生自然裁弯的演变特性，截至1949年的近百年来，下荆江先后于1887年、1908年、1910年和1949年在古长堤、尺八口、河口及碾子湾发生了4处自然裁弯，下荆江的河道治理也备受水利部门的关注。《下荆江系统裁弯取直初步规划研究》（长江流域规划办公室，1960）初步选定了下荆江5个裁弯线路方案，并提出了实施沙滩子、中洲子和上车湾裁弯工程的建议。1964年，沙滩子和中洲子河湾之间的调弦河湾狭颈崩塌严重。经水利电力部批准，1967年5月实施了中洲子人工裁弯工程，汛后新河成为长江主航道，并实施了新河及其附近的护岸工程；1969年6月～1970年5月实施上车湾裁弯工程，1971年5月新河成为长江主航道；1972年7月沙滩子河湾发生自然裁弯，1972年冬实施沙滩子新河及其附近的护岸工程；1983年根据上车湾新河段的河道演变情况，实施了上车湾新河及其附近的护岸工程。至此，下荆江河道平面的大幅摆动基本得以遏制。

1. 工程目的与要求

下荆江裁弯是下荆江蜿蜒型河道演变的结果，裁弯工程则是治理下荆江的根本措施。实施下荆江河道裁弯工程可扩大河道泄洪能力，降低荆江洪水位，提高荆江大堤的防洪安全度，缩短该段水道航程，利于航道稳定及河势稳定，避免自然裁弯导致的河势剧烈调整和强烈崩岸，达到稳定河势，提高防洪能力，改善航道条件等整治目的。

下荆江裁弯工程设计原则及要求包括以下几个方面。

（1）裁弯新河平面形态应为适度曲线形，其弯曲半径与荆江河段平顺、稳定河湾的弯曲半径相近，一般为4 km左右。

（2）裁弯新河进出口段应尽量与上下游河段平顺衔接，其中心线与河道深泓线间的夹角一般不大于30°。

（3）裁弯新河位置布置宜考虑地质结构，应尽可能有利于新河的形成、发展及稳定。

（4）裁弯新河弯顶部位及进出口部位宜根据河道演变情况，适时实施护岸工程，以稳定有利的河势。

2. 工程布置

1）中洲子人工裁弯工程布置

根据上述河道裁弯工程设计原则及要求，通过方案比选决定，中洲子人工裁弯工程布置在调弦河湾下游约5 km的中洲子河湾。裁弯新河长约4.5 km，裁弯比为8.5，弯曲半径约为2 500 m，进出口段中心线与河道深泓线间的夹角分别为28°、30°（图9.1）。裁弯新河凹岸实施护岸工程，长约2.2 km；在其上游调弦河湾狭颈两侧实施护岸工程，长1.2 km；同时，为保护农业生产和人民生命财产安全，在裁弯新河北侧500 m处兴建新河北堤，长约4 km，堤顶宽4 m，并在调弦河湾狭颈兴建狭颈隔堤工程，长约1.5 km，堤顶宽3 m，堤顶均高出1954年当地最高水位0.5 m。

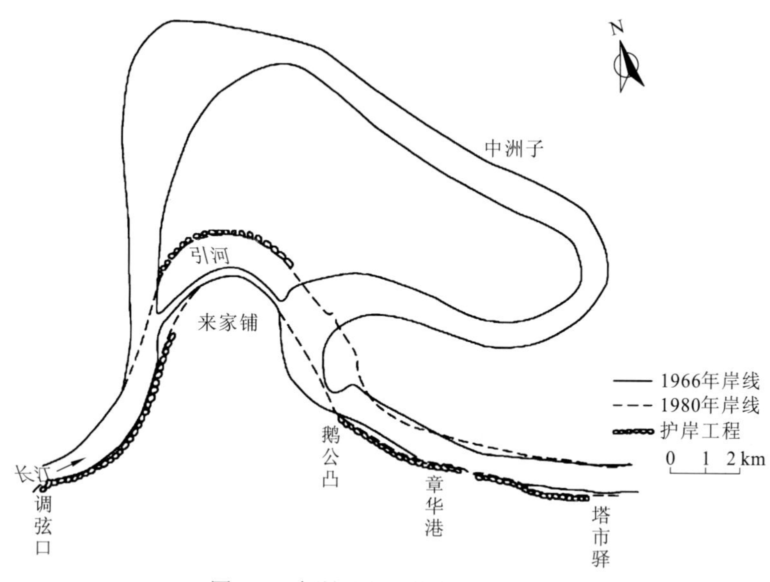

图9.1　中洲子人工裁弯工程布置图

2）上车湾人工裁弯工程布置

上车湾人工裁弯工程位于下荆江城陵矶出口上游约65 km处。根据上述河道裁弯工程设计原则及要求，通过方案比选决定，裁弯新河长约3.5 km，裁弯比为9.3，进出口段与河道弧形平顺连接。根据河道演变情况，1982年在裁弯新河上游凹岸实施护岸工程，长4.36 km；1983年实施裁弯新河凹岸天星阁段护岸工程，长约4.59 km（图9.2）。

3. 工程实施效果

1）洪水期荆江河道泄洪能力增大

中洲子和上车湾人工裁弯工程实施及沙滩子自然裁弯后，荆江河段河道比降有所增

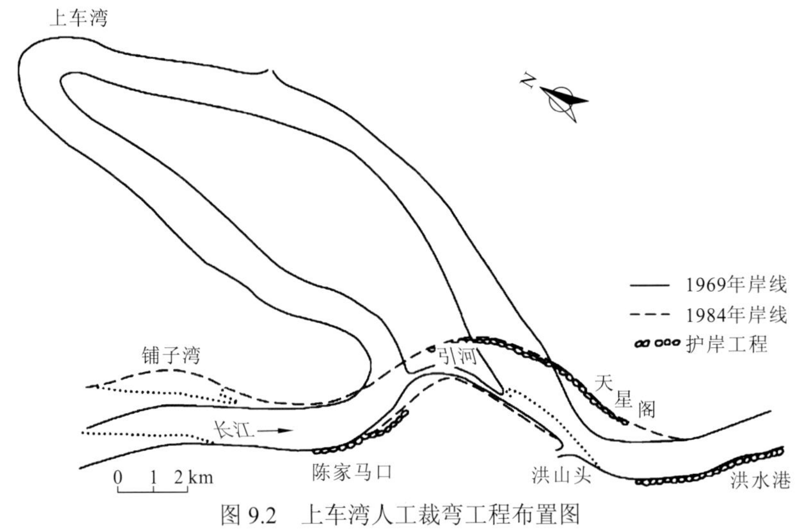

图 9.2 上车湾人工裁弯工程布置图

加，河道断面冲刷扩大，水位有所降低，河道断面汛期泄洪能力相应增大。从 1955～1998 年上荆江沙市水位站水位流量变化情况来看，流量大于 40 000 m^3/s 时的高水期，同流量时裁弯工程实施后较裁弯工程实施前水位降低 0.3～0.5 m。下荆江监利站年平均流量裁弯工程实施后较裁弯工程实施前增大约 20%。裁弯工程实施后，在一定程度上增大了荆江河道汛期的泄洪能力，有利于荆江大堤的防洪安全，并减轻了洞庭湖区的防汛压力。

2）下荆江航道条件有所改善

中洲子和上车湾人工裁弯工程实施及沙滩子自然裁弯后，荆江河道的河长缩短约 78 km，碍航浅滩减少 4 处，此外，随着河道的大幅摆动逐步得到遏制，航道的稳定性有所提高，航道条件有所改善。

3）为荆江河道河势稳定奠定了坚实基础

中洲子和上车湾人工裁弯工程实施及沙滩子自然裁弯后，下荆江河道曲折率由 2.67 减至 1.93，由蜿蜒型河道转变为弯曲型河道，河道的大幅摆动逐步得到遏制，为荆江河段的河势稳定奠定了坚实的基础。

9.1.2 下荆江河势控制工程实施与效果

1. 工程目的与要求

1980 年水电部长江中下游防洪座谈会会议纪要中指出，要继续有计划地整治上、下荆江，以扩大泄洪能力，未来的十年要巩固下荆江整治成果。据此提出了下荆江河势控制工程的设计原则和要求。

（1）要求河道有足够的断面以宣泄洪水，下荆江平滩河宽不应小于 1 300 m。

（2）下荆江应整治成有利于防洪、航运的微弯河道，要求河湾半径为 4 km 左右。

（3）要满足航道部门对下荆江航道的要求，弯道过渡段长度不宜大于 7 km，航槽最小宽度应大于 80 m，河湾曲率半径应大于 1 500 m，对已护急弯段进行适当调整，狭窄处去卡扩宽。

2. 工程布置

为及时巩固下荆江裁弯工程效益，基于《下荆江河势控制规划补充分析报告》（长江流域规划办公室和长江水利水电科学研究院，1983b）及《关于下荆江河势控制工程1984～1990 年计划安排的意见》（水利电力部，1983）的审查意见，长江流域规划办公室和长江水利水电科学研究院于 1983 年 12 月编制了《下荆江河势控制工程规划报告》（长江流域规划办公室和长江水利水电科学研究院，1983a），水利电力部于 1984 年以（84）水电水规字第 49 号文批准该工程纳入部基建项目。规划中将下荆江分为六段，即石首人工裁弯河段、沙滩子自然裁弯段、中洲子人工裁弯段、上车湾人工裁弯段、盐船套至荆江门河段及孙良洲至楼西湾人工裁弯段。水利电力部批复近期先实施沙滩子自然裁弯段、中洲子人工裁弯段、上车湾人工裁弯段和盐船套至荆江门河段的河势控制工程，其余两个河段由于涉及人工裁弯工程方案研究等问题，工程实施时间有一定的滞后（工程具体情况见表 9.1）。

表 9.1 下荆江河势控制工程一览表（1983～1997 年）（潘庆燊和胡向阳，2011）

工程河段	河段长度/km	工程位置	实施年份
石首河段	31.0	北门口、向家洲	1994～1997
沙滩子河段	25.0	寡妇夹至调关河段	1985～1990
中洲子河段	24.4	八十丈、中洲子、鹅公凸、章华港、五马口	1985～1990
上车湾河段	41.0	新沙洲、铺子湾、上车湾新河口、集成垸、天星阁、洪水港	1985～1990
盐船套至荆江门河段	20.0	盐船套河湾、荆江门河湾、11 号矶头	1985～1990
熊家洲至城陵矶河段	38.8	熊家洲、七弓岭、观音洲	1990～1992

1）下荆江河势控制一期工程（1983～1990 年）

长江流域规划办公室（现称长江水利委员会）自 1983 年起，进行了上车湾新河严重崩岸段的护岸工程，经四年的守护和加固，成功地控制了该段的崩势，整个上车湾裁弯河段的河势得到初步控制。1985 年开始实施沙滩子河湾护岸工程，至 1990 年抛护长度达3 120 m，加上 1985 年以前守护的地段（其中改造了 900 m），共计 4 950 m。监利河湾段1987～1990 年连续守护了长 5 796 m 的崩岸段，崩势也得到基本控制。由于之前按守点固线原则守护的岸线矶头过于凸出，矶头附近水流紊乱，不利于工程的维护和航运。1985年以来，先后在天字一号、洪水港、荆江门和中洲子等处进行了削矶工程，效果良好。

截至 1990 年，从藕池口至城陵矶长约 178 km 的河段，历年已护岸线长 86.012 km，抛石 803.65 万 m^3。其中，从河势控制工程规划开始（1984～1990 年）实施的护岸长 25.0 km，改造岸线 7.58 km，完成石方量 253.39 万 m^3。至此，已实施的上车湾新河、天星阁、洪水港、铺子湾、金鱼沟和连心垸等严重崩岸河段的河势已初步得到控制。

2）下荆江河势控制二期工程（1991～1997年）

下荆江河势控制第一期工程，按照先急后缓、先险后夷、分年安排、逐年积累的原则，于1983～1990年对四个规划河段的严重崩岸进行了初步守护。通过河势控制工程的实施，崩岸严重、平面变化大的局面得到改善。但是，下荆江河道仍处于变化调整过程中，仍需进一步控制河势，为此实施了二期工程。1990年增列荆江门至城陵矶河段，对熊家洲弯道、七弓岭弯道和观音洲弯道进行重点守护。南碾子湾至城陵矶河段总工程量为，新护岸长62.36 km，加固改造已护岸段长47.74 km，块石602.57万m^3。石首河段位于下荆江之首，是下荆江河势控制工程规划的六个整治河段之一，因问题复杂，治理方案没有确定，1983年未被列入下荆江河势控制工程实施项目。长江科学院在下荆江河势控制工程规划中，根据当时河道演变特点，提出了石首河段裁弯方案，但出于种种原因工程未实施。1994年汛期，石首河段向家洲发生切滩撇弯后，引起河势较大幅度的调整。考虑到新弯道正处于发育时期，为稳定石首弯道的河势，河势控制工程在北门口守护遵循先上后下的原则，在向家洲守护遵循先下后上的原则，控制新河口门，至1997年4月，北门口守护1.4 km，向家洲守护2 km，基本维持了岸线稳定。截至1996年，下荆江已护岸线长度约100 km（含河控工程前），抛石1 100万m^3，柴（塑）枕108万个。

3.工程实施效果

1）基本稳定了下荆江河势

下荆江系统裁弯后，经过系统的河势控制工程（1983～1997年），下荆江总体河势得到了基本控制，河道长度变化不大。系统裁弯前的1965年下荆江河道全长236.51 km，裁弯后的1975年为171.02 km，1993年为167.55 km，说明下荆江系统裁弯后的河势控制工程稳定了下荆江多变的河势，20世纪80～90年代河道调整已趋于新的平衡（表9.2）（潘庆燊和胡向阳，2011）。

表9.2　下荆江河段长度历年变化情况

年份	藕池口至塔市驿河段/km	塔市驿至城陵矶河段/km	藕池口至城陵矶河段/km	下荆江曲折率
1965	118.45	118.06	236.51	2.67
1970	92.40	92.24	184.64	2.08
1975	77.04	93.98	171.02	1.93
1980	75.86	95.72	171.58	1.94
1987	72.18	96.45	168.63	1.90
1991	70.95	96.74	167.69	1.89
1993	70.49	97.06	167.55	1.89

2）巩固了下荆江裁弯的工程效益

下荆江系统裁弯实施后的 20 余年间，当沙市水位为 45.22 m，城陵矶（莲花塘）水位为 35.80 m 时，沙市泄洪能力保持为 53 700 m^3/s，在防洪形势基本安全的前提下泄洪能力较 1954 年有一定的增加。已进行河势控制的河段，河道不再延伸，航运效益也得到巩固（表 9.3）。

表 9.3 荆江大洪水各站洪峰流量及水位

时间(年-月-日)	宜昌站流量/（m^3/s）	枝城站流量/（m^3/s）	沙市站流量/（m^3/s）	沙市站水位/m	松滋口流量/（m^3/s）		太平口流量/（m^3/s）	藕池口流量/（m^3/s）		城陵矶（莲花塘站）水位/m
					新江口站	沙道观站	弥陀寺站	管家铺站	康家岗站	
1954-08-07	66 800	71 900	50 000	44.67	5 950	3 700	2 470	11 100	2 770	33.95
1980-07-19	70 800	71 600	54 600	44.47	7 910	3 120	2 880	7 760	757	30.57
1998-08-17	63 300	68 800	53 700	45.22	6 540	2 670	3 040	6 170	590	35.80

3）荆江地区生态环境得到一定的改善

荆江河势基本稳定，有利于保持水生生物栖息地的多样性和稳定性，沙滩子自然裁弯故道已建成白鳍豚国家级自然保护区和麋鹿国家级自然保护区；有利于两岸工农业生产和生活取水条件的改善，并为防治血吸虫病创造了有利条件。

9.1.3 下荆江重要堤防隐蔽工程实施与效果

1998 年长江大洪水后，国家加强对长江中下游堤防的建设，下荆江河势控制工程也在以往基础上继续实施。根据 1983 年以来下荆江河势控制工程的实施情况和 1998 年以后下荆江的河势变化，2000 年以来长江科学院等单位对原定的下荆江河势控制工程方案做了补充调整，提出了下荆江各河段的河势控制工程设计方案，大部分已陆续实施。

1. 工程目的与要求

下荆江河道经过前期系统裁弯及河势系统控制工程（1983～1997 年）治理后，其总体河势得到了基本控制。1998 年长江大洪水后，下荆江局部段河势向不利方向发展，部分岸段崩岸剧烈、航道冲淤多变等，危及下荆江河段的河势稳定及防洪、航运安全。为此，下荆江重要堤防隐蔽工程中整治及河势控制工程的目的是，根据长江防洪规划的总体要求及荆江地区的防洪治理方针，通过对崩岸险工段实施新建护岸工程、护岸加固工程，对弯道水流顶冲段的矶头进行削矶改造，并对制约下荆江泄洪能力的裁弯新河的卡口处进行拓宽，以进一步控制并稳定有利河势，调整局部水流及河势，巩固前期治理的效果，增大河道泄洪断面及泄洪能力，保障两岸堤防及沿江城镇的防洪安全。

下荆江重要堤防隐蔽工程河道整治及河势控制工程的要求如下。

（1）突出重点，提升河道的防洪能力，使堤防及护岸工程可防 1998 年类似的大洪水。进一步提高下荆江河段的防洪能力是本次整治工程的首要问题，在保障全河段河道设计洪水时安全泄洪的前提下，重点整治泄洪不畅卡口段、迎流顶冲薄弱段，提高河道的防洪能力。

（2）因势利导，增强河道的河势稳定。河道整治及河势控制工程受河道演变各影响因素的制约，充分考虑河道演变趋势，因势利导布设是其工程稳定及发挥作用的内在要求，此外，工程自身的稳定在稳定河势的同时，也增强了河道的控制能力。

（3）统筹兼顾。下荆江重要堤防隐蔽工程河道整治及河势控制工程涉及湖北、湖南两省多个部门，以及江湖关系，上、下游关系，近期、远期关系等诸多方面，需统筹兼顾。

2. 工程布置

本阶段下荆江河势控制工程由石首河段、沙滩子自然裁弯河段、中洲子人工裁弯河段、上车湾人工裁弯河段、盐船套至荆江门河段和熊家洲至城陵矶河段共六个河段的河势控制工程组成，总体布置 118.07 km 岸线加固和新护，另有削矶 181 m，卡口拓宽 1 850 m 及部分退垸工程（表 9.4 和图 9.3）。

表 9.4　下荆江重要堤防隐蔽工程一览表（1998～2004 年）

工程河段	河段长度/km	工程位置	工程长度/km
石首河段	31.0	茅林口至古长堤河段、向家洲、送江码头、北门口、鱼尾洲	17.32
沙滩子自然裁弯河段	25.0	北碾子湾至柴码头河段、寡妇夹河段、金鱼沟河段、连心垸河段	14.72
中洲子人工裁弯河段	24.4	调关至八十丈河段、中洲子河段、鹅公凸至章华港河段	18.56
上车湾人工裁弯河段	41.0	新沙洲、铺子湾、天字一号、集成垸至天星阁河段、洪水港	31.87
盐船套至荆江门河段	20.0	杨岭子、团结闸、荆江门、11 号矶削矶	9.10
熊家洲至城陵矶河段	38.8	熊家洲、七弓岭、观音洲	28.53

3. 工程实施效果

下荆江河势控制工程总体布置 118.07 km 的岸线守护，自 1998 年开始实施以来完成岸线守护 99.49 km，尚有 18.58 km 护岸工程至 2008 年底尚未实施。通过河势控制工程的实施，取得了如下工程效果。

（1）稳定河势，保障了两岸堤防的安全。下荆江河道自然状态下平面变动频繁，连

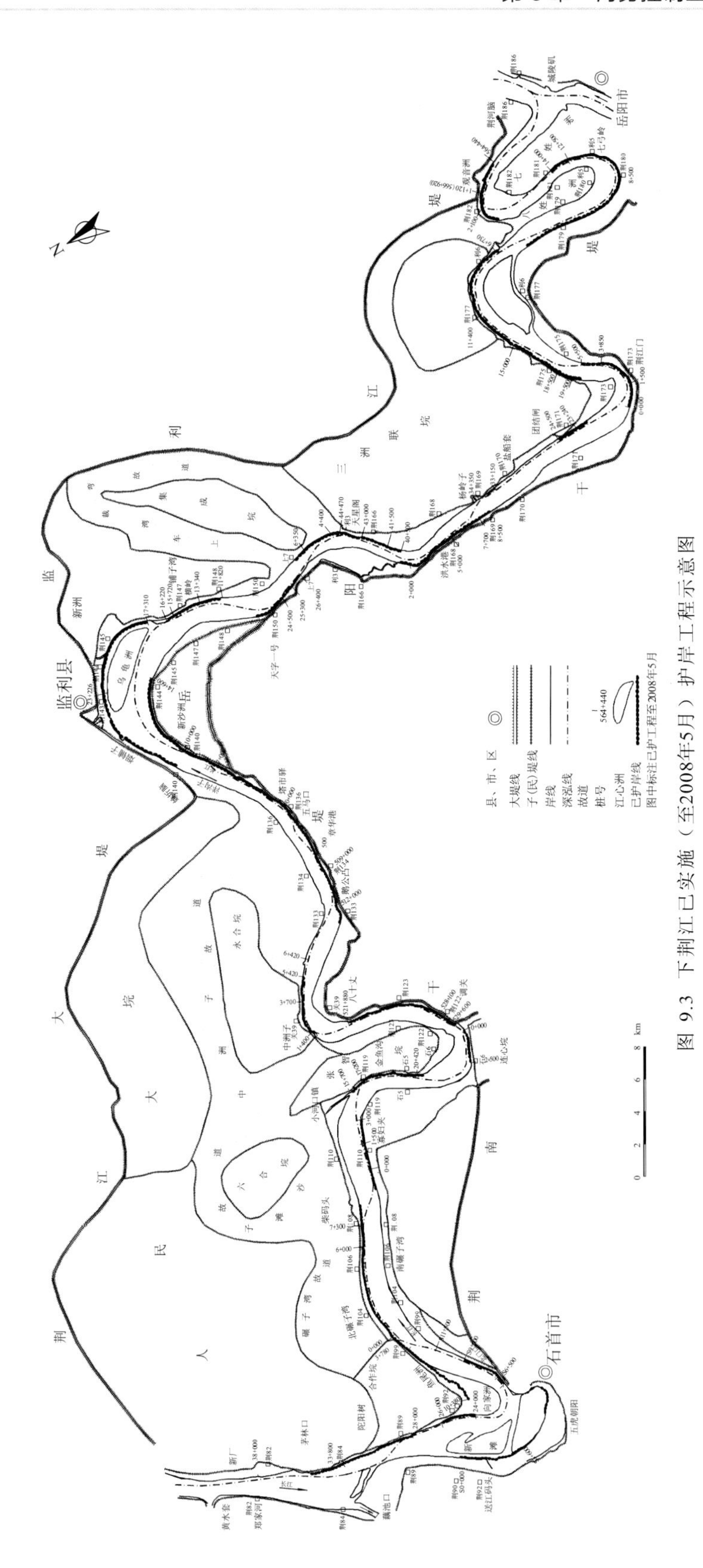

图 9.3　下荆江已实施（至2008年5月）护岸工程示意图

年崩岸，严重威胁堤防安全，以往采取的措施大多以退为守，每年耗费大量人力物力修堤退垸。例如，在全面实施鱼尾洲至北碾子湾河段护岸工程前，1999～2001年鱼尾洲和北碾子湾先后实施了三次退垸工程，2001年以后岸线全面守护，虽有多次崩岸险情，但均为局部崩岸，未实施新的退垸工程。下荆江裁弯工程竣工后经过持续实施河势控制工程，下荆江河势基本得到控制，堤防安全得到有效保障，堤防抗洪能力相应增强。

（2）抑制河势向不利方向发展，为进一步综合整治奠定了良好基础。石首河湾1994年发生向家洲撇弯后，下游河势急剧变化，右岸北门口一带崩势剧烈，并引起鱼尾洲至北碾子湾河段水流顶冲部位的大幅度变动，实施河势控制工程后，石首河湾河势基本稳定，北碾子湾至柴码头河段形成微弯河段，为碾子湾浅滩段航道整治创造了必要条件。中洲子人工裁弯段河势控制工程实施后，新河及其下游塔市驿一带形成的有利河势得以保持稳定。

（3）下荆江裁弯效益得到巩固。下荆江裁弯工程实施后30多年来，其防洪效益仍能有效保持，上荆江沙市站高水期（流量大于40000 m^3/s）同流量时水位较裁弯前降低0.3～0.5 m。下荆江河势控制工程实施后，河道不再延伸，下荆江河道长度较裁弯前缩短约70 km，航道效益也得以长期发挥。

9.1.4 下荆江河势控制应急工程实施与效果

1. 下荆江2006年度河势控制应急工程

三峡工程于2003年6月蓄水运用。由于水库调蓄，进入长江中下游河道的水沙过程发生明显改变，中下游河道发生自上而下的长时间、长距离的沿程冲刷，尤其是迎流顶冲段的冲刷更加剧烈，并引起河道河势相应的调整。下荆江河段受其影响较早，河道冲刷幅度较大，局部河段河势调整较为剧烈，并导致主流顶冲部位发生变化，引起新的崩岸，同时河床冲深，护岸工程的基脚必将受到较严重的淘刷，直接影响护岸工程的稳定。2004年9月，长江科学院根据近年来荆江局部河段出现的河势变化情况，并考虑到荆江河段将首当其冲地面临三峡工程拦蓄泥沙所引起的坝下游河道冲刷问题，提出了《荆江河段河势控制应急工程可行性研究报告》（长江科学院，2004），2004年12月水利水电规划设计总院对该报告进行了审查。水利部安排资金先期进行荆江河段河势控制应急2006年度工程项目建设，见图9.4和表9.5。

1）工程目的与要求

通过对对河势起控制作用、已有护岸工程薄弱地段及空白段的延护或加固，进一步稳定现有河势，减小三峡工程施工期“清水”下泄对下荆江河道冲刷的影响，增强河道防洪能力，保障荆江河段堤防工程和护岸工程的安全，控制河势不发生大的变化。

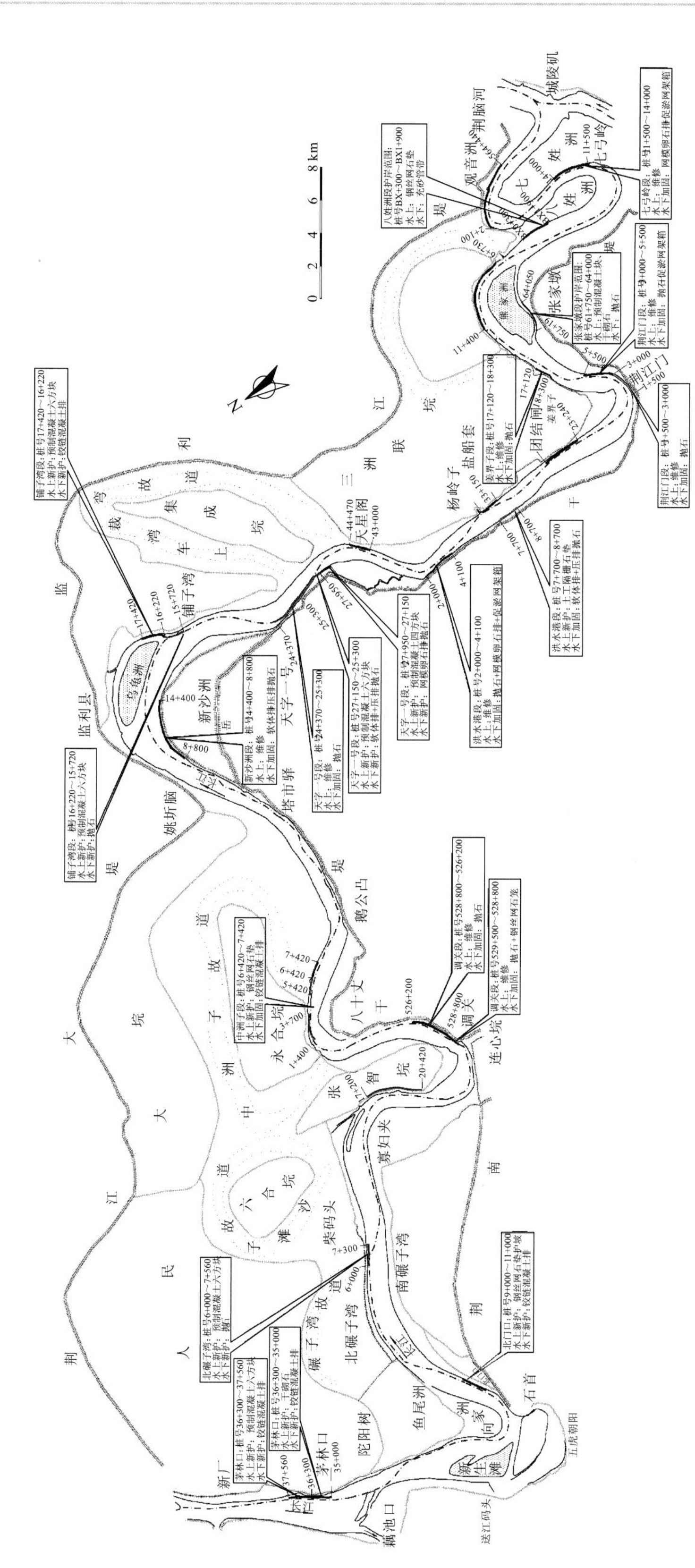

图 9.4　下荆江河段2003年以来已实施和已审批工程总平面布置图

表 9.5 荆江河势控制应急工程 2006 年度实施项目

序号	地段	岸别	水上护坡				水下护脚			
			桩号范围	长度/m	类别	材料结构形式	桩号范围	长度/m	类别	材料结构形式
1	茅林口	左	36+300～35+000	1 300	新护岸	干砌石	36+300～35+000	1 300	新护岸	铰链混凝土排
2	北碾子湾	左	6+000～7+300	1 300	新护岸	预制混凝土六方块	6+000～7+300	1 300	新护岸	抛石
3	铺子湾	左	16+220～15+720	500	新护岸	预制混凝土块	16+220～15+720	500	新护岸	抛石
4	天字一号	右	24+370～25+300	930	整修	干砌石	24+370～25+300	930	水下加固	抛石
5	天字一号	右	27+150～25+300	1 850	新护岸	预制混凝土块	27+150～25+300	1 850	新护岸	软排体+压排抛石
6	洪水港	右	7+700～8+700	1 000	新护岸	土工格栅石垫	7+700～8+700	1 000	新护岸	软排体+压排抛石
7	荆江门	右	1+500～3+000	1 500	整修	预制混凝土块	1+500～3+000	1 500	水下加固	抛石
	合计			8 380				8 380		

确定下荆江河段河势控制应急工程范围的原则如下。

（1）充分考虑现状河道特性及三峡工程施工三期和稍后荆江河段的演变趋势，控制与稳定现有河势。

（2）既要考虑当前的迫切需要，又要充分考虑将来全面整治的要求，做到远近结合。

（3）根据工程的紧迫程度和影响大小，实施最紧迫和最需要的工程。

2）工程布置

根据上述原则，在近岸河床演变分析的基础上，充分考虑已建工程情况及本年度经费安排，确定下荆江河势控制应急工程年度初步设计工程范围。工程包括三类：一是护脚工程，新护 4 650 m，加固 2 430 m；二是护坡整治工程；三是退堤加固工程 850 m，见图 9.4。

工程采用平顺护岸形式。以枯水位为界，分为水上护坡工程及水下护脚工程；按岸线现状分新护段和加固段，详见表 9.6。

表 9.6　下荆江 2006 年度河势控制应急工程护岸工程形式一览表

工程位置	工程桩号	水上护坡	水下护脚
茅林口	36+300～35+000	干砌石	混凝土沉排
北碾子湾下段	6+000～7+300	预制混凝土六方块	抛石
调关	529+320～529+380	预制混凝土六方块	
铺子湾	16+220～15+720	预制混凝土六方块	抛石
天字一号	24+370～25+300		抛石
	25+300～25+900	预制混凝土六方块	抛石
	25+900～27+150	预制混凝土六方块	软体排
洪水港	7+700～8+700	土工格栅石垫	软体排
荆江门	1+500～3+000		抛石

注：不含湖北、湖南两省已实施应急抢护工程。

2. 下荆江 2009 年度河势控制应急工程

1）工程目的与要求

针对三峡工程运用初期荆江河段冲淤演变情况及趋势，通过对对河势起控制作用、已有护岸工程薄弱地段及空白段的延护或加固，进一步稳定有利河势，减小三峡工程运用对荆江河道冲刷的影响，增强河道防洪能力，保障 2009 年及稍后荆江河段堤防工程和护岸工程的安全，控制河势不发生大的变化，工程布置见图 9.4 和表 9.7、表 9.8。

2）工程布置

工程包括新护段和加固段，均采用平顺护岸形式。各工程段工程形式详见表 9.9。

表 9.7 荆江河势控制应急工程 2009 年度实施项目

序号	地段	岸别	水上护坡				水下护脚			
			桩号范围	长度/m	类别	材料结构形式	桩号范围	长度/m	类别	材料结构形式
1	铺子湾	左	17+420～16+220	1 200	新护岸	预制混凝土六方块	17+420～16+220	1 200	新护岸	铰链混凝土排
2	北门口	右	9+000～11+000	2 000	新护岸	钢丝网石垫	9+000～11+000	2 000	新护岸	铰链混凝土排
3	调关	右	529+500～528+800	700	维修	干砌石	529+500～528+800	700	水下加固	抛石+钢丝网石笼
4	新沙洲	右	14+400～8+800	5 600	维修	干砌石	14+400～8+800	5 600	水下加固	软排体+压排抛石
5	荆江门	右	3+000～5+500	2 500	维修	预制混凝土块	3+000～5+500	2 500	水下加固	抛石+促淤网架箱
6	七弓岭	右	11+500～14+000	2 500	维修	干砌石	11+500～14+000	2 500	水下加固	网模卵石排+促淤网架箱
	合计			14 500				14 500		

表 9.8　三峡后续工作长江中下游影响处理（河道整治）工程 2011 年度实施项目

序号	地段	岸别	水上护坡				水下护脚			
			桩号范围	长度/m	类别	材料结构形式	桩号范围	长度/m	类别	材料结构形式
1	茅林口	左	37+560～36+300	1 260	新护岸	预制混凝土六方块	37+560～36+300	1 260	新护岸	铰链混凝土排
2	中洲子	左	5+420～6+420	1 000	新护岸	钢丝网石垫	6+420～7+420	1 000	新护岸	铰链混凝土排
3	姜界子	左	17+120～18+300	1 180	维修	预制混凝土块	17+120～18+300	1 180	水下加固	抛石
4	八姓洲西侧	左	BX+300～BX1+900	1 600	新护岸	钢丝网石垫	BX+300～BX1+900	1 600	新护岸	充砂管带
5	调关	右	528+800～526+200	2 600	维修	预制混凝土块	528+800～526+200	2 600	水下加固	抛石
6	天字一号	右	27+950～27+150	800	新护岸	预制混凝土四方块	27+950～27+150	800	新护岸	抛石+网模卵石排
7	洪水港	右	2+000～4+100	2 100	维修	预制混凝土块	2+000～4+100	2 100	水下加固	抛石、网模卵石排、促淤网架箱
8	张家墩	右	61+750～62+300	550	新护岸	预制混凝土块	61+750～62+300	550	新护岸	抛石
9	张家墩	右	62+300～63+400	1 100	维修	干砌石	62+300～63+400	1 100	水下加固	抛石
10	张家墩	右	63+400～64+000	600	新护岸	预制混凝土块	63+400～64+000	600	新护岸	抛石
	合计			12 790				12 790		

表 9.9　荆江河势控制应急工程 2009 年度护岸工程形式一览表

工程位置	工程桩号	水上护坡	水下护脚
北门口下段	9+000～11+000	新护，钢丝网石垫	新护，铰链混凝土排
调关	529+500～528+800	维修，干砌石	加固，钢丝网石笼+抛石
铺子湾	17+420～16+220	新护，预制混凝土块	新护，铰链混凝土排
新沙洲	8+800～13+400	维修，干砌石	加固，软体排+抛石
荆江门	3+000～5+500	维修，预制混凝土块	加固，抛石+促淤网架箱
七弓岭	11+500～14+000	维修，干砌石	加固，网模卵石排+促淤网架箱

3. 工程效果

为持续跟踪下荆江河段河势控制工程的治理效果，自 2007 年以来，每年分别在汛前、汛后对下荆江重要险工段的近岸河床地形进行了观测，以分析河势控制工程效果。左岸布置观测的有茅林口段、古丈堤段、北碾子湾段、中洲子段、铺子湾段、天星阁段、盐船套段、熊家洲段，右岸有北门口段、连心垸段、寡妇夹段、调关段、鹅公凸段。以下以茅林口段、北门口段和鹅公凸段为例分析工程的效果。

1）茅林口段

茅林口段（桩号 33+000～37+000）位于下荆江石首河段的左岸，该岸段近岸河床冲淤变化主要受其上游新厂长顺直过渡段主流线平面变化的影响。当主流线向左岸摆动，并沿茅林口段近岸河床下行时，该段近岸河床可能发生冲刷；反之，近岸河床可能发生淤积。对 2006 年 6 月～2014 年 11 月茅林口段河道实测地形资料（图 9.5、图 9.6、表 9.10）进行对比分析，茅林口段（桩号 33+000～37+000）近岸河床冲淤变化具有以下特点。

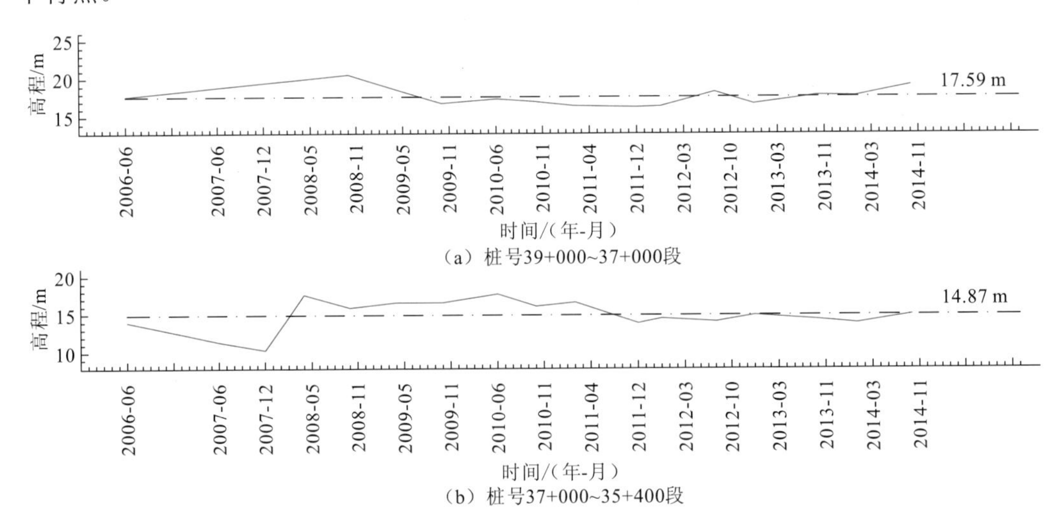

（a）桩号39+000~37+000段

（b）桩号37+000~35+400段

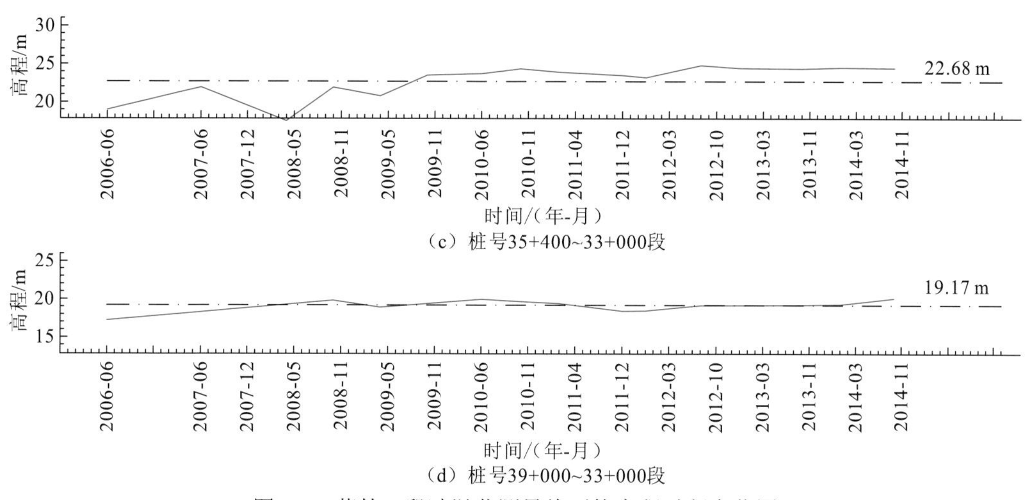

（c）桩号35+400~33+000段

（d）桩号39+000~33+000段

图 9.5　茅林口段冲淤监测导线平均高程时程变化图

表 9.10　茅林口段水下坡脚前沿冲淤监测导线平均高程统计表　（单位：m）

地形测绘时间	桩号 39+000～37+000	桩号 37+000～35+400	桩号 35+400～33+000	桩号 39+000～33+000
2006-06	17.69	13.98	18.97	17.21
2013-11	17.78	14.28	24.39	19.23
2014-11	19.11	14.94	24.47	20.09
2014 年冲淤	1.33	0.66	0.08	0.86
起止期间冲淤	1.42	0.96	5.50	2.88

（1）受茅林口上游周天河段航道整治工程的影响，蛟子渊江心滩稳定淤长，逐步与左岸相并，在中、枯水期一定程度上挤压主流使之向右岸摆动下行，茅林口段的近岸河床流态呈变缓趋势，有利于茅林口监测区域河床的淤积。2006 年 6 月～2014 年 11 月该段近岸河床总体表现为淤积，水下坡脚前沿平均淤积厚 2.9 m；淤积幅度较大的区段主要在桩号 35+400～33+000 段（下段），淤积量主要发生在 2008 年 5 月～2010 年 6 月。

（2）2013 年 11 月～2014 年 11 月该段近岸河床总体也为淤积，水下坡脚前沿平均淤积 0.9 m；淤积较大的区段主要在桩号 39+000～37+000 段（上段），该段水下坡脚前沿平均淤积 1.3 m。

（3）根据 2007 年 12 月～2014 年 11 月的汛后地形观测资料知，茅林口桩号 37+000～33+000 段水下边坡变缓。

2）北门口段

北门口段（桩号 6+000～12+000）位于下荆江石首弯道凹岸（右岸），其中，桩号 6+000～9+000 段已实施护岸工程，而桩号 9+000～12+000 段未实施护岸工程。对实测地形资料（图 9.7、图 9.8、表 9.11）对比分析表明，2006 年 5 月～2013 年 11 月，北门口段（桩号 6+000～12+000）近岸河床冲淤变化具有以下特点。

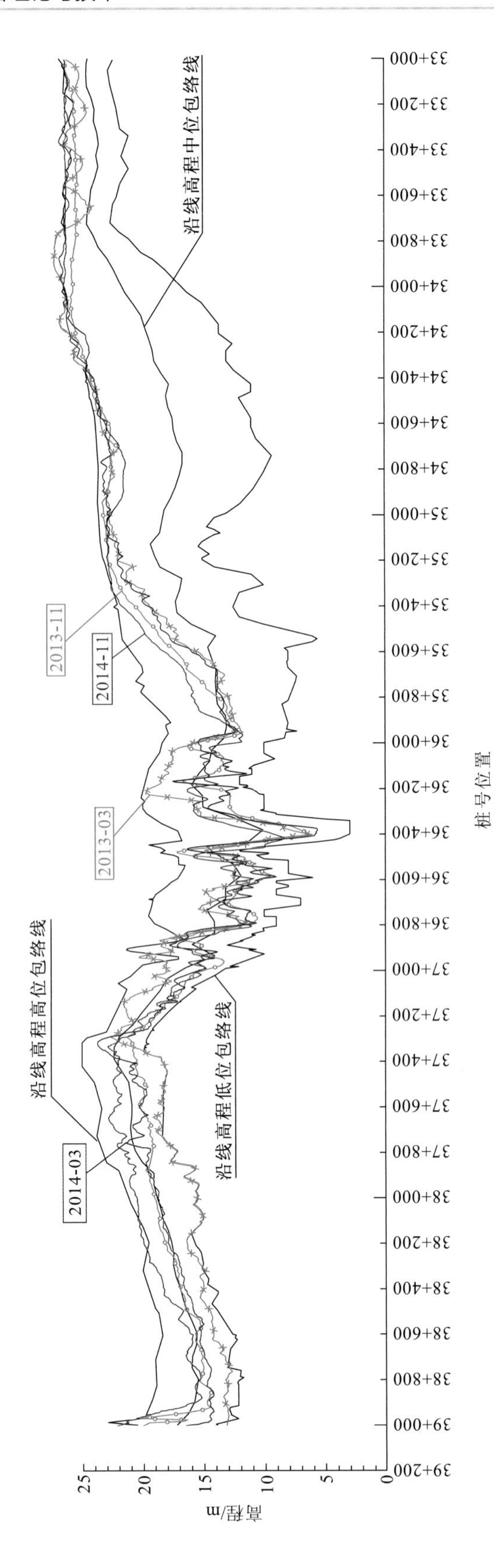

图 9.6 茅林口段水下坡脚前沿冲淤监测导线高程沿程变化图

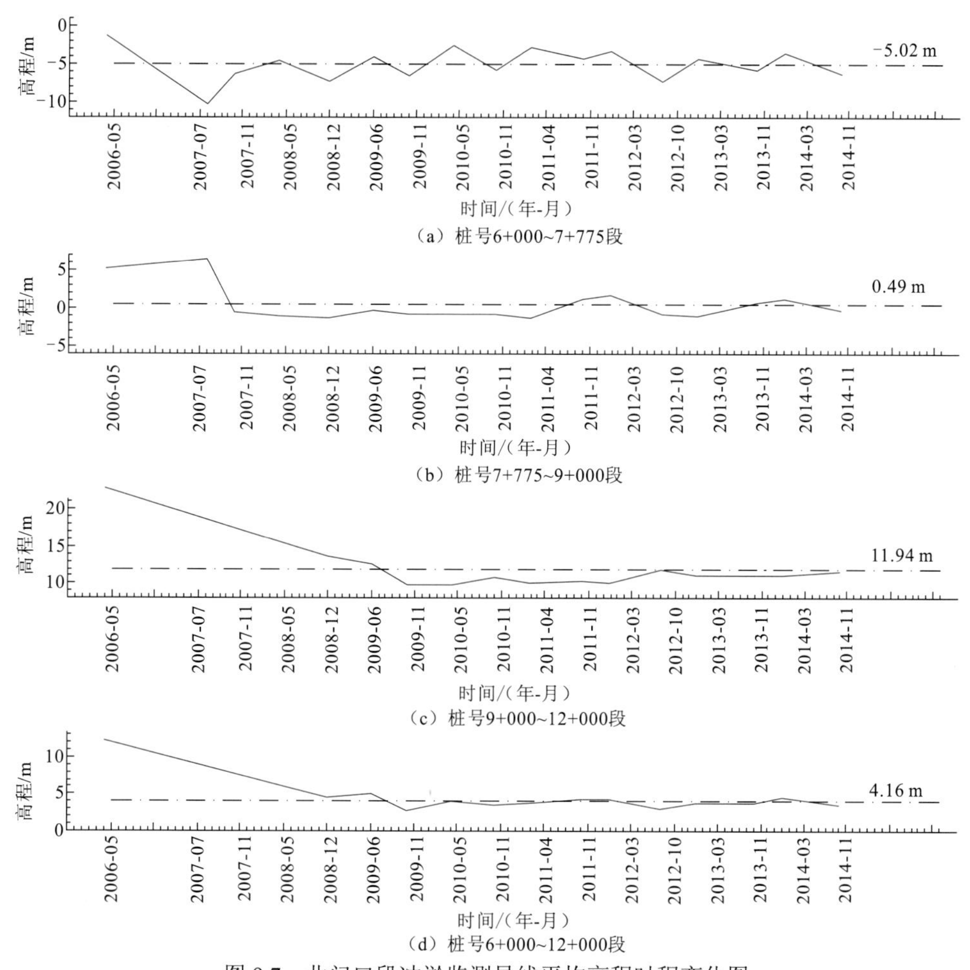

（a）桩号6+000~7+775段

（b）桩号7+775~9+000段

（c）桩号9+000~12+000段

（d）桩号6+000~12+000段

图 9.7　北门口段冲淤监测导线平均高程时程变化图

表 9.11　北门口段水下坡脚前沿冲淤监测导线平均高程统计表　　（单位：m）

地形测绘时间	桩号 6+000～7+775	桩号 7+775～9+000	桩号 9+000～12+000	桩号 6+000～12+000
2006-06	−1.11	5.32	22.91	12.21
2013-11	−5.80	0.83	11.19	3.84
2014-11	−6.19	−0.22	11.49	3.63
2014 年冲淤	−0.39	−1.05	0.30	−0.21
起止期间冲淤	−5.08	−5.54	−11.42	−8.58

（1）2006 年以来北门口段的近岸河床呈冲淤交替变化，总的情况是冲刷，桩号 6+000～9+000 段近岸河床冲刷主要发生在 2006 年 5 月～2007 年 11 月，2007 年 11 月～2014 年 11 月呈冲淤交替变化；桩号 9+000～12+000 段近岸河床冲刷主要发生在 2006 年 5 月～2009 年 11 月，2009 年 11 月～2014 年 11 月呈冲淤交替变化。北门口段近岸河床的冲淤变化受石首河段顺直进口段的河势调整影响比较明显，近岸河床的年内冲淤变化遵循年内水文特点而呈周期性变化。主要表现如下：在当地水位 33.0 m 以上的高水位期（倒

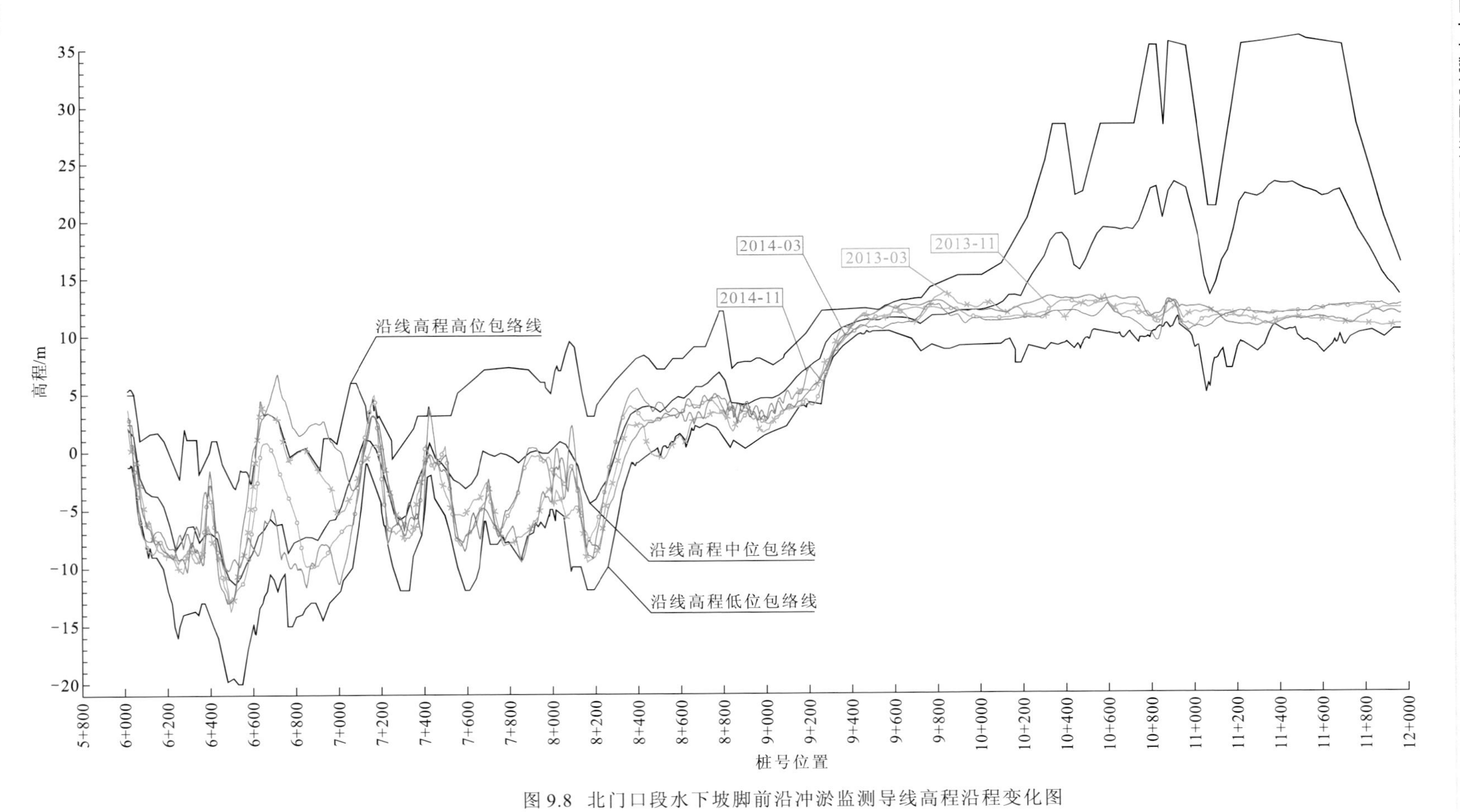

图 9.8 北门口段水下坡脚前沿冲淤监测导线高程沿程变化图

口窑心滩淹没），石首河湾主流趋中走直，北门口段的上段（桩号 6+000～8+000）近岸河床脱离主流区，近岸河床出现淤积现象；中下段（桩号 8+000～12+000）成为主流贴流顶冲区域，近岸河床冲刷，未护岸段岸线崩塌后退。在当地水位 33.0 m 以下的中、低水位期（倒口窑心滩出露），石首河湾主流归槽贴岸下行，北门口段的上段（桩号 6+000～8+000）近岸河床有所冲刷，北门口段的中下段（桩号 8+000～12+000）出现回淤现象。近几年来石首河湾凸岸边滩冲刷，弯道进口断面主流平面位置左移，有利于北门口段上段近岸河床的淤积。

（2）2006 年 5 月～2014 年 11 月北门口段近岸河床总的情况是冲刷，水下坡脚前沿平均冲刷幅度为 8.6 m；冲刷幅度较大的区段在桩号 9+000～12+000 段（下段），水下坡脚前沿平均冲刷幅度为 11.4 m，冲刷量主要发生在 2006 年 5 月～2009 年 11 月；冲刷幅度较大的部位主要在水下坡脚附近。

（3）2013 年 11 月～2014 年 11 月，北门口段（桩号 6+000～12+000）近岸河床总的情况是冲刷，水下坡脚前沿平均冲刷 0.2 m；冲刷主要发生在桩号 7+775～9+000 段，平均冲深约 1.0 m，该段水下坡脚前沿冲淤监测导线的沿程高程线在中位包络线和低位包络线间波动，属于需要关注岸坡稳定隐患的区间地段。

（4）根据 2007 年 11 月～2014 年 11 月的汛后地形资料，北门口桩号 6+000～9+000 段水下边坡护岸工程保护作用变化不大，水下坡脚内坡因河床冲刷呈变陡趋势；桩号 9+000～12+000 段岸线崩塌，从滩岸线崩塌的土方一部分未被水流带走，造成桩号 9+000～12+000 段水下边坡和坡脚内坡变缓。

3）鹅公凸段

鹅公凸位于微弯段的凹岸，主流顶冲部位的变化受其上游中洲子弯道河势调整的影响较为明显。鹅公凸桩号 509+000～512+000 段为已护岸段。2006 年 5 月～2013 年 11 月鹅公凸段（桩号 512+000～508+000）近岸河床冲淤变化具有以下特点（图 9.9、图 9.10 表 9.12）。

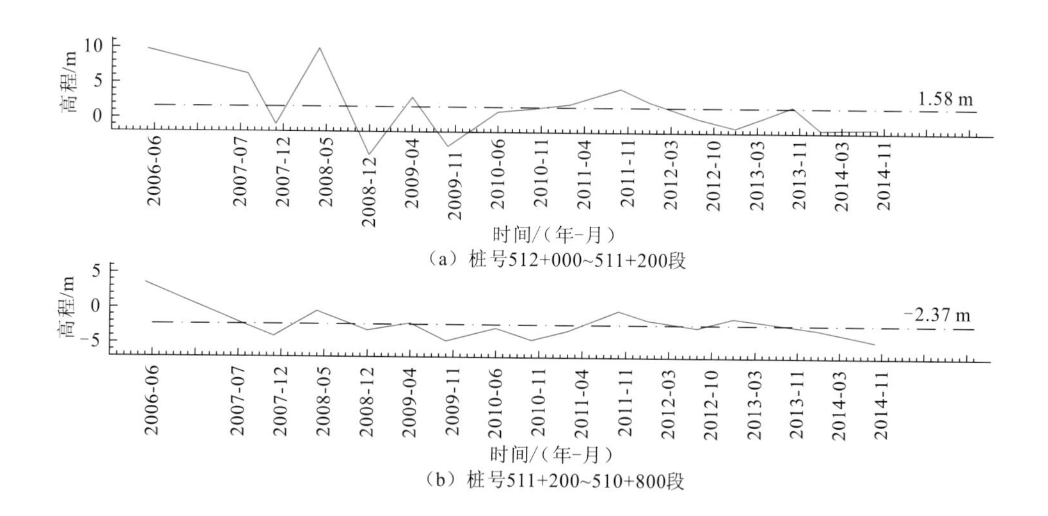

（a）桩号512+000~511+200段

（b）桩号511+200~510+800段

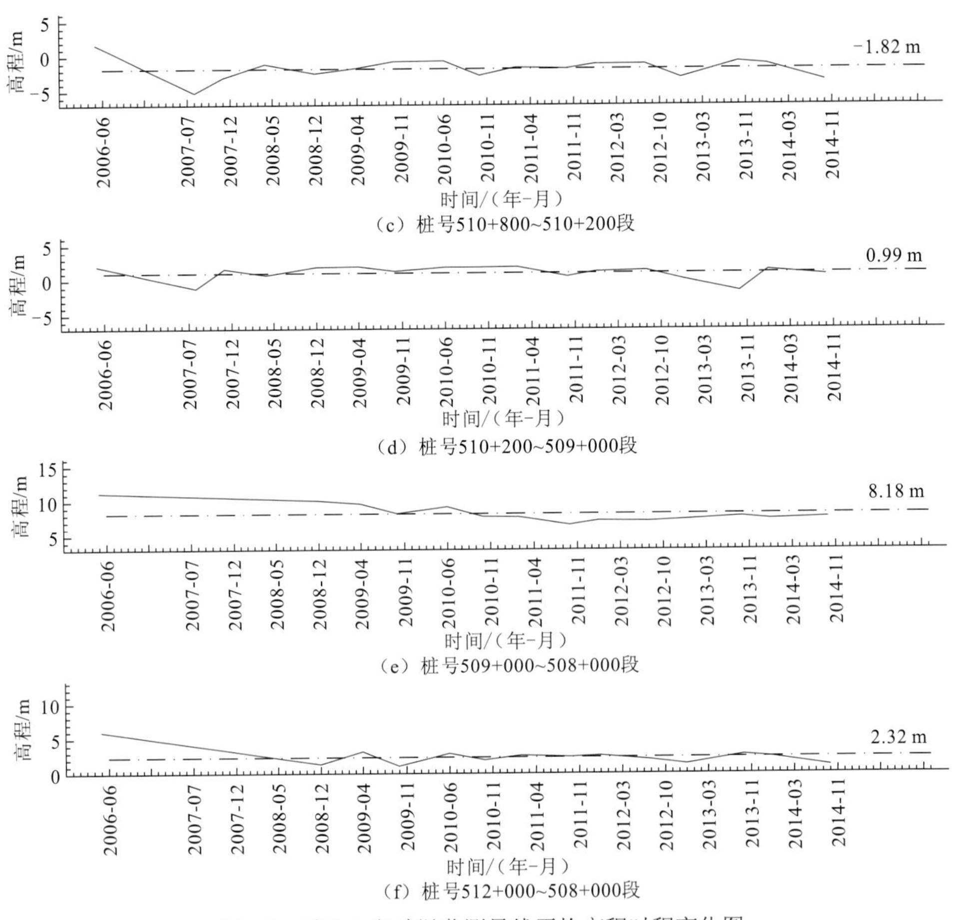

（c）桩号510+800~510+200段

（d）桩号510+200~509+000段

（e）桩号509+000~508+000段

（f）桩号512+000~508+000段

图 9.9 鹅公凸段冲淤监测导线平均高程时程变化图

表 9.12 鹅公凸段水下坡脚前沿冲淤监测导线平均高程统计表 （单位：m）

地形测绘时间	桩号 512+000～511+200	桩号 511+200～510+800	桩号 510+800～510+200	桩号 510+200～509+000	桩号 509+000～508+000	桩号 512+000～508+000
2006-05	9.73	3.50	1.67	2.00	11.20	5.95
2013-11	1.78	−2.45	−0.86	−1.64	7.72	2.60
2014-11	−1.40	−4.64	−3.56	0.64	7.58	1.03
2014 年冲淤	−3.18	−2.19	−2.70	2.28	−0.14	−1.57
起止期间冲淤	−11.13	−8.14	−5.23	−1.36	−3.62	−4.92

（1）2006 年以来，鹅公凸段近岸河床呈冲淤交替变化，总体为冲刷，冲刷量主要发生在 2006 年 6 月～2009 年 11 月；在年内同一水文时段内，沿程各分区段间呈冲淤交替变化（上段冲刷下段淤积或上段淤积下段冲刷）；在年内不同水文时段内，近岸河床主要表现为汛期淤积、汛后中枯水期冲刷的冲淤交替变化特点。

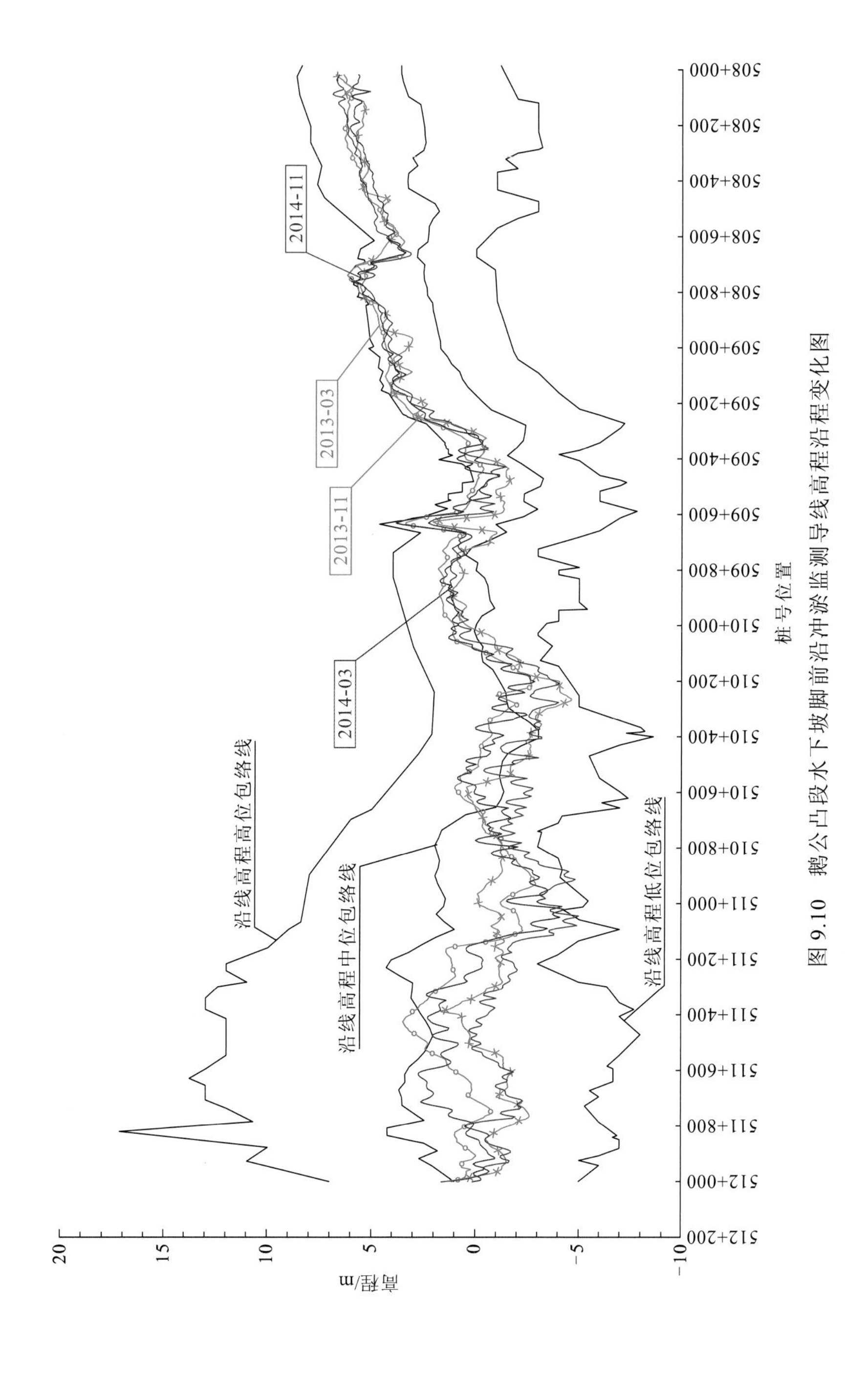

图 9.10　鹅公凸段水下坡脚前沿冲淤监测导线高程沿程变化图

（2）2006 年 5 月～2014 年 11 月鹅公凸段近岸河床总的情况是冲刷，水下坡脚前沿平均冲刷幅度为 4.9 m；冲刷幅度较大的区段在桩号 512+000～511+200 段、桩号 511+200～510+800 段（上段），水下坡脚前沿平均冲刷幅度分别为 11.1 m、8.1 m，冲刷主要发生在 2006 年 5 月～2007 年 11 月；冲刷幅度较大的部位主要在水下坡脚附近。

（3）2013 年 11 月～2014 年 11 月，鹅公凸段冲淤分布不平衡，桩号 510+200～509+000 段淤积（平均淤厚 2.3 m），桩号 512+000～511+200 段、桩号 511+200～510+800 段、桩号 510+800～510+200 段冲刷，这些地段平均冲深分别为 3.2 m、2.2 m、2.7 m，这些地段水下坡脚前沿冲淤监测导线的沿程高程线大部分在中位包络线和低位包络线间波动，属于需要关注的区间地段。

（4）根据 2007 年 11 月～2013 年 11 月的汛后地形观测资料，鹅公凸桩号 512+000～511+200 段水下边坡和坡脚内坡坡比分别为 0.489～0.733、0.067～0.509，变化幅度较大；桩号 511+200～510+800 段水下边坡变化不大，坡脚内坡呈变陡趋势；桩号 510+800～509+000 段水下边坡和坡脚内坡坡比分别为 0.422～0.496、0.233～0.419，变化幅度一般；桩号 509+000～508+000 段水下边坡和坡脚内坡坡比分别为 0.294～0.313、0.171～0.216，水下边坡变化不大，坡脚内坡呈变陡趋势。

综上可见，以上河势控制应急工程实施后，多数险工段近岸河床比较稳定，对稳定河势控制起到了较好的作用。随着三峡等上游控制性水库的陆续投入和运用，下荆江将表现为持续的冲刷状态，因此为保证下荆江河势的持续稳定，仍需针对河床冲淤和局部河势变化，继续适时实施相应的河势控制工程。

9.2　分汊型河道河势控制工程实施与效果

长江中下游干流河道以分汊河型居多，长期以来，分汊型河道存在着主流摆动、主支汊易位、洲滩冲淤变化频繁等问题，影响防洪安全、航道稳定，并不同程度地制约着沿江经济社会的发展。近 30 多年来，长江科学院、长江勘测规划设计研究院等单位先后对长江中下游界牌河段、武汉河段、九江河段、安庆河段、芜裕河段、马鞍山河段、南京河段、镇扬河段、扬中河段、澄通河段、长江口河段等分汊河段的治理进行了大量研究、规划与设计，并逐步实施，取得了良好的效果。以下以马鞍山河段和南京新济洲河段为例，分析河势控制工程的实施效果。

9.2.1　马鞍山河段河势控制工程整治效果

1. 第一阶段重点守护工程效果

1956～1998 年，马鞍山河段的整治以守护小黄洲洲头，左岸郑蒲闸、新河口、大荣圩至大黄洲河段、西梁山，右岸恒兴洲、腰坦池、陈焦圩、东梁山等崩岸部位为重点。

小黄洲是马鞍山河段河势稳定的重要节点，1964 年以后，小黄洲洲头受主流顶冲作用，崩坍后退超过 1 km，小黄洲右汊恒兴洲江岸水流顶冲点随之下移，为长江中下游变化较为剧烈的河段之一，严重影响着沿江马鞍山电厂、港区的安全及经济社会的发展。1971～1973 年对小黄洲洲头抛石抢护成功，小黄洲洲头大幅度的崩退得以遏制，小黄洲汊道段河势逐渐向稳定发展。1980～1996 年历经数次大洪水的严重冲刷，又对小黄洲左缘、小黄洲洲头至过河灯标等河段进行了数次护岸，小黄洲洲头渐趋稳定。小黄洲洲头抢护成功，开创了长江中下游分汊型河道以重点守护洲头从而控制分汊型河道河势的先例，对于丰富和完善长江中下游分汊型河道的整治理论与实践具有重要意义。此外，恒兴洲、郑蒲闸、新河口、大黄洲、西梁山等重点部位的守护，抑制了河道崩岸的发展，制止了江心洲洲尾的下移，对稳定河势起到了关键性作用；同时，制止了小黄洲右汊马鞍山市区深水岸线的下移及缩短，为马鞍山经济发展所必需的深水岸线提供了有力的支撑。

2. 第二阶段马鞍山河段一期整治工程效果

1998 年汛后，长江科学院开展了马鞍山河段整治研究，编制完成了《长江马鞍山河段整治工程可行性研究报告》（长江科学院，1999），提出了马鞍山河段一期整治工程方案，并于 1999～2002 年实施了马鞍山河段一期整治工程及长江重要堤防隐蔽工程和县江堤防渗护岸工程，分别对小黄洲洲头左右缘、人工矶头至电厂河段、腰坦池段、陈焦圩段等原护岸工程损坏严重段实施护脚加固工程，对小黄洲洲头左缘实施水下护脚，对小黄洲右缘村口实施水上护坡和水下护脚，对腰坦池段实施水上护坡；在长江重要堤防隐蔽工程和县江堤防渗护岸工程中，按照《长江重要堤防隐蔽工程和县江堤加固工程初步设计报告》（长江勘测规划设计研究院，2000b），对大黄洲段、郑蒲圩段、新河口段实施了水下抛石和水上护坎等护岸及加固工程。这些工程的实施对稳定河势和岸滩，保障防洪安全，促进地区经济发展具有重要作用，为本河段的进一步治理、岸线的开发利用奠定了基础。其效果主要体现在以下几个方面。

1）遏制了江心洲主汊主流大幅度摆动及大部分江岸的剧烈崩坍

江心洲左汊河道顺直宽浅，主流摆动幅度大，洲滩变化剧烈。1999～2002 年马鞍山河段一期整治工程及长江重要堤防隐蔽工程的和县江堤防渗护岸工程实施后，遏制了江心洲左汊、小黄洲右汊的主流大幅度摆动及小黄洲洲头左右缘、大黄洲、郑蒲闸、新河口等岸段的剧烈崩坍，为河势稳定起到了重要的作用（图 9.11、图 9.12）。

2）小黄洲左汊分流比变化趋缓

小黄洲右汊为主汊，左汊是支汊。实测资料表明，1981 年后小黄洲左汊分流比、分沙比逐渐增大，其中 1981～1998 年发展速度较快，分流比由 1981 年的 13%增至 1998 年的 23.6%，河势控制工程实施以后，小黄洲左汊分流比发展速度趋缓，2006 年 8 月实测小黄洲左汊分流比为 23.2%，2012 年 5 月实测小黄洲左汊分流比为 26.8%。小黄洲左汊分流比的稳定对于马鞍山河段的河势稳定及马鞍山经济社会的发展具有重要的作用。

3）改善了河段的防洪、航运条件，促进了沿江经济的发展

马鞍山河段左岸郑蒲圩、太阳河、金河口曾发生严重崩岸，造成堤外无滩或窄滩，

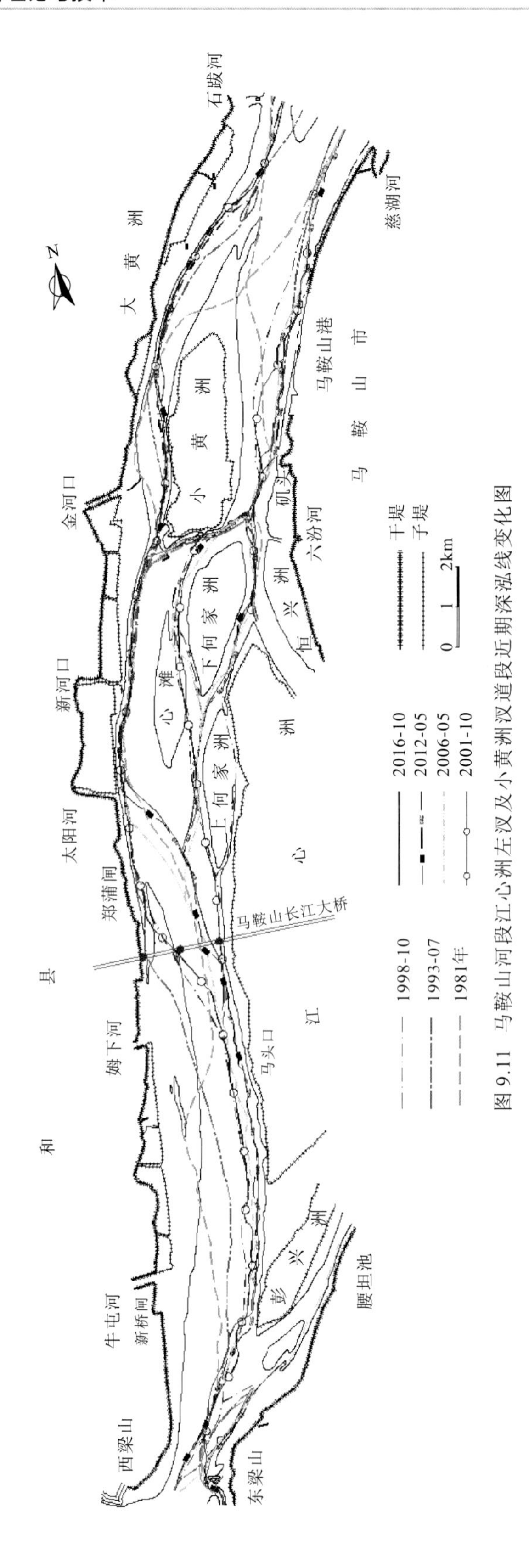

图 9.11 马鞍山河段江心洲左汊及小黄洲汊道段近期深泓线变化图

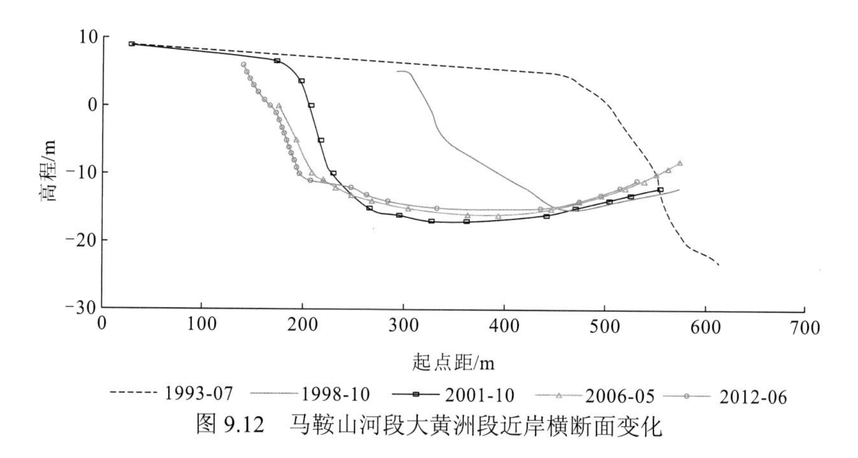

图 9.12　马鞍山河段大黄洲段近岸横断面变化

汛期年年出险，严重威胁和县江堤的安全，1999～2002 年工程实施以后，这些岸段崩岸大幅减缓，保护了长江堤防安全，同时江心洲左汊主泓摆幅减小，稳定了深水航道，航行条件得到改善。总体河势的稳定为两岸经济发展创造了有利条件。

9.2.2　南京新济洲河段河势控制工程整治效果

1. 第一阶段的整治效果

新济洲河段河势如图 9.13 所示。该河段第一阶段的整治主要是 20 世纪 70 年代及 1983～1993 年的集资整治工程，对七坝段岸线进行了守护。经过两次整险加固，到 1983 年以后，七坝段结束了岸线大幅崩退的历史（图 9.14），成为控制下游河势的关键节点，有了这一节点的控制作用，下游的梅子洲汊道、八卦洲汊道在 20 世纪 80 年代以后总体河势一直处于相对稳定状态。

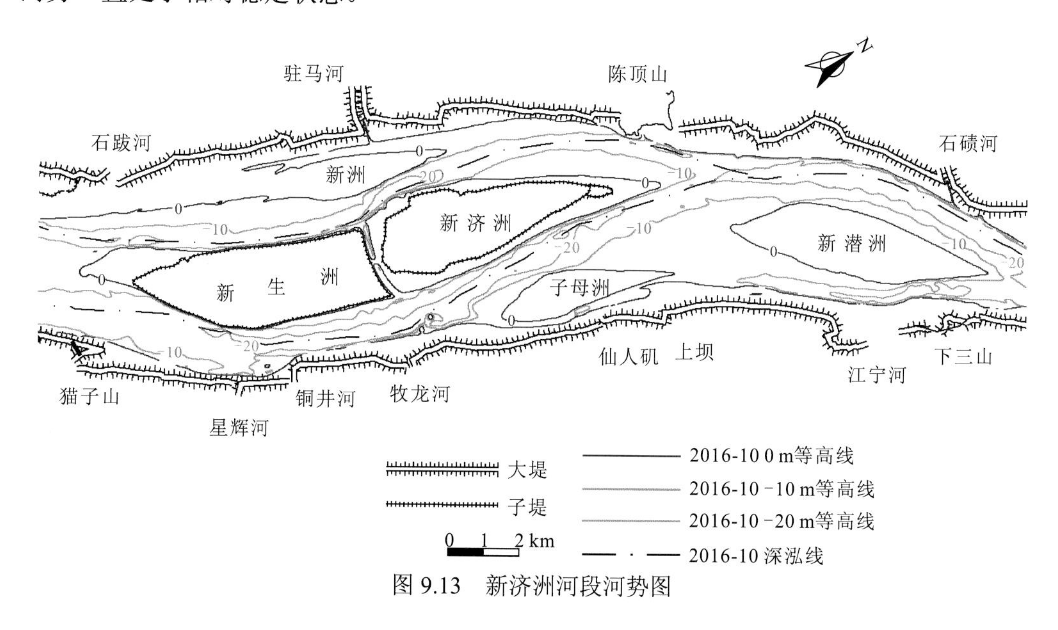

图 9.13　新济洲河段河势图

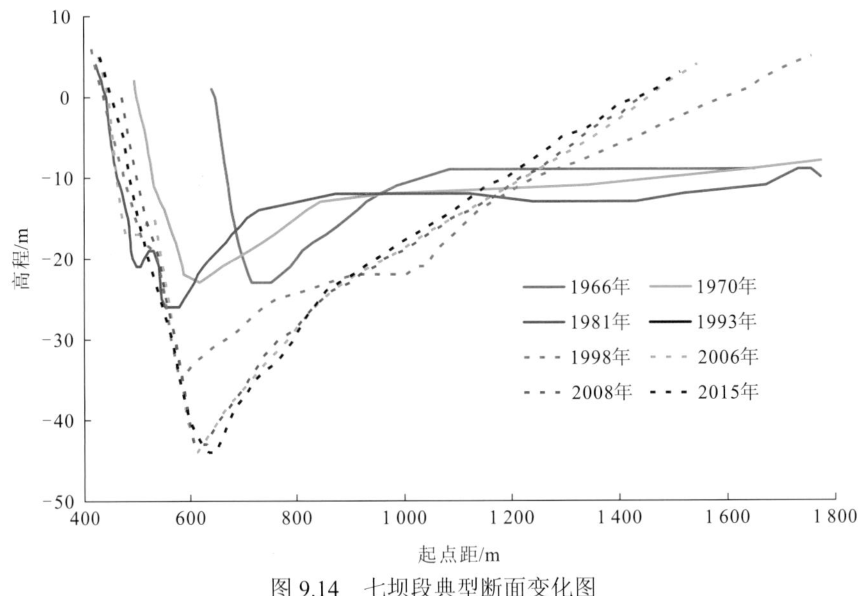

图 9.14　七坝段典型断面变化图

2. 第二阶段的整治效果

新济洲河段第二阶段的整治主要是在 1998 年大洪水后，对新济洲河段中汊口门进口上下游的西江横埂段、新济洲右缘中下段、铜井河口上下游段进行了守护，对七坝段原护岸工程进行了加固（长江勘测规划设计研究院，2000c）。通过实施西江横埂段护岸工程，消除了中汊大幅度发展的隐患；通过实施新济洲右缘中下段护岸工程，不仅稳定了新济洲右缘滩岸，而且减缓了七坝段顶冲点向上游发展的速率；通过实施铜井河口上下游沉排护岸工程，稳定了滩岸，保障了防洪安全，该段目前已经成为滩岸稳定、水域条件良好的优良港区；1993 年以后，七坝段岸线未再大幅后退，但由于新济洲右汊一直处于缓慢发展态势，七坝段顶冲压力增加，七坝段岸线水下坡脚大幅度刷深，岸坡稳定仍然存在隐患，在第二阶段整治中，对原护岸工程进行了加固，维护了节点的稳定。从图 9.14 可以看出，2006～2015 年，七坝段近岸水下坡脚已基本处于相对稳定状态。

3. 第三阶段的整治效果

2013 年开始的新济洲河段第三阶段整治封堵了新生洲、新济洲之间的中汊，在新生洲洲头实施了调整汊道分流比的导流坝工程；在新生洲右汊进口实施了防止右汊口门进一步扩大的左右岸护岸工程及护底工程；在新潜洲洲头及洲左缘、新潜洲右汊右岸实施了稳定新潜洲汊道分流格局的护岸工程；对七坝人工节点进行了加固，并将护岸范围上延到陈顶山，进一步加强了节点对河势的控制作用。

封堵中汊彻底消除了该河段河势大幅动荡的隐患，根据数学模型计算及物理模型试验研究成果，该项措施可增加新济洲左汊分流比约 1.5 个百分点，新生洲洲头导流坝工程可增加新济洲左汊分流比 0.74 个百分点，两项措施合计增加新济洲左汊分流比约 1.69 个百分点；在第一阶段及第二阶段的治理中，均未对新潜洲洲头采取工程措施，洲头近

30 年一直处于后退状态（图 9.15）。新潜洲右汊内分布有多座码头，洲头的后退对新潜洲汊道的分流格局造成严重不利影响，本阶段新潜洲守护工程的实施增强了河势的稳定，保证了新潜洲右汊内诸多设施的安全运行。

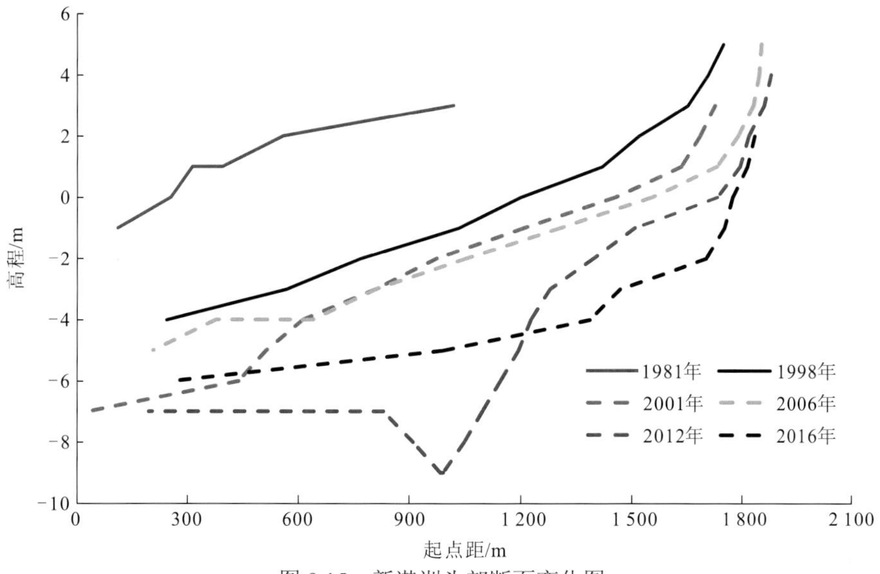

图 9.15　新潜洲头部断面变化图

第 10 章　重点河段河道综合整治工程实施与效果

20 世纪 80 年代后，长江沿岸经济发展迅速，河道综合整治需求上升，国家和地方经济实力增强，长江中下游河道治理从以河势控制为主转变为河势控制、河道综合整治及一般崩岸整治三种类型并举，多年以来形成了河道多目标协调综合整治技术体系，并开展了多个河段的治理实践，给长江中下游河道治理提供了技术参考。本章根据长江中下游重点河段多目标综合整治的历程，以界牌河段综合治理工程、武汉龙王庙综合整治工程、汉口江滩综合整治工程、澄通河段通州沙西水道整治工程和镇江河段整治工程为例，分别对以防洪和航运、城市河段综合利用、洲滩控制为主要目标的三类综合整治工程效果进行了详细分析。

10.1　以防洪和航运为主要目标的河道综合整治工程效果

在分析工程河段河道特性及其演变规律的基础上，通过统筹考虑以防洪、航运为主的各个方面的需求，妥善处理上下游、左右岸、各地区、防洪及航运等各部门之间的关系，明确重点，兼顾一般，提出适合工程河段的以防洪、航运为主的整治工程方案并实施。下面以界牌河段为例分析此类工程的整治效果。

10.1.1　治理的指导思想

长江中游界牌河段位于城陵矶以下 20 km，上起杨林山，下至石码头，全长 38 km（图10.1）。界牌河段为一顺直分汊河段，其基本河势和滩槽平面格局为，杨林山至谷花洲河道单一，谷花洲以下至石码头为分汊型河道。在顺直分汊河型的形成发育过程中，两岸局部滩岸崩塌不断发生。形成长而顺直的分汊河型，对防洪、航运极为不利。界牌河段综合治理总的目标是防洪护堤、改善航道，整治工程应尽可能不抬高城陵矶洪水位，不影响河道的泄洪能力。

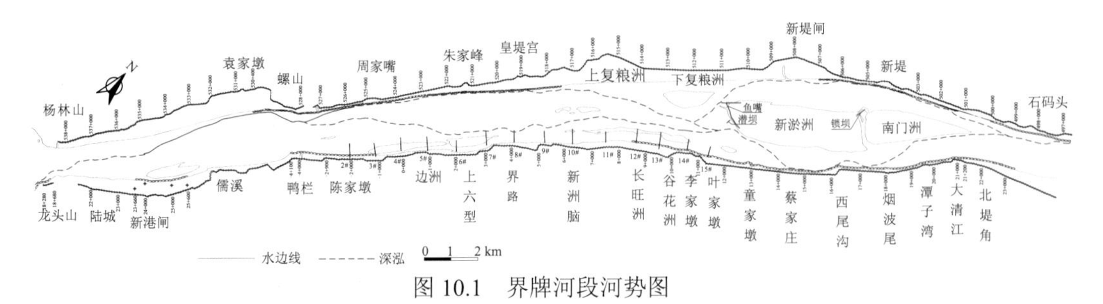

图 10.1　界牌河段河势图

10.1.2　工程治理方案

进入 20 世纪 80 年代，界牌河段防洪、航运问题日趋突出，引起了水利、交通部门和湖南、湖北两省各级政府及相关部门的高度重视。在国务院有关部委指导协调下，1986 年 8 月成立了由长江水利委员会牵头，各方参加的界牌综合治理技术小组，全面负责综合治理规划研究工作，确定了界牌河段防洪护堤、改善航道综合治理的总目标。自此至 21 世纪初，经水利与航道部门有关单位联合研究确定的最终整治方案为，在遵循本河段演变规律的基础上，充分利用现有河势，防洪护堤，固滩导流，稳定航槽，对界牌河段进行综合整治，具体方案已在 7.1 节详细介绍。

整个治理工程分为四个部分。

（1）右岸自鸭栏以下建 14 座丁坝，以堵塞上边滩与右岸之间的串沟、倒套，稳定上边滩，缩窄航道。

（2）在新淤洲头部修建鱼嘴，控制过渡段下移，稳定航槽。

（3）在新淤洲与南门洲之间的横槽进口建锁坝一座，使两洲连成一体，稳定该河段两侧分流格局，适当增加新堤夹下段流量，减缓淤积，改善洪湖港上下水道的通航条件。

（4）新堤夹下浅区进港航道疏浚工程。

10.1.3　工程实施情况

1994 年 9 月，水利部和交通部联合审查《长江界牌河段综合治理工程初步设计报告》（长江水利委员会，1994），确定工程概算总投资为 1.55 亿元。1994 年底，航道整治工程进入施工阶段，工程分 4 个年度逐步实施，由于航道整治工程规模较大，该阶段针对界牌河段河势变化趋势及各期航道工程施工顺序对河势的影响，长江科学院等科研单位进行了一系列动床模型试验研究。1995 年初，界牌河段综合治理工程航道整治第一期工程（兴建 6、7 号丁坝和新淤洲守护）竣工，为配合当年枯水季节实施的第二期工程，1995 年 11 月进行了第二期工程 2 个方案比选的动床模型试验。模型试验表明，实施方案 1（右岸兴建 3、4、5、8、9 号丁坝，新淤洲与南门洲间筑锁坝，新淤洲洲头守护）后，上边滩滩首冲蚀后退，中部滩体缩窄，洲尾向下延伸，倒套淤塞，枯季主流归槽较好，过渡航槽迹线较为平顺，方案 1 优于方案 2（右岸兴建 4、5、8、9、10 号丁坝，其余相同）。在实施第三期工程（修建 2、10、11、12 号丁坝）前，航道设计部门提出在实施第三期工程基础上，在左岸新堤夹口门修建 2 条护滩带及洲头顺坝。为此，1996 年 11 月对新堤夹口门实施护滩工程的可行性进行了试验研究。试验表明，新堤夹口门建护滩工程后将带来诸多方面的不良影响，不仅减少新堤夹水道进流，还将引起顺坝坝头的局部严重冲刷，同时增加工程左右岸近岸流速，建议设计部门在新淤洲守护工程头部的淤滩处修建护滩导流工程，以改善过渡段航道条件。1997 年枯季完成了三期工程，通过对工程实施后的效果分析，同年 6 月开展了新淤洲低滩守护工程动床模型试验，着重研究在已完建 2～12 号丁坝、新淤洲洲头守护及锁坝的基础上，利用不同工程措施方案（航道设计部门提出 3 个方案）使鱼嘴头部前缘新淤积的低滩与已建的鱼嘴连成一体，使过渡段分流点适当上提，减少枯季过渡段的水流分散程度，以利航道冲刷。3 个方案的试验成果表明，过渡航槽均可得到进一步改善，基本满足航道要求，从过渡段航槽及上边滩发育来看，新淤洲低滩守护工程方案更优。同年 9 月，根据专家审查意见，采用相同的试验条件对增补低滩守护方案进行了工程效果试验研究，结果表明增补方案实施后，过渡段明显上提，坝田淤积效果较好，新淤洲岸线稳定，效果明显。至 2000 年，界牌河段综合治理工程全面完成。

10.1.4 工程效果

界牌河段通过实施固滩、护洲及险工段守护等整治工程，基本达到了界牌河段综合治理预期目标，即河势得到有效控制，过渡段航道条件明显改善，新堤夹分流比有所增大，洪湖港作业条件显著改善，经历了 1995 年、1996 年、1998 年、1999 年较大和特大洪水考验，工程整体较为稳定，在控制河势、改善水道航行条件等方面，均达到了预期的效果。

1.控制和稳定了河势

整治工程实施以来，界牌河段河势总体上趋于稳定，过渡段深泓线摆动范围缩小，避免了工程实施前过渡段主流大幅上提下挫的格局。受整治工程、1998 年和 1999 年特大洪水及三峡“清水”下泄等因素影响，界牌河段近期演变的主要特点如下。

（1）随着螺山边滩的逐步下移，过渡段主流由 1993 年的朱家峰处下移至 2001 年的下复粮洲处，其后螺山边滩越过上复粮洲继续下移，过渡段主流则逐年上提，至 2006 年，螺山边滩下移至新堤夹进口处，过渡段主流上提至界牌一带，同时过渡段右岸丁坝群前沿冲刷，形成 10 m 深的连续河槽。

（2）三峡工程运用至 2006 年，界牌河段河床的冲淤总体上基本平衡，年平均流量下河床略有冲刷，淤积部位主要为枯水河槽，冲刷部位主要发生在枯水以上河床。

（3）随着过渡段主流的下移，新堤夹进流条件不断改善，其分流比逐步增大，1998 年汛期新堤夹分流比达 37%，1999 年汛期增大到 40%，2001 年 11 月增加至 56%（图 10.2）。

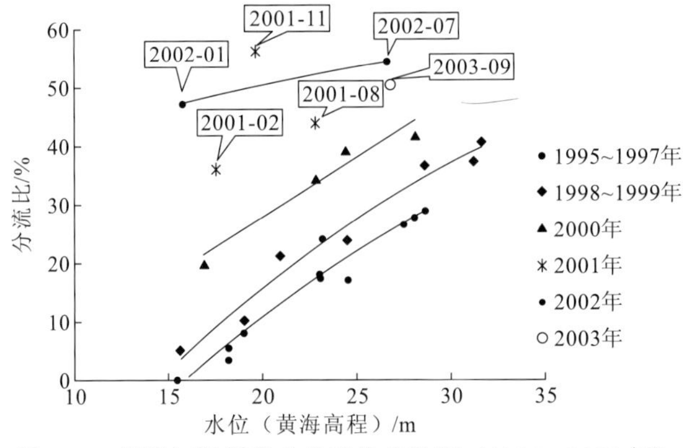

图 10.2　界牌河段新堤夹分流比变化图（1995～2003 年）

2. 改善了通航条件

右岸丁坝及新淤洲洲头鱼嘴工程实施后，过渡段稳定在上边滩滩尾至新淤洲洲头之间。过渡段河床高水期河槽淤积，枯季因水流集中河槽则表现为冲刷。自航道整治工程实施以来，航道基本只靠自然水深便可达到设计航道尺度，航道条件明显改善，基本避免了碍航事件的发生，同时航道维护工作也大为减少。此外，通过锁坝、鱼嘴及新堤夹疏浚等工程的建设，新堤夹分流比增大，河床刷深，洪湖港作业条件明显改观。

3. 提高了防洪条件能力

整治前，过渡段频繁上提下移，主流对河道堤岸的顶冲部位相应地不断变化，每年汛期界牌河段两岸均为重点险工段，耗费大量的人力和财力来防洪护堤。界牌河段综合治理工程实施后，消除了过渡段大幅度上提下移的条件，河势得以控制，主流顶冲点位置基本稳定，右岸主流顶冲点稳定在叶家墩以下，上游约 9 km 的岸线处于丁坝群保护之中；左岸主流随螺山边滩的下移有所变化，但基本稳定在朱家峰至上复粮洲河段。经历多次较大洪水，特别是 1996 年、1998 年、1999 年连续特大洪水的考验，两岸堤防安然无恙，改变了以往防洪险工段长、防不胜防的严峻局面。

10.2　以城市河段综合利用为主要目标的河道综合整治工程效果

根据城市经济社会发展的需要，充分考虑岸滩利用、环境整治、生态治理等要求，从防洪安全、河势控制、水资源开发利用等方面综合考虑确定整治方向和思路，提出适合城市河段的河道综合整治工程方案并实施。以下以武汉龙王庙综合整治工程、汉口江滩综合整治工程及澄通河段张家港市通洲沙西水道整治工程为例，分析长江中下游城市河段河道综合整治工程的效果。

10.2.1　武汉龙王庙综合整治工程实施与效果

1. 治理原则

武汉龙王庙，位于长江、汉江交汇处的汉口一侧。龙王庙段汛期防守有着极为不利的四大因素：一是河道弯曲，河势不顺；二是口门窄小，迎流顶冲；三是水位差显著，冲刷剧烈；四是地质条件差，渗水严重。因此，其有“武汉防汛第一险段”之称，历年都是武汉汛期防守的重中之重。在整治工程前的 42 年间，该险段一直采用抛石护岸，累计抛石量达 27.7 万 m^3，平均每延米抛石量高达 250 m^3。虽然多年的抛石对抑制险情发展起到了重要作用，但从多年运行情况来看，水下岸坡仍然陡峻，险情时有发生，为确保龙王庙险段在流速较大水流条件下的安全，仍需经常性地进行抛石加固。长江勘测规划设计研究院、长江科学院遵循“扩展口门，改善河势，除险加固，综合整治”的整治原则，研究提出了采用汉阳岸平均削坡后退 60 m（当黄海水位为 25 m 时，河宽达 280 m）的整治方案，以改善河势，同时采取工程措施，加固汉口侧堤防和岸坡。

2. 治理方案

汉口岸整治主要是解决驳岸墙抗滑稳定、岸坡整体稳定及防渗问题，并新修护坡来防冲，新修护岸来固脚。利用钻孔灌注桩和 L 形挡土墙，解决岸坡整体稳定问题，并对老驳岸墙进行加固；对驳岸平台和码头采用复合土工膜防渗处理，并在堤后设导渗沟排除渗水，降低渗透压力，解决防渗问题；水上岸坡新修护坡来防冲；水下抛石并结合铰链混凝土排，以稳固岸脚。龙王庙险段汉口岸工程布置见图 7.7。

汉阳岸削坡后退后，主流南移，汉阳岸近岸流速增加较多，需对开挖后的岸坡进行抛石固脚和护坡，以稳定新的岸线。为使南岸嘴地区人民免遭一般洪水之苦，并改善环境，沿新岸线修筑驳岸平台来进行防护。

长江科学院开展了武汉龙王庙险段综合整治模型试验研究工作（长江科学院，1998），分析了武汉龙王庙险段综合整治方案实施前后汉江河口段河势、流态、流速、水位及河床冲淤变化等情况，提出了优化工程方案并得到采纳实施。

3. 工程实施情况

龙王庙险段综合整治工程于 1998 年 11 月 20 日开工，1999 年汛前主体工程基本完工，2000 年 1 月工程全部竣工，2000 年 2 月 24 日通过竣工初步验收，2000 年 11 月 24 日通过竣工验收。共完成土石方挖填 147.04 万 m^3，混凝土浇筑 5.64 万 m^3，使用钢筋 2098 t，水下抛石 14.36 万 m^3，完成总投资 22675 万元。

4. 工程效果分析

1）解决了两江交汇段防洪安全问题

1999 年汛前主体工程完工后，已经受了几年大小洪水的考验，特别是 1999 年汛期，武汉关水位达到 28.89 m，仅次于 1954 年和 1998 年的水位，居历史第 3 位。经过综合整治、脱胎换骨后的龙王庙江堤经受住了这次特大洪水的严峻考验，由原来险象环生、岌岌可危的“险点”，成为防洪安全、环境优美、赏心悦目的“景点”。

2）解决了岸脚淘刷问题，稳定了两江交汇段河势

龙王庙险段水下护脚是该段综合整治工程的重要组成部分。如何解决迎流顶冲引起的岸脚淘刷问题，是护脚设计中的关键技术问题，实际工程中采用了铰链混凝土排技术（图 10.3），并得到了成功应用。具体方案为，首先对陡于 1 : 2.5 的岸坡抛石还坡至 1 : 2.5，然后抛一定厚度的块石防止板间空隙处床沙的冲刷，最后沉放铰链混凝土排。龙王庙险段整治工程实施后，每年对汉口整治段（桩号 38+900～39+988）进行两次水下地形测量。

由 1999～2003 年岸坡变化统计资料可知，1999～2000 年 3 号断面岸坡有所冲刷，2000 年以后冲淤基本平衡；5 号断面的岸坡趋于稳定（图 10.4、图 10.5）。

图 10.3　铰链混凝土排固脚

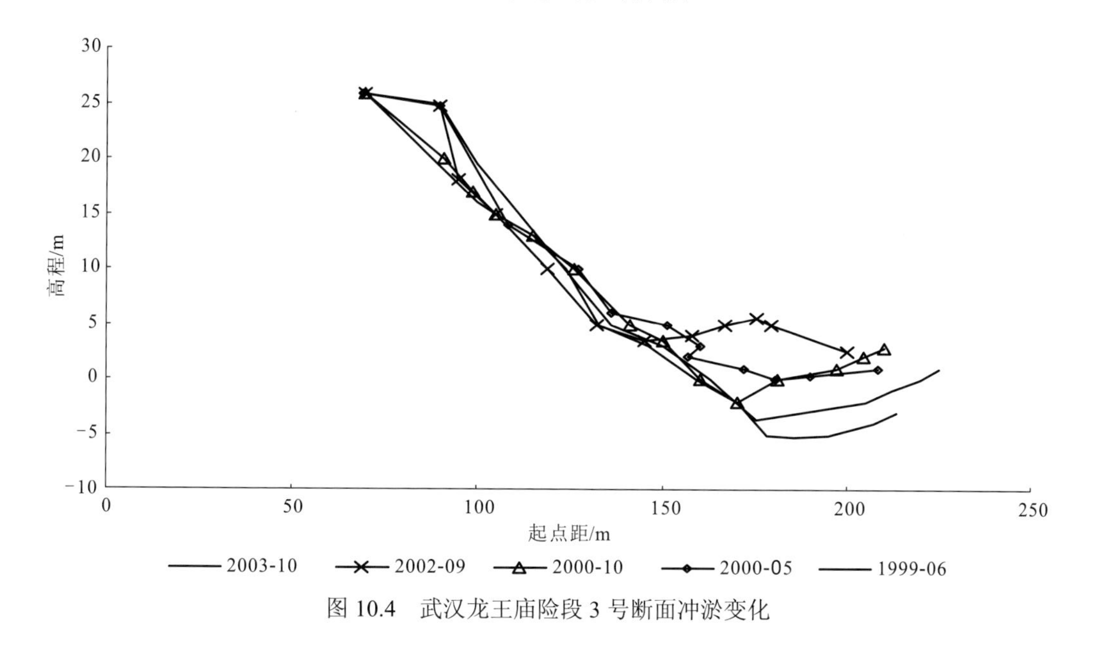

图 10.4　武汉龙王庙险段 3 号断面冲淤变化

3）改善了航运条件，提高了通航标准

整治工程也是一项“航运工程”。工程完工，扩宽了口门，疏浚了河道，减小了流速，使原来的四级航道提高到三级航道，改善了航运条件，避免了海损事故的发生。

龙王庙险段综合整治工程是一项“御洪工程”。工程完工，使汉江口门扩宽、河势改善、岸脚稳固，排除了汉江口门水患，大大地提高了城市堤防的御洪能力。整治工程是一项“社会工程”。按照设计，龙王庙险段综合整治的最终目的是把险点变成景点，工程的实施，为建设景点创造了条件（图 10.6、图 10.7）。

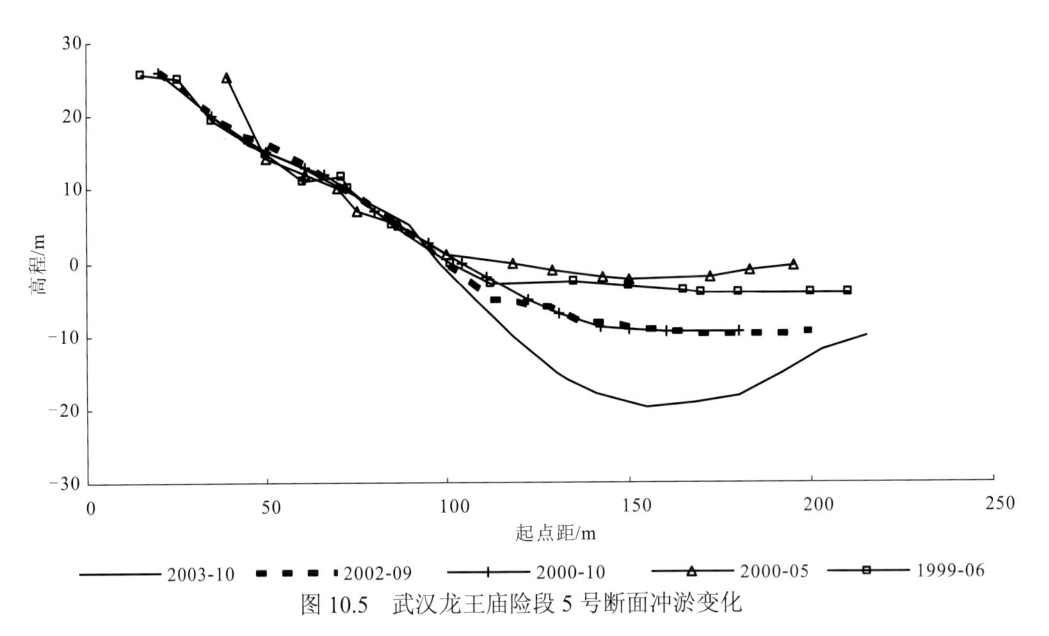

图 10.5 武汉龙王庙险段 5 号断面冲淤变化

图 10.6 武汉龙王庙险段综合整治工程南岸嘴护坡

图 10.7 武汉龙王庙险段综合整治工程

10.2.2　汉口江滩综合整治工程实施与效果

1. 治理的指导思想

汉口江滩综合整治工程以保证防洪安全为首要目标，以整治汉口沿江环境景观，改善人居环境，实现人水和谐为重要任务。根据武汉河段河道平面形态和河势特点，在确保整治工程范围内河道断面中高水过流面积，确保武汉河段泄洪通畅的前提下，综合考虑整治后河道岸线平顺，沿江城市环境景观优美，城市交通畅通，港域码头运行良好，水环境良好等因素，充分利用长江武汉河段的水土资源，改善武汉的投资环境，为武汉城市建设和社会经济的持续、健康、快速发展服务。

2. 治理方案

汉口江滩综合整治工程由江滩清障、河道疏浚、江滩吹填、岸线守护、环境景观工程等部分组成。其实施的思路如下：首先对汉口江滩进行防洪清障，拆除江滩上所有影响行洪的建筑；然后疏浚相关河道，提高河道的行洪能力，并结合疏浚和景观的要求对汉口江滩进行适当的吹填治理；最后对江滩进行护坡和护脚守护，确保岸线稳定。对治理后的汉口江滩及河道进行科学监测，并根据监测分析结果定期对河道进行疏浚维护；在上述治理的基础上，择机分期对汉口江滩进行环境建设，将经综合整治后的江滩建设成适合广大市民休闲、游玩、运动的公共绿地或公园广场，但不布设任何影响行洪的房屋建筑或其他构筑物（在大流量、高水位条件下，江滩仍为行洪通道），见图 10.8。

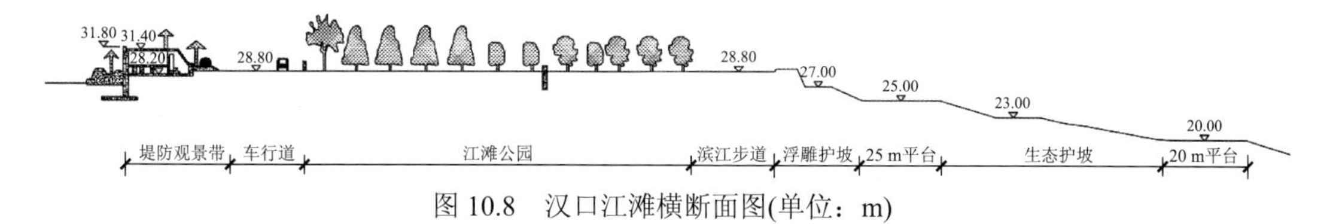

图 10.8　汉口江滩横断面图(单位：m)

治理范围及宽度主要根据武汉河段现状河道武汉关以下河道宽度逐渐变宽的平面形态，考虑岸线的平顺和河道断面过流能力确定。汉口江滩治理范围为从武汉客运港至后湖船厂，长约 7 km，治理宽度为 160 m（一元路）。

确定治理高程时，既要充分考虑本河段的河道平面形状和河势现状，又要确保本河段的防洪要求，尽可能地提高河道的过流能力，同时还应综合考虑整治后的汉口边滩环境景观，尽可能地减少治理后边滩每年受淹的时间和次数。考虑到整治范围内汉口边滩的高程基本在 20～26 m，长江中高水位时，汉口边滩上由于存在众多阻水建筑物，边滩上段已基本不能过流，下段过流能力也非常小。在保证整治后过流能力不被降低而有所提高的前提下，确定治理高程为 26.71 m（吴淞高程为 28.80 m，约相当于 10 年一遇）。

2000 年 12 月，受武汉市人民政府的委托，长江科学院和长江勘测规划设计研究院开展了汉口边滩防洪及环境综合治理工程的河工模型试验研究（长江科学院，2001b）和工程可行性研究（长江勘测规划设计研究院，2001d）。研究表明，通过拆除江滩阻水建筑物、疏浚河道、吹填、整理江滩、护砌岸坡等措施，可有效提高河道的行洪能力。2001年1月，武汉市人民政府邀请了包括院士、教授在内的20余位国内知名专家，就汉口江滩防洪综合整治问题进行了咨询。专家认为，对汉口江滩进行以防洪及环境优化为主的综合整治，是正确且必要的，此举体现了人与自然协调的治水新思路，符合可持续发展的要求。

3. 工程实施情况

汉口江滩防洪与环境综合整治工程，上起武汉客运港，下至堤角水厂闸口（图10.9），全长近10 km，平均宽度为160 m，高程为28.8 m（吴淞高程，下同），总面积约为160万m^2，分四期实施。一期工程上起武汉客运港，下至粤汉码头，长1.04 km，以大面积绿化和滨江公共休闲活动空间为主，绿地面积为14万m^2，展示城市景观，2002年10月完工；二期治理范围从粤汉码头至长江二桥，长2.36 km，总面积为78万m^2，工程由市政工程、园林绿化、防洪、体育健身设施、铺装工程和音响亮化六大部分组成，2003年9月完工；三期工程从黄浦路到后湖船厂，长3.56 km，主要建设内容包括全线改建防水墙和平台护坡，改建闸口16座，绿化面积40万m^2，迁移5座货运码头，建设场内道路及公共设施等，工程于2007年5月完工；四期工程上接三期工程，下至堤角水厂闸口，全长约3 km，总面积达16万m^2，工程充分融入海绵城市设计理念，将花海和海绵理念进行多元复合，主要建设内容包括防洪工程、园建工程和绿化，于2019年6月完工。以下以一期工程为例对主要组成部分进行介绍。

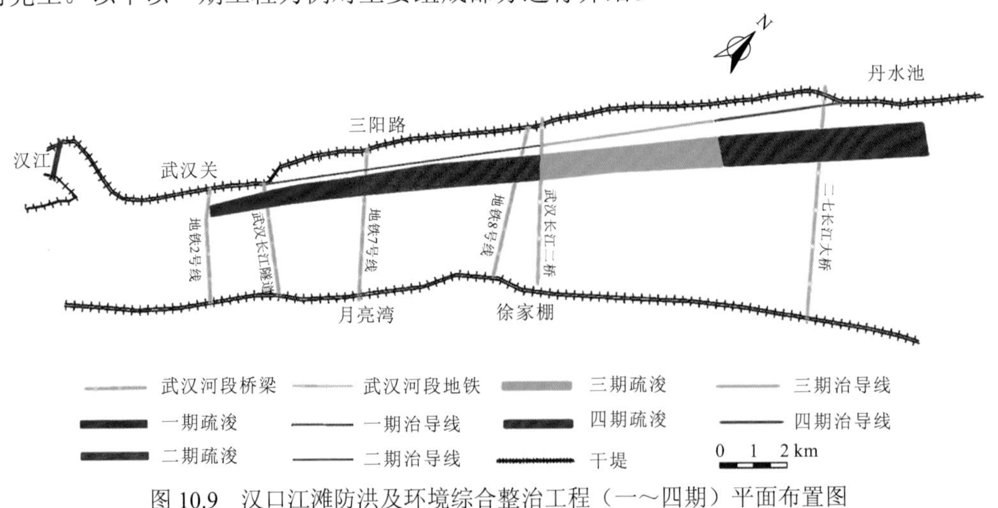

图10.9 汉口江滩防洪及环境综合整治工程（一～四期）平面布置图

1）吹填工程

一期工程在搬迁了58家企事业单位，拆除各类建筑物9.8万m^2之后，利用长江的泥沙对高低不一的低洼滩地进行了吹填，使其高程达到28.3 m，并覆盖了50 cm的种植土，形成了大型的滨江吹填平台（图10.10）。

图 10.10　汉口江滩滨江吹填平台

2）亲水平台工程

根据长江水位随季节变幅的特点将工程分为三级平台：一级平台是冬季亲水平台，高程为 20.00 m，宽度为 10 m，采用混凝土台面；二级平台为春、秋季亲水平台，高程为 25.00 m，宽度为 30 m，采用块石铺装台面；三级平台则是夏季亲水平台，高程为 28.8 m，宽度为 8～10 m，采用天然石材铺装。每级平台以 1∶3 的坡比相连，同时，二、三级平台均有大面积绿化，形成水景岸线（图 10.11）。

图 10.11　汉口江滩滨江亲水平台

3）林荫游憩带工程

林荫游憩带长 1 040 m，宽 160 m，是汉口江滩的主体，以绿色为主，沿着园林小路走，沿途有树、景、座椅、商亭、雕塑、饮水机等，其中有一条宽 4 m 的林荫小路，模拟长江流向蜿蜒穿行于绿地之中。林荫游憩带（图 10.12）栽种了各类乔灌木 70 多种，其中栽种乔木 4 331 株，灌木 23 万株，草坪 6 万 m^2，形成八大片（银杏、竹林、枇杷、桂花、雪松、樟树、广玉兰、乌桕）、二林荫带（樟树带、桂花树带）。同时，利用空间的起伏，合理有机地点缀趣味小品雕塑，联系沿线串珠状的活动场地，如观江平台、群众健身场、露天广场、中心广场、水上乐园等，形成一条横贯滩地的流线型散步活动空间，配以灯光、音响等，形成绿色空间和休闲文化乐园。

图 10.12 汉口江滩滨江林荫游憩带

4）堤防观景带工程

将原有防水墙改造成厢式防水墙，形成防水墙高台步道、堤防垂直绿化、缓坡绿化为一体的堤防观景带。人们在高程 31.50 m 的防水墙高台步道上游憩的同时，可远观长江，近观江滩全貌和堤内历史建筑群。防水墙高台步道上配有造型简洁且极具时代感的灯具，加上优美的音乐，突显出汉口江滩新世纪的时代风格。

4. 工程效果分析

汉口江滩综合整治工程实施后，拆除江滩上原有的各类杂乱无章的建筑物，搬迁企事业单位，迁出常住江滩的居民，促进了企事业单位的发展，解除了常住市民常年受洪水威胁的困境，极大地改善了江滩的环境，美化了市容，实现了人与自然的协调。工程实施符合新世纪治水的新思路和可持续发展的要求。工程对吹填形成的平台进行大面积绿化，禁止搭建任何房屋和其他阻水构筑物，大大改善了汉口江滩的防洪条件，有利于防洪。同时，汉口江滩综合整治工程的实施为武汉市民，特别是中心城区的市民提供了一个绿色亲水空间和文化休闲乐园，提高了市民的生活质量，同时也为武汉旅游事业的发展提供了一个突显武汉滨江城市特色的新景点。整治后的汉口江滩成为展示武汉形象的一张名片，带动了武汉两江四岸其他段的整治，取得了巨大的防洪、环境、景观、文化、旅游等综合效益，是国内外城市河段治理的典范。

10.2.3 澄通河段通州沙西水道整治工程实施与效果

1. 治理的指导思想

通州沙西水道的整治目标是在维持东水道绝对主汊地位的基础上，通过封堵滩面串沟、归顺涨落潮流路的方式增加西水道水流动力，贯通通州沙西水道深槽，促使通州沙汊道向“东水道为主汊、西水道为支汊”的稳定双分汊河型转化；通过疏浚工程，增加西水道航道水深，实现通州沙西水道（永钢专用航道）向上游的延伸，解决沿江口门进出船舶的通航问题，为张家港沿江港口码头与深水航道连接创造有利条件；通过南岸边滩整治工程，为张家港创造可资利用的土地资源和岸线资源，为张家港经济社会的快速可持续发展创造有利条件。

2. 治理方案

根据治理的思路，综合数学模型计算及物理模型试验多方案比选研究的成果，推荐的西水道整治工程包含以下三个部分（图 10.13）。

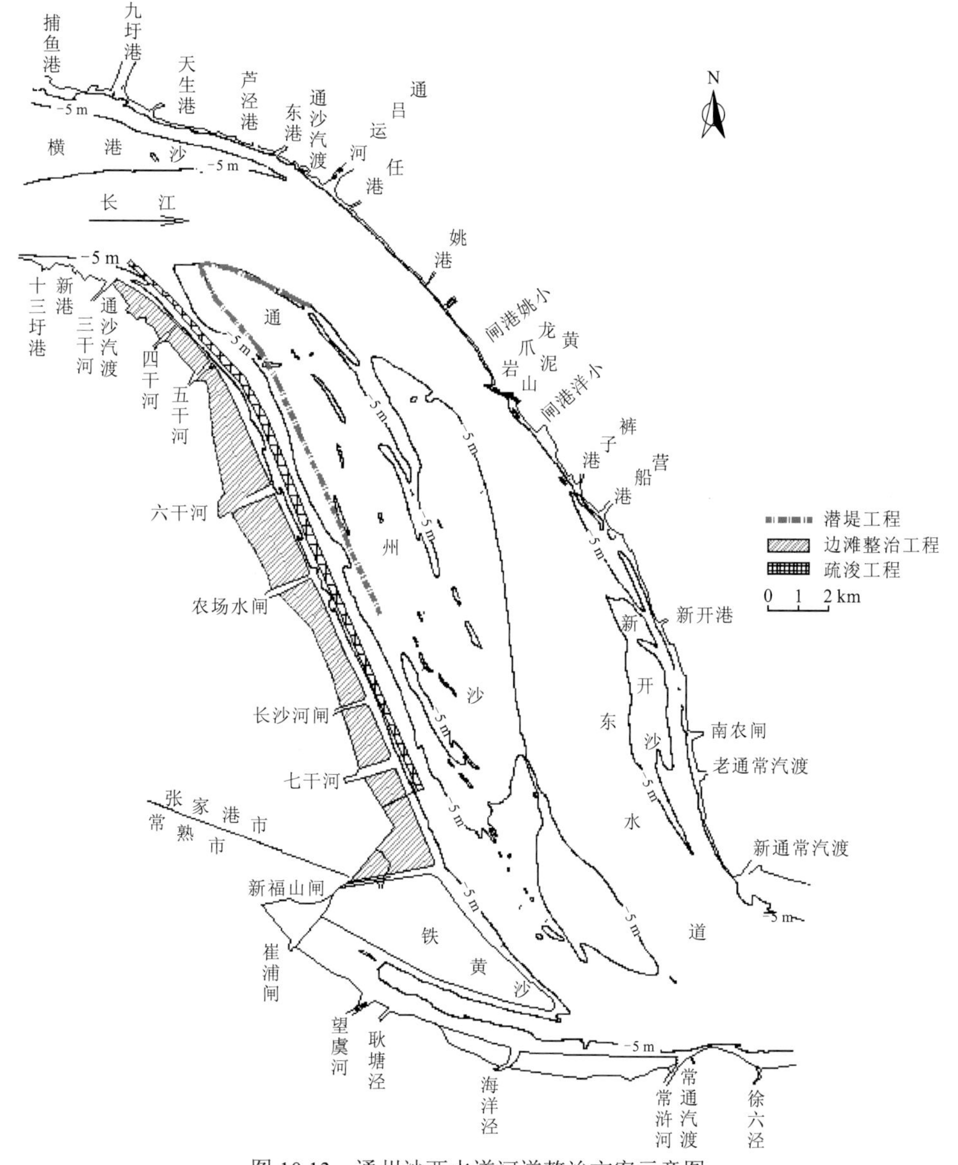

图 10.13　通州沙西水道河道整治方案示意图

1）西水道南岸边滩整治工程

对通沙汽渡至七干河河段下游 2 km 长约 20 km 的岸线按整治河宽 1.6 km 进行调整，治导线基本沿-2 m 等高线布置，以达到束水归槽，增加涨落潮水流动力，刷深河槽的目的。由于六干河附近近岸冲刷坑的发展对堤防安全构成很大的威胁，采取回填等工程措施封堵该冲刷坑。

2）通州沙右缘上段潜堤工程

从洲头开始，沿右缘往下至农场水闸布置潜堤，目的之一是堵塞洲体上段的分流串沟，将水流归顺到西水道主河槽内；目的之二是配合南岸岸线调整工程，缩窄西水道河宽，增加涨落潮水流动力，刷深河槽。通过多方案比选，潜堤平面位置依据南岸调整后的岸线，基本按照 1.6 km 的整治河宽布置，潜堤高程定为 1 m。

3）西水道上中段疏浚工程

对通沙汽渡至七干河口河段长约 20 km 的主河槽进行疏浚。疏浚标准按照与下游永钢专用航道（水深 10.5 m）对接考虑，即近期主要采取工程措施贯通-12 m 深槽，远期可结合工程建设和航道维护性疏浚的需要，逐步贯通-15 m 深槽。

3. 工程实施情况

通州沙西水道河道整治工程分三期实施。

1）一期工程

一期工程包括西水道南岸边滩围区 V（图 10.13 七干河至农场水闸河段）、通州沙右缘上段潜堤工程及西水道-8.0 m 疏浚工程。工程的主要目的是封堵通州沙滩面串沟，稳定通州沙沙体；对六干河近岸冲刷坑下游侧进行封堵，阻断涨潮流对近岸冲刷坑的进一步冲刷，为后续整治工程的实施创造条件；对西水道浅区段进行疏浚，达到-8 m 水深，初步实现西水道上下游贯通。

2011 年底，一期工程正式开工建设；2012 年 3 月，完成砂被施工；2012 年 4 月，完成龙口合龙；2012 年 5 月，完成全部袋装砂棱体及堤身砂施工，堤身到顶；2012 年 9 月，完成挡浪墙施工。

潜堤工程堤身结构分为一般段和深槽段，一般段采用抛石堤身结构，堤顶高程为 1.0 m，深槽段采用袋装砂+抛石结构，深槽段袋装砂填筑至高程-4.0 m，抛石堤顶高程为 1.0 m。袋装砂于 2012 年 5 月完成，深槽段抛石于 2012 年 4 月开始施工，2012 年 7 月完成。潜堤堤脚防护采用抛石下压砂肋软体排的形式，砂肋软体排于 2012 年 2 月开始施工，2012 年 7 月完成。

2）二期工程

二期工程包括西水道南岸边滩围区 III、IV（图 10.13 农场水闸至五干河河段）、西水道-10.0 m 疏浚工程。工程主要目的是，封堵六干河近岸冲刷坑，保障该区域的防洪安全；对西水道浅区段进行疏浚，达到-10 m 水深，实现西水道上下游深槽贯通。

二期工程于 2012 年 12 月开工，分两个水文年实施。2013 年 5 月，完成龙口合龙，完成全部袋装砂棱体、堤身砂施工，堤身到顶；2013 年 12 月底，围堤、吹填工程基本完工。

3）三期工程

三期工程分下游长沙河闸至新福山闸河段综合整治工程、上游通沙汽渡至五干河河段综合整治工程两部分（图 10.13）。工程的主要目的是进一步平顺南岸边滩岸线，稳定河势，为土地资源和岸线资源利用创造条件。

长沙河闸至新福山闸河段综合整治工程于 2013 年 12 月开工，2014 年 5 月完成全部袋装砂棱体、堤身砂施工，堤身到顶；2014 年 12 月底，围堤、吹填工程实施完成。

通沙汽渡至五干河河段综合整治工程于 2015 年 2 月开工，2015 年 5 月完成全部袋装砂棱体、堤身砂施工，堤身到顶；2015 年 12 月底，围堤、吹填工程实施完成。

4. 工程效果分析

1）封堵了滩面串沟，固定了通州沙沙体

通州沙右缘上段潜堤工程实施后，通州沙滩面串沟被封堵（图 10.14），漫滩水流被截断，通州沙沙体进一步向稳定的方向发展。工程实施稳定了通州沙沙体，形成了通州沙东、西水道稳定分流的双分汊格局，对澄通河段总体河势稳定发挥了明显作用。

图 10.14 通州沙右缘上段潜堤工程深槽封堵段现场照片

2）封堵了近岸冲刷坑，保证了防洪安全

20 世纪 90 年代中期以后，通州沙西水道六干河近岸形成了一个长条形冲刷坑，该冲刷坑自形成后一直在不断刷深和扩大，整治前-10 m 槽长约 1 km，右缘距离右岸仅为 60 m，严重威胁堤防安全。整治工程实施后，近岸冲刷坑已被封堵，消除了六干河上、下游的近岸深槽，在原主江堤外侧又形成了一条新的防洪屏障，保障了其后主江堤的安全（图 10.15）。

图 10.15　通州沙西水道六干河附近新建围堤护坡

3）改善了岸线条件，促进了地方经济社会发展

通州沙西水道整治工程一方面对南岸边滩岸线进行整治，平顺了 19.3 km 的岸线资源，另一方面对西水道浅区进行了疏浚，使得-10 m 深槽上下贯通，改善了西水道水深条件，为张家港提供了可资利用的岸线资源 19.3 km。

4）合理利用滩涂资源，缓解了土地紧缺的矛盾

张家港人均耕地面积为 0.6 亩[①]，远低于全国平均水平，人口密度为 900 人/km^2，远远超过全国平均水平。随着经济的高速发展和农村产业结构的不断调整，非农用地需求不断增加，土地紧缺的矛盾日益突出。本工程实施后，对滩涂资源进行了合理利用，新增土地面积 2.1 万余亩，缓解了土地紧缺的矛盾，有利于农用地资源的保护。

10.3　以洲滩控制为主要目标的河道综合整治工程效果

在分析工程河段洲滩演变特性和发展趋势的基础上，通过统筹考虑洲滩控制、主支汊控流等各个方面的要求，妥善处理上下游、左右岸、各地区、防洪及其他各部门之间的关系，明确重点，兼顾一般，提出适合本河段的以洲滩控制为主的整治工程方案并实施，以下以镇扬河段为例分析长江中下游以洲滩控制为主要目标的河道综合整治工程效果。

10.3.1　镇扬河段整治工程实施情况

自 20 世纪 50 年代以来，长江科学院等相关科研、设计单位和地方水利部门对镇扬河段的演变与治理开展了大量的研究工作，针对不同时期存在的主要问题，实施了相应

① 1 亩≈666.67 m^2。

的河道整治工程。20 世纪 50 年代初，六圩弯道左岸不断崩退，征润洲洲尾加速淤长下移并阻塞了镇江港焦山以西的出口。为整治镇江港不断恶化的出港条件，20 世纪 50 年代成立了镇江港整治委员会，于 1955 年疏浚航道，并在港区上游征润洲边滩龙门口附近开辟引河，但因引河口门处泥沙淤积量大、口门尺寸小，未能奏效。至 1962 年前后，镇江港池的淤积已非常严重，航道几近淤废。与此同时，为改变六圩弯道不断崩塌的不利局面、整治镇江港，长江流域规划办公室、南京水利科学研究所分别于 1960 年、1962 年提出了“六圩弯道护岸，下首建导流坝，舍弃和畅洲左汊；维护镇江港焦北航槽，或开挖焦南航槽”“六圩弯道护岸，和畅洲左汊建潜锁坝，镇江港开辟焦南航道”的整治方案。经多方研究后，开辟了焦南航道，并于 1964 年通航；1965 年长江科学院在河道演变分析、整治方案河工模型试验研究的基础上，提出了“近期六圩弯道与和畅洲头部护岸，以控制正在恶化的河势，维护焦南航道；远期扩大引河与堵和畅洲左汊”的整治方案。出于种种原因，上述各整治方案未能及时实施。对镇扬河段实施整治始于 20 世纪 70 年代，分为以下四个阶段。

1）20 世纪 70 年代重点守护工程探索阶段

20 世纪 50～60 年代镇扬河段六圩弯道段冲刷崩退较剧烈，和畅洲洲头也持续崩退，河势不断恶化。为抑制六圩弯道、和畅洲洲头及汊道江岸的崩退，对该河段实施了重点部位的守护工程。1970 年在六圩弯道修建了数座丁坝护岸工程，1972 年在六圩弯道下段沙头河口修建了护岸工程，开始了对护岸工程形式的探索。该段丁坝工程长 35～50 m，间距为 430～700 m。因丁坝间距较大，同时坝体结构单薄，多数丁坝先后出现了不同程度的坝头冲塌、坝体滑坡等安全问题。1974 年、1975 年对丁坝实施了加固，并对丁坝间实施了平顺抛石防护工程。该护岸工程共计长约 6 880 m，基本制止了弯道凹岸的剧烈崩塌及平面变化。1977～1981 年，沙头河口段采用块石及纯砾石实施了长 2 040 m 的平顺护岸，制止了顶冲点的下移。

和畅洲洲头于 20 世纪 60 年代中后期持续崩退。1972～1976 年和畅洲洲头左缘段实施了抛石、沉排、沉梢等形式的守护工程，长 2 095 m，和畅洲洲头右缘实施块石护坡护坎工程，长 2 323 m。1977 年和畅洲洲头发生强崩，左汊扇子圩鹅头型弯段发生切滩，洲东北角已建护岸工程崩塌约 200 m 长，左汊下段孟家港岸线受水流顶冲崩塌约 1 700 m。1977 年汛后，在和畅洲左汊口门实施了沉梢束流工程，1978～1980 年先后在和畅洲洲头、孟家港段实施了长约 540 m、650 m 的护岸工程，但受投资限制，工程较薄弱，均先后塌失。

2）1980～1993 年一期整治工程实施阶段

为进一步遏制六圩弯道中下段左岸冲刷崩退、右侧征润洲边滩淤积下移、镇江港焦南航道出口淤积延长并再次面临淤废的局面，同时，抑制和畅洲左汊 20 世纪 70 年代中后期开始不断发展的态势，1982 年 10 月，江苏省水利勘测设计研究院开展了镇扬河段整治应急工程初步设计研究（江苏省水利勘测设计研究院，1982），1983 年经国家计划委员会批准首先实施四项应急工程。1984 年 12 月，长江流域规划办公室编制完成了《长江南京、镇扬河段整治工程可行性研究报告》（长江流域规划办公室，1984），1986 年经国务院批复实施。由此，镇扬河段开始了历时 10 年的一期整治，于 1993 年竣工，主要实施了以下工程。

（1）六圩弯道及沙头河口上下段护岸工程：该段于 1983～1992 年先后实施，共计完成新建护岸 2404 m、护坎 4130 m、护坡 600 m，抛石加固 10184 m，加固丁坝 4 座。

（2）和畅洲洲头护岸工程：该段位于和畅洲洲头，于 1984 年 5 月～1992 年 9 月先后实施，共计完成新建抛石护岸 5467 m、护坎 4745 m，加固护岸长 5630 m。

（3）孟家港护岸加固工程：该段位于和畅洲左汊出口下段左岸，于 1986 年 11 月～1992 年先后实施，共计完成新建抛石护岸 3529 m、护坎 2174 m、护坡 200 m，加固护坎长 800 m、护岸长 1447 m、护坡长 460 m。

（4）龙门口护岸工程：该段位于世业洲汊道右汊出口右岸，于 1984 年 5 月～1992 年先后实施，共计完成新建抛石护岸 5491 m、护坎 4306 m，加固护岸长 1597 m。

（5）人民滩串沟封堵工程：该段位于和畅洲左汊分流口门左岸，采用土坝拦截串沟及漫滩水流，于 1985 年实施，土坝长约 1485 m。

（6）和畅洲东北角护岸工程：该段位于和畅洲左汊东北角，于 1990～1993 年实施，新建抛石护岸 960 m、护坎 960 m，加固护岸长 300 m。

此外，龙门口护岸工程 1992 年实施完成后，江岸渐趋稳定。鉴于该段已具备建港条件，1994 年镇江港遂将客运大轮码头迁移至此。

3）1998～2003 年二期整治工程实施阶段

20 世纪 90 年代长江连续发生了几次大洪水，镇扬河段世业洲左汊冲刷并呈增大发展之势，导致了世业洲汊道汇流区右岸龙门口段的强烈崩塌，加剧了六圩弯道左岸冲刷的水流态势，六圩弯道左岸已建护岸工程水下坡脚前沿刷深，1993 年 5、6 号丁坝间岸坡工程崩塌，扬州港客运码头发生损毁，沙头河口岸线崩塌，并致使和畅洲汊道分流区主泓左移，左汊口门冲刷扩大，左汊分流比持续大幅增加，和畅洲东北角发生 4 次大窝崩，左汊下段左岸孟家港岸坡冲刷变陡并发生窝崩。和畅洲汊道左汊的持续发展、右汊的持续萎缩，已严重影响右汊内工农业设施的正常运行和右汊的主航道地位。

为及时巩固并发挥一期整治工程的效果，进一步稳定河势，长江科学院于 1994 年 3 月编制完成了《长江镇扬河段二期整治工程可行性研究报告》（长江科学院，1994），于 1998 年 9 月通过水利部批复，并于 1998～2003 年实施完成。长江镇扬河段二期整治工程包括护岸工程及和畅洲左汊口门控制工程两项（图 10.16），其中实施完成的护岸工程的主要情况如下。

（1）十二圩至新冒洲河段新建护岸：该段位于仪征水道中部及世业洲左汊出口左岸，分别在金斗河口至仪扬河口河段、仪扬河口至康平船厂河段、扬州第四水厂段新建抛石护岸 820 m、1200 m、900 m，共计 2920 m。

（2）世业洲洲头新建护岸：该段位于世业洲头部，新建护岸约 1425 m。

（3）龙门口至引航道口门护岸：该段位于世业洲汊道右汊出口右岸，龙门口上段新建护岸工程 2500 m，龙门口下段护岸加固 2900 m，其下游引航道口门新建护岸工程 850 m。

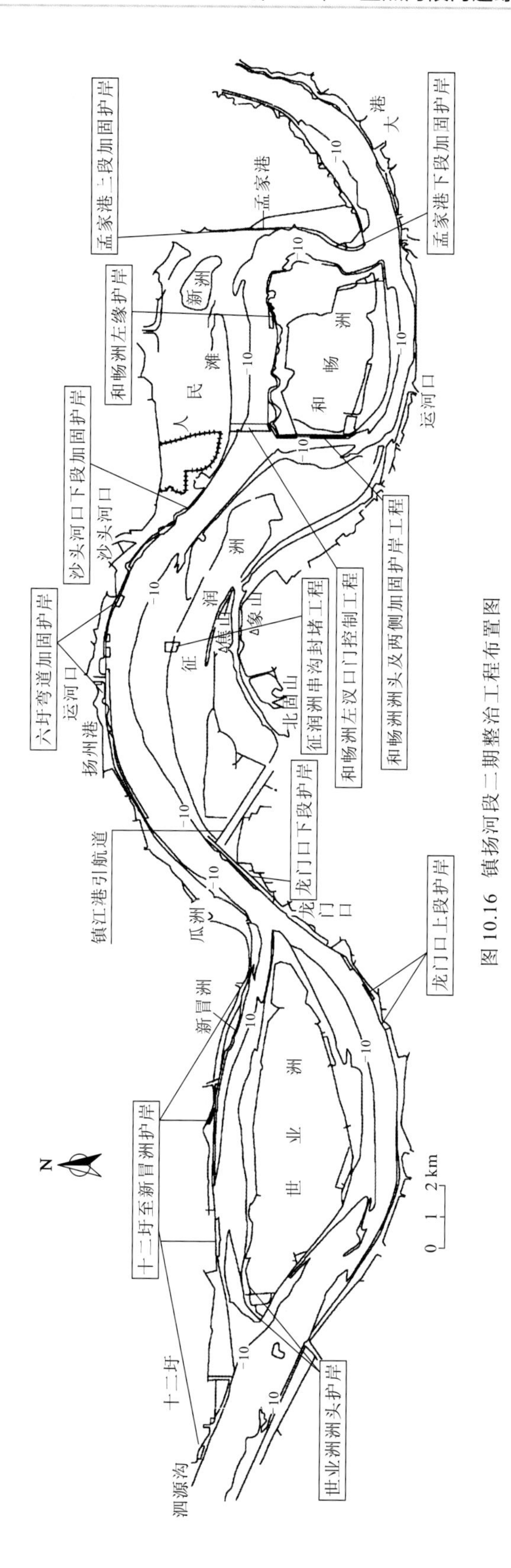

图 10.16 镇扬河段二期整治工程布置图

（4）六圩弯道护岸加固：该段在六圩弯道丁坝群附近长 1 860 m，在沙头河口上游都灯段长 600 m，共计完成加固护岸 2 460 m。

（5）沙头河口下段护岸加固：该段位于沙头河口下段，共计完成加固护岸 1 080 m。

（6）和畅洲洲头两侧及洲北缘护岸：该段对和畅洲洲头及两侧加固护岸 2 910 m，和畅洲左汊东北角新建抛石护岸 1 335 m。

（7）孟家港段护岸加固：该段位于和畅洲左汊出口下段左岸，完成孟家港下段新建抛石护岸 1 400 m，孟家港上段护岸加固 2 085 m。

和畅洲左汊口门控制工程是二期整治工程中最重要、难度最大的工程，其整治方案详见第 7.3 节。该工程 2002 年开始实施，2003 年竣工。

该潜坝工程位于和畅洲左汊口门处，主坝体位于深槽部位，其左右侧以土堤与两岸连接。主坝体长 1 102 m，坝顶高程为-20～-5 m，最大坝高约为 30 m，平滩水位时坝前最大水深约为 53 m。坝顶设计宽度为 10 m，上游侧边坡坡度为 1∶2.5，下游侧边坡坡度为 1∶3。坝体由聚丙烯编织布（单位面积质量为 126～130 g/ m^2）袋充砂形成，砂袋的直径为 1.2 m，长为 10 m；每个袋上开 3 个直径为 20 cm，长为 50 cm 的袖口，为充填河沙的进口。为提高砂袋的保沙性能和坝体的稳定，坝体表层砂袋的袋布采用复合土工布（150 g/m^2 聚丙烯编织布+150 g/m^2 无纺织布），砂袋的直径为 1.5 m，长为 10 m。对砂袋进行加筋处理以增加袋的强度，沿袋长纵向封闭加筋，每个袋子均匀地加筋 2 圈，纵筋单位长度质量不小于 46 g/m，宽为 0.05 m，抗拉强度应大于 5 kN/根；横向则间隔 1 m 加箍筋，箍筋单位长度质量不小于 27 g/m，宽为 0.03 m，抗拉强度大于 3 kN/根。对坝体上下游河床进行护底，其中坝体下游右侧深槽（-20 m 以下）护底长度（以与坝脚线的距离计，下同）最大为 190 m（含防冲层，下同），最小为 130 m，深槽（-20～-10 m）护底长度最大为 130 m，最小为 70 m，左侧边滩（-10 m 以上）护底长度为 60～80 m，在护底工程的前沿设置宽度为 20 m 的防冲层；坝体上游护底工程长度最大为 50 m，最小为 20 m，在护底工程的前沿（-10 m 以下深槽部分）设置宽度为 20 m 的防冲层。

4）2004～2013 年应急护岸工程实施阶段

2004 年后镇扬河段局部崩岸险情仍时有发生，为此，实施了应急护岸工程。

（1）十二圩、红旗河口上护岸：2006～2009 年世业洲左汊口门红旗河口上段、十二圩附近水下岸坡冲刷并发生崩岸，实施应急护岸工程共计 675 m。

（2）世业洲洲缘护岸：2005～2013 年，世业洲洲头、西南角、世业洲左缘洲尾、世业洲左汊世业镇水厂挂耳圩段先后发生崩岸，实施应急护岸工程 1 270 m。

（3）龙门口引航道下护岸：2012 年在龙门口引航道下游发生崩岸，崩岸长度为 490 m，实施护岸 280 m。

（4）六圩弯道 6、7 号丁坝岸段护岸：2009～2010 年六圩弯道 6、7 号丁坝岸段，实施应急护岸工程 770 m。

（5）和畅洲北缘护岸：2010 年和畅洲江心水厂取水口下游发生崩岸，崩岸长度为 90 m，实施护岸工程 480 m；2012 年 9 月和畅洲北缘码头窝塘发生崩岸，崩岸长度为 365 m，平均宽度为 156 m，实施护岸工程 1 066 m。

（6）和畅洲左汊左岸崩窝护岸：2012 年 10 月 13 日，和畅洲左汊发生剧烈崩岸，崩窝口门宽度约 400 m，坍进纵深达 500 m，崩坍防洪堤长约 370 m，坍失陆地面积约 320 亩、民房 7 户 28 间，紧急转移人口 311 人，实施护岸工程 3 273 m。

（7）孟家港、西还原护岸：2013 年对长江左汊下段孟家港二支河窝塘、西还原窝塘实施应急抢险工程 480 m。

此外，和畅洲左汊口门控制工程运行以来，和畅洲左汊分流比的增加态势有所遏制，但该处水深流急，和畅洲左汊口门控制工程坝体有所冲刷，顶部略有降低。为维护和畅洲左汊口门控制工程的安全，巩固工程的效果，需实施镇扬河段和畅洲左汊进口段潜坝的加固工程。2010 年 9 月，长江科学院编制完成了《长江镇扬河段和畅洲左汊口门控制加固工程可行性研究报告》（长江科学院，2010a），2012 年 7 月完成了《长江镇扬河段和畅洲左汊口门控制加固工程现场试验研究》（长江科学院，2010b），经江苏省水利厅批复，2012～2013 年镇江市水利局组织实施并完成了和畅洲左汊口门控制加固工程。加固潜坝总长 1 260 m，坝顶凹陷损坏部分用尼龙网石兜填补 800 m，尼龙网石兜抛投加固 1 000 m，坝坡面抛石 1 260 m。

10.3.2　工程效果

1. 20 世纪 70 年代重点守护整治工程效果

1970～1981 年，镇扬河段六圩弯道护岸工程及和畅洲汊道护岸工程的实施，基本抑制了六圩弯道段左岸剧烈的崩塌，弯道平面形态得以相对稳定，弯道水流顶冲点总体稳定在沙头河口附近，对抑制镇扬河段河势的急剧恶化起到了重要作用，对抑制其下游和畅洲左汊迅速发展、稳定和畅洲段河势具有积极作用。同时，出于工程经费限制、洪水冲刷、工程实施时机滞后等原因，部分和畅洲洲头护岸段、孟家港护岸段、和畅洲左汊口门沉梢束流工程段等先后塌失，该部分工程未能取得预期的效果。

2. 镇扬河段一期整治工程效果

镇扬河段一期整治工程从 1983 年开始实施至 1993 年结束，历经 10 年，取得了明显的整治效果（潘庆燊和胡向阳，2011）。

1）遏止了河道平面形态及主流的大幅变化，河势变化幅度减小

六圩弯道段是镇扬河段中最重要的区域，是和畅洲汊道段河势稳定的重要影响因素之一。和畅洲洲头是镇扬河段崩岸最为剧烈的地段，也是整治工程的重点，护岸前 1952～1982 年，洲头累计崩退 3 700 m，年崩率达 125 m/a。1983 年大洪水年，洲头最大崩退 610 m。1984 年开始兴建护岸工程后，和畅洲洲头崩退大幅度减少，部分遏制了左汊快速发展的势头，为汊道的进一步整治创造了有利条件，见图 10.17。20 世纪 70 年代末以来，孟家港一带受弯道水流影响，平均每年崩退 100 m，1986 年开始护岸（以后又逐步续建加固）后趋于稳定，保护了国家重点工程大港海运码头的正常运行，以及高桥等乡镇 13 万居民的安全。龙门口汽渡以下河岸土质疏松，抗冲性差，崩坍严重，1952 年以来崩岸累计达 500 余米，一次窝崩可崩退 150～200 m。1988 年以来实施护岸工程后，江岸基本稳定，窝塘淤高。该岸段的稳定对抑制上游世业洲右汊弯道水流和左右汊汇流顶冲点的下移，减轻瓜洲边滩的淤积，具有直接的作用，同时为稳定下游六圩弯道主流顶冲点及和畅洲汊道的河势，提供了一定的条件。

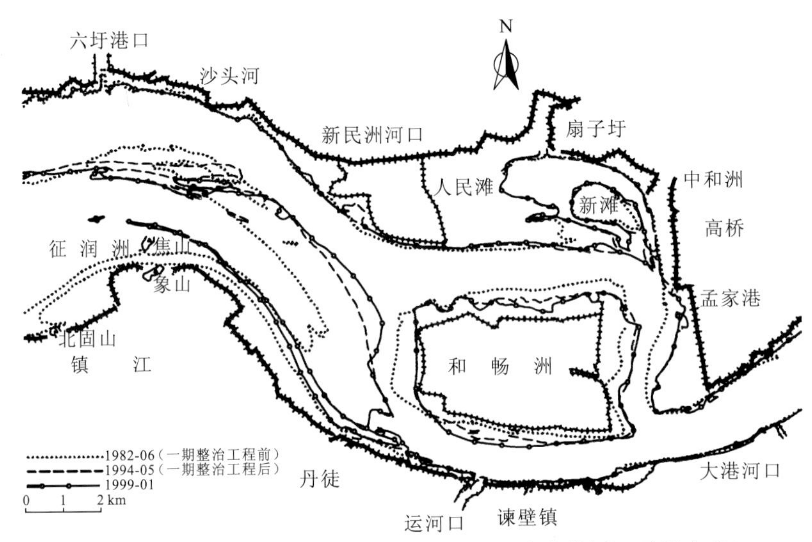

图 10.17 镇扬河段一期整治工程前后平面形态变化图（零等高线）

2）改善了防洪、航运条件，促进了江岸水域利用

镇江、扬州两市的堤防，以往常常出现险情，抢险退堤，居民被迫搬迁，如龙门口一线长达 10 km 的岸段多年来崩坍不断，堤外滩较窄或堤外无滩，成为镇江防洪的沉重负担，并严重威胁沪宁铁路的安全运行。经过整治，龙门口一线已初步形成长达 4 000 余米的防洪岸壁，为保障镇江防洪安全发挥了重要作用。和畅洲洲头自 20 世纪 50 年代以来的崩退，使当地群众被迫累计退堤 25 km，土方 150 万 m^3，饱受坍江之苦，自护岸工程实施以来，防洪保安，居民安居乐业。通过整治，和畅洲右汊的航行条件得到改善，主泓摆幅减小，稳定了深水航道；和畅洲头部护岸后不再下退，右侧的焦山尾滩也就不再下移，−10 m 航槽宽度 1984 年以来未再缩窄。

六圩弯道岸线经过整治后达到基本稳定，为扬州经济发展创造了有利条件，扬州在运河口门以上建设了扬州港，沿江兴建了经济开发区，新建了扬州第二发电厂等大型企业。和畅洲右汊丹徒至大港河段沿江的谏壁电厂、油库、京杭运河口门及大型水利设施等，整治后能维持正常运转。龙门口江岸的稳定为世业洲右汊弯道深水岸线及其以下江岸的开发利用创造了良好条件，镇江港客运大轮码头已外迁至龙门口附近。河势的稳定也为修建连接镇江、扬州两市的润扬长江大桥创造了有利的条件。

3. 镇扬河段二期整治工程效果

1998 年后长江镇扬河段实施了以和畅洲左汊口门控制工程为核心，以世业洲洲头、龙门口上下段、六圩弯道、沙头河口下段、和畅洲洲头及两侧、和畅洲北缘、孟家港上下段等为重点守护段的二期整治工程。提出了和畅洲左汊口门动深水（60 m 水深，2～3 m/s 流速）条件下的潜坝整治技术，确定了抑制左汊发展的坝体平面位置及规模，攻克了坝体选材、坝体结构设计与防护技术难题，工程的实施对于稳定镇扬河段的河势起到了重要的作用，基本达到了工程的预期效果，已成为长江中下游以洲滩控制为主的河道综合整治工程的成功案例。

1）遏制了和畅洲左汊快速发展的态势

镇扬河段和畅洲左汊口门潜坝工程实施后，和畅洲左汊快速发展的态势有所遏制，左汊分流比年增长率降低（表 10.1）。1998 年、1999 年大洪水后，和畅洲左汊发展速度较快，左汊分流比的年增长甚至超过 3 个百分点。二期整治工程实施后，根据工程实施中及实施后的分流比测量资料，工程前 2002 年 9 月实测的和畅洲左汊分流比为 75.5%（流量为 38 000 m^3/s），工程后 2003 年 9 月实测的左汊分流比为 72.4%（流量为 36 700 m^3/s），左汊分流比工程后较工程前减小约 3.1 个百分点；2008 年 8 月（流量为 43 900 m^3/s）、2011 年 6 月（流量 40 000 m^3/s）左汊分流比分别为 73.2%、73.8%，左汊分流比分别较工程前减小约 2.3 和 1.7 个百分点，基本遏制了左汊的快速发展。

表 10.1　1997～2012 年和畅洲左汊实测分流比

时间/（年-月）	流量/（m^3/s）	左汊分流比/%	时间/（年-月）	流量/（m^3/s）	左汊分流比/%
1997-06	28 000	61.9	2005-04	24 120	72.9
1998-10	37 400	64.5	2005-09	56 800	70.9
2001-06	38 900	70.8	2006-08	25 300	72.3
2002-09	38 000	75.5	2007-11	18 500	73.1
2003-05	27 200	72.7	2008-06	37 500	72.1
2003-09	36 700	72.4	2008-08	43 900	73.2
2004-05	36 000	72.7	2011-06	40 000	73.8
2004-08	29 300	72.9	2012-09		73.9

注：和畅洲左汊口门潜坝工程于 2002 年 6 月开工，2003 年 9 月竣工。

此外，根据工程实施以来的河床变化，左汊口门控制工程实施后，工程附近的河床发生了局部调整，和畅洲左汊进口及分流区都表现出有所淤高的现象，左汊进口过水面积有所减小；右汊进口相应有所冲刷扩大，过水面积增加。

分析观测资料显示，和畅洲左汊口门控制工程的实施，遏制了左汊分流比持续增加的态势，促使左汊进口附近的河床有所淤高，达到了预期的效果。

2）进一步遏制了江岸的剧烈崩坍和主流的大幅度摆动，河势得以基本控制

和畅洲洲头仍是镇扬河段崩岸最为剧烈的地段，1984 年开始一期护岸工程后，和畅洲洲头崩退减缓，部分遏制了左汊快速发展的势头，但 1998 年大洪水后和畅洲洲头及两侧、和畅洲北缘及孟家港上下段等处仍有较大的冲刷崩退，镇扬河段二期整治工程中对上述几处实施了护岸及加固后，进一步遏制了该段的崩塌，为和畅洲左汊的控制创造了有利条件，同时为国家重点工程大港海运码头的正常运行提供了更为有利的河势条件；并给龙门口上段、龙门口下段护岸加固，给引航道口门新建护岸，给十二圩新冒洲段新建护岸，给六圩弯道护岸加固，给世业洲洲头新建护岸，给沙头河口下段护岸加固，使该段江岸渐趋稳定，对稳定本河段及和畅洲汊道的河势发挥了重要的作用。

3）进一步改善了防洪、航运条件，促进了沿江两岸经济的发展

龙门口一线、六圩弯道扬州港一线堤外滩较窄或堤外无滩，多年来崩坍不断，治理前成为镇江、扬州防洪的重点之处，并严重威胁沪宁铁路的安全运行。经过整治，龙门口一线、六圩弯道扬州港一线、和畅洲头部渐趋稳定，为保障两岸防洪安全发挥了重要作用。通过整治，和畅洲右汊口门处的航道条件没有出现较明显的淤积及恶化，主泓摆幅减小，对维护该段航道的稳定及促进地方经济的发展起到了重要的作用。

4.2004～2013 年应急护岸工程效果

2004～2013 年镇扬河段世业洲左汊口门、世业洲洲缘、和畅洲左汊左岸口门、和畅洲北缘等局部崩岸险情仍时有发生，实施的应急护岸工程措施暂时缓解了局部崩岸的不断扩大和加剧，有利于抑制世业洲左汊分流比的增加及不断发展的态势，有利于龙门口引航道工程口门的稳定，有利于附近码头、水厂取水口等设施的正常运行。和畅洲左汊口门控制加固工程实施后，和畅洲左汊分流比 2014～2016 年基本稳定在 73%，对于巩固和畅洲左汊口门潜坝工程的作用、抑制和畅洲左汊分流比的增加及左汊不断发展具有较为明显的作用。上述应急护岸工程的实施，对稳定该段河势具有积极的作用，进一步巩固了二期整治工程效果，为后期将实施的三期河道整治奠定了良好的基础。

第 11 章　护岸工程实施与效果

长江中下游护岸工程历史悠久，早在明朝成化年间（公元 1465 年）就在荆江大堤黄滩堤兴建护岸工程，其后 500 年间在沙市、郝穴、汉口龙王庙等地也零星修建了一些护岸工程，大规模兴建护岸工程则是在 1949 年以后。自 20 世纪 50 年代以来，长江中下游已陆续兴建了长 1 600 余千米的护岸工程，积累了丰富的经验。同时，对护岸工程结构形式、破坏机理、适用条件及关键技术进行了系统研究，取得了丰富成果，形成了护岸工程技术体系，很好地指导了护岸工程规划、设计、施工及运行管理。

11.1　护坡工程实施与效果

水上护坡工程的主要形式有干砌石、浆砌块石、混凝土预制块等。干砌石、混凝土预制块等护坡形式由于排水性能较好，适用于土质渗透性较大的地段；浆砌块石护坡具有干砌石护坡形式的优点，外形美观，同时可以抵御较强的波浪作用，但工程造价高，透水性差，一般用于风浪作用强烈或分布有码头的岸段内。因此，干砌石、混凝土预制块等护坡形式应用更为广泛。对于地质条件较差的淤泥质岸坡，需对不同岸坡土体结构和破坏情况采取不同的措施进行治理。

11.1.1　砌石护坡工程实施与效果

长江中下游干砌石护坡是一种较传统的护坡形式，具有就地取材，结构形式简单，施工简单，可分期施工、逐年加固，维修容易，适应不均匀变形，耐久性好，表面粗糙有助于消浪，造价相对低廉等优点，20 世纪 60～90 年代，其在长江中下游广泛采用，取得了较好的效果，并且其在实践中积累的经验也最为丰富。浆砌石护坡是结构形式与干砌石护坡类似，坡面仍选用天然块石，但块石间用胶结材料进行勾缝以连接成整体的一种护坡，是砌石护坡中的另外一种形式，其工程施工和造价较干砌石护坡复杂和略高，一般用于土质渗透性较小且需抵御较强波浪拍击作用的河岸，20 世纪 70～80 年代逐渐在长江中下游河道护岸工程实践中采用和推广，并取得预期的工程效果。1992 年长江科学院总结了 1949 年以来长江中下游砌石护坡工程的经验，在《长江中下游护岸工程技术要求（试行稿）》中对砌石护坡工程的坡身结构进行了总结，提出了具体的技术要求，也为《堤防工程设计规范》（GB 50286—2013）提供了重要的技术支撑，并在 1998 年后长江中下游沿江开展的大规模堤防加固及护岸工程设计和工程实践中得以应用，如上荆江、下荆江、安庆、马鞍山、镇扬等河段实施干砌石护坡后，较为有效地遏制了江岸的崩退，对河势的稳定起到了重要的作用。在工程实践中，针对砌石护坡的部分问题（如在迎流顶冲、深泓逼岸、堤外无滩的情况下，护坡工程在水流或漩涡的冲刷下，干砌石护坡坡脚或基础松动、塌落引起的上部砌石的滑动；施工质量较差，反滤层厚度不够，级配不合理，逐渐被淘刷、侵蚀，造成反滤层的流失，坡面塌落；坡面护坡范围不够，造成其他部位的损坏，逐渐波及干砌石护坡本身；浆砌石护坡破坏后，在水流作用下，岸坡中的粉细砂等易流失而发生不均匀沉降，形成冲坑、坍塌等现象；等等），长江科学院进行了总结和研究，在 2000 年《长江中下游平顺护岸工程设计技术要求（试行稿）》中对砌石护坡工程进行了规范，并在 2000 年以后的长江中下游护岸工程设计及实践中得到应用，取得了较好的效果（图 11.1）。

图 11.1　砌石护坡工程

11.1.2　混凝土预制块护坡工程实施与效果

20 世纪 90 年代中后期，随着长江大规模堤防建设的不断推进，护坡工程的不断加大，机械化水平的逐步提高，在石头缺乏地区及工期较紧情况下，逐渐采用混凝土预制块护坡。混凝土预制块一般采用边长为 0.3 m，厚为 0.12 的六边体，或者采用长为 0.5 m，宽为 0.4 m，厚为 0.12 m 的混凝土预制长方块，从脚槽护至滩唇，滩顶用 1.0 m 宽、1.0 m 长、0.12 m 厚的预制块灌浆勾缝封顶。混凝土预制块护坡工程虽然适应岸坡变形的能力较差，工程造价增加，但制材容易，施工简单，施工进度快，维修方便，外形美观，整体性好，可适用于水流条件复杂或长期处于迎流顶冲且采用其他护坡守护比较困难或效果较差的堤身守护，故在长江中下游逐渐被较为广泛地采用。2000 年长江科学院分析总结了 20 世纪 90 年代中后期混凝土预制块护坡工程的经验及效果，在 2000 年制订的《长江中下游平顺护岸工程设计技术要求（试行稿）》中对混凝土预制块护坡工程的结构进行了规范，并在设计及实践中得到广泛应用，取得了良好的效果（图 11.2）。

图 11.2　铜陵河段混凝土预制块护坡工程

11.1.3　淤泥质岸坡护坡工程实施与效果

长江中下游局部地段岸坡为淤泥质岸坡。由于淤泥质（类）土遇水容易饱和，抗剪强度低，承载力很低，易形成软弱面，对岸坡的稳定影响较大。淤泥质岸坡破坏主要表现为塌陷破坏和滑移破坏，治理难度大，需针对不同岸坡土体结构和破坏情况采取不同的措施进行治理，详见第 8.2.5 小节。在长江重要堤防隐蔽工程建设期间对荆江河段多处淤泥质岸坡崩塌进行了治理，其中下荆江七弓岭桩号 7+685～7+700 段长 15 m 的坡面下陷破坏采用置换方法治理，荆南长江干堤章华港段（桩号 499+920～500+040）岸坡滑移破坏采用排水+减载+反压的方案治理，荆南长江干堤调关崩岸段（桩号 528+700～528+800）采用的是排水+减载+反压+支撑的治理方案，抗滑桩为杉木桩等。这些工程实施后，均取得了良好的效果。

11.2　护脚工程实施与效果

11.2.1　散粒体护脚工程实施与效果

1. 块石护岸工程实施与效果

长江中下游抛石护岸历史悠久，具有就地取材，施工方法简单，可分期施工、逐年加固，维修方便，造价低廉等优点（长江水利委员会，2000）。1949 年以后，在 20 世纪 60 年代期间，长江中下游广泛采用抛石护岸，包括荆江大堤护岸加固，下荆江裁弯新河控制，临湘江堤护岸，武汉市区险工段加固，九江永安堤护岸，同马、无为大堤护岸加固，马鞍山、南京、镇扬等分汊河段的护岸及加固等。20 世纪 70 年代以后，在河势控制及河道整治的护岸工程中，仍普遍采用抛石进行护岸，并在江苏镇扬河段及无为大堤大拐段的护岸工程中采用小粒径块石与废矿渣进行护岸试验，取得了一定的效果（姚仕明和卢金友，2008；姚仕明 等，2007，2006）。

抛石护岸能很好地适应河床变形，在长江中下游干流河道各种水流、边界条件下，包括在崩速极大的剧烈崩坍条件下，均使用过且较好地保护了岸线的稳定，护岸效果较好，所以在长江中下游护岸工程中应用最为广泛，积累的经验最为丰富。1981 年长江科学院在第二次护岸工程经验交流会上，对长江中下游的抛石护岸工程情况进行了总结，1992 年长江科学院为进一步做好护岸工程设计，适应堤防建设的需要，总结 1949 年以来长江中下游抛石护岸工程经验，提出了《长江中下游护岸工程技术要求（试行稿）》，对护岸工程的关键技术进行了总结、提升与规范，并在工程实践中得以应用。

1998 年、1999 年长江发生大洪水，原护岸工程有的遭到一些损坏，同时又增加了一些新的崩岸段。在国家高度重视下，1998 年以后又掀起一次护岸工程建设的高潮。在《堤防工程设计规范》（GB 50286—2013）、《长江中下游护岸工程技术要求（试行稿）》等的指导下，长江科学院、长江勘测规划设计研究院等单位开展了大规模堤防加固及护岸工程设计，包括荆江大堤护岸加固，下荆江河势控制，武汉市区险工段加固，九江永安堤护岸，同马、无为大堤护岸加固，安庆河段、铜陵河段、芜裕河段、马鞍山河段、南京河段、镇扬河段、扬中河段等分汊河段的护岸及加固等，据不完全统计，1993～2000 年，长江中下游护岸工程（含长江重要堤防隐蔽工程中的护岸工程）新护岸长度为 276.54 km，加固长度为 191.45 km，其中，总抛石量为 2 079.9 万 m^3，沉铰链混凝土排 80.13 万 m^2，较广泛地采用了抛石护岸及加固。上述抛石护岸实施后，有效地遏制了江岸的崩退及主流的大幅摆动，对河势的稳定起到了至关重要的作用。

2000 年长江科学院分析总结了 1993～2000 年抛石护岸工程的经验及效果，对《长江中下游护岸工程技术要求（试行稿）》进行了完善，提出了《长江中下游平顺护岸工程设计技术要求（试行稿）》，并在 2000 年以后的长江中下游护岸工程设计及实践中得到广泛应用（何广水 等，2006a，2006b），取得了良好的效果（姚仕明 等，2009）。

2. 柴枕护岸工程实施与效果

沉柴枕是一种水下沉放柴枕体的护脚形式，柴枕是将岗柴扎成小把，中间裹包块石后扎成直径为 0.62 m、长为 10 m 的单个枕体，柴把间的块石粒径为 10～15 cm，枕的两端用大块石封堵。其具有就地取材方便、枕体结构简单、具有一定的柔性、需用石料较少、施工设备较简单等优点，兼有沉排与抛石两者的部分优点。长江科学院在 1968 年 11 月的下荆江中洲子裁弯新河护岸工程中为加快施工进度采用了柴枕护岸，以柴枕护底为基础，上抛块石压枕。中洲子新河第一期沉柴枕护岸，石量仅达设计石量的 60%，第一个汛期后，除部分段河岸崩退较大被抄后路外，其余各点虽因河床冲深较大，岸线有所崩挫，但经过第二期的护岸加固，基本保持了原来的弯道形态，制止了崩塌，稳定了河岸，对控制河势起到了显著的作用。之后至 1992 年，长江中游荆江河段共抛柴枕 27.2 万个，有效地制止了河岸的崩塌。1992 年长江科学院总结了 1949 年以来长江中下游沉柴枕护岸工程中的经验，列入了《长江中下游护岸工程技术要求（试行稿）》。

1998 年以后在长江中下游沿江开展的大规模堤防加固及护岸工程设计中，长江科学院在荆江的碾子湾、来家铺等处采用了沉柴枕护岸形式（图 11.3）。上述岸段实施沉柴枕护岸后，崩岸险工段出险的次数由多到少，险情程度由重到轻，较为有效地遏制了江岸的崩退及主流的大幅度摆动，崩岸险段保持着相对稳定的状态，护岸工程效果较好（黎礼刚 等，2006）。

2000 年长江科学院分析总结了 1993～2000 年沉柴枕护岸工程的经验及效果，并列入了《长江中下游平顺护岸工程设计技术要求（试行稿）》，并且在 2000 年以后的长江中下游护岸工程设计及实践中得到推广应用，发挥了较好的作用与效果（姚仕明 等，2016；黎礼刚 等，2010）。

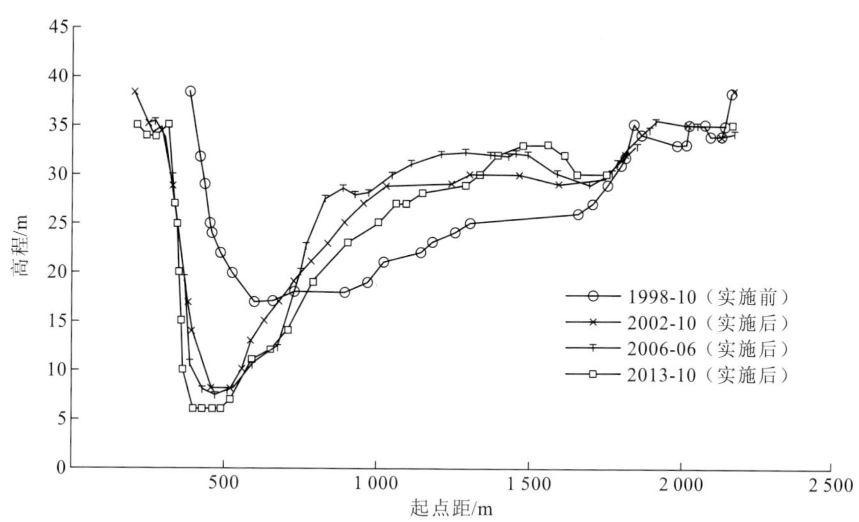

图 11.3 碾子湾沉柴枕护岸工程实施前后断面变化图

11.2.2 排体护脚工程实施与效果

1. 铰链混凝土排

铰链混凝土排在武汉河段天兴洲右缘的护岸工程中最早使用。1984 年，为解决长江武汉河段天兴洲右汊内武钢取水口因河势变化而发生取水困难的问题，需对取水口对岸处于剧烈崩退中的岸线进行守护。在综合分析了国内外已有各种类型护岸工程的特性，并从技术经济等方面进行比较的基础上，研究设计出铰链混凝土排——聚酯纤维织布沉排（即新的护岸形式）。1984～1985 年铰链混凝土排首次正式应用于该岸段 2 km 长的护岸（铰链混凝土排结构见图 11.4）。

天兴洲铰链混凝土排护岸工程于 1985 年顺利竣工后，经过了 1985 年后 20 多年的运行考验，特别是经过了 1988 年、1998 年、1999 年等大洪水的考验，在基本未采取维护加固措施的情况下，工程结构仍相对完整。通过竣工后对该河段和工程区域河道与岸线的多次监测成果的分析发现，护岸工程效果良好，达到了预期要求。工程的实施抑制了天兴洲右汊内主流的进一步左摆，稳定了武钢取水口对岸岸线，改善了取水口前沿的淤积状况，保证了武钢水源泵站的正常运行。

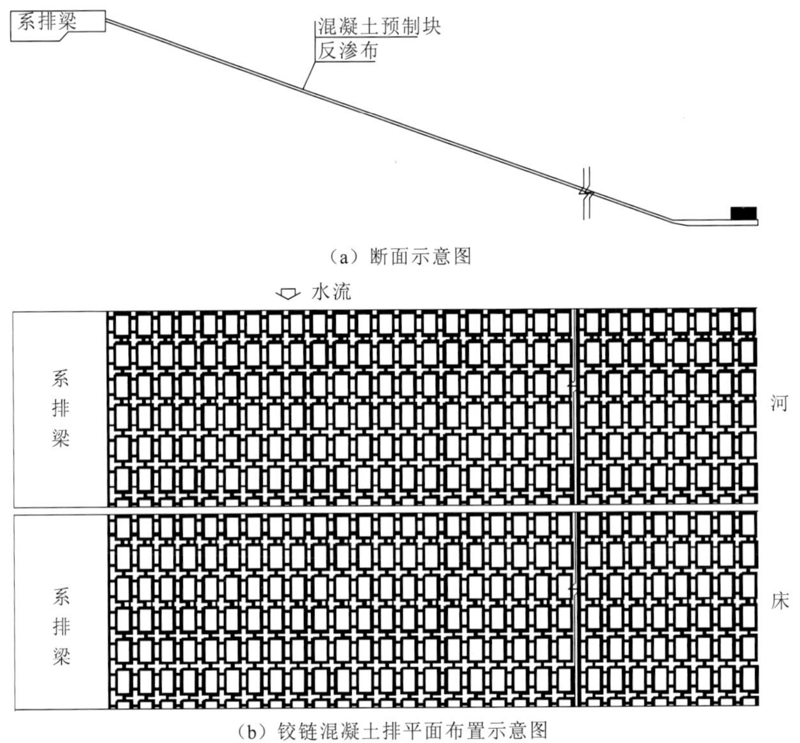

（a）断面示意图

（b）铰链混凝土排平面布置示意图

图 11.4　铰链混凝土排——聚酯纤维织布沉排示意图

自 1985 年在武汉河段天兴洲右汊实施铰链混凝土排护岸后，又于 1992 年在湖南津市澧水防洪大堤刘公桥险段加固工程中实施了铰链混凝土排护岸，达到了预期的效果。1998 年大洪水后，在长江重要堤防隐蔽工程护岸工程中，黄冈长江干堤、粑铺大堤、同马大堤及芜裕河段均部分采用了铰链混凝土排护岸，防护效果良好。

铰链混凝土排的施工和运行实践表明，铰链混凝土排护岸仍可在以下方面做进一步改进，以更好地发挥其护岸效果。

一方面，系排梁的断面尺寸可依据排体防护长度的不同做进一步优化设计；可改变系排梁的形式，如地锚、预制混凝土桩或其他形式。选择预制形式可缩短现场的施工期，由此还可对排首高程做适当调整。

另一方面，护岸段纵向岸坡起伏变化较大，对沉排护岸效果的影响不容忽视。它会造成排体沉放不到位，削弱排体的防护效果。因此，对起伏较大的岸坡，需进行整平后再实施沉排。而在施工设计时，需采用大比例尺水下地形图，分析计算断面的具体情况，较精确地布置好排体单元数量。

为避免锚钩刺破织布或钩住铰链牵动排体，铰链混凝土排护岸工程河段内是不允许船舶抛锚的，这是一个有待改进的问题。针对该问题，在 1990 年提出了改进型沉排的初步设想，即最大限度地缩减原沉排混凝土板间的间距，并将有限尺度的土工布作为其板间渗透反滤体，取代原排体下的土工布，既保持了原沉排的优良特性，又克服了原沉排的不足之处，还可节省工程投资。

2. 网模卵石排

1）工程试验地点的遴选

网模卵石排可以用于水下新护和加固护岸工程。该护岸结构形式提出后先进行了实际守护试验。为了便于施工，工程试验地点宜选在已护工程末端或上端区域；并且候选区域近岸河床有一定的流速，工程实施时近岸流速宜不小于 0.6 m/s。据此，经比较，选择上荆江公安埠河 50 m 岸段作为工程试验段。

2）工程布置

网模卵石排河道水下护岸工程位于荆江右岸的埠河岸段，分为加固工程段（荆南干堤桩号 685+350～685+324.9）和新护工程段（荆南干堤桩号 685+295～685+270.1），工程总长约 50 m。具体布置详见图 11.5、图 11.6。

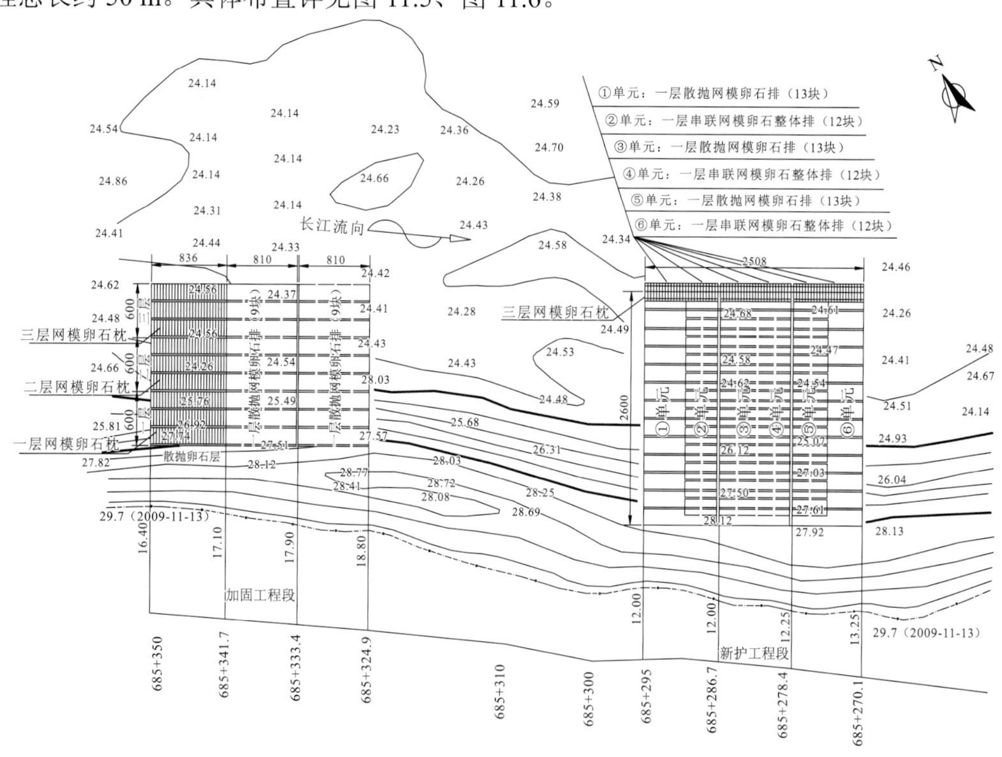

图 11.5　网模卵石排试验工程平面布置图

（1）加固段工程布置。

根据护岸工程段近岸河床的冲淤变化特点和水下护岸工程的水毁机理，护岸段的加固工程主要布置在水下坡脚一定高程范围内。采用三种材料结构形式：自上游（桩号 685+350）而下（桩号 685+324.9）分别为沉放网模卵石枕、沉放网模卵石排、沉放串联网模卵石整体排。

桩号 685+350～685+341.7 段沉放网模卵石枕，按每排单层 24 个共 9 排沉放，内侧 3 排每排 1 层共 24 个网模卵石枕，中间 3 排每排 2 层共 48 个网模卵石枕，外侧 3 排每

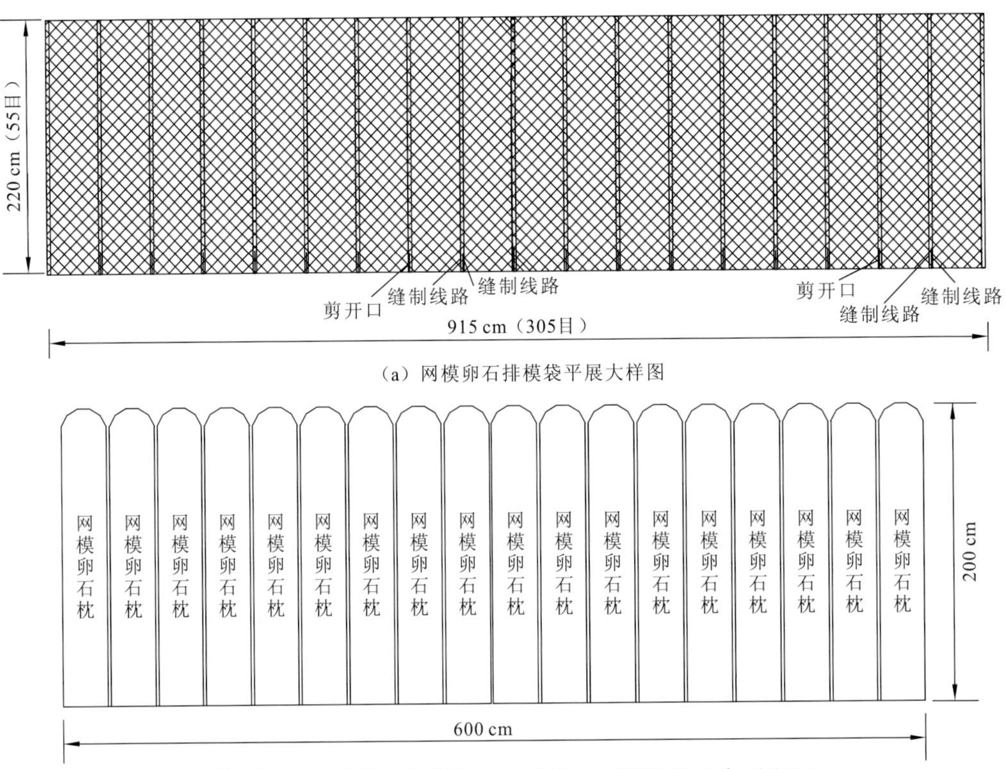

（a）网模卵石排模袋平展大样图

1. 网模卵石排由网模袋灌装卵石而成,单个成型体长600 cm，宽200 cm，装卵石约2.5 m^3，重约4.2 t；
2. 模袋的原材料采用聚乙烯纤维绳绞结网片，颜色为白色，网目长5 cm（网格尺寸为2.5 cm×2.5 cm）；
3. 单块模袋的网片总目数为33 550，重（7200±300）g，有1 980个双扣绞结缝点；
4. 卵石粒径长径不小于3 cm，短径不小于2.5 cm；
5. 模袋的网绳拉丝不少于30股，单绳断裂强度≥230 N/根，网片顶破强度CBR≥850 N；
6. 模袋有17条剪切口，剪切口长20 cm（至第5目），18个单袋口的第1目均穿1条长0.9 m的封口套绳，颜色为绿色；
7. 模袋封口套绳和缝结线均为长纤涤纶纤维绳（不少于30股），单绳断裂强度≥230 N/根，两端系单死节，封口时拉紧套绳系双死节

（b）网模卵石枕平面结构图

图 11.6　网模卵石排工程结构图（何广水 等，2010）

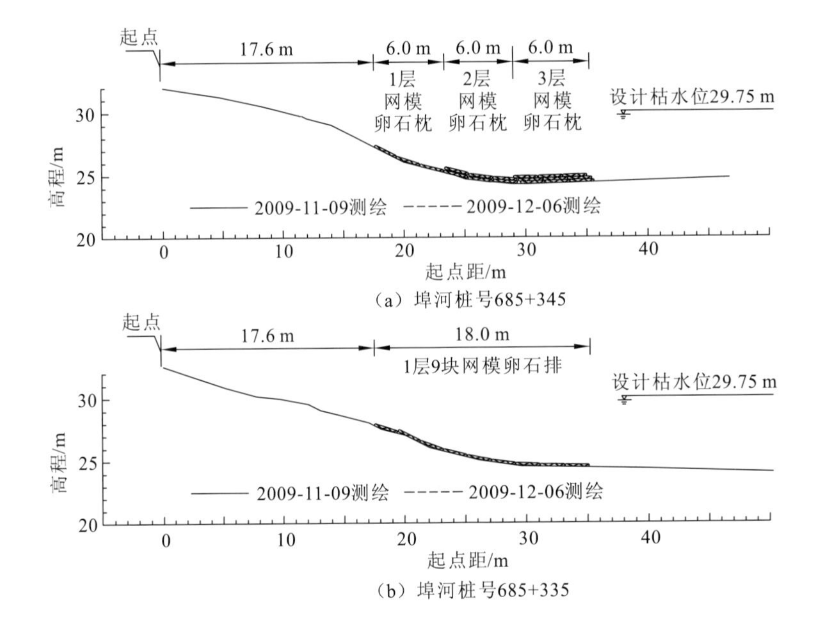

（a）埠河桩号685+345

（b）埠河桩号685+335

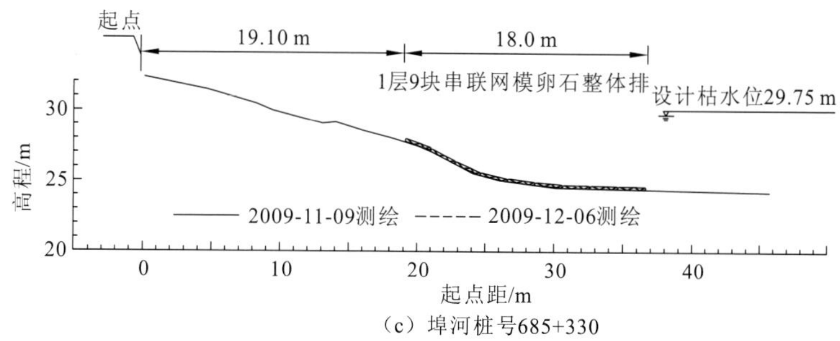

（c）埠河桩号685+330

图 11.7　网模卵石排试验工程（加固段）典型断面结构图

排 3 层共 72 个网模卵石枕。桩号 685+341.7～685+333.4 段沉放网模卵石排，按每排 1 层共 9 排网模卵石排实施（图 11.7）。桩号 685+333.4～685+324.9 段沉放 1 层串联网模卵石整体排，串联网模卵石整体排由 9 块网模卵石排组成。

（2）新护段工程规划布置。

新护段桩号为 685+295～685+270.1，均为水下护脚工程，网模卵石排分两层两次沉放施工，错缝覆盖；下层三个施工断面（桩号 685+295～685+286.7、桩号 685+286.7～685+278.4、桩号 685+278.2～685+270.1）每断面沉放 13 块网模卵石排（图 11.8），下层

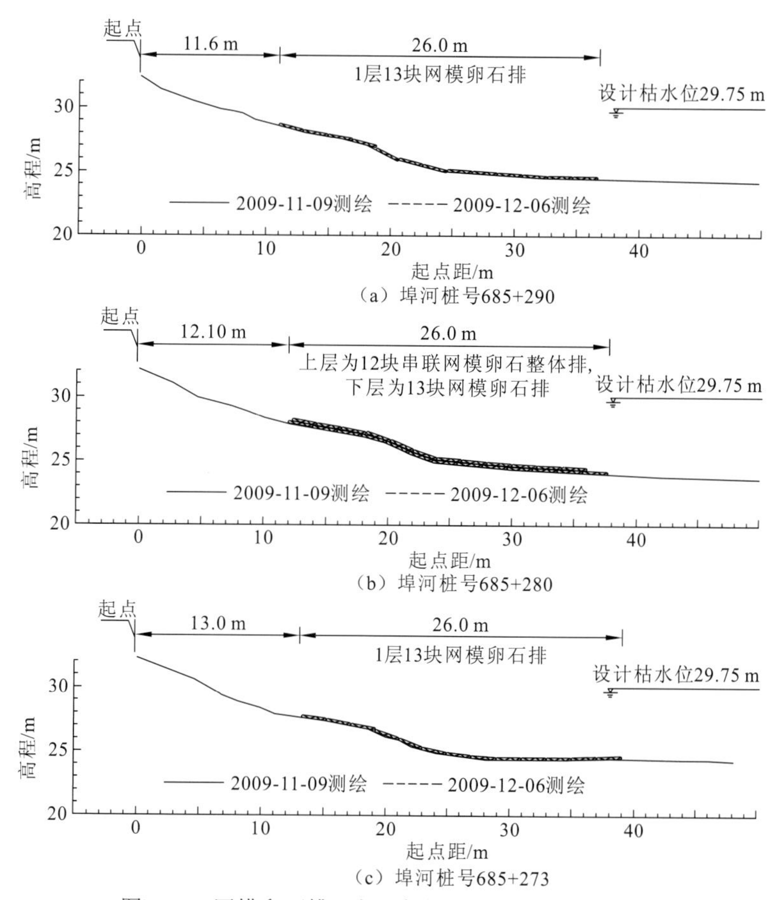

（a）埠河桩号685+290

（b）埠河桩号685+280

（c）埠河桩号685+273

图 11.8　网模卵石排工程（新护段）典型断面结构图

共39块网模卵石排。上层两个施工断面（桩号685+290～685+281.7、桩号685+281.7～685+273.4）每断面沉放1块串联网模卵石整体排，1块串联网模整体排由12块网模卵石排组成。三个施工断面（桩号685+295～685+286.7、桩号685+286.7～685+278.4、桩号685+278.4～685+270.1）的外缘每断面沉放1排，每排3层共72个网模卵石枕。

3）工程结构设计

（1）模袋结构形式。

网枕模袋：宽30个网目，长60个网目，1条对折缝合线，缝线有58个缝结点，45股（3×15支）聚乙烯纤维绳扎底，扎底绳长0.9 m。

网排模袋：宽399个网目，长116个网目，对折成前后2片（宽399个网目，长58个网目），缝合成（并联）25个网枕模袋；网排模袋两边各有1条缝线；中间每隔15个网目有2条缝线，2条缝线相距1个网目；网排模袋共有50条缝线，缝线路径长2.32 m，缝线路经每个网目有1条缝接线，每条缝线有57个缝结点。

（2）模袋质量技术要求。

模袋的网片原材料为36股（3×12支）聚乙烯纤维绳，网片目长50 mm，颜色为白色；模袋缝线为绿色涤纶36股（3×12支）纤维绳；模袋外观质量符合聚乙烯网片外观质量要求的规定（表11.1）；模袋网目长度偏差率为±4.0%；模袋网绳断裂强力≥440 kgf[①]。

表11.1 聚乙烯网片的外观质量要求（余文畴，2013）

序号	项目	要求	序号	项目	要求
1	破目数	≤0.01%	7	跳纱	≤20%
2	漏目数	≤0.02%	8	缺股	≤20%
3	活络结数	≤0.02%	9	每处修补长度	≤1.2%
4	扭结数	≤0.01%	10	修补率	≤0.10%
5	色差	≥3级	11	磨损	未起毛
6	开目数	≤0.05%			

4）工程施工效果

（1）水下检测。

对工程前（2009年11月9日）和工程后（2010年3月6日）的水下地形测量资料（1/200测绘精度）进行对比分析（图11.9、图11.10）发现，施工试验区的河床抬高了0.15～0.5 m，达到了设计要求。

（2）水下摄影勘察。

图11.11～图11.13为工程处水下机器人摄影截图。图11.11中图像显示的网模卵石排于2009年11月26日沉放，2009年12月6日水下摄像发现大量的絮状物附着在网模卵石排的网模袋上，该图中的右边网模袋被水下机器人的机械臂持续拉动，网模袋露出了入水前的白色，而左边网模袋被水下机器人的机械臂持续拉动的影响较小，明显有大

①1 kgf = 9.806 65 N。

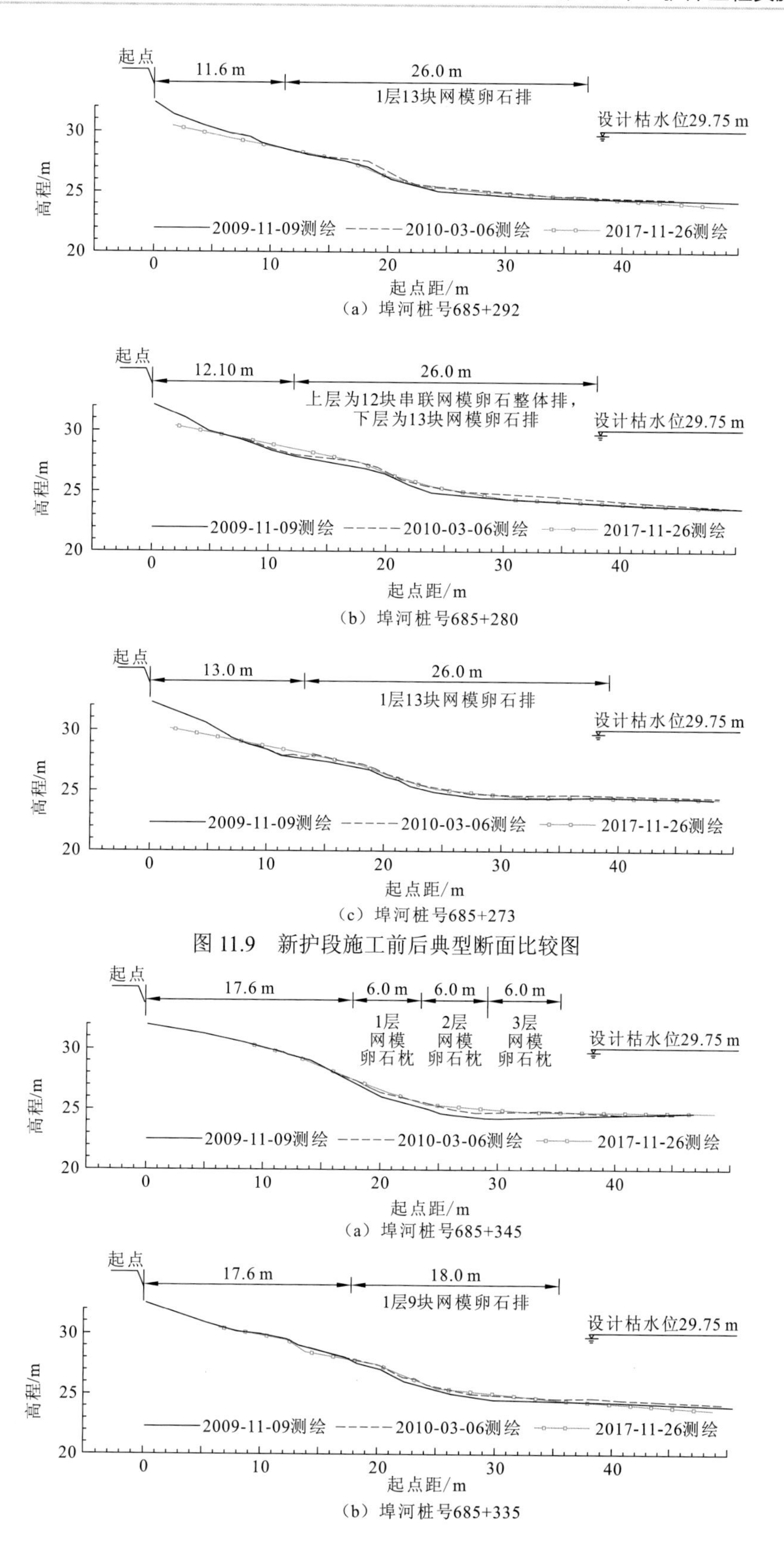

图 11.9　新护段施工前后典型断面比较图

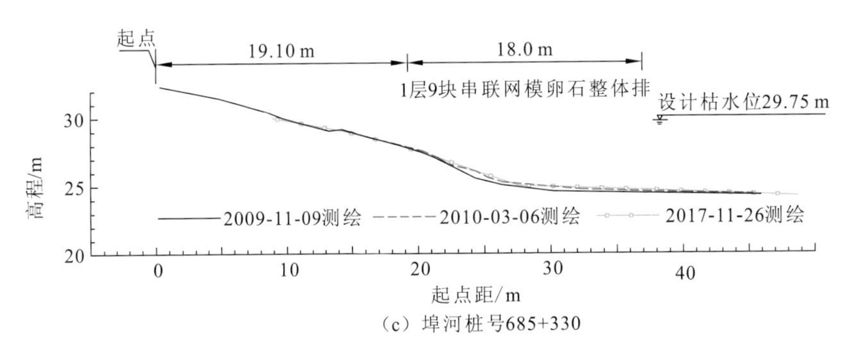

（c）埠河桩号685+330

图 11.10　加固段施工前后典型断面比较图

量的絮状物附着在网模卵石排的网模袋上。根据水下机器人摄像检测资料，网模卵石排能起到保护河道岸坡的作用；因网模袋侧向迎流和卵石糙率明显大于床砂，能增加局部河床的糙率，有利于泥沙和有机物的落淤附着。从图 11.12、图 11.13 可以较清楚地看到，在新护岸试验段网模卵石排沉放落地后，基本呈平铺河床状态，无破损，达到了两层平铺叠盖的设计要求。

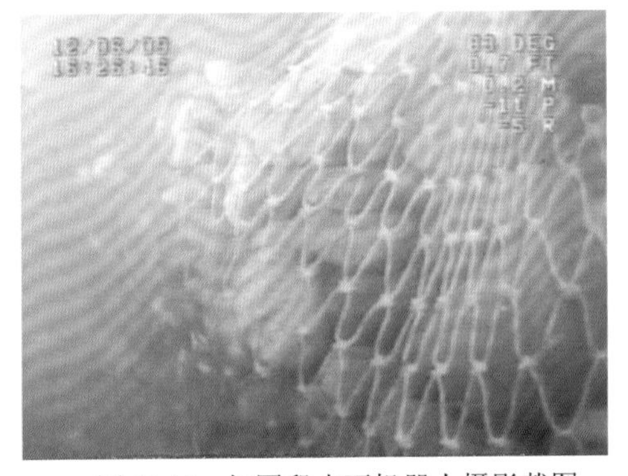
图 11.11　加固段水下机器人摄影截图

图 11.12　新护段水下机器人摄影截图

图 11.13　新护段（二层网模卵石排）水下机器人摄影截图

总之，从水下摄像资料来看，试验段的网模卵石排沉放落地后，基本呈平铺河床状态，无破损，达到了覆盖和保护水下岸坡的设计要求。

11.2.3　刚性体护脚工程实施与效果

模袋混凝土护岸是集抗冲、反滤于一体的刚性护岸结构形式。模袋混凝土护岸较早应用于江西九江彭泽县马湖堤段，1999 年在马湖堤（大堤桩号 3+230～3+590）进行了模袋混凝土护岸试验工程，在全国尚属首例，试验成功后，2000 年前后在九江县（现称九江市柴桑区）永安堤、江新洲堤、江苏的嘶马段、江阴的石庄段等也采用模袋混凝土进行护岸。2003 年下荆江熊家洲河湾实施了模袋混凝土护岸的试验工程，2007 年上荆江文村夹崩岸治理也采用了模袋混凝土护岸技术。

模袋混凝土作为刚性护岸材料，基本不能适应河床变形，因此在上述模袋混凝土护岸工程中，前沿均采用能适应河床变形的材料固脚，以保护模袋前沿免遭冲刷。例如，马湖堤采用了钢丝石笼固脚，下荆江熊家洲采用小颗粒卵石固脚，文村夹采用块石固脚。

马湖堤模袋混凝土护岸工程自 2000 年 3 月底完工后，经过了历年汛期的洪水考验，根据潜水员枯水期潜摸测量，模袋未发生滑移、开裂等现象，近岸水流条件明显改善。原施工期间，有一段 70 m 长岸坡水下边坡坡度仅为 1∶1.5，施工期间曾发生滑坡，对此段岸坡采取水下抛石固脚，再进行模袋护坡处理后，目前该段岸坡稳定，守护效果良好。其他采用模袋混凝土护岸的地段也经历了不同水文年的考验，截至目前，这些护岸工程仍较稳定，起到了较好的护岸效果。

模袋混凝土护岸的实践表明，其防护的整体性好、抗冲刷能力强，利于河岸整体抗滑稳定，可适用于江、海、湖、河堤岸的防护工程，但其最大的缺点是适应河床变形的能力差，若不能稳定其前沿部位，模袋混凝土护岸工程容易遭受破坏。

第 12 章 长江中下游河道整治基本经验及展望

1949 年后，长江中下游河道实施了大量护岸工程、河势控制工程及综合整治工程，在防洪、航道提升、岸线利用、水生态环境保护等方面发挥了重要作用，也取得了大量的成果和实践经验。但是中下游河道冲淤多变，演变复杂，局部河段河势变化频繁，还有相当长的岸线尚不稳定，崩岸仍时有发生，还不能满足经济社会高质量发展的需求。本章总结了长江中下游河道整治长期实践以来的经验得失，并展望了未来河道整治的方向，以期为长江中下游河道后续整治提供参考。

12.1 河道整治基本经验

近 70 年来，长江中下游河道实施了长 1600 余千米的护岸工程，下荆江河段、马鞍山河段、镇扬河段等许多河段实施了河势控制工程，界牌河段、武汉河段、南京河段等多个重点河段实施了综合整治工程，这些工程在稳定河势、保障堤防安全和航道畅通、保护与利用水沙资源及岸滩资源、保证涉水工程安全运行、促进水生态环境保护等方面均发挥了重要作用，取得了巨大的经济社会和环境效益。同时，随着对河道水沙运动和演变规律认识的不断深入，河道整治的理论不断丰富完善，河道整治的技术不断被攻克，并逐步形成了有效的体系，河道整治的经验不断丰富。

12.1.1 对河道特性的深入认识是河道整治的基础

天然冲积平原河流具有不同的形态，有顺直型、弯曲型、蜿蜒型、分汊型和游荡型五种河型。不同河型河道的特性有明显差别，即使上游来水来沙相同，其水流泥沙运动特性和河道演变规律也不同。来水来沙条件是河道冲淤演变的动力因素，来水来沙的量不同，河道演变的强度不同，来水来沙的过程不同，河道冲淤变化的时空分布则不同，如多沙河流与少沙河流的演变规律、演变强度等有显著差别；河床形态和地质情况等边界条件对河道演变影响也很大，河床形态对水流的动力轴线、流速、比降等水流条件影响甚大，河段的地质情况决定着河床、河岸的抗冲刷能力；各种人类活动对河道水流泥沙运动和河道演变产生不同程度的影响，在河流上修建水库、引调水等工程对河道水沙运动和演变影响较大，修建桥梁、港口、码头、取排水、围滩等河流利用工程，对局部河段的水沙运动和演变产生影响。因此，在河道整治规划、工程设计及实施前，需弄清整治河段河道形态、来水来沙特点、河床边界条件、人类活动等基本情况，深入分析、研究水流泥沙运动和演变规律与趋势，全面深入认识整治河段的河道特性。只有这样，才能科学地确定河道整治的方向，制订切实可行的整治方案，做到因势利导、顺势而为，避免逆势而动，取得预期的效果。

12.1.2　制订科学统一的河道治理规划是河道整治的前提

河道整治是一项涉及面很广的系统工程，必须以科学统一的治理规划为依据，否则可能顾此失彼，甚至产生不利影响，达不到预期的整治目标。长江河道是沿江经济社会可持续高质量发展和人民赖以生存的重要基础。长江中下游河道治理涉及诸多方面：对于河势的摆动变化，上下游、左右岸的互相影响，控制和改善河势，使之有利于防洪、航运和岸线利用，是发挥长江经济功能的基础；增加河道泄洪能力，提高防洪标准，为沿江社会经济发展提供安全保证；改善航道，提高通航标准和运输能力；合理利用洲滩，提高洲滩的开发利用价值；防治水污染，保护水环境；等等。但往往这些方面的要求难以全面满足，甚至产生利益冲突和矛盾，因此，需要统筹兼顾，制订统一的治理规划来指导，有计划、有步骤地实施，使长江的各项功能得到充分发挥。

河道治理规划需在充分分析河道特性、演变规律与趋势、沿江社会经济发展情况、以往河道治理的经验和存在的问题等基础上，综合研究制订。规划制订应遵循“全面规划，综合利用，因势利导，因地制宜，远近结合，分期实施”的原则，统筹考虑国民经济各部门对利用长江河道的要求，全面规划，综合治理，实现综合利用，妥善处理好需要与可能、远期与近期、局部与整体、上下游、左右岸及各部门、各地区之间的关系。根据可持续发展战略要求，既考虑近期的需要，又预测将来的发展，使近期整治措施有利于远期发展，做到远近结合，使河道服务功能得到永续发挥。

长江中下游河道治理规划是长江流域综合规划的重要专业规划，自 20 世纪 50 年代末以来，根据流域综合规划的要求和当时经济社会的需求制订了相应的河道治理规划。50 年代后期，除了在《长江流域综合利用规划要点报告》中纳入了干流河道整治规划的简要内容外，又单独编制了《长江中下游干流河道整治规划要点报告》，并编制了下荆江系统裁弯规划；60～70 年代，进行了长江中下游重点河段的河势规划；80 年代，提出了《长江中下游干流河道整治规划意见（宜昌～河口）（讨论稿）》（长江流域规划办公室，1986），并纳入了 1990 年修订完成的《长江流域综合利用规划简要报告》，同时还编制了下荆江河势控制规划和南京河段、镇扬河段等重点河段的整治规划；90 年代，进一步深化河道整治规划，1997 年编制完成了《长江中下游干流河道治理规划报告》；1998 年大洪水后，在规划的指导下进行了大规模整治，同时经济社会发展和水环境改善等对河道利用的要求越来越高，在修订长江流域综合规划的同时对中下游河道治理规划进行了修订，并于 2016 年获批实施。各个阶段的规划工作，有的属于中下游全河段的全面治理规划，有的属于局部重点河段的河势控制或整治工程规划。不同时期规划的侧重点、内容有所不同，50～70 年代的规划主要从防洪与航运考虑，随着国民经济的发展和给长江带来的影响的变大，规划工作的范围不断扩大，内容不断丰富，80～90 年代出于可持续发展的需要，进一步增加了岸线利用、洲滩控制利用、江沙开采和水环境保护等重要内容。这些河道治理规划对各个时期的河道整治起到了重要的指导作用。

同时，河道整治规划也是动态的。由于来水来沙的随机性、河道水沙运动和河床演变的动态性，以及经济社会发展对河道需求的阶段性，河道整治规划实施一段时间后，需要视各方面情况的变化而调整修订，正因如此，长江中下游河道治理规划自 20 世纪 50 年代以来经过了多次修订，以适应不同阶段河道整治的要求。而且规划实施过程中，在遵循总体布局的前提下，局部具体的工程布置也可根据河道变化做适当调整。例如，按照《下荆江河势控制工程规划报告》(长江流域规划办公室和长江水利水电科学研究院，1983a)，石首河段河势控制方案是人工裁弯方案，在 1994 年石首河湾发生撇弯后，重新提出调整和控制有利河势的石首河段河势控制工程方案，其下游北碾子湾至柴码头河段则在形成左向微弯河道后再予以守护。又如，监利河湾，从河道综合治理来看，以稳定主泓走南汊较为有利，但在 1983 年编制规划时，主泓位于左汊，故认为仍以维持现状为宜，1995 年以来，监利河湾右汊一直保持为主泓，因此在以后的工程设计中，对新沙洲和铺子湾的护岸工程布置相应做了调整。再如，下荆江河势控制工程实施历时较长，随着不同水文年的水沙条件变化，各河段水流顶冲部位和崩岸部位相应有所变化，因此实施时对规划的护岸工程布置做了相应调整，如 20 世纪 90 年代末中洲子新河左岸崩岸部位较 1983 年编制规划时下延约 3 km，护岸工程相应下延。

12.1.3 论证拟定科学可行的整治方案是河道整治成功的前提

河道治理规划具有整体性、方向性，明确了整治的目标、方向、原则等相对宏观的问题，规划的时段一般比较长，而规划的实施则是分期分批进行的，加之河床是变化的、动态的，因此对某一河段进行整治时，应在规划指导下进行充分论证，制订科学可行的整治方案。首先需充分调查了解河道现状、边界条件、沿江经济社会发展状况及对河道治理的需求；然后利用河道观测资料对整治河段的水流泥沙运动规律、河床演变规律及趋势进行深入分析，对于比较复杂的河段还需利用数学模型计算、实体模型试验等手段进行演变规律和趋势的预测研究；最后，在此基础上，研究提出若干具体的整治方案，包括整治目标、工程布置、工程标准、工程措施及规模等，利用数学模型计算、实体模型试验等手段对工程布置与规模、措施、效果及实施次序等进行论证、比选、优化，根据论证结果对方案进行调整优化，再对优化后的方案进行计算或试验论证，如此经过几个循环，最终确定较优的方案，并将其作为该河段的整治方案。长江中下游许多重点河段的整治方案都是采用数学模型计算和实体模型试验经过多方案反复论证确定的，如界牌河段、武汉龙王庙段、汉口江滩段、马鞍山河段、南京河段、镇扬河段、澄通河段、长江口河段等。

整治方案中，选取合适的整治技术是非常重要的，这是整治工程能否取得成效及成效好坏的一个关键。经过几十年的研究与实践，已经形成了一套适合不同河型和整治目标的整治技术体系，具体到一个河段就需要根据该河段的特性、整治的目标要求等具体情况，通过详细论证进行选择。同时，还要不断研究新技术，使整治既达到预期效果，又能促进河湖岸线及水环境、水生态的保护。例如，不同水流顶冲状况、河势条件、边界条件的崩岸段就需要根据抗冲、生态、景观等不同的主要需求，采取相应的护岸工程材料和结构形式。

12.1.4　整治时机是河道整治事半功倍的关键要素

河道的河势是动态变化的，因此应根据河道治理规划确定的治导线在河势处于有利的情况下适时进行整治，因势利导，才能取得事半功倍的效果，过早或过晚都可能大大增加整治的难度和工程量，还可能达不到预期效果，事倍功半，甚至失败或丧失时机。在长江中下游河道整治历程中有许多抓住有利时机整治而取得良好效果的成功案例，但也有错失时机造成被动局面的情况。由于没有及时控制河势，镇江老港在 20 世纪 50～60 年代由凹岸变为凸岸，淤积严重，每年靠挖泥维持，至 90 年代末不得不迁址。70 年代以来，上游河势不断变化，至 1977 年和畅洲左汊进口左岸边滩被切割，左汊呈迅速发展的态势，分流比由 1977 年的 31.3%增至 1980 年的 38.2%，1995 年 5 月又增大到 58.1%；左汊的发展一方面使汊内河岸崩塌加剧，增大了防洪压力，另一方面使右汊淤积萎缩，直接影响右汊内涉水工程的正常运行，同时还对其下游大港水道的河势稳定构成了威胁；由于没有及时加以整治，左汊持续发展，至 2002 年 9 月分流比达到 75.5%，错失了整治的有利时机，以至于 2002 年对左汊进行整治时，在左汊口门修建规模宏大的潜坝工程才使分流比略为减小，遏制了其进一步的发展。

河势控制工程同样需要抓住有利时机来实施，才能取得好的效果。受上游石首河湾河势调整的影响，20 世纪 90 年代后北碾子湾段左岸从淤长转变为大幅度崩退，1995 年 12 月～2000 年 4 月，北碾子湾、寡妇夹岸线最大崩退分别为 430 m、120 m。《长江中下游干流河道治理规划报告》（长江水利委员会，1997）中提出：石首下游鱼尾洲至柴码头段，视今后北碾子湾的崩岸并结合石首河湾河势调整方案，使主流线逐步形成向左微弯，再向寡妇夹过渡，促使金鱼沟河湾主流上提；金鱼沟至调关弯道间过渡段延长，以改善目前水流弯曲半径过小，调关弯道凹岸的矶头过于凸出的险要河势。在规划的指导下，2001 年后，在北碾子湾和寡妇夹实施了护岸工程，限制了河段内大部分岸线的进一步崩退（图 12.1、图 12.2），崩退下移至下游未护段，已护段虽由于近岸冲刷、深泓内移和岸坡变陡，工程多处出现险情，但总体河势基本稳定。由于北碾子湾守护适时，至今已形成一个弯曲半径为 5.5 km，贴岸主流长达 8 km 的微弯型河道，为碾子湾碍航浅滩整治创造了必要条件，调整了金鱼沟河段的顶冲部位，1998～2006 年金鱼沟河湾主流顶冲点上提约 300 m，附近的石首麋鹿国家级自然保护区和白鳍豚国家级自然保护区的临江岸线也得到了较好的保护。

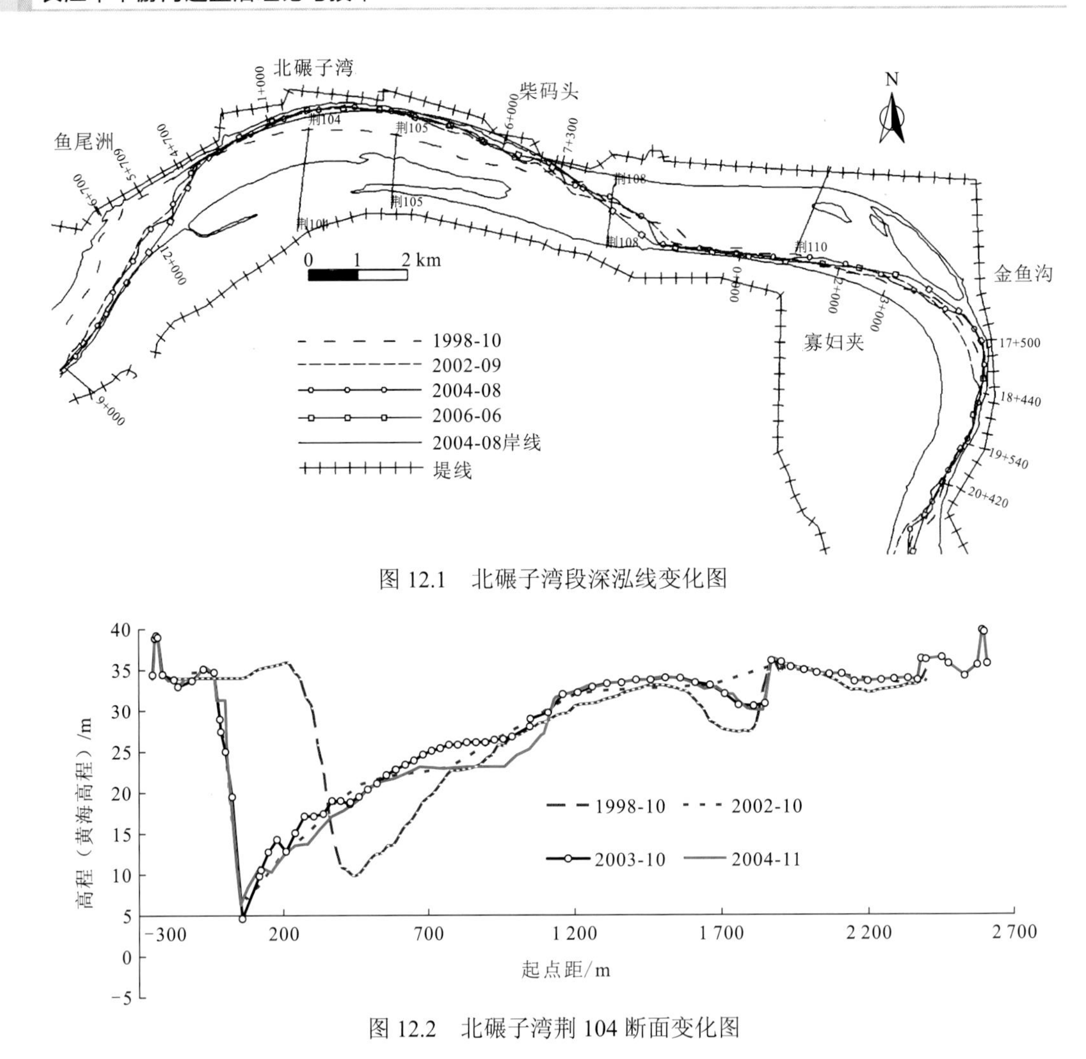

图 12.1　北碾子湾段深泓线变化图

图 12.2　北碾子湾荆 104 断面变化图

12.1.5　整治工程标准也是决定河道整治成效的重要因素

河道整治工程标准需根据整治的目标和工程河段的来水来沙条件、水流态势、河势条件、演变趋势，以及工程区域的水流、边界条件等诸多因素综合确定，标准过高会增加工程量和投资，也没有必要；标准过低则达不到应有的整治效果。例如，护岸工程中设计枯水位以下护脚工程的守护宽度要综合考虑工程河段的河势、崩岸险情、河床冲淤、近岸河床坡度等因素加以确定。长江中下游未守护的崩岸段的水下坡度一般随河床冲淤、岸线崩塌等情况在年内发生变化，因此不能只看某一次测图特别是枯水期测图的水下坡度来确定守护宽度。而且长江中下游护岸工程实践表明，水下抛护宽度不能太小，否则难以取得预期成果，因为护脚工程实施后，岸坡得到守护，河床横向变形受到限制，水流转向冲刷坡脚前沿的河床以消耗能量，在水流顶冲强烈的河段，护岸后河床冲深可以达到十几米，若守护宽度太小，难以适应河床调整，会影响工程稳定。同样，抛石护岸工程中，断面抛护标准不能太低，而且要一次性抛足，否则难以达到稳定，且加固工程量更大，事倍功半。这种情况在长江中下游时有发生，以往受经济发展不足等限制，许多护岸工程是逐年实施的，每年守护标准都不高，而累计工程量很大，但险情仍不断发生，这与一次性守护标准偏低有直接的关系。护脚前沿的防冲备填石和稳定加固工程量也是必需的，而且标准要适宜，应针对工程段的水流、地质、河床条件分析计算确定。

12.1.6　河道整治是河流服务功能充分发挥的重要保证

河流两岸自古以来就是人类繁衍生息之所。河流具有许多功能，河道内的水资源为人类提供饮用水、生活用水和工农业生产用水，人们可以利用水能来发电，利用水的动能来进行航运，河道输运下来的泥沙可以用于建筑、筑坝、吹填造地等，河道岸线可以用来修建港口、码头、取水等国民经济基础设施，河流还具有衍生功能，如养殖鱼类、水生动植物，维护生物多样性，促进大自然的水循环，调节气候等，此外还有景观、旅游等功能。概括地说，河流具有水安全、水资源、水交通、水环境、水生态、水景观和水文化七大功能，可见河流是人类赖以生存和经济社会持续发展的重要基础。但是，处于自然状态下的河流不但远远不能满足人类发展的要求，而且有时还会给人类带来一定的危害。例如，长江中下游河道在自然状态下，河床冲淤变化不定，河势多变，崩岸频繁剧烈等，对堤防稳定和防洪安全构成严重威胁，制约岸滩的高效利用，影响航运发展和港口、码头等涉水工程的正常运行，也会对水生态、水环境、水景观、旅游等带来不同程度的影响。因此，在充分利用河流有利一面的同时，必须对河道进行整治，以充分发挥河流的服务功能。

随着经济社会的发展，对河道的要求也越来越多、越来越高，因此河道整治目标也必然从比较单一的目标转为多目标。长江中下游河道整治也是如此，20 世纪 50～70 年代，河道整治主要是围绕重点堤防、重要城市、重要河段的防洪问题开展护岸工程建设、下荆江系统裁弯工程等；80 年代以后，经济社会快速发展，河道整治也逐步向防洪、河势控制、航运、水资源、水环境、水景观及岸滩利用等多目标转变，只是每个河段所处的地位不同，存在的问题不同，需求的差别、整治的侧重点有所不同而已。

12.1.7　研究与实践的有机结合是提高河道整治水平和效果的有效方法

由于来水来沙条件的不确定性、河道冲淤演变的动态性、河床边界条件的复杂性，与许多工程不同，河道整治需在河流动力学、河床演变学、河流模拟、土力学等多学科理论指导下实施，同时河道整治也有很强的经验性。因此，需要将理论与实践密切结合起来，才能取得良好的效果，河道整治也必须遵循实践、认识、再实践、再认识的过程，才能推动河道整治水平的提高、技术的进步。首先，需采取实地调查、实测资料分析、数学模型计算、实体模型试验等手段，对整治河段水沙运动和冲淤演变及河势变化规律与趋势进行深入研究，掌握河道特性，不断研究、完善整治技术；然后，在河道整治规划的指导下，利用相关学科的理论和整治技术制订科学可行的整治方案，研究确定工程措施，合理确定各设计参数，进行工程设计；最后，在此基础上按轻重缓急分期予以实施。

河道整治工程实施前后，应进行水流、泥沙、河道演变、工程运行等方面的持续监测，合理安排观测内容、频次。及时对观测资料进行分析，掌握工程实施前后水流泥沙运动和河床冲淤、河势变化情况及工程实施效果，总结在对水沙运动和河床演变规律认识、整治方案制订、整治技术和工程措施采用、工程设计、工程施工等各方面的成功经验和存在的问题。基于这些经验和问题，深化水沙运动、河势调整规律等基本理论问题的研究，不断改进、完善研究方法和手段，不断改进、完善整治技术，研究开发新材料、新技术、新工艺，再将这些成果应用于河道整治规划、方案论证、工程设计，指导工程实施。如此循环往复，不断完善、丰富河道整治理论和技术，不断提高整治效果。例如，护岸工程技术就是在实践中不断总结、研究提高的。70 年来，相关科研院所、高等院校及沿江各省市的有关部门对护岸工程进行了大量的现场和室内试验研究工作，取得了许多创新性成果，大大地促进了长江中下游护岸工程技术的发展。长江科学院于 20 世纪 50～60 年代初，在开展荆江河道演变及崩岸规律研究的基础上，首次开展了护岸块石移动规律的水槽试验，根据试验成果和资料分析，对荆江大堤护岸工程形式及加固进行了研究；60 年代中期，对 50 年代实施的无为大堤安定街沉排、南京下关和浦口沉排、武汉青山沉排的稳定性及近岸河床变化进行了分析，根据导致柴排破坏的主要因素，提出了加固意见；60～70 年代，对平顺护岸的块石移动规律开展了室内水槽试验，并对相对稳定坡度和施工方法进行了研究，取得的研究成果均应用于护岸工程设计及工程实践；70 年代，为了总结实践经验，对长江中下游的护岸工程效果、险情、结构设计指标进行了广泛而深入的调查研究，通过大量实测资料的分析和不同类型护岸工程的对比试验，提出了平顺护岸、矶头和丁坝等护岸形式的适用条件；80 年代，与相关单位合作，就长江中下游广泛采用的抛石工程，提出了护岸规划、设计和施工的有关原则与标准；在室内弯道水槽中开展了对丁坝、矶头、平顺护岸三种形式护岸效果的对比试验及不同护岸形式的水流和冲刷特性比较试验；80 年代中期～90 年代初，与沿江相关单位一起，根据柴排运用多年后的工程效果问题，对柴排破坏过程和柴排寿命进行试验研究，进行了塑料编织布砂（土）枕护岸工程的现场试验研究；21 世纪初，采取现场调研、原型实测资料分析、室内水槽和概化模型试验与理论分析相结合的方法对不均匀块石守护、小颗粒块石守护、铰链混凝土排、模袋混凝土、土工织物砂枕袋、四面六边透水框架及软体排等护岸工程新材料的破坏机理、适用条件和守护效果等进行了较系统的研究，取得了新的研究成果和进展；近 10 年又研究开发了多种生态型护岸工程新技术，并选择典型崩岸段对这些新材料、新技术进行了现场对比试验，以积累工程实践经验。这些工程技术和研究成果在工程实践中得到了广泛应用，起到了积极的指导作用。

12.2　河道整治展望

长江中下游河道穿越长江经济带核心区域和长三角地区，是该地区人民赖以生存和经济社会发展的重要战略支撑，也是河湖保护的重点区域。经济社会的快速发展对河道资源利用和河势稳定的需求不断提高。长江中下游河道历经近 70 年的治理，取得了很大的成效，在沿江地区的经济社会发展中发挥了非常重要的作用，但中下游河道冲淤多变，演变复杂，局部河段河势变化频繁，还有相当长的岸线尚不稳定，崩岸仍时有发生，还不能满足经济社会高质量发展的需求。另外，三峡工程建成蓄水运用后，由于水沙条件的改变，中下游河道已发生以长距离冲刷为主的冲淤变化，有的河段的河势发生了相应的调整变化，水流顶冲的部位发生了一定的变动，崩岸频繁发生，给堤岸、洲滩和现有河道与航道整治工程的稳定，局部航道条件，沿江国民经济基础设施的安全运行，以及局部水生态、水环境等带来了一定的不利影响。随着乌东德、白鹤滩等一批干支流控制性水利水电工程的建成，与三峡工程等已建水利水电工程联合运用后，对中下游河道冲淤演变将产生更加深远的影响。人类活动影响的持续加剧与自然因素的变化均显著增加对河道演变规律认识和变化趋势预测、河道整治的难度。此外，河道整治的多目标性、河湖保护要求的提高等也大大增加了河道整治的难度。因此，长江中下游河道治理的任务仍十分繁重，仍需按照实践、认识、再实践、再认识的过程加强整治。

（1）河道原型观测仍是认识河道、整治河道的基础。未来人类活动对河道的影响越来越大，气候条件等自然因素也不断变化，且具有随机性，同样影响河道的演变，各种因素的影响交织在一起，情况非常复杂，现有的理论还不能完全预测未来的变化趋势，因此，需要加强河道演变原型观测，为深入研究、揭示河道变化规律提供基础资料；在此基础上，不断攻克河道演变与整治研究的重要手段（数学模型、实体模型）的关键技术，利用观测资料对模型进行完善，不断提高模拟的精度。同时，需要努力攻克河道演变尤其是崩岸的预警预报技术，研发有效的监测设备，建立高效实用的预警预报系统，为崩岸应急抢护和涉水工程的安全运行提供保障。

（2）多种手段、多学科融合交叉是今后河道整治研究的主要方法。几十年来，长江中下游河道实施了规模宏大的护岸工程，许多重点河段实施了河道整治工程，重点碍航浅滩实施了航道整治工程，河道上修建了许多桥梁、隧道等跨（穿）江建筑物，河道两岸修建了大量的港口、码头及取排水等涉水工程，干支流上兴建了一大批大型水利水电工程，还兴建了多个引调水工程，这些工程都对河道演变及边界条件产生了不同程度的影响，进而给河流功能的充分发挥带来影响，长江中下游河道已不再是一条自然河流了，其演变受到自然因素和人类活动诸多因素的影响与制约，与自然河流的演变有很大的不同，更加复杂多变。因此，需要利用原型观测资料进行跟踪分析研究，利用相关学科理论和数学模型、实体模型等多种手段，深入研究非自然河流的水流泥沙运动和演变规律，完善、提升河道整治理论，为进一步整治河道提供理论支撑，同时丰富河流动力学、河床演变学等相关学科的内容。

（3）多目标协调综合整治是未来河道整治发展的方向。长江中下游河道整治已逐步从相对单一目标的整治向多目标整治转变，随着长江大保护、长江经济带发展战略的实施和经济社会的高质量发展，河道多目标整治的要求将更高，尤其是城市河段，因此，今后应更加重视多目标协调、高中低水统筹的整治理论、方法和技术的研究与实践。

（4）先进实用的整治技术是河道整治取得成功的关键。通过近 70 年来的研究和实践，积累了许多经验，认识不断深入，整治技术不断发展，已初步形成了技术体系，今后要不断完善现有技术，加强新技术、新材料、新工艺的研发，尤其是要注重高中低水协调及生态环保型新技术的研发，不断完善河道整治技术体系。

（5）动态性仍是河道整治研究与实施中需考虑的重要原则。此外，河道是动态变化的，河道整治工程是逐步建设的，这些工程有的年久失修，有的标准偏低，有的因河床冲刷、河势调整变化而遭受比过去更强烈的顶冲等，今后需根据实际情况适时进行维修加固，以继续巩固和发挥整治工程的功能。

参 考 文 献

长江勘测规划设计研究院, 2000a. 荆南长江干堤加固工程初步设计报告[R]. 武汉: 长江勘测规划设计研究院.

长江勘测规划设计研究院, 2000b. 长江重要堤防隐蔽工程和县江堤加固工程初步设计报告[R]. 武汉: 长江勘测规划设计研究院.

长江勘测规划设计研究院, 2000c. 长江南京新济洲河段河势控制工程可行性研究报告[R]. 武汉: 长江勘测规划设计研究院.

长江勘测规划设计研究院, 2001a. 长江重要堤防隐蔽工程石首河段整治工程初步设计报告[R]. 武汉: 长江勘测规划设计研究院.

长江勘测规划设计研究院, 2001b. 长江重要堤防隐蔽工程崩岸整治及下荆江河势控制工程(湖南段)初步设计报告[R]. 武汉: 长江勘测规划设计研究院.

长江勘测规划设计研究院, 2001c. 岳阳长江干堤加固工程初步设计报告[R]. 武汉: 长江勘测规划设计研究院.

长江勘测规划设计研究院, 2001d. 汉口边滩防洪及环境综合治理工程可行性研究报告[R]. 武汉: 长江勘测规划设计研究院.

长江科学院, 1994. 长江镇扬河段二期整治工程可行性研究报告[R]. 武汉: 长江科学院.

长江科学院, 1998. 武汉市龙王庙险段综合整治河工模型试验报告[R]. 武汉: 长江科学院.

长江科学院, 1999. 长江马鞍山河段整治工程可行性研究报告[R]. 武汉: 长江科学院.

长江科学院, 2001a. 下荆江河势控制工程(湖北段)初步设计报告[R]. 武汉: 长江科学院.

长江科学院, 2001b. 汉口边滩防洪及环境综合治理工程河工模型试验报告[R]. 武汉: 长江科学院.

长江科学院, 2004. 荆江河段河势控制应急工程可行性研究报告[R]. 武汉: 长江科学院.

长江科学院, 2006. 下荆江河段 2006 年汛前河势控制工程初步设计报告[R]. 武汉: 长江科学院.

长江科学院, 2009. 下荆江河段 2009 年度河势控制工程初步设计报告[R]. 武汉: 长江科学院.

长江科学院, 2010a. 长江镇扬河段和畅洲左汊口门控制加固工程可行性研究报告[R]. 武汉: 长江科学院.

长江科学院, 2010b. 长江镇扬河段和畅洲左汊口门控制加固工程现场试验研究[R]. 武汉: 长江科学院.

长江流域规划办公室, 1960. 下荆江系统裁弯取直初步规划研究[R]. 武汉: 长江流域规划办公室.

长江流域规划办公室, 1974. 下荆江河势控制规划初步意见[R]. 武汉: 长江流域规划办公室.

长江流域规划办公室, 1979. 下荆江河势控制规划[R]. 武汉: 长江流域规划办公室.

长江流域规划办公室, 1984. 长江南京、镇扬河段整治工程可行性研究报告[R]. 武汉: 长江流域规划办公室.

长江流域规划办公室, 1986. 长江中下游干流河道整治规划意见(宜昌～河口)(讨论稿)[R]. 武汉: 长江流域规划办公室.

长江流域规划办公室, 长江水利水电科学研究院, 1983a. 下荆江河势控制工程规划报告[R]. 武汉: 长江水利水电科学研究院.
长江流域规划办公室, 长江水利水电科学研究院, 1983b. 下荆江河势控制规划补充分析报告[R]. 武汉: 长江水利水电科学研究院.
长江水利委员会, 1991. 下荆江河势控制工程初步设计[R]. 武汉: 长江水利委员会.
长江水利委员会, 1994. 长江界牌河段综合治理工程初步设计报告[R]. 武汉: 长江水利委员会.
长江水利委员会, 1997. 长江中下游干流河道治理规划报告[R]. 武汉: 长江水利委员会.
长江水利委员会, 2000. 长江志: (卷五, 第四篇)中下游河道整治[M]. 北京: 中国大百科全书出版社.
长江水利委员会, 2003. 长江志: (卷五, 第一篇)防洪[M]. 北京: 中国大百科全书出版社.
何广水, 范志强, 姚仕明, 等, 2006a. 荆江护岸加固工程技术研究[J]. 水利建设与管理(2): 75-77.
何广水, 姚仕明, 黎礼刚, 等, 2006b. 荆江护岸工程水毁机理及加固对策研究[J]. 人民长江, 37(7): 54-56.
何广水, 范北林, 姚仕明, 等, 2010. 网模卵石排河道护岸结构: 中国, 201020160090. 8[P]. 2010-04-02.
湖南省水利水电勘测设计研究总院, 2002. 长江干堤湖南段加固工程可行性研究报告[R]. 长沙: 湖南省水利水电勘测设计研究总院.
江苏省水利勘测设计研究院, 1982. 镇扬河段整治应急工程初步设计报告[R]. 南京: 江苏省水利勘测设计研究院.
黎礼刚, 郑文洋, 卢金友, 等, 2006. 下荆江监利河段近期河道演变与综合整治初探[J]. 长江科学院院报(5): 6-9.
黎礼刚, 晏黎明, 范北林, 等, 2010. 近期荆江河段护岸应急工程枯水平台高程探讨[J]. 人民长江, 41(3): 22-24.
廖小永, 罗恒凯, 2008. 淤泥质岸坡破坏模式及治理实践[J]. 人民长江, 39(13): 72-74.
潘庆燊, 胡向阳, 2011. 长江中下游河道整治研究[M]. 北京: 中国水利水电出版社.
水利电力部, 1983. 关于下荆江河势控制工程 1984～1990 年计划安排的意见[R]. 北京: 水利电力部.
姚仕明, 卢金友, 2006a. 抛石护岸工程试验研究[J]. 长江科学院院报, 23(1): 16-19.
姚仕明, 卢金友, 2006b. 两种护岸新材料的应用技术试验研究[J]. 泥沙研究(2): 17-21.
姚仕明, 卢金友, 2008. 长江中下游护岸工程技术与防护效果研究[C]//湖北省水利学会. 纪念'98 抗洪十周年学术研讨会优秀文集. 郑州: 黄河水利出版社: 30-34.
姚仕明, 卢金友, 罗恒凯, 2006. 长江中下游护岸工程新材料新技术试验研究[J]. 人民长江(4): 81-82.
姚仕明, 卢金友, 岳红艳, 2007. 小颗粒石料护岸工程技术研究[J]. 泥沙研究(3): 4-8.
姚仕明, 何广水, 卢金友, 2009. 三峡工程蓄水运用以来荆江河段河岸稳定性初步研究[J]. 泥沙研究(6): 24-29.
姚仕明, 岳红艳, 何广水, 等, 2016. 长江中游河道崩塌机理与综合治理技术[M]. 北京: 科学出版社: 2-14.
余文畴, 2013. 长江河道认识与实践[M]. 北京: 中国水利水电出版社.
余文畴, 卢金友, 2002. 长江中下游河道整治和护岸工程实践与展望[J]. 人民长江, 33(8): 15-17.
余文畴, 卢金友, 2005. 长江河道演变与治理[M]. 北京: 中国水利水电出版社.
余文畴, 卢金友, 2008. 长江河道崩岸与护岸[M]. 北京: 中国水利水电出版社.